经典战史回眸　兵器系列

尖叫死神

高智 著

二战德国Ju 87"斯图卡"俯冲轰炸机战史

武汉大学出版社

图书在版编目(CIP)数据

尖叫死神:二战德国Ju87"斯图卡"俯冲轰炸机战史/高智著.—武汉:武汉大学出版社,2014.1(2021.9重印)

经典战史回眸·兵器系列

ISBN 978-7-307-12096-9

Ⅰ.尖… Ⅱ.高… Ⅲ.第二次世界大战—轰炸机—介绍—德国 Ⅳ.E926.34

中国版本图书馆 CIP 数据核字(2013)第 264251 号

责任编辑:王军风　　责任校对:鄢春梅　　版式设计:马　佳

出版发行:**武汉大学出版社**　(430072　武昌　珞珈山)

（电子邮箱:cbs22@whu.edu.cn　网址:www.wdp.com.cn）

印刷:武汉中科兴业印务有限公司

开本:720×1000　1/16　印张:39　字数:744千字

版次:2014年1月第1版　　2021年9月第3次印刷

ISBN 978-7-307-12096-9　　定价:75.00元

版权所有,不得翻印;凡购我社的图书,如有质量问题,请与当地图书销售部门联系调换。

目　录

序言 ………………………………………………………………… 001

第一章　俯冲轰炸机的理论研究和技术研究 ………………… 006
　　一、俯冲轰炸机的历史 ………………………………………… 009
　　二、德国俯冲轰炸机研制历史 ………………………………… 019

第二章　Ju 87"斯图卡"飞机的研制过程 …………………… 032

第三章　"斯图卡"俯冲轰炸机战史 ………………………… 127
序篇：西班牙战场初试锋芒 ……………………………………… 128
　　一、"斯图卡"作战单位形成 ………………………………… 128
　　二、"秃鹰军团" ……………………………………………… 137

第一篇　波兰及西欧战场一举成名 ……………………………… 150
　　一、波兰战场（1939年9月1日至9月27日） ……………… 150
　　二、挪威战场（1940年4月9日至6月9日） ……………… 176
　　三、低地国家和法国战场（1940年5月10日至6月22日） … 191
　　四、英国战场（1940年7月4日至12月14日） …………… 229

第二篇　地中海和北非战场再现"辉煌" ……………………… 281
　　一、地中海战场（1941年1月10日至1月26日） ………… 281
　　二、意大利空军的"打击者"（1940年9月4日—1941年4月4日） … 306
　　三、巴尔干半岛（1941年4月6日至4月27日） …………… 322

四、希腊(1941年4月6日至4月27日) ································ 332
　　五、克里特岛(1941年5月20日至6月1日) ························ 344
　　六、北非战场行动(1941年1月–1943年5月) ···················· 364
　　七、南部欧洲的战斗(1943年7月–1945年2月) ················ 418

　第三篇　苏联战场黯然落幕 ·· 433
　　一、最后的闪电战 ·· 433
　　二、1942年的大决战 ··· 480
　　三、1943年无奈的谢幕：角色转换 ······································ 530
　　四、1943–1945年反装甲部队的简要介绍 ····························· 556

第四章　德国盟国使用"斯图卡"飞机情况 ···················· 573

附录1　东部战线获勋("骑士十字勋章"(KC)和"橡树叶勋章"(OL))名单 ······ 592
附录2　"斯图卡"战机各个型号线图 ··································· 595
附录3　"斯图卡"战机各单位标识及其机徽实物图 ················ 606
参考书目 ·· 618

序 言

第二次世界大战是人类历史上最大规模的世界性战争,在这场战争中,飞机、坦克、潜艇和航母都在战争中发挥了重要作用,虽然这些武器都不是在二战诞生的,但却在二战的残酷战争中证明了自己。因此,这些武器仍是当今世界的主要武器系统。就航空方面,德国容克公司(Junkers)研制的Ju 87俯冲轰炸机无疑是第二次世界大战最成功的飞机之一,在飞机的发展史上留下了重要的印记。第二次世界大战中还有其他的一些俯冲轰炸机,但没有哪个像Ju 87那样给人留下了深刻的印象,"斯图卡"(Stuka)最后成了Ju 87飞机的绰号。其实,"斯图卡"是德语Sturkampfflugzeug(俯冲轰炸机)的缩写,德国原本是将双发的Ju 88划归俯冲轰炸机一类的,但是Ju 87在轰炸目标

■提到第二次世界大战就不得不提Ju 87"斯图卡"俯冲轰炸机,提到德国首先运用实战的"闪电战"也不得不提Ju 87飞机,特别在二战初期,Ju 87飞机对德国战争进程起到了重要推动作用。图中为1940年法国上空的Ju 87B三机编队在飞行。

尖叫死神 二战德国 Ju 87 "斯图卡" 俯冲轰炸机战史

时发出的怪异的啸叫声像是一群铁鸟扑向猎物，给被攻击者造成了极强的心理恐惧，因此，"Stuka"成了 Ju 87 的专有绰号。毫无疑问，至少在二战初期，Ju 87 是德国"闪电"战术最佳的体现，给人们的心理造成的恐惧比炸弹爆炸的效果更加强烈。

不可否认，Ju 87 也有自身的内在缺点，比如速度慢、自卫能力不足等，从英国战场开始，"斯图卡"飞机神秘的光环就一点点地褪去，主要问题就是在有敌方战斗机拦截的情况下 Ju 87 飞机损失会急剧上升。但是，在战争越来越激烈的时候，德国地面部队仍频繁要求 Ju 87 轰炸机为其进行空中支援。但到 1943 年夏天，"斯图卡"大队只是从 9 个勉强增加到 13 个，这对于德国扭转败局，其作用微乎其微。关于 Ju 87 飞机的一项研究表明，"斯图卡"部队装备的 Ju 87 数量从未超过 360 架，事实上，在 1942 年年底，几乎不到 200 架的"斯图卡"飞机真正具备作战能力，"斯图卡"飞机的产量根本不足以弥补损失的数量。例如，在 1942 年，在 8 个月的时间内，"斯图卡"第 2 联队（St. G2）损失了 89 名飞行员，其中包括 8 名经验十分丰富的中队指挥官，这些指挥官普遍具有 600 多次任务的作战经历。

根据德国空军参谋部的官方报告记载，

■Ju 87 "斯图卡"飞机参加了几乎所有战场的战斗，给敌对方造成了严重的损失，特别是在对西线国家作战中，它的恐怖名声迅速传播到世界各地。图为 Ju 87B-2 飞机双机编队。

序言

在1939年9月1日到1943年9月30日的四年多一点的时间里,德国空军共损失1269名"斯图卡"飞行员。到了1943年,"斯图卡"大队实际处于分崩离析状态,幸存的"斯图卡"仍执行以往类似的任务。然而,"斯图卡"飞机的真正损失可能更多,因为,不少被击落的"斯图卡"飞行员幸存后又重新驾驶Ju 87参加了战斗。另外,还有很多的"斯图卡"飞机被击毁在地面。

尽管存在着一些缺陷,"斯图卡"飞机在战争最激烈的时候仍活跃在最前线,特别是东部战线(苏联战场),该战场的"斯图卡"飞机数量比其他地区的都要多。不仅如此,在战争后期的东部战线,当敌方的战斗机大量参与战争后,"斯图卡"飞机还曾改变作战角色担当起了反坦克攻击机,甚至是夜间对地攻击机。确实很少有飞机像"斯图卡"一样在作战生涯中这么顽强和有效,只是帝国的气数已尽,它也回天乏术。

要想成为一个合格的"斯图卡"飞行员,必须具有特别的品质和天资,那些在初上战场被击落后幸存的飞行员,在增加了飞行技能的同时也更喜欢自己的坐骑。一些飞行员在"斯图卡"飞机积累了令人难以置信的飞行架次。除了极为特别的汉斯-乌尔里希·鲁德尔(Hans-Ulrich Rudel),其他的"斯图卡"飞行员都有着数百甚至是上千次的作战经历,如阿尔文·布尔斯特(Alwin Boerst)参战1060次、弗雷德里切·朗(Friedrich Lang)参战1007次、马克

■左图为容克教授,他是容克飞机公司的创始人,但他实际上跟Ju 87飞机的诞生并无太大关系。右图为乌德特,他不仅影响着"斯图卡"俯冲轰炸机的诞生,甚至对德国当时的航空工业都有着重要影响。

尖叫死神　二战德国Ju 87"斯图卡"俯冲轰炸机战史

西米廉·奥特（Maximilian Otte）参战1179次、海恩德里克·斯达尔（Hendrik Stahl）参战1200次、赫伯特·保尔（Herbert Bauer）参战1000多次、卡尔·海恩兹（Karl Henze）参战1090次，还有数十名飞行员的参战达到了600次以上。

在一般人的印象中，Ju 87飞机的故事一开始就不可避免地要跟雨果·容克（Hugo Junkers）和厄恩斯特·乌德特（Ernst Udet）联系在一起，其实，雨果·容克教授跟"斯图卡"飞机几乎没什么关系，他只是全金属飞机的创始人，"斯图卡"飞机在设计之初他就没有参与，唯一跟他有联系的就是公司是以他的名字命名的。由于与当局的政见不一（他反对纳粹政府的战争政策），他在1934年就被赶出了自己的公司，第二年2月3日他就去世了，那个时候，第一架Ju 87飞机还没试飞呢。跟当时其他的德国公司不一样的是容克公司在第三帝国期间一直是国家控制的公司，雨果·容克教授被驱逐后纳粹政府就接管了他的公司，在当时，反对纳粹政策就不会有好结果。

Ju 87飞机诞生另一个关键人物就是厄恩斯特·乌德特，他是德国第一次世界大战中的王牌飞行员，他曾击落过62架敌机，他也是一名狂热的航空特技运动爱好者。厄恩斯特·乌德特曾经驾驶过美国寇蒂斯公司的"地狱俯冲者"（Helldiver）双翼飞机做过俯冲表演，正是由于他这方面的经历，他对俯冲轰炸机特别感兴趣，因此，他极力支持德国研制俯冲轰炸机，后来参与了俯冲轰炸机的研制工作。那个时候，Ju 87的设计工作已经结束并进入到了模型阶段。厄恩斯特·乌德特对"斯图卡"飞机的研制起着十分重要的作用，一方面他对俯冲轰炸的想法十分痴迷，另一方面他个人与空军高层关系和个人的影响力都对"斯图卡"飞机的研制起到了显著的推动作用，没有他，"斯图卡"的诞生可能会非常艰难。

当然，人们谈论Ju 87飞机缺点的时候会强调它的速度慢、机动性也不强，因此，它也是最容易受到攻击的飞机，通常，只有在德国空军牢牢掌握了制空权的情况下它才会在敌人面前招摇过市。在进行俯冲轰炸时，Ju 87是其他战斗机最好的靶子，也是防空火力极易攻击的目标，特别是投弹后拉起时的速度最慢，大部分的损失就是在这个时候发生的。由于缺少装甲防护和有效的武器，Ju 87也不适合执行近距离支援任务，当在这方面有针对性地改进后，它也落后了。

但是笔者很难认同"斯图卡"飞机容易遭受打击，速度慢，火力弱这些缺点，我们应该从战争全局去看一种飞机，而不是仅仅看它的性能，就像重型轰炸机不敌战斗机就否定它在战争中的地位明显是错误的。制空权不仅仅是"斯图卡"一款飞机的问题，是所有非战斗机的问题，"斯图卡"飞机在英国战场失利，在北非失利，在马耳他战场等都跟德国的战争全局态势有关。在航空实力强的国家面前，没有制空权的情况下参与战斗，不是飞机本身的错，错的是战术运用。俯冲轰炸机作为以精确定点轰炸为主要作战目的的飞机，既然特定目的，就必然会牺牲其他方面的一些性能以达到研制目的，你能说现在诸如美国A-6"入侵者"、A-10"疣猪"和苏联/俄罗斯苏-25攻击机失败吗？二战后不再研制俯冲轰炸机，现在各国也不再独立研制专业攻击机，这并不是飞机设计不成功，真正的原因是其他飞机使用精确制导弹药可以满足原来攻击机的作战任务。Ju 87"斯图卡"飞机在那个年代诞生就是解决当时轰炸精度问题，从二战初期德国的运用来看非常成功。如果把Ju 87飞机当成德国轰炸机的辅助力量就不会认为速度慢、防护能力不足、火力弱是缺点了。

尖叫死神 二战德国Ju 87"斯图卡"俯冲轰炸机战史

第一章
俯冲轰炸机的理论研究和技术研究

■Ju 87V-1原型机。

当飞机在水平状态将炸弹投下时，炸弹在空中受到三个方向的力：一个是载机赋予的向前的力，一个是向后的阻力，一个是向下的重力。向前的动力使得炸弹往前飞，阻力会使炸弹前飞的速度越来越慢，重心则相反，它会使炸弹的向下的速度越来越快，炸弹实际的弹道是比飞机速度稍小的半弹道，如果没有阻力因素，或是阻力足够小的话（比如流线型炸弹），炸弹就会落在飞机的正下方；由于阻力的存在，炸弹会落在飞机稍后的位置。正是由于投下的炸弹要受三个力，而弹道就是这三个力的合力形成的，因此需要根据载机与目标的距离、载机速度和不同高度的空气阻力计算投弹的高度和时机，这不是人为可以做到的，瞄准具就是帮助确定投弹的瞄准工具。

在以前，还没有导航系统来直接把飞机导航到目标区上空，当时的导航系统，如光学指示器或无线电信标机等都只跟地面目标有关，如果要计算出已经给定目标的距离，只要用简单的三角测量法就可以在某一距离确定飞机与目标的夹角，把瞄准具设置在这个夹角（也称距离角），当飞机接近目标时，瞄准具中出现目标就是按下投弹按钮的时候（投弹）。当然，这里要考虑很多因素才能确定距离角，如载机速度、投弹高度、飞机航向和当地风向和风力等。但是，实际上炸弹的弹道非常复杂，确定距离就是一个大问题，当时一些测距仪本身就存在着很大的误差。弹道的计算根本不是人能解决的，因此在二战期间诞生了很多瞄准具，如名气最响的美国"诺顿"瞄准具，不太为人所熟知的英国Mark XIV瞄准具和德国lotfernrohr-7型陀螺稳定轰炸瞄具等，即使最先进的美国"诺顿"瞄准具精度也很难让人满意。而且飞机在进入轰炸步骤时是平飞

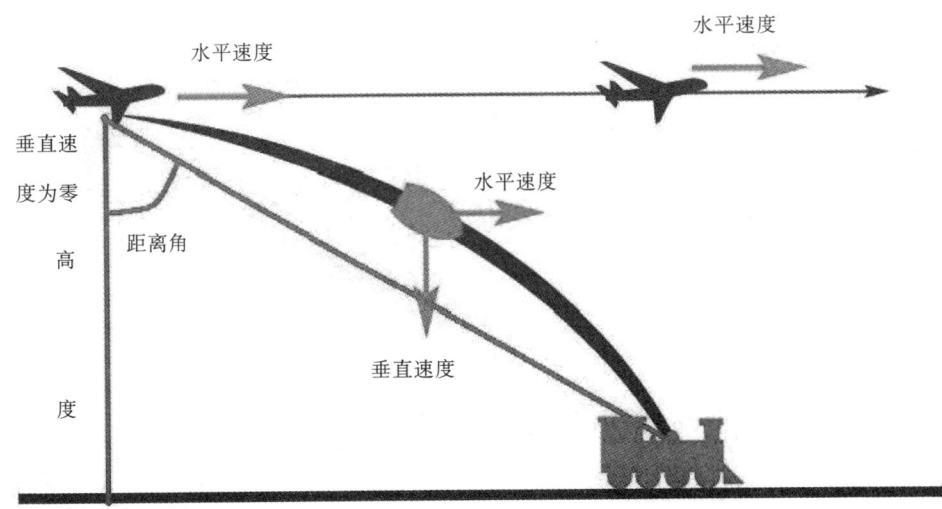

■水平轰炸示意图。

尖叫死神　二战德国Ju 87"斯图卡"俯冲轰炸机战史

状态下直接进入目标区，因此载机极易受到地面高炮的射击。要想避免地面高炮射击就必需在更高的高度投弹，而这又加大了瞄准具的误差，在整个二战期间，水平轰炸的误差多数情况下只有数千码（1码约等于0.9米），几乎也是数公里。这种轰炸精度只能用来轰炸城市一类的面目标。

俯冲轰炸时投下的炸弹弹道由于少一个向前的力（炸弹无需跟着飞机向前飞）而变得简单一些，炸弹近乎垂直地向下只有重力和阻力，而阻力在重力的反方向，它不会影响炸弹单一弹道，也就是不会干扰炸弹除向下以外的方向。唯一起影响作用的是炸弹弹道上的风力，但是，炸弹如果设计成流线型，加上它的速度越来越快，攻击距离短（从载机到目标的距离只有几百米），风力的影响微乎其微。垂直俯冲无疑大大简化了炸弹弹道，载机的俯冲轰炸步骤也简单，特别是飞机的瞄准具只需要简单的准直瞄准具即可。如果说对俯冲轰炸有影响的话，那么不同口径的炸弹具备不同的弹道，特别是不是垂直俯冲轰炸时需要稍稍调整俯冲角度以达到需要的精度，而这个过程也非常简单。实际上影响投弹精度的是飞行员或是投弹员的目视精度，当飞机俯冲对准目标时，飞行员的视野会变大，非常容易看清要轰炸的目标，而且随着飞机不断靠近目标，目标急剧变大，飞行员在这个过程中很容易调整飞机对准目标，而水平轰炸的飞机投弹后机组乘员眼看着炸弹下落也无能为力了。正是由于俯冲轰炸比水平轰炸精确高得多，它多被用来轰炸有价值的目标，如军事堡垒、桥梁和舰船等。

俯冲轰炸如果有说什么负面影响的话那就是近乎垂直俯冲时飞机的受力变化引起的一系列问题，正常水平飞行时，飞机的机

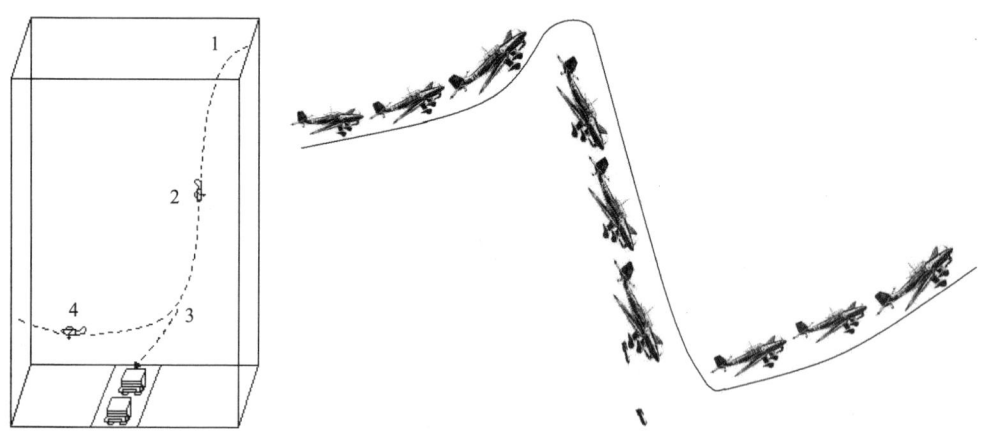

■俯冲轰炸示意图。左图中，1开始俯冲，2进入俯冲状态，3释放炸弹，4由俯冲状态改出到平飞状态。

翼升力，水平尾翼负升力和重心是一种平衡关系，在近乎垂直俯冲时，由于重力方向的改变导致飞机的机翼升力和水平尾翼负升力平衡关系被破坏，确切地说，机翼升力远远大于水平尾翼的负升力，飞机会有一种强烈的低头的趋势，也就是赖在俯冲状态不肯出来，因此，很多俯冲轰炸机在设计时必须考虑到补偿手段，如采用特殊的襟翼，或是在水平尾翼上设计特别的调整片，增加额外的配平能力。还有一种方法来减轻低头趋势，那就是为飞机增加减速板，降低飞机俯冲时越来越快的速度，一方面减速可以便于飞机恢复俯冲状态，另一方面不至于让飞机承受过大的应力破坏结构。通常情况下，俯冲轰炸时的飞机速度保持在460公里/小时左右以保证投弹的精度和可操纵性。

正是由于这种特殊性，俯冲轰炸机的气动布局和结构的设计与其他飞机有所不同，在一定程度上会影响其飞行速度和其他方面性能。而且为了便于实现俯冲轰炸，这种飞机的载弹量和续航力也远不及水平轰炸机。此外，由于俯冲轰炸机需要向目标垂直俯冲，因此极易遭到地面防空火力的攻击。总之，有利也有弊，权衡利弊是关键。

一、俯冲轰炸机的历史

对于俯冲轰炸，通常的定义是俯冲角达到45°—90°，多数情况指的是近乎垂直状态，因为俯冲角度越大轰炸精度就越高。俯冲轰炸机在攻击敌方目标时，会以与地面超过45°角的方式高速向目标俯冲，在距目标很近的距离上拉起飞机同时投弹。这种投弹方式的命中精度较水平轰炸提高了许多倍，而且无须安装复杂的瞄准系统或雷达。

俯冲轰炸战术起源于第一次世界大战中，由英国皇家空军最先开创。1918年3月14日中午刚过，英国皇家飞行队（RFC，Royal Flying Corps）第84中队威廉姆·亨利·布朗（William Henry Brown）少尉驾驶S.E.5a战斗机对西部战线地面情况进行了侦察，这天亨利·布朗进行的侦察任务被视为有重要历史意义的一天，因为他的S.E.5a飞机和英国其他的数百架当天也在执行作战任务的S.E.5a有一点不同，那就是他的座机在机腹部安装了一个炸弹挂架。在当天的侦察行动中，亨利·布朗在圣康坦（St Quentin，位于法国北部索姆河畔）东部的运河上发现一艘德国运送弹药的驳船。驳船防空力量薄弱，航行速度也慢，亨利·布朗驾驶S.E.5a俯冲将炸弹准确地"送"给了德国这艘驳船，驳船被炸沉。这次行动被称为是世界上首次俯冲轰炸，但这个结论还存在着一些争议，亨利·布朗这次准确的投弹肯定在此前进行过无数次的训练，而且S.E.5飞机在试飞时就表现出优异的俯冲性能，英国皇家空军也进行过俯冲轰炸的探索和研究，当时的考虑其实倒不是为了提高轰炸精度，更主要的因素是便于飞行员观察目标位置，以便能把炸弹投给目标。后来的试验表明，俯冲轰炸对

尖叫死神　二战德国 Ju 87 "斯图卡" 俯冲轰炸机战史

■ 英国皇家飞行队威廉姆·亨利·布朗少尉驾驶S.E.5a战斗机创造了历史，但他本人并不知道做了一件载入史册的事。图为S.E.5a战斗机，那时的飞机多为木制结构，很难承受得起俯冲所产生的巨大应力。

于当时的飞机脆弱的机体结构来说非常危险，英国皇家空军在S.E.5战斗机参加一战时并没有采用这种俯冲轰炸方式。

任何事物都不是一成不变的，亨利·布朗根据当时的战场情况灵活地使用俯冲战术，他不仅取得了可观的战果，也创造了历史。尽管取得了一些成功，但英国皇家空军第84中队日后并没有采用俯冲轰炸战术，相反，第84中队却逐渐演变成纯粹的对地扫射作战单位。一战结束后的几个月里，英国皇家飞机协会（Royal Aircraft Establishment简称RAE）位于奥福德尼斯（萨福克郡沿岸）的武器试验站仍在使用S.E.5a和索普维斯"骆驼"战斗机小心翼翼地进行着俯冲轰炸测试，当时的英国皇家空军（RAF，1918年4月1日改名）高层认为俯冲轰炸所获得的轰炸精度严重地得不偿失。其他国家的空军想法跟英国皇家空军的想法很相似，首先，只有美国海军和海军陆战队仍然对俯冲轰炸机情有独钟，他们的考虑是俯冲轰炸方式的投弹精度高，非常适用轰炸海上移动的小型目标。关于美国俯冲轰炸机的使用有资料称，世界上首次俯冲轰炸用于实战是美国海军陆战队在1919年年初的一次轰炸海地反叛者的行动中，飞行员桑德森（L.H.Sanderson）少尉将卡宾枪放在JN-4教练机（非武装）风挡前面，把枪放在这个位置并不是为了射击，实际上只是把枪的瞄准器当成轰炸瞄

第一章 俯冲轰炸机的理论研究和技术研究

准具。在俯冲时，不断加快的速度差点让他无法从俯冲状态改出，炸弹的轰炸效果非常好，轰炸精度相当高，炸弹准确命中目标。1920年，桑德森俯冲轰炸创造的轰炸精度在美国海军陆战队中被广为传播，因此，俯冲轰炸在美国海军陆战队中非常有市场，美国在入侵尼加拉瓜行动中也使用了俯冲轰炸战术。

早期的轰炸机由于结构脆弱，无法承受高速俯冲及拉起所产生的冲击力，因此俯冲轰炸机在各国虽然进行了探索，但这种轰炸方式仍不受欢迎。直到20世纪30年代，随着飞机技术的发展，飞机的结构强度和弹药载荷不断增加，俯冲轰炸战术越来越受重视，尤其是对小型目标的攻击，水平轰炸机根本无法完成，只有俯冲轰炸机可以做到。在美国，海军于1928年采购了第一种定制的俯冲轰炸机——寇蒂斯公司研制的"地狱俯冲者"俯冲轰炸机①。走上了军国主义道路的日本海军也对俯冲轰炸机非常感兴趣，在1931年曾购买过德国He 50轰炸机，随后在此基础上研制了爱知D1A俯冲轰炸机。当时世界范围对俯冲轰炸机的研究并不少见，一些国家又研制了试验飞机以供研究，如美国寇蒂斯公司的SBC和日本的爱知D3A，以及其他国家型号，这些型号飞机大多后来转正成了正式的俯冲轰炸机。各国海军一般较空军更青睐俯冲轰炸机，空军轰炸机由于在陆地上起降，飞机基本不受尺寸和重量限制，因此其指挥官一般采用大规模水平轰炸的策略，多携带炸弹以弥补轰炸精度不足的问题。造成美国陆军航空兵（USAAC，1947年演变为美国空军（USAF））对俯冲不感兴趣的另一个重要因素是美国诺顿公司研制的轰炸机瞄准具，虽然这款瞄准具后来证明精确差强人意，但是总比人为瞄准要强多了，而且高空水平轰炸的安全性也较俯冲轰炸的要高一些。而对于海军来说，能在航空母舰上起降的飞机尺寸和重量有限，海军需要将小型炸弹精确地投给移动的舰船，精度要求肯定要高一些。

美国靠强大的航空实力来达到自己的目的，但是它的做法并不一定适用其他国家，比如轰炸陆地目标，一些加固堡垒、桥梁、高炮阵地和装甲等目标特征小的目标仍需要俯冲轰炸来达到满意的轰炸效果，这样也可以减少损失。在二战的欧洲战场，德国是俯冲轰炸机的主要使用者，德国俯冲轰炸机的主要任务是为其装甲部队和步兵提供近距离火力支援（只能说是特定目标），代表

---

① "地狱俯冲者"俯冲轰炸机实际上就是寇蒂斯公司研制的一款双翼飞机，美国海军陆战队用作战斗轰炸机的型号叫F8C"猎鹰"（Falcom），而用于俯冲轰炸的这个型号就叫"地狱俯冲者"（Helldiver），而"helldiver"原意是"花嘴䴘䴘"，一种俯冲捕食的鸟类，这个单词字面意思可以解释为向地狱俯冲。寇蒂斯公司研制的飞机多以"Hell"开头，如后来的"Hellcat"，中国大陆多翻译为"悍妇"，也有按字面翻译为"地狱猫"。有意思的是，后来寇蒂斯公司又研制过两款俯冲轰炸机都叫"Helldiver"，如最著名的SB2C俯冲轰炸机。

尖叫死神　二战德国Ju 87 "斯图卡" 俯冲轰炸机战史

■图为美国寇蒂斯公司研制的XA-4飞机，"地狱俯冲者"俯冲轰炸机就是它的一个改进型，那个年代，飞机给不同的军种单位使用稍做改进后根据任务性质随意编号，"地狱俯冲者"的型号不下30个，编号之间没有任何关系，而实际上改进幅度非常之小。图中这架飞机对于本文要讲述的Ju 87飞机诞生的间接影响非常大。

■日本和英国一样非常倚重海军力量，因此，海上攻击力量是这两个国家重点考虑的，但两个国家又有所不同。日本海军欣赏俯冲轰炸所具有的高轰炸精度，不遗余力地寻找各种方法研制俯冲轰炸机，德国这时伸出了援助之手。图中为日本爱知D1A俯冲轰炸机。

第一章 俯冲轰炸机的理论研究和技术研究

■在具备了一定的经验后,日本开始自行研制俯冲轰炸机,即图中的爱知D3A俯冲轰炸机。这个型号的飞机也采用固定起落架,图中可见翼下的减速板和起落架之间的"V"字形伸缩炸弹挂架。爱知D3A曾参加过偷袭美国珍珠港,还炸沉过英国皇家海军"竞技神"号航母和美国海军"列克星敦"号航母,战绩可谓"辉煌"。

机种就是本文要讲述的Ju 87"斯图卡"俯冲轰炸机。"斯图卡"轰炸机的机体非常坚固,可以以80°角向下俯冲,它在德国的"闪电战"中发挥了极其重要的作用(下文有详述)。相比之下,作为俯冲轰炸战术的发明者,英国研制的俯冲轰炸机却逊色了许多,而且走上了非常独特怪异的道路。英国事实上并没有专业的俯冲轰炸机,只是研制一些型号飞机具备俯冲轰炸的能力,如布莱克本公司的"贼鸥"(Skua)俯冲轰炸/战斗机,这款飞机装备时间短,生产数量也不

大。英国另一款飞机,即费尔利公司研制的"梭鱼"(Barracuda)是一款俯冲/鱼雷轰炸机,这款飞机更强调鱼雷攻击,而不是俯冲轰炸。英国的俯冲轰炸机也有过辉煌的业绩,那就是"贼鸥"曾用俯冲战术击沉了德国"科尼斯堡"号(Konigsberg)巡洋舰,这是俯冲轰炸机在实战中首次击沉敌方主力战舰。

在太平洋战场,美国海军和日本海军仍然对俯冲轰炸机非常有热情,在二战前的1937-1938年,日本研制出一款非常成功

尖叫死神 —— 二战德国 Ju 87 "斯图卡" 俯冲轰炸机战史

■ 图为英国皇家空军的"贼鸥"俯冲/战斗机俯冲轰炸时的连续画面。对于俯冲轰炸战术和俯冲轰炸机,英国这方面的研究事实上比其他国家要早,但由于战术使用上的考虑,英国不像美国、日本和德国那样热衷此类飞机的研制,其实很好理解,英国皇家海军的舰船比其他国家的多,别人研制俯冲轰炸机实际上就是为了对付它。

的俯冲轰炸机,即爱知D3A(也称99式),这款飞机虽然设计成功,但参战后很快就显得落后了,该机的起落架跟德国Ju 87的一样是固定式的。后来,日本又研制了横须贺D4Y "彗星"俯冲轰炸机。日本俯冲轰炸机在珍珠港事件以及随后的其他一些行动中曾表现极好,但随着日本被美国封锁,战争后期日本航空工业技术发展迟缓,其优势也被美国超过。美国俯冲轰炸机在战争后期消灭日本联合舰队剩余力量的战斗中发挥了重要的作用,比较著名的是道格拉斯公司的SBD "无畏"(Dauntless)俯冲轰炸机及更加先进的寇蒂斯SB2C "地狱俯冲者"俯冲轰炸机,前者与日本爱知D3A飞机的俯冲性能差不多,但速度更快。SBD和SB2C两款飞机的产量非常大,为消灭日本海军立下了汗马功劳。

日本海军俯冲轰炸较为成功的战例发生在1942年4月9日的印度洋,当天,日本航母舰队在斯里兰卡和印度之间海域攻击英国

第一章　俯冲轰炸机的理论研究和技术研究

■世界著名的俯冲轰炸机型号中美国SBD"无畏"占有重要的一席之地,美国海军偏爱俯冲轰炸机跟它的作战性质有关,第二次世界大战的太平洋战场也给了SBD俯冲轰炸机施展拳脚之地。注意看图中这架SBD飞机机腹携带1枚500公斤炸弹,伸缩挂架也清晰可见,世界各种俯冲轰炸机的伸缩炸弹挂架要么是"V"形,要么是"Y"形或"H"形,目的都是俯冲轰炸时将炸弹伸出防止碰到飞机螺旋桨。

■美国SB2C俯冲轰炸机的外形短粗,而且前后座舱间距非常大,也不见后射机枪。美国的俯冲轰炸机比日本和德国的同类型飞机要快,除了发动机外,那就是飞机的起落架是可回收式,空气阻力大大降低。

| 尖叫死神 | 二战德国Ju 87"斯图卡"俯冲轰炸机战史

皇家海军舰队时，日本爱知D3A轰炸机成功地击沉英国"康沃尔"号和"多塞特郡"号巡洋舰，以及"竞技神"号航母和为其护航的"吸血鬼"号驱逐舰。这是俯冲轰炸机历史上最为成功的一次行动。要说最为成功的就是1942年6月4-7日美国在中途岛与日本海军的一次决定性的海战。6月4日上午，美国"无畏"俯冲轰炸机在6分钟内对日本3艘航母（"赤诚"号、"加贺"号和"苍龙"号）发起了致命攻击，2艘航母被炸沉，另1艘航母"赤诚"号受重伤，后被日本自沉；当天下午，美国"无畏"俯冲轰炸机再次对日本海军"飞龙"号航母实施了攻击，"飞龙"号航母被严重炸伤，后亦被日本自沉。当天几个小时内，日本海军数千名具备数年作战经验的海军官兵葬身海底，损失最大的是舰载机飞行员（培养有经验的飞行员通常需要数年时间），直到二战结束日本海军也未能恢复元气。

二战结束后，俯冲轰炸机立即退出了历史舞台，主要因素有三个：一是防空力量的迅猛发展，如地对空导弹的出现，对于速度相对较慢，在俯冲时无法机动的俯冲轰炸机来说，地对空导弹可以毫不费力地击落它。各种战斗机也是俯冲轰炸机的最大威胁；另一个因素就是各种瞄准具的出现，新式的瞄准具可以方便地安装到任何飞机上，如轰炸机、战斗机和攻击机，而且新式瞄准具采用计算机计算，瞄准精确更高。诸如攻击机，虽然在轰炸时仍会小角度俯冲，但是，这种

■1942年3月31日-4月10日的印度洋海战中，日本海军D3A俯冲轰炸机显示出远高于水平轰炸的命中精度，4月9日的海战中日本几乎将英国皇家海军舰队消灭殆尽。图中的英国皇家海军"竞技神"号航母中弹后正在沉没过程中，舰体已经部分在水面以下。

第一章 俯冲轰炸机的理论研究和技术研究

■照片仍是日本和英国印度洋海战场景，图中英国皇家海军"康沃尔"号和"多塞特郡"号巡洋舰已经被日本爱知D3A轰炸机击中，从巡洋舰的航迹可以判断在遭受攻击前这两艘巡洋舰在做"Z"字形规避机动。

■在1942年6月4—7日的中途岛海战中，美国SBD俯冲轰炸机取得了迄今为止最为辉煌的战绩，在六分钟内就击沉2艘和严重击伤1艘日本航母。1942年6月6日，美国"企业"号和"大黄蜂"号航母共3波31架SBD轰炸机对日本海军"三隈"和"最上"号巡洋舰发起攻击，图中为"三隈"号被炸后的情景，该舰当时未沉，随后返回途中沉没。此前的6月5日，美国已经出动8架B-17E轰炸机对日本这2艘巡洋舰进行了轰炸，但无一命中。

017

尖叫死神 — 二战德国Ju 87"斯图卡"俯冲轰炸机战史

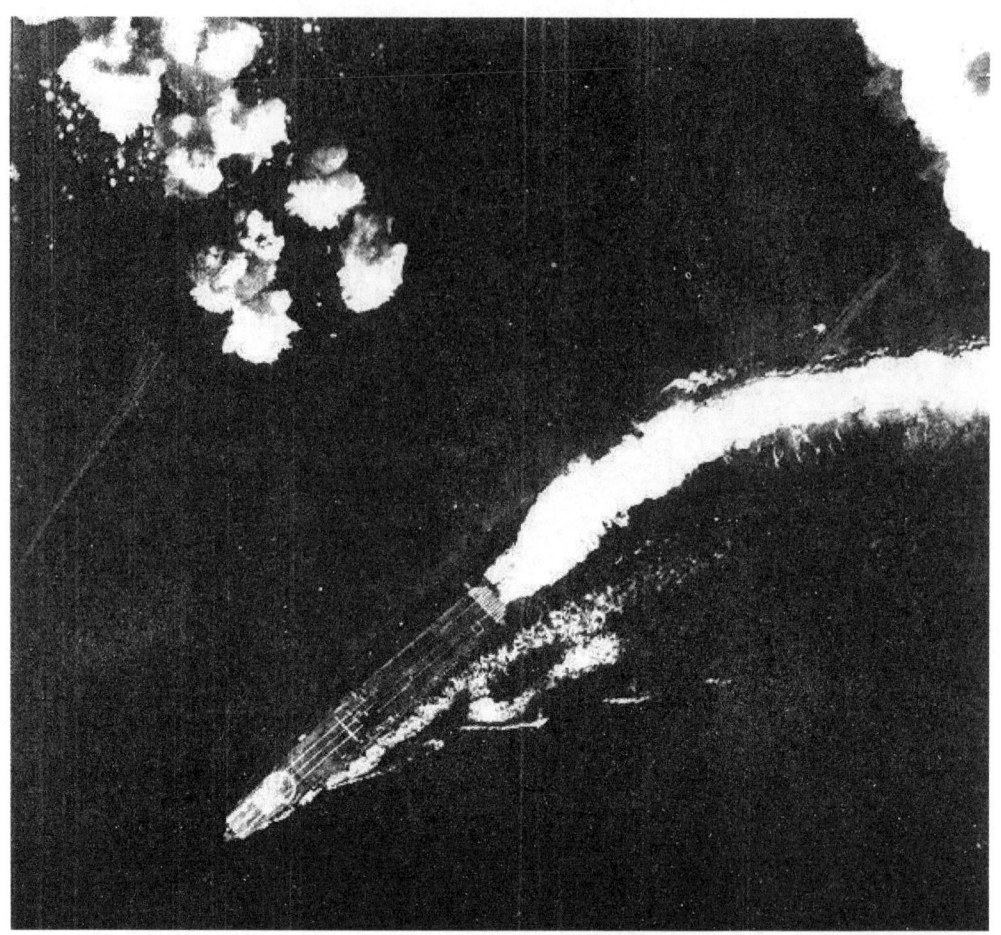

■图为1942年6月6日中途岛海战中美国B-17E轰炸机在轰炸日本海军"飞龙"号航母。在这次海军中,美国出动了各种飞机轰炸日本海军舰队,美国空军的B-17E从高空轰炸,但轰炸效果都不如俯冲轰炸机和鱼雷攻击机,图中可见B-17E投弹的巨大误差。

俯冲能力并不需要独特的结构和气动设计,也就是说不必考虑小角度俯冲而牺牲其他方面性能;第三个因素就是精确制导弹药的出现。早在二战期间纳粹德国空军和美国空军就在分别研究Fritz X和Azon可控制弹道炸弹,也就是所谓的"聪明炸弹",如今称制导炸弹。这些制导炸弹可以在数公里,甚至数十公里远的高空投放,不仅降低了载机的危险性,制导炸弹的命中精度也超过了俯冲轰炸。目前的制导炸弹普遍采用激光制导、红外线制导、雷达制导、电视制导、GPS制导和惯性风偏修正制导(IWCG)等,应该指出的是,现在除美国外其他国家仍库存大量非制导炸弹,一些在役的攻击机在投掷这些炸弹时仍会采用小于45°的俯冲轰炸以提高命中精度,但这也无法再称之为俯冲轰炸了。

二、德国俯冲轰炸机研制历史

第一次世界大战结束后,西方各国的政策基本上是朝着裁军方向发展,新的国际联盟成立是为了增加各国间的信任,防止战争再次爆发。一战在1918年结束后,发生在东欧和俄国的战争实际上又持续了3年才真正结束,而英国、法国和意大利还存在着不少的殖民地问题没有解决,这些国家仍保留着大量的军队,只有德国和俄国真正进行了裁减军事力量。德国空军司令冯·赫伯纳(Von Hoeppner)于1920年5月8日正式宣布德国空军不复存在,四个月后《凡尔赛公约》正式生效。尽管公约规定德国在将来不准拥有空军力量,但是,在1922年4月16日,德国和苏俄签订了《拉帕罗协议》(Treaty of Rapallo),这个协议的签订标志着德国武装力量和苏(俄)联开始正式合作,协议规定德国在苏(俄)联的沃罗涅什(Voronezh)北部的利皮特兹克(Lipetzk,苏(俄)联空军训练中心就位于该地,此处为苏(俄)联空军最重要的新机训练基地)建立一个飞行训练中心。德国通过这种方法绕过了《凡尔赛公约》,这是德国新空军的开始。

就在这个时候,德国一些军事专家开始讨论德国未来空中力量在国家军事力量中的角色和意义。第一次世界大战的空中战斗清楚地表明空军在地面支援和战术上的重要性,飞机被称为"飞行炮兵"就是对飞机在战争中表现的最好解释,但是直到第一次世界大战结束,在战术上还没有对携带炸弹轰炸作出明确的定义。

在20世纪20年代,德国曾经几番尝试制造一些"伪装的"军用飞机,但是很显然,为了跟上科技进步的步伐,德国飞机设计

■虽然其貌不扬,但图中的K 47却是当时世界设计最先进的飞机,在一些国家和公司仍热衷双翼飞机的时候,容克公司选择了单翼布局,这对提高飞机速度极有益,而从双翼到单翼的转换关键却是发动机功率越来越大。此时的K 47还看不到Ju 87的影子,性能也不完善,为了掩人耳目,飞机侧机身采用的是民用航空编号。

尖叫死神 二战德国Ju 87 "斯图卡" 俯冲轰炸机战史

者和生产厂商必须参与进来。而且由于德国战败,《凡尔赛公约》完全剥夺了德国拥有进攻性武器的权利,德国军工企业被严格禁止研制和生产进攻性武器的替代品。但是,这个苛刻的条约墨迹未干,德国企业就开始寻找变相方法为德国军事服务,毕竟谁都不想自己的国家任人宰割。总部位于德国德绍(Dessau)的容克公司就是这样一个有抱负的公司,该公司创始人就是雨果·容克教授。为了"曲线救国",他在20世纪20年代在苏联莫斯科附近和土耳其建立了自己的飞机工厂,在瑞典的里姆哈姆恩(Limhamn)也成立了AB Flygindustri分公司。在这些外国的工厂里,容克公司或按许可证或自己设计生产了大量的军用和民用飞机,这些生产的飞机里最著名的是K 47全金属单翼飞机,该飞机对日后的Ju 87飞机的研制起到了十分重要的作用。

K 47的设计者是容克公司的工程师卡尔·普劳斯(Karl Plauth),K 47飞机于1928年进行了首飞,随后,这架飞机开始在利皮特兹克德国飞行训练中心进行秘密评估和测试。K 47采用的是英国布列斯托尔公司研制的"丘比特"Ⅶ星形发动机,该发动机功率为480马力。在当时,K 47代表着世界最先进的设计,它属于一种双座战斗机,特别强调俯冲攻击目标,为此,飞机采用的是带斜支撑的机翼,这种机翼结构设计是考虑K 47高速俯冲后拉起时能够承受足够的应力,也就是结构强度高。K 47还是容克公司设计的第一种机身蒙皮光滑的飞机,以前的飞机表面为带皱纹的薄板。在瑞典生产的首批12架K 47飞机主要用于出口,其中6架卖给了中国中央政府,4架最终卖给了苏联,当时德国军方极不情愿地购买了2架原型机和用于出口的2架K 47飞机。

■ 图中这架K 47飞机刚刚起飞离地,飞机侧机身S-AABW是民用编号,后来改为D-2012,这也是民用编号。飞机采用双垂尾设计,这个设计也影响到Ju 87第一架原型机。早期飞机均采用敞开式座舱,飞行员的活儿十分辛苦,即使是夏天,高空也比较冷,更甭提冬天了。

第一章 俯冲轰炸机的理论研究和技术研究

由于K 47飞机的载弹量达到100公斤，其翼下挂架可以挂载8枚12.5公斤的高爆破片式炸弹，技术人员决定使用3架（上文中用于出口的12架中）在利皮特兹克进行俯冲轰炸适用性研究。尽管试验取得了成功，但是德国军方还是觉得K 47的中队使用费用高，因此没有下单订购，德国军队仅有的4架（上文中2架原型机和2架出口型K 47，但此时这4架飞机已经将编号改为了A 48）飞机也半军事半民用地使用到寿命结束。

早在1923年，一个刚刚从学校毕业的工程师荷曼·波尔曼（Hermann Pohlmann）来到了容克公司，他此前是德国试验轰炸分遣队（Experimental Bomb Detachment）的飞行员。进入容克公司的几年内，他就表现出了非凡的设计才能和在研制全金属单翼飞机方面的领导能力，他最成功的是设计了容克W 33和容克W 34飞机。波尔曼同时也合作设计了K 47战斗机，卡尔·普劳斯在一次事故中丧生后，波尔曼接替了卡尔·普劳斯在德国研制A 48飞机的任务，A 48是在K 47的基础上进一步改进的飞机，它就是后来Ju 87飞机的设计基础。

同时，世界其他国家也是研究俯冲轰炸的战术。在20世纪20年代，美国海军陆战队受到一些中美洲国家政府请求对本国的叛乱分子进行镇压，特别是海地和尼加拉瓜。在这些国家，大部分的战斗都发生在茂密的丛林里，因为叛乱分子经常为了躲避打击逃到密林里。炮兵对此束手无策，只有空中力量在这种情况下有所作为，但是，普通的轰炸所起的作用也是微乎其微。美国海军陆战队使用的英国德·哈维兰特公司研制的D·H·4B双翼飞机当时就已经很落后了，美国海军陆战队飞行员为了增加打击的精确度开始使用俯冲轰炸战术来对付密林里的叛乱分子。自

■这个角度可以看清K 47飞机全貌：双垂尾、敞开式座舱、平直机翼和固定式起落架。图中的飞机跟K 47原型机已经有一些细小的区别，它就是K 47的生产型，编号为A 48。后座舱已经安装了后射机枪，它已经是地地道道的战斗机了。

尖叫死神　二战德国Ju 87"斯图卡"俯冲轰炸机战史

从采用俯冲轰炸战术后，打击效果非常鼓舞人心，为此，美国海军陆战队要求新研制的通用飞机必须具备俯冲轰炸能力。巧合的是寇蒂斯飞机和汽车公司（Curtiss Aeroplane and Motor）也研制了一种新型的双座战斗机，即F8C，该飞机满足了美国海军陆战队的要求并于1928年进入美国海军陆战队服役。F8C在做了适当的改进并安装一些新设备后编号改为OC-1，绰号为"地狱俯冲者"，这个绰号后来适用于所有寇蒂斯公司研制的俯冲轰炸机。

德国和日本对美国寇蒂斯公司研制的俯冲轰炸机十分欣赏，尤其是日本皇家海军早就对飞机表现出了浓厚的兴趣，他们对飞机在海军中的作用认识十分超前，早在1911－1912年间英国试验飞机和军舰结合提高作战效能时就在模仿英国的作法进行了研究，

在第一次世界大战后期，日本进行了一系列的空中和海上试验。截至1928年，日本海军已经拥有了3艘航空母舰，包括1922年完工的、排水量为7470/10000吨的"凤翔"号（Hosho）航空母舰，它是世界上第一种作为航母来研制的航空母舰，此前的所谓航空母舰都是在商船或其他舰船上改进的。

当1930年美国第一种舰载俯冲轰炸机/战斗机出现后，日本立即意识到这种新型的攻击舰船方法的巨大潜力，因此，日本政府授权德国厄恩斯特·亨克尔（Ernst Heinkel）公司为日本设计一种相应的水上战斗机供日本海军使用。亨克尔博士从1922年就与日本有商业上的往来，因此，得到日本的授权后，亨克尔公司设计人员立即开始设计这种飞机，日本强调飞机具备俯冲轰炸能力，而这正是设计上的难点。

■亨克尔公司的Ha 50飞机最早是为日本海军设计的具备俯冲能力的战斗机，后来的改进型号德国空军也在使用，但这款飞机开始生产时单翼飞机就已经后来居上了，因此，德国空军的装备数量并不多，而且多为训练之用。图中为Ha 50B型，最明显的特征是它的发动机加了整流罩。

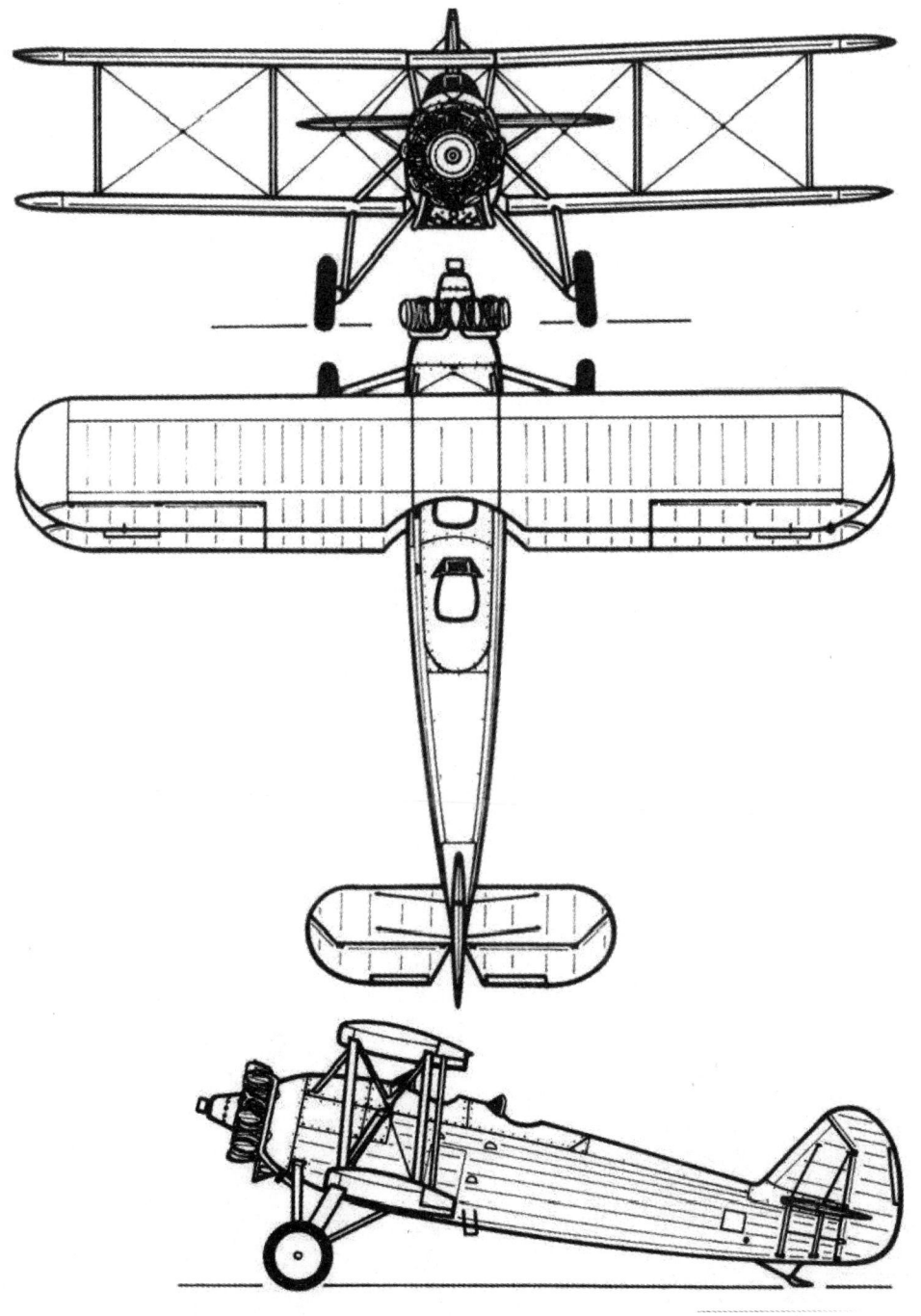

■亨克尔He 50俯冲轰炸/战斗机三视图。注意它的发动机裸露着,没有安装整流罩。

尖叫死神　二战德国Ju 87 "斯图卡" 俯冲轰炸机战史

1931年，亨克尔公司很快便设计出了一款带浮筒的双座水上飞机，编号为He 50aW，该飞机的动力装置为容克公司研制的容克L5直列发动机，功率为390马力。但是这架飞机没有安装任何军事用途的设备，尽管如此，飞机的动力明显有些不足，出口给日本的飞机编号为He 50D。出口到日本的这些He 50D后来成为日本本国研制的爱知D1A舰载俯冲轰炸机的基础。

在He 50aW研制之时德国人就意识到了动力问题，因此，第二架为德国军队研制的陆基型号原型机He 50aL采用的是西门子公司生产的布列斯托尔公司专利"丘比特"VI星形发动机，其功率为450马力。这个型号达到了俯冲轰炸的要求，因此，He 50aL是德国研制的第一种俯冲轰炸机。但是1931年秋天，更具有历史意义的事件发生了，当时，He 50 aL还在工厂里没有首飞，厄恩斯特·乌德特受到邀请去美国俄亥俄州的克里夫兰市参加国际航空比赛（National Air Race）。在飞行表演中，寇蒂斯公司最新式的俯冲轰炸飞机在机场上空进行了近乎垂直的俯冲表演，表演中，飞机模拟轰炸任务从空中投下了沙袋，沙袋非常精确地投到了地面划定的区域内。厄恩斯特·乌德特受到了极大的震动，他回国后向政府高层递交了几份热情洋溢的报告，信中强调了俯冲攻击在军事中的作用。这些报告不久便引起了当时正在秘密组建中的军事航空部门首脑的兴趣，但除了兴趣其他方面根本没什么动静。美国飞机的俯冲轰炸表演给容克公司瑞典分公司的工程师们留下了深刻的印象，他们决定在K 47战斗机的基础上做些改进以便使K 47也具备俯冲轰炸的能力，不久，俯冲轰炸试验便开始进行了。

亨克尔博士非常清楚德国正在秘密组建德国空军，也知道组建后的空军需要大量的军用飞机，作为一个非常有头脑，非常精明的商人，他尽最大的努力满足国内的订单，他料想到德国空军在不久就会成立，而且迅速会扩大，时间不会拖得太久，为此，他在这方面做了充分的准备。当德国空中军事部门表现出对俯冲轰炸机的兴趣，他感到自己的机会来了，因为这个时候，亨克尔公司已

■图为K 47飞机翼下挂架（左）和50公斤炸弹。

经生产出了一种具有俯冲轰炸功能的飞机，而且与日本海军签订的合同仍然在实施中。1932年春天，1架He 50aL编号改为He 50V-1后给德国国防部高级官员做了飞行表演。这架飞机的第二个座舱后来进行了外形处理，这个位置暂时去除是为了做一系列的武器投放试验。在一次试验中，He 50V-1在俯冲状态投下了总重为500公斤的数个重物，这是德国军事高层第一次观看俯冲轰炸表演，他们被这种轰炸方式震惊了。鉴于这次表演，亨克尔公司获得了国家运输部（这个部门半公开半隐蔽地为军事航空服务）合同，生产3架飞机用于评估。亨克尔意识到时间不能再拖延了，德国政府走军事化道路的用意越来越明显，为此，他加速了试验评估飞机的生产，1932年夏天就交付了这3架飞机。那架He 50V-1先是在德国雷希林（Rechlin）加紧测试，随后送到苏联的利皮特兹克继续进行各项试验。

新生产的3架评估飞机跟He 50aL基本结构相似，但动力装置为西门子公司生产的没有整流罩的SAM22B星形发动机，功率为600马力。尽管这3架飞机是按通用型的双座战斗机来设计的，工厂完成建造后也是这个布局，但这些飞机的后机身部位采用的是模块化设计，可以很容易改成单座的俯冲轰炸机，这3架交付给德国军事部门时实际已经去掉了一个座舱，主要目的是向高层演示俯冲轰炸技术，飞机可以投掷500公斤的炸弹。1932年7月，飞行测试顺利通过，因此，亨克尔公司再次接到订单生产25架这种飞机，这些飞机的编号为He 50A，这25架飞机主要提供给不同的商业飞行员学校（Commercial Pilot School），这些学校也是个幌子，培训的飞行员包括了军事飞行训练大队成员。对于亨克尔公司来说，一切看起来似乎非常有前景，这是一个良好的开端，但亨克尔的希望不久就破灭了。

厄恩斯特·乌德特始终无法忘记小巧结实的美国俯冲轰炸飞机，他一直希望能搞到一架该型号飞机。在多方努力后不久，他获准以14000美元的价格购买一架俯冲轰炸飞机的出口型。但是，厄恩斯特·乌德特没有这么多钱（当时这个价格是十分惊人的），他请求一些德国商人出资相助也没有结果。当时，厄恩斯特·乌德特只是一介平民，他梦想得到美国的飞机部分原因是他想在航空表演上能够驾驶这种飞机，次要的原因是飞机的军事潜力。

1933年1月30日，阿道夫·希特勒夺取了德国政权，从那时起，重整武装力量成了无法回头的箭，钱也不再是主要问题。1933年4月27日，戈林领导的德国国家航空督察部改称德国航空部（RLM，即英文German Air Ministry）。一个月后，所有的偷偷摸摸进行的军事航空事务都划归给德国航空部和空军部长戈林来管理。厄恩斯特·乌德特这个时候投靠到了戈林身边，戈林在第一次世界大战时是乌德特所在中队的指挥官，他们也是志同道合的同志，但还称不上是朋友。戈

尖叫死神 | 二战德国 Ju 87 "斯图卡" 俯冲轰炸机战史

■ K 47原型机后视和侧视图,可以看出飞机还较为原始,武器还不完备,特别是两座舱之间和后座舱后的整流罩明显不是实用飞机应该具备的,比如后座舱后的整流罩就影响后射机枪的安装,后来生产型A 48就去掉了这里的整流罩。

林同意把乌德特搞到德国空军中来,乌德特起先不同意,但几次动摇后还是同意了,条件是只要他愿意允许他试飞所有的新飞机,正式参加德国空军的时间向后延迟一下(他后来于1935年6月正式加入德国空军)。

据说是乌德特驾驶寇蒂斯公司的俯冲轰炸机做的俯冲表演打动了戈林和航空局高层官员,当过驾驶员的那些高层官员也看到了俯冲轰炸的巨大军事潜力,因此,航空局立即着手实施俯冲轰炸机项目,这个项目要求立即研制俯冲轰炸机。上面的这些理由可能不完全准确,但毫无疑问的是乌德特有机会真正实现他的俯冲轰炸机的梦想。表面上看是乌德特对俯冲轰炸的痴迷和德国高层官员的支持促使了俯冲轰炸机研制项目上马,其实早在20世纪20年代,德国防空办公室的一个航空装备督察部就考虑过了通过俯冲轰炸提高轰炸精度的问题,只是那个时候,作为

第一章 俯冲轰炸机的理论研究和技术研究

战败国,德国人并没有多少机会去验证这种高精度的轰炸方法。

截至1932年,俯冲轰炸的理论研究取得了一些进展,不仅有外国试验的评估结果和实际的操作经验,德国亨克尔公司的He 50和容克公司的K 47也积累了大量的试验数据,主要的试验都是在苏联的利皮特兹克训练中心进行的。1933年早些时候,负责新技术发展的德国航空部技术部决定在两个阶段实施俯冲轰炸机项目,第一个阶段就是根据上文提到的俯冲轰炸机技术和战术研究,研制一种过渡的实用型俯冲轰炸机。第二个阶段是为德国空军研制性能更全面的实用俯冲轰炸机。1933年春天,在乌德特的极力劝说下,官方正式向位于科萨尔的菲施乐公司(Fieseler)和在柏林新成立的海因克尔(Henschel)颁布了初期项目规范书,这个项目规范还比较宽泛,没有涉及具体的性能参数。文件要求研制一种全金属单座双翼战斗机/俯冲轰炸机,动力装置为宝马公司生产的BMW132A星形发动机,功率为650马力,这种发动机实际上是宝马公司专利生产的美国普拉特·惠特尼公司的"大黄蜂"(Hornet)发动机;飞机采用常规的布局;

■德国空军正式提出研制俯冲轰炸机时的技术指示非常保守,仍是稳妥的双翼布局,德国空军自然有它的考虑,在Ju 87飞机诞生后其他俯冲轰炸机就基本上没有发展空间了,但是,Hs 123飞机有它自己的特点,那就是简单可靠。中国空军曾于1938年购买12架用于长江一带轰炸日本舰船。

| 尖叫死神 | 二战德国Ju 87"斯图卡"俯冲轰炸机战史 |

■ 由于Ju 87的诞生，Hs 123所有型号只生产不足1000架，但是，Hs 123并没有像He 50沦为俯冲轰炸教练机，它仍然参加了西班牙内战和二战，而且在战争中表现不俗。由于早就停产，飞机的零部件短缺，Hs 123在战场一直战斗到1944年年底，直到飞机耗光为止。

■ 菲施乐公司的方案Fi 98飞机外形较为流畅，也堪称漂亮，但是，在与Hs 123竞争时落选，很大一部分原因就是两翼之间的斜撑较为落后。

飞机必须易于大量生产；飞机还应具备改进的潜力，可以看出这种俯冲轰炸机的设计十分保守。两家公司分别研制出了1架原型机，后德国航空部分别编号为Fi 98和Hs 123。第一阶段的试验型俯冲轰炸机对日后"斯图卡"的诞生和战术使用起到了十分积极的作用。第二阶段具体的项目规范书直到1935年才颁布。

戈林原本对俯冲轰炸的态度十分消极，然而，到1933年夏天，不知道什么原因戈林又成了俯冲轰炸的坚定支持者，他很爽快地答应乌德特购买2架美国俯冲轰炸飞机，不是先前乌德特要求的1架。戈林还以个人名义用政府的资金购买寇蒂斯公司"鹰"Ⅱ双翼飞机，其出口型的编号为F11C-2"苍鹰"（Goshawk）俯冲轰炸机。1933年9月27日，乌德特在纽约州的巴夫罗（Buffalo）寇蒂斯公司工厂试飞了"鹰"Ⅱ双翼飞机，随后这架飞机用德国的"欧罗巴"（Europa）号船运回德国。10月19日飞机运抵德国不来梅港，随后在德国航空部官员的协助下运到柏林。

"鹰"Ⅱ双翼飞机的动力装置为怀特公司研制的SR-1820-F2星形发动机，功率为712马力，飞机在1005米高度的最大速度为325公里/小时，"鹰"Ⅱ飞机的重量和航程都跟容克公司的K 47飞机相当，但它的体积更小，机动性也更好，最主要的是它的俯冲性能非常优秀。亨克尔公司的He 50跟"鹰"Ⅱ飞机相比显得十分笨拙，速度也慢得多，这也是为什么德国航空部的官员对俯冲轰炸飞机在军事用途上表示怀疑的原因之一，但是购买了"鹰"Ⅱ飞机并没有完全改变德国人对俯冲轰炸机的认识。

同样在1933年10月，德国航空部下令组建德国空军的第一个俯冲轰炸机大队，但直到17个月后，这个俯冲轰炸机大队才正式成立。1933年12月，2架"鹰"Ⅱ飞机被冠以民用编号D-3165和D-3166（后又改为D-IRIS和D-ISIS）后被送到柏林北部新成立的测试中心，在那里，乌德特向航空局的官员表演了模拟俯冲轰炸机动。表演打动了一些官员的心，但并不是全部，主要的反对意见来自发展部主任沃尔福拉姆·冯·里希特霍芬（Wolfram Von Richthofen）少校和空军部长厄哈德·米尔切（Erhard Milch），里希特霍芬纯粹受了He 50低劣性能的影响，他认为俯冲轰炸这个概念没有多大的军事意义，因为在地面防空火力面前俯冲轰炸机很难生存，俯冲恢复过程飞机非常容易遭到攻击，而厄哈德·米尔切的反对意见是一般的飞行员无法承受俯冲造成的过大的过载。真正支持乌德特想法的是德国空军参谋长沃斯尔·威瓦尔（Walther Wever）将军，双方的观点争持不下，最后同意进一步试验，用事实来判断。

德国空军第一个单位于1934年4月1日正式成立，指挥官是里特尔·冯·格里姆（Ritter Von Greim）少校，他是著名的一战飞行员。这个单位番号为JG132（Jagdgeschwader，简

| 尖叫死神 | 二战德国Ju 87"斯图卡"俯冲轰炸机战史 |

■美国F11C-2"苍鹰"俯冲轰炸飞机在当时不仅先进,还具备实战经验,它对德国Ju 87的诞生也有着重要的影响。中国曾购买52架。上两图中的飞机小有区别,上图为F11C-2(垂尾上有字),它采用固定起落架,机轮上有整流罩;下图飞机起落架可以回收,机身侧面有敞开式起落架舱,垂尾有XF11C-3字样。

称JG，意为猎杀中队），这个单位是战斗机中队，标准装备是Ar 65和He 51战斗机，主要执行战斗任务，但这个中队也负责训练俯冲轰炸机飞行员，为此，JG132大队接受了一些He 50A俯冲轰炸机。这个时候，德国空军仍不敢暴露其真实意图，订购的He 50A只有60架。

第二章
Ju 87"斯图卡"飞机的研制过程

■Ju 87G-1"斯图卡"反坦克飞机。

第二章　Ju 87"斯图卡"飞机的研制过程

到目前为止,有关俯冲轰炸机的一些事件对于后来的Ju 87的研制起到了非常重大的影响。希特勒和他的支持者掌握国家大权后不久,德国的飞机生产商就毫无疑问地担负起建设新德国空军的重任,希特勒政府要求飞机生产商们合作加快新飞机的研制过程。容克公司是当时德国有名的飞机生产商,公司位于德绍的工厂是德国最大的飞机生产厂,它对于德国空中力量的扩充具有十分重要的意义。但是雨果·容克教授是个坚定的民主和和平主义人士,他反对希特勒的政治路线。而且,容克教授和空军部长厄哈德·米尔切长期不合,米尔切曾强行将容克教授的私人航空公司并入国家管理的汉莎航空公司(Lufthansa),甚至米尔切还不顾容克公司的反对坚持要求Ju 52飞机采用3台发动机。容克无法跟米尔切对着干,1933年5月,迫于压力容克教授做出了让步,他的公

■在瑞典试验期间的K 47飞机,飞机机身"SE+BW"说明它的原型机性质。

尖叫死神 二战德国Ju 87"斯图卡"俯冲轰炸机战史

司（面临破产）被迫被国家接收。容克教授被驱逐到巴伐利亚州，1935年2月3日去世。因为容克公司被国家接收，自然而然地德国未来飞机的研制任务和生产订单都由这个公司来负责。

然而，在上述事件发生之前，决定Ju 87飞机的决定性的步骤已经开始了。从1931年开始，容克公司的一些工程师一直默默地在解决俯冲轰炸的问题，事实上，自从K 47在瑞典首次试飞以来，该飞机就显示出俯冲轰炸的一些特点。在1931-1934年间，容克公司的试验队伍就在瑞典有条不紊地给K 47安装各种测试设备进行试验，驾驶K 47做试验的是容克公司首席试飞员威利·纽恩霍芬（Willy Neuenhofen）。早先的测试都是德国和瑞典合作在夜间进行的，K 47的机腹部安装了功率强大的探照灯，而模拟炸弹上也安装了发光装置，这么做的目的是为了便于用摄影经纬仪来拍摄，在黑暗的环境下也更容易看清飞机和炸弹的轨迹。

夜间的试验结果评估后，俯冲轰炸试验改在了白天，测试人员采用了可以拍摄连续画面的电影照相机来分析结果。试验中发现飞行员无法同时瞄准和判读仪表，后来研制出一种名为陀螺稳定俯冲瞄准仪设备才使得俯冲轰炸变得更容易些，这种设备可以自动校正弹道。另一种提高俯冲轰炸能力的设备是光学显示器，它可以校正炸弹释放高度，当然这两种设备仍处在研制之中，没有大规模生产。

在瑞典的试验非常成功，俯冲轰炸的精度也很高，为此，在1934年，容克公司的设计人员开始为飞机研制一种火箭动力炸弹。这种炸弹也是由K 47来试验，接下来的试验表明K 47可以对移动舰船目标进行俯冲轰炸，而且命中精度非常喜人。有两个瑞典人在这些试验中作出了突出贡献，他们是斯温森（Svensen）上尉和布丘格伦斯（Bjuggrens）中尉。容克公司的设计小组由迪普尔·英格·奥蒂弗雷德·福切斯（Dipl Ing Ottfried Fuchs）领导，他负责测试设备的研制，希望研制一些设备来校正轰炸方法，陀螺稳定俯冲瞄准仪就是他牵头研制的。1934年11月3日他递交的报告中称，最终的测试结论是俯冲轰炸机应该立即着手研制，它将成为空军非常利害的武器。

同时，容克公司在德国境内德绍的另一个由主任设计师荷曼·波尔曼领导的设计小组正利用在瑞典试验取得的结果研制俯冲轰炸机，至1933年，这个项目飞机初现端倪。荷曼·波尔曼在容克公司的几年里获得了不少全金属飞机研制的经验，从一开始他就看中了容克单翼飞机的布局，尽管当时非常流行的还是双翼飞机。荷曼·波尔曼的设计主要还是在K 47的基础上进行研制的，但采用了一些适合俯冲轰炸的新设计，最显著的特征是采用了倒过来的海鸥机翼，这种设计使得飞行员的前视和后视视野更宽阔，另一方面这种机翼可以安装较为短小结实的起落架，这种结构强度可以满足俯冲轰炸的强度

第二章 Ju 87 "斯图卡"飞机的研制过程

要求。

1934年，容克公司完成了1架Ju 87俯冲轰炸机的模型，这年成了德国俯冲轰炸机同时也是Ju 87飞机发展最具意义的年份。这个时候，俯冲轰炸的概念得到了一些有权势人物的支持，包括希特勒本人（他本人很喜欢乌德特），为此，俯冲轰炸试验的步伐大大加快。这个阶段，一些He 50和K 47被用来作为试验平台测试炸弹挂架和俯冲减速板装置，还包括特殊的俯冲轰炸瞄准仪。全金属单翼的Ju 87代表航空新技术的方向，为此，1935年1月，德国航空部颁布第二阶段具体的俯冲轰炸机技术规范，毫不奇怪，这个规范实际上就是在Ju 87的基础上取得的数据制定的，德国高层事实上认可了Ju 87的研制，

当然其他公司也可以合作参与竞争。其他的竞争对手是阿拉多（Arado）公司的Ar 81飞机、亨克尔公司的He 118和汉堡飞机公司不太可能获胜的Ha 137飞机。进入这个阶段，德国航空部正考虑是需要较轻的单座型还是重些的双座型俯冲轰炸机。容克公司的Ju 87理所当然地被德国高层看中了，原因有几个：1.容克公司的工程师是唯一的有着非常扎实研究经验的设计队伍，前文提到容克公司早就在做这方面的研究了，而且试验的时间较长，实际经验十分丰富；2.容克公司的方案结构强度最好，设计也最先进；3.容克公司的研制已经进入到了模型阶段，比其他公司的步伐快得多。

1934年Ju 87的模型完成后，德国航空

■德国阿拉多公司的Ar 81在这个阶段不识时务地提出双翼方案，落选是理所当然的。

尖叫死神　二战德国Ju 87"斯图卡"俯冲轰炸机战史

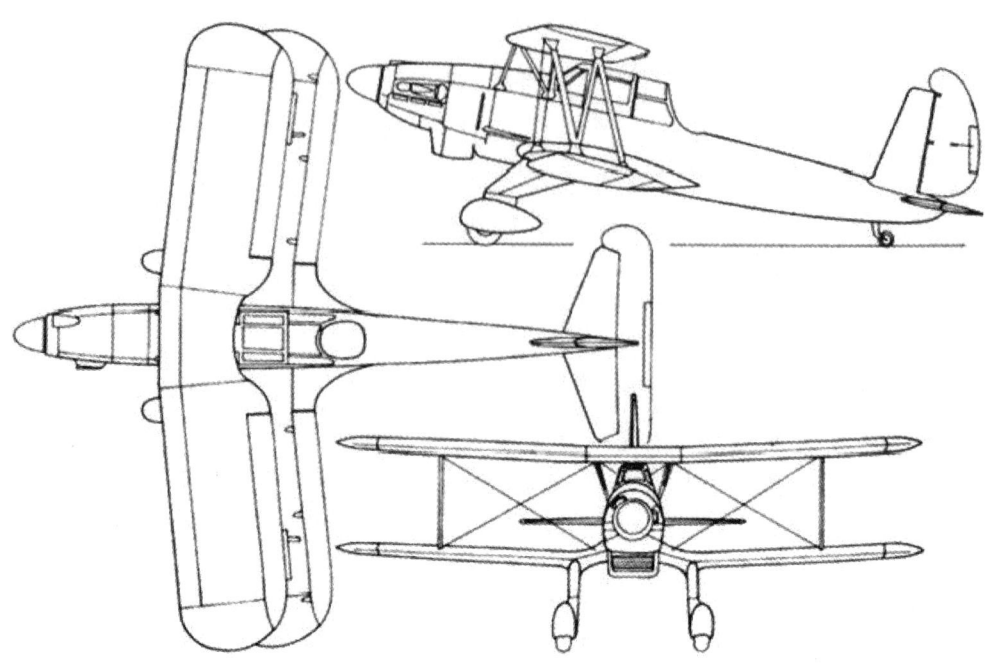

■ Ar 81飞机三视图。

■ 亨克尔公司的He 118比Ju 87飞机要漂亮得多，而且纸面上的性能也先进得多，因此也得到了乌德特的偏爱。但是，He 118的设计思想更像是攻击轰炸机，后座也安装了水平轰炸瞄准具，它的俯冲轰炸性能非常差，只能小角度俯冲，试验过程中发现它的最大俯冲仅为50°，这些性能指标显然不符合德国俯冲轰炸机项目的招标技术规范。He 118只生产了15架用于各项试验，最要命的是乌德特驾驶着自己偏爱的He 118在第一次飞行中就出现坠机事故。德国放弃这个项目后，日本将其引进并在此基础上研制了横须贺D4Y"彗星"舰载俯冲轰炸机，其产量达到2038架，而实际上日本多将D4Y作为侦察机来使用，二战后期也作"神风特攻队"的自杀飞机来使用。

第二章 Ju 87 "斯图卡"飞机的研制过程

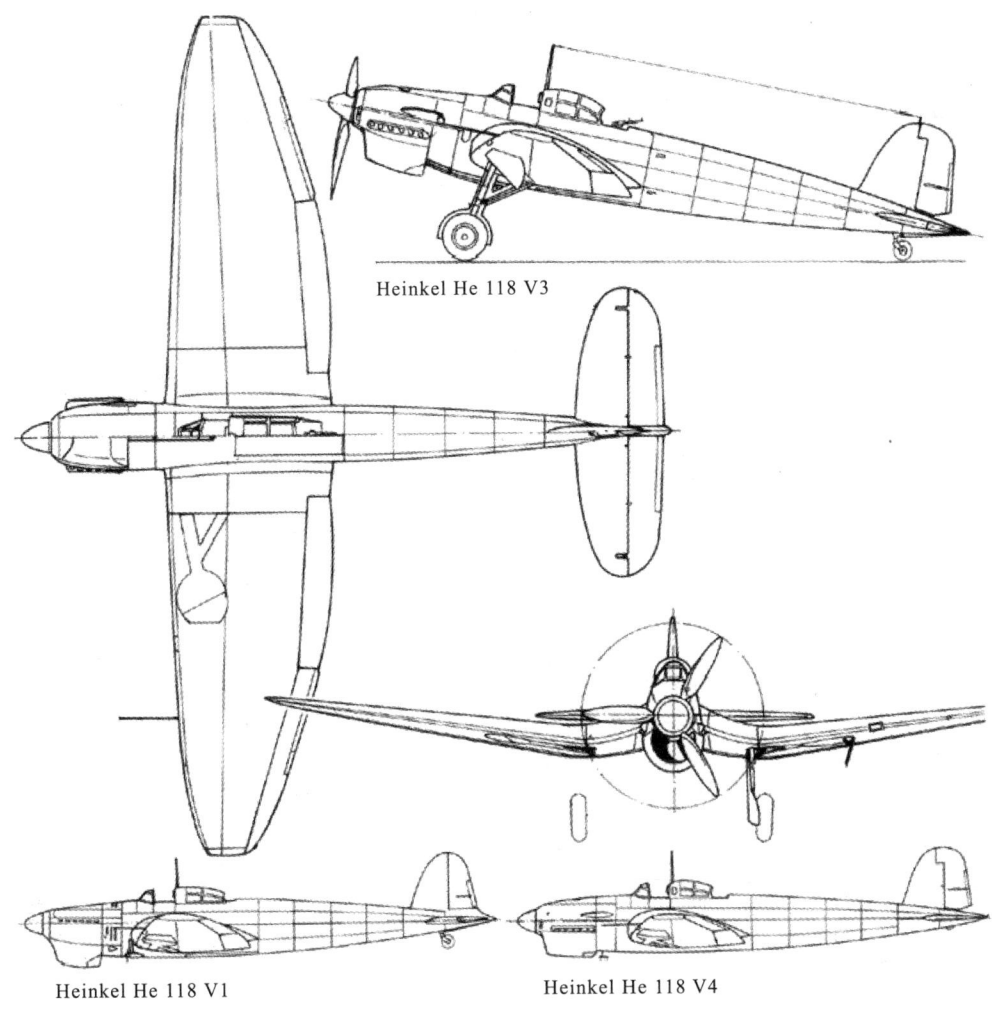

Heinkel He 118 V3

Heinkel He 118 V1　　　　　Heinkel He 118 V4

■He 118飞机三视图及不同原型机对比图。

部审查了模型并在当年正式要求容克公司生产3架原型机供进一步研究,这个时间比航空局向其他公司正式颁布技术规范还要早好几个月。表面上看航空局是要在几个公司中选出最好的设计方案,但是实际上,Ju 87方案明显地比其他的方案要好得多,竞争几乎没有什么悬念。就在德绍的Ju 87设计具备雏形的时候,另一件事更加促进了俯冲轰炸

的研制,这就是众所周知的原因:1935年1月,经过十多年的努力,希特勒将德国空军从其他武装力量中独立出来,这相当于正式向全世界宣布了德国空军的成立。德国空军一成立就立即开始扩充,1935年3月28日,在德国斯切威林(Schwerin)第一个新组建的单位就是 I Gruppe of Stukageschwader 162,简称 I /St.G 162,即"斯图卡"俯冲

037

尖叫死神 二战德国Ju 87"斯图卡"俯冲轰炸机战史

轰炸机大队,当时,"斯图卡"还不是Ju 87的专用绰号。这个大队于1935年4月3日命名为"伊美尔曼"(Immelmann),大队飞机包括He 50A俯冲轰炸机和Ar 65战斗机。

有必要再回到上文提到的第一阶段竞争方案Fi 98和Hs 123,海因克尔公司和菲施乐公司根据要求生产出了原型机,两家公司的方案都是单座双翼俯冲轰炸机,海因克尔公司的第一架原型机为Hs 123V-1,"V"意思是试验原型机(Versuchs),这架飞机于

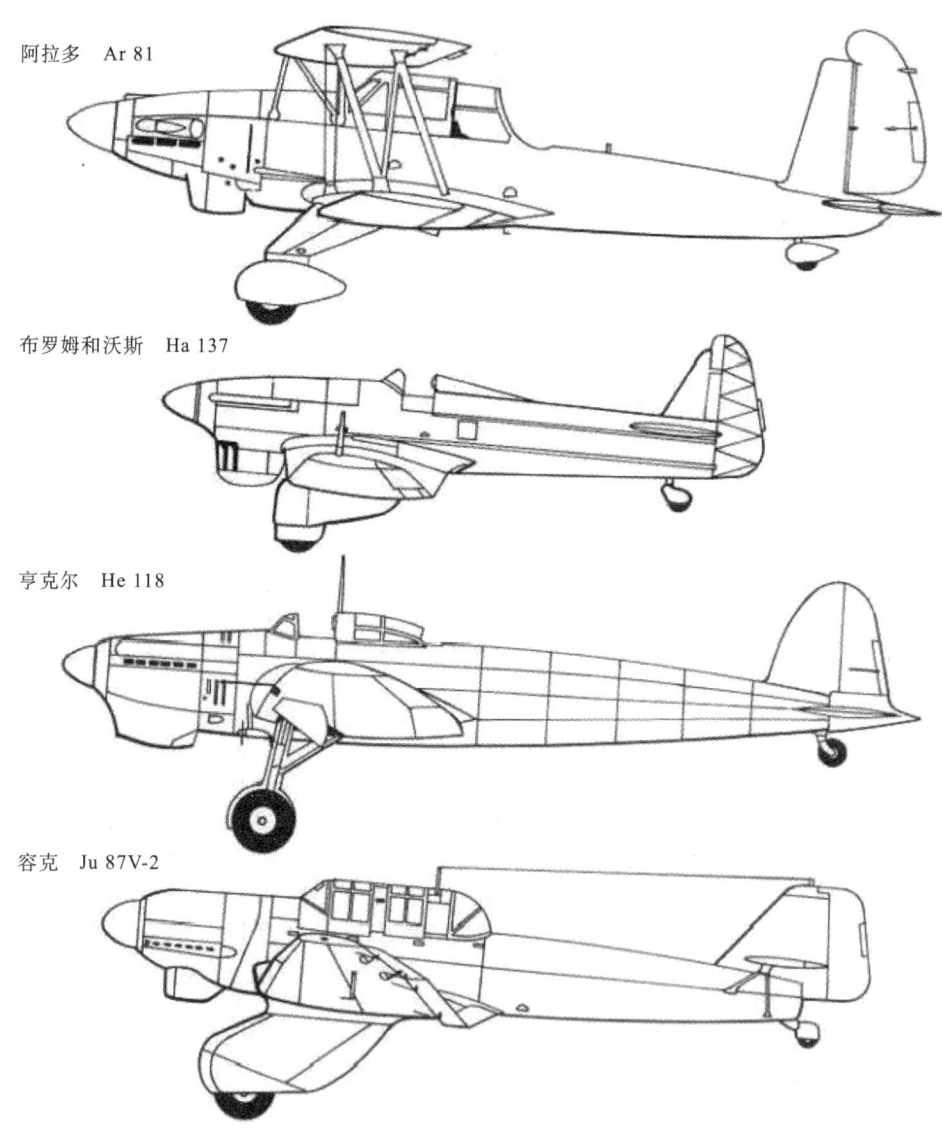

阿拉多 Ar 81

布罗姆和沃斯 Ha 137

亨克尔 He 118

容克 Ju 87V-2

■ 德国1936年俯冲轰炸机项目的几个竞争机型侧视图。

1935年春天首次试飞,菲施乐公司的Fi 98跟Hs 123V-1在设计上大部分相同,首飞的时间也一样。通过对比试飞发现Fi 98比Hs 123的性能要差些,所以,Fi 98方案很快就被淘汰,第二架原型机的研制工作也被取消。而Hs 123V-1速度更快,更结实,因此赢得竞争。

Hs 123V-1大部分采用金属结构框架,只有机翼蒙皮、方向舵和升降舵是织物材料,它的特征是,上面机翼的翼展很长,下面的相对要短些。主起落架在机翼下方,目的是增加轮间距。座舱为敞开式,这是当时较为标准的样式。Hs 123V-1安装的是BMW公司生产的9缸星形空气冷却BMW132-A发动机,功率为650马力(485千瓦)。

随后海因克尔公司又生产了2架原型机Hs 123V-2和Hs 123V-3。Hs 123V-2跟Hs 123V-1相比发动机的头部安装了新设计的水泡形整流罩,它将发动机的活塞包裹起来,整流罩上有18个突起,安装整流罩后飞机的阻力更小。Hs 123V-3跟Hs 123V-2大体上差不多,但除了安装泡形整流罩外,发动机螺旋桨由V-1和V-2型的2个桨叶改为可变桨距的3个桨叶,螺旋桨是汉密尔顿标

■谁都没想到Hs 123飞机在二战中使用得非常成功,在烈度稍逊的战斗中,它是一款十分有效的俯冲轰炸机,受到德国地面部队的喜爱。注意看图中飞机翼下的4枚带长杆的炸弹,这是专门用于杀伤人员的炸弹,炸弹触地前爆炸,增加对人员的杀伤效果。

准公司（Hamilton Standard）生产的。Hs 123V-3也是第一架安装武器的原型机。俯冲轰炸时，飞机会受到很大的应力，因此对结构强度要求相当高，海因克尔公司的3架原型机中有2架在做俯冲动作试验时造成上面机翼的折断而失事坠毁，2名飞行员丧生，为此，第四架原型机HS 123V-4着重加强了机翼结构强度，这架飞机于1935年夏天首飞。

进一步的试验表明HS 123V-3性能良好，为此，海因克尔公司将其作为生产型的原型机，首架生产型为HS 123A-1，这架飞机于1936年夏天交付给德国空军。HS 123A-1安装了改进的BMW132D发动机，起飞功率为730马力（545千瓦）。发动机的整流罩上方安装2挺7.92毫米的MG 17机枪，为了避免发射的子弹击中螺旋桨，飞机上安装了同步器（synchronizer gear）。HS 123A-1可在机身正下方携带250公斤的炸弹，炸弹挂架进行了精心设计，俯冲轰炸时可避开螺旋桨。飞机也可以在翼下挂架携带4枚50公斤的炸弹。

由于发现空军高层对俯冲轰炸机的支持有些动摇，1935年5月8日，乌德特驾驶第一架HS 123V-1飞机在乔汉尼斯绍尔（Johannisthal）上空再次表演俯冲轰炸的拿手好戏。一切看起来都十分顺利，但到6月里3架HS 123原型机在雷希林测试中心上空测试时，其中2架在做俯冲试验时在空中解体，试飞员丧生。为此，HS 123V-4相应做了改进。尽管发生了坠机事故，HS 123V-4在雷希林还是通过了验收测试，测试结果获得了最高分，这个型号因此立即投入生产。HS 123V-4是德国空军第一种实用型俯冲轰炸机，预计这个型号飞机将于1936年夏天交付给德国空军于1936年4月1日新组建的2个俯冲轰炸机大队，一个是Ⅱ/St.G 162，另一个是Ⅰ/St.G 165。有必要在此提一下，上文中提到不太可能获胜的Ha 137单座原型机在雷希林也和HS 123飞机竞争，德国航空部同意生产几架Ha 137原型机作为备份方案，但不多久，Ju 87的双座观念得到了认可，Ha 137更没希望发展下去了。

1935年夏天，第一架Ju 87V-1完成生

HS 123A 技术数据

飞机长度	8.66米	飞机高度	3.76米
飞机翼展	10.5米	机翼面积	24.85平方米
飞机空重	1420公斤	实用升限	4100米
起飞重量	2175公斤(正常)、2350公斤(最大)	最大航程	750公里
最大速度	290公里/小时		
发动机	BMW132D发动机，起飞功率为730马力(545千瓦)。		
武器配置	2门7.92毫米的MG17机枪,4枚50公斤炸弹。		

产,当年9月在德绍进行了首飞。跟当时德国其他的军用原型机一样,Ju 87V-1采用的是英国罗·罗公司生产的"红隼"(Kestrel)12缸V形水冷直列式发动机,采用的是2片固定式木质螺旋桨,发动机功率为525/640马力,著名的梅塞施米特公司(Messerschmitt)的Bf 109原型机也使用这种发动机,德国当时国内生产的发动机功率无法达到要求,因此只好采用外国的产品。使用中发现发动机的冷却系统存在着问题,因此,Ju 87V-1在整修时,在机头颌下安装了一个体积很大的散热器。Ju 87V-1的尾翼布局跟K 47一样是H型双垂尾,水平尾翼的外侧为面积较小的鳍/舵结合体。机翼为倒海鸥翼形,采用这种翼形的原因是在不增加翼展的情况下增加机翼面积,另一方面方便安装起落架。机翼1/2弦长向内到折线处为襟翼,襟翼外侧为副翼。由于当时机翼上的新型俯冲减速板仍处在研制中,第一架Ju 87V-1在试飞过程中一直没有安装这种减速板。座舱里机组乘员的位置较高,后座的机枪手兼无线电操作员面朝后。Ju 87V-1采用的是固定式起落架,有很大的整流罩,好像起落架穿了条裤子。在1936年1月24日的试飞中,这架Ju 87V-1

■Ju 87V-1是第一架原型机,这架原型机仍采用K 47的双垂尾,飞机的颌下有一个突出的百叶窗散热器,起落架的整流罩非常大,有人戏称飞机穿了一条裤子。

尖叫死神　二战德国Ju 87"斯图卡"俯冲轰炸机战史

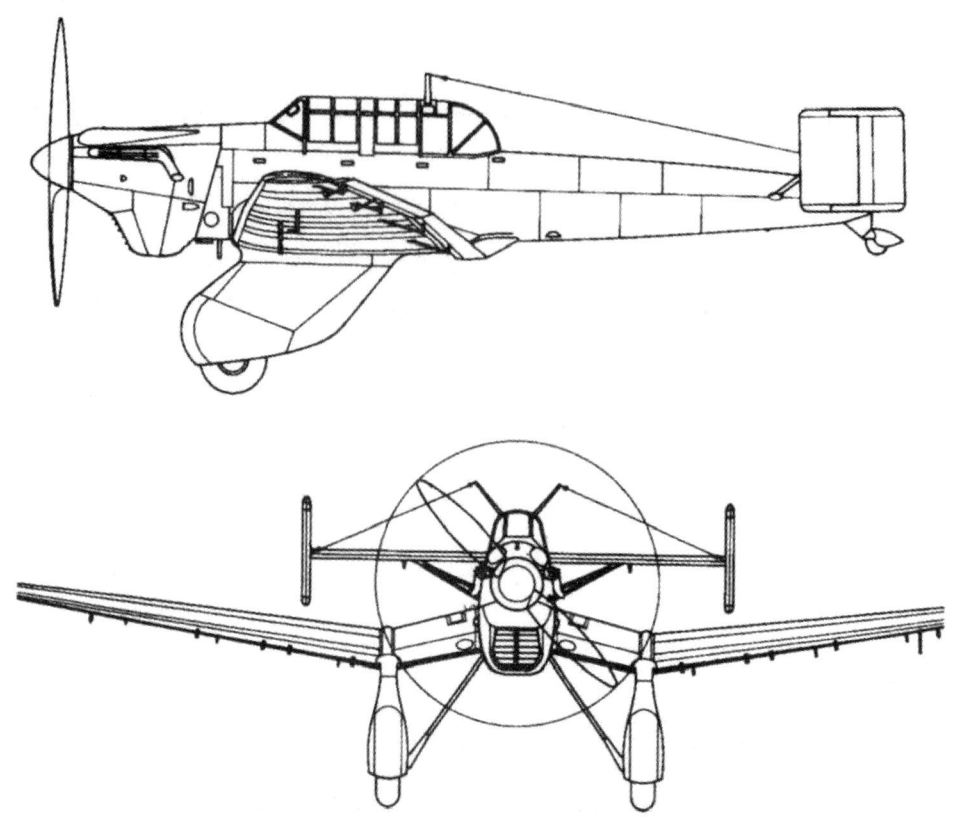

■ 图为Ju 87V-1两视图。

在进行中角度俯冲测试时进入螺旋状态失去控制而坠毁，容克公司首席试飞员威利·纽恩霍芬和随机观察员丧生。

这次意想不到的事故表明设计上可能有错误，因此，第二架原型机Ju 87V-2生产延期，等待事故调查结果。事故调查的原因一是没有安装减速板，二是尾翼的布局有缺陷，因此，Ju 87V-2原型机的尾翼改为水平尾翼加单片垂直尾翼"⊥"形结构，垂尾面积增大，机长稍有增加，这种设计可防止飞机进入螺旋状态。其他的改进是换装德国生产的发动机，此时，德国已经能够生产出大马力的发动机，Ju 87V-2原型机采用的就是容克公司自己研制的尤模210Aa（Jumo 210Aa）型12缸V形水冷直列式发动机，采用的是3叶可变桨距螺旋桨，功率为610马力（455千瓦），第三架原型机Ju 87V-3也采用了该型号发动机。这架飞机的机翼前缘下方起落架外侧段还安装了很特别的金属格栅式的减速板。改进后的Ju 87V-2登记号为D-UHUH，这架飞机于1936年春天完成建造。不久经过小幅度修改的Ju 87V-3也完成，跟Ju 87V-2相比，Ju 87V-3的垂尾和方向舵小做改动，主要是增加面积，另外水平

第二章 Ju 87 "斯图卡"飞机的研制过程

尾翼翼尖增加了一个小型的翼梢板,跟现在大型客机机翼的翼梢小翼类似,为的是提高操纵效率。Ju 87V-3虽然也采用的是尤模210Aa发动机,但采用下置倒"V"形以改善飞行员前视视野。这架飞机登记号为D-UKYQ。这2架飞机完工后飞往雷希林进行规定的试验。

为德国空军选定俯冲轰炸机的官方竞争分两个步骤,初步的技术评估于1936年3月进行,3个月后进行最后的试验。在第一个阶段,Ju 87和He 118飞机获胜,容克公司和亨克尔公司都赢得合同生产10架预先生产型。全金属双翼飞机Ar 81被选定为备选方案,单座的Ha 137是非官方参加竞争的方

■从第二原型机Ju 87V-2开始,飞机的垂尾由双垂尾结构改为单垂尾结构,为的是改善飞机的螺旋特性。第二架原型机已经具备了日后大名鼎鼎"斯图卡"飞机的主要特征,只是发动机、散热器、起落架和垂尾是日后的改进重点。

| 尖叫死神 | 二战德国Ju 87"斯图卡"俯冲轰炸机战史 |

■两图中左为Ju 87V-2的后起落架，它的设计较为独特，该处后机身也缺少一块儿，可以参照上图。右图为Ju 87V-4的尾翼单元，它的水平尾翼有翼梢板，这是Ju 87V-3开始采用的设计。Ju 87V-4的后起落架重新设计，结构更为简单。

Ju 87V1"红隼"发动机

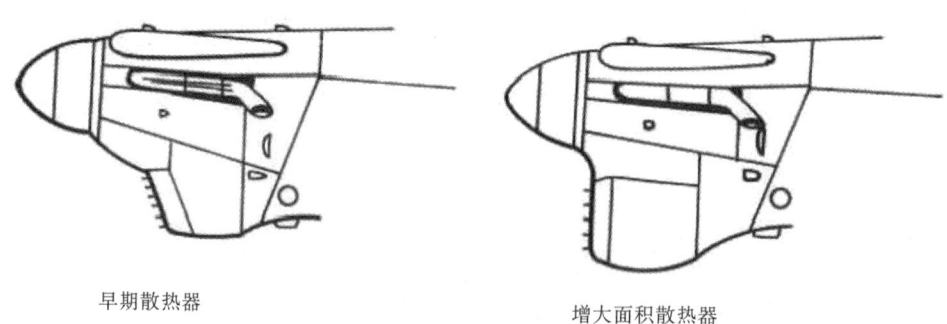

早期散热器　　　　　　　　　增大面积散热器

■Ju 87V-1发动机散热器更换过一次，图中右即为更换的面积更大的散热器。

案，由于技术规范要求是双座，显然它的设计不符合要求。

He 118飞机比Ju 87更加先进些，飞行速度也更快，但重量上也更大、更复杂，最主要的是该方案设计还没有全部完成，从技术角度看，He 118更像是攻击轰炸机，而不是俯冲轰炸机，因为后座的乘员主要任务是使用轰炸瞄准。He 118是在He 112战斗机的

第二章 Ju 87 "斯图卡"飞机的研制过程

基础上研制的,这两个项目平行发展,亨克尔教授决心赢得这次竞争。但是不久,反对He 118的声音就冒了出来,因为He 118飞机无法参加于1936年4月14日开始进行的最新式俯冲轰炸瞄准具的测试,而且在最终测试即使到来的时候,He 118的综合襟翼/减速板还处在研制之中。在1936年6月的第一个星期,Ju 87和He 118飞机进行了对比试验,但是第二架He 118在飞行试验中表现平平,没什么特别之处,而Ju 87可以很容易地做出一系列近乎垂直的俯冲动作,外表光滑的He 118俯冲角度被限制在50°以内。

然而一件严重的事情发性了。尽管Ju 87在竞争中表现出了很大的优势,德国空军倾向接收这个方案,但俯冲轰炸最强烈的反对者沃尔福拉姆·冯·里希特霍芬于1936年6月9日颁布秘密的指令,要求停止一切Ju 87的研制工作。就在第二天,即6月10日,厄恩斯特·乌德特被任命为德国航空部技术部办公室主任,他上任后立即取消了冯·里希特霍芬的命令,乌德特的上任更加确定了俯冲轰炸机的研制决心,德国军事部门的高层对进攻性武器的认识越来越明朗。乌德特的观点代表着官方对整个俯冲轰炸机项目的最大支持。

乌德特上任首先要做的事是从Ju 87和He 118两个方案中选出一个作为空军的俯冲轰炸机,尽管He 118在对比测试中表现的不如Ju 87,但乌德特本人不情愿放弃这个方案,毕竟这个方案十分先进,后来,乌德特本人决定亲自试飞这两种飞机以最终确定。从这一点可以看出,乌德特对He 118有些偏爱,他本人从未表现出要亲自驾驶Ju 87飞机的想法。正是这次乌德特的试飞彻底粉碎了

■Ju 87V-3跟Ju 87V-2差不了太多,只是尾翼小做改动。注意看水平尾翼的翼梢板。

尖叫死神 二战德国Ju 87"斯图卡"俯冲轰炸机战史

亨克尔教授的希望。

He 118飞机上革命性的设计是襟翼/减速板两用装置，这个装置可以与螺旋桨螺距调节系统联动。乌德特在1936年6月27日到达亨克尔公司时准备亲自试飞时，襟翼/减速板在实际使用中效果并不好，亨克尔公司人员向乌德特解释了这种装置的不足，但乌德特似乎对此不屑一顾。当天的试飞中，乌德特在3962米高空做俯冲动作时，He 118的发动机螺旋桨突然顺桨，切断了发动机减速齿轮，He 118飞机立即在空中解体，好在降落伞救了乌德特一命，这时乌德特对He 118飞机的好感也烟消云散了。这次事故不久，官方立即宣布Ju 87飞机在竞争中获胜，容克公司获得了生产合同。

几个月前，德国空军的俯冲轰炸机（仍是双翼飞机）参加了一次冒险行动：1936年3月7日，也就是Ⅰ/St.G162成立仅4个星期后，这个大队接到通知从驻地基特兹恩转移到法兰克福和曼黑姆，然后又进驻到莱茵兰中立区，实际就是侵略，但法国和英国竟然默许了德国的侵略。

当年秋天，德国政府开始协助西班牙的弗朗哥镇压共和主义力量。至1936年11月，德国空军在西班牙的分遣队飞机数量达到40架，军事人员达到4500人，这些军事力量被组织成了"秃鹰军团"。除了政治上的考虑，事实上西班牙内战成了德国和苏联两国新武器、新战术和新设备最理想的试验场所。德国准备将本国研制的最新飞机投入到西班牙战场接受检验，这其中就包括Ju 87俯冲轰炸机。

■第四架原型机Ju 87V-4就是"斯图卡"的标准生产型，经过不断试验和改进，生产型Ju 87的基本布局最终确定。

第二章　Ju 87 "斯图卡"飞机的研制过程

■从这张飞行中的Ju 87V-4可以清楚地看出座舱较此前的飞机有所升高，飞行员视野大大改善。

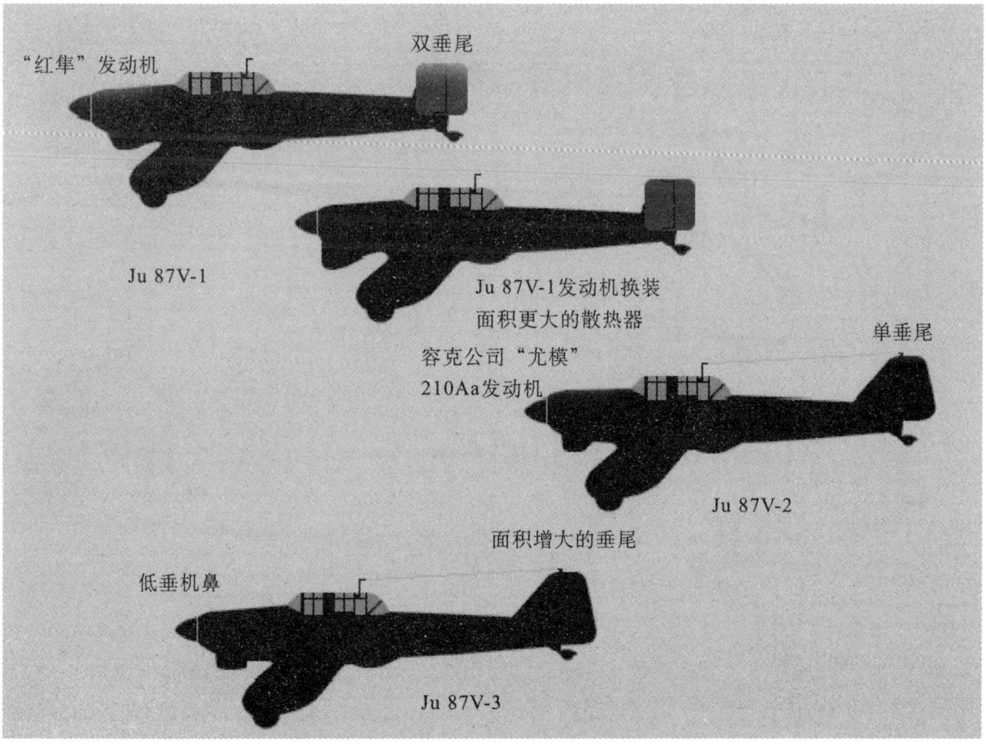

■三架原型机主要区别，其中Ju 87V-1更换过一次发动机散热器。

047

尖叫死神

二战德国Ju 87"斯图卡"俯冲轰炸机战史

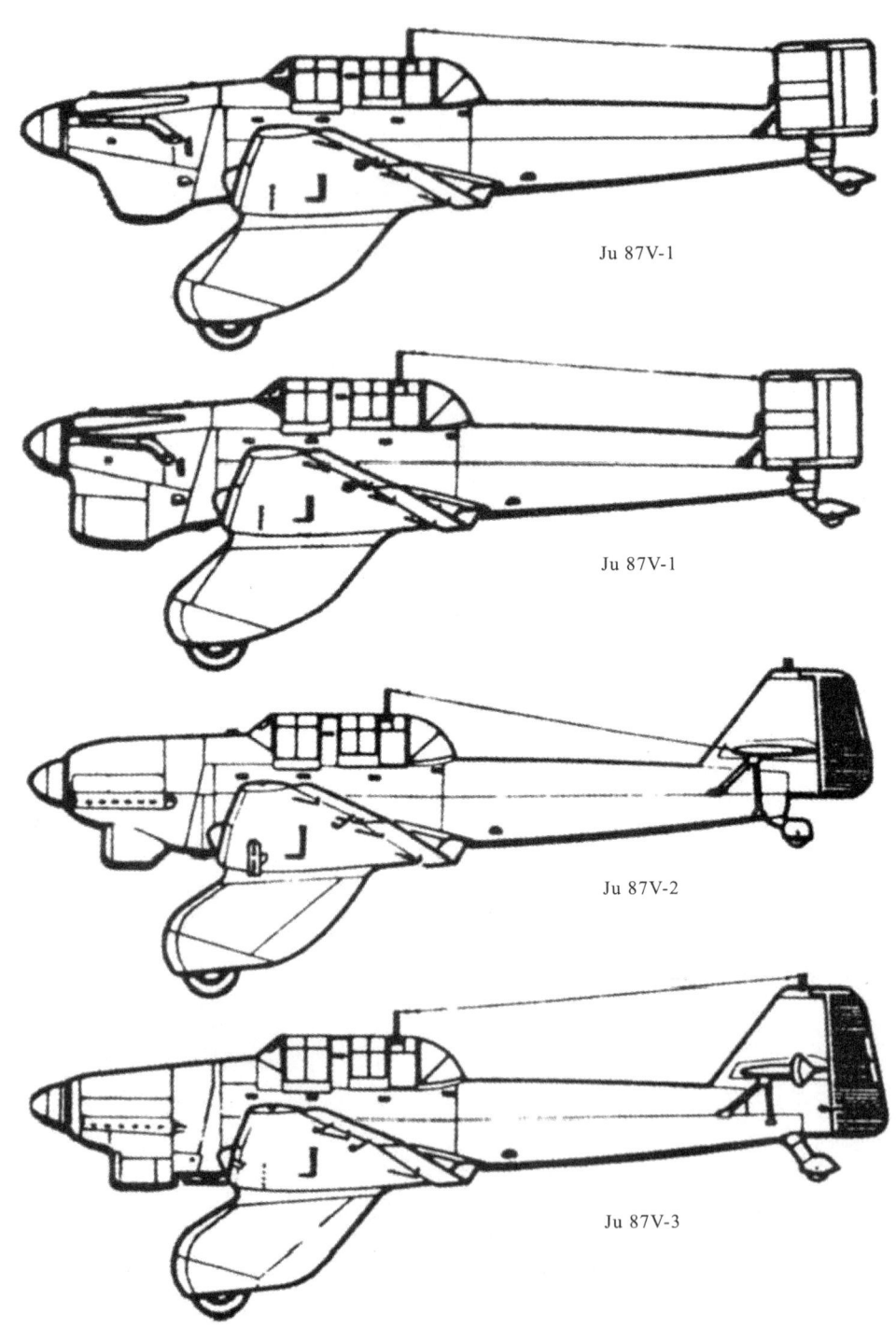

Ju 87V-1

Ju 87V-1

Ju 87V-2

Ju 87V-3

■Ju 87"斯图卡"几架原型机对比图。

第四架Ju 87V-4（D-UBIP）是生产型的原型机，这架飞机于1936年秋天晚些时候完工，这个型号在此前的飞机基础上又做了一些小改进：发动机位置进一步降低以改善飞行员视野；垂尾和方向舵面积再次增加；起落架整流罩也做了修改；前机身下方安装了玻璃观察窗，目的是让飞行员在俯冲前提前确认目标。飞行员座舱右侧有一组红色俯冲刻度线，让飞行员知道自己与地面的角度。为了不至于在近乎垂直状态投弹过程中让炸弹砸到螺旋桨，炸弹挂架设计成伸缩式，投弹前固定在机腹部，投弹前将炸弹伸出。Ju 87V-4还是几架原型机中第一个安装机炮的型号，1门7.92毫米的MG 17机炮安装在机翼右侧。这架飞机在1936年11月交付并被送到雷希林测试中心做进一步的俯冲轰炸试验，试验中，Ju 87V-4主要投掷250公斤和500公斤的炸弹，还包括一些反人员炸弹和不同引信的炸弹，试验工作一直持续到1937年春天。试验的结果更加证明选择Ju 87是正确的，总的来说，Ju 87外形粗壮，操纵相当容易，最重要的是它可以几乎垂直俯冲轰炸目标。

Ju 87A"安东"（Anton[①]）系列

1936年年底，10架预生产型Ju 87A-0飞机中的第一架完工，这架飞机跟4架原型机不同之处是它采用的是功率为600/640马力（475千瓦）的尤模210Ca发动机，跟尤模210Aa相比，210Ca的发动机冷却进气口和出气口加大。另一个较大的改动是机翼前缘改为直线，即机翼前缘后掠角只有一个，而前4架原型机的机翼外侧段后掠，内侧机翼前后掠角和外侧段前缘后掠角不同，明显地看出机翼前缘有一个折线。机翼修改后，不仅便于生产，也提高了飞机的性能。这架飞机的后座舱还安装1挺可活动的7.92毫米MG 15护尾机枪。工厂测试结束后这架飞机立即交付给了Ⅰ/St.G 162大队进行评估试验。Ju 87A-0随后就是生产型Ju 87A-1，它与A-0的外形一样，只是为了方便生产，机体内部结构做了一些修改。第一架Ju 87A-1于1937年夏天开始交付，但这个时候生产型没有正式投产，等待一些实战分析报告出来再针对性地改进。

尽管德国半自愿性质的"秃鹰军团"在1936年11月就参加了西班牙的内战，但直到1937年9月德国才决定考虑让Ju 87A参加实战进行试验。3架Ⅰ/St.G 163（从Ⅰ/St.G 162独立出来的）大队的Ju 87A-1被送到西班牙，但由于一些技术问题这个时间比计划延期。Ju 87A-1首次参加战斗是1938年3月早些时候，机组乘员均为德国人，为了让战争考验这些飞机的性能，德国组成了一个乘员小组轮流驾驶飞机，另外，还有一些有实

[①] 关于"安东"（Anton）的绰号来源，这是德国空军人员传统的命名方法，他们习惯根据当时部队的无线电语音字码的顺序来命名，A型飞机就取A开头的单词，如"Anton"；B型由取B开头的单词，如Ju 87B的绰号为"Bertha"也是如此。

尖叫死神　二战德国Ju 87"斯图卡"俯冲轰炸机战史

■从机身编号可以判断这是Ju 87A-0预生产型。注意看机翼下的减速板。

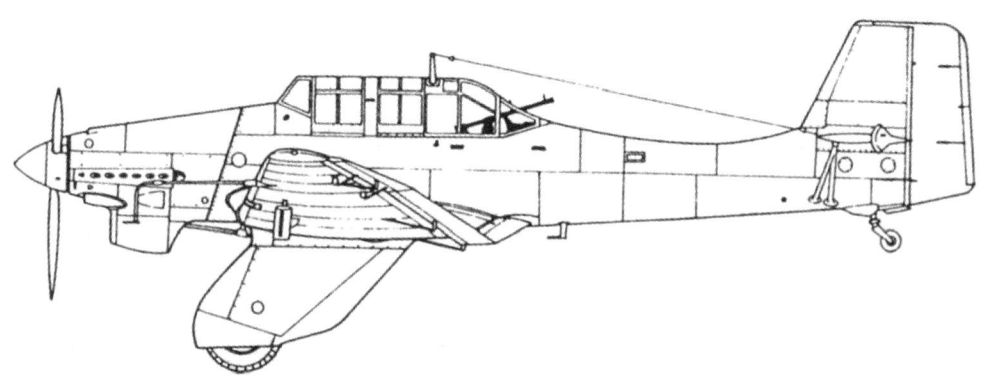

■Ju 87A-1侧视线图。

战经验的飞行员也驾驶这些飞机以研究在真实战场环境下的战术使用，没有比这种参加实战更好地检验新研制飞机的办法了，尤其是飞机还没有大规模生产。当时，极力反对俯冲轰炸观念的沃尔福拉姆·冯·里希特霍芬是"秃鹰军团"的参谋长，3架Ju 87A-1在战场上对西班牙共和党人的舰船和地面目标造成的破坏性效果让他由长时间的怀疑逐渐变成赞赏，不久，他就成了拥护对地攻击武器的主角。不仅如此，他还让技术人员为地面部队研制了一种地空控制装置，也就是地空通讯和导引设备，这样，在战场，地面部

第二章　Ju 87 "斯图卡"飞机的研制过程

■图为Ju 87A的后座后射M 15机枪。注意看后座舱上的两个斜撑天线杆，Ju 87B型改为一个垂直天线杆，这是两种型号的一个重要外观区别。

最后一架原型机改进细节对比图

"尤模"210Aa发动机（早期V4）　　　　　"尤模"210Ca发动机（生产型）

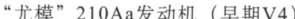 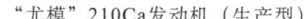

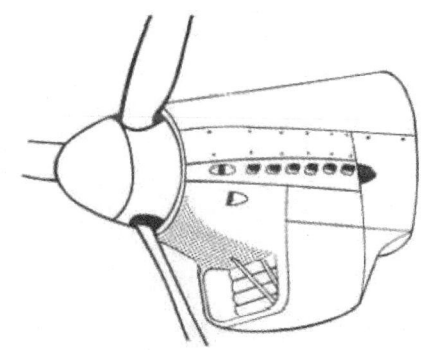 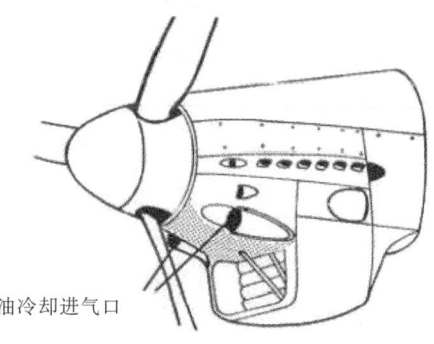

油冷却进气口

机翼变化对比图　　机翼前缘后掠角锥度扭转　　　　机翼前缘无锥度扭转角

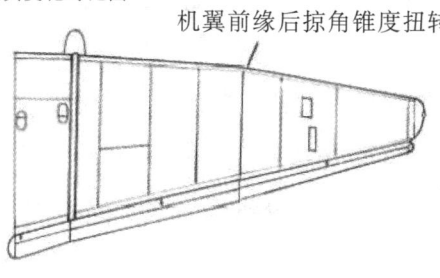 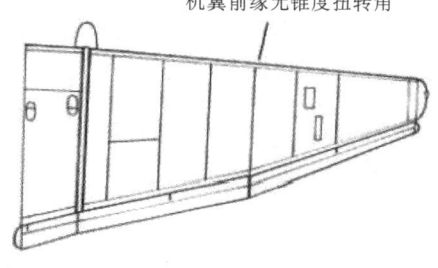

■图为最后的原型机与生产型的区别，上两图油冷却空气进气口面积增大，下两图机翼前缘拉直，不再有锥度扭转。这张图极为重要。

尖叫死神 二战德国Ju 87"斯图卡"俯冲轰炸机战史

队可以很快引导俯冲轰炸机前来支援。这种方法后来被德国空军采纳，空军联络官附属地面部队，这样地面部队可以通过无线电发现飞机，这种方法大大提高了空军的作战效率，即使在今天，这种方法仍然有效。有必要说明一下，在西班牙，德国空军可以让西班牙人驾驶HS 123俯冲轰炸机，甚至是Bf 109战斗机，但绝不准西班牙人靠近Ju 87A-1飞机。

Ju 87A-1实战表现非常令人满意，促使德国空军立即装备该飞机，但它的生产持续时间非常短，尚处在生产线上就被Ju 87A-2所代替。

Ju 87A-1是全金属飞机，表面虽然较为粗糙，但达到了德国空军最基本的俯冲轰炸要求。它的操纵性能非常好，控制舵面效率高，响应迅速。由于飞机的外表凸凹不平，因此它的速度并不快，无载荷的最大速度为320公里/小时，最大俯冲速度为449公里/小时，这两项指标在当时也并不出众。Ju 87A-1的武器系统为机翼右侧1挺7.92毫米MG 17固定前射机枪，座舱后部为1挺活动式7.92毫米M 15机枪。机身中部可挂载1枚250公斤的炸弹，在没有后座乘员的情况下可挂载1枚500公斤的炸弹。

在准备俯冲轰炸时，当目标出现在飞

■ 客观上，西班牙内战为德国和苏联提供了试验新武器的理想场所，德国很多新式武器都送到西班牙战场检验，Ju 87A也不例外。参加西班牙内战的Ju 87A飞机机翼和垂尾上都有"X"标志。

第二章　Ju 87"斯图卡"飞机的研制过程

■ 图为第12架生产型Ju 87A-1飞机，机身侧面仍是工厂的民用编号，但垂尾已经喷涂上了德国空军标志，服役后，"D-IEAU"要改为军用编号。这架飞机机身采用了迷彩图装。

机左侧翼根时，飞行员关闭发动机冷却进气口，发动机螺旋桨调整到逆桨位，打开减速板，机头对准左侧上方随后以85°角俯冲。飞行员座舱侧面画有红色的俯冲刻度线，它可以帮助飞行员确定飞机的俯冲角度。投弹前，挂架锁定装置解锁，炸弹伸出，最后就是飞行员决定什么时候释放炸弹。自动飞行恢复系统帮助飞行员在投弹后从俯冲状态下改出。飞行员在俯冲轰炸过程中感到非常舒服，根本感觉不到在做几乎垂直的俯冲动作，而在其他俯冲轰炸机上，如HS 123A这种感觉明显。

Ju 87A-1的下一个型号就是Ju 87A-2，1937年晚些时候在德绍开始生产Ju 87A-2。Ju 87A-2跟Ju 87A-1型大体上一样，但Ju 87A-2安装的是尤模210Da发动机，其功率为680马力（507千瓦），这个型号发动机采用的是两级增压器，螺旋桨加宽。其他的改进包括改进了无线电设备等，但是Ju 87A固有的缺点，如载荷小，操作品质不佳等问题并没有彻底解决，好在新机出现各种问题很正常，因此，这个型号产量很低也在情理之中。关于Ju 87A在战场使用的详细分析报告和后来研制出功率更大的尤模211发动机等因素导致了Ju 87的重大改进，也就是Ju 87B型。

Ju 87A共生产了262架，其中192架是在德绍主工厂生产的（最后1架于1938年5月下线），其余的是在柏林郊外的坦培尔霍夫（Tempelhof）的威斯尔（Weser）工厂生产的，这个工厂是新建成的。除了上述3架飞机参加过实战外，其他的都被分配给俯冲轰炸机学校作为训练飞机。Ju 87A-1和A-2于1938年进入德国空军服役，这些飞机到来后，HS 123A俯冲轰炸机开始从一线退到二线。

尖叫死神

二战德国Ju 87"斯图卡"俯冲轰炸机战史

■Ju 87A-1和Ju 87A-2的外观区别很小,主要是内部设备的区别。

第二章　Ju 87"斯图卡"飞机的研制过程

■从起落架就可以判断出这是Ju 87A型，这张近照可以看清很多细节。

垂直和方向舵演变对比图

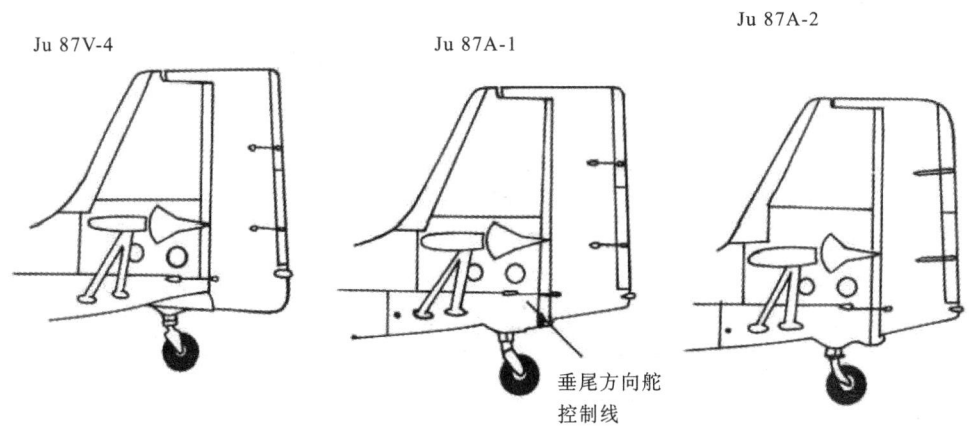

■图为三个子型号的细小差别，Ju 87A-1和Ju 87A-2的垂尾顶部后缘小有差别，即Ju 87A-2的垂尾后缘是圆弧形，而Ju 87A-1的为直角。

尖叫死神　二战德国Ju 87"斯图卡"俯冲轰炸机战史

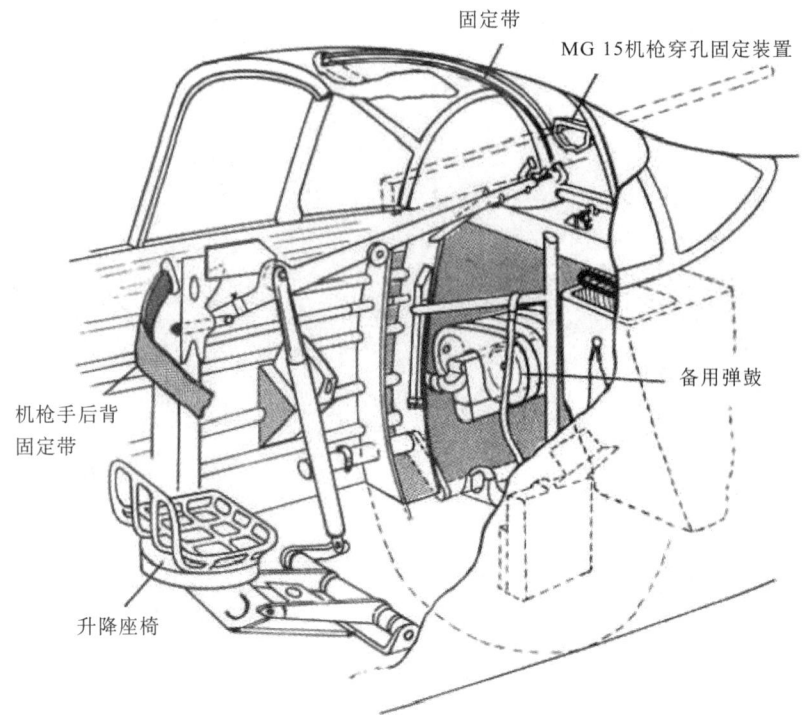

■Ju 87A-2后座机枪手/无线电操作员位置结构图。

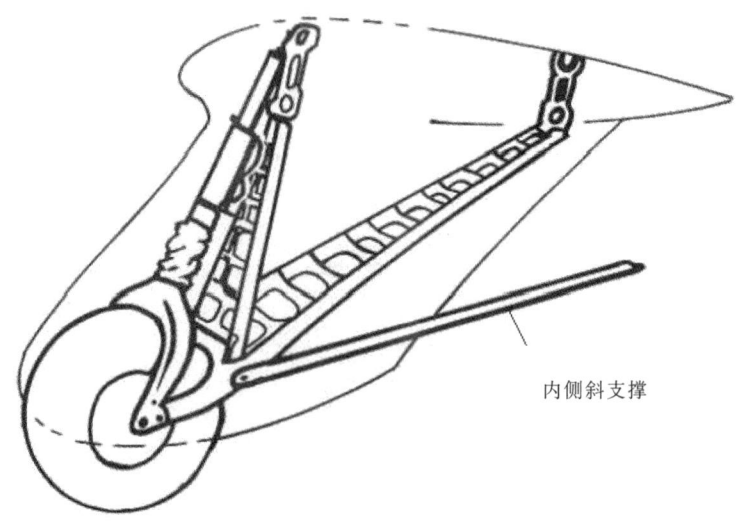

■主起落架内部结构示意图。

第二章　Ju 87"斯图卡"飞机的研制过程

■Ju 87A的后座舱，中间就是MG 15机枪，机枪上方类似望远镜的就是弹鼓，弹鼓上有提手便于拿取。座舱左下方为存储弹鼓的空间。

■德国空军St.G 165联队的一架Ju 87A飞机。

尖叫死神 二战德国Ju 87"斯图卡"俯冲轰炸机战史

Ju 87B"伯莎"(Bertha)系列

由于德国研制出了功率为1100马力的尤模211A发动机,加上有了实战的经验参考,容克公司开始彻底改进Ju 87飞机,这就是Ju 87B飞机。

1938年早些时候,1架Ju 87A-1换装尤模211发动机用来进行技术评估,它的编号改为Ju 87V6,随后进一步改进的是Ju 87V7,它就是Ju 87B系列的原型机,还有两架原型机Ju 87V8和Ju 87V9也参与各项试验工作。10架预生产型的编号是Ju 87B-0,预生产型在接下来的12个月里完成了所有的试验。早期生产型编号为Ju 87B-1。Ju 87V7和预生产型Ju 87B-0安装的是尤模211A发动机,功率为1000马力(746千瓦),生产型Ju 87B-1安装的是尤模211Da发动机,它采用燃油喷射技术,发动机功率达到1200马力(895千瓦),几乎是Ju 87A-2的尤模210Da功率的2倍。

Ju 87B-1在乘坐2名机组人员的情况下

■荷曼·波尔曼(中间)是Ju 87的总设计师。他后面就是1架Ju 87B飞机。

第二章　Ju 87"斯图卡"飞机的研制过程

■Ju 87B是"斯图卡"飞机家族中第一个具备实战能力的型号，这个型号也是德国在二战初期参战的主要型号。

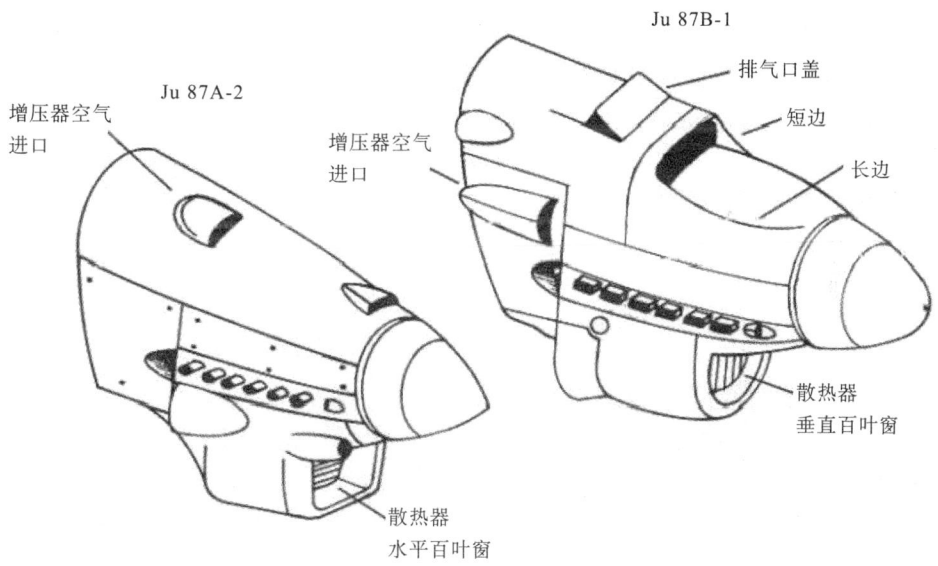

■Ju 87A-2和Ju 87B-1发动机整流罩对比图。

机腹携带1枚500公斤炸弹，或者机腹携带1枚250公斤，同时在翼下增加2个ETC 50挂架，这样每侧翼下可以携带4枚50公斤的炸弹。左侧机翼增加1挺MG 17机枪，因此，Ju 87B-1有2挺前射机枪，后射的MG 15机枪仍保留。鉴于Ju 87B-1在西班牙战场表现得十分出色，它很快就取代了一线的Ju 87A系列飞机，退下来的Ju 87A分配给训练学校作

059

尖叫死神　二战德国Ju 87"斯图卡"俯冲轰炸机战史

主仪表板

飞行员座舱布局图

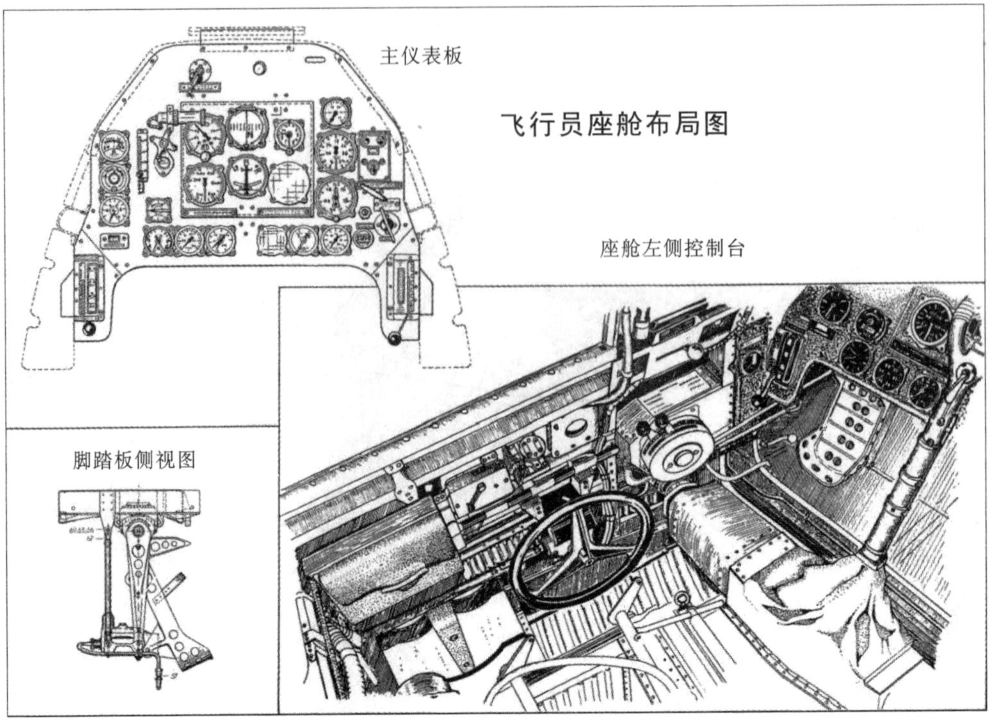

座舱左侧控制台

脚踏板侧视图

后座机枪手座舱内部图

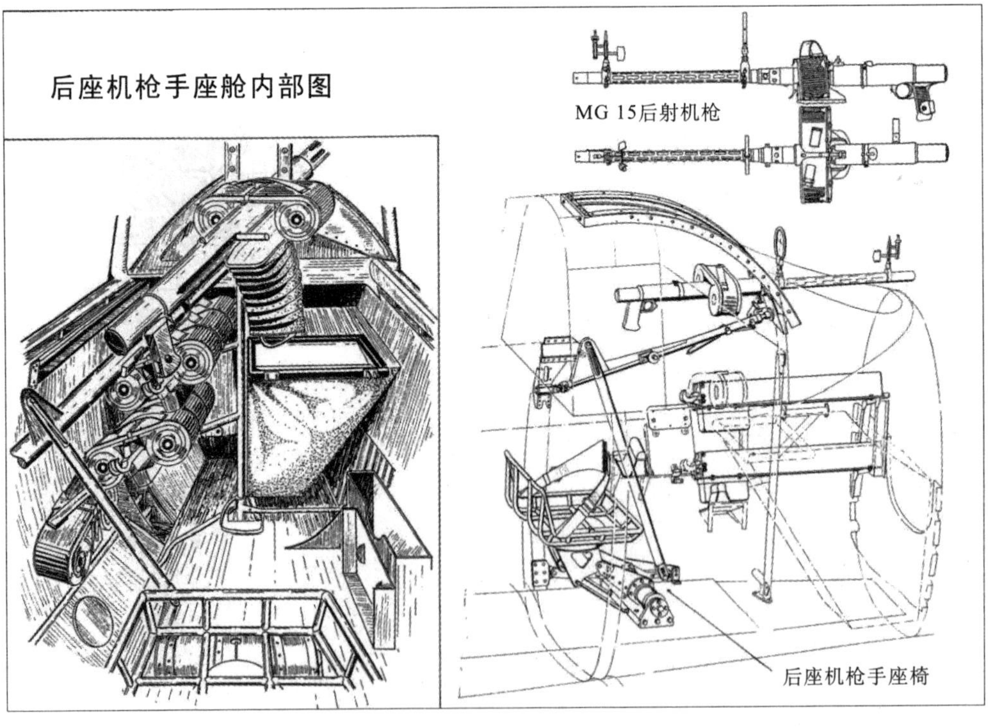

MG 15后射机枪

后座机枪手座椅

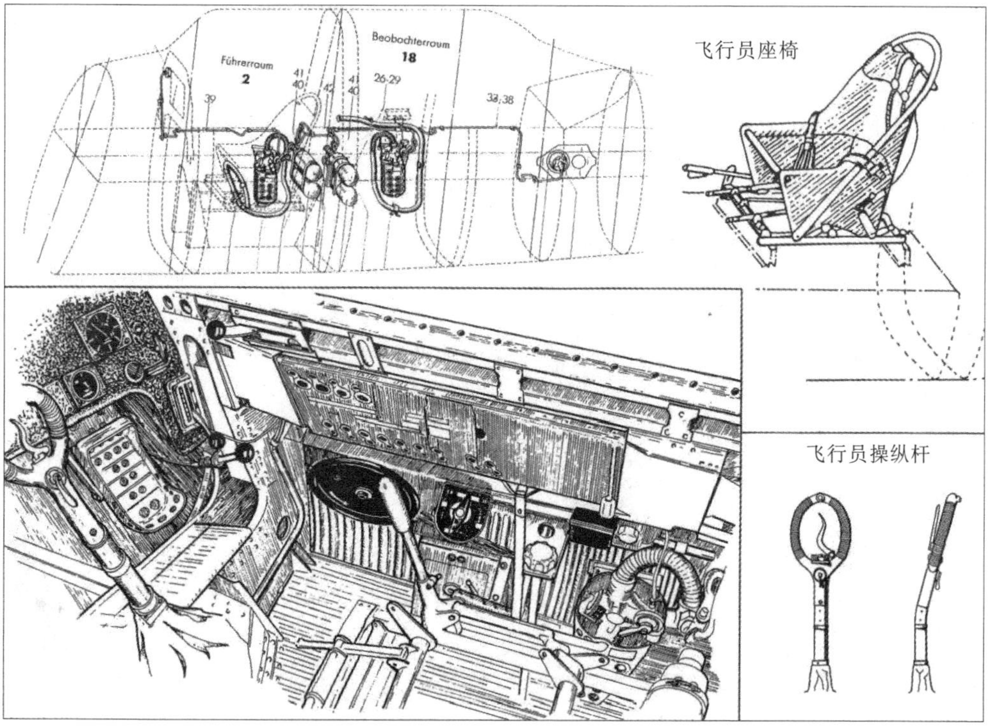

Führerraum
2
Beobachterraum
18
飞行员座椅
飞行员操纵杆

■以上四图为Ju 87B的座舱结构和布局图。

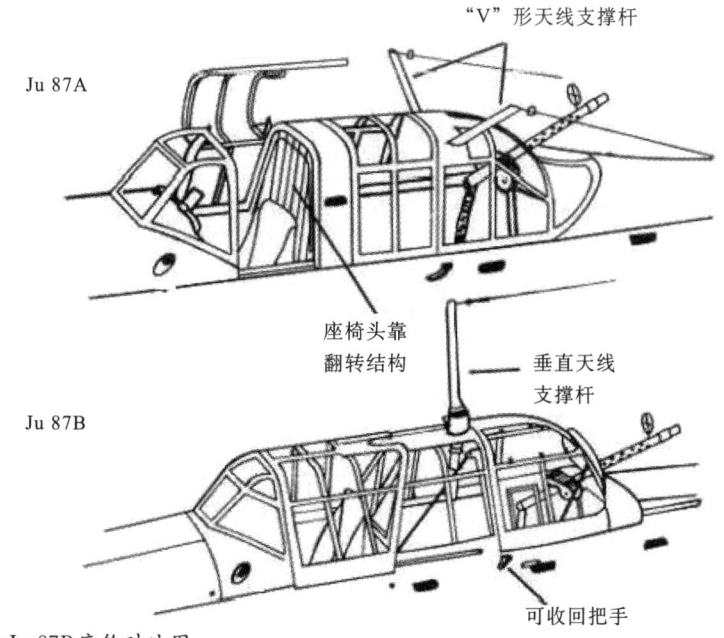

“V”形天线支撑杆
Ju 87A
座椅头靠
翻转结构
垂直天线
支撑杆
Ju 87B
可收回把手

■Ju 87A和Ju 87B座舱对比图。

尖叫死神
二战德国Ju 87"斯图卡"俯冲轰炸机战史

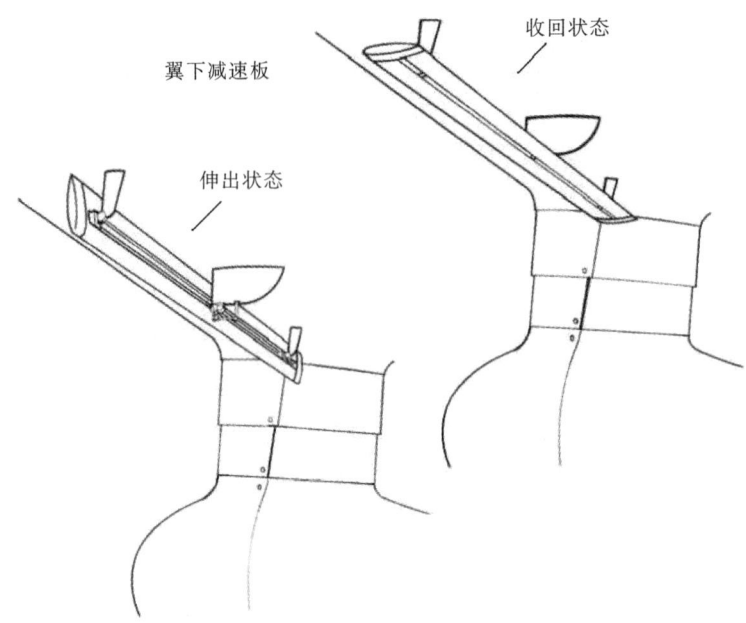

■翼下减速板不同状态示意图。

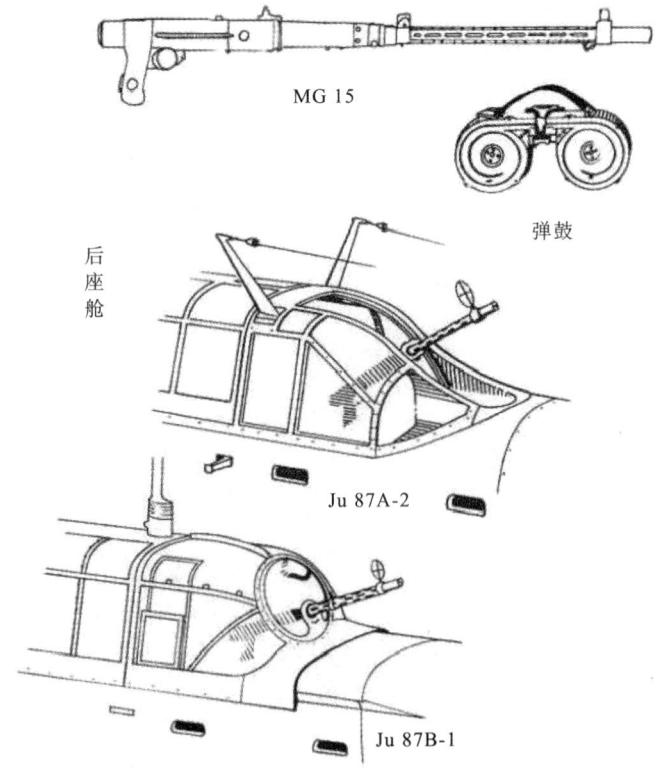

■Ju 87A-2和Ju 87B-1后座舱对比图。

第二章　Ju 87"斯图卡"飞机的研制过程

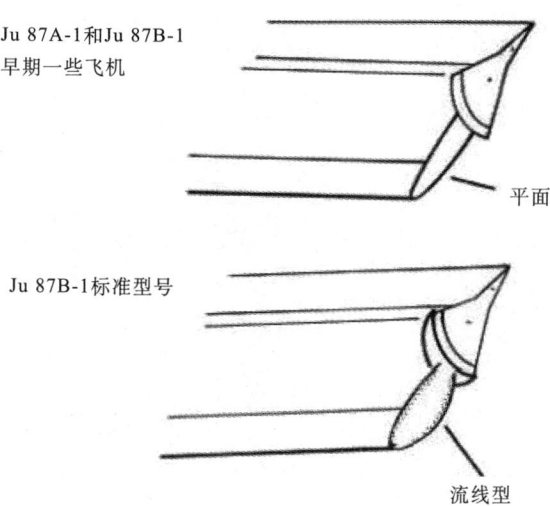

■水平尾翼翼尖变化示意图。

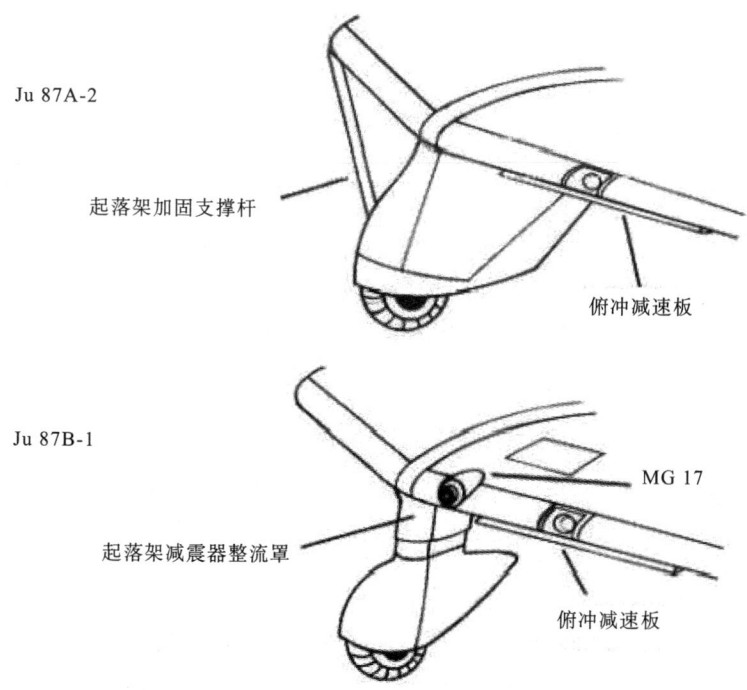

■Ju 87A和Ju 87B起落架和机翼前缘对比图。

尖叫死神　二战德国Ju 87"斯图卡"俯冲轰炸机战史

■Ju 87B型的右侧机翼也安装了1挺MG 17机枪，这是Ju 87A所没有的。这架飞机起落架上啸声器和其整流罩都没安装。

为训练飞机。Ju 87B系列的生产和工程设计工作从容克公司的德绍工厂转移到柏林郊外坦培霍夫机场附近的威斯尔工作，在威斯尔工厂，Ju 87B-1共生产557架。

从操作角度看，Ju 87B系列最大的改进之处就是换装更大马力的发动机，为此，这个型号的载弹量比先前型号的多了一倍，速度也较Ju 87A型提高了64公里/小时，俯冲速度提高到650公里/小时。当然，尤模211A的马力强劲，耗油量也很大，航程肯定受到影响。从技术角度看，Ju 87B的空气动力布局和结构几乎是重新设计的。外表上看，改进最大的座舱前的发动机整流罩，由于新发动机功率更大，需要更大的冷却空气进气口，Ju 87B的发动机上方有一个开口很大的空气进口，进口两侧边缘不对称。进气口后有一个排气口，排气口有一个活动的盖子。另外增压器进气口也由Ju 87A-2的上方改在了侧面（右侧）。散热器口也由此前型号的方形改为圆形。另一个重要的外观区别就是重新设计起落架。起落架固定支撑部分彻底重新设计，此前类似裤子结构重量很大的起落架改为更加小巧的固定式起落架，起落架上有一个新型的整流罩。由于这种改进，使得起落架上可以方便地设计油液压缩器，飞机的减震功能进一步提高。值得一提的是这种起落架的战场可维护性非常好，起落架上所有的部件都可实现左右互换。实际上人们常谈论的"斯图卡"，或者在人们脑海中一提到"斯图卡"就浮现的飞机模样就是Ju 87B。其他的细节改进之处包括座舱结构重新设计，新座舱采用四片式座舱罩，其后段改为滑动

俯冲轰炸角刻度线

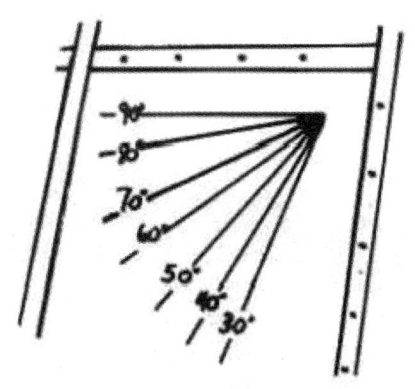
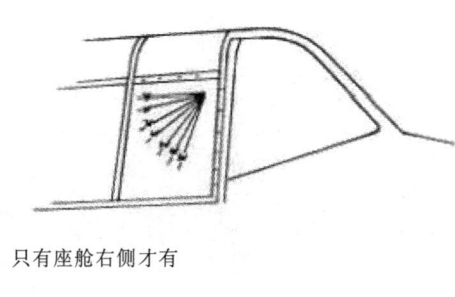

只有座舱右侧才有

■ "斯图卡"飞机座舱右侧玻璃罩上有俯冲角刻度线,方便飞行员俯冲时观察俯冲角,刻度线与地平线相对的粗略位置可以快速读出俯冲角度。

开启方式,先前的型号是向侧面开启。座舱上"V"字形天线支撑杆改为在座舱中央安置的垂直天线杆;垂尾的面积增大;后座座舱内布局稍做修改,原来与座椅连接的机枪升降装置被去除,这里的MG 15机枪采用球窝底座,转动更灵活;轰炸俯冲瞄准具改为C-12-C轰炸和枪瞄反射式瞄准具等。

根据德国官方对德国空军1938年军事力量的统计可以看出俯冲轰炸机在空军中的地位在不断提高:

计划组建:3714架飞机,包括300架俯冲轰炸机

当前数量:2928架飞机,包括207架俯冲轰炸机

即将装备:1669架飞机,包括159架俯冲轰炸机

与此同时,只有80名俯冲轰炸飞行员真正达到了标准的操作水平,因此,需要紧急训练一批合格的飞行员。1938年10月,5架Ju 87B-1中的第一架被送到西班牙战场接受实战考验,这样可以获得更好的试验结果,随后的4架Ju 87B-1也被派往西班牙。由于这个型号做了很大的改进,性能比此前前往西班牙战场的3架Ju 87A-1要好得多,在实战中只有1架Ju 87B-1损失,当时这架飞机受伤后在迫降时坠毁。在西班牙,德国人认为只有本国人才配驾驶Ju 87B飞机,因此,不允许西班牙人靠近Ju 87B飞机,更谈不上驾驶了。

1939年2月,厄恩斯特升任德国空军装备部署长,这时候,俯冲轰炸机有了最高的官方支持。

因为在西班牙战场上的表现让空军非常满意,Ju 87B-1很快成为德国空军标准的俯冲轰炸机,产量立即大增,原计划生产396架,现改为964架,其中第187架于1939年3

尖叫死神 二战德国Ju 87"斯图卡"俯冲轰炸机战史

■"斯图卡"飞机的彩色图比较少见。图中为Ju 87B-1型。二战时期的螺旋桨飞机对机场要求低,只要是稍平坦的地面即可,"斯图卡"飞机尤其不挑剔。

月1日交付给德国空军。

1939年9月1日德国入侵波兰从而爆发了第二次世界大战,就在这个时候还有不少人对Ju 87表示怀疑,但战争表明"斯图卡"是一种十分优秀的俯冲轰炸机,能够完美地体现德国的闪电战术。在对波兰的战争中,德国空军9个"斯图卡"大队共366架Ju 87B-1参加了战斗。

在第一天的战争中,"斯图卡"飞机给敌人造成了极大的破坏,击沉了波兰海军大

Ju 87B-1发动机整流罩演变对比图

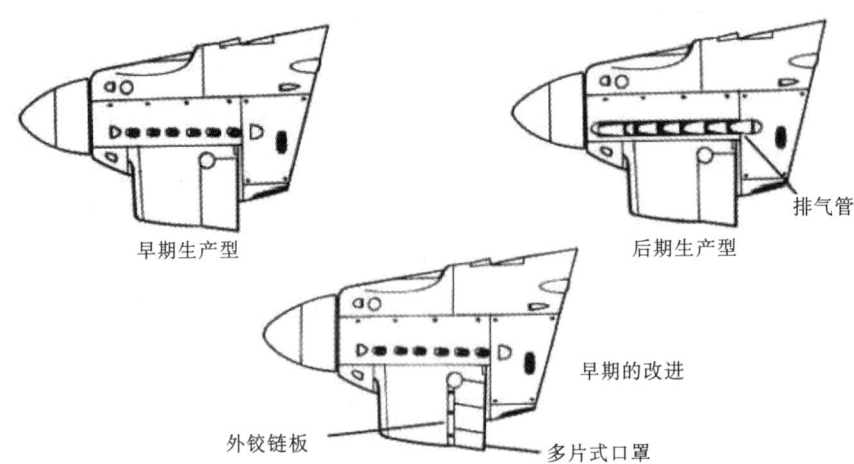

■Ju 87B-1发动机一些细小变化,如发动机排气喷口和散热器的排气口罩。

第二章 Ju 87"斯图卡"飞机的研制过程

■Ju 87B-2双机编队。

部分舰船,歼灭了波兰一整个正在换乘火车的步兵师,彻底扫清了德国陆军面临的抵抗力量。"斯图卡"飞机成了海因兹·古德里安将军"闪电战"的一部分:德国地面装甲部队快速突破敌人防线,"斯图卡"为其扫清了所有前进方向的障碍。

从第697架开始(1939年12月1日完成),飞机换装改进的尤模211D发动机,它和此前的尤模211D相比也做了一些小的改进,比如排气管、液压操作的散热器、改进的宽叶螺旋桨等,由于发动机功率更大,在不乘坐第二名飞行员的情况下,飞机可以

| 尖叫死神 | 二战德国Ju 87"斯图卡"俯冲轰炸机战史 |

■Ju 87B-2的尤模211D发动机。这架飞机在检修发动机，发动机整流罩在地上，飞机携带了炸弹，图中左下角还可见啸声器。

B-1和B-2发动机整流罩和螺旋桨叶对比图

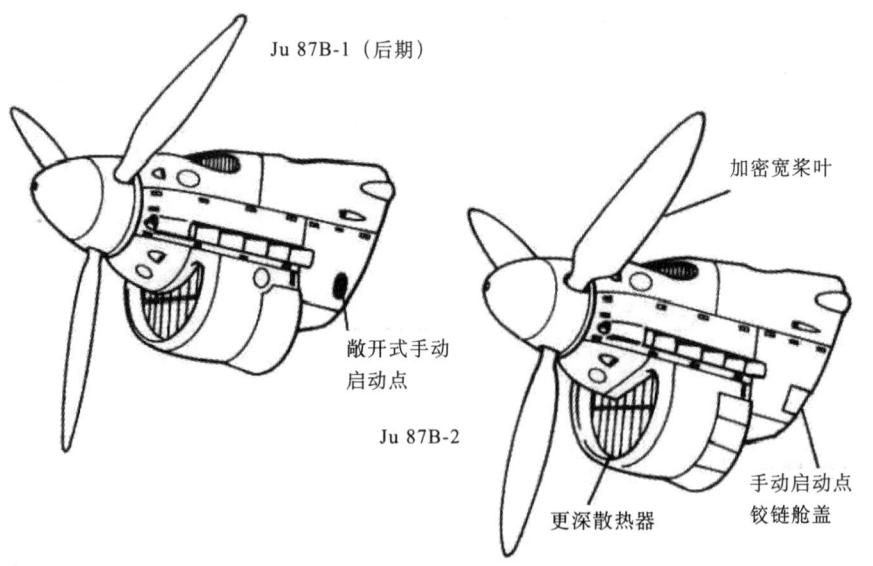

■图为Ju 87B-1和Ju 87B-2的发动机外部对比图，不太引人注意的区别还有散热器内的机身前者为圆形，后者为"V"形。

第二章　Ju 87 "斯图卡" 飞机的研制过程

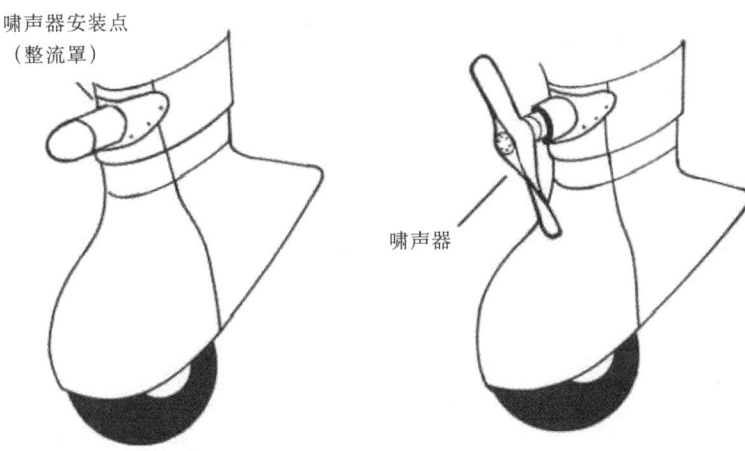

■起落架上的啸声器，没安装啸声器时会安装整流罩。

■图为Ju 87B-2型。参加二战时，"斯图卡"飞机经常会临时部署到简易机场，为了防止敌人空袭，飞机会被掩蔽在机场周围的树林里，这种情况对于"斯图卡"飞机来说很普遍，也足以说明那时的飞机粗犷彪悍，对使用环境要求低。注意看飞机右侧地面有炸弹。

尖叫死神　二战德国Ju 87"斯图卡"俯冲轰炸机战史

携带1000公斤炸弹,这个改进型被赋予新的编号Ju 87B-2。更换发动机后,Ju 87B-2跟Ju 87B-1的操作性能和飞机性能并无多大变化。还有一些细小变化肉眼看不出来,比如起落架支臂前倾角稍增加,为的是减小飞机着陆时"拿大顶"(飞机头触地,尾部翘起)的危险。

1939年8月,德国空军所有的9个"斯图卡"大队都装备了Ju 87B-1"伯莎"飞机,而原来的Ju 87A系列飞机都从一线退出送到了俯冲轰炸训练学校。1939年秋天,容克公司在不来梅-利姆威尔德(Bremen-Lemwerder)新建一个生产工厂,目的是大规模生产Ju 87B飞机。在原来2个老厂共生产803架Ju 87B-1,而在新建的工厂生产827架Ju 87B-2飞机,德绍工厂此时不再负责组装,而是进行配件生产。当时的德国航空部规定在1941年春天Ju 87B开始从一线退出后就不再生产,事实上,Ju 87B的速度太低,在俯冲轰炸时非常容易受到攻击,因此,从1939年开始,德国空军参谋部一些官员就考虑逐步放弃Ju 87B飞机,有这种想法的包括乌德特本人和戈林副手厄哈德·米尔切,其中米尔切一直希望能重新装备梅塞施米特公

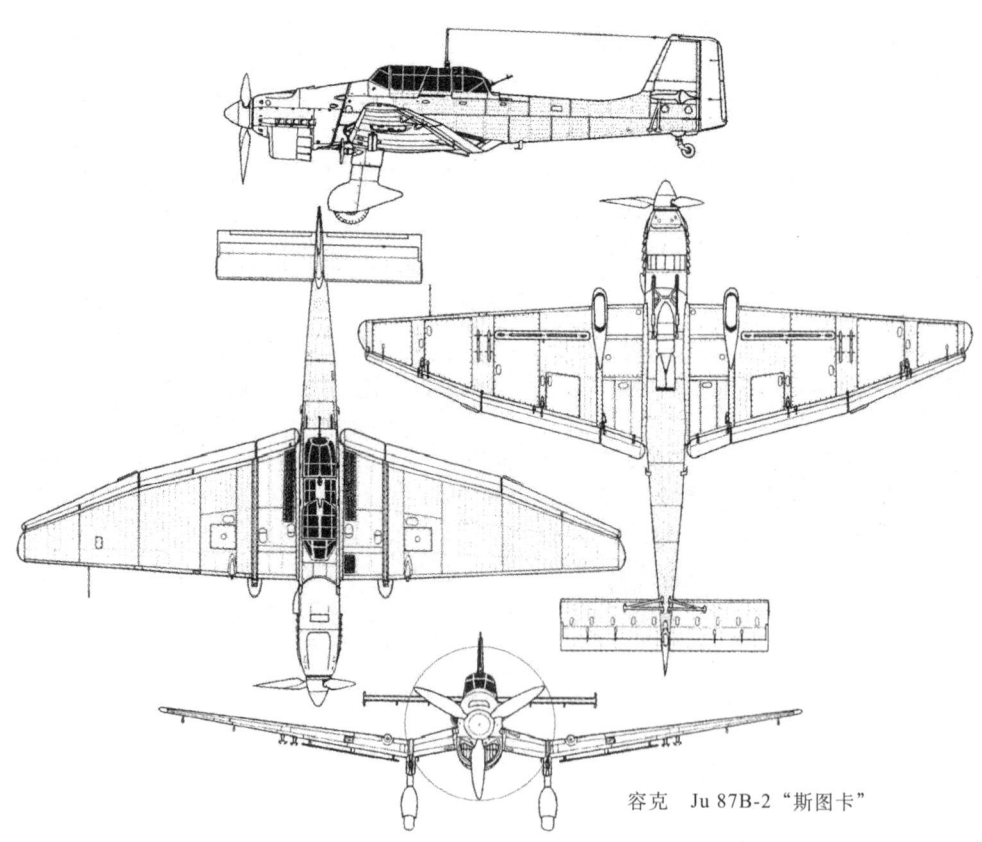

容克　Ju 87B-2"斯图卡"

■Ju 87B-2四视图。

司的Me210双发重型战斗机。

后来，根据实战经验，Ju 87B-1和B-2飞机在机场进行了一些改进，它们是：

Ju 87B-1/U1（B-2/U1）（1939/1941）后面的编号是为了区别其他型号的飞机，如U1、U2和U3。

Ju 87B-1/U2（B-2/U2）（1939/1941）服役型号，改进了无线电设备。

Ju 87B-1/U3（B-2/U3）（1941）飞行员座舱和发动机安装了装甲防护装置，用于执行近距支援任务。

Ju 87B-1/U4（B-2/U4）（1941）这些改进的型号可以安装雪橇式起落架。

Ju 87B-1/trop（B-2/trop）（1941）这些是热带和沙漠地区型号，主要用于北非战场。发动机进气口安装了过滤器，飞机上还携带了沙漠地区救生设计。"trop"就是"tropicalize"的缩写，意为改进成具有热带使用特点。这个热带和沙漠型号配置形成标准后，Ju 87B-1和以后的型号在用于北非

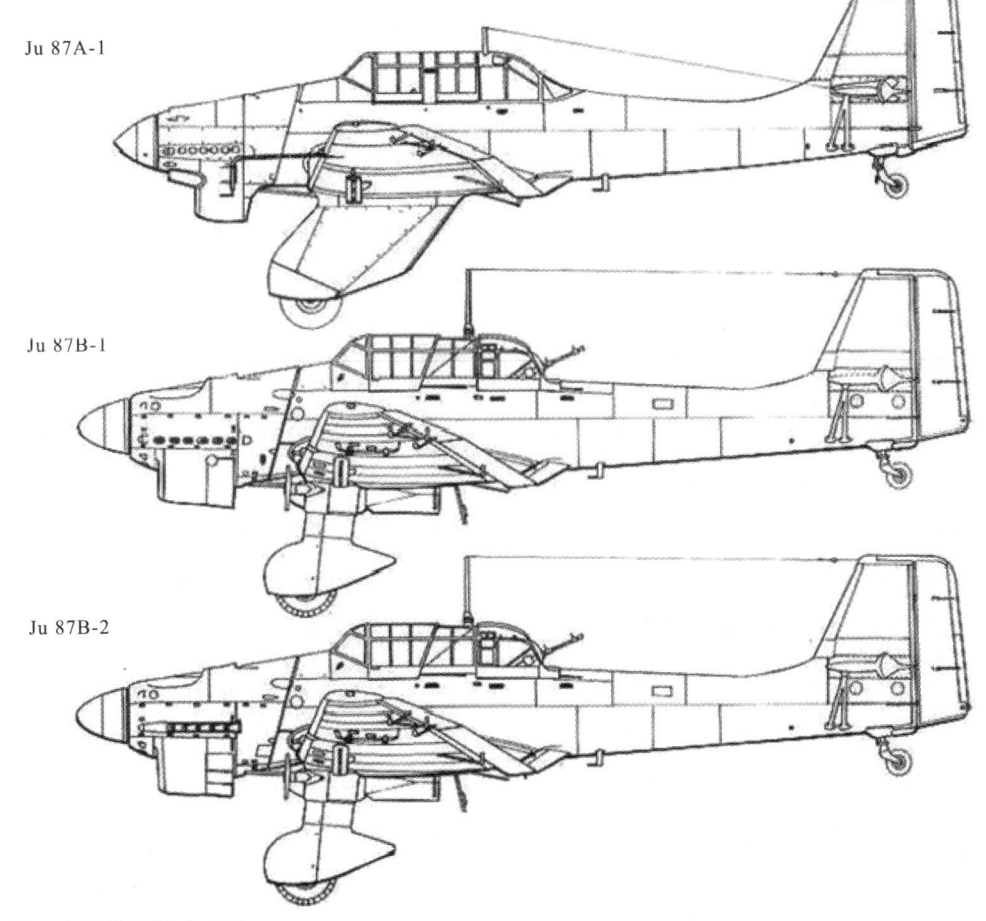

Ju 87A-1

Ju 87B-1

Ju 87B-2

■三个型号侧视对比图。

尖叫死神 二战德国Ju 87"斯图卡"俯冲轰炸机战史

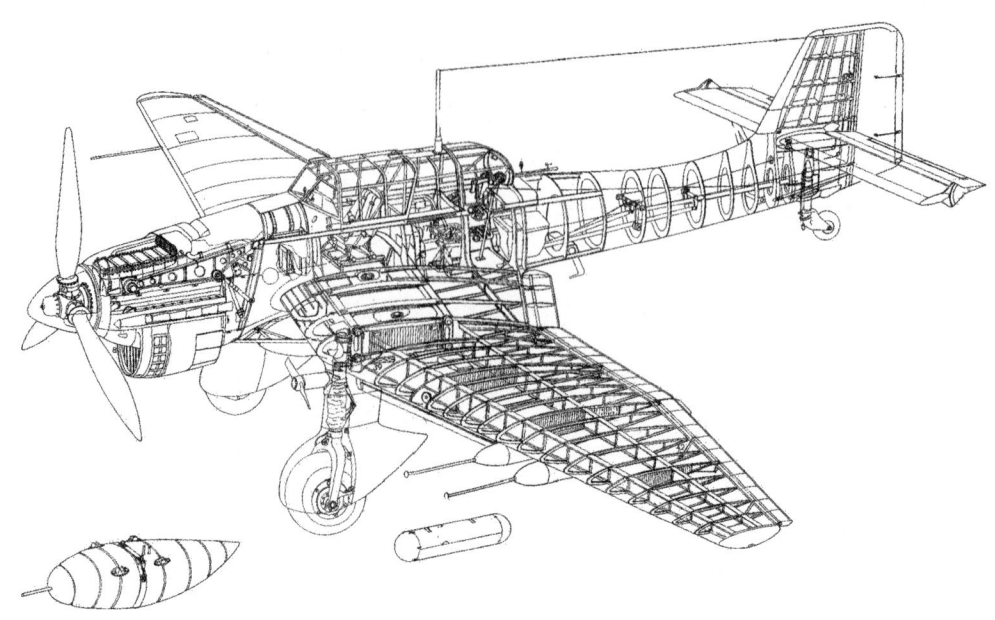

■ 容克Ju 87B-2"斯图卡"结构图。

战场时都按这个标准进行了改进。

从Ju 87B系列开始,所有的"斯图卡"飞机都安装了一种特别的安全装置以防止改出俯冲状态时角度过陡造成飞行员瞬间"黑视",这种装置工作时,一个小装置可以锁定升降舵从而限制升降舵的偏转,但在紧急情况下飞行员通过猛拉杆就可以去除锁定。当飞机投弹时这个装置开始工作,如果飞机从俯冲状态改出时的速度低于450公里/小时(改出角度过陡,飞机的速度就会很低),装置会自动使飞机恢复到安全状态。另一个重要的改进是在每个起落架整流罩上方位置安装啸声器,初期安装的啸声器结构简单,当飞机俯冲时空气流经啸声器口发出尖啸声,后来的生产型安装的是结构更复杂的啸声器,

这个装置的前面有一个微型螺旋桨,气流带动螺旋桨旋转发出尖啸声。俯冲轰炸带来的巨大破坏加上伴随而来的尖利的怪声,人们很容易把这种可怕的尖叫声跟死亡联系在一起,因此,它所产生的心理恐惧非常大。即不安装啸声器飞机也会跟空气剧烈摩擦产生很大的声音,乌德特根据这点发明出了这种啸声器,啸声器的声音更加有震撼力,人们将他的发明称为"耶利哥(西亚死海以北的古城)喇叭"。安装啸声器的Ju 87B第一次使用是在法国,它所引发的心理恐惧效果非常成功,人们还没看到飞机的到来,只要听到这种独特的声音就会跟Ju 87"斯图卡"联系在一起。丑陋的Ju 87外形加上女鬼般的尖叫声,在进攻中给敌人的部队造成很大的恐

第二章　Ju 87"斯图卡"飞机的研制过程

■Ju 87B型在进行地面机枪校正射击，飞机的尾部已经被抬起。

慌，它成了纳粹威力的象征。

然而，就在二战开始前不久"斯图卡"就遭到了悲剧性的打击。1939年8月15日，在纽恩哈姆平原上空，由沃尔特·希格尔

Ju 87B-2 技术数据

飞机长度	11.10 米	飞机高度	4.01 米
飞机翼展	13.8 米	机翼面积	31.9 平方米
飞机空重	2750 公斤	起飞重量	4250 公斤
巡航速度	280 公里/小时(4600 米高度)	实用升限	8000 米
最大速度	380 公里/小时(4000 米高度)、340 公里/小时(海平面)		
最大航程	600 公里(无武器载荷)	燃油量	内部油箱为 480 升
发 动 机	尤模211Da 发动机，起飞和应急功率为1200 马力，1500 米高度功率为1100 马力。		
武器配置	翼上2挺7.92毫米 MG17 机枪，后座舱1挺7.92毫米 MG15 机枪。机腹部1枚1000 公斤炸弹，或1枚250 公斤炸弹(机腹)加4枚50 公斤炸弹(翼下 ETC50 挂架)。		
无线电设备	FuG Ⅶ或Ⅶa 无线电通话器、EiV 内部通话器、座舱中部单杆与垂尾联结的无线电收发天线、无线电发报机等。		

| 尖叫死神 | 二战德国Ju 87 "斯图卡" 俯冲轰炸机战史

■现存于美国芝加哥科学和工业博物馆内的一架Ju 87B-2/trop型号飞机。

■组装完毕的飞机做最后的检查,随后将进行工厂试飞。注意看图中飞机类似"心"形的散热器,这说明飞机为Ju 87B-2型。

(Walter Sigel)指挥的Ⅰ/St.G1在演示俯冲轰炸,在快接近目标区时,他们突遇反常气候,低空被云层所覆盖,飞行员错误地估计了飞行高度,整个大队飞机按计划做俯冲动作时发现高度估计有误,只有少数飞行员发现了这个错误,其他13名飞行员都驾驶撞到了地面。沃尔特·希格尔后来成了最著名的"斯图卡"专家,但是,8月15日的事故一直困扰着他。

仅仅两个星期后,"斯图卡"飞机开始全面参与战争。

Ju 87C舰载俯冲轰炸机

1935年,希特勒宣布建造"齐柏林伯爵"号(Graf Zeppelin)航母,1938年该航母下水。从一开始德国就打算在"齐柏林伯爵"号航母上装备"斯图卡"俯冲轰炸机,因为俯冲轰炸的精确高,它比轰炸陆上目标更为迫切。1939年3月,容克公司开始舰载型Ju 87C的研制。跟普遍接受的观点不同的是,Ju 87C的研制并没有在1939年被取消,事实上1941年春天研制工作全部结束,1941-1942年,Ju 87C-1被送到雷希林接受全面试验。

在Ju 87C研制时,空军曾考虑给飞机安装浮筒以便在万一情况下飞机可以在水面降落,这方面的研制工作非常顺利,随后测试要求飞机可以在平静的海面上停留至少三天,这个时间足够航母和其他救援舰船的到来。这个型号的内部结构做了一些改进,飞机外部可以安装4个可充气的橡胶气囊,2个在机翼前缘,2个在机身下方,充气气囊容积为2500升。飞机的结构加强以适应弹

■几经反复,德国"齐柏林伯爵"号航母最终还是未能服役。从美国和日本的使用情况看,俯冲轰炸机非常适合航母的使用。德国没有把海上航空力量作为重点考虑是一个重大失策,在地中海战役和北非战役中没有航母的劣势表现无遗。但是,从当时德国的情况来看,造航母没有潜艇那样花费省见效快。

尖叫死神　二战德国 Ju 87 "斯图卡" 俯冲轰炸机战史

射起飞,其他的海军装备是弹射约束器(一种与航母连接装置)、快速放油装置(1分钟内把油箱内的油全部放光)、可抛弃式水上起落架、着舰钩、手动折叠机翼(1分钟内完成折叠,飞机如果挂载副油箱则无法折叠)。Ju 87C还可携带一个标准橡胶小舢

■ 这是一架由Ju 87B改进的Ju 87C原型机,从外观上看不出来两个型号的差别。

■ Ju 87C的原型机的着舰钩比较靠前,后来这个着舰钩后移并与后起落架相连。

第二章　Ju 87 "斯图卡" 飞机的研制过程

■另一个角度看Ju 87C原型机。请特别注意看照片左侧地面的影子，着舰钩可以看到。

■处于折叠状态的Ju 87C机翼，注意看尾部起落架与Ju 87B的有很大不同，原型机上的着舰钩已经不见了，注意看尾部起落架前面的斜撑和起落架上的钩子，着舰钩收回状态与后起落架连接。

尖叫死神 二战德国Ju 87"斯图卡"俯冲轰炸机战史

■Ju 87C正视图。

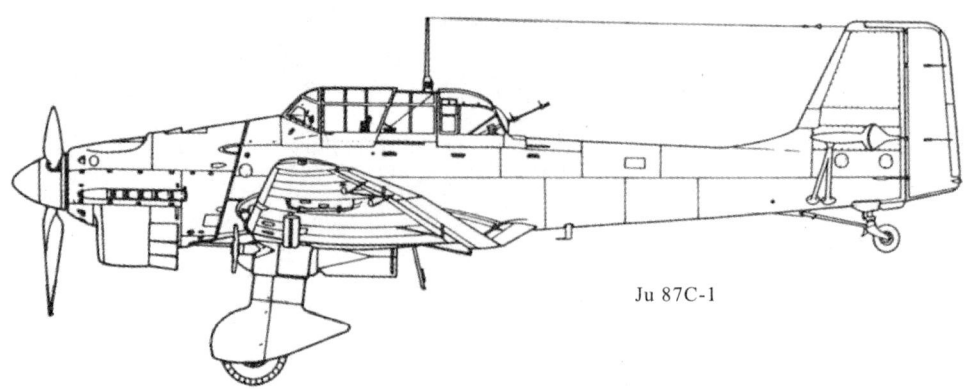

Ju 87C-1

■Ju 87C-1侧视图。

第二章　Ju 87"斯图卡"飞机的研制过程

板,座舱内安装全套加热装置。

1939年3-4月间,2架Ju 87B改进用来作为Ju 87C的原型机。1939年春天,10架Ju 87C-0预生产型在坦培霍夫的威斯尔工厂生产完毕,随后,这10架飞机被交付给4.St/Tr.Gr 186舰载轰炸机训练中队进行测试,这个中队于1938年12月组建,组建后使用的是Ju 87A飞机。1939年9月,Ju 87C-0随同Ju 87B-1飞机还参加了入侵波兰的战斗。在波兰战争中,德国宣传部门对1架Ju 87C-0在空中抛掉起落架的照片大加渲染,欺骗公众说这架飞机的起落架是被波兰打掉的,以此说明"斯图卡"飞机非常结实,伤痕累累也能返回基地。

1939年10月,"齐柏林伯爵"号航母建造计划被放弃,原计划订购的170架Ju 87C-1飞机的在2个月前已经在威斯尔工厂开始生产了。由于航母计划取消,到1940年春天,Ju 87C-1只生产了少数几架,这些飞机被送到雷希林做试验,其余的尚在生产线上的Ju 87C-1就地按Ju 87B-2的标准进行生产。然而,Ju 87C-1的试验一直没有停止,

■有资料称这是1941年1月进行测试飞行的Ju 87C-1飞机,注意它的后起落架,实际上这架飞机在飞越阿尔卑斯山脉,去意大利供该国海军测试。

■不看后起落架根本无法认出这就是Ju 87C型。

尖叫死神 | 二战德国Ju 87"斯图卡"俯冲轰炸机战史

■Ju 87C艺术画。也许是疏忽,后起落架处缺少了着舰钩。

■Ju 87C正在进行弹射起飞试验。

第二章 Ju 87 "斯图卡"飞机的研制过程

以备航母的计划再次会恢复,实际上,后来确实有人提出重新建造"齐柏林伯爵"号航母。Ju 87C-0和Ju 87C-1在雷希林的试验工作持续到1942年6月,有1架Ju 87C-0甚至在机腹部安装了1门88毫米的无坐力炮,为了平衡飞机重心,机身安装了配重,但是,这架飞机在试验时,炮弹没能发射出去,后坐力把无坐力炮从机腹部硬生生地撕了下来,飞行员后来安全返回着陆。

用途广泛的Ju 87R"理查德"（Richard）

在欧洲,德国主要的敌对国家都濒临大海,海军力量十分强大,尤其是英国和法国,这两个国家还有不少的海外殖民地和军事基地,需要舰船运输物资,英国的情况更

■很多人认为Ju 87R就是增程型Ju 87B,这种说法有一定的道理,在不携带副油箱的情况下两种型号几乎没有区别。图中两架为Ju 87R-2,这是在Ju 87B-2的基础上改进的,图中飞机在1941年的地中海战场执行巡逻任务正返回基地。

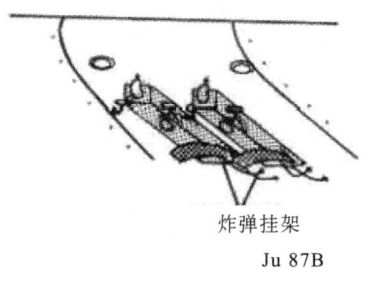

炸弹挂架
Ju 87B

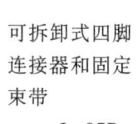

可拆卸式四脚
连接器和固定
束带
Ju 87R

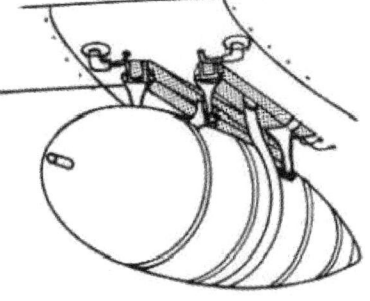

■图为翼下挂架携带300升副油箱情况,炸弹挂架通过四脚连接器与副油箱的四个挂耳连接,不携带副油箱的情况下仍然可以携带炸弹。

尖叫死神　二战德国 Ju 87 "斯图卡"俯冲轰炸机战史

是如此。切断这些国家的海上运输线就需要打击舰船，而俯冲轰炸在实战中其精确轰炸能力比任何方式的轰炸都要强，打击舰船首选也是俯冲轰炸机。为此，德国也计划研制反舰俯冲轰炸机。"斯图卡"飞机本来航程就短，Ju 87B以后的型号换装马力更大的发动机后，飞机的航程变得更短，攻击陆上目标的"斯图卡"飞机可以借助前线机场打击敌人目标，而打击海上舰船就要求飞机具有更远的航程。1938年，德国开始研制增程型反舰俯冲轰炸机，第一个型号就是Ju 87R-1，"R"就是德语"Reichweite"，意为航程（Range）。1939年，Ju 87R开始投入生产，1940年早些时候交付给部队，第一批装备 I /St.G 1大队，随后不久，德国开始入侵丹麦和挪威，Ju 87R是这次入侵行动中唯一参加作战的"斯图卡"型号。

Ju 87R是在Ju 87B的基础上改进而来的，机体结构基本相似，为了增加燃油，机翼的外段增加了2个额外的油箱（机翼整体油箱），燃油系统也做了相应的改进以便飞机携带2个300升的副油箱，副油箱挂在原来的炸弹挂架上，原来两个挂架本来就靠得近，携带副油箱时需要安装一个四脚连接器，副油箱上也有四个挂耳。不携带副油箱时仍可再挂炸弹，但要去掉四脚连接器。经过这些改进后，Ju 87R的航程比Ju 87B的要多出一倍，但是武器的携带量减少到仅1枚250公斤的炸弹。Ju 87R应该算是Ju 87B的子型号，初期德国空军也是这么称呼的，当然还有保密的因素在里面。由于Ju 87R在当时是保密机型，任何携带副油箱的照片都被审查部门删掉，禁止在公开出版物中出现。第一次参战后这个型号才解密，而且开始使用Ju 87R这个编号，很多资料也经常称这个型号为Ju 87B/R。

1940年，已经生产的Ju 87B-2和Ju 87R-2型开始安装FuG 25敌我识别天线和Peil G.IV无线电测向器，此前的型号Ju 87B-1和Ju 87R-1也在翻修时安装这两种设备，在1941年以后，所有Ju 87型

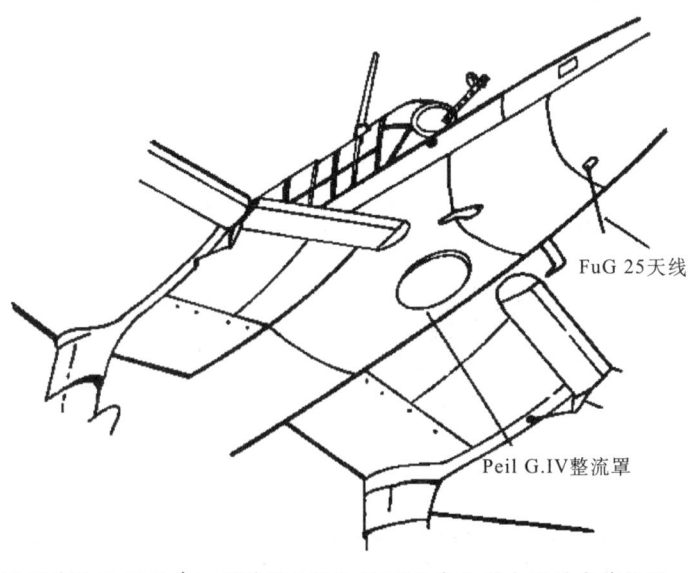

■图为FuG 25敌我识别装置和Peil G.IV无线电测向器的安装位置。

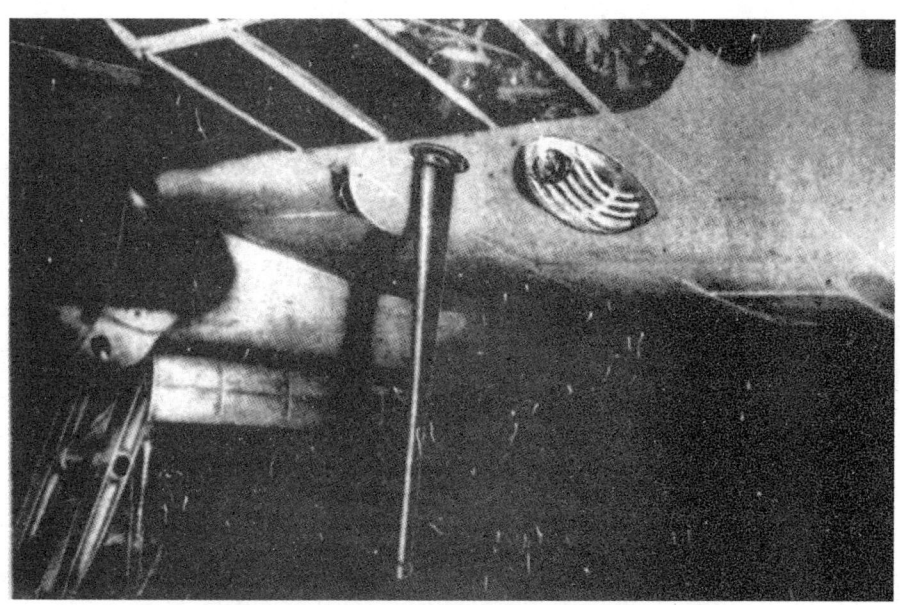
■图为Fw 189侦察机上的Peil G.Ⅳ装置（圆形透明玻璃罩内）。

■地勤人员正在挂副油箱，注意看地面的副油箱有四个挂耳。

尖叫死神 二战德国Ju 87"斯图卡"俯冲轰炸机战史

■图为德国空军St.G 1联队的Ju 87R-1飞机,地勤人员正在维护增压器进气口。图中飞机很多细节值得注意,如翼下减速板和可侧机翼前缘的机枪等。

号也作为标准配置安装。德国空军其他飞机也安装这种设备。FuG 25敌我识别天线安装在后机身下方,细杆状天线垂直向下伸出;Peil G.IV无线电测向器在后座座舱的下方,它的形状较为特别,其外部是一种起保护作用的半透明有机玻璃罩,内部有一个金属板,上有一条直线垂直穿过几条平行直线。但是,并不是所有的Ju 87B-2和Ju 87R-2都安装这两种设备,因为,要安装该设备就得去除原来的通讯天线。

1940年4月,Ju 87R首次参加入侵挪威的战斗,随后的1941年春天和夏天在地中海的反舰战斗中证明它的设计是十分成功的。Ju 87R共有4个主要型号,它们之间的区别非常小:

Ju 87R-1 基本的反舰俯冲轰炸型,这是在Ju 87B-1的基础上改进的。

Ju 87R-2 改进跟R-1类似,但却是在

■图为Ju 87R-2/trop热带型号,发动机整流罩侧面有热带椰树图案。

增压器进气口过滤网

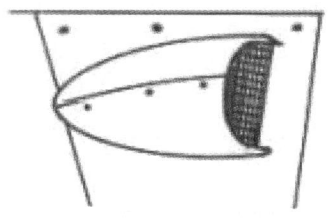

标准过滤网

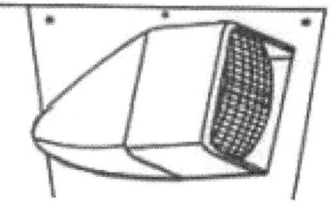

沙漠防尘过滤网

■标准型和热带型的增压器进气口的过滤网明显不同，热带（指北非沙漠地区）风沙大，需要特别注意过滤细沙。

Ju 87B/R后座后射机枪风挡演变图

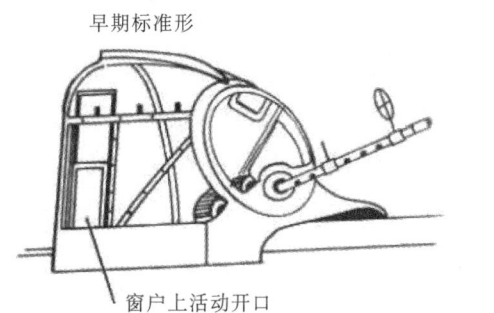

早期标准形

窗户上活动开口

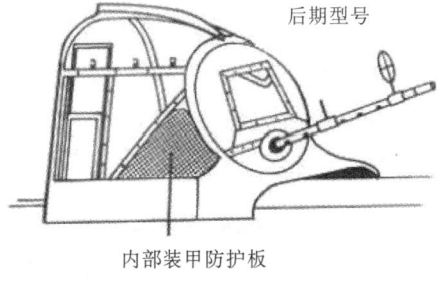

后期型号

内部装甲防护板

■后座机枪手的射击风挡在Ju 87B/R的型号改进中不仅改变了形状，还增加了防弹装甲板，这是根据实战经验做出的改进。这个改进在后来证明十分有必要。

■图为Ju 87R-2的战争艺术画。

尖叫死神 二战德国Ju 87"斯图卡"俯冲轰炸机战史

Ju 87B-2的基础上改进的,除此之外,无线电设备也得以改进。Ju 87R-2的最大起飞重量是5655公斤(Ju 87B-2的这个数据为4704公斤),它的最大航程为1254公里,比Ju 87R-1的稍低。Ju 87R-2参加了1941年在意大利西西里岛的战斗,也参加了北非的战斗。

Ju 87R-2/trop 这是在机场改进的热带沙漠地区使用型号,发动机进气口安装了防沙尘过滤器,改进了润滑系统,飞机可携带食品及水包装袋以便救生之用。

Ju 87R-3 在Ju 87R-2的基础上换装无线电设备。有资料称这个型号专门用作拖曳滑翔机之用。

Ju 87R-4 跟Ju 87R-2/trop类似,但是所有的热带型号都返回生产线按标准进行了改进,也就是Ju 87R-2/trop标准生产型。

有一架Ju 87R非常有意思,在起落架间可携带一个折叠的货物容器,目的是"斯图卡"飞机异地部署时携带有用的东西,或在紧急的时候携带其他东西,很显然,这个型号没有服役。

迟到的Ju 87D"多拉"(Dora)

Ju 87D是德国航空部根据在波兰的战争中"斯图卡"的作战研究提出的改进型号,通过实战研究发现了"斯图卡"的一些缺陷,因此需要增加"斯图卡"飞机的载弹量、加大作战半径、增强自卫武器系统,以及提高机组乘员的防护能力等。解决这些问题的关键是安装马力更强劲的发动机和采用更简洁的气动布局。1940年春天,容克公司开始在Ju 87基础上进行改进工作,5月,这个型号官方正式编号定为Ju 87D。但是,原

■Ju 87D是"斯图卡"飞机家族中另一个重要型号,这个型号也是活跃在苏联战场上的主要型号。图中飞机采用的是适应苏联冬季气象环境的雪地迷彩。

计划安装的尤模211F发动机研制遇到严重的技术问题,因此,第一批3架Ju 87D原型机(Ju 87V-21(机身编号D-INRE)、Ju 87V-22和Ju 87V-23)仍安装成熟稳定的其他尤模211发动机,原型机首飞由原计划在1940年12月向后延期。同年,容克公司的主任设计师荷曼·波尔曼(Ju 87的创始者)离开容克公司去了位于汉堡的布劳姆&沃斯公司(Blohm & Voss)。迹象越来越明显,Ju 87的潜力已经快达到了终点,因为有更多的新式飞机正处在设计或接近完成,"多拉"只是作为这一时期的过渡型号,实际情况却是,Ju 87D是"斯图卡"家族飞机中最重要的型号,也是德国东线战场主要型号。

除了尤模211F外,容克还在研制另一种十分先进的发动机,即尤模211J,该发动机采用新型VS-11螺旋桨,其功率达到1400马力(1045千瓦),首批2架Ju 87D原型机(V-21和V-22)在1941年春天开始安装这种新式发动机。1941年5月,在雷希林开始进行验收试验。这个时候,其他型号的Ju 87产量已经开始下降,但在1941年秋天,由于战争需要,德国紧急要求满负荷生产Ju 87D飞机,到1942年,容克公司共向德国空军交付了917架Ju 87D飞机。

紧急要求生产Ju 87D的原因是新式的

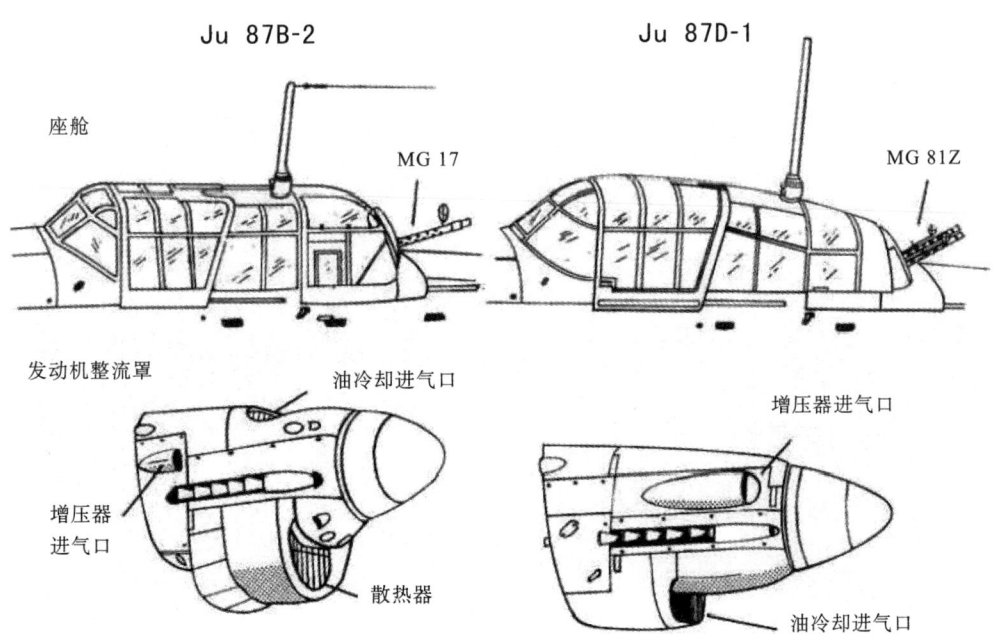

■ 图为Ju 87B和Ju 87D的座舱和发动机整流罩的主要区别,后者的座舱前高后低,后射机枪改为2挺MG 81Z机枪。后座舱正面由此前的座舱风挡改为GSL-K 81旋转炮塔。Ju 87D发动机整流罩上方光滑,冷却空气进口改在了发动机下方,即此前型号的散热器位置。这些都是主要的外观区别。

尖叫死神　二战德国Ju 87"斯图卡"俯冲轰炸机战史

Me210战斗机的研制遇到一些困难，没有及时装备部队，而战争中飞机的损耗十分大。1939年德国空军订购的是计划在Bf 110基础上进行一些小的改进飞机，但是，在没有得到乌德特和其他航空局官方同意的情况下，梅塞施米特教授擅自将改进的飞机设计成了一种全新的飞机，这就是Me 210，这种飞机的原型机还没试飞德国空军就订购了至少1000架。同时，空军要求这些飞机从1941年春天开始交付部队。实际上，Me 210设计上的一些缺陷必须重新设计才能解决，为此，一切从头再来（完全重新设计）的结果就是Me 410飞机，很显然，这种草率的决定浪费了大量时间，1942年晚些时候Me 410才出

Ju 87D翼下散热器位置

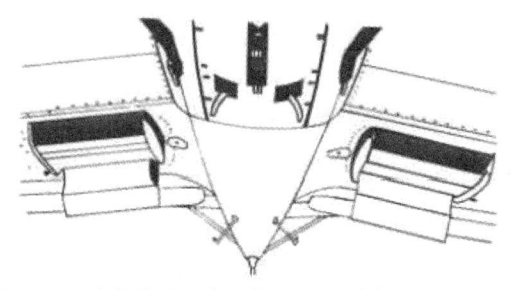 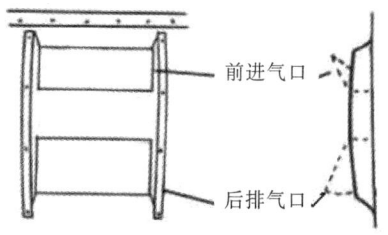

前进气口

后排气口

■Ju 87D的散热器改在了机翼下方（内翼段）。

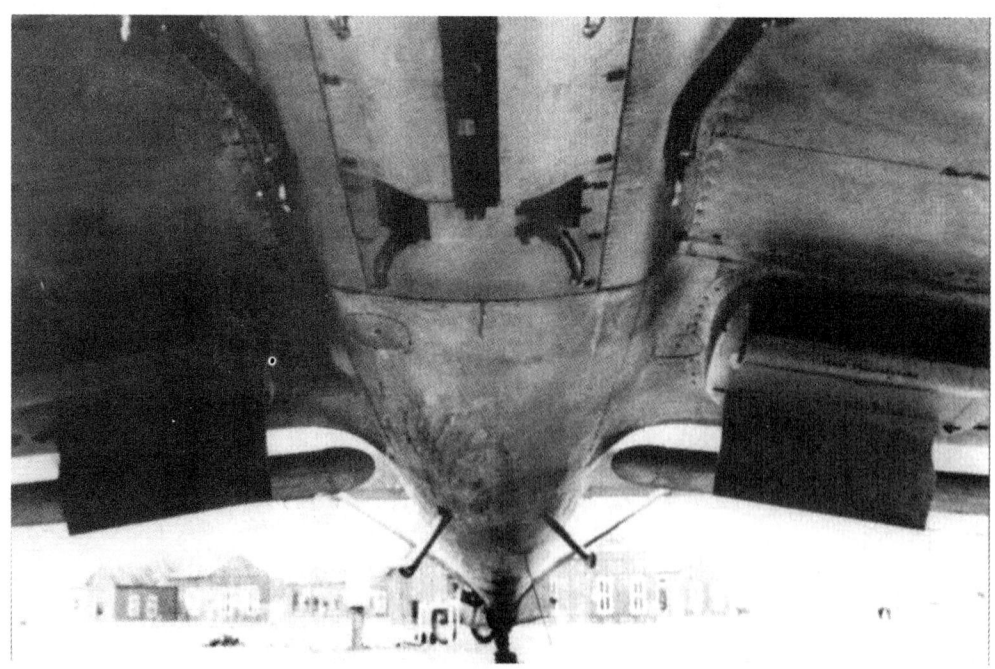

■散热器实物图，照片最上方为机腹中心挂架。

第二章 Ju 87"斯图卡"飞机的研制过程

现在人们面前。就在这期间，德国空军俯冲轰炸机和对地攻击单位不得不继续使用Ju 87D飞机，战争中的损耗必须由新生产的来补充。

Ju 87D最大的变化是发动机风帽（整流罩）形状，经优化设计其长度有所增加，另外，油冷却器安装在发动机的下方，冷却剂散热器安装到了机翼内翼段的下方，飞机右侧增压器进气口向前移动，这个型号的发动机比以前的型号外形上更简洁流畅。为了减少飞机的阻力，座舱也按空气动力学特性重新设计，其外形前高后低。座舱内部着重增加了机组乘员装甲防护板，如座舱侧面、座椅、头靠和前后座舱之间段。在空战中，敌机通常会在后方发起攻击，俯冲轰炸后后座舱也是地面高炮容易击中的部位，为了更好

起落架变化对比图

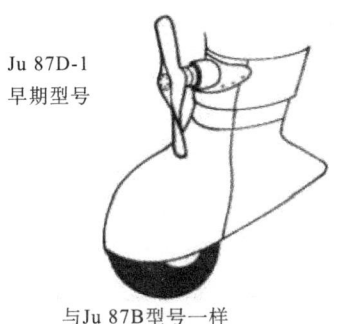

Ju 87D-1 早期型号

与Ju 87B型号一样

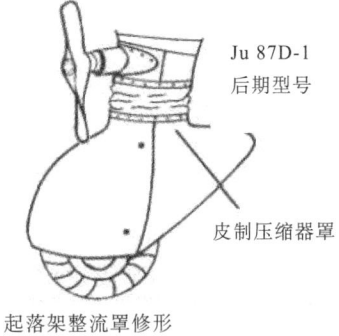

Ju 87D-1 后期型号

皮制压缩器罩

起落架整流罩修形

■ 起落架变化线条图。

飞行员座舱

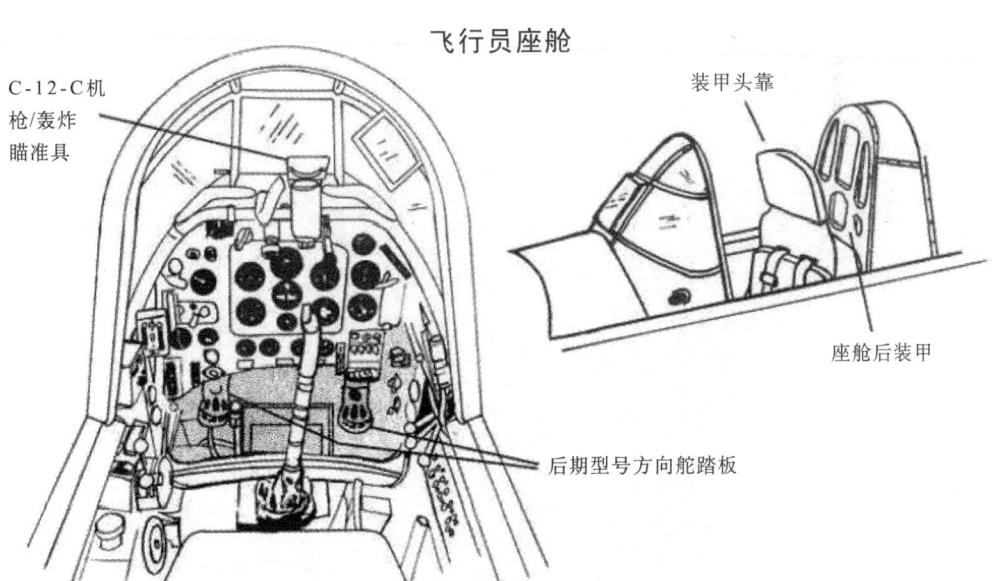

C-12-C机枪/轰炸瞄准具

装甲头靠

座舱后装甲

后期型号方向舵踏板

■ Ju 87D前座舱线条图。D型的前座舱主要变化就是增加装甲防护能力，驾驶员正面的风挡为50毫米厚的防弹玻璃。

尖叫死神
二战德国Ju 87"斯图卡"俯冲轰炸机战史

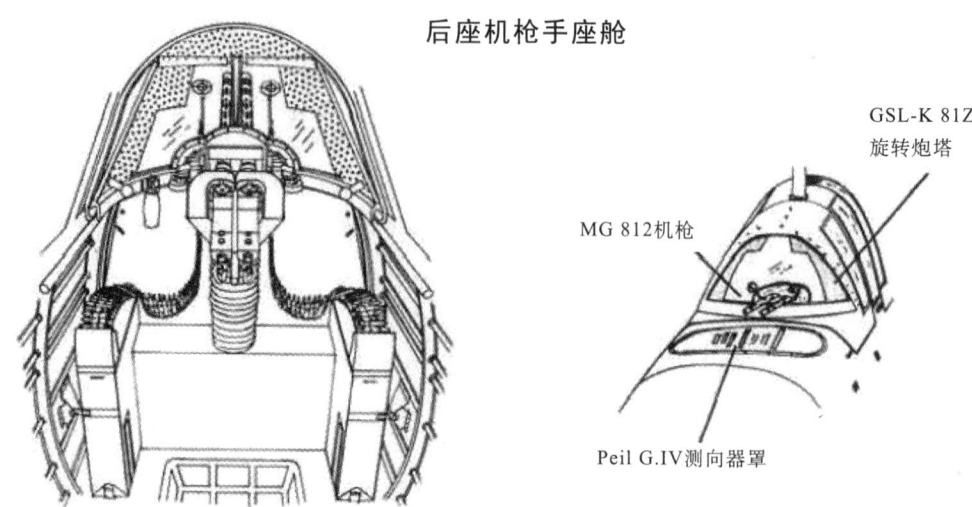

后座机枪手座舱

GSL-K 81Z 旋转炮塔
MG 812机枪
Peil G.IV测向器罩

■Ju 87D的后座舱变化较大,不仅换装2挺MG 81Z机枪,还增加了装甲防护能力,图中正面有斑点的就是装甲板。图中飞机的Peil G.IV测向器安装在飞机的上部,后来的型号都改在了机腹部。

■后座的2挺MG 81Z机枪。

第二章　Ju 87"斯图卡"飞机的研制过程

■换个角度看Ju 87D的后座舱。由于按流线型设计,后座舱高度降低,后座乘员的空间减小,舒适度降低。

■炮塔实物图。

尖叫死神　二战德国Ju 87"斯图卡"俯冲轰炸机战史

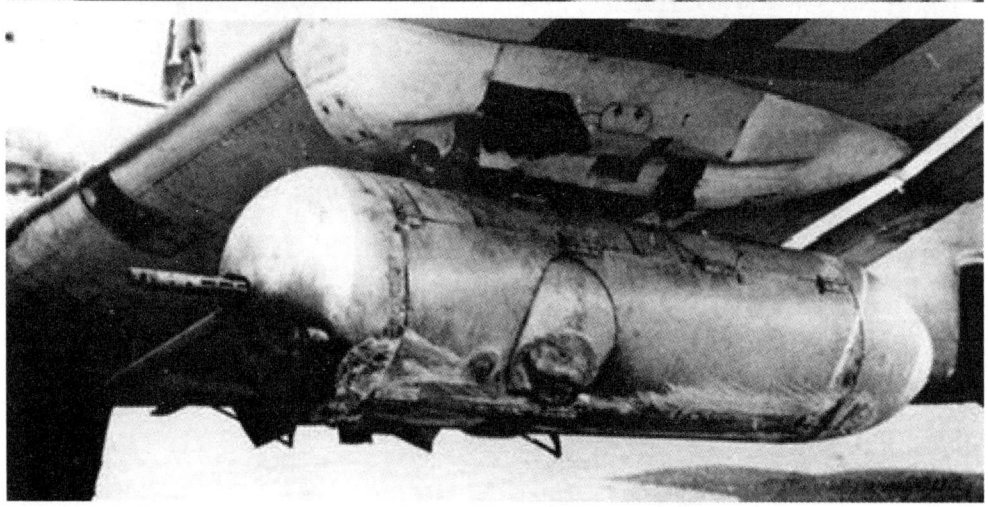

■Ju 87D的翼下挂架有一个突出十分明显的整流罩，这是一种三重复式挂架，改进的目的是为了携带更多品种的武器或其他载荷。上图中为此前型号的翼下挂架。

地保护后座乘员，后座舱除了增加防弹装甲板外还设计了GSL-K 81旋转炮塔，不管机枪向什么方向射击，炮塔上的装甲板都会提供防护。主起落架的整流罩尺寸有所减少，垂直尾翼面积稍稍增加。内部最大的变化是增加了机内油箱容积（改进类似Ju 87R，即机翼整体油箱），设备也有所改进。尤模211J-1发动机安装在Ju 87D-1型号上，该发动机采用了冷却剂增压系统，吸气式冷却系统、完全隐藏增压叶轮、增加曲轴强度、改

翼下多功能复式挂架携带武器方案

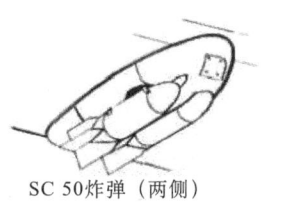
SC 50 炸弹（两侧）

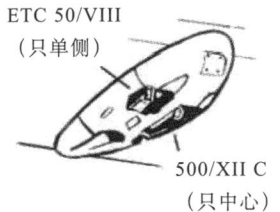
ETC 50/VIII（只单侧）
500/XII C（只中心）

长杆引信（可选）
SC 250 炸弹（中心）

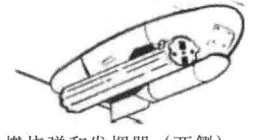
燃烧弹和发烟器（两侧）

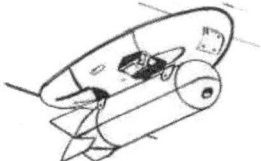
AB 250 武器容器（中心）

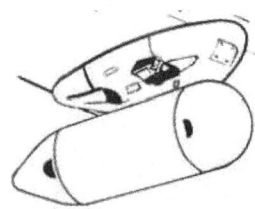
500升多功能容器（中心）

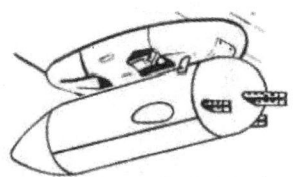
WB 81A/B机枪吊舱（3挺双管MG 81Z机枪）

■Ju 87D新型翼下复式挂架的携带武器方案示意图。

■三重武器挂架实物图。

尖叫死神 | 二战德国Ju 87 "斯图卡" 俯冲轰炸机战史

■新式三重式武器挂架，但三个挂点不能同时使用，两侧的挂炸弹，中间的挂油箱或其他重磅炸弹。

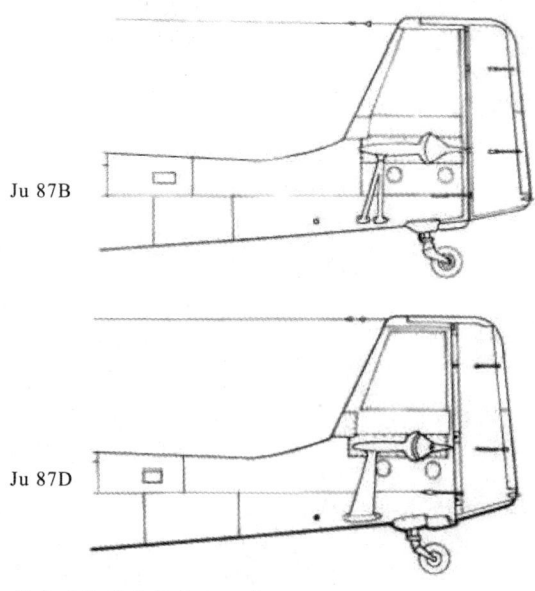

Ju 87B

Ju 87D

■Ju 87B和Ju 87D的水平尾翼支撑变化示意图。

机身武器挂架演变对比图

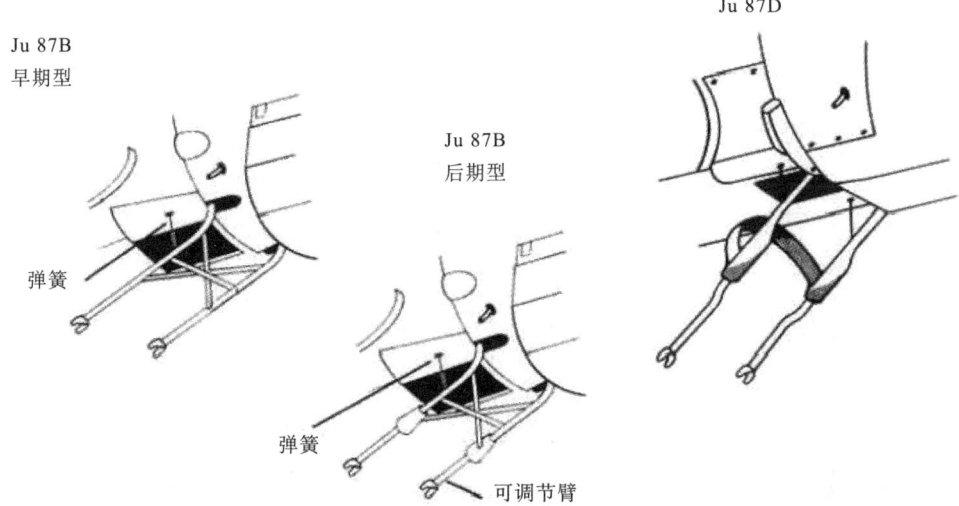

■ 机腹炸弹挂架变化图。

进油压系统。

改进后的Ju 87D的最大速度增加到410公里/小时，最大炸弹载荷为1800公斤，不携带副油箱时的最大航程超过800公里，携带2个300升副油箱时的航程超过1534公里。

1942年2月，Ju 87D首先在东部战线投入战场，随后远赴北非、意大利和地中海东部战场。但是，这个时候人们对"斯图卡"的恐惧已经过去了，Ju 87D的恐惧效应只持续了几个月盟国更先进的战斗机就出现了，盟国战斗机有效地阻止了"斯图卡"飞机所有的白天行动。Ju 87D唯一能给敌人造成很大破坏的是在东部战线，因为在那儿德国空军仍掌握着制空权，但这种优势持续的时间也不可能太长了。

根据战场总结的结果和部队的要求，Ju 87D不断进行改进，改进的主要型号有：

Ju 87D-1

由于飞机发动机功率大，飞机可以增加装甲防护装置，携带的燃油也更多，Ju 87D-1的外翼段跟Ju 87R的一样是油箱。Ju 87D-1的2挺向前射击的MG 17机枪保留，但向后射击的1挺MG 15机枪被相同口径的2挺MG 81Z机枪所代替，机枪备弹2000发，弹药箱在地板，两侧弹带分别为一挺机枪供弹。MG 81G机枪的射速比MG 15更高，火力更猛。Ju 87D-1执行短程任务时可携带1800公斤的炸弹，为此，机体结构和武器挂架进行了加固。Ju 87D-1的典型挂弹配置是机腹部的1枚1000公斤的炸弹和翼下4枚50公斤炸弹。翼下挂架跟此前的完全不一样，Ju 87D的翼下挂架为三联复式挂架，

尖叫死神 二战德国Ju 87"斯图卡"俯冲轰炸机战史

即挂架上有三个挂点,但三个挂点不能同时使用,使用方案为:两枚(一侧)50公斤炸弹,或是一枚250公斤炸弹,再或是300升副油箱。在执行近距离支援任务时,机翼下会携带一个武器容器,里面包括3挺双管MG 81机枪,或2门20毫米MG-FF机炮。Ju 87D-1也跟HS 123A一样可携带集束式"蝴蝶"炸弹,炸弹装在500升的AB250或AB500武器容器内,内装SD 2或SD 4"蝴蝶"弹,在使用时,飞机会将木制的容器一起投下,离开挂架后容器立即打开将"蝴蝶"弹投到面积很大空地上,它主要用来杀伤人员。

这是最基本的"多拉"型号,也是产量较大的型号,在1942年间的产量为592架。

■WB 81A机枪吊舱。

1942年2月该型号首次参加东线战役（苏联战场），大部队的Ju 87D-1都用在苏联和北非战场，它的出现很快就取代了Ju 87B型号。跟所有随后的Ju 87D型号一样，在东线战场参战的Ju 87D-1经常去掉起落架整流罩，因为东线的机场都为土质松软的地基，

■图中两架Ju 87D-1的起落架整流罩被去除了。

■Ju 87D-1结构图。

尖叫死神 — 二战德国Ju 87"斯图卡"俯冲轰炸机战史

有整流罩极不方便,另一方面飞行员发现没有整流罩对飞机速度的影响并不大。由于经常执行对地攻击任务,Ju 87D-1经常携带各种机枪吊舱,机翼下的主要武器通过一个爆炸索来投放,为的是防止在俯冲时砸到螺旋桨。

Ju 87D-1/trop

热带地区使用的型号,发动机进气口安装了过滤器,改进了润滑系统,飞机可携带

■图为Ⅲ/St.G 3大队第8中队的Ju 87D-1/trop飞机在1942年11月北非战役中的图装。

沙漠地区救生设备。1942年5月,该型号首次在比尔·海克姆(Bir Hakeim)参加战斗。

Ju 87D-2

由于Ju 87B和Ju 87R都曾改进作为滑翔

■Ju 87B和Ju 87R经常用来拖曳滑翔机。在战争期间,为了快速地部署到前线机场,"斯图卡"部队经常要转移部署,"斯图卡"飞机可以飞到预定机场,地勤人员和设备经常需要运输机来运输,为了解决这些问题,小型设备经常可以用滑翔机来运输,通常情况下每个"斯图卡"大队都会配备一些滑翔机。

第二章　Ju 87 "斯图卡"飞机的研制过程

■图为Ju 87B加装了拖曳设备，Ju 87D-2只是加固了后机身和后起落架。

滑翔机拖曳装置

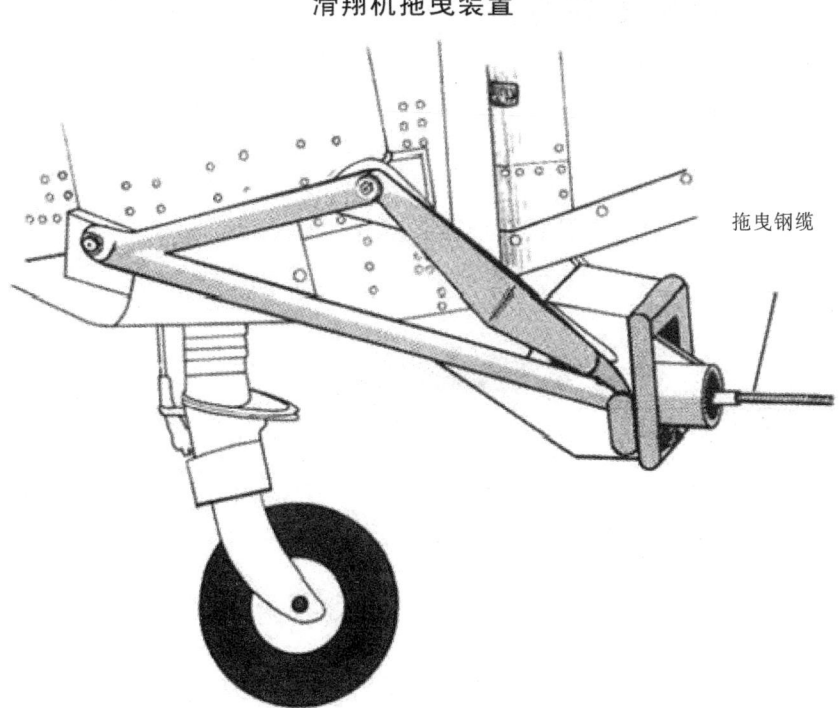

拖曳钢缆

099

尖叫死神 二战德国Ju 87"斯图卡"俯冲轰炸机战史

机拖曳机，Ju 87D-1的后期生产型也被改进作为拖曳机。改进的重点是增加后机身和后起落架结构强度，这个起落架具有两个作用：一方面作为机轮，另一方面做拖曳滑翔机的钩子，它可以拖曳Go 242货物滑翔机。这个型号研制用于北非和地中海地区。

Ju 87D-3

这是第一种较为特别的对地攻击型号，它是在Ju 87D的基础上改进的，增加了乘

■Ju 87D-3双机编队。

翼根防滑踏板变化对比图

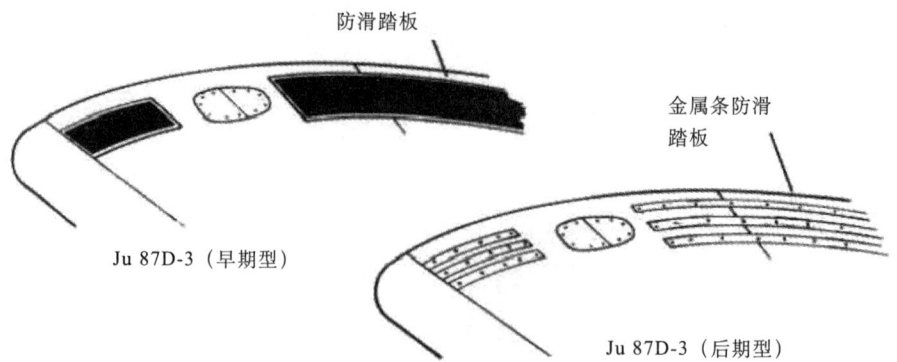

■Ju 87D-3型号产量大，不同生产时期的飞机都有一些变化，图中就是机翼翼根防滑踏板的变化。

100

第二章　Ju 87"斯图卡"飞机的研制过程

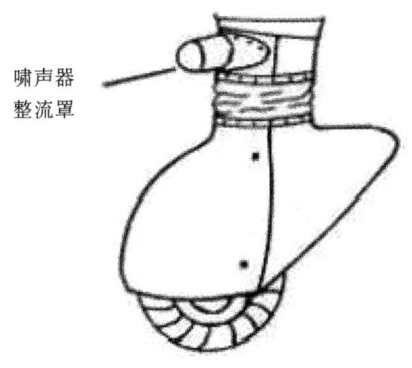

Ju 87D-3（早期型）

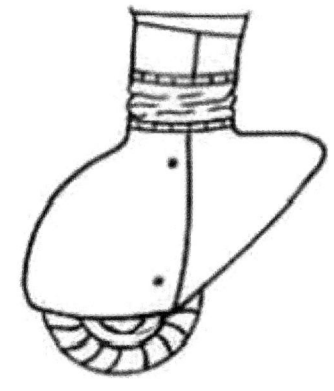

Ju 87D-3（后期型）

■ 起落架不同时期的变化。

发动机排气管变化对比图

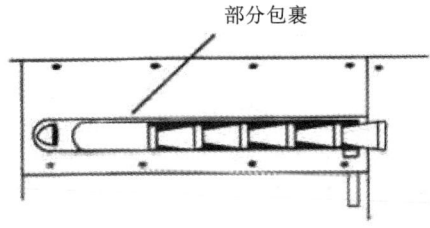

Ju 87D-3（早期型）

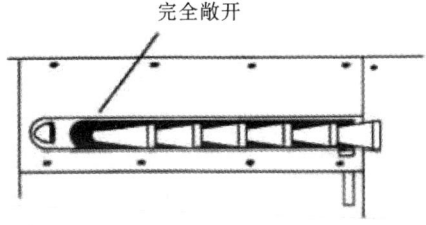

Ju 87D-3（后期型）

■ 发动机排气管的变化。

员防护、发动机、散热器的装甲。俯冲减速板仍然保留，但取消了主起落架整流罩上的啸声器。Ju 87D-3从1942年晚些时候开始生产，它主要用于东部战线，经过携带一种非常奇特的SD 2反人员"蝴蝶"炸弹，这种炸弹重量只有2公斤，通常这些炸弹会装在一个胶合板的容器内供飞机携带。

Ju 87D-3也被用来试验多种载人容器，其中一种是在外翼段上方携带一种可容纳2人的载人容器，两名乘员前后串列乘坐，容器两侧有窗户，这个窗户并不是给容器内乘员欣赏美景的，它实际上是为飞机驾驶员提供侧视视野的。原则上这种容器可以小角度俯冲投放，容器内有降落伞，可以实现软着陆。很明显这种容器是用来空投特工人员，如果是部队要员那么坐在飞机后座舱就行了。1942年，德国空军对这个

尖叫死神　二战德国Ju 87"斯图卡"俯冲轰炸机战史

■图为风洞模型。从这个模型可以看出载人项目由来已久，图中的飞机仍采用早期原型机才有的双垂尾。

■没有做不到，只有想不到的，这种Ju 87D-3载人型号一出现就让人大跌眼镜，始终无法回避的问题就是乘员的安全性。

项目进行了测试，测试的结果是容器设计合理，对飞机的飞行和操作没有不良影响，但是整个研制计划存在着诸多的问题，特别是选择合适的时机在空中将容器抛掉，这种危险系数实在太大。尽管"斯图卡"飞机又评估了几种载人容器，但军方最终还是没有采纳。

Ju 87D-3共生产1559架，利姆威尔德工厂生产559架，坦培尔霍夫工厂生产960架，剩余的40架由其他厂生产。

第二章 Ju 87"斯图卡"飞机的研制过程

■试验时的飞行照。翼上的载人容器外形设计为流线型，好似两片大翼刀，最起码飞机的航向稳定性应该可以保证，这也是试验获得成功的关键，遗憾的是抛离这个过程的安全性谁也说不清。

Ju 87D-3及其翼舱

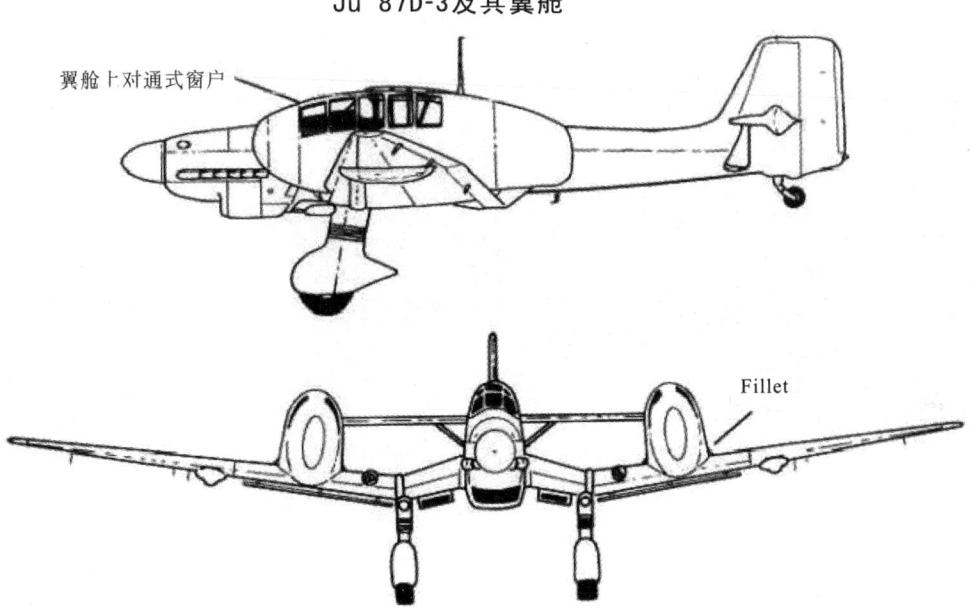

■Ju 87D-3翼上携带的容器最为独特，虽然试验获得了成功，但实际使用中如何在确保人员安全的条件下实现容器与飞机分离是个头疼的问题，这项目只得放弃。

103

尖叫死神　二战德国Ju 87"斯图卡"俯冲轰炸机战史

■Ju 87D-3是Ju 87D型号中产量最大的型号，D型总产量3000多架，Ju 87D-3就占了一半。

■在1944年，德国已经处于战略防守阶段时，Ju 87D开始向轴心国提供，主要是Ju 87D-3和Ju 87D-5型号。这些轴心国解放后开始用德国提供的Ju 87D来对付德国人，德国人气得牙痒。图为罗马尼亚空军Ju 87D-3飞机。

第二章　Ju 87 "斯图卡"飞机的研制过程

■ 以上四幅照片均为Ju 87V-25鱼雷机原型机，鱼雷机没有发展下去的原因就是德国当时并不缺少这种机型，让俯冲轰炸机去干水平轰炸的任务得不偿失。

Ju 87D-4的鱼雷挂架

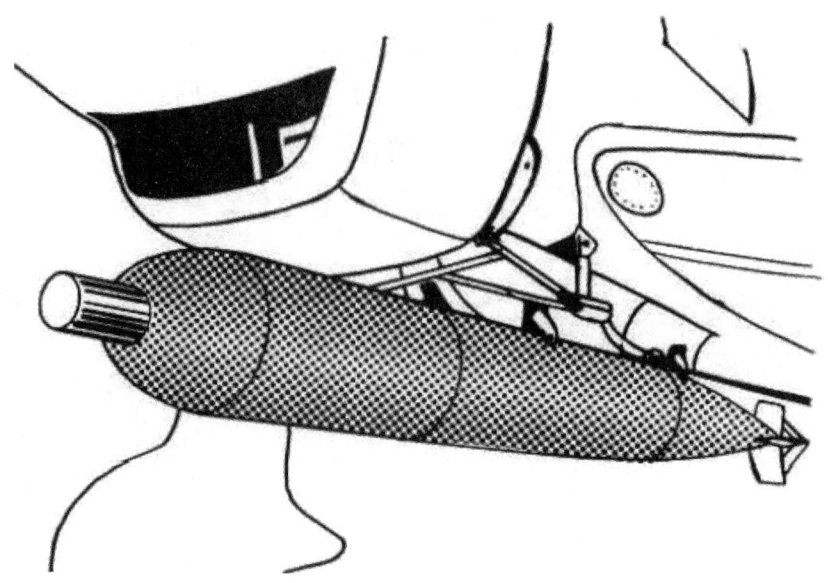

■鱼雷安装位置。

Ju 87D-4

这是一种鱼雷攻击机，它可携带1枚765公斤的LTF5b小型鱼雷。1941年6月应海军要求开始研制，少量的Ju 87D-1和D-3被用来进行改进。Ju 87D-4没有在实战中使用过，因此，后来这些飞机都改回到原来的配置。

Ju 87D-5

"斯图卡"飞机在不断的改进中，重量持续攀升，但机翼面积始终没变，这就使得翼载越来越大，到了Ju 87D已经到了无法接受的地步，因此，1943年早些时候，在Ju 87D-3基础上改进的Ju 87D-5近距离支援型号主要改进是增加机翼翼展，提高飞机的操纵性能。Ju 87D-5翼展从Ju 87D-3的13.7985米增加到14.986米，从外观上看，前者的翼尖更尖。其他改进是取消俯冲减速板（除第一批生产的），因为近距离支援不再需要减速板；前射固定武器2门MG17改为2门20毫米MG 151/20机炮，火力增强，机炮炮管长长地伸出机翼，极易辨认；加固座舱的地板上增加向下观察的小窗户；改进翼下武器投放装置；增加Ju 87C上采用的可抛弃式起落架等，后期的型号又重新布置翼下炸弹挂架位置，飞机的润滑系统和武器投放系统也稍做改进。Ju 87D-5的改进着重强调飞机的对地攻击能力，因此，在生产线上，这个型号的后期生产型在生产过程中又进行了小幅度改进，主要是增加飞行员对地攻击时的安全性，如前风挡和座舱侧面安装防弹玻璃，瞄准具位置也稍做调整等。至1944年7月停产，Ju 87D-5共生产了771架。这个型号也主要用于东线战场，偶尔会携带4公斤重的SD 4/HL带火箭助推器的空心聚能炸弹（hollow-charge bomb），这种炸弹用于对付苏联的坦克集群。

Ju 87D-6

这是1943年提出的一个型号，为了补充战争中的消耗，这个型号提出的目的是简化生产，使飞机尽快投入战场，但计划没有进

■这个角度很容易识别Ju 87D-5型号，它的翼尖较尖。

■图中可以看到机翼前缘伸出的MG 151/20机炮。

尖叫死神　二战德国Ju 87 "斯图卡" 俯冲轰炸机战史

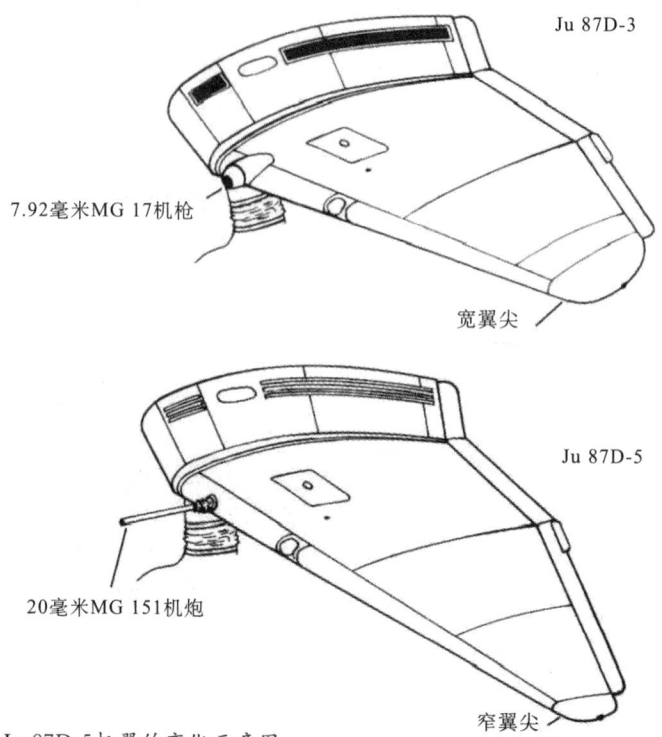

Ju 87D-3

7.92毫米MG 17机枪

宽翼尖

Ju 87D-5

20毫米MG 151机炮

窄翼尖

■Ju 87D-3和Ju 87D-5机翼的变化示意图。

■Ju 87D-5主要用于苏联战场，到1943年Ju 87D-5改进时，德国人已经感觉Ju 87的改进余地不多了。图中飞机翼下携带的是一种集束炸弹，旁边的减速板清晰可见。

第二章 Ju 87"斯图卡"飞机的研制过程

Ju 87D-5技术数据

机长	11.50米
翼展	15.10米
机高	4.01米
空重	3904公斤
最大起飞重量	6605公斤
发动机	容克尤模211 J 12液冷倒V形发动机，功率1400马力
最大速度	410公里/小时
俯冲速度	650公里/小时
实用升限	7390米
航程	820公里
内部燃油	1529公斤
携带副油箱	1800公斤（携带两个容积为300升副油箱）（最大）
炸弹载荷	机翼2门固定前射20毫米MG 151机炮后座舱GSL-K 81炮塔，内装1门可活动7.92毫米MG 81Z双管机枪
武器	

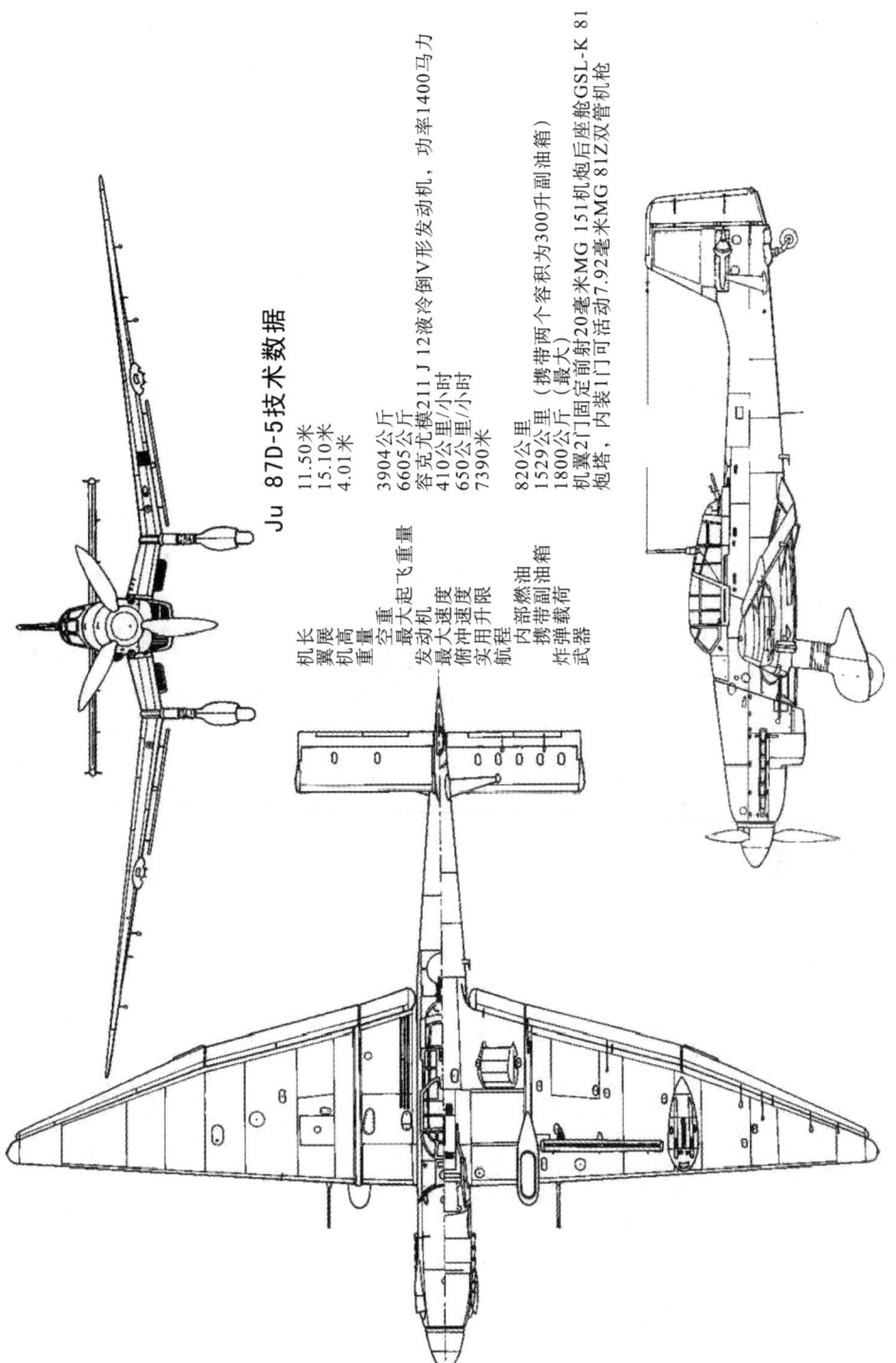

■（Ju 87D-5三视图）（作为整版图）。

尖叫死神

二战德国Ju 87"斯图卡"俯冲轰炸机战史

入研制步骤。

Ju 87D-7

这是在Ju 87D-3基础上改进的夜间对地攻击轰炸型,也是"斯图卡"家族中第一个夜间轰炸型号。它换装了尤模211P发动机,功率为1500/1410马力(1118千瓦),排气口处安装了火焰抑制器,其他方面的改进是安装适合夜间飞行的设备。这个型号也去除了俯冲减速板,采用Ju 87D-5上的武器系统。这个型号的研制是受苏联人的影响,夜间攻击的效果其实并不好,但它所起到的骚扰作用却极大,战争初期,德国深受其害,苏联人使用老式的波-2双翼飞机夜晚不断骚扰德军,使得德军无法休息,精神极度疲惫。德国也决定效仿苏联组建夜间骚扰单位,早期这些空军单位装备的是比较老旧型号的飞机,如Ar 66和Go 145(德国戈塔公司(Gotha)公司研制的双翼飞机)。这些飞机只是骚扰苏联红军,并无作战能力,而Ju 87D-7属于夜间战斗机,骚扰只是小菜一

■这是二战结束后在一个乡村农舍里被盟军发现的Ju 87D-7飞机,发动机火焰抑制器很容易看到。

■Ju 87D-7"斯图卡"俯冲轰炸机侧视图。

第二章　Ju 87"斯图卡"飞机的研制过程

碟。Ju 87D-7研制成功后，1943年12月首次在东部战线使用，后来也在西部战线、巴尔干半岛和意大利战场使用，一直到战争结束。

Ju 87D-8

这是在Ju 87D-5基础上改进的夜间对地攻击型，其他改进跟Ju 87D-7类似，如采用尤模211P发动机和夜间飞行设备等。1945年早些时候，Ju 87D-8也执行白天的作战任务，但发动机上的火焰抑制器被去除。

Ju 87D-7并不是新生产的，它是改进自Ju 87D-3飞机，而Ju 87D-8则是在Ju 87D-5生产线上按Ju 87D-7的标准重新生产的，两个改进和重新生产型号共计300余架。

德国生产Ju 87D时，"斯图卡"的"辉煌"时光已经不再了，在东部战线的第一年，苏联处于战略退却阶段，但到1942年中期，苏联的空军力量开始恢复，德国的制空权在一点点地丧失，这对于"斯图卡"飞机来说是个坏消息。同时，盟军在北非也重创了"斯图卡"飞机。截至1943年，"斯图卡"飞机基本上在所有的战线处于防御状

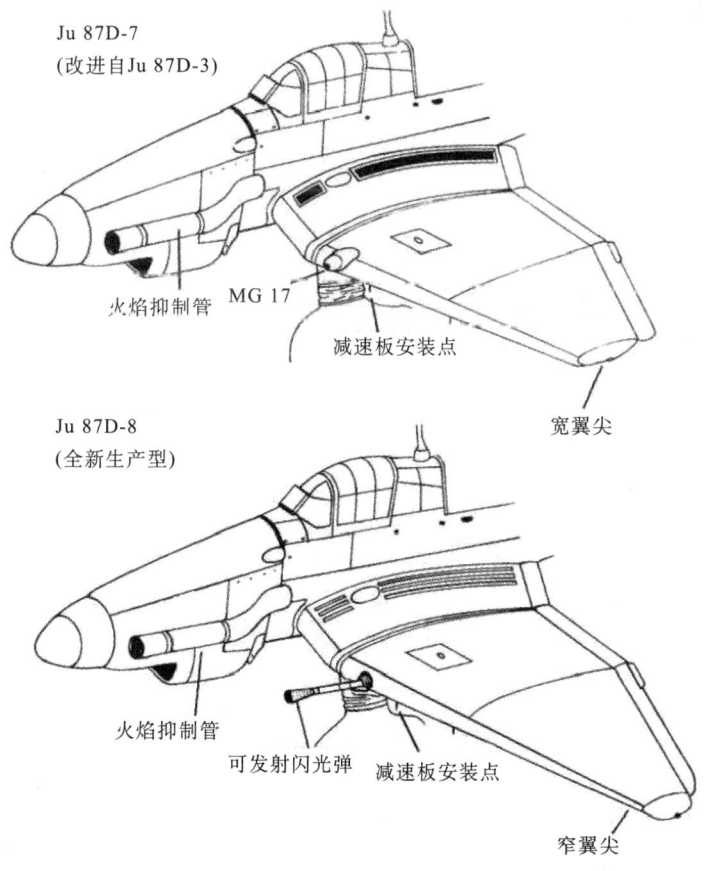

■Ju 87D-7和Ju 87D-8的主要区别。

尖叫死神 二战德国Ju 87"斯图卡"俯冲轰炸机战史

■Ju 87D-8图。

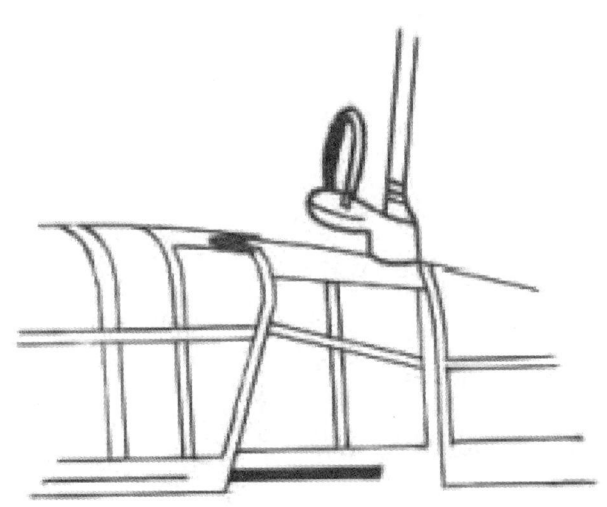

■Ju 87D-8后期生产型在天线支撑底部安装了无线电测向器天线。

态,面对盟国越来越多的高性能战斗机,它很难逃过一劫,这也是纳粹德国的命运。

德国开始将D型号的"斯图卡"飞机看作是Ju 87中最后的前线型号,它只作为新式战斗机服役前的过渡型号,因此,"斯图卡"飞机在1941年开始减产,这一年容克公司只向德国空军交付了476架。对于帝国来说,不幸的是所谓的新型战斗机迟迟无法服役,计划取代"斯图卡"飞机的Me 210双发重型战斗机/攻击机成了梅塞施米特公司的

■ 从伸出机翼前缘的MG 151/20炮管判断这是Ju 87D-8型号。

麻烦，后来改进后投产的是Me 410，它的产量非常小，最主要的是它来得太迟了，根本无法形成战斗力。为此，1942年，"斯图卡"的产量突然猛增，这年Ju 87D的产量达到917架，而1943年更是达到了1844架。

Ju 87E-1

Ju 87E是在Ju 87D-1基础上研制的海军鱼雷攻击型号，主要携带1枚LTF5W鱼雷。1941年7月项目研制工作开始，1架Ju 87D-1飞机被用来改进作为原型机，这架飞机的编号是Ju 87D-1to，"to"意为鱼雷（Torpedo）。上文提到的"齐柏林伯爵"号航母只是暂停，并没有取消。1941年，德国海军再次希望恢复航母的建造，舰载机项目也因此提到议事日程上。因为有了Ju 87C和Ju 87D-4的研制经验，Ju 87E的研制并没有遇到多大障碍，那架Ju 87D-1to原型机在1942年春天和夏天在特拉威蒙德（Travemunde）测试中心进行

尖叫死神	二战德国Ju 87"斯图卡"俯冲轰炸机战史

Ju 87D-1 技术数据

飞机长度	11.5米	飞机高度	3.9米
飞机翼展	13.8米	机翼面积	31.9平方米
飞机空重	3900公斤	起飞重量	5842公斤(正常)、6600公斤(最大)
最大速度	410公里/小时,正常速度320公里/小时		
实用升限	7300米		
最大航程	820公里(机内燃油)、1535公里(副油箱)		
发 动 机	尤模211J-1发动机,功率达到1400马力(1045千瓦)。		
武器配置	2门前射7.92毫米的MG17机枪,2门后射7.92毫米的M81机枪。1枚1000公斤的炸弹和翼下4枚50公斤炸弹。最大载弹量1800公斤。		

■虽然Ju 87越改越先进,但是,德国空军仍然不得不放弃"斯图卡"飞机,德国需要面对新的苏联战场形势,那就是苏联空军正在快速地壮大,德国空军受的威胁越来越大,"斯图卡"飞机显然无法适应新的形势。

了飞行试验，测试项目的主要内容仍是折叠机翼、着舰钩、弹射装置和火箭助推器等，由于"齐柏林伯爵"号航母计划被取消，Ju 87D-1to项目在1943年2月也被终止，原计划订购115架Ju 87E-1的订单也随之被取消。

Ju 87F

该型号也是在Ju 87D基础上研制的，1940年提出研制计划，计划安装新型的尤模213发动机，功率为1700马力。它的主要特征是改进了起落架，主起落架换装更大的轮胎，机翼结构重新设计，翼展更长。这个项目计划用来取代Ju 87以前的型号，但德国航空部审查了这个项目后于1941年春天取消了这个项目，原因是它的性能预计提高有限，不值得调整生产线。后来这个项目改为Ju 187。

Ju 87G-1

这是1943年夏天在Ju 87D-3基础上改进的一种特殊的坦克攻击机，这个型号最大的改进是在主起落架支撑臂整流罩的外侧增加一个可携带37毫米BK3.7/Flak18机炮的挂架，机炮携带2个6发弹仓，这个挂架也可以挂载炸弹。标准的自卫武器仍然保留，座舱地板的观察窗进行了必要的改进。

这个型号研制的起因是1942年夏天苏联的坦克数量不断增加，对德国的地面部队造

■ 试验期间的Ju 87G-1型，注意看机翼前缘的原来机枪位置改为整流罩，这是与Ju 87G-2的一个重要外观区别。

尖叫死神 二战德国Ju 87"斯图卡"俯冲轰炸机战史

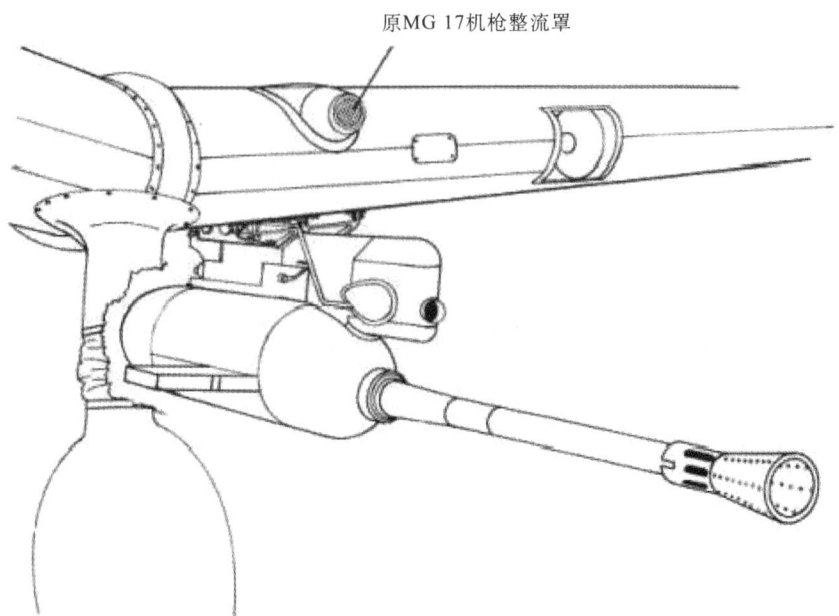

■Ju 87G-1的BK3.7/Flak 18反坦克炮位置安装图。

■地勤人员在给BK3.7/Flak18机炮装填炮弹。

第二章　Ju 87"斯图卡"飞机的研制过程

■BK3.7/Flak18机炮不论是体积还是重量都较大,对飞机本身的操作和性能有一定的影响。

成很大威胁,德国空军部队对此无能为力,德国空军因此提出在飞机上携带口径更大的机炮以消灭苏联坦克。1942年晚些时候,德国开始在Ju 88、Bf 110F和Ju 87D飞机上开始进行试验,试验结果表明Ju 87D是最合适的飞机。随后的1942年2月,容克公司开始在几架后期生产型Ju 87D-3的基础上进行改进工作。实战中,一些Ju 87G-1采用的是固定翼下武器单元,而其他的则去掉了固定武器单元。Ju 87G-1主要在东线战场使用,1943年春天,少量该型号飞机也用于北非战场,1943年10月在苏联战场使用,1944年晚些时候开始在西线战场使用。

37毫米BK3.7/Flak18机炮数据:

口径:37毫米　重量:272公斤　炮管长度:2112毫米　出口速度:795–860米/秒　射速:140发/分　射程:2000米　弹仓:6发

Ju 87G-2

Ju 87G-2也是坦克攻击机,改进跟Ju 87G-1基本一样,但是却在Ju 87D-5的基础上改进的,翼下固定武器单元被去除,一些Ju 87G-2后来安装了发动机火焰抑制器用于执行夜间任务,它的使用战场跟Ju 87G-1的一样。Ju 87G-2共生产208架。

Ju 87G在战场使用获得较大成功,其打击精度高,威力惊人,尤其是在苏联战场给苏联坦克造成了极大的破坏,但它也很容易受到攻击,37毫米机炮阻力非常大,重量也不小,尤其是反坦克炮射击时的后坐力非常大,因此,"斯图卡"飞机的性能有所降低。

尖叫死神 二战德国Ju 87"斯图卡"俯冲轰炸机战史

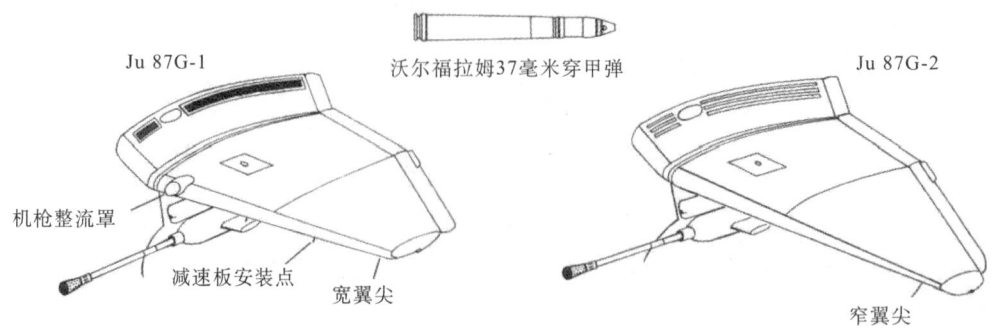

■Ju 87G-1和Ju 87G-2的机翼区别。

■1945年1月,美国获得几架Ju 87G-2飞机用于研究。这架飞机安装了火焰抑制器,很容易辨别是G-2型而不是G-1型,注意机翼前缘没有机枪整流罩。

第二章 Ju 87 "斯图卡" 飞机的研制过程

■同样是美国在1945年1月测试和评估Ju 87G-2飞机，翼下减速板已经被去除。

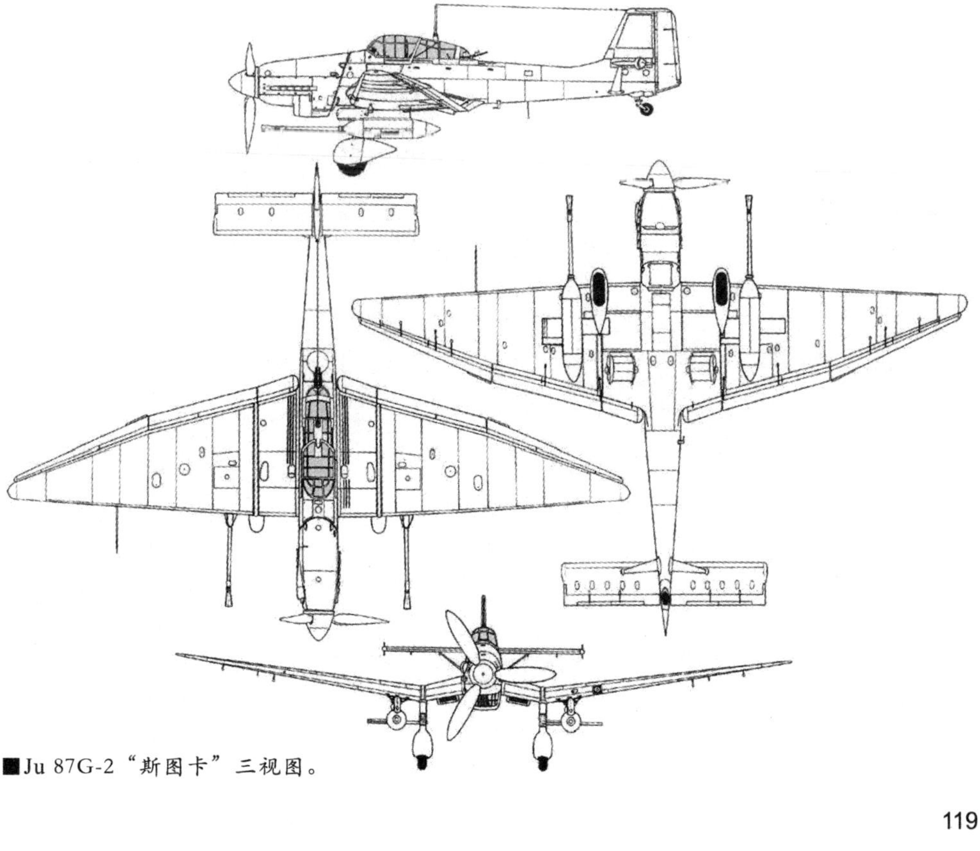

■Ju 87G-2 "斯图卡" 三视图。

尖叫死神 二战德国Ju 87"斯图卡"俯冲轰炸机战史

Ju 87H系列

这是带双飞行操作系统的教练型，主要训练俯冲轰炸飞行员或其他飞行员。Ju 87H-1、Ju 87H-3、Ju 87H-5、Ju 87H-7、Ju 87H-8是在对应的Ju 87D-1、Ju 87D-3、Ju 87D-5、Ju 87D-7、Ju 87D-8型号上改进的，这些教练机改进的共同点是后座机炮手的面朝后的座椅改为面朝前，增加一套飞行

Ju 87H-1

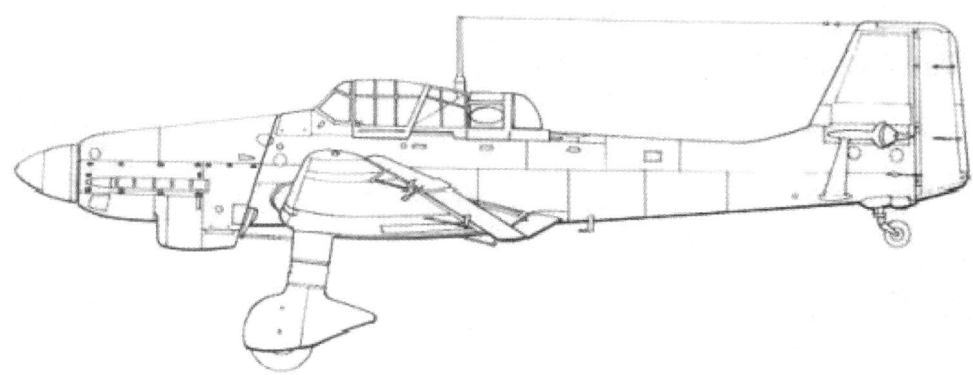

■Ju 87H-1教练机侧视图。注意看后座舱。

■图为Ju 87H（机身编号DJ+FU）教练机，可惜看不到座舱情况。冬天，德国空军经常会给"斯图卡"飞机安装雪橇起落架。

■仍然是1架Ju 87H教练机,座舱情况仍无法获知。

操作系统和一些设备,后座舱罩两侧改为水泡形(便于学员往前看),后座舱的炮塔也被去掉,其他的武器系统和翼下挂架也被去除。1945年春天,德国法西斯快要垮台时,这些教练机也被迫上了战场,使用情况不详。

Ju 87K

K系列并不是德国空军专有序号,它只

■从座舱两个分叉天线支撑杆可以断定这是Ju 87A。后座舱的机枪被去除,主要原因是日本机枪与德国机枪的口径不一样。关于日本Ju 87K的使用情况不详。

尖叫死神　二战德国Ju 87"斯图卡"俯冲轰炸机战史

■ 在一次航展上供人参观的Ju 87A飞机，发动机的桨毂整流罩被去除，机翼和机身有日本机徽。

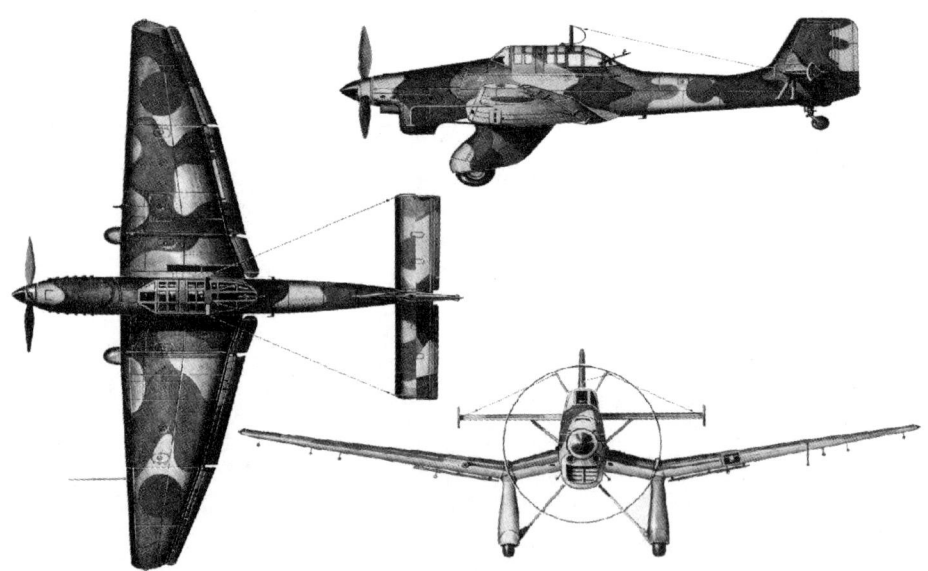

■ 日本"斯图卡"飞机三视图。

表示出口型。

1937年有2架Ju 87A-2飞机提供给日本用于测试和评估，日本有使用德国飞机的历史，对于德国的航空技术也较为赞赏。出口到日本的Ju 87A-2飞机被称为Ju 87K-1型，日本测试和评估的具体细节不清楚，只知道日军在航空博览会将其进行展示后就一直放置在一个名叫的所泽的基地堆灰，从未拿出来使用过。

1942年提供给匈牙利的2架Ju 87B-2被称为Ju 87K-2型（具体情况见后文）。

1941年提供给保加利亚的12架Ju 87R-2称为Ju 87K-3型。

1942年出口给匈牙利的4架Ju 87A-2称为Ju 87K-4型。

Ju 187

Ju 87F项目被取消后，这是第二个"斯图卡"替代项目。飞机设想是在Ju 87基础

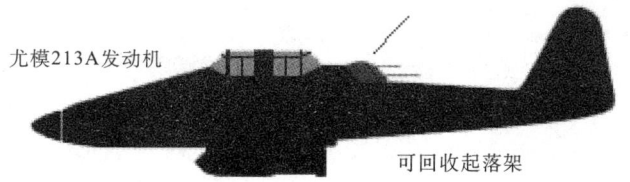

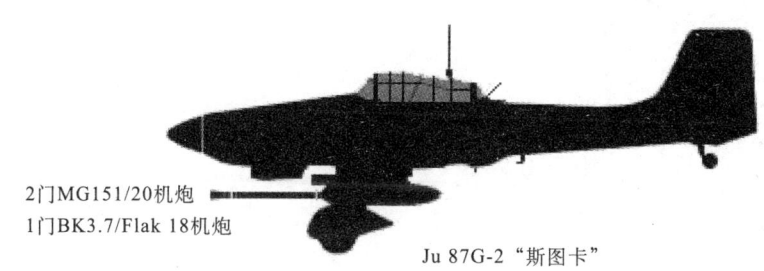

■Ju 187和Ju 87G-2侧视对比图。

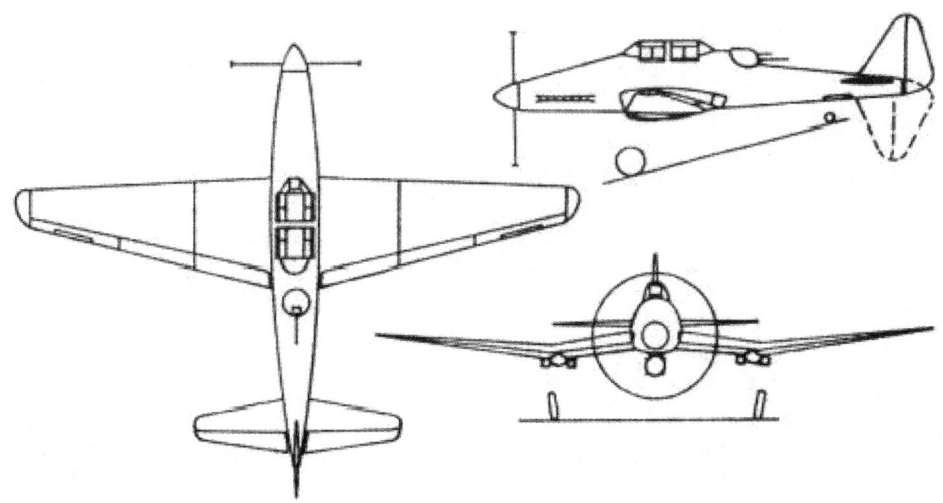

■Ju 187三视图。

尖叫死神 二战德国Ju 87"斯图卡"俯冲轰炸机战史

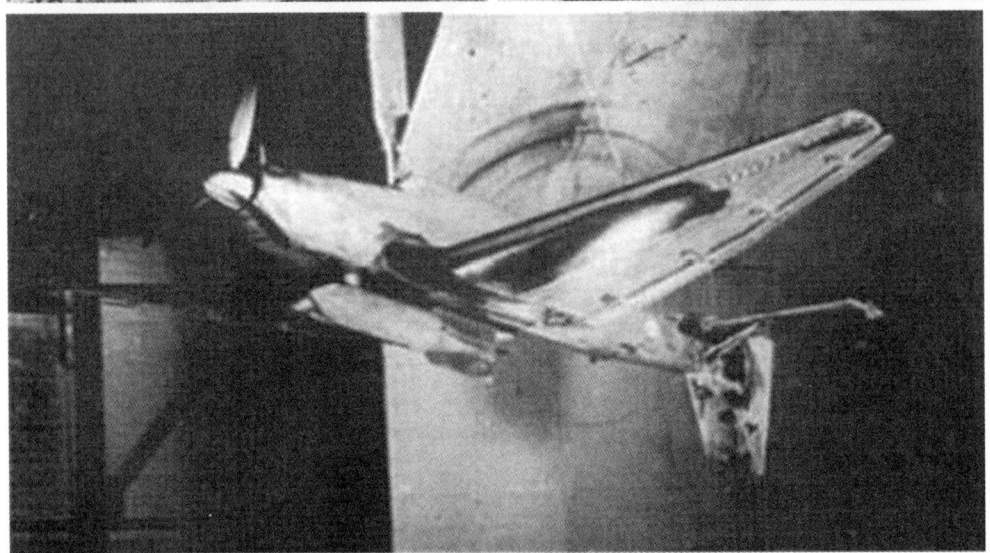

■（上、中、下图）Ju 187飞机实物图（模型），即使是模型也只是非常粗略的结构和布局。中间的风洞照片显示飞机垂尾旋转到下方。

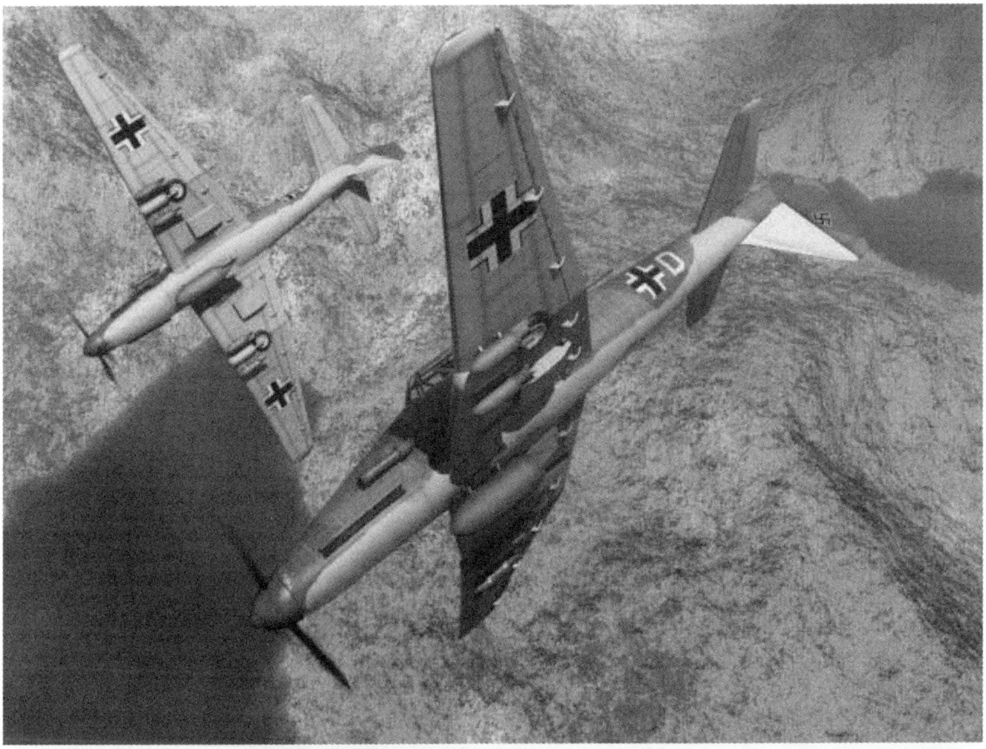

第二章　Ju 87"斯图卡"飞机的研制过程

■（上、下图）为了给飞行员和机枪（炮）提供良好的观察和射击视野，Ju 187飞机的垂尾可以旋转到机身下方，这个设计大胆，但垂尾如何旋转没有任何说明，其实也没必要了，这个方案只停留在图纸上就被取消了。

| **尖叫死神** | 二战德国Ju 87"斯图卡"俯冲轰炸机战史 |

上改进的一种装甲防护能力更强的双座飞机,它的设计部分受到苏联伊尔-2飞机的影响。Ju187采用的是尤模213A发动机,其功率为1776/1480马力(1325千瓦)。最大的变化是飞机采用可收回的主起落架,起落架向内旋转90°向后收回机翼翼根起落架舱,飞行阻力大大减少。Ju 187跟Ju 87相比保留了倒海鸥机翼,但机翼也重新设计,翼展再次增加,结构与此前型号也不同。机身彻底重新设计,外形更简洁流畅,阻力更小。武器系统包括机翼上向前射击的2门20毫米MG151/20机炮,座舱后面有一个遥控炮塔,炮塔上面为1挺15毫米的MG151机枪,下面为1挺13毫米的MG131机枪。进攻性武器典型配置是1枚挂在机腹部的1000公斤炸弹,主起落架外侧的挂架还可以挂载4枚250公斤的炸弹或机炮、火箭吊舱。最为奇怪的是,为了给后座乘员提供良好的视野,整个飞机的尾部可以旋转,即垂尾由上转到下,由于这个项目只是图纸上方案,没人知道后机身如何旋转。

德国航空部的起先编号为8-187,后改为Ju 187,全部的设计工作于1943年夏天完成,但估计其性能只比Ju 87D-5型号好一点点,因此,1943年秋天,这个项目被取消,没有原型机试飞。

Ju 87的产量:

跟德国其他作战飞机不一样的是,Ju 87的产量数字非常精确,也许就是这种飞机过于独特的原因。产量细节如下:

1935-1936年:4架;1937-1938年:395架;1939年:557架;1940年:613架;1941年:476架;1942年:960架;1943年:1692架;1944年:1012架;1945年没有生产。总产量合计5709架(在1939-1945年间,德国总共生产了113514架各种型号飞机,包括滑翔机)。

德国空军官方资料记载表明,德国空军共接收了4811架各种型号Ju 87飞机,这中间有828架的差异,没有资料对这方面有所说明,可能的情况是德国向其盟国提供了480-500架Ju 87飞机,还有一些飞机生产出来后在运输途中被空袭炸毁,还有40架原型机和测试飞机停放在工厂或测试中心。

第三章 "斯图卡"俯冲轰炸机战史

■参加西班牙内部的Ju 87B-1俯冲轰炸机。

序篇：西班牙战场初试锋芒

一、"斯图卡"作战单位形成

德国空军第一个单位于1934年4月1日正式成立，指挥官是里特尔·冯·格雷姆（Ritter Von Greim）少校，他是著名的一战飞行员。这个单位番号为杜伯里特兹飞行联队（Fliegergruppe Doberitz，对应的英文是Air Wing）新德国空军成立时，作战单位还没有新的命名方法，只是在中队名称后加上地名（中文则正相反），这样做的目的就是让外界无法知晓作战单位真实的作战任务，隐藏军事目的。杜伯里特兹飞行联队实际上只有战斗机中队的规模，标准装备是Ar 65和He 51战斗机，主要执行战斗任务，但这个中队也负责训练各类飞行员。

杜伯里特兹飞行联队成立仅几周后就开始为1933年10月成立的（上文提及过）"斯

■He 50在研制的时候就已经过时了，因此，德国空军只订购了60架用于训练新俯冲轰炸机飞行员。

图卡"俯冲轰炸机大队训练飞行员。1934年夏末,"斯图卡"大队更名为斯切威林(Schwerin)大队。为了训练俯冲轰炸机飞行员,杜伯里特兹飞行联队接受了一些He 50A俯冲轰炸机,第一年(1934年)接收12架,第二年接收24架。新学员首先在Ar 65和He 51飞机上进行训练,随后在He 50A飞机上开展俯冲轰炸训练。

1935年4月3日,斯切威林大队获得"伊美尔曼"(Immelmann)称号,这个称号贯穿了整个二战,"伊美尔曼"是一战时德国传奇英雄,也是著名飞行员,他发明的半筋斗翻转也称伊美尔曼翻转是经典机动动作。1936年早些时候,"伊美尔曼"联队重新换装亨克尔He 51战斗机,因为He 50飞机在实际使用中发现完全不适合俯冲轰炸,它的载弹量只有5枚10公斤的炸弹,也就是50公斤,这个数据只是1929年时的K 47飞机的一半。在1936年秋天海恩克尔Hs 123飞机装备部队前,"伊美尔曼"联队将一直使用He 51飞机进行训练。

就在重新装备He 51战斗机时,德国空军决定不再使用飞行联队这个词,取而代之的是包含三个数字的命名系统,这三个数字按顺序分别表示:(a)单位资历,特别是在本司令部地区的资历;(b)单位类型,如"6"表示俯冲轰炸机;(c)司令部驻扎地区。斯切威林大队按新命名系统更改为Ⅰ/St.G 162,按顺序"Ⅰ"表示第一飞行大队,"St.G"表示"斯图卡"联队,"162"中的"1"

■He 51战斗机/对地攻击机比He 50更漂亮,性能也更好,"斯图卡"大队早期也装备这种飞机进行训练。图中为保加利亚空军的He 51飞机。

尖叫死神　二战德国Ju 87"斯图卡"俯冲轰炸机战史

表示第一联队,"6"表示俯冲轰炸机,"2"表示柏林地区空军司令部第二战区(Luftkreis II)。

1936年3月7日,第三帝国第一次采取军事行动,即德国军队占领莱茵兰非军事区,为了配合这次德国首次对外炫耀武力,Ⅰ/St.G 162大队也积极参与作战准备行动,具体做法就是分出一部分人员到基特兹恩根(Kitzingen),在此,德国空军以这些人员为核心组建了第二个"斯图卡"大队,即Ⅰ/St.G 165。新"斯图卡"大队成立后立即被调往弗兰克福特和曼因海姆地区,在此,新"斯图卡"大队密切地关注着英法联军任何敌对的调动情况。但幸运的是,英法两国并没有对德国违反条约的军事侵略行动采取任何应对措施,只是口头声讨几句而已。其实,不论是实力较弱的Ⅰ/St.G 162,还是日渐强大的Ⅰ/St.G 165在此时都还没有能力对英法的军事实施打击的能力,德国只是虚张声势,希特勒甚至秘密告诉这次军事行动总指挥,如果遇到任何抵抗就撤兵。

1936年4月,德国空军在吕贝卡-布兰克尼斯(Lubeck-Blankensee)组建了Ⅱ/St.G 162大队,该大队主要装备Ar 65和He 50战斗机。1937年3月15日,德国在安克拉姆(Anklam)组建了Ⅲ/St.G 162大队,至此,第162"伊美尔曼"联队已经满员编制。也就是在这个时候,Ⅰ/St.G 162大队放弃Hs 123俯冲轰炸

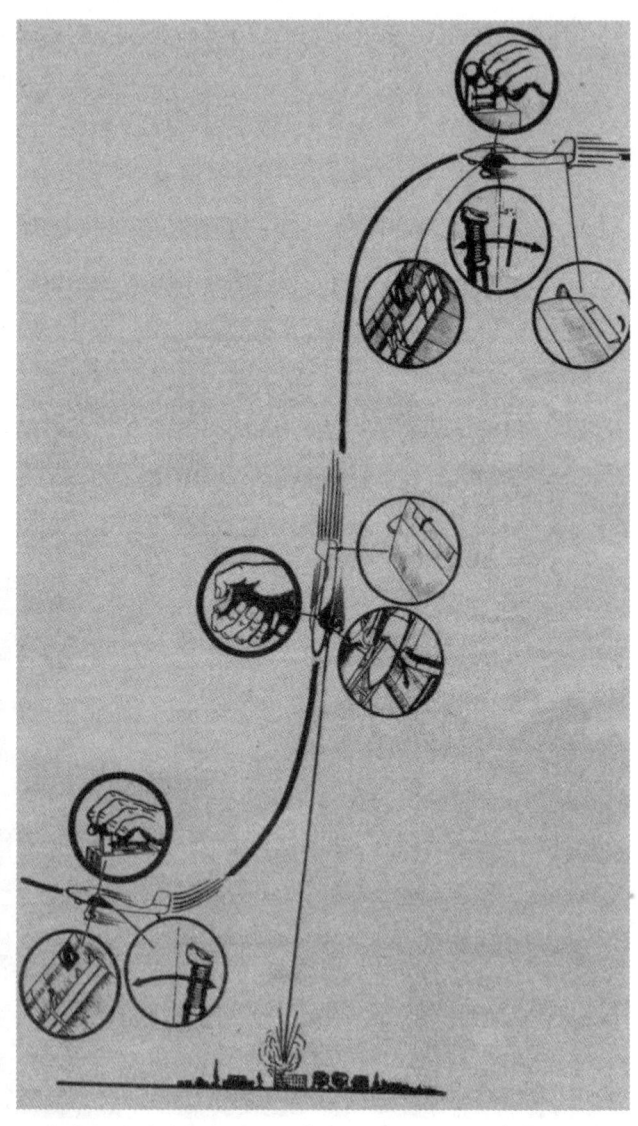

■俯冲投弹时手柄操作和飞机控制舵面,以及减速板工作情况示意图。

第三章 "斯图卡"俯冲轰炸机战史

■图中地勤人员在给这架Ju 87A装填500公斤炸弹。

■德国空军Ⅰ/St.G 165大队的2架Ju 87A正在进行飞行前的准备工作,可以看出停机坪上有车辙。照片拍摄于1938年1月。

机,转而装备第一批Ju 87A-1飞机。

为了尽快地掌握新型俯冲轰炸机(Ju 87A)并使其尽快形成战斗力,同时也是为了探索俯冲轰炸战术,Ⅰ/St.G 162大队飞行员经常会进行一些被严格禁止的低空飞行训练,德国空军规定的最低飞行高度为50米,但是,

131

尖叫死神　二战德国 Ju 87 "斯图卡" 俯冲轰炸机战史

一些飞行员驾机飞行高度不仅低于这个规定高度，甚至可以说是贴地飞行，经常会出现这样的情况：当Ju 87A飞机掠过农田上空，田间的庄稼地里会出现两道齐刷刷庄稼倒伏形成的"深沟"，这两道沟就是Ju 87A飞机固定式起落架形成的强大气流造成的。低空飞行时如果遇到绷紧高压线，飞行员总会在最后一刻拉起飞机绕过高压线，过了高压线再下降高度，这种游戏被称为蛙跳，飞行员们乐此不疲（当时的飞机速度慢，发现高压线还是不成问题的，最关键的是高压线两端有电塔，看见两座电塔就表明有高压线，因此，飞机刮到高压线造成事故的事还真不多）。还有更冒险的事：一些年轻的飞行员跟树较上了劲儿，他们在低于树冠的高度向树飞去，最后一秒钟拉起机翼，让一侧机翼与树擦肩而过，随后Ju 87A飞机的后座乘员就会看到树叶和小树枝被气流卷起的壮观场景。拿树开心是非常危险的，一侧机翼拉起就意味着另一侧机翼离地面更近了，很多时候几乎是划过地面。有一个家伙值得一提，他在拿树开心的时候错误地判断了树的高度和飞机位置，他不是一侧机翼掠过树冠，而是机腹刮过树枝。想想，机腹能刮过树冠，长长伸出机体外的起落架更是伸进树枝中，毫不奇怪，这架Ju 87飞机随后坠毁，飞行员返回基地后被关了三天禁闭。

报告称，Ju 87飞机的起落架没有被刮掉，附近的村民也没有机会拍照或目睹这种外形古怪的飞机（当时Ju 87仍高度保密）。报告中着重强调了一点，从坠机点到最近的村庄寻求帮助时，这位飞行员竟然没穿飞行夹克。

1937年7月，Ⅰ/St.G 162大队开始并入到LG 1联队（Lehrgeschwader 1，即第一验证联队（Demonstration Wing 1），也称作战指导和评估大队）中，LG 1联队是1936年组建的一个多任务（或称功能）的混合编制单位，主要装备战斗机、轰炸机和俯冲轰炸机进行作战研究，但该单位当时侧重俯冲轰炸方面的研究。这个单位的每个飞行大队都在进行战术研究和完善训练，以及不同型号飞机的作战性能探索等训练。从斯切威林被调往波罗的海沿岸的巴斯（Barth）后，Ⅰ/St.G 162大队更名为Ⅳ.(St)/LG 1，即LG 1联队第四"斯图卡"大队，该大队继续使用Ju 87俯冲轰炸机。

1937年间，Ⅱ/St.G 162大队和Ⅲ/St.G 162大队的名称也做了更改，当年的5月，Ⅱ/St.G 162大队改为Ⅰ/St.G 167大队，最初，该大队仍驻扎在吕贝克-布兰克尼斯，但第二年就被调往奥地利格拉兹（Graz）取代了那里的部队，同时大队番号改为Ⅰ/St.G 168，番号中最后数字"8"跟司令部所属有关系。1937年10月，Ⅲ/St.G 162"斯图卡"大队被调往布利斯劳-斯乔加腾（Breslau-Schongarten），大队番号随之改为Ⅰ/St.G 163，番号中最后数字"3"表示德累斯顿军区（Luflkreis Ⅲ Dresden）。从这段和上段的番号改动可以看出，Ⅰ/St.G 162大队1937年

■图为Ju 87A的生产线,后座舱罩上两个"辫子"就是A型的主要特征。

7月并入到LG 1联队后,St.G 162联队的第二(II)和第三(III)大队调往新驻地后都变成了各自的第一大队(I)。

1937年是德国空军扩充的关键一年,除了原来的"斯图卡"大队更名外,德国空军还新组建了两个大队。上文提到过,为了入侵莱茵兰非军事区,德国空军匆忙成立了 I /St.G 165大队,主要装备Ar 65和He 51战斗机,后来换装了Hs 123俯冲轰炸机。Hs 123飞机产量上来后,德国空军的St.G 165联队迅速又扩充两个装备Hs 123飞机的大队,即驻扎在斯切文福特(Schweinfurt)的 II /St.G 165大队和驻扎在沃尔斯姆(Wertheim)的III/St.G 165大

尖叫死神 二战德国Ju 87"斯图卡"俯冲轰炸机战史

队。由于沃尔斯姆机场正在建设之中，Ⅲ/St.G 165大队在福斯腾费尔德布鲁克驻扎了6个月之久。至此，St.G 165才完全达到联队（Geschwader）的规模。

事实上，在1938年3月希特勒再次冒险扩张领土的军事行动中，第165"斯图卡"联队的3个大队起到了威慑作用。当时，德国军队兵不血刃地占领奥地利，德国国防军（Wehrmacht）只进行了总共25次小规模行动，而且所有这些行动都是偶然发生的，并不在事前行动部署之内。

这一年的9月，德国空军所有6个"斯图卡"大队都参加了德国准备入侵苏德台（Sudeten）地区的军事集结，事实上，通过外交手段德国就达到了吞并苏德台地区的目的，但军事这个"大棒"还是需要挥

■这3架Ju 87A-2采用了撕裂迷彩，在一战结束后，各国就开始重视飞机的迷彩使用。

舞几下的。截至此时,德国空军6个"斯图卡"大队中有4个(Ⅰ/St.G 163大队、Ⅰ/St.G 165、Ⅱ/St.G 165大队和Ⅰ/St.G 168大队)已经满员装备了Ju 87A俯冲轰炸机,只有Ⅲ/St.G 165大队仍在使用He 123飞机,而作为专门评估德国最新型俯冲轰炸机的单位Ⅳ.(St)/LG 1大队使用的是Ju 87B俯冲轰炸机。另外,这段时间里,德国空军还特意组建了5个临时飞行大队(Fliegergruppen),分别是3个装备Hs 123战斗机大队和2个装备He 54战斗机大队。

德国这种公然的军事力量展示主要是为当时紧急召开的慕尼黑国际会议施压,德国都没想到事情进展得很顺利,英国和法国为了把德国的注意力引向东方爽快地答应了德国吞并苏台德地区的要求。1938年10月1日,德国军队在未遇到任何抵抗的情况下穿过捷克边境防线,这一幕仿佛德国军队在进行一场公开的游行一样。

吞并苏德台地区不久,德国空军3个装备Hs 123战斗机的飞行大队改变番号且并入到"斯图卡"部队(Stukawaffe),第十飞行大队(Fliegergruppen 10)被调往东普鲁士的英斯特堡(Insterburg,今属俄罗斯)并入到Ⅰ/St.G 160大队;第30飞行中队被调往杰威尔(Jever),在此,以该联队为核心新组建了Ⅰ/St.G 162大队;第50飞行中队在格罗特考(Grottkau,位于西里西亚布里斯劳东南50公里处)接替当地部队组建Ⅱ/St.G 163大队。至此,德国空军的"斯图卡"部队达到了顶峰,共有9个"斯图卡"大队,不过12月之后爆发二战时,"斯图卡"部队始终保持着这个规模,换句话说,这9个"斯图卡"大队就是二战爆发时德国空军俯冲轰

■图中飞机的垂尾顶部后缘为圆弧形,这表明2架飞机为Ju 87A-2型。Ju 87A还有很多不完善之处,因此这个型号主要用于训练,为后继改进型提供操作和使用数据。

尖叫死神 二战德国Ju 87"斯图卡"俯冲轰炸机战史

■Ju 87A主要用于训练新飞行员和训练俯冲轰炸技术。

炸的全部家当。在这不足一年的时间里,虽然为了战争需要各个作战单位的番号有所改动,但基本力量并无多大变化。

最后值得一提的是1938年10月1日组建的比较特别的4.St/Tr.Gr 186(简称4./Tr.G 186)舰载俯冲轰炸机训练中队,"Tr.Gr 186"是

■早期的"斯图卡"飞机采用的就是绿色迷彩图装,后来参加不同战场作战时才采用多样化迷彩。

第186舰载机联队，"Tr"是训练的意思，小写的"4"指的是中队。Tr.Gr 186联队是在德国进驻苏德台地区的当天在基尔－霍尔特劳（Kiel-Holtenau）组建的，它是为当时还在建造中的"齐柏林伯爵"号航母特意组建的。4.St/Tr.Gr 186中队首先装备的是Ju 87A俯冲轰炸机，中队组建后在特拉沃明德（Travemunde）进行了数月的模拟舰上起降训练。德国计划上舰时以4.St/Tr.Gr 186中队装备最新型的Ju 87C-0俯冲轰炸机，这是特别为德国海军研制的舰载型号，飞机有折叠机翼、着舰钩和浮筒等海军专用设备（参见上文介绍）。"齐柏林伯爵"号航母取消后，Tr.Gr 186联队并没有被取消，而是作为实战单位一直存在到1939年11月8日，因此，二战前德国共有9个"斯图卡"大队。后来4./Tr.G 186中队被分配给Ⅰ/Tr.G 186大队以加强它的力量，有时候也被分配给Ⅰ/St.G 186大队。

希特勒的野心在扩张，战争的阴云也越来越浓厚，"斯图卡"部队就是实现希特勒抱负的有力武器。二战爆发前，"斯图卡"部队一直在进行着俯冲轰炸技术和战术的训练和完善，这些部队已经准备好在第三帝国之外采用任何军事行动。

二、"秃鹰军团"

1936年8月1日晚，一艘名为"乌萨拉莫"（Usaramo）的轮船悄悄地离开德国汉堡港，五天之后，这艘船抵达西班牙南部的卡蒂兹（Cadiz）港并开始卸货。"乌萨拉莫"船的货物包括六箱打包的He 51飞机、20门20毫米高射炮和约100吨其他的军事物

■Ju 87的起落架整流罩特别大，特别显眼，因此，飞行员会把本单位的吉祥物图案画在此处。5.J/88中队的吉祥物就是一头母猪，它的寓意是平安回家。

尖叫死神　二战德国Ju 87"斯图卡"俯冲轰炸机战史

资，外加86名简单伪装的游客。在抵近西班牙海岸时，"乌萨拉莫"船遭到了西班牙共和党人控制的海军驱逐舰的几次炮击，所幸这艘船最终安全到达目的地。早在三个星期前西班牙爆发内战时，希特勒就发动了代号为"魔火"的军事行动来支持佛朗哥和他的民族主义叛军与西班牙政府军作战，也就在那时"乌萨拉莫"船就已经参与了运送人员的行动。

"乌萨拉莫"船抵达西班牙后，人员和军事物资立即被运送到共和军控制的塞维利亚。在塞维利亚的塔布拉达机场，德国直接出动10架由德国汉莎航空公司人员驾驶的Ju 52运输机将西班牙民族主义军所需的人员和物资运送过来，当时，西班牙海军被政府共和军控制，佛朗哥的叛军只得通过飞机来运送人员和物资。这些步骤正是德国"秃鹰军团"形成的开始。

1936年11月的一次航运行动中，同样运往塔布拉达的一个板条箱是德国高度保密的军事物资，板条箱通常是用来装飞机的散件，到达目的地后组装成飞机，也就是说这个高度保密的板条箱里就是高度保密的飞机。事实正是如此，这个板条箱里装的就是刚刚从德国德绍生产线上下线的Ju 87A-0预生产型（第四架原型机）飞机散件。这架Ju 87A的军队序列号为29-1，飞行员为荷曼·博伊尔（Hermann Beuer）中士(Unteroffizier)。投入到西班牙战场后，这架Ju 87A飞机被分配给"秃鹰军团"战斗机联队的VJ/88单位，这是一个试验单位（Staffel，该德文单词是飞行单位（flying unit）的意思，从上下文可以看出应该是中队编制），借此机会试验德国的最新型飞机。VJ/88不仅装备了3架Bf 109和1架安装了机炮的He 112战斗机，还装备了3架Hs 123俯冲轰炸机（此前几周率先抵达了西班牙）。很显然，德国想把仍在研制中的飞机投入到实战进行检验，这是一个难得的机会。

这架29-1的Ju 87A随后在西班牙的试验经历鲜为人知，只是知道这架飞机于1937年2月和VJ/88单位一道从塔布拉达调往西班牙卡斯蒂利亚（Castile）北部的维多利亚，在此，Ju 87A飞机参加了民族主义叛军在比尔保（Bilbao）的进攻行动，细节不详。据报告，这架Ju 87A在维多利亚停留五个月，其间这架飞机一直处在高度保密状态，禁止无关的人靠近，甚至是德国人。最后，这架Ju 87A从西班牙比斯凯（Biscay）港起程回国。

1938年1月中旬，3架Ju 87A-1飞机抵达西班牙维多利亚，这些飞机来自驻扎在巴斯的IV.(St)/LG 1大队的第11中队，3架飞机的代号分别为29-2、29-3和29-4，飞行员分别是厄内斯特·巴特尔斯（Ernst Bartels）中士、吉尔哈德·威耶尔特中尉（Oberleutnante）和荷曼·哈斯（Hermann Haas）中尉。这些飞行员最初被分配给"秃鹰军团"的战斗机联队第五中队，即

第三章 "斯图卡"俯冲轰炸机战史

■ 图中为3架参加西班牙内战的Ju 87A-1飞机之一,机身侧面有29-5字样,垂尾方向舵上有"X",这都是"秃鹰军团"的标志。但是,这架飞机机身编号是"29-5",不是文中所称的"29-2/3/4",这并不奇怪,在参加西班牙内战期间,这3架Ju 87A-1曾分属不同的单位,如5.J/88中队和4.K/88中队,因此机身编号有所改动,甚至同一编号给两个型号飞机使用,如"29-8"分别给Ju 87A和Ju 87B-1使用过。也有资料称1架Ju 87A-1被击落后补充的1架编号为"29-2"。当然,不排除德国为了迷惑外界而随意改变机身编号。

5.J/88,但外界更为熟知的却是约兰西·凯特(Jolanthe Kette),因为这个中队的标志是一头粉红色的老母猪,意思是猪可以找到回家(IV.(St)/LG 1大队的老巢巴斯)的路。这里有一个关于这个中队标识的插曲:当时德国有一部非常受欢迎的喜剧电影,电影的

139

尖叫死神

二战德国Ju 87"斯图卡"俯冲轰炸机战史

■ 机身编号为29-4的Ju 87A飞机。

主角是一位女英雄和一头名为约兰西的不断制造麻烦的猪,德国空军冈瑟尔·斯切瓦尔特兹科普夫(Gunther Schwartzkopff)中尉(一位强烈地支持俯冲轰炸概念的人)根据Ju 87A的古怪造型给其起了"约兰西·凯特"这个绰号。

1938年2月7日,3架Ju 87A-1飞机调往卡拉莫查(Calamocha),该地位于萨拉戈萨(Zaragoza)之南,沙质土地极为贫瘠,但这里却是特鲁尔(Teruel)战役期间德国5.J/88中队的主要基地。在此,Ju 87A开始了俯冲轰炸战术的训练,训练中飞行员们发现Ju 87A裤子似的主起落架很不适应卡拉莫查当地松软的沙质土地,飞行员们发现如果要去掉起落架上的整流罩起飞和着陆就会容易得多。四年之后对苏联作战期间,苏联春季的土质特点,跟西班牙卡拉莫查的情况

一样。飞行员还发现,Ju 87A的载弹量并不乐观,如果达到规定的500公斤载弹量,那么Ju 87A飞机后座就不能坐人,也就是双人机组的情况下Ju 87A的载弹量达不到宣称的500公斤。为此,在西班牙作战期间,Ju 87A的载弹量被限制在250公斤。

1938年3月下半月里,3架Ju 87A执行了一系列针对共和军的桥梁和其他目标的精确俯冲轰炸,当时共和军部队正撤退穿过阿拉贡(Aragon)地区,但是,应该承认,俯冲轰炸并没有取得预期的效果。初期的俯冲轰炸行动中,未击中目标的炸弹远比击中目标的要多,这说明俯冲轰炸是个技术性的活儿,德国飞行员还得从实践中学习更多的内容。随着德国本土飞行员的加入并取代最早驾驶Ju 87A的飞行员,这三个回国的飞行员把实战经验和教训也带回了德国,这种轮流

■ 同时起飞的3架Ju 87A-1俯冲轰炸机。

参加实战的训练对德国飞机的研制和战术运用都有极大的裨益，这其中也包括其他飞机的飞行员，如Bf 109战斗机飞行员。

Ju 87A的中队调往西班牙拉西尼亚（La Cenia）后继续为民族主义叛军向瓦伦西亚挺进提供空中支援，随后打通了通往地中海的道路。这一轮的军事行动中，在Ju 87A的支援下，民族主义叛军取得了一些胜利，随后的7月底共和军组织的反攻行动中，Ju 87A再次证明了自己的作战价值。仅7月27日这一天的行动中，3架Ju 87A俯冲轰炸机就进行了不少于4次针对敌方部队集结中心和梅基嫩萨南部交叉点的独立攻击行动。随着共和军被彻底地打败，通往西班牙东北部加泰罗尼亚到法国南部边境的道路被打通。西班牙内战仍在继续，但这3架Ju 87A飞机并没有坚持到最后，在对塔拉戈萨（Taragoza）港和其他港口内共和军海军舰船实施几次轰炸后，3架满负荷运转已经疲惫不堪的Ju 87A飞机于1938年10月悄悄地返回到了德国。

德国并没有轻易地放弃这种绝好的试验机会，3架Ju 87A返回国内后，德国空军再次派遣5架Ju 87B-1参加到西班牙内战中，但是，此前3架Ju 87A飞机已经把大部分该做的事都做了，这5架Ju 87B飞机到西班牙后居然发现无事可做。由于换装了功率更大的发动机，Ju 87B可以在不减员的情况下携带500公斤炸弹，实际作战时的载弹量超过Ju 87A的一倍，因此，这5架Ju 87B飞

尖叫死神 二战德国Ju 87"斯图卡"俯冲轰炸机战史

机被分配给了"秃鹰军团"轰炸机联队的第5轰炸机中队（5.K/88），这确实是名至实归。在进攻加泰罗尼亚的最后几周里，Ju 87B飞机有时会随同He 111轰炸机一道出发去轰炸敌方阵地。在1939年3月中旬，Ju 87B飞机针对马德里战线的轰炸被严格限制，也没有参与两个月后为庆祝佛朗哥胜利而进行的飞行表演。西班牙内战结束后，5架Ju 87B飞机重新拆解并装箱悄悄地运回德国，跟30个月前的Ju 87A-0悄悄进入西班牙一样。

参加西班牙内战的Ju 87飞机在战场上获得的实战经验非常有价值，飞行员和地勤人员都得到了锻炼，积累了很多经验，也提高完善了技能和技术。对于处在研制中的飞机来说，实战的经历更加可贵，飞机气动布局、性能和航电设备等在实战的检验下暴露出来的问题得到改进后更适合战场的需求，

■参加西班牙内战的Ju 87B-1俯冲轰炸机。

■Ju 87B-1参加西班牙内战时的图装。

第三章 "斯图卡"俯冲轰炸机战史

Ju 87A和Ju 87B在西班牙战场收获颇多。但是,有一点却是个遗憾,那就是对手的力量过于薄弱。在执行作战任务时,Ju 87俯冲轰炸机有性能优异的战斗机护航,实施俯冲轰炸时,大多数情况下西班牙共和军的防空力量几乎不存在,只是在极为重要的目标周围才有比较猛烈的防空炮火。只有与力量匹敌的对手作战才能提高自己,力量对比悬殊就无法发现自己的缺点。因此,Ju 87最重要的方面,即在完全敌对的空域里的生存能力没

■图为参加西班牙内战的2架Ju 87B-1飞机,机翼和垂尾的"X"是重要识别标志。这张照片在波兰战役中被德国空军伪造作为Ju 87C-0受伤返回基地的宣传照(下文有述)。

■西班牙机场的条件极为简陋,但并不妨碍"斯图卡"飞机的使用。

有得到检验。尽管有一点遗憾，在西班牙战场上俯冲轰炸战术极大了增加了德国人对俯冲轰炸机的信赖，也促使对俯冲轰炸持怀疑态度的人改变观点，甚至由过去的反对变成了忠实的支持者。这一点十分重要，在二战开始的几个月里，德国人所倚重的俯冲轰炸为战争的顺利展开提供了重要保证。

西班牙内战结束时，德国空军仍保留着9个"斯图卡"大队。1939年5月1日，德国空军开始进行一轮重要的航空单位编制命名改革，原来由三个数字组成的作战单位名称中数字分别表示三个意思，新的命名系统中数字只表示司令部所在区，也就是说不管几位数，它只表示一个意思。当然，仅数字还无法解决准备发动战争的德国空军庞大的编制，为此，德国将空军划分为四个航空队（Luftflotten，意思是Air Fleets），对应的数字分别为1-25，26-50，51-75和76-100。有关"斯图卡"大队番号和驻地变动情况如下：

第一航空队（Luftflotte 1）

　Ⅰ/St.G 160　改为Ⅰ/St.G 1

　Ⅰ/St.G 163　改为Ⅰ/St.G 2 "伊美尔曼"

　Ⅱ/St.G 163　改为Ⅲ/St.G 2 "伊美尔曼"

第二航空队（Luftflotte 2）

　Ⅰ/St.G 162　改为Ⅰ/St.G 26

第三航空队（Luftflotte 3）

　Ⅰ/St.G 165　改为Ⅰ/St.G 51

　Ⅱ/St.G 165　改为Ⅱ/St.G 51

　Ⅲ/St.G 165　改为Ⅲ/St.G 51

第四航空队（Luftflotte 4）

　Ⅰ/St.G 168　改为Ⅰ/St.G 76

从以上资料可以看出，Ⅳ.（St）/LG 1和4.St/Tr.Gr 186的单位番号并没有改动。5月1日的单位命名变更后德国空军又进行了两次重要的改动，首先，第二航空队仅有的一个"斯图卡"大队Ⅰ/St.G 26很快重新命名为Ⅱ/St.G 2，驻地斯道尔普-里特兹（Stolp-Reitz）。尽管Ⅱ/St.G 2大队又重归"伊美尔曼联队"，但是，这个大队从来就不隶属于"伊美尔曼联队"，它实际上是一个半独立的单位，直到1941年初期被并入到St.G 3联队；其次，第三航空队放弃三个"斯图卡"大队中的两个，Ⅰ/St.G 51和Ⅱ/St.G 51大队被分配给第四航空队，番号改为Ⅰ/St.G 77和Ⅱ/St.G 77。直到入侵波兰战争爆发时，德国空军"斯图卡"联队的组成最终就是：

第一航空队（Luftflotte 1）

　Ⅰ/St.G 1　驻地英斯特伯格（Insterburg）

　Ⅰ/St.G 2　驻地科特巴斯（Cottbus）

　Ⅲ/St.G 2　驻地兰吉恩萨尔扎（Langensalza）

第二航空队（Luftflotte 2）

　Ⅱ/St.G 2　驻地斯道尔普－里特兹（Stolp-Reitz）

第三航空队（Luftflotte 3）

　Ⅲ/St.G 51　驻地威尔斯姆（Wertheim）

第四航空队（Luftflotte 4）

　Ⅰ/St.G 76　驻地格拉兹（Graz）

　Ⅰ/St.G 77　驻地布瑞格（Brieg）

第三章 "斯图卡"俯冲轰炸机战史

■Ju 87A在俯冲投弹。

■加紧生产应对即将爆发的战争。图为德国威斯尔生产厂在满负荷生产Ju 87B飞机。

尖叫死神 二战德国Ju 87"斯图卡"俯冲轰炸机战史

Ⅱ/St.G 77　驻地布利斯劳（Breslau）

德国空军当时所有8个"斯图卡"作战大队都集中在东部战线，德国准备把这些联队投入到入侵波兰的战争中。

二战爆发前两个星期，8个"斯图卡"作战大队中有1个还未发一枪一弹就遭受巨大损失。当时Ⅰ/St.G 76大队在沃尔特·西格尔上尉的带领下从和平时期驻扎的格拉兹基地转场到布兰登堡的科特巴斯。1939年8月15日，在萨甘（Sagan）荒原地带的纽恩哈姆训练场上空，由沃尔特·希格尔指挥的Ⅰ/St.G 76大队在向德国空军的将军们演示Ju 87B俯冲轰炸机的性能，每架Ju 87B飞机都携带了水泥训练炸弹，这种模拟炸弹安装了发烟装置，投放过程中可以拉烟以供观察。当时气象部门已经侦察到纽恩哈姆训练场上空有大量云层，云层高度为2000米，可以清楚地看到地面的高度为900米。这个高度应该可以接受，当时演示行动规划就是Ju 87B飞机从4000米高度进入，并穿过云层在500米高度释放模拟炸弹。西格尔是这次飞行编队的指挥官（Kommandeur），他的副官和技术官分别在他的左右，他们的三机编队是领队，飞在其他编队的前面，这种编队队形他们平常已经训练了数百次了。实施俯冲轰炸时，西格尔的一侧机翼翼尖倾斜，随后他率领大队的飞机开始呼啸着俯冲冲向被云层遮盖的地面目标。但是，俯冲开始后10-15秒后，西格尔觉得似乎穿过云层的时间非常漫长，他觉得有点不对劲儿，按理说穿过云层的过程中飞行员前方的视野应该越来越亮，而西格尔的真实感受却是他前方牛奶般的云层突然越来越黑。西格尔已经意识到了问题，他立即大声呼叫："拉起（飞机）！拉起！地面薄雾！"但此时他距地面只有100米了，他后面的编队正充满信心地跟着他一起进入俯冲状态。意识到情况不妙，西格尔本能地向后拉操纵杆，希望Ju 87B飞机从最后的俯冲状态改出。从俯冲状态改为平飞状态后，西格尔的座机向靶场周围的树林飞去。据当时的目击者称，就在改为平飞状态的那一刻，西格尔座机的起落架距地面只有2米！改为平飞时的高度并不够，正常情况下飞机肯定会撞上树木而坠毁，但是，西格尔的命真是大，他的座机改为平飞并飞向树林的位置正好有一个防火隔道（为防止树林火灾蔓延，林区一般都设置防火隔道，也称隔火道）。西格尔座机幸运地飞进了防火隔道并有充足的时间慢慢且小心地爬升到安全高度。

但是，西格尔的僚机却没他这么走运，在他改为平飞的那一刻，由于飞机的过载非常大，西格尔出现了短暂的黑视，意识也有点模糊，但他隐约感觉到他的副官跟他一起成功地改为了平飞，并且仍在他的旁边跟他一道向树林飞去，而技术官的座机触地爆炸。在西格尔后面，第二编队（也是第2中队）的9架Ju 87B飞机全部冲向地面并爆炸。第三编队幸运一些，这个编队的飞行员已经看到或听到了爆炸声，知道俯冲高度过

第三章 "斯图卡"俯冲轰炸机战史

■俯冲轰炸时存在着一定的风险,特别是有低空云层或地面被雾气笼罩时,飞行员无法看清地面,对投弹高度无直观认识,投弹高度高还问题不大,投弹高度低就极为危险了。

尖叫死神 — 二战德国Ju 87 "斯图卡" 俯冲轰炸机战史

■二战前的Ju 87B飞机采用的图装较为单调，随着德国世界各地发动战争，"斯图卡"又出现众多迷彩图装，如沙漠迷彩、丛林迷彩和雪地迷彩等。

■德国东普鲁士基地的Ju 87B "斯图卡"飞机，照片拍摄于1940年。

低，飞行员们拼命地各自从俯冲状态改出，大部分飞行员成功地改出，但有2名飞行员改出后进入了无法控制的筋斗状态，座机腹部朝上坠毁在树林里。

第1中队的迪尔特尔·皮尔特兹（Dieter Peltz）中尉（他后来官至轰炸机部队将军）逃过一劫，刚进入俯冲状态，他本能地感觉不太对劲儿，于是他立即又爬回到云层上方。他边在云层上空盘旋边疑惑地注视着云层下方动态，就在这时一股黄色的烟柱穿过白色地毯般云层，烟柱翻滚着直冲到夏日的天空。

这次事故中，德国空军共损失了13架Ju 87B俯冲轰炸机，26名机组乘员丧生。当天，德国空军就展开了调查，事故的结论是沃尔特·西格尔上尉并没有错，事故的原因是突然出现的毫无征兆的地面薄雾，这种薄雾由于低空云层而无法散去，最终变成了死亡陷阱。先前气象部门观察到的靶场的云层下方能见度为900米并没有错，但当I/St.G

76大队的Ju 87B飞机60分钟之后飞抵俯冲演示靶场时，云层下方的能见度已经只有100米了。

由于这次严重的事故，其他"斯图卡"大队的人员和飞机被分配到Ⅰ/St.G 76大队，这个大队迅速恢复到原来规模。两个星期后，即二战爆发时，沃尔特·西格尔上尉率领重新组建的Ⅰ/St.G 76大队对波兰的目标进行了精确的俯冲轰炸。

| 尖叫死神 | 二战德国Ju 87"斯图卡"俯冲轰炸机战史 |

第一篇 波兰及西欧战场一举成名

为Ju 87俯冲轰炸机赢得"斯图卡"美誉的正是二战初期,这一战使得"斯图卡"成为Ju 87的专用名词。德国"闪电战"的重要核心就是装甲部队快速向前推进和空军对敌人防御体系进行轰炸摧毁,Ju 87飞机的设计和战术使用正好符合这种特征,也可以说德国的战术理论研究中的"闪电战"让Ju 87飞机找到了新的用武之地,而不是如日本和美国那样只是将其作为对舰攻击的俯冲轰炸机,因此也毫不奇怪二战的第一次军事行动中就有Ju 87轰炸机的参与,除此别无选择。

一、波兰战场(1939年9月1日至9月27日)

德国和波兰一直存在着领土纠纷,

■波兰上空的Ju 87B轰炸机群。

第三章 "斯图卡"俯冲轰炸机战史

第一次世界大战结束后,根据《凡尔赛条约》德国在1919年割让了德国东普鲁士省的一块狭长领土给波兰,国际上称波兰走廊(Polish Corridor)也称但泽走廊(Danzig Corridor),现属波兰领土。波兰走廊介于德国东普鲁士和德国西部本土之间,沿维斯图拉河下流西岸划出的一条宽约80公里的地带,作为波兰波罗的海的出海通路,并把河口附近的格但斯克港,划为"但泽自由市",归国际共管,使德国的国土分成两个不连接部分,俗称飞地。希特勒想发动战争,波兰走廊是再合适不过的理由了,英法两国出于钳制德国的考虑强行割让德国领土,这理所当然地使德国人非常愤怒,希特勒连编造借口发动战争都没必要了。在波兰走廊的北部有一条铁路连接着东普鲁士和德国西部,这条铁路在整个战争期间都是德国非常重要的生命线,在迪尔斯乔(Dirschau)、维斯图拉河上有两座桥,其中一条就是铁路桥。德国人和波兰人都知道这座桥的重要性,德国人希望保持这座桥的畅通,而波兰人在二战爆发后极力要炸毁它。

对波兰的军事行动部署中,保住维斯图拉河上这座铁路桥是第一次空袭行动中首先需要做的,也就是说,第一轮空袭中德国空军必须炸掉迪尔斯乔站旁边的碉堡和沿着铁路桥布设的用于起爆炸药的电缆。这个碉堡驻扎着波兰的工兵,他们随时准备在战争爆发时炸毁大桥。德国的野心越来越明显,波兰人不可能看不出来,德国人出兵莱茵兰地区,1938年又吞并奥地利,这些都是前车之鉴。德国空军的作战计划是通过空袭阻止波兰人炸毁铁路桥,为德国地面部队的装甲火车占领迪尔斯乔扫清障碍。通过空袭轰炸炸掉碉堡并非难事,但是,要一击致命,使得

■奔赴目标途中的Ju 87B编队。

尖叫死神 二战德国Ju 87"斯图卡"俯冲轰炸机战史

波兰人来不及炸毁铁路桥并非易事。精确的定点轰炸非擅长俯冲轰炸的"斯图卡"飞机不可。

轰炸桥头堡的重任最后落在了Ⅰ/St.G 1大队的肩上。在战前，Ⅰ/St.G 1大队飞行员乔装成平民在密封的火车（这些火车也被称

■作为德国"闪电战"核心的空中力量，"斯图卡"飞机打响了二战的第一枪。在"闪电战"中，快速地消灭敌人中枢力量和重要军事设施对于战争的进程有着极为重要的意义，"斯图卡"飞机比其他任何飞机都胜任此轰炸任务。

■位于迪尔斯乔的铁路站被"斯图卡"飞机炸后的悲惨情景，图中的小房子就是维斯图拉大桥上爆炸装置的控制中心，这所房子已经被摧毁。

第三章 "斯图卡"俯冲轰炸机战史

■铁路桥最终还是被波兰先锋队炸毁。图中显示的是波兰被占领后德国人视察大桥时的情景。

为"走廊火车")里数次对维斯图拉河上的这座桥进行了踩点。当时,波兰允许德国火车通过波兰走廊内连接德国西部和东普鲁士约100公里的铁路。

1939年9月1日凌晨4点26分(由于一些技术性的失误,这个时间比德国正式宣布对波兰作战提前了1小时15分),Ⅰ/St.G 1大队由布鲁诺·迪雷(Brono Dilley)上尉率领第3中队的3架Ju 87B飞机编队从东普鲁士的前线机场起飞,这3架飞机每架都携带1枚250公斤炸弹(机腹挂架)和4枚50公斤炸弹(翼下挂架)。八分钟后,Ju 87B飞机编队飞抵迪尔斯乔上空,但当时的目标区被地面的薄雾所笼罩。薄雾并不严重,不久"斯图卡"飞行员就看到了他们前方铁路桥的钢结构骨架。3架"斯图卡"飞机从维斯图拉平原约10米的高度进入目标区,在投弹前,3架飞机依次爬升到预定高度然后俯冲,准确地将炸弹投向了碉堡。这是第二次世界大战中投下的第一枚炸弹。这次空袭行动非常成功,轰炸精确度也非常高,碉堡被摧毁,手指粗的电缆被炸断,但是,这座大桥还是在不久后被波兰先锋队部分炸毁,德国的装甲火车因此未能按时进入波兰走廊。"斯图卡"俯冲轰炸机打响了二战的第一枪,赢得了开战的第一个荣誉,它也从此给欧洲人带去了死亡的气息。

德国空军Ⅰ/St.G 2 "伊美尔曼"大队驻扎在上西里西亚(Upper Silesia)的单位参加了9月1日早晨德国轰炸波兰克拉科夫

尖叫死神　二战德国 Ju 87"斯图卡"俯冲轰炸机战史

■ 空中力量和地面装甲力量联合创造了德国闪电战术，这一战术首先在波兰运用，在其后的不同战场都在使用，占领一个国家甚至用"天"来计算，像与德国国土面积差不多的国家，就是没遇到抵抗行走也得一两个星期的时间。图中是波兰战役开始阶段德国地面部队迅速推进，"斯图卡"飞机为其扫清前面敌人，一群德国士兵在观看头顶飞过的"斯图卡"飞机编队。

(Krakow) 机场的轰炸机混合编队，但这个"斯图卡"编队抵达目标空域时却发现这里早已人去楼空。大部分波兰空军单位在战争爆发后的几个小时内迅速撤离原基地，分散到之前预先制定并精心伪装的卫星机场。虽然克拉科夫机场没人，"斯图卡"飞机还是将炸弹全部投给了机场并准备返回德国。在返回的途中，"斯图卡"编队偶然飞过巴里斯 (Balice) 村庄上空，这个村庄附近就有一个波兰空军的疏散机场，当时，该机场第121中队的2架PZL P.11C战斗机正紧急起飞。P.11C是一款设计较老的飞机，虽然是单翼设计，但飞机的爬升速度非常慢。就在P.11C飞机爬升过程中，双机编队的长机米奇斯瓦夫·麦迪威斯基 (Mieczyslaw Medwecki) 上尉（第121中队指挥官）就准备对他前面的3架"斯图卡"飞机发起攻击，但是，他没有发现他后面还有3架"斯图卡"飞机正在靠近他。P.11C飞机后面的"斯图卡"飞行员弗兰克·纽伯特 (Frank Neubert) 中尉抓住有利时机迅速逼近并用机翼的机枪对着P.11C飞机座舱猛烈射击，射击非常精确，麦迪威斯基的座机在空中当即爆炸变成一个大火球。弗兰克·纽伯特后来描述称P.11C飞机的爆炸碎片从他的耳边飞过。

针对波兰的军事行动，德国空军的计划是将波兰的空军全部消灭在地面，这是消

第三章 "斯图卡"俯冲轰炸机战史

■波兰是一个一直都比较倒霉的国家,敌友双方都惯常占它的便宜。波兰任何时候在欧洲都称不上是科技或经济大国,图中的P.11C战斗机在二战爆发时期已经显得十分落后了。

灭对方空军最有效的方法,但是同时,德国空军的作战计划也包括将摧毁波兰海军舰船,波兰海军的规模较小,但现代化程度较高,对德国始终是个威胁。理所当然地德国海军4.St/Tr.Gr 186"斯图卡"大队参与了针对波兰海军的军事行动,但是,9月1日当天,地面的薄雾笼罩着波罗的海沿岸地区,德国空军计划首轮空袭波兰威斯特普拉特(Westerplatte,位于维斯图拉河三角洲)因地面薄雾而受阻。好在截至当天下午,威斯特普拉特的地面能见度有所改善,适合俯冲轰炸,于是德国空军在9月1日下午发起了空袭赫拉(Hela)的军事行动。赫拉是威斯特普拉特的一个小镇,该地有一个又细又长的赫拉半岛,波兰海军基地恰恰就是细长半岛的顶部。当天的行动中,德国空军4.St/Tr.Gr 186"斯图卡"中队的4架"斯图卡"飞机从7000米高度进入赫拉上空,随后俯冲投弹攻击,但是,跟西班牙的目标和维斯图拉河大桥等目标不同,位于赫拉的海军目标和军港虽然非常小,但防空火力却是波兰最强的。冒着雨点般密集的防空炮火,4架"斯图卡"飞机在第一轮攻击行动中从5500米高度俯冲到700米高度时就损失了2架飞机。事实上,尽管遭受来自陆地、海上和空中持续不断的攻击,赫拉的防空炮火一直抵抗到最后时刻,也就说波兰首都华沙沦陷后的第四天,即10月1日,赫拉的守军才投降。占领赫拉后德国空军才有机会着手调查4.St/Tr.Gr 186中队"斯图卡"俯冲轰炸机的实战效果,调查报告显示,4架"斯图卡"飞机俯冲轰炸时面临的是250余门高炮的还击。

9月3日,德国空军开始空袭位于基丁根(Gdingen,德国称格丁尼亚(Gdynia),波兰北部港口)的波兰海军主要军事基地。当天的空袭中,德国"斯图卡"飞机击沉了

尖叫死神 | 二战德国Ju 87"斯图卡"俯冲轰炸机战史

■波兰上空的Ju 87B"斯图卡"飞机编队。为了隐蔽出击,"斯图卡"飞机通常在低空进入,接近目标空域后再爬升到预定投弹高度。

■这是一张极为经典的"斯图卡"飞机投弹照片,中间大的为250公斤炸弹,两侧4枚为50公斤炸弹。

波兰海军1540吨的"威切尔"(Wicher)号驱逐舰,严重炸伤了2270吨的"格莱夫"号(Gryf)布雷舰,"威切尔"号成了第二次世界大战第一艘被俯冲轰炸机击沉的舰船。

然而,尽管德国空军摧毁了波兰大量沿岸军事目标,赫拉这块硬骨头仍然需要德国认真对待,这里的战斗仍然没有停止,因此,德国空军"斯图卡"部队再次把空袭重点集中到该地。

4.St/Tr.Gr 186中队指挥官布拉特纳

■被炸沉的"格莱夫"号布雷舰。

尖叫死神　二战德国Ju 87"斯图卡"俯冲轰炸机战史

■被炸沉的"威切尔"号驱逐舰。

（Blattner，他原是德国汉莎航空公司大西洋航线的机长）上尉回忆9月12日的攻击行动：

接到空袭命令仅三分钟后我们就从西斯托尔普（Stolp-West，位于波兰走廊的德国一侧）基地起飞升空，在抵达波罗的海沿岸时飞机爬升到7000米高度。我率领编队飞到海上空域，然后向东绕过赫拉半岛，我们计划从赫拉半岛东面进入，这正在太阳升起的地方，阳光可以掩蔽发起攻击的飞机，干扰地面高炮的射击。通过云层的缺口向下几乎什么都看不到，在我们的右上方是执行轰炸基丁根的IV.St/LG 1大队，这个大队的飞机编队遭受了猛烈的地面炮火攻击，随后轮到我们了，当我们靠近目标时，我的后座告诉我炮弹在我们周围100－150米爆炸。当我们进行近乎垂直的俯冲轰炸时，敌方炮火的威胁全部抛到脑后，每架"斯图卡"飞机都向预定的目标投放了炸弹。我们进行的数周模拟轰炸德国海军"黑森"（Hessen）号舰船[①]的努力并没有白费。

[①]"黑森"号原来是排水量为13000吨的老式战列舰，1936－1937年间被改建成无线电靶船。

第三章 "斯图卡"俯冲轰炸机战史

■这就是那张著名的假照片。图中飞机原本是参加西班牙内战的2架Ju 87B-1飞机,德国空军将照片中飞机的起落架去掉,再将飞机的标志改掉就成了那架受伤的Ju 87C-0飞机。

在空袭赫拉的军事行动中,另一个作战编队的Ju 87C-0飞机被波兰猛烈的炮火严重击伤,飞行员触发爆炸栓将主起落架炸掉,随后在海上成功临时迫降。后来,这架受伤的"斯图卡"飞机又从海上起飞并返回了基地,由于起落架已经被炸掉,飞行员再次用机腹成功地着陆。这次九死一生的事件被德国宣传机器利用起来大肆宣扬"斯图卡"飞机的机体牢固,设计成功,但是,德国人把这个故事稍微改进了一下,宣传报道称"斯图卡"飞机从俯冲状态恢复时由于高度过低,飞机的起落架刮过海面导致了起落架的脱落。德国人还出示一张这架严重受伤并返回基地的照片,实际上,这张照片也是假的。

在二战爆发后的几个小时里,德国空军就彻底消灭了波兰空军和海军力量,随后,"斯图卡"飞机开始执行"飞行炮兵"的主要作战战术,即为德国向前推进的装甲部队和步兵部队扫清前方和侧翼的敌人,这也是德国闪电战术的核心,即火力、支援和快速向前推进。在德国闪电战术的打击下,依然固守一战那一套战术的欧洲国家注定要为此付出沉重的代价。

"斯图卡"飞机最早为德国陆军部队提供近距支援任务是9月1日中午,当时,I/St.G 2"伊美尔曼"大队接到空中侦察报告称一支向维伦(Wielun)方向推进的波兰陆军装甲部队正在集结,这支装甲部队严重地威胁到德国陆军第16集团军(XVI

尖叫死神　二战德国 Ju 87 "斯图卡"俯冲轰炸机战史

Armeekorps)北部一带。"伊美尔曼"大队巴伊尔(Baier)中校向准备执行任务的"斯图卡"编队进行了简短的情况报告后,迪诺特和其他三个编队的飞行员立即登上各自的飞机并启动发动机,地勤人员也立即移走轮挡,30架"斯图卡"飞机颠簸着穿过高洼不平的机场驶向跑道。先起飞的飞机升空后在机场上空盘旋等待和后起飞的飞机组成作战编队。30架"斯图卡"飞机编队在2500米高度穿过德波边境进入波兰领空,虽然刚过中午,而且也有太阳照耀,在波兰地面的能见度非常糟糕,据称只有1公里左右,地面的雾气仍然没有散去,地面的景物似乎在乳白色的牛奶里游泳。突然,德国飞行员看到地面一大群建筑物,有的是村庄,有的是庄园,此处的雾气不像其他地方那么重,而且雾气也在逐渐散去。目标维伦就在眼前,飞行员可以看清地面正在缓缓移动的黑色长蛇,那就是波兰步兵和运输车辆,甚至还有马匹和非机动车等。

进入攻击状态后,飞行员开始收起地图、调整瞄准具、锁定发动机散热片,这些步骤飞行员在练习中已经做了上百次,但没有一次像今天这样有点紧张,这30架"斯图卡"飞机是第一次参加实战。在目标区上空,"斯图卡"飞机压低左侧机翼,飞机先是进入左坡度,随后进入俯冲轰炸状态。伴随着飞机的减速板发出尖厉的叫声,在1200

■图中的Ju 87B被晨雾所笼罩,远处那架"斯图卡"飞机若隐若现。飞机旁边摆放着250公斤的炸弹,这架飞机在等待雾气散去执行下一个轰炸任务。

第三章 "斯图卡"俯冲轰炸机战史

■ 近距离观看一下SC 250炸弹,炸弹侧面两个"眼睛",下方有15加圆圈数字的是电子碰炸引信,"15"是引信型号;中间的"B"表示炸弹型号,SC 250共有8个型号,有专门用于杀伤人员的,有专门对付加固工事的;弹头14表示炸药类型;两个"眼睛"之间圆环为炸弹挂耳(只有一个,一般炸弹为两个);环绕弹体中间的铁环上有一个"工"字形圆柱体,这是伸缩挂架的挂点,便于旋转,弹体对称的另一侧也有一个。图中显示的是地勤人员完成工作后在休息。

米高度,飞行员按下释放炸弹的按钮。在一处庄园里,德国飞行员发现有大量波兰士兵和车辆,轰炸这个目标时,有的"斯图卡"飞机甚至俯冲到800米高度才开始投弹。"斯图卡"飞行员改出俯冲状态,并做坡度螺旋爬升时才有机会看到轰炸的场景:地面到处是扬起的烟尘、火焰和惊慌逃窜的士兵。

当天下午,该轮到St.G 77联队执行轰炸任务了。对于该单位的一些飞行员来说,今天下午执行的是他们第四次作战任务了,第一次是9月1日4点45分,该单位的"斯图卡"飞机对波兰边境靠近卢布里特兹(Lublinitz)的波兰军事目标进行了轰炸。到9月1日下午,波兰境内的地面能见度已经大大改善,早晨时St.G 77联队的"斯图卡"飞机在浓雾中起飞,能见度几乎为零,而到了下午,阳光灿烂,天空中万里无云。I/St.G 77大队和Ⅱ/St.G 77大队的60架Ju 87B飞机当天的作战任务是轰炸维伦北部一处大型农庄,德国的情报显示,波兰陆军沃里恩斯卡(Wolynska)装甲旅的司令部就驻扎在

尖叫死神　二战德国Ju 87"斯图卡"俯冲轰炸机战史

该农庄。这个农庄是临时驻地，因此防空火力较弱，加上没有战斗机拦截，波兰军队只有挨打的分儿，德国"斯图卡"飞机毫无顾忌地尽情蹂躏波兰军队，很快将这支部队彻底消灭，未被消灭的士兵四处逃散。维伦很快在当晚被德国军队占领。

在"斯图卡"飞机的精确轰炸下，战争的形势在当天下午就已经明了，波兰军队溃不成军，此后的军事激烈程度有所降低，德国"斯图卡"飞机和装甲部队突破波兰边境防御阵地进入波兰境内。不甘心失败的波兰偶尔会向外界公布一些波兰军队摧毁德国坦克的照片以鼓舞士气，但这已经于事无补了，波兰西部军区的24个步兵师和6个骑兵旅被迫后撤，其中大部分部队向波兰首都华沙方向撤退。在这个过程中，德国"斯图卡"飞机紧追不舍，不依不饶，连续对其实施打击。

鉴于"斯图卡"飞机的部署灵活性，打击精确性和出动快捷等因素，德国地面部队闪电般向前推进时只要遇到阻碍就会想到"斯图卡"飞机。二战开始时，德国在波兰战场投入了350余架侦察机，这些侦察机为德国军队在波兰取得胜利立下了汗马功劳。只要侦察到波兰军队重要目标，侦察机就会向德国空军发回无线电报，不久，"斯图卡"飞机就会出现在这些目标的上空；只要德国地面部队遇到难啃的骨头就会呼叫"斯图卡"飞机前来助阵，特别是防守严密的据点、大规模的步兵集结地、公路或铁路线，

抑或是波兰军队撤退路线前方的桥梁等目标。

随着进入波兰境内的德国军队不断向前推进，负责近距离空中支援的"斯图卡"飞机也需要不断向前延伸打击范围。"斯图卡"飞机属战术轰炸机，航程并不远，比较适合近距支援等作战任务。德国的闪电战推进速度非常快，很快就超过了"斯图卡"飞机的打击范围，此时，德国空军需要在波兰本地新建机场以供"斯图卡"飞机使用。德国空军在波兰领土上新建的供"斯图卡"飞机使用的第一机场在琴斯托霍瓦（Tschenstochau，波兰语：Czstochowa，波兰南部城市）7公里远的一个地方。在敌方领土上建机场危险性很大，琴斯托霍瓦的简易机场周边被树林围绕，东北方向的树林里经常会出现波兰的散兵游勇，后来更是出现游击队，为此，选定机场后，德国人立即在机场周边建起防御工事，随时准备还击附近敌人，果真，一到晚上波兰抵抗者就会光临。通常情况下，天还没完全黑下来树林里就会传来枪声，德国机场保卫部队立即还击，夜晚一片混乱，德国人疲于应付，苦不堪言。但是，只要凌晨4点一过，枪声立即停止，只有这个时候德国飞行员才有机会小睡一会儿。

驻扎到琴斯托霍瓦的简易机场后的第二天下午3点，"斯图卡"部队接到命令前去轰炸华沙北部莫德林（Modlin）附近维斯图拉河上的一座桥。当天，琴斯托霍瓦一

第三章 "斯图卡"俯冲轰炸机战史

■在当时的欧洲，这种在树林边开辟一块场地作为机场的情况很普遍，一块空地稍事修整即可投入使用，树林平时还可以供飞机隐蔽，甚至飞机的维护、装弹等工作也在树林里完成。随着战事的推进，"斯图卡"飞机也开始进入波兰使用波兰空军的机场。

带下着小雨，大队指挥官奥斯卡尔·迪诺特（Oskar Dinort[①]）少校率领 I /St.G 2大队的"斯图卡"编队冒雨起飞。飞机穿过灰色的云层爬升到1200米时，天空豁然开朗起来，飞机下方是如同起伏不定的山谷一样的积云，飞机上方是没有太阳的铅色天空。在向东北方向飞行时，天空中的能见度仍然不好，飞机的风挡上雨迹也越来越多，但是，偶尔飞行员可以从云层的缺口看到地面景物和维斯图拉河，这些地标可以帮助飞行员纠正航线误差。最后，德国飞行员终于看到了下方掩映在褐色大地上的波兰军事堡垒，灰色巨大的堡垒与地面形成的色差显得特别醒目。维斯图拉河也尽在眼底，黑色蜿蜒的河流上有一条细长的浅色线，那就是德国的目标：维斯图拉河大桥。

发现目标后，"斯图卡"飞机依次俯冲直扑目标。"斯图卡"飞机像石头一样快速

[①] 奥斯卡尔·迪诺特1901年6月23日生于夏洛滕区，1965年5月27日死于科伦。他是德国二战时期著名的"斯图卡"飞行员，曾为俯冲轰炸战术的诞生发挥过重要作用，在"斯图卡"单位任职期间也为"斯图卡"飞机的发展及战术运用做出过贡献（下文有详述）。同时，他也是"斯图卡"飞行员中第一个获得"骑士十字加橡树叶勋章"的人，"骑士十字勋章"为的是表彰战争中表现优异的飞行员，而"骑士十字加橡树叶勋章"则表彰作战的军官。奥斯卡尔·迪诺特1919年参军，1921年军衔晋升到候补军官，1923年在成为一名滑翔机飞行员后晋升为少尉，1928年晋升为中尉。作为滑翔机飞行员，他曾创下连续飞行14小时43分钟的世界纪录。1934年，奥斯卡尔·迪诺特参加了当时处在秘密状态的德国空军。随后他参加了 I ./JG 132大队司令部直属单位和Ⅲ./JG 134大队，军衔晋升为上尉。1935年3月31日，他被乌德特招入德国航空部。二战前，他被任命为I./StG 2 "伊美尔曼大队"指挥官，1939年10月 – 1941年10月，他被任命为StG 2联队指挥官，军衔晋升为少校。1941年7月，他获得"橡树叶勋章"。1941年10月15日，奥斯卡尔·迪诺特离开StG 2联队去任参谋一职。1944年，他被任命为第3飞行训练师指挥官，当年年底，他晋升为准将。二战结束时他被英军俘获，直到1947年才获释。获释后他一直居住在德国多特蒙德市，后来他去智利在一家航空研究机构供职。

尖叫死神　二战德国 Ju 87 "斯图卡" 俯冲轰炸机战史

■ 奥斯卡·迪诺特是著名的"斯图卡"部队指挥官。

降低高度，有飞行员称飞行的仪表指示几乎跟不上飞机下降的速度。当飞行员的眼前突然出现红色告警灯时，这说明飞机此时距地面的高度为1400米，飞行员准备投弹了。达到1200米高度时，飞行员按下按钮将炸弹投了出去。此次俯冲轰炸的精度非常好，其中1枚炸弹正中桥的中央，大桥连遭数枚炸弹而被炸毁。

随着波兰军队不断后撤，越来越多的波兰军队集中到了相对狭小的地域，这种情况一方面更适合围而歼之的战术，另一方面也意味着敌方的抵抗能力更强。在波兰拉多姆（Radom，华沙正南约150公里处），波兰陆军6个师准备撤退到维斯图拉安全地区时被德国装甲部队围困。包围圈合拢后，德国装甲部队召来"斯图卡"飞机试图通过轰炸迫使包围圈内的敌人投降。这是一个集中歼灭的大好时机，参与打击的"斯图卡"部队主要是Ⅰ/St.G 77和Ⅱ/St.G 77大队，Ⅲ/St.G 51和Ⅰ/St.G 76大队作为补充力量，这四个"斯图卡"大队共计有150余架"斯图卡"飞机对处在绝望边缘的波兰部队实施了4天持续不断的轰炸。伴随着"斯图卡"飞机发出的死神般的呼叫声，致命的50公斤破片式人员杀伤炸弹投向波兰军队，地面到处是腾起的烟尘和爆炸的火焰，加上波兰士兵的嚎叫声，地狱也不过如此。空中打击的同时，德国地面部队也没有放松炮击，这个时候，除了投降只有死亡。最终，幸存的波兰士兵全部投降。

几天之后，更大的威胁出现在德国面前。在完成了彻底包围波兰首都华沙西部时，被围困的波兰"波兹南集团军"在战争以来尚未遭受到任何打击，该部队编制完整，战斗力较强。被围困后，"波兹南集团军"计划向东南方向突出重围，跨过布楚拉河（River Bzura），最终撤退到维斯图拉。包围圈的东南方向为德国陆军第8集团军，这个集团军靠近布楚拉河有一处薄弱地带，波兰"波兹南集团军"计划从这里突围。如果突围成功，"波兹南集团军"还可以完全切断已经推进到华沙郊区的德国陆军第10集团军。德国人掌握这方面情报后，德国陆军南部集团军群紧急向德国请求最大程度地对库特诺地区实施轰炸。

第三章 "斯图卡"俯冲轰炸机战史

■ "斯图卡"飞机进入俯冲轰炸时的连续步骤：一侧机翼抬起，飞机向另一侧侧滑俯冲，另一架飞机随后做相同动作跟进。

接下来发生的就是著名的"布楚拉河锅盖战役"（Battle of Bzura Cauldron，或称"布楚拉河战役"，德方则称"库特诺战役"），这次战役实质就是空中力量对地面力量的一场战斗，"斯图卡"飞机在此次战役中扮演了重要角色，在持续不断的空中打

尖叫死神　二战德国 Ju 87 "斯图卡"俯冲轰炸机战史

■ 布楚拉河战役中波兰地面部队被"斯图卡"飞机炸得非常之惨，图中可见一斑。没有空中防空力量，只有被动挨打。

击下，最终波兰军队放弃了有组织的抵抗。参与空中打击的"斯图卡"单位是Ⅰ/St.G 2大队。

在"布楚拉河战役"开始前，德国空军奥斯卡尔·迪诺特的Ⅰ/St.G 2"斯图卡"大队已经在拉多姆原波兰空军的一处机场驻扎下来。1939年9月9日早晨6点30分，"斯图卡"打击编队从拉多姆机场起飞，然后编队

■ "布楚拉河锅盖战役"中的3架"斯图卡"飞机正飞向目标。

第三章 "斯图卡"俯冲轰炸机战史

向北偏西方向的维斯图拉河和布楚拉河交汇处飞去，随后，沿着布楚拉河向目标空域飞去。在飞行途中，"斯图卡"编队收到前方侦察机的报告称在第三和第一区，第二和第四区发现大量的敌人纵队，在第五和第一区发现大量敌人集结。

在临近空袭区域时，编队指挥开始为"斯图卡"飞机分配打击目标。由于当天当地的气候十分好，能见度非常高，靠近爱娄（Ilow）时飞行员首次清楚地看到准备打击的地面目标：大量的火炮，没有尽头的步兵纵队和向东行驶的车辆，波兰的地面部队并没有沿着公路行进，而是穿过一块农田，这一景象如同河流决堤后泛滥的洪水突然涌出。波兰部队如此地密集，以至"斯图卡"飞机在接到攻击命令后根本不需要瞄准，

■ 同样是"布楚拉河锅盖战役"中，波兰地面部队遭到"斯图卡"飞机的肆虐后的景象。

尖叫死神　二战德国Ju 87"斯图卡"俯冲轰炸机战史

闭着眼睛投下1枚炸弹都不会错过目标：俯冲、投弹、改出俯冲、爬升脱离战斗、再次进入扫射。"斯图卡"飞机肆无忌惮狂虐波兰部队，有的飞机甚至俯冲到距地面只有200米高度，完全是欺负波兰微弱的防空火力。在爬升脱离战斗的过程中，"斯图卡"飞机的后座后射机枪也玩了命地向敌人扫射。

完成投弹任务的"斯图卡"飞机返回基地后立即加油，装弹后再次返回战场，这次的目标是布楚拉河西面地区。这里的战斗跟此前的一样，投弹后"斯图卡"飞机于11点35分返回基地，但战斗并未结束，机组乘员匆忙地吃完冰凉凉的罐装肉和米饭后再次起飞执行第三次作战任务，这次空袭的地点是维斯图拉河和布楚拉河交汇的三角洲地带。随后就是当天的第四次作战任务，这是一场有决定意义的战役，歼灭这里的敌人对于整个波兰战势十分重要，德国清楚地知道这一点，所以不敢怠慢，地面和空中火力持续不断地打击，不给敌人喘气机会，波兰士兵只恨没长一双翅膀。

从9月9日到19日，每天都重复着这样的立体打击，最终，幸存的"波兹南集团军"全部缴械投降。在消除了后部的威胁后，德国军队准备下一步围攻波兰首都华沙，德国空军理所当然也是这次战役空中的主要打击力量。战役之初，"斯图卡"大队受命主要对华沙的重要目标进行精确轰炸，这些主要是有重兵防守的并且会对德国的攻击造成重

■ 德国空军司令戈林在1939年9月13日到前线视察St.G 77联队。

大损失的目标。

在华沙战役中执行俯冲轰炸的仍然是德国空军 I/St.G 2 "斯图卡"大队，这个大队的驻地拉多姆距华沙只有约150公里，对波兰宣战以来，该大队参与了大量军事行动，作战经验非常丰富。I/St.G 2 "斯图卡"大队的首个目标就是华沙的广播电台，作战要求是将广播电台的两个无线电发射塔炸掉，让广播信号无法向外发出。

"斯图卡"打击编队起飞后先爬升到6000米高度巡航，由于这个高度的空气稀薄寒冷，在4000米高度时飞行员就戴上了氧气面罩。当天的气候非常适合俯冲轰炸，天空中散布着不连续的云，这种云可以为俯冲轰炸的飞机提供天然的保护（万里无云虽然能见度好，也让地面防空人员可以清楚地瞄准攻击的飞机），而地面景物却沐浴在秋日的阳光下，目标极为清晰，铁路如同明亮的丝带，黑色的公路在褐色的大地背景下极为醒目。秋天秋高气爽，只要不是阴雨天能见度就非常好，因此，"斯图卡"飞机飞行员也无需借助仪表就可以根据地标进行导航，跟参阅地图一样容易。离目标还有15公里时，"斯图卡"飞机开始快速下降到4000米高度，发动机油门减小，这么做的目的是迷惑根据声音来监视飞机的波兰侦测站。当目标进入视野，"斯图卡"飞行员最后一次检查各种参数，如飞机的速度、高度和方向，

■ 波兰战役的Ju 87B俯冲轰炸机群。天空中云层始终是"斯图卡"飞机面临的最基本问题，很多时候飞行员不得不驾驶飞机执行作战任务。图中的云量既可以掩护轰炸机群，也对俯冲轰炸造成麻烦。

尖叫死神 二战德国 Ju 87 "斯图卡"俯冲轰炸机战史

以及风向（这个数据非常重要）和风速等。检查完毕后，飞行员在目标上空开始近乎垂直的角度向下俯冲。在4000米高度俯冲轰炸时，俯冲时间达到10秒时飞行员开始投弹，10秒对于一般人来说转瞬即逝，但对于飞行员来说是一个漫长的过程。飞行员按下按钮，机腹挂架的500公斤炸弹呼啸着奔向目标，炸弹离开飞机的一刻，飞机由于负荷减轻而会猛地一震，虽然并不十分强烈。投弹后，"斯图卡"飞机会立即改出俯冲状态，向着太阳方向迅速爬升逃离目标区，在目标区多呆一秒钟对敌人来说都是一个礼物。

这次行动的指挥仍然是奥斯卡尔·迪诺特，他是长机，因此也是第一个投弹的人。投弹后爬升过程中，他总是会向后看一眼，执行此前的轰炸任务也是如此，他不仅要看看轰炸的效果，也需要观察后续"斯图卡"飞机的作战表现。奥斯卡尔·迪诺特在枪林弹雨中完成了俯冲轰炸和脱离，他的战友同样也是如此，迪诺特回头看到的景象就是进入俯冲状态的"斯图卡"飞机被高射炮弹包围着，有的炮弹划破天空向上，有的在"斯图卡"飞机周围爆炸。华沙是首都，波兰人理所当然地在此部署了重型高炮，其防空火力的密集

■ 入侵波兰后，德国宣传部门对外公布了很多战争画面的照片，"斯图卡"飞机俯冲轰炸无疑是最震撼人心的。图中为"斯图卡"飞机在轰炸城镇目标，明显可以看出这个波兰城镇遭到了不止一次的轰炸。

程度也可想而知。投弹完毕后的"斯图卡"飞机在迪诺特的带领下重新组成编队准备返回基地,在返回的途中,波兰空军5架战斗机偷偷地从"斯图卡"飞机编队的后下方靠近并发起了攻击,"斯图卡"飞行员奋起反击。奥斯卡尔·迪诺特和胡伯特斯·希特斯切豪尔德(Hubertus Hitschhold)上尉都遭到了波兰战斗机的攻击,不过他们俩都未受伤,但第三中队的1架"斯图卡"飞机则被波兰第二个战斗机编队严重击伤,"斯图卡"飞机在返回基地的途中坠毁,两名机组乘员丧生。

当天,随后另一个"斯图卡"编队对华沙的桥梁进行了俯冲轰炸,这次"斯图卡"飞机遭受了更为猛烈的防空炮火。"斯图卡"飞机在俯冲轰炸和改出时非常容易遭到攻击,也是遭受损失的主要阶段,在这两个阶段中,"斯图卡"飞机处在一个极小的空域内,加之一个编队通常从同一方向进入,地面高炮主要集中俯冲和改出爬升这两个过程,特别是改出时"斯图卡"飞机的速度最慢,多数损失也发生在这个时候。轰炸华沙桥梁的行动中,波兰防空部队各种口径高炮一起上,有1架"斯图卡"飞机在改出俯冲时在1200米高度被40毫米高炮炮弹击中,飞机的水平尾翼被炸掉,只留翼根少量部位在风中剧烈地抖动。被击中后,"斯图卡"飞机无法再机动,而且不断地在损失高度。这

■ "斯图卡"飞机的后座时常会有战地记者取代机枪手参加战斗,有的战地记者原来就是飞行员或机枪手。图中显示的是波兰首都华沙郊区一个目标被Ju 87B轰炸后的场景。

尖叫死神　二战德国Ju 87 "斯图卡" 俯冲轰炸机战史

■ 刚刚投弹完成后爬升的"斯图卡"飞机。照片背景是德国空军轰炸波兰首都华沙，图中可见城市废墟和滚滚浓烟。

架受伤的"斯图卡"飞机来自德国本土，在这种受伤情况下无论如何也无法返回基地，好在飞行员迅速做出决定到华沙南部德国占领的机场着陆。在途中，这架飞机的后机身全部被风扯掉。资料并没有说这架飞机是否迫降成功，但这个惊险的故事却是飞行员自己说的，因此，可能飞机迫降成功了，当然也不排除他跳伞安全逃生。

除了赫拉外就属波兰首都华沙的防空火力最强，"斯图卡"飞机的主要损失也集中在这两处。在华沙战役中，尽管德国空军遭受了相对较大的损失，最终，华沙的防空火力仍然被德国空军压制住。在这个阶段，德国空军大部分双发轰炸机单位退出了战斗并转移到西部战线，只留下"斯图卡"飞机用高爆炸弹对华沙的残余势力实施水平轰炸。德国空军的三发Ju 52运输机也参与了最后的清剿，这些笨重的飞机最拿手的就是投掷燃烧弹。

波兰首都华沙于9月27日沦陷，但华沙西北25公里处的莫德林要塞仍在波兰人手中，莫德林位于维斯图拉河边，位置非常重要，也易守难攻，这是德国空军"斯图卡"部队最后一个需要解决的目标。参与此次轰炸任务包括Ⅳ.（St）/LG 1大队，这是一个作战理论和战术研究的大队，有实战环境来验证新机和战术再好不过了,机会难得。事实上,在二战爆发后,IV.(St)/LG 1大队已经参与了轰炸波兰波罗的海沿岸防御目标的任务。鉴于这是一个非作战部队,IV.(St)/LG 1大队参与的作战任务并不多,这次针对莫德林的轰炸也是试验性质的,但无疑这会增加"斯图卡"部队的打击力度。9月29日,在持续不断多日的轮番轰炸下,莫德林守军最终向德国投降。

48小时后,赫拉的波兰守军也举起了白旗,此处战斗也终于停止,这标志着德国进攻波兰的战役结束。

波兰战役简要过程和总结

为了入侵波兰,德国空军共准备了1939架作战飞机,其中包括9个"斯图卡"大队共366架Ju 87B-1俯冲轰炸机,其中又有348

■铁路也是"斯图卡"飞机轰炸的重点,像图中这种五条铁路并列说明这是重要铁路枢纽。图中可以清楚地看到250公斤炸弹爆炸的弹坑,这么精确只能是俯冲轰炸的结果。

尖叫死神　二战德国Ju 87"斯图卡"俯冲轰炸机战史

架参加了9月1日的战斗。与强大的德国空军力量相比,波兰空军只有800架波兰自产的飞机,在一线的只有463架飞机,而其中只有277架是战斗机。波兰的战斗机机动性较好,但设计早就过时了,大多仍是双翼飞机,速度较慢。

在第一波的闪电行动中,"斯图卡"飞机作为决定性的武器在作战使用上获得了很大成功,攻击的效果超过了预期。通过战后分析,几乎垂直的俯冲轰炸精度达到了±30米,大量飞行员喜欢采用这种轰炸方式。战争爆发的第一天,"斯图卡"对很多重要的陆上目标进行了轰炸,包括桥梁、公路、火车调度站、装甲火车、私人工厂建筑、无线电台和军队集结中心等。"斯图卡"飞机还在海上攻击了波兰的"威切尔"号驱逐舰和"格莱夫"布雷舰,"威切尔"号成了第二次世界大战第一艘被俯冲轰炸机击沉的舰船。

德国刚开战时取得很快胜利的一个重要因素是反复不断地对敌地面部队,尤其是装甲部队的狂轰滥炸使得敌人的士气大大受挫,甚至在某些情况下造成了敌人阵营的极度恐慌。伴随着尖利的啸叫声,俯冲轰炸的战术成了新型战争的一个标志,这种恶梦的阴影不仅在人们的印象

■战争,不可避免地会遭受损失,但从整个战争过程和战争结果来看,"斯图卡"的损失并不大。图中这架"斯图卡"飞机的水平尾翼被地面高炮炸伤。

第三章 "斯图卡"俯冲轰炸机战史

■这架被地面高炮击中的"斯图卡"飞机属于St.G 77联队第3中队指挥官哈特曼的座机。

■要保证作战部队的军事物资供应,后勤补给十分重要。图中显示的是一处机场里的后勤补给作业。

里，也是随时就会到来的现实。胜利来得太快，以致拥护俯冲轰炸的人被胜利冲昏了头脑，他们认为只要在空中没有敌机威胁，"斯图卡"飞机可以在任何条件下对敌人发动进攻。在这么大强度的作战条件下使用，"斯图卡"飞机的磨损却比预计的要小得多，这说明"斯图卡"结构结实耐用。在对波兰的作战中，德国空军共损失285架各型飞机，229架严重受伤，但"斯图卡"飞机只损失了31架，大部分是被地面炮火击落的。

在进攻波兰的战争中，一些"斯图卡"飞行员逐渐崭露头角，他们是Ⅰ/St.G 77大队的冈瑟尔·斯切沃兹科普夫（Gunther Schwarzkopff）、Ⅰ/St.G 2大队指挥官奥斯卡·迪诺特、Ⅰ/St.G 76大队的沃尔特·希格尔（Walter Sigel）、Ⅰ/St.G 1大队的保尔－沃纳尔·豪兹尔（Paul-Werner Hozzel）上尉等，这些人中，除了冈瑟尔·斯切沃兹科普夫（他在八个月后的法国战争中被击落身亡），其他人继续在战争中取得骄人战绩和成就：奥斯卡·迪诺特发明了延迟引信，在战场使用中获得很大的成功；沃尔特·希格尔最拿手的是精确轰炸；保尔－沃纳尔·豪兹尔在地中海战争中攻击舰船技高一筹，成功率非常高。

在进攻波兰的行动快要结束时，"斯图卡"飞机已经确立了精确轰炸的地位，在后来对西方的行动中扮演着越来越重要的角色。也正是由于波兰战役而诞生"闪电战"这个名词，"斯图卡"飞机正是这种"闪电战"的核心。

二、挪威战场（1940年4月9日至6月9日）

跟波兰的战役不同，德国在挪威的军事行动跟业已形成的"闪电战"概念非常地不同，但这次战役同样具有鲜明的特点，甚至是开创了三军联合作战的先河，这足以说明德国战术运用的灵活性。挪威偏居世界一隅，而且是高纬度国家，但对于没有进入大西洋通道的德国来说战略位置重要。另一方面，在挪威采取军事行动在概念和行动上都具备战略意义，首先，占领挪威可以确保瑞典向德国提供铁矿石运输线的安全。德国每年消耗的1500万吨铁矿砂中，有1100万吨要从瑞典进口，在冬季，这些铁矿砂要经铁路运到挪威港口纳尔维克（Narvik），然后再航运到德国，整个航线恰好在挪威领海以内。希特勒非常担心英法联军的军事行动会对德国北部构成威胁，当时处在中立状态的挪威摇摆不定，而且英国已经计划在1940年4月在挪威重要港口一带布雷，明显是在防范德国，并可能最终切断德国的铁矿石运输线；其次，挪威的山地地形并不适合德国装甲部队和"斯图卡"飞机的联合作战，在波兰平原上那种闪电推进战术在挪威行不通，必须采取新的战术达到战术上的突然性和战役上的快速性。最终德国选择的是大量使用运输

第三章 "斯图卡"俯冲轰炸机战史

■在挪威战场,英国皇家海军是德国海上运输线最大的威胁,德国空军使用"斯图卡"远程型Ju 87R就是为了轰炸英国舰船。图中的Ju 87R刚刚出厂准备进行试飞,这是飞机交付前必须要做的。

机、空降部队和雪橇山地作战部队等参与挪威战役。

从挪威的军事力量和军事目标的特点来看,"斯图卡"飞机非常适合定点清除顽固目标的任务。另外,对于可能的英法海上舰船攻击,"斯图卡"的精确俯冲轰炸远远胜过其他飞机,在波兰的军事行动中"斯图卡"部队已经积累了很多舰船攻击俯冲轰炸战术。参与挪威战役的"斯图卡"单位是Ⅰ/St.G 1大队,鉴于挪威的军事力量实在太弱小,参与挪威战役的"斯图卡"飞机并不多,初期只有22架。Ⅰ/St.G 1大队在二战的第一天的第一次军事行动中就参与俯冲轰炸迪尔斯乔的作战任务(上文有述)。后来,该大队又进驻波兰对波兰北部的敌人实施了轰炸。最终,该大队于9月29日返回东普鲁士的基地。

1940年初,Ⅰ/St.G 1大队被调往德国西部的科布仑茨兹-卡尔绍斯(Koblenz-Karthause),在此,"斯图卡"大队开始换装Ju 87R飞机,该型号就是在Ju 87B的基础上改进增加了航程,主要方法就是在机翼的外翼段增加机翼油箱,而且原来Ju 87B的翼下携带50公斤炸弹的挂架也改挂副油箱。虽然Ju 87R飞机携带炸弹的数量减小了,但航程却比Ju 87B增加了一倍,这点远比减小100公斤炸弹携带量更为重要,因为50公斤的炸弹对于舰船和加固目标来说威力显得不

尖叫死神　二战德国Ju 87"斯图卡"俯冲轰炸机战史

■1940年4月8日晚,德国重巡洋舰"布吕歇尔"号被挪威炸沉,1600名官兵丧生,舰队司令也被俘,这对德国来说是奇耻大辱。

足,在挪威战场,德国需要面对九倍于自己的英国海上力量。

1940年4月9日凌晨4时20分,德国空军各个单位从德国北部基地起飞开始参加威斯尔堡军事演习,名义上这是一场演习,而实质上德国计划将演习作为幌子,所谓"演习"其实是不折不扣的军事行动。演习开始时,Ⅰ/St.G 1大队的保尔-沃纳尔·豪兹尔(Paul-Werner Hozzel)上尉的"斯图卡"编队并没有参与第一波的军事行动,他的编队仍在德国基尔-霍尔特瑙(Kiel-Holtenau)基地待命,直到临近中午的10点59分他才接收编队起飞命令。"斯图卡"编队的目标是挪威奥斯陆峡湾(Oslo Fjord)的奥斯卡伯格(Oscarsborg)军事要塞。在开战几个小时前,即4月8日晚,崭新的德国舰队旗舰"布吕歇尔"号重巡洋舰(排水量为10000吨)在奥斯卡伯格要塞的炮击和鱼雷攻击下中弹起火,舰上弹药库随后爆炸,"布吕歇尔"号重巡洋舰最终沉没,1600名官兵丧生,舰队司令奥斯卡·孔末茨海军少将落水后被俘。奥斯卡伯格要塞就在进入奥斯陆湾航道中间,而且是航道最窄的地方,明显就是一块德国舰队前进的绊脚石。沃纳尔·豪兹尔上尉率领22架Ju 87R"斯图卡"飞机对这奥斯卡伯格要塞进行了猛烈的轰炸,但是,该处的战斗对于整个挪威战场来说意义并不大,德国的空袭更像是对击沉德国巡洋舰的报复,直到挪威首都沦陷,奥斯卡伯格要塞才投降。

完成任务后,Ⅰ/St.G 1大队返回了丹麦境内奥胡斯(Aarhus)的临时基地,并

第三章 "斯图卡"俯冲轰炸机战史

■奥斯卡伯格军事要塞只不过是航道中间的一个小孤岛,但却给德国海军造成了极大的伤亡。这个岛上军事牢固,是个难啃的骨头。图中显示的是4月9日该岛遭轰炸时的场景,照片是德国侦察机所拍。

没有回德国本土。当天下午,"斯图卡"飞机再次升空执行作战任务,但这次目标并不是250公里之外的挪威首都奥斯陆,而是奥胡斯基地西北部的开阔海域,这次的作战任务是在海上搜索英国皇家海军本土舰队。当天德国对挪威发起进攻后,有情报显示英国皇家海军舰队正在向挪威西海岸靠近。由于英国舰队仍然距离较远,豪兹尔的"斯图卡"编队被命令返回并准备在挪威境内机场着陆。就在"斯图卡"飞机编队改变航线返回挪威斯塔万格-索拉(Stavanger-Sola)机场时(该处机场当天才被德国占领),豪兹尔发现了一艘挪威"驱逐舰",在得到命令后"斯图卡"编队对这艘所谓的驱逐舰进行攻击,炸弹击中了这艘船的发动机舱,船失去动力后无法航行,船长最终将其破坏以防落入德国人手中。事后才知道,所谓的驱逐舰实际是挪威海军排水量600吨的"艾吉尔"(Aeger)鱼雷艇。

不久,I/St.G 1大队的驻地重新部署,该大队的第2和第3中队仍然驻扎在斯塔万格,而大队的其他中队则被调往特隆赫姆(Trondheim),该地也是在德国进攻挪威的当天被占领,跟上文的奥胡斯和斯塔万

尖叫死神

二战德国Ju 87"斯图卡"俯冲轰炸机战史

■ 德国空军He 59水上飞机拍摄到的Ju 87R飞机出海执行任务。

格一样，特隆赫姆也是一个港口城市，德国选择这样的城市作为空军临时基地为的就是海运物资补给方便。另一个考虑就是特隆赫姆西面就是挪威海，这里正是英国舰队活动的主要海域，而且英国也计划对挪威西部沿岸实施布雷行动。有意思的是，进驻特隆赫姆后，"斯图卡"飞机早期实际上驻扎在特隆赫姆东南十几公里处琼斯瓦特尼特湖上。

第三章 "斯图卡"俯冲轰炸机战史

■挪威北部的4月仍旧寒冷,因此德国空军有时会选择冰冻的湖面或水面作为临时机场,但是,毕竟是4月了,天热起来也快。因此也出现过这种情况,刚驻扎的时候冰非常坚硬,但不多久温度就上升了,部队只得迅速撤离。

对于高纬度地区来说,四月仍然十分寒冷,冻结的湖面是再好不过的机场。但是,就是在琼斯瓦特尼特湖,"斯图卡"飞机遭受了挪威战争以来的第一次损失。1940年4月19日,一支"斯图卡"编队在对纳姆森峡湾(Namsenfjord)英国舰队实施攻击时,1架"斯图卡"飞机被英国海军"开罗"号巡洋舰上的防空炮严重击伤,卡尔·普菲尔中尉和吉尔哈德·威恩克斯下士驾驶飞机在纳姆索斯迫降,但却被抓成为了战俘。6天之后,英国皇家海军"皇家方舟"号航母和"光荣"号航母上的"贼鸥"和"剑鱼"舰载机对特隆赫姆基地的"斯图卡"部队进行了空袭,空袭造成Ⅰ/St.G 1大队的6架"斯图卡"飞机在地面被摧毁。

遭受打击后,德国立即予以还击。在4月结束前,德国已经击沉了3艘英国皇家海军反潜拖船,分别是"西尔托科"号、"贾尔汀"号和"瓦尔维切科郡"号;还严重炸伤英国皇家海军"比特恩"号(Bittern)号防空驱逐舰,这艘军舰舰部被炸得面目全非,已经没有修复的价值,为此,英国皇家海军"尤诺"号护卫舰奉命将其击沉。英国这些军舰均是在特隆赫姆近海被德国"斯图卡"飞机击沉的。

5月1日,Ⅰ/St.G 1大队的3个"斯图卡"编队在He 115C水上飞机的引导下参与了针对数百公里外海的英国本土舰队轰炸的

181

尖叫死神 二战德国Ju 87"斯图卡"俯冲轰炸机战史

■英国皇家海军"比特恩"号驱逐舰舰尾被炸烂,已经没有修复的价值。如果是水平轰炸,要达到图中这种作战效果得需要多少架次飞机和多少的炸弹啊,俯冲轰炸的精确性在海战中尤为突出。

联合攻击行动,当时英国的这个海军舰队包括五天前就已经抵达特隆赫姆沿海的2艘航母。

5月1日傍晚,Ⅰ/St.G 1大队接到攻击命令,该大队的第二中队海因兹·伯霍姆中尉率领2个"斯图卡"飞机编队从特隆赫姆基地起飞。英国皇家舰队在数百公里远的海上,"斯图卡"飞机得花一个小时时间才能抵达攻击区域,这对于单发飞机来说这么远的攻击距离有点冒险,发动机如果在途中出问题,那么飞行员就只能游着回去了。还好,此次行动中,"斯图卡"飞机的发动机未出任何问题,表现良好。另一方面"斯图卡"飞机的航程普遍不远,增程型Ju 87R比Ju 87B的航程远一倍,但作战半径也不过400公里左右。在挪威战役前段时间里,德国空军仍然使用的是Ju 87B型号。

在离目标还有数公里之遥时,"斯图卡"飞行员就已经看到了英国舰船,舰队留下的白色海浪尾迹清晰可见。随着"斯图卡"飞机靠近英国舰队,英国的防空火力开始向德国飞机编队射击,"斯图卡"飞行员可以感受到呼啸着从飞机旁边划过的炮弹。就在这时英国皇家海军的舰队战斗机也出现在"斯图卡"飞机编队的后方准备发起攻击,很明显,英国的舰载战斗机来迟了。德国飞行员充分利用这一空当加紧选择目标并进入到攻击航线,海因兹·伯霍姆所在六机编队选择了一艘英国航母,他命令另一个"斯图卡"编队攻击另一艘英国航母。目标分配完成后"斯图卡"飞机开始进入俯冲发起攻击,此时,英国防空火炮更加密集。海

第三章 "斯图卡"俯冲轰炸机战史

■德国航空部总长米希尔乘坐Ju 87R到挪威战场视察。米希尔对于Ju 87俯冲轰炸机的研制总是设置障碍,除了他个人不喜欢俯冲轰炸机外,他跟乌德特的关系也不好。

因兹·伯霍姆是长机,他第一个俯冲投弹,用他的话说"俯冲时,似乎英国航母跃起迎接它,而且越来越大,越来越清晰,靠近的速度也越来越快",在俯冲几公里后,海因兹·伯霍姆将500公斤的炸弹投了出去。在改出俯冲状态爬升过程中,他照例回头看了看轰炸效果,他看到的景象是刚才的炸弹正中航母前甲板1/3处的中心位置。海因兹·伯霍姆只看到炸弹的落点,其他情况未知,因为他仍在低空,饱受高炮的射击,他必须尽快逃离是非之地。

晚上6点整,"斯图卡"编队完成了俯冲轰炸后呈"V"字形编队返航。刚才提到的英国舰载战斗机此时终于有机会拦截德国飞机。英国皇家海军第804中队的3架"海斗士"(Sea Gladiator)战斗机对返航的6架"斯图卡"飞机发起了攻击。与此同时,英国皇家海军第802中队的2架"海斗士"战斗机在追赶德国空军He 115C水上飞机(属于德国空军2./Ku.Fl.Gr 506中队,看到英国"海斗士"飞机后加速逃离)时也加入到攻击"斯图卡"飞机编队的战斗中。5架英国"海斗士"战斗机在Ju 87R飞机的后方各自紧紧盯住自己的目标不放,无心恋战的"斯图卡"飞机滚转着俯冲向下加速脱离战场。在短暂的战斗中,英国皇家空军第802中队的J·F·玛尔芒特(J.F.Marmont)击伤1架"斯图卡"飞机,其机组乘员是埃里克·斯

尖叫死神 二战德国 Ju 87"斯图卡"俯冲轰炸机战史

■ 图为英国皇家海军航空兵的"海斗士"战斗机。总的来说,战斗机是"斯图卡"飞机的克星,但也有不信邪的,双翼飞机在速度和升限这两项重要作战指标方面都不如单翼飞机,只要战术运用得当,Ju 87飞机对付双翼飞机还是有胜算的,"斯图卡"部队中就有这么一个牛人,见后文。

达尔中尉和弗雷德切·高特少尉。严重受伤的"斯图卡"飞机试图飞回纳姆索斯基地,但中途不得不在离海岸不远处的海上迫降,埃里克·斯达尔中尉和弗雷德切·高特少尉最后被1艘英国驱逐舰救起。这架"斯图卡"飞机被击落,这是当天的空袭行动中Ⅰ/St.G 1大队唯一的损失。

48小时后,Ⅰ/St.G 1大队第一中队的14架"斯图卡"飞机在中队指挥官保尔·沃纳尔·豪兹尔上尉率领下再次对英国舰船实施了空袭。

5月3日傍晚,德国空军2./Ku.Fl.Gr 506中队的He 115C海军侦察机报告称一个英国大型运输船队正全速离岸向西航行。英国人处处掣肘德国,当时德国人最恨的就是英国,英国皇家海军舰队在世界上仍属最强,早在对挪威宣战前英国人就准备借助海上力量打击德国。这样大型的运输船队肯定有为其护航的军舰,不管是商船还是军舰"斯图卡"都不会轻易放过的。跟前两天的情况有点类似,豪兹尔率领的"斯图卡"编队花了近一个小时才赶上英国舰队,英国舰船正全速做着"Z"字形航行。随着目标清晰地展现在眼前,豪兹尔发现很容易地就区分出了商船和军舰,特别是护航的军舰中有的排水量相当大,从军舰的尺寸和舰桥判断那是英国皇家海军的重型巡洋舰。在船队的最前方开道的是排水量稍小的驱逐舰,而它的后面就是体积超大的战列舰,它的吨位远超过其他舰船,一眼就可以认出。难得这么肥美的猎物,到达攻击范围后,豪兹尔立即下达攻击命令,但是,"斯图卡"飞机并没有立即俯冲轰炸,豪兹尔率领编队绕了英国船队一圈以寻找合适的角度轰炸最有价值的目标。

各自选定目标后,"斯图卡"飞机开始俯冲投弹,豪兹尔选中的是他认为体积最大的战列舰。在"斯图卡"部队中,豪兹尔攻击舰船的技艺最高,在波兰战役中他已经显示出技高一筹的能力。这次俯冲轰炸,他的500公斤SC 500炸弹准确无误地命中了目标前甲板,炸弹爆炸腾起一股黑灰色的烟柱,紧接着,被击中的目标发生了更为猛烈的爆炸,很明显,军舰的弹药库发生殉爆,巨大的火焰和烟尘直冲云霄。不久,军舰再次发生爆炸,火焰和浓烟将目标完全罩住。

豪兹尔以为自己的目标是英国皇家海军的战列舰,而实际上他命中的是法国海军排水量为2436吨的"野牛"号(Bison,或译"比森"号)超级驱逐舰。排水量2000多吨的驱逐舰远远小于排水量达万吨以上的战列舰,不知道豪兹尔怎么判断失误的。这次空袭中,"野牛"号驱逐舰的前弹药库确实被豪兹尔投下的炸弹击中,舰上108名船员丧生,但该舰并没有沉没,救起幸存的船员后,同舰队的英国皇家海军"阿福雷蒂"号(Afridi)驱逐舰奉命将"野牛"号驱逐舰送到了海底。但是,有意思的是,随后的一波"斯图卡"飞机俯冲轰炸中,"阿福雷蒂"号驱逐舰也被击沉,"野牛"号驱逐舰不孤独了。

第二天(5月4日),Ⅰ/St.G 1大队第1中队的一个编队在纳姆索斯附近峡湾内击沉4艘挪威小型舰艇("布拉夫杰尔德"号、"西克斯坦特"号、"潘"号和"阿夫乔尔德"号)。5月8日,中队指挥官豪兹尔上尉和埃尔玛尔·斯恰菲尔(Elmar Schafer)中尉(击中英国"比特恩"号驱逐舰)、马丁·摩布斯(Martin Mobus)少尉,外加吉尔

■法国"野牛"号驱逐舰遭Ju 87R轰炸,军舰舰桥被炸弹直接命中。

尖叫死神　二战德国Ju 87"斯图卡"俯冲轰炸机战史

哈德·格林兹尔（Gerhard Grenzel）中士获得"骑士十字勋章"。

随着挪威中部战事的结束，德国开始把作战目标对准仍被盟军控制的挪威北部纳尔维克港，这个位置对于德国来说十分重要，英国切断德国的铁矿运输线对德国来说是巨大的威胁。为了打击盟军舰队，德国空军Ⅰ/St.G 1大队从特隆赫姆转移到莫舍恩（Mosjoen）。5月24日，"斯图卡"飞机编队从莫舍恩基地起飞对博德（Bodo）港内的挪威军舰发起了攻击，挪威海军武装拖船"英格瑞德"（Ingrid）号被击沉。三天之后，"斯图卡"编队再次对博德港的无线电发射塔和机场实施了空袭，这天的空袭中，1架由库尔特·祖贝中士驾驶的Ju 87被英国皇家空军第263中队的1架"斗士"Ⅱ飞机击落，英国空军派遣3架"斗士"Ⅱ飞机到博德地区为的是协助这里的英国军队撤退。击落德国"斯图卡"飞机的是卡萨尔·豪尔（Caesar Hull）中尉，他是1935年参加英国皇家空军的罗德西亚（现称津巴布韦）人，挪威战争开始的一个月，他在皇家空军第43中队驾驶"飓风"Ⅰ参加了很多东苏格兰沿岸地区的战斗，在第二次被派遣到挪威前他被任命为第263中队指挥官。

在击落1架Ju 87飞机的两天之后，卡萨尔·豪尔又击落1架和击伤3架He 111轰炸机，此后的一系列战斗中他再次击伤3架Ju 52/3运输机。5月27日，德国空军11架Ju 87R（5月中旬刚刚换装的型号）飞机在Ⅰ/ZG 76大队的3架Bf 110C战斗机的护航下突袭了卡萨尔·豪尔驻扎的机场，在这次空袭的短暂停歇时，豪尔跳上了自己的"斗士"Ⅱ战斗机快速升空追击1架刚刚完成俯冲轰炸改为平飞的"斯图卡"飞机，这架Ju 87R飞机的飞行员是祖贝中士。刚刚从俯冲改为平飞时的"斯图卡"飞机速度慢，机动性差（速度慢，飞机的气动控制舵面效率低），非常适合作别人的猎物。果不其然，卡萨尔·豪尔轻易地就击落了祖贝的座机，Ju 87R飞机坠入海中，祖贝后被德国军队救回。

"斗士"Ⅱ战斗机在猎杀祖贝时他自己也成了猎物，另1架"斯图卡"飞机先是向他发起攻击，随后1架由赫尔马特·林特（Helmut Lent，德国大名鼎鼎的飞行员，在1944年10月7日被击落丧生前，他曾击落过113架敌机，其中105架是夜间击落的，他曾获得过"骑士十字勋章"）驾驶的Bf 110C战斗机也加入到猎杀卡萨尔·豪尔的空战中。寡不敌众的卡萨尔·豪尔座机受伤后设法在超低空（一树之高）返回基地，就在他准备着陆时，林特从后面赶上并精准地射中豪尔座机，飞机坠毁在博德豪尔沃亚。"斗士"Ⅱ战斗机坠毁时导致卡萨尔·豪尔的头部和膝盖严重受伤，他被救起后立即送回英国治疗。恢复健康后他重返第43中队，当年8月31日他被任命为该中队的指挥官。在养病期间他获得了"杰出飞行十字勋章"（DFC，The Distinguished Flying

■遭受"斯图卡"飞机轰炸的挪威纳尔维克港,其中一艘军舰已经被炸沉。

Cross),这个勋章表彰他在挪威战场击落了5架敌机。不幸的是,在一个星期后的一次战斗中,卡萨尔·豪尔少校在伦敦南部上空与德国Bf 109战斗机格斗中被击中身亡。

再回到挪威战场。6月2日,德国空军发动最后一次空袭纳尔维克的军事行动,在当天第一波俯冲轰炸行动中,Ⅰ/St.G 1大队损失了3架"斯图卡"飞机。第二波轰炸港口行动中,该大队2架"斯图卡"飞机被英国第46中队的"飓风"Ⅰ战斗机击落。德国飞行员克劳斯·库伯尔的座机被英国皇家空军第46中队泰勒中士驾驶的"飓风"Ⅰ战斗机击落,"斯图卡"飞机坠毁在法格尔尼斯,飞行员和他的后座机枪手丧生。汉斯·奥特中士和布拉克的座机被英国皇家空军第46中队约翰·德拉蒙德空军中校驾驶的"飓风"Ⅰ战斗机击落,德国两名机组乘员侥幸逃生,机枪手布拉克后来成了Ⅰ/St.G 1大队

尖叫死神　二战德国 Ju 87 "斯图卡" 俯冲轰炸机战史

的战地记者。

约翰·德拉蒙德是参加挪威战斗中的最成功的"飓风"战斗机飞行员,在短暂的驻扎斯堪的纳维亚半岛期间,他共击落4架德国飞机。返回英国本土后,他获得了"杰出飞行十字勋章",随后他被调往皇家空军第92中队驾驶更先进的"喷火"Ⅰ战斗机,在第92中队他又取得了击落4架敌机的战绩,还有大量的战果很可能也是他的,空战异常混乱,统计难度太大。1940年10月10日,在布莱顿上空与德国飞机战斗中,他驾驶"喷火"Ⅰ战斗机试图攻击德国空军1架Do 17轰炸机时与同单位的王牌威廉姆斯(D.G.Williams)空军少尉的座机相撞后坠毁,他本人不幸身亡,威廉姆斯也未能幸免。

在空袭纳尔维克的第三波行动中,德国Ⅰ/St.G 1大队再次损失1架"斯图卡"飞机。在当天的空袭行动中,海因兹·博霍姆率领另1架"斯图卡"飞机在纳尔维克上空执行任务时遇到皇家海军第263中队威廉姆斯中尉(加拿大人)和基特切尼尔中士驾驶的2架"斗士"Ⅱ战斗机的拦截,交战中,博霍姆座机被击中,受伤后他驾机向挪威深山老林中飞去,有人看见他的飞机左侧翼下副油箱拖着长长的火焰。另1架"斯图卡"飞机逃入云层中并返回了基地,飞行员报告称博霍姆很可能已经遭到不测。在当天的另一场战斗中,威廉姆斯和基特切尼尔共同击落或可能击落1架He 111轰炸机,如此一来,威廉姆斯事实上已经达到了王牌的标准,但是,他根本没有时间高兴,这个时候

■ 在挪威,"斯图卡"飞机的表现仍然可圈可点,对于攻击舰船,它的俯冲轰炸所带来的高命中精度让英国吃尽了苦头。同时,挪威的战斗也是"斯图卡"飞机首次与劲敌战斗机小规模遭遇,实战表明,对付"斯图卡"最好的办法就是使用战斗机拦截。

他和其他英国皇家海军第263中队人员正忙着撤离挪威。他本该高兴一下才对,因为六天之后他没机会了。六天之后,德国海军战列巡洋舰击沉了英国皇家海军"光荣"号航母,威廉姆斯未能幸免。当天晚上,Ⅰ/St.G 1大队获知飞行员海因兹·博霍姆啥毛病没有,欢蹦乱跳地回来了,只是座机坠毁了。

挪威战役简要过程和总结

威斯尔军事演习是第一次将演习变成真实军事行动的一次行动,它也是世界上首次运用空降兵占领机场的战例,还是世界上第一次大规模空中运输行动,包括运送大量作战部队。与挪威的战争总是与纳尔维克小镇挂上钩,这个镇是通往瑞典铁矿的主要通道,但实际上,进攻挪威的主要原因是这个位置对德国战争全局和意图具有很重要的意义。在进攻挪威的战争中,"斯图卡"不仅作为重要的地面支援力量,还在没有战斗机保护的情况下对挪威海上舰船进行了俯冲轰炸。

对挪威作战前,德国空军将878架作战飞机部署到了威斯尔地区,其中有240架轰炸机和"斯图卡"飞机,95架战斗机和534架运输机、侦察机和其他飞机(包括水上飞机)。在战争最主要阶段的5月份,为了补充战争中的飞机损耗,德国空军在这个地区又增加了70架轰炸机、20架战斗机、60架

■冻土开始融化,很快这里就会变成泥泞的沼泽。图中Ju 87R飞机的前方是3架Ju 52运输机。

尖叫死神　二战德国Ju 87"斯图卡"俯冲轰炸机战史

水上飞机、10架"斯图卡"飞机。而挪威的空中力量几乎可以忽略不计，它只有20架双翼战斗机。对挪威作战的首要原则是占领挪威的机场，不让英国飞机前来帮忙。这次作战，"斯图卡"分遣队的规模非常小（根本没必要那么大），只有Ⅰ/St.G 1大队保尔-沃纳尔·豪兹尔率领的40架Ju 87B参战，在5月中旬，这些飞机又改为航程更远的Ju 87R，主要用于进攻远距离的海上目标。尽管"斯图卡"的规模很小（早期只有20余架参战），但在德国对挪威的陆上目标攻击中却扮演着重要的角色，取得的战果也是最大的，特别是对挪威附近海域的盟国战舰和运输船的打击效果甚佳。

事实上，德国空军也曾面临过极大的危险，1940年4月14日，英国皇家空军飞机从英格兰起飞远程飞行724公里对Ⅰ/St.G 1大队斯塔万格尔-索拉的临时机场进行了空袭，虽然英国的这次空袭没有取得成功，只有1架Ju 87B毁坏严重，其他5架受伤较轻，但危险时刻存在着。4月17日，英国皇家海军"萨福克"号（Suffolk）巡洋舰奉命去炮击斯塔万格尔的"斯图卡"基地，在海上由于被德国空军的He 111和Ju 87发现，"萨福克"号巡洋舰紧急撤退，但仍遭到德国飞机33架次攻击，其中就有12架次是"斯图卡"飞机实施的，空袭战斗持续了7个小时。英国巡洋舰虽然没有遭到毁坏，但很明显，没有空中力量的掩护，舰船单独执行任务是非常危险的，尤其是这艘英国巡洋舰处在敌人飞机的作战半径之内。

好像是在强调这一点，在4月30日至5月3日间的从纳姆索斯撤退期间，德国"斯图卡"击沉了英国的"阿福雷蒂"号、"格罗姆"号驱逐舰和"比特恩"号防空驱逐舰。"比特恩"号的姊妹舰"黑天鹅"（Black Swan）号也遭到"斯图卡"飞机的轰炸，但是，投弹高度太低，炸弹引信还未工作，炸弹就穿过船体，因此，"黑天鹅"号幸免于难。这期间，"斯图卡"飞机还重创了法国"野牛"号驱逐舰，轰炸导致这艘军舰无法航行。5月14-15日，Ⅰ/St.G 1大队的"斯图卡"飞机重创了11440吨的"切罗伯瑞"号运输舰，导致这艘军舰彻底被放弃。5月28日，同样是"斯图卡"再次击伤英国皇家海军"开罗"号巡洋舰，这艘军舰是英国海军司令的旗舰，当时英国海军司令正指挥着纳尔维克的军事行动。同样也是在这个时期，"斯图卡"飞机第一次在空中遇到强劲的对手：英国海军"飓风"Ⅰ和格洛斯特公司的"海斗士"Ⅰ舰载战斗机。只要英国的舰载战斗机一出现，"斯图卡"飞机就会抛掉炸弹自卫。在挪威战争中，出现了一些新形式的战斗和经验教训，它对后来的战争产生了非常深远的影响。

从德国空军的观点看，对挪威的作战是又一次的胜利，因为在挪威作战的条件比波兰的要困难得多。Ju 87R远程舰船攻击俯冲轰炸机在战斗中首开杀戒，在对舰船的攻击中，德国空军获得了很多新的、十分有价值

第三章 "斯图卡"俯冲轰炸机战史

■挪威战役中"斯图卡"飞机攻击英国皇家海军舰船的行动为日后地中海行动打下了扎实的基础,事实证明航空力量反舰效率最高,而俯冲轰炸机又是航空力量中最佳的选择。

的经验。不仅如此,"斯图卡"飞机在战争中的损失也很小,只损失了16架,其中4架是在空中被击落的。"斯图卡"成了纳粹德国的有力武器,两次战争也证明了它精确打击的威力,但是,"斯图卡"取得"辉煌"战果的细节(甚至是教训)很快就被人所遗忘,因为它开始参加另一场规模更大的战争,在波兰和挪威的战斗只是它生涯中的一个小高潮。

三、低地国家和法国战场(1940年 5月10日至6月22日)

德国以闪电战术击溃波兰后,欧洲出现了数个月之久的平静期,这是一种极为不正常的平静,或者说是令人不安的平静,虽然德国一方和盟军一方没有发生真正的战斗,但双方都在积极备战,因为双方都预料到必有一战。英法盟军一方忙着修筑工事预防德国的入侵,而德国忙着军事武器和物资生产,调整军力部署,调集军事力量准备发动战争。在1939—1940年冬季,德国空军的力量猛增,从1939年9月至1940年5月,德国空军战斗机大队和轰炸机大队增加了50%以上,分别从18个增加到29个,从30个增加到46个。但是,非常令人不解的是,德国空军"斯图卡"大队在波兰战争中的使用证明非常成功,"斯图卡"飞机也成为"闪电战"

尖叫死神 二战德国Ju 87"斯图卡"俯冲轰炸机战史

■挪威战役进入尾声后(还未结束),德国开始酝酿另一场战役,即对德国西面的低地国家和法国大开杀戒。此前,德国"斯图卡"部队已经开始进行有针对性的训练。

的核心,但是,德国空军力量膨胀期间,"斯图卡"部队却没有增加一个大队。唯一的变化是原来德国海军4.St/Tr.Gr 186舰载俯冲轰炸机中队达到标准大队的编制,也就是该中队俯冲轰炸机的数量达到德国空军"斯图卡"大队的标准,实际增加的数量也就10架。这一时期,Ⅰ/St.G 1大队仍在挪威战场作战着,这就意味着,德国准备发起的西部战线战役时,"斯图卡"俯冲轰炸机的数量不足,"斯图卡"大队的中队装备飞机数量由原来的28架下降到27架,而可以投入到战场的飞机也比德国发起波兰战役时的少。

在发动西线战役前,德国空军"斯图卡"部队的指挥结构也做了重大调整,在波兰战役期间,德国空军"斯图卡"飞机被平均分配到参战的作战司令部,而这次调整时,2/3的"斯图卡"飞机被集中到单一的专门的集团军。(参阅附录)统一指挥为的是提高指挥效率,在西线,德国面临的是更强大的敌人。

德国即将发起的西线战役被分为两个明显的阶段,第一阶段战斗代号为"黄色行动",它的作战意图主要是在战争开始时出动全部德国军事力量进攻比利时和荷兰,迫使英国和北部法国的敌人退出他们在比利时边境修建的加固阵地或堡垒,从而去营救中立国比利时和荷兰。一旦盟军离开堡垒到开阔地带并向东北行进,德国装甲师趁机从后方包抄盟军并将其驱赶到英吉利海峡沿岸,从而彻底切断英法联军针对低地国家的救援,这样德国军队就可以毫无顾忌地分别将低地国家占领。实际上,"黄色行动"的作战目的用中国话说就是引蛇出洞,围而歼

■德国西部和南部都是经济和科技较为发达的国家,在发动西线战役前,德国做了充足的准备工作,德国空军部队加紧训练,而工厂则加紧生产飞机。图为位于德国威斯尔的"斯图卡"飞机生产厂。

之。这个战役计划完成后,德国部队将发起第二阶段代号为"红色行动"的军事行动,这个行动的意图是德国部队向南推进并穿过法国索姆(Somme),再横穿法国心脏地带,向南推进到西班牙,向东南推进到瑞士边境。

在西线战役中,作为先锋队的德国空军第八航空军(VIII Fliegerkorps)将参与所有阶段的空中打击任务。"斯图卡"部队作为闪电战术的核心将在战争开始阶段发挥决定性的作用,为此,在1940年的3月和4月间,"斯图卡"部队进行了一系列有针对性的演习和训练,这些针对性的训练将在首轮打击中派上用场。整个作战行动的核心就是比利时边境地区的超级堡垒:埃本-埃马尔要塞,这个要塞建在阿尔伯特运河几乎垂直的一侧河岸内,或者说河岸和堡垒融为一体设计,运河本身就是38米深的巨大反坦克战壕。有意思的是要塞的炮口对着本国领土方向,其实要了解这座要塞的作用和它的地理位置就会明白个中原因了(看图就一目了然了)。埃本-埃马尔要塞为的是使用火炮来控制阿尔伯特运河和马斯河16公里之内的所有渡口和桥梁,特别是三座极为重要的桥梁(坎尼桥、弗罗恩哈芬桥和费尔德韦兹尔特桥)。该要塞也直接对着德国一侧的马斯特里赫特市。正由于这座要塞的存在,德国计划佯装进攻比利时,如果埃本-埃马尔要塞

尖叫死神　二战德国Ju 87"斯图卡"俯冲轰炸机战史

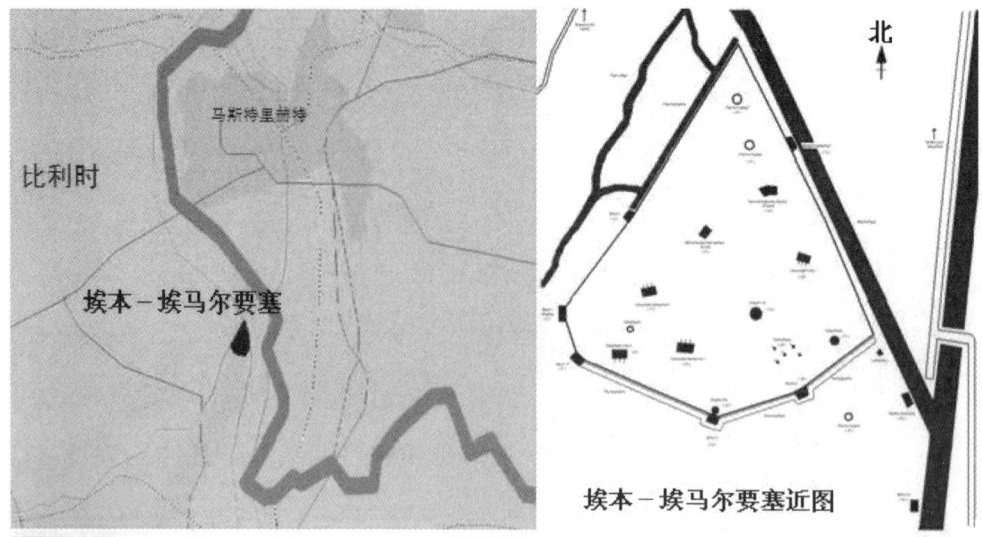

■埃本－埃马尔要塞示意图和实物图。这是二战以来"斯图卡"部队遇到的第三个硬骨头(波兰一个，挪威一个)，前两个都是整个国家沦陷后被迫投降的，比利时这个要塞坚固程度和火力强度都远超前者。

不能立即被摧毁，那么要塞内的火炮就将摧毁三座重要的桥梁，德国的整个作战计划也将付诸东流。

对于水泥灌注的加固的堡垒或要塞，德国在波兰战场的莫德林要塞和挪威战场的奥斯卡伯格要塞已经见识过，但是，两次针对加固要塞的俯冲轰炸中,"斯图卡"飞机的轰炸都没有取得立竿见影的效果,究其原因还是堡垒异常坚固,普通的炸弹不足以对付这样的目标。比利时的埃本-埃马尔要塞是五年前刚刚完成的,它的坚固程度远远不是莫德林要塞和奥斯卡斯伯格要塞能比的,这座堡垒密布着大量水泥灌注的炮台,有的炮台顶部覆盖着钢制的半圆形罩子,炮台内有各种火炮,包括加农炮、榴弹炮和大量防空火炮。要塞内驻有守军1200名,粮食和弹药储备可供要塞自持30天。埃本-埃马尔要塞是按当时的重型火力防御标准设计的,是世界上最坚固的堡垒,因此,比利时自信这个要塞坚不可摧,可以抵御任何轰炸和炮击。比利时的看法也是德国的看法,靠炮击和轰炸肯定达不到作战目的,相反会使埃本-埃马尔要塞迅速摧毁阿尔伯特运河上三座重要桥梁。在波兰和挪威战场的战斗表明,对于这种加固的堡垒,硬拼只会拖延时间,付出更大的代价,为此,德国决定采用空降兵出奇不意地占领要塞,让要塞的重火力无法发挥作用,这就是后来被公认的奇袭战术。对于防御炮击和空袭,埃本-埃马尔要塞完全可以抵御,本身它就是为这种作战设计的,但这种要塞的缺点就是灵活性差,近距作战能力不足。为了对付这个硬骨头,德国创造性采用空降兵空降战术和使用新型空心炸药爆破装置。1940年5月10日,德国突然发起了进攻,空降兵乘坐滑翔机悄无声息地落在埃本-埃马尔要塞上,工程兵用空心炸药爆破装置将加固堡垒一一摧毁。"黄色行动"的战役就此开始。

■地勤人员赤膊上阵忙着为Ju 87B飞机装弹。

尖叫死神　二战德国Ju 87"斯图卡"俯冲轰炸机战史

■出动前最后一次检查飞机。

■进入俯冲轰炸状态的Ju 87B双机编队。

第三章 "斯图卡"俯冲轰炸机战史

■被Ju 87B轰炸后的桥头堡。桥梁对于德国来说非常重要,有时候需要炸掉桥头堡防止敌人炸毁桥梁,有时候需要炸毁桥梁防止敌人通过。埃本-埃马尔要塞旁的阿尔伯特运河上三座桥梁是德国陆军部队通行的重要通道,其中一座桥被比利时部队炸毁。

毫不奇怪,"黄色行动"的战役一开始"斯图卡"飞机就参与第一波的针对埃本-埃马尔要塞的进攻行动,并担当主要空袭角色,但并不是俯冲轰炸埃本-埃马尔要塞本身,而是要塞周围的防御工事和附近的村庄,阻止比利时的增援部队从西面的入口前来支援。当天的进攻行动中,参与空袭的就是St.G 2联队的Ju 87飞机,多个"斯图卡"飞机编队对不同的目标实施了轰炸,其中4架"斯图卡"飞机负责轰炸拉纳肯村庄里的一个建筑,这栋建筑就是一个比利时军队的指挥所,主要负责下令摧毁阿尔伯特运河上的三座重要桥梁,防止落入德国人之手。很

显然,这栋建筑就是整个埃本-埃马尔地区(包括要塞)的神经中枢,没有它发出的指令,要塞也不敢轻易摧毁桥梁。需要补充说明一点,阿尔伯特运河上的三座桥梁每座桥分别由1名军官和12名士兵防守,并带有反坦克炮和机枪等其他轻武器等,桥墩上安装了炸药,用电子引爆或常规引爆,随时炸毁桥梁,阻止德国人前进。德国人必须在第一时间里炸毁拉纳肯村庄的这个指挥所,并在以小时计的时间里展开其他的军事行动,要摧毁要塞和消灭桥梁处的守敌等。为了摧毁村庄里的这个指挥所,"斯图卡"部队的4名飞行员进行了数周的俯冲轰炸训练,德国

197

尖叫死神
二战德国 Ju 87 "斯图卡" 俯冲轰炸机战史

当天的行动中,阿尔伯特运河上的坎尼桥还是在德国步兵的夺桥战中被比利时军队引爆,德国步兵被迫从其他两座桥通过进入比利时境内。随后的几天里,英法联军采取了近乎自杀式的针对阿尔伯特运河上另两座桥梁的空袭,为此,英国皇家空军诞生了二战以来首批两个"维多利亚十字勋章"(VC)。

在针对低地国家的战役中,迪诺特少校(晋升了)率领的St.G 2联队主要针对阿尔伯特运河和它的防御工事轰炸,而冈特尔·斯切瓦特兹科普夫上校指挥的St.77联队从德国本土的科隆-布特兹维勒霍夫起飞主要轰炸马斯河向南到比利时列日一带沿岸的军事目标。5月1日晚,St.G 2联队和St.G 77联队联合对比利时安特卫普港实施了大规模的俯冲轰炸。

在针对比利时的第一天行动中,德国损失了12架以上"斯图卡"飞机,大部分属于迪诺特指挥的St.G 2联队,其中7架属于Ⅰ/

■ 这张遭到轰炸后的埃本-埃马尔要塞图非常有力地证明了Ju 87B的俯冲轰炸的精度,要塞旁边有一个果园和一块农田,从弹坑可以看出炸弹仅落在要塞这个三角地带。

也在秘密地点建造了模拟建筑和缩比模型等,进行了不同条件的轰炸训练。数周的训练并没有白费,4架"斯图卡"飞机在炸桥命令发出前就将比利时的指挥所炸成了粉末。"斯图卡"飞机在德国进攻埃本-埃马尔要塞行动中的重要性通过另一种形式得以体现。

第三章 "斯图卡"俯冲轰炸机战史

■ 这架被小口径武器击伤的Ju 87B幸运地返回了机场,还有一些飞机没有这么幸运。注意看这架飞机的起落架整流罩已经被去除。

St.G 76大队,当时该大队的一些"斯图卡"飞机临时归迪诺特指挥。所有损失的"斯图卡"飞机均被地面防空炮火击落。48小时后,参战的盟军战斗机开始给"斯图卡"飞机造成损失,同样,损失的飞机大部分属于St.G 2联队。

西线战役的首次空战发生在比利时首都布鲁塞尔东部上空,当时,德国St.G 2联队的60架Ju 87B飞机在执行轰炸任务时遭到英国皇家空军第87中队的6架"飓风"Ⅰ战斗机的拦截,双方的混战一直打到台里蒙特(Tirlemont,荷兰语称蒂嫩(Tienen))和圣特朗德(St Trond,又称圣特雷登)之间的空域,在这次空战中,"斯图卡"飞机的主要缺点,如速度慢、装甲薄和自卫能力差等一系列问题首次暴露出来。"斯图卡"飞机属于轻型战术轰炸机,它的格斗性能当然无法与战斗机相比,特别是航空实力不在德国之下的英国研制的战斗机。自知能力不足,在空战中,德国"斯图卡"飞机组成了圆圈形的自卫队形以防御英国"飓风"Ⅰ战斗机的进攻,圆圈形的编队可以在某架飞机受到攻击时,其他飞机协助防御,这是一种典型的被动防御队形。再典型也是理论上的知识,实际情况是,编成圆圈队形的"斯图卡"编队当即被击落6架飞机,外加1架被严重击伤。但是,从整个战局来看,英国皇家空军的这次拦截行动只是大撤退前仅有的一次反击,为的是避免更大的损失,虽然取得了成功,但溃败形势已经无法逆转。

随着德国军队向比利时纵深推进,第一个进驻被占领土的"斯图卡"单位是St.G 77联队的部分中队和飞机,Ⅳ.(St)/LG 1"斯图卡"大队也在战争的第二天被命令

尖叫死神 二战德国Ju 87 "斯图卡" 俯冲轰炸机战史

■ 英国皇家空军"飓风"战斗机是"斯图卡"飞机的劲敌,在入侵低地国家的战役中,"飓风"战斗机并没有挽救盟军,也没有对"斯图卡"飞机构成太大的威胁,关键因素就是战争是一个整体,"斯图卡"飞机和德国地面装甲相互配合达到战术的最高效率,后来在英国战场的失败,在巴尔干和苏联战场的再次成功都说明了这个问题。

调往列日西部的比尔塞特镇,这是德国预料之中的一次冒险举动,因为比尔塞特机场离未被德国攻占的堡垒非常近,当德国后继工程部队在清理头一天被轰炸过的机场时遭受了来自列日要塞外环上弗雷马尔堡垒的射击。

但是,IV.(St)/LG 1 "斯图卡"大队指挥官在射击的间隙在比尔塞特机场安全着陆,对当前的形势进行了评估后,指挥官率领"斯图卡"编队对在地平线处的射击目标进行了轰炸。空袭的目标就是眼睛可以看到的地方,这就带来了两个效果:一是参与空袭的飞机很快抵达目标空域,二是后面的人员可以清楚地看到或听到"斯图卡"飞机带来的尖厉的啸叫声和巨大的爆炸(声)。在"斯图卡"飞机的打击下,弗雷马尔堡垒不再是麻烦了,但是,这个堡垒跟波兰和挪威的情况相同,把它打哑、打残容易,要占领还真有点棘手,后来St.G 2联队的Ju 87又进行过一次俯冲轰炸,直到5月17日,这座堡垒和列日要塞的其他堡垒一道最终投降。此时,德国已经进入了比利时,战斗仍在持续,但强度比开战后那几天要小得多,"斯图卡"飞机也仍在执行俯冲轰炸任务,损失

第三章 "斯图卡"俯冲轰炸机战史

■Ju 87飞机的腿短,占领比利时后,"斯图卡"部队立即进驻比利时(上图)。当时,英国和法国空中力量相当强,德国机场也时常遭到盟军的空袭,伪装飞机防止空袭是机场必须要做的工作(下图)。

虽然有,但并不严重。

5月里的某天,St.G 2联队的第8中队罗萨尔·劳上尉率领其他2架组成三机编队前去轰炸台里蒙特和卢万之间的公路和铁路目标。五月的欧洲风清云淡,用飞行员的术语说就是3/10的云量,这种气象条件最适合空袭行动,少量的云不影响俯冲轰炸,而云层又可以干扰地面高炮瞄准,为轰炸的飞机提供一定程度的掩蔽。3架"斯图卡"飞机起飞后向台里蒙特飞去,到了台里蒙特火车站空域,罗萨尔·劳发现火车站已经空无一人了,就在当天,"斯图卡"飞机已经光临过

尖叫死神 二战德国Ju 87"斯图卡"俯冲轰炸机战史

该火车站,比利时部队已经从东面涌进了台里蒙特市内。罗萨尔·劳编队爬升到台里蒙特南面郊区上空,发现该处的机场也人去楼空,没办法,他们转到台里蒙特市东部边缘地区上空,在此,他们发现一个大型十字路口。这是一个值得轰炸的目标,但这里并没有专门的防空力量,因此,罗萨尔·劳编队不紧不慢地在没有使用减速板的情况下采用小角度俯冲将十字路口的建筑炸毁。

就在罗萨尔·劳从俯冲状态改为平飞时,比利时部队开始用机枪向其射击,他突然听到"呼"的一声,随后又是两声。罗萨尔·劳意识座机被机枪射中,他在波兰执行作战任务时遇到过这种情况,因此,他戏称"我意识到这种声音来自波兰"。紧接着,罗萨尔·劳就闻到了汽油味,他很快就看到机翼上有几个明显的大洞。此时,罗萨尔·劳的2架僚机在几个街区之外,台里蒙特市西部还有其他"斯图卡"编队在执行轰炸任务,罗萨尔·劳想招呼他的僚机组成编队返航,但他的无线电台被击中无法使用,他只好做动作示意组队返航,但僚机正忙着作战根本没注意到他的示意动作。焦急万分的罗萨尔·劳只得在这一带盘旋,指望僚机能够注意到他的情况,这一招儿也没起作用,更糟糕的是他的座机油量损失非常快。万般无奈下,他只得向东超低空独自返航。

台里蒙特的正东方就是圣特朗德,罗萨尔·劳驾机从圣特朗德南部飞过,不久他又看到了通赫伦大教堂的轮廓,飞过这座大教堂他就该到家了。此时,德国的装甲部队已经开进到通赫伦的西南部,到达这里比较安全了,从座机的伤情看,罗萨尔·劳觉得飞到马

■德国空军Ⅲ/St.G 77大队飞行员在作战前进行任务规划,图中为Ju 87B-2型号,机翼上赤膊者脚踩着黑色条形板就是Ju 87B-2与Ju 87B-1的主要区别。

斯特里赫特肯定没问题，甚至飞到更远的亚琛也没问题。就在他感觉轻松一点时，他的后座无线电操作员大叫"敌人战斗机，2架'飓风'"。罗萨尔·劳正要问敌机在后方哪个位置，是否要发起攻击时，后座已经开始向"飓风"战斗机射击。"斯图卡"飞机不是"飓风"战斗机的对手，更何况还是架受伤的飞机，罗萨尔·劳在低空充分利用地形上蹿下跳，左冲右突，后座乘员不断地报告着敌机的位置。跟战斗机相比，"斯图卡"飞机显得非常笨拙，罗萨尔·劳转到左边，"飓风"的子弹就到达左边，飞到右边，右边也有子弹等着他。后面两架"飓风"飞机看穿了"斯图卡"的伎俩，不急不躁地在左右等着目标进入。罗萨尔·劳飞到哪儿都有子弹在飞机两侧穿过，座机也再次被击中，他从后视镜中看到后座乘员也中弹趴在机枪上。突然，遭到一阵猛烈的射击后，罗萨尔·劳感觉到飞机剧烈抖动起来，飞机的升降舵（水平尾翼上）不再有反应，他的头部也有鲜血流到面部一侧。更为要命的是，发动机也被击中，发出一阵阵的喘息声，泄漏的燃油喷溅到座舱风挡上。在这种严重受伤的情况下，飞机的减速板和襟翼被自动锁定，罗萨尔·劳仅依靠方向舵来控制飞机飞进一座果园，人工整饰的整行整列的果树就是好，他利用果树的行列间危险穿行，最后在果园中部迫降成功，飞机断为两截，一侧机翼已经不见了，机头骄傲地翘起对着前方的天空。这里已经被德国占领，英国皇家空军的"飓风"战斗机未敢久留。迫降后，罗萨尔·劳把后座机枪手/无线电操作员抱出飞机，很快德国地面部队和1辆救护车抵达将他们救回马斯特里赫特。

■ "斯图卡"飞机挂彩，带一些弹孔返回基地是司空见惯的事。

尖叫死神 二战德国Ju 87"斯图卡"俯冲轰炸机战史

比利时的地理位置对于英法来说十分重要，德国如果占领该国就会对英国和法国构成最直接的威胁，为此，英法两国在德国闪电般占领大半比利时时决定进入比利时中部阻击德国装甲部队的推进。在势头正猛的德国面前，不救比利时是不行的，去救也未必就是好事。事实上，德国装甲部队很快就突破了号称"无法穿越"的阿登防线，并且迅速将部队推进到阿登防线以南地区。在德国装甲部队前面，唯一的障碍就是位于色当的马斯河，渡过马斯河，向东通往英吉利海峡的道路就畅通无阻了。

为了打击马斯河上守卫桥梁的法国部队，德国空军将第八航空军临时划归第三航空队调遣。1940年5月13日，德国开始发起色当战役，在当天行动短短5个小时内，德国空军仅St.G 77联队就出动了200余架次，到了傍晚，由于气候原因，后续任务被取消。当天战斗结束时，"斯图卡"飞机已经完成了赋予的作战任务。在德国地面和空中的双重打击下，法国守军感受到的是天空传来的女妖的尖厉叫声，地面传来的是德国装甲车穿过马斯河的隆隆震动声，与之相伴的是身边巨大的爆炸声，这种阵势已经完全让法国军队丧失了斗志，仅仅48个小时法国就彻底放弃了抵抗。本来"斯图卡"飞机发动机的轰鸣声加上飞机与空气摩擦的刺耳声就已经让波兰和挪威人胆战心惊，在法国战场

■下一个目标就是法国。德国与法国接壤，在此前的历次战争中两国都有领土纠纷，一战战败后，德国备受英国和法国的欺凌，德国人终于要出一口恶气了。图为Ⅲ/St.G 51大队Ju 87飞机整装待发。

上,德国人更在把这种心理战术发挥到了极致,他们在"斯图卡"飞机起落架上安装了啸声器,让这种地狱般的啸叫声传得更远,让更多的盟军士兵为之胆寒。这种做法取得了出其不意的效果,尖厉的声音是现实版的地狱召唤。

5月14日,色当马斯河上的桥头堡被德国占领,这一天被德国人称作是德国空军的"战斗机日"。在当天的战斗中,德国空军的Bf 109战斗机全歼了试图阻止德国部队跨过马斯河的盟军轰炸机。当然,在当天轰炸马斯河沿岸据点的作战中,德国"斯图卡"

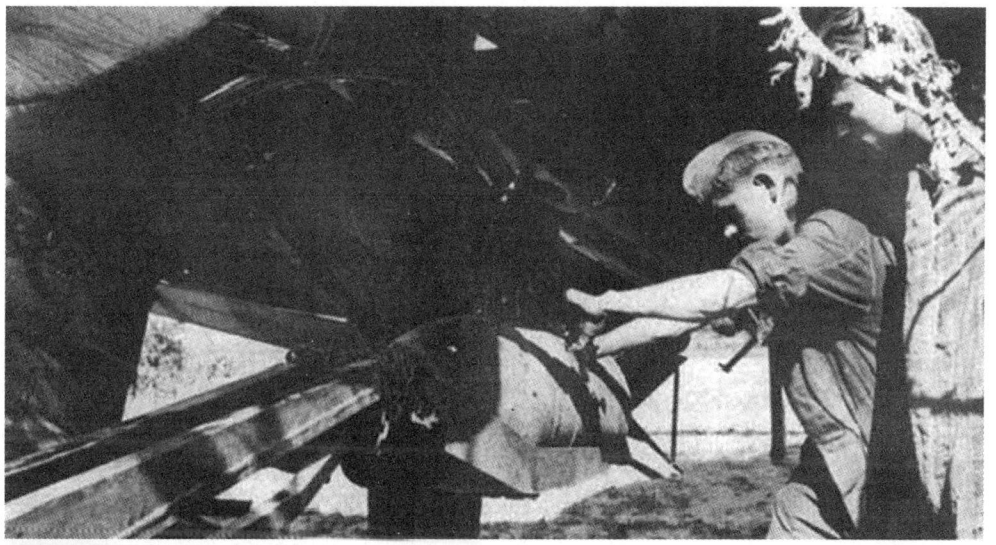

■这些SC 250炸弹是为法国人准备的。

| 尖叫死神 | 二战德国Ju 87"斯图卡"俯冲轰炸机战史

飞机也遭受了一定的损失,有的被地面高炮击落,有的被盟军战斗机击落。在损失的飞机中,没有哪个比St.G 77联队指挥官冈特尔·斯切瓦尔特兹科普夫上校的牺牲更为严重。当天的行动中,他的座机Ju 87在色当附近的里切斯恩被法国地面高炮击中,他本人身亡。斯切瓦尔特兹科普夫在二战爆发前一直致力于俯冲轰炸机的战术研究,他被称为"斯图卡之父",虽是联队指挥官,但军衔却是上校(一般为少校或中校),足见他对俯冲轰炸的贡献。二战爆发后,他作为St.G 77联队指挥官率领"斯图卡"部队参加了波兰和西线战场上几乎所有的重要战斗,他死后被追升少将,并追授"骑士十字勋章"。

5月18日,另一个与"斯图卡"有关的人获得了骑士十字勋章,他就是沃尔弗拉姆·冯·里希特霍芬准将。具有讽刺意味的是,作为一战时期的一名飞行员,而且是"红色男爵"的亲戚,在1936年他任德国空军技术部主任期间,他曾极力反对俯冲轰炸战术,因此反对俯冲轰炸机的研制。改变里希特霍芬对俯冲轰炸机看法是西班牙内战期间,那时他是"秃鹰军团"司令官,但是,西班牙内部的冲突较小,让里希特霍芬完全信赖"斯图卡"飞机也需要实战的考验。三年后在波兰战役中,冯·里希特霍芬率领的"斯图卡"飞机为波兰战争的胜利奠定了不可动摇的基础,如今,"斯图卡"飞机正成为撕破法国防御的利器。

宽阔的马斯河被德国甩到身后,德国陆军第12集团军的5个装甲师在冯·里希特霍芬为司令官的第八航空军的支援下开始向英吉利海峡快速推进。在1940年5月的三周里,德国装甲部队横穿法国国土,这期间"斯图卡"飞机再次完美地体现了"闪电战"的精髓,这也是"斯图卡"飞机整个生涯中的巅峰时期。只要装甲部队有请求,"斯图卡"飞机就会快速抵达将装甲部队前方的抵抗力量彻底消灭。在对盟军装甲部队的俯冲轰炸行动中,"斯图卡"飞机一般会从敌人的侧翼发起攻击,同时阻止敌后面的增援力量前来救援,在这些行动中,"斯图卡"飞机表现十分出色,盟军部队只要听到"斯图卡"

■第八航空军司令沃尔弗拉姆·冯·里希特霍芬后来军衔晋升到空军元帅,他的领导才能非常出色,"斯图卡"部队在他的指挥下运用得十分成功。

这个名字就战栗不止,如果还有人不相信有"地狱"和"魔鬼"的话,"斯图卡"绝对称得上是现实生活中随时会出现的"死亡使者"。仅仅"斯图卡"的名字就足以让盟军部队的溃败行动出现不可收拾的混乱局面,对"斯图卡"飞机的恐惧,加上急于逃命的难民充塞在道路上,盟军的溃败队伍时常受阻,进展缓慢。

为了与快速向前推进的德国装甲部队保持同步,德国空军"斯图卡"大队也需要不断地将驻扎基地向前延伸,"斯图卡"飞机并不娇贵,只要适合飞机起降就行,敌人放弃的原机场是首选,比较平坦的牧场也不是问题,稍事修整就可以使用。Ju 87B型号最大的问题就是航程太短,虽然德国空军可以将驻扎基地一步步地前伸,但这种做法费时耗力,好在西线战役开始时,Ju 87R增程型已经开始投入到战场。5月初投入到挪威战场的就是Ju 87R增程型,挪威不大,但国土狭长,需要远程的飞机执行作战任务。西线的低地国家国土面积更小,而且都紧邻着德国,法国是欧洲最大的国家,德国空军原以

■在法国战役中,为防空袭,"斯图卡"飞机经常被掩藏在树丛中,在整个西线战役中这种情况都很常见,甚至在对苏作战中也不少见。图中隐约可见飞机的螺旋桨,地面的炸弹也可以看到。

尖叫死神 二战德国Ju 87"斯图卡"俯冲轰炸机战史

为Ju 87B就可以胜任的,没想到德国装甲部队推进速度太快,Ju 87B很难跟上步伐,随着越来越多的Ju 87R投入到战场,这种局面才有所改观。

随着德国部队向前推进到法国圣康坦(St Quentin,法国东北部索姆河畔的城市),"斯图卡"飞机对该城市外围的法国第1装甲师实施了猛烈的俯冲轰炸,记得22年前,英国人威廉姆·亨利·布朗少尉驾驶S.E.5a就是在该地进行了世界上首次俯冲轰炸,"斯图卡"飞机用满天的尖叫声来纪念这一历史性的时刻。5月18日,德国空军St.G 2联队的"斯图卡"飞机对法国苏瓦松车站的运兵火车实施两次轰炸,重创法国步兵。24小时后,"斯图卡"飞机再次轰炸了亚眠(Amiens,法国北部城市),堵住了法国士兵逃离亚眠的出口;当天还轰炸了法国拉昂外围坦克部队,粉碎了法国坦克部队的反击企图。

5月20日,德国第二装甲师的先头部队抵达英吉利海峡,此时,英国和比利时军队,外加大量法国步兵在敦克尔刻一带被德国装甲部队分割包围,盟军只有英吉利海峡一条路可走,其他方向完全被德国包抄。"斯图卡"大队此时的作战任务主要是通过连续轰炸缩小包围圈,阻止被围困的盟军部队向南突围与法国主力会合,轰炸英吉利海峡欧洲一侧的港口。德国企图在敦克尔刻一带将盟军有生力量全部消灭掉。

5月21日,德国空军St.G 2和St.G 77联

■ "斯图卡"飞机的轰炸精度可见一斑。

队的"斯图卡"飞机开始轰炸法国阿拉斯和圣波勒之间的法国步兵集结中心,这里是被包围盟军部队的南翼边缘位置,这里如果被突破盟军就会乘势南下,德国的战略意图就会泡汤。敦克尔刻包围圈形成后,盟军部队确实将突围的重点放在了南翼方向,并且在阿拉斯一带开始集结部队准备突围。获知这个情报后,德国空军派遣9架"斯图卡"飞机试图消灭集结的盟军部队。抵达阿拉斯后,除了地面河流内被击沉的驳船、断裂的桥梁,被炸毁的公路,"斯图卡"编队很快就发现了地面如长蛇般蠕动的盟军步兵部队,在阿拉斯城镇的郊区有一个大型的十字路口,这里聚集着大量部队。十字路口是最有价值的目标,完成最后的检查后,"斯图卡"编队开始对目标实施俯冲轰炸。盟军部队的高炮也猛烈地还击,高炮炮弹在"斯图卡"飞机的周边爆炸。已经威名远扬的"斯图卡"飞机见过更猛烈的高炮炮火,这种溃败部队的防空力量根本不值得一提,但是,看到"斯图卡"飞机俯冲越来越近,那种刺入心脏的恶魔般的尖厉声越来越大,已如惊弓之鸟的盟军部队立即溃散。

投弹完成后,"斯图卡"飞机加大油门快速爬升脱离,但有1架Ju 87A"斯图卡"飞机被击中,飞机随即开始剧烈地抖动起来,发动机也出现熄火前的喘振现象,并冒出了黑烟,飞行员试图控制住飞机,但随后整个飞机都冒出了浓烟,机组乘员立即跳伞逃生,就在那一刻,整个飞机突然变成了一个大火球。

■瓦解法国军队意志的就是Ju 87B那尖厉的叫声,"斯图卡"飞机带给法国的只有噩梦。

尖叫死神 二战德国 Ju 87 "斯图卡"俯冲轰炸机战史

在敦克尔刻包围圈东翼（比利时方向），德国"斯图卡"部队正在对阿尔芒蒂耶尔－埃斯泰尔－巴约勒三角地带集团的盟军部队实施轰炸，这个三角地带也是盟军地面部队相当集中的地方，这种阵势是参加过波兰战役的那些"斯图卡"老兵们的最爱，这里最适合围歼敌人有生力量。

与此同时，英吉利海峡欧洲一侧的港口正被德国装甲部队由南向北一一攻占，第一个被占领的是索姆港，随后的5月25日，布洛涅沦陷。布洛涅是个难啃的骨头，德国空军Ⅱ/St.G 2大队和4.St/Tr.Gr 186中队对其实施了高强度的俯冲轰炸。空中打击完成后，德国装甲部队很轻易地就占领了布洛涅。下一个目标是法国加来，驻守该地的是法国来福旅，这个旅很顽强。加来的外围已经沦陷，但来福旅固守在一处堡垒内负隅顽抗，德国地面部队推进受阻。照例，德国空军的"斯图卡"飞机被用来瓦解敌人的斗志。这次参加俯冲轰炸的是St.G 2和St.G 77联队的飞机。由于已经发生过地面战斗，加来港的南部被滚滚的爆炸形成的浓烟覆盖着，德国轰炸编队只得从由西向东的方向进入，为此，"斯图卡"飞机编队起飞后先向西穿过加来东北部英吉利海峡的海岸线进入海上，再折返从西向东进入加来上空实施轰炸。在英吉利海峡上空，靠近英国一侧空域被英军撒满了金属箔条干扰物，由于海峡最窄处就在加来这一带，"斯图卡"飞行员几乎可以伸手抓到金属箔条。最可怕的是，通常情况下，英国的战斗机会隐藏在干扰箔条的另一侧伺机而动，挂满炸弹的"斯图卡"飞机根

■轰炸法国的地面交通线路，特别是公路和铁路的交叉点会得到更大的效果。

■图为"斯图卡"飞机使用的500公斤炸弹,对于加固堡垒,非SC 500炸弹不可。图中的飞机是参加苏联战役的Ju 87D型号。

■图中为SC 500炸弹。

尖叫死神　二战德国Ju 87"斯图卡"俯冲轰炸机战史

本没多少机动性可言，即便是不携带炸弹，"斯图卡"飞机也不是英国战斗机的对手。越是怕鬼越见鬼，随后几天针对加来的轰炸行动中，"斯图卡"飞机开始遭受自西线战役以来首次的重大损失，"斯图卡"飞机的弱点在这个阶段才被对手抓住。

加来空袭行动主要是轰炸来福旅固守的堡垒，"斯图卡"飞机需要携带500公斤的重磅炸弹侍候，在这种载荷情况下飞机很难机动。上段中提到，英国人不会轻易坐以待毙，他们也在寻找时机打击德国的嚣张气焰，向英吉利海峡投放干扰箔条就是在隐蔽英国战斗机的作战方向（作战意图德国人早就看出来了）。德国"斯图卡"飞机编队绕到海峡上空折返时，待命的英国战斗机蜂拥而至。有时，英国战斗机也会躲藏在云层里等待德国飞机的到来，一旦"斯图卡"飞机出现，英国战斗机就会钻出云层。一位参加过"秃鹰军团"的资深"斯图卡"飞行员说："执行轰炸加来的作战任务一点也不轻松，英国战斗机会突然出现在'斯图卡'飞机的后方，不知道这些飞机是从哪儿冒出来的，3架英国战斗机追着我的座机猛打，24挺机枪一起向我射击，当我看到英国战斗机时飞机的右侧机翼已经变成了筛子。更糟糕的是，我的后座乘员已经受伤无法还击。"这架严重受伤的"斯图卡"飞机幸运地逃出了英国战斗机的鹰爪，返回到欧洲大陆上空，最终由于发动机熄火在德国军队的一处驻地空地上迫降，飞机翻滚着底朝天才停下

来。机组乘员在飞机里被困了10分钟才被救出来，飞机没有爆炸。

尽管"斯图卡"飞机在加来战场上遭受了较大损失，但经历了令人恐怖的俯冲轰炸后，法国来福旅最终还是投降了。德国"黄色行动"的最后一个目标就是敦克尔刻。

在势如破竹的德国装甲部队和空中打击下，英法盟军根本来不及组织有规模的行动来阻止德国部队的推进，从战争的规律来看，德国这么猛的势头还只是开始，战略进攻的态势丝毫未减，盟军只有撤退以自保。德国突破色当防线向西推进时盟军的失败就已经注定，只是没想到德国装甲部队推进得这么快。早在布洛涅和加来沦陷前，盟军的增援部队和其他的富余人员就已经开始横渡海峡向英国撤退。但是，代号为"发电机行动"的盟军从法国撤退行动实际上官方开始时间是5月26日晚。当天，德国空军司令戈林下令德国空军将敦克尔刻作为这个阶段轰炸的优先目标。伴随着盟军正式撤退，德国已经在几天前逐步加强了空袭强度。5月27日清晨，已经从布洛涅和加来腾出手的两个"斯图卡"大队开始对敦克尔刻城区和港口实施轰炸，当天晚些时候"斯图卡"飞机加大了轰炸力度。海上目标也是"斯图卡"飞机关注的目标，特别是运输撤退士兵的舰船。

但是，从5月28日开始的36小时内，英吉利海峡一带的天气开始朝着有利于盟军撤退的方面发展，低空中云量增加，而且还下

第三章 "斯图卡"俯冲轰炸机战史

■图为德国侦察机拍摄的法国敦克尔刻港照片。

起了雨,这对于德国空军来说非常难以发现地面目标,执行作战任务的危险性也在增加,特别对于俯冲轰炸机来说这种情况更糟糕。5月29日下午,天气逐渐好转,达到了空袭条件,为此,德国空军恢复满负荷状态对敦克尔刻一带的盟军后撤部队实施了轰炸。

达到空袭条件并不表明这种天气对俯冲轰炸最理想,天空中的云量仍然较多,特别是低空云层和雾气连成一体,飞行在云层上空的"斯图卡"飞行员很难看到地面目标,但是,交战后战场上升起的黑色烟柱起码可以为飞行员指路。5月29日下午首次轰炸行动的目标是敦克尔刻港口设施和港口东侧的防波堤,炸毁港口可以切断盟军回撤到英国的通道,摧毁这个节点可以使大量有生力量聚集在沿岸无法动弹。执行当天轰炸任务的是3个"斯图卡"大队,一次出动这么多"斯图卡"飞机在二战以来都比较少见。

其中一个"斯图卡"编队执行轰炸港口设施的行动,这个编队抵达敦克尔刻上空后急速飞过云朵和硝烟,每个飞行员都紧盯着前面飞行员以保持队形,各种口径的高炮曳光弹和炮弹形成了几乎无法穿越的弹幕。在敦克尔刻港口上空,"斯图卡"编队恰巧从云层的缝隙看到地面目标:港口的围墙、大型装卸坡道,最意想不到的是在装卸坡道旁有一艘又新又大的护卫舰。猎物肥美,加上

213

尖叫死神 二战德国Ju 87"斯图卡"俯冲轰炸机战史

■ 执行作战任务途中的Ju 87B编队。

天赐良机,"斯图卡"编队立即如饿虎扑食般冲向目标。回敬"斯图卡"编队的是地面密集的炮火,德国飞行员丝毫不在乎,一边俯冲一边用翼上机枪还击,在合适高度将炸弹投了出去。俯冲轰炸再次体现了它的高精度,伴随着一声巨响,装卸坡道爆炸并升起冲天烟柱。

敦克尔刻港口东侧的防波堤是另一个"斯图卡"着重打击的目标,由于敦克尔刻是浅水港,海滩无法停靠大量舰船,只有港口东侧的防波堤最适合大吨位使用。这个防波堤只有1200米长,但在这里云集着大量的舰船,惊慌逃命的士兵忙着登船撤退到英国。目标越集中越容易获得最佳的空中打击效果,机会难得,数个"斯图卡"编队铆足了劲儿轮番对防波堤进行轰炸。在"斯图卡"编队的打击下,英国皇家海军"榴弹"号驱逐舰被击沉,其他军舰要么受轻伤要么被严重炸伤,大量商船和民船被炸沉,甚至包括一艘泰晤士河上使用的明轮船"冕雕"号。鉴于在当天的空袭中损失严重,盟军没有在该处的防波堤再组织大规模的撤退行动,当天未能上船的士兵只得仓惶逃离该处仍旧从海滩处登船。

5月的最后两天天气再次恶化,"斯图卡"飞机被迫取消所有空袭任务。6月1日,天气再次达到空袭条件,"斯图卡"联队又一次大规模投入使用。"斯图卡"飞机未能

第三章 "斯图卡"俯冲轰炸机战史

■被炸后的敦克尔刻港口腾起冲天烟柱。

出动的那两天里,盟军共撤离了12.8万人,这对德国来说不啻于一次巨大的损失,因此,天气条件允许后德国空军立即加大强度对撤退的盟军部队进行轰炸,有的机组乘员甚至一天出动3－4个飞行架次,6月1日一整天德国空军不间断地轰炸,试图把前两天的"损失"补回来。可想而知,盟军在这一天遭受了巨大损失,德国一名"斯图卡"飞行员甚至设法在俯冲轰炸时将炸弹投到了英国皇家海军"肯思"号驱逐舰后烟囱里,另外当天停在敦克尔刻港的3艘驱逐舰中有1艘被击沉,其余的跟随着商船撤回了英国。

6月1日清晨,一支"斯图卡"编队抵达敦克尔刻港上空,当天称不上晴空万里,但德国飞行员可以清楚地看到海岸处的水中有的舰船在燃烧,有的舰船沉入水中只露出部分舰体。"斯图卡"编队散开各自去寻找自己的猎物,但是,近海所有的目标均已被

尖叫死神 | 二战德国Ju 87"斯图卡"俯冲轰炸机战史

摧毁,德国飞机只得再深入海上寻找目标。果然,他们看到一艘排水量2000吨的舰船正全速向西北方向航行。好不容易找到一个目标,3架"斯图卡"飞机组成的编队立即冲了上去,由于"斯图卡"飞机的飞行高度不足,长机投下的炸弹未能击中目标,随后,2架僚机轮流上阵将这艘舰船击沉。

大型舰船明显最适合"斯图卡"飞机的胃口,这类舰船运载的人多,击沉一艘造成的损失大,而且大型舰船目标大,也最容易受到攻击。盟军当然也会想办法尽量减少损失,同时也提高运载效率。利用恶劣天气,或是在晚上行动是最好的选择,因此,经常会出现这种情况,"斯图卡"飞机在近岸一带找不到有价值的目标,深入海上就会看到大型舰船拼命地往英国方向航行,有时一个"斯图卡"编队发现目标后正准备攻击,另一个"斯图卡"编队已经抢先下手了。

适合"斯图卡"飞机执行任务的天气当然也适合英国战斗机升空作战,此前的一系列战役中,"斯图卡"飞机基本上是在德国空军完全掌握了制空权的情况下执行任务,因此,那段时间应该是"斯图卡"飞机最得意的时期。在敦克尔刻撤退行动中"斯图卡"飞机开始遇到强劲的敌人。同样是6月1日,一个"斯图卡"飞机编队执行轰炸舰船的任务,在云层的间隙,德国飞行员发现了一艘大型运输船。"斯图卡"编队立即投入战斗,长机首先投下1枚炸弹,炸弹在运输船的前方爆炸,虽然没有直接击中船体,但

■ 敦克尔刻撤退行动中被德国空军飞机击中的一艘商船,很可能就是被"斯图卡"飞机击中的。从历次"斯图卡"飞机轰炸舰船的行动看,Ju 87飞机通常会从舰艉方向投弹,这个方向轰炸时舰船速度与炸弹的速度差最小,容易命中。但是,实际情况也得实际考虑,英国有的舰船就是被命中舰艏。

第三章 "斯图卡"俯冲轰炸机战史

■这艘军舰（前甲板上两个炮台）正在缓缓下沉，舰艏已经有人落入水中。这艘军舰也是舰艉首先中弹，图中可见舰艉已经没入水中。

■英国人不会忘记这个狼狈场面，说是兵败如山倒一点也不错。虽然付出了沉重的代价，这次撤退行动从战略上讲对盟军来说仍是成功的。

| 尖叫死神 | 二战德国Ju 87"斯图卡"俯冲轰炸机战史 |

■逃到英国的幸存者谈论最多的也许就是"斯图卡"俯冲轰炸机。

■如果天公作美,"斯图卡"会给盟军造成更大的损失。

爆炸的冲击波把船头推向一侧，船体几乎横了过来，就在这时船体舯部突然发生爆炸，巨大的爆炸将船体托出海面，爆炸的碎片直冲到100米的空中。"斯图卡"飞行员正满怀喜悦的心情看着他们的杰作，1架"斯图卡"飞机后座乘员大叫，"战斗机，左侧"。

英国皇家空军1架"喷火"战斗机出现在这架"斯图卡"飞机的左后侧并发起了攻击，在两机相距100米时，"斯图卡"飞机的后座乘员开始用机枪还击"喷火"战斗机，遭到还击后"喷火"战斗机立即右转脱离，随后再次绕到"斯图卡"飞机后面发起攻击，如是者三，最后"喷火"战斗机消失在灰色的天空里。不久之后，这架遭到攻击的"斯图卡"飞机开始轻微漏油，但问题并不严重。

虽然有老天帮忙，但截至6月1日，盟军的撤退行动仍然损失严重，总共有31艘舰船被击沉，11艘被严重击伤，其他小型舰船的损失不计其数。6月2日，由于德军飞机的巨大威胁，同时考虑到英国空军已经倾尽所有，为了保存足够的空中力量在以后战争中使用，英军被迫停止了白天的撤退，只利用夜间组织进行撤退。6月3日的情况大致相同，盟军已经超额完成了撤退任务，加上白天找不到有价值的目标，德国第八航空军将注意力转移到索姆市以南目标上，敦克尔刻的最后战斗交给了德国地面部队。6月4日，敦克尔刻最终被德国占领，没来得及撤退的

■如果在头顶上看到"斯图卡"飞机是多么不幸的事，二战时期的法国军队公认甚至不如波兰军队那么顽强，面对德国的进攻只有后撤，没地儿撤就投降。一度有人提"斯图卡"三个字就会引起军队的骚动。

尖叫死神 二战德国Ju 87"斯图卡"俯冲轰炸机战史

■ 不给法国人任何喘气机会。图中这架"斯图卡"飞机重新装弹后准备再次出动。

士兵全部被俘，主要是殿后的法国士兵。至此，敦克尔刻战斗全部结束，德国达到了战役目的，随后"红色行动"正式开始。

针对法国重要城市的进攻行动于1940年6月5日正式开始，冯·里希特霍芬的"斯图卡"部队在随后的两个星期里对不断后撤的法国军队实施了屠杀式的轰炸，任何难攻的据点或河流都会出现"斯图卡"飞机的影子，这回更多的法国人熟悉了"死亡的哨声"。这个阶段战役的初期，"斯图卡"部队主要为向索姆南部推进的冯·克莱斯特的装甲部队提供空中支援任务，在德国陆军第九集团军的协助下，冯·克莱斯特的装甲部队随后又突破了拉昂周围的卫冈防线。在完成了为冯·克莱斯特的装甲部队空中支援

后，第八航空军又转而为向瑞士边境推进的德国陆军第二集团军提供空中支援。

占领法国全境的战役开始后的三天里，法国军队穿过索姆河、瓦滋河（Oise，苏瓦松西北20公里处）和恩河（Aisne，苏瓦松东北15公里处）加速向法国南部撤退，德国装甲部队紧追不舍，一直将战线推进到巴黎东部的马恩河。虽然现代战争已经达到了立体化，但宽阔的河流仍是陆军部队前进的障碍，法国理所当然在马恩河一带加强了防守，如果这条河流失守，法国首都巴黎就会沦陷，法国肯定会不占而降了。在法国军溃败的三天里，正好天气十分晴朗，能见度非常好，德国空军"斯图卡"部队倾巢出动，持续不断对任何有组织的抵抗行动实施

空中打击，轰炸桥梁以阻止法国军队的后退。

经过持续的轰炸，马恩河以北的法国地区已经满目疮痍，所有的大城市都浓烟滚滚，法国军队主要集结点所在的小城镇也被夷为平地。6月12日，德国部队最终穿过巴黎东部蒂耶里堡处马恩河，第二天，法国首都完全暴露在德国面前，没有任何遮挡。此时的法国士兵斗志全无，首都沦陷近在眼前了，因此法国军队完全陷入混乱的局面，有组织的大规模抵抗已经不见了。在迂回巴黎向南推进过程中，尽管仍有一些小规模自发的地面和空中抵抗行动，"斯图卡"飞机也丝毫不放过，穷追猛打。这个过程中比较惊险的一次是法国抵抗部队曾经聚集了数十辆坦克对德国位于巴黎北部的侧翼部队发起反击，但是，I/St.G 2"斯图卡"部队及时出击摧毁了法国反击部队的20-30辆坦克，反击行动被彻底粉碎。6月13日，为了向已经抵达蒙米赖尔的德国装

甲部队先头部队提供空中支援，驻扎在法国苏瓦松基地的St.G 77联队一个"斯图卡"编队奉命对特耶斯和欧塞尔之间的铁路进行了轰炸。在飞行途中，"斯图卡"编队长机看到前方很远处有一些小黑点，随即这些黑点快速俯冲进入云层中。德国飞行员以为这是当天为"斯图卡"飞机护航的德国战斗机，因此并未在意，地面偶尔会有法国高炮对"斯图卡"飞机进行射击，但零星的射击根本起不到作用。这时，刚才远方的战斗机已

■德国地面无线电通讯兵在向1架"斯图卡"飞机挥手致意。的确，德国地面部队应该感谢"斯图卡"飞机，只要有困难，德国地面部队就会呼叫"斯图卡"飞机；只要呼叫，"斯图卡"飞机就会很快出现。空军并不是战争中独立存在的部队，那些空军和地面部队完全脱节的武装力量并不是一支强大的力量。

尖叫死神 — 二战德国Ju 87"斯图卡"俯冲轰炸机战史

经出现在"斯图卡"编队的右侧,至少30架战斗机呈弧形编队向"斯图卡"编队靠近,在这个过程中,战斗机编队变换队形,以三架为一组展开,明显这是准备战斗的队形。突然,"斯图卡"编队长机醒悟过来:这是法国战斗机!虽然这些战斗机的队形与德国空军的类似,但德国空军通常采用四机作战队形。长机未能及时判断出是法国战斗机的另一个重要因素是自色当战役以来德国空军就没看到过天空中有这么多法国飞机,长机还在疑惑和好奇时他的后座乘员就开始向法国战斗机射击了。参加此次轰炸任务的是久经战场的老兵,作战经验十分丰富,长机镇定地指挥编队做坡度转弯迎向敌机,同时机翼上的机枪猛烈地向法国战斗机开火。此前的整个冬天,德国"斯图卡"飞行员在科隆驻地都在练习这种机动战术,直到他们恶心为止,这次战斗中他们终于可以一展身手了。

但是,让人奇怪的是,"斯图卡"飞机果断地迎上前去,而法国战斗机却立即转弯避免与"斯图卡"飞机正面交锋,而转弯并与"斯图卡"飞机交错后,"斯图卡"飞机的后座乘员立即痛击法国战斗机,这一切

■ 德国Bf 109战斗机在世界范围内评选迄今为止最佳十大名机(战斗机)中榜上有名,它的死对头英国"喷火"战斗机也榜上有名,西方国家争论最多的是这两款飞机哪个性能更好,到目前为止也无定论。

第三章 "斯图卡"俯冲轰炸机战史

■ "斯图卡"飞机在执行作战任务时总是有Bf 109为其护航,通常情况下,Bf 109会在"斯图卡"飞机的上方提供保护,因为敌机一般会在"斯图卡"飞机的上方发起攻击。

正是德国飞行员平时练习中出现的场景。仅仅一轮交战后至少有2架法国战斗机拖着黑烟坠向地面。"斯图卡"是轰炸机,机动性并不好,根本无法与战斗机交手,除非不得已,否则根本不会主动与战斗机交战,更何况是挂满炸弹的情况。虽然"斯图卡"飞机平时训练过自卫战术,但总的来说,与战斗机空战是十分危险的,因此,这次与法国战斗机遭遇,几乎可以肯定"斯图卡"飞机也是有损失的。就在这危机时刻,德国空军Bf 109战斗机赶到,当即又有9架法国战斗机被德国战斗机击落。

48小时后,整个Ⅰ/St.G 77大队全部出动再次光临欧塞尔地区,对盘踞在一幢建筑内顽强抵抗的法国士兵进行了轰炸和扫射。6月16日,德国部队渡过塞纳河。第二天,尽管天气非常糟糕,"斯图卡"飞机还是对第戎(Dijon)一带的法国军队实施了空袭,并且对占据纳韦尔处卢瓦尔河桥头堡的德国军队提供了空中支援。

战事发展到这个阶段,法国首都已经被完全包围,法国主要的武装力量已经大部分被消灭,要么现在亡国,要么过些天亡国。6月17日,法国元帅贝当同意停战,实际上同意向德国投降。当天,德国侦察机也报告称没有在卢瓦尔河和索恩河一带,或是靠近瑞士边境一带看到法国大规模部队集结。6月18日,冯·里希特霍芬下令第八航空军三

尖叫死神　二战德国Ju 87"斯图卡"俯冲轰炸机战史

分之二的力量开始休整，剩余的力量随时应付战场上可能的突发事件。事实上，就是6月18日，第戎北部一带再次出现法国军队有组织的抵抗活动，因此，"斯图卡"部队最后一次在法国领土上实施了轰炸行动，此后不久，法国三个师缴械投降。

有意思的是，正是6月18日，在法国战役中最后损失的"斯图卡"飞机也发生在当天。当时Ⅲ/St.G 51大队的2架"斯图卡"飞机转场飞行途中在尼韦勒上空相撞坠毁，这是自1940年5月10日西线战役开始以来"斯图卡"总损失120架中的最后2架。

截至6月19日，德国第八航空军全部集结到法国中部纳韦尔和欧塞尔一带空军基地待命，但是，第二天的作战任务随即被取消，德国地面部队也暂停向前推进，前方的一些部队根据新协议也后撤到占领区和非占领区之间的停火线一带。48小时后，德国法国在贡比涅签署停战协议。

由于停战协议的签署，"斯图卡"飞机并没有飞抵瑞士边境一带作战过，相反，"斯图卡"部队接到命令返回德国本土的各自基地，一个多月的高强度作战让"斯图卡"飞行员疲惫不堪，飞机也磨损严重，人需要好好休息一下享受胜利的喜悦，飞机也需要维护和保养。低地国家和法国战役中，"斯图卡"飞机高精度的轰炸为德国赢得胜利奠定了基础，这一时期也是"斯图卡"最为"辉煌"时刻。有鉴于此，德国空军计划不久就将冯·里希特霍芬的第八航空军投入到另一个重要战场：英吉利海峡。事实上，在6月的最后两个星期里，"斯图卡"飞机再次光临过遍地弹痕的法国北部沿海，到此一游不是观光旅行，他们只是想看一眼即将再次在这里作战的英吉利海峡。

西线行动简要过程和总结

波兰和挪威要么是弱国，要么是小国，军事力量极为有限，德国空军投入的军事力量也因此不大，但西面的国家里有的跟德国不相上下，为此，在准备对西方国家作战中，德国空军准备了总数为3834架作战飞机，其中1482架是轰炸机和"斯图卡"飞机、42架为近距离支援飞机、1016架战斗机、248架ZER、1046架其他飞机，包括侦察机、运输机和其他类型飞机。盟国方面共有2372架前线作战飞机，但这些飞机还没有划归统一指挥，力量相当分散。1940年5月10日盟国空中力量如下：

法　国　764架战斗机、260架轰炸机、180架侦察机、400架与陆军共同使用的飞机。

英　国　先进空军打击力量（AASF, Advanced Air Striking Force）共有261架战斗机、135架轰炸机、60架侦察机。

比利时　81架战斗机、99架其他类型飞机。

荷　兰　58架战斗机（其中35架为单发，23架为双发）、74架其他类型飞机。

这里需要说明的是，上面列出的法国飞机都是装备部队较新的型号，法国还有数百

第三章 "斯图卡"俯冲轰炸机战史

■ 法国前线的"斯图卡"飞机基地，地面摆放的圆桶就是油桶。

架老旧型号的飞机没在统计之列，其中一些还具备一定的作战能力。而且，在二战开始后，法国又生产了数百架新飞机，一些已经送到了作战部队。

为了对付法国，德国空军集中了380架Ju 87飞机，其中358架将用于1940年5月10日的战斗。德国的西线行动已经推迟了好几次，最后，在5月10日凌晨5时35分正式开始。这次德国依然采用猛烈的闪电战术对荷兰、比利时和法国发起全面进攻，战事进展得十分迅速，行动也具有决定性的意义，一切发生的都跟教科书上描绘的现代战争一样；尽可能地在地面上将敌人的空中力量消灭；在关键的目标行动上采用空降兵；集中使用空中力量消灭敌人的防御系统；为向前推进的地面部队提供纵深或近距离支援。

"斯图卡"飞机在这次的行动依旧扮演着重要的、决定性的角色，仿佛是波兰行动的翻版，只是规模更大，打击力度更强。跟此前的战术一样，德国空军在最短的时间内取得制空权，尔后，"斯图卡"飞机粉碎敌人的抵抗力量，德国装甲力量突破防线，最后钳形机动到敌方纵深地带合围包抄。对西方采取的行动的客观条件比波兰和挪威要好，因为，这些发达国家的公路网十分发达，非常适合德国快速装甲和摩托化部队向前推进。整个军事行动遇到的抵抗非常之小，更重要的是"斯图卡"飞机在作战时没有遇到敌人空中力量的拦截，为了确保"斯图卡"采取行动，一半的德国空军力量投入到了战场。

跟预期的一样，敌人的主要抵抗都出现在战争刚开始的时候，德国空军的损失情况

尖叫死神 二战德国Ju 87"斯图卡"俯冲轰炸机战史

■遭到轰炸的法国加来港,这个位置对于德国来说十分重要,一方面它离英国最近(英吉利海峡最窄处),另一方面德国想利用与英国距离这个便利对英国作战。

也说明了这一点,在整个行动的第一天,德国空军共损失304架飞机,51架严重受损。在德国空军完全掌握了制空权,扫清了空中的敌机后"斯图卡"飞机才会取得最好的攻击效果,因此,在对西线的战争前四天,"斯图卡"只损失了14架,至5月17日,这个数字上升到55架,这其中不包括返回机场后坠毁的飞机。从一开始,德国空军就准备在短期内对有限的距离和有限的目标采取行动,但这个行动准则很快就被忽略了。

5月25日开始,第一个"斯图卡"联队开始转而攻击伯罗根克、加来和敦克尔刻附近海域运输撤退人员的舰只,这次,"斯图卡"飞机第一次在空中遇到了十分顽强的战斗机。代号为"发电机行动"的英国军队从法国撤退行动从5月28日开始持续了七天,这次的撤退行动取得了成功,但代价也是相当高的:9艘盟国驱逐舰被击沉,还有20艘大大小小的运输船也被炸沉,27艘驱逐舰和其他军舰被炸伤,大量的运输船也毁坏严重。由于出现大雾和低空云层,"斯图卡"飞机在敦克尔刻上空的行动只进行了四天。根据德国官方记录,这次行动中共有11架Ju 87被英国战斗机击落,而盟国损失的舰船中大部分都是"斯图卡"飞机的"杰作"。

甚至在"发电机行动"结束前,"斯图卡"飞机就开始转移到南面对法国实施第

第三章 "斯图卡"俯冲轰炸机战史

■在法国战场,德国空军地勤人员在给"斯图卡"飞机装弹。

■法国1艘驱逐舰被"斯图卡"飞机炸沉。

尖叫死神 | 二战德国Ju 87"斯图卡"俯冲轰炸机战史

■ "斯图卡"飞机一度成为德国人心目中的英雄,德国人用各种形式来歌颂它。

二阶段作战行动，在侵略西方行动的最后一个星期，"斯图卡"飞机在法国上空可以肆意作为，只是偶尔才会遇到法国战斗机的拦截。

在总结对法国军事行动取得胜利得出的结论是："斯图卡"功不可没，在战争中起到了决定性的作用，特别是对法行动中安装了啸声器的"斯图卡"飞机第一次在实战中使用，它给法国人造成了很大的心理恐惧，意志薄弱的法国士兵更是闻声而溃。对法行动后，"斯图卡"成了人们嘴上常谈的话题，人们称它为全能的武器，"闪电战"的标志性武器。德国的宣传部门不会错过任何机会大加渲染"斯图卡"飞机，几乎把这种飞机神话了，它俨然成了德国的"英雄"。对法行动不久，有人为"斯图卡"创作了一首歌，几个月后又出现了一部名为《"斯图卡"》的电影，"斯图卡"很快就风靡德国，这部电影后来又出现在其他国家。"斯图卡"迎来了服役生涯的巅峰。

四、英国战场（1940年7月4日至12月14日）

在短短的六个星期内征服法国后，"斯图卡"大队返回德国休整，补充人员和飞机，但是，精神和体力已经疲惫不堪的德国飞行员享受胜利和荣誉的时间并不多，因为7月刚开始冯·里希特霍芬就在迪维尔（Deauville，法国西北部海滨城市）建立了第八航空军司令部，第八航空军所属的"斯图卡"大队部署在英吉利海峡法国一侧沿岸，主要是诺曼底和布列塔尼一带的西侧。

最早有关"斯图卡"飞机与英国舰船遭遇并发生冲突是7月1日下午，此时的英国战役还没有开始。当天下午，Ⅲ/St.G 51大队的"斯图卡"编队在英吉利海峡遇到一艘正在返回朴茨茅斯港的英国深海调查船"嘉宝"号（Jumbo），对于手无寸铁的非军事舰船，"斯图卡"飞机毫不留情立即发起攻击。不知道为什么，既没有防空炮火射击，当时也没有英国战斗机在周围，"斯图卡"飞机的俯冲轰炸竟然完全失去水准，整个轰炸行动未对英国"嘉宝"号调查船造成什么损失。英国皇家空军驻扎在埃克塞特的第213中队接到求救信号后立即派遣3架"飓风"Ⅰ战斗机前来解围，但是，迟了一步，当"飓风"Ⅰ战斗机赶到时"斯图卡"飞机早就返航了。

三天之后的7月4日，也就是英国战役的第一天，在首轮空袭行动中，Ⅲ/St.G 51大队出动最大规模"斯图卡"飞机编队对英国波特兰港的英国皇家海军基地进行了猛烈的轰炸，这次行动中，英国遭受了单次行动中最为严重的损失。当天早晨的行动中，在Ⅲ/St.G 51大队新任指挥官安东·基尔（Anton Keil）上尉的率领下，33架"斯图卡"飞机突袭了英国波特兰港。当时英国港口被晨雾所笼罩，因此，"斯图卡"飞机达到了战术突然性。钻出晨雾后，"斯图卡"

尖叫死神　二战德国Ju 87"斯图卡"俯冲轰炸机战史

■ 英国更值得德国认真准备。图为德国威斯尔生产线上的Ju 87B飞机。

■ 轰炸英国。下方就是英吉利海峡,远处英国海岸线若隐若现。

飞机开始寻找最有价值的目标,如港口内吨位最大的军舰和重要设施。英国皇家海军排水量5582吨的辅助防空舰"福伊尔班克"号(Foylebank,原来是1艘商船,二战爆发后,1939年9月开始改进作为防空舰)在众多军舰中尤为显眼,"斯图卡"飞机当然不会放过,在八分钟的时间里,"斯图卡"飞机轮番轰炸,共向该舰投下22枚炸弹,最终将这艘防空舰击沉在港口内,船上176人丧生。在牺牲的这些人中,一等兵杰克·曼德尔在严重受伤的情况下仍然操作高炮向德国飞机开火,直到"福伊尔班克"号沉没,1940年9月3日,他被追授"胜利十字勋章"。这次空袭行动中德国另一个收获是

■ 轰炸"福伊尔班克"号防空舰的艺术图。

■ 英国皇家海军"福伊尔班克"号被"斯图卡"飞机炸沉在波特兰港口内,图中的"福伊尔班克"号已经倾斜,随后沉没。

尖叫死神　二战德国Ju 87"斯图卡"俯冲轰炸机战史

■ 韦茅斯湾内锚定的一个大型储油罐被"斯图卡"飞机击中,浓烟滚滚。

"斯图卡"飞机用1枚500公斤炸弹炸毁了韦茅斯湾（Weymouth Bay）内锚定的一个大型储油罐,油罐燃烧了24小时后火势才被控制住。

由于没有英国皇家空军战斗机出现在波特兰港附近,完成轰炸任务的"斯图卡"编队除1架外全部安全返回瑟堡(Cherbourg,法国西北部一海港)基地。战斗中,有1架Ju 87飞机在波特兰港被"福伊尔班克"号上的4英寸防空炮击中,炮弹当即将"斯图卡"飞机的机翼炸掉,飞机随后坠毁,飞行员斯切瓦尔兹少尉和后座乘员当场毙命。还有1架"斯图卡"飞机被高炮击伤,但并不严重,最终在瑟堡安全着陆。

轰炸"福伊尔班克"号是Ⅲ/St.G 51大队"斯图卡"飞机最后的绝唱,五天后,基尔指挥的Ⅲ/St.G 51大队和Ⅰ.St/Tr.Gr 186大队全部划归St.G 1联队以扩充这个单位的规模,更加便于统一调度和指挥,St.G 1联队原来有一个Ⅰ大队,新加入的单位番号则改为Ⅱ/St.G 1和Ⅲ/St.G 1。由沃尔特·希格尔上尉指挥的Ⅰ/St.G 76大队番号此时也进行了调整,名称改为Ⅰ/St.G 3,从"St.G 3"名称可以看出,这是新成立了第三"斯图

■"斯图卡"飞机作战前的准备已经完成,图右侧三名军官正在等待进一步的作战命令。

■地面的SC 250炸弹是为英国准备的。

尖叫死神 二战德国Ju 87"斯图卡"俯冲轰炸机战史

■地勤人员在给Ju 87B挂SC 250炸弹。

卡"联队,这是二战以来"斯图卡"部队首次大规模改组,一切为了对英国作战。St.G 3联队成立后的18个月内都只有这一个大队。只有IV.(St)/LG 1大队仍是使用Ju 87飞机的半独立单位,直到1942年初该单位才将番号改为Ⅰ/St.G 5。

上述的番号调整仅仅是改改名字而已,这些"斯图卡"单位并没有增加飞机,实际上只是为了新的作战便于统一指挥,英国值得德国认真对待。除了番号调整外,就在当天(7月9日),"斯图卡"部队新增加一个作战单位,即此前一直装备Do 17轰炸机的Ⅰ/KG 76大队(Kampfgeschwader 76,第76轰炸机联队),该大队随后开始换装Ju 87B飞机,番号改为Ⅲ/St.G 77。在发动针对英国的战役中,德国空军的"斯图卡"大队从原来的8个增加到11个,但是,虽然"斯图卡"大队的数量在增加,"斯图卡"飞机数量跟二战开始时相比并没有增加,相反略有减小,只有约300架可以投入使用,原因就是此前的挪威战役和西线战役中飞机损耗较大,"斯图卡"飞机加速生产也未能在短时间内补充完整。还有一些作战受伤的飞机,没有达到报废的程度,但维修也需要时日,这些飞机一时半会儿也难派上用场。

关于德国发动英国战役的正式时间需要提一下,用盟军的观点看,战争的正式时间是7月10日,德国官方正式的时间是7月

第三章 "斯图卡"俯冲轰炸机战史

■驻扎在法国境内的Ju 87B飞机。

9日,而实际上7月4日德国空军就针对英国波特兰港实施了大规模轰炸,这还真不是小遭遇战,给英国造成的单次空袭损失是空前的。但是,7月4日的空袭后几天德国空军并没有继续对英国本土和舰船采用行动,从战术角度看,这种做法极其错误,无异于打了别人一拳再让对手做好充分准备再打。争论这个已经没有意义,主动权完全掌握在德国人手中。7月9日傍晚时分,St.G 77联队第Ⅰ大队27架"斯图卡"飞机从斯维尔起飞前去攻击波特兰港外海的一支护航舰队,战斗中,"斯图卡"飞机只击伤了英国航运部1艘小型舰船,因为就在德国刚发起攻击时英国皇家空军驻扎在格林区沃姆威尔机场的第609中队3架"喷火"Ⅰ战斗机前来拦截,为"斯图卡"飞机护航的Bf 110C战斗机迅速与英国战斗机发生战斗。这次战斗中,英国方面称击落1架"斯图卡"飞机,取得这个战绩的是戴维·M.克鲁克(David M Crook)空军中尉,他是未来英国皇家空军王牌。

当天傍晚6点30分,3架"喷火"Ⅰ战斗机奉命到韦茅斯一带上空巡逻,三机编队巡逻了45分钟什么也没遇到,长机彼得·德芒特空军中尉是个急性子,对这种枯燥的巡逻有点厌烦,他认为这种巡逻飞行没有必要,于是他率队返航。在机场上空盘旋等待着陆

235

尖叫死神　二战德国 Ju 87 "斯图卡" 俯冲轰炸机战史

■ 英国 "喷火" 战斗机是 "斯图卡" 飞机的真正克星，英国战场有它的独特性，确切地说就是英吉利海峡是妨碍 "斯图卡" 飞机发挥应有作用的主要因素。英国又有自身的特点，那就是它是一个航空大国，航空技术十分发达，研制的战斗机性能优异。

命令时，地面指挥命令他们再次返回韦茅斯一带上空巡逻，飞行高度2133米。刚抵达巡逻空域不一会儿，克鲁克中尉向他左侧方向目视搜索时发现3.2公里处1架飞机俯冲进入云层，随即又钻出云层。长机彼得示意僚机编成纵队并左转迎向敌机，很快克鲁克就发现几架德国飞机，而且判断出是Ju 87俯冲轰炸机，他立即打开反射式瞄准具投入战斗。"斯图卡" 飞机机动性不强，又是挂满炸弹的状态，克鲁克满怀信心要好好教训一下 "斯图卡" 飞机。就在他准备按 "开火" 按钮时，为 "斯图卡" 飞机护航的Bf 110C战斗机从天而降，曳光弹和子弹从克鲁克头顶飞过，他放弃攻击立即向左急转弯钻入他下面的云层中。再次以643公里/小时速度钻出云层时，克鲁克清楚地看到他前面正好有1架 "斯图卡" 飞机，而且目标就在他的机炮（枪）射程内，他毫不犹豫立即开火。克鲁克看到 "斯图卡" 飞机正好与他发射的曳光弹交汇（飞机的机炮一般会前几发是曳光弹，用于指示弹道），炮弹（子弹）是否击中目标他并不清楚，因此，他又调整飞机准备实施第二轮攻击，就在这时 "斯图卡" 飞机钻入云层消失不见了。尽管后来英国官方承认了克鲁克第一轮攻击中击伤了 "斯图卡" 飞机，但是，德国方面却没有报道有这么1架"斯图卡"飞机带伤返回基地。

之后,克鲁克重新爬升到原来高度与德国1架Bf 110C战斗机混战在一起,就在这个过程中,他隐约看到左侧远处1架飞机飞入云中,这架飞机与克鲁克同向平行。克鲁克退出格斗也钻入云中偷偷跟在这架飞机后面,当目标钻出云层后他发现又是1架"斯图卡"飞机。克鲁克当时处在绝佳的射击位置,Ju 87一出现他就在近距离扣动扳机,将飞机上剩余的2000发子弹全部射出,他清楚地看到"斯图卡"飞机上有碎片飞出,座舱也被受伤的发动机冒出的浓烟盖住,很快

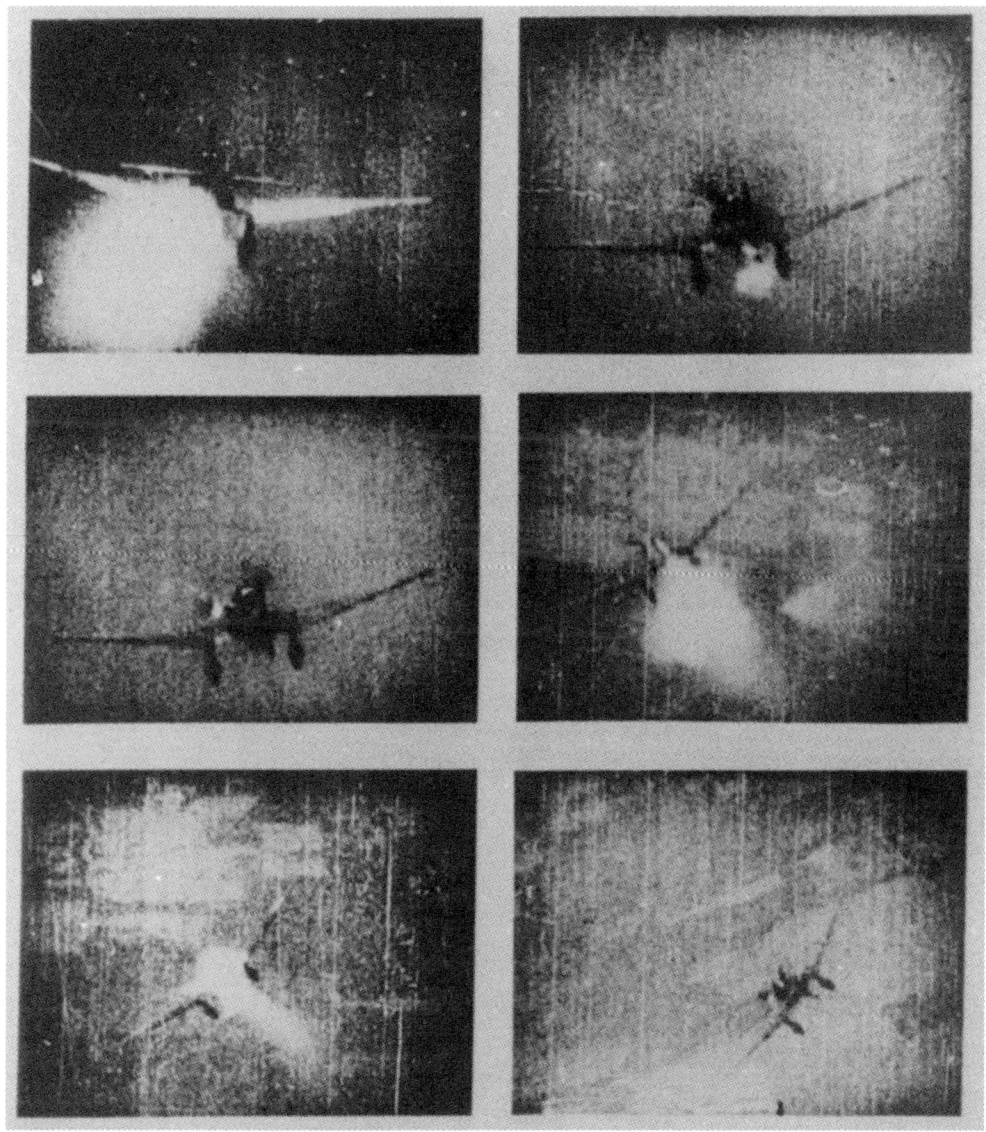

■英国"喷火"战斗机照相枪中的Ju 87B飞机,"斯图卡"独特的海鸥翼非常容易辨认。

尖叫死神 — 二战德国Ju 87"斯图卡"俯冲轰炸机战史

发动机整流罩窜出火苗。"斯图卡"飞机随即拖着浓烟和火焰垂直向海面冲去,克鲁克也随着"斯图卡"下降高度,他看到"斯图卡"飞机坠入海中并溅起一片白色浪花,过了一会儿,海面上只剩下一块绿色的飞机部件,飞机沉入海中。自从这架"斯图卡"飞机被击中就没有出现人为操纵的迹象,很显然,在第一轮的攻击中飞行员就已经丧生。

克鲁克在波特兰港西南20公里的海峡上空击落1架Ju 87飞机对Ⅰ/St.G 77大队来说是一大打击,这架被击落飞机的飞行员是Ⅰ/St.G 77大队指挥官弗雷德里切-卡尔·冯·道维吉克男爵(Friedrich-Karl Freiherr Von Dalwigk),他是"斯图卡"部队的另一位老兵,他早在1936年就进入当时的St.G 162"伊美尔曼"联队。二战爆发前不久他被任命为Ⅰ/St.G 77大队指挥官,上尉军衔。二战爆发后,本大队执行作战任务时,他几乎每次都作为编队的长机参与俯冲轰炸行动。鉴于在整个波兰战役和法国战役中他作为大队长出色的表现,他死后被追授"骑士十字勋章",军衔晋升为少校。

虽然遭受挫折,48小时后,"斯图卡"飞机再次对波特兰港进行了轰炸。首先,10架"斯图卡"飞机组成的编队在当天(7月11日)清晨从瑟堡半岛的机场起飞对莱姆湾内的一个护航舰队进行了轰炸,此轮行动中,"斯图卡"飞机炸沉了"武士"Ⅱ护卫艇(由游艇改进而来,船龄36年)。虽然英国皇家空军派出了战斗机前来拦截,这次空袭行动"斯图卡"编队没有任何损失,这主要得益于为编队护航的Bf 109E战斗机。空战中,Bf 109E击落2架"喷火"Ⅰ战斗机(第609中队)和1架"飓风"Ⅰ战斗机(第501中队)。毫无疑问,受这次行动的影响,几个小时后,Ⅲ/St.G 2大队的20架Ju 87B和Ju 87R组成的编队在Ⅲ/ZG 76大队40架Bf 110C战斗机的护航下再次光临波特兰港,并对港口外的护航舰队实施了俯冲轰炸。完成俯冲轰炸刚刚恢复平飞时是"斯图卡"飞机最易受到攻击的阶段,此时飞机的速度慢,机动性也差,恰在这个阶段"斯图卡"

■ 英国"飓风"战斗机的性能明显比德国Bf 109战斗机的要差一些。

编队遭到6架"飓风"I战斗机的拦截。这6架"飓风"I战斗机属皇家空军第601中队,驻地在波特兰港东部80公里的唐格米尔(Tangmere,温彻斯特市东部),当天奉命紧急起飞前来拦截"斯图卡"编队。

"飓风"I战斗机稍迟一步,因此未能阻止"斯图卡"飞机投弹,但却在"斯图卡"飞机最易受到攻击的阶段与之相遇。"飓风"I战斗机没有错过时机,交战中,1架"斯图卡"飞机被击落坠毁在波特兰港的防波堤处。击落德国飞机的是第601中队绰号"老鼠"的克利瓦尔空军中尉,他在当天的行动中还在朴茨茅斯附近击落1架He 111轰炸机。克利瓦尔经历很特别,他原是英国奥林匹克滑雪运动员,作为一名狂热的航空爱好者,他后来加入了皇家空军预备役第601"伦敦郡"(Country of London)中队,他曾击落7架德国飞机,可能击落2架,为此,1940年9月他获得了"杰出飞行十字勋章"。在掩护"斯图卡"飞机撤退的战斗中,德国Bf 110C战斗机与再次前来增援的第601中队"飓风"I战斗机混战在一起,空战中,4架Bf 110C战斗机被击落。

随着德国第八航空军将注意力转向多塞特沿岸和英吉利海峡最西侧,有2个"斯图卡"大队被划拨给第二航空队指挥,驻地也向东转移到加来地区,即多佛海峡法国一侧。多佛海峡(法国称加来海峡)最窄处仅为28.8公里,海峡的欧洲大陆一侧已经被德国占领,在这里进入英国距离最近,而且离英国首都伦敦也最近,对于腿短的"斯图卡"飞机来说尤为重要。2个"斯图卡"大

■ "斯图卡"双机编队进入英国领空,飞机翼下和腹部炸弹可以看到。

尖叫死神 二战德国Ju 87"斯图卡"俯冲轰炸机战史

队驻扎该地目的就是等待机会穿过英吉利海峡最窄处对英国本地目标实施轰炸。

7月13日,机会终于来了。当天,有情报显示一支护航舰队准备穿过多佛海峡。相比较而言,驻扎在诺曼底基地的冯·里希特霍芬的第八航空军"斯图卡"大队穿越英吉利海峡需要一个多小时时间,一次来回的距离一般要达到275公里或更远,在多佛海峡执行海上打击任务的来回作战距离只有几十公里,这么短的距离有一个非常突出的优势,那就是执行轰炸的飞机编队可以由单发Bf 109战斗机来护航。虽然到目前阶段德国和英国发生的空战规模还不算大,但此前仅有的空战表明对付英国"喷火"和"飓风"战斗机,Bf 109战斗机有着明显的优势。7月13日的行动中,II/St.G 1大队一个编队首次在多佛海峡执行任务时就得到了JG 51联队的3架Bf 109E战斗机的护航,英国皇家空军第56中队的11架"飓风"I战斗机前来拦截,"斯图卡"飞机设法完成了俯冲轰炸后安全返回,没有任何损失,只有2架飞机轻微受伤。这次行动中,英国方面称"飓风"I战斗机击落了7架"斯图卡"飞机,而Bf 109E则击落了2架"飓风"I战斗机。

24小时后,德国空军IV.(St)/LG 1大队的三个中队全部出动执行轰炸伊斯特本外海的一支护航舰队的任务,这次行动进展并不如意,1架"斯图卡"飞机(飞行员索恩伯格中尉)被皇家空军战斗机击落,为"斯图卡"编队护航的Bf 109战斗机也被击落1架。击落"斯图卡"飞机的是皇家空军第615中队的三名飞行员,其中两位为P.科拉德空军中尉和P.胡哥空军中尉,这两个人已经有击落敌机的纪录,即将成为空军王牌。

七天之后,II/St.G 1大队再次回到英国肯特沿岸执行作战任务。7月20日傍晚时

■ 情报发现英国又有护航舰队出现在英吉利海峡,"斯图卡"飞机不会放过猎杀的机会。

分，"斯图卡"编队空袭了一支向东行驶慢慢靠近多佛海峡的护航舰队，这次空袭行动代号为"胸部"。同样，这次空袭行动中，德国空军派出了一支很强大的护航编队，包括50余架Bf 109和Bf 110战斗机，英国皇家空军则派出第32和第615中队的"飓风"战斗机，加上第65和第610中队的"喷火"战斗机前来拦截。这次行动再次证明，为"斯图卡"飞机护航是极为重要的，正是由于有护航战斗机，基尔上尉率领的"斯图卡"编队完成轰炸任务后全部安全返回法国境内的基地，只是行动中有4架"斯图卡"飞机轻微受损，1名枪炮手受伤。英国皇家空军方面称此次行动中击落了2架"斯图卡"飞机，但德国方面并未证实。这次行动中，"斯图卡"编队击沉"普尔伯拉夫"号近海贸易船，将皇家海军"黄铜"号驱逐舰的舰艉炸烂。但是，德国空军护航编队在此次战斗中表现欠佳，在30分钟的空战中有5架Bf 109E战斗机被击落。

五天之后，"斯图卡"飞机在战斗中再次损失数架。此前，德国空军获得情报称一支英国护航舰队将从东向西穿越英吉利海峡，获知这个情报后，德国空军决定待英国护航舰队进入英吉利海峡后先从多佛海峡发起攻击，直到护航舰队到另一侧的福克斯通海峡再由其他的"斯图卡"部队实施攻击。德国空军在英吉利海峡西部和东部入口的法

■图为英国皇家海军舰船遭到"斯图卡"飞机的俯冲轰炸，从图中水波可以判断轰炸精度，这是水平轰炸无法达到的。图中的舰船吨位较小，因此做规避动作避开了炸弹。

尖叫死神 | 二战德国Ju 87"斯图卡"俯冲轰炸机战史

■ 英国皇家海军"黄铜"号驱逐舰舰艉被炸烂,因此舰体尾部先沉入水中,舰上官兵在等待营救。

国一侧都有空军基地,在该海峡通过的舰队德国都可以保证两次攻击。7月25日,德国第二航空队的Ⅱ/St.G 1大队和Ⅳ.(St)/LG 1大队的"斯图卡"飞机首先从加来地区的机场起飞,德国空军护航战斗机从其他机场起飞,在"斯图卡"编队进入海上时护航战斗机与之相遇并组成紧凑的队形飞向目标。发现英国护航舰队后,"斯图卡"飞机立即投入战斗,由于有战斗机护航,英国皇家空军的拦截战斗机并未对这轮空袭行动造成太大的干扰,因此,"斯图卡"飞机当天首轮空袭中击沉5艘舰船,重创其他4艘,包括"北风之神"号驱逐舰和"辉煌"号驱逐舰。

第一次空袭后,德国"斯图卡"部队再次对已经被打散的英国护航舰队实施了轰炸,此时的英国护航舰队只有8艘舰船在海上寻找安全的庇护所。遭受重大损失的英国这次派出了阵容强大的拦截战斗机,"斯图卡"部队的好运也到此终结。发现英国舰船后,"斯图卡"飞机一个接一个俯冲轰炸着各自的目标,其中1架"斯图卡"飞机击中了英国1艘护卫舰,这艘军舰艄部立即爆炸。其他"斯图卡"飞机也有斩获,就在此时,英国战斗机突破德国护航战斗机冲了进来,"斯图卡"飞机刚刚完成投弹改出俯冲状态,加上英国战斗机从太阳方向进入,德国飞机基本上处于被动挨打的境地。由于仍在低空,1架"斯图卡"飞机被击中后飞行员努力操纵飞行爬升以准备充足的时间让自己和后座乘员跳伞逃生,不久这架飞机就消失在海上。

第三章 "斯图卡"俯冲轰炸机战史

■ 执行完作战任务返回法国基地的"斯图卡"飞机,上图中飞机的炸弹挂架已经伸出,这说明炸弹已经投下。

击中英国护卫舰的那架"斯图卡"飞机投完弹改出俯冲时被2架英国战斗机盯上,1架在"斯图卡"飞机的尾部追着打,另1架则在"斯图卡"飞机侧上方随时准备发起攻击。见势不妙,"斯图卡"飞机放弃爬升,改为小角度俯冲到海面以获得足够的速度。在机翼几乎刮到海面的情况下,"斯图卡"飞机左躲右闪,同时后座乘员猛地向尾随的英国战斗机射击,就在英国飞机变换队形重新发起攻击时,"斯图卡"飞机加大油门并

与其他的"斯图卡"飞机会合返回基地。德国护航战斗机加入到战斗中,打乱了英国战斗机的攻击步骤。

在这次行动中,Ⅱ/St.G 1大队损失了2架"斯图卡"飞机,Ⅳ.(St)/LG 1大队的1架"斯图卡"飞机受伤。与此同时,驻扎在英吉利海峡西部一带的冯·里希特霍芬的第八航空军又开始对英国波特兰港发起了空袭。当天执行空袭任务的是Ⅲ/St.G 1大队的"斯图卡"编队,在返回途中,英国战斗机

尖叫死神　二战德国Ju 87"斯图卡"俯冲轰炸机战史

一直追着"斯图卡"编队打,结果2架"斯图卡"被击伤,1架被击落。击落"斯图卡"飞机的是英国皇家空军第152中队的2架"喷火"Ⅰ战斗机,这架"斯图卡"飞机被击中后试图返回瑟堡基地,最终坠毁在靠近海岸的海里。

两天后的7月28日,Ⅰ/St.G 77大队出动30架"斯图卡"飞机对波特兰港东部海上的英国"培根"护航舰队实施了大规模轰炸,空袭中,英国皇家海军"科德林顿"号驱逐舰和"雷恩"号驱逐舰被击沉,其他舰船不同程度受伤。为此,英国多佛舰队被迫撤退到安全海域。此次行动中,在英国韦茅斯湾上空,英国未来的王牌,第238中队的戴维斯空军少尉击落1架"斯图卡"飞机。

7月29日,第二航空队的Ⅱ/St.G 1大队和Ⅳ.(St)/LG 1大队48架Ju 87飞机在80架Bf 109战斗机的护航下对英国多佛港进出的舰船实施了大规模轰炸行动。当天清晨天刚刚亮,"斯图卡"编队从不同机场起飞并会合,由于当天地面有晨雾,"斯图卡"飞机选择在5000米高度出航。首先,"斯图卡"编队在海峡的法国沿岸一侧绕一个大圈等待与护航的Bf 109战斗机组成编队,随后庞大的编队向多佛港进发。抵达目标空域后,大编队分成小分队各自寻找目标轰炸,天空中到处是"斯图卡"飞机的尖啸声,英国军舰各种口径高炮的轰鸣声,炮弹在空中爆炸的

■遭到"斯图卡"飞机轰炸的朴茨茅斯港。

第三章 "斯图卡"俯冲轰炸机战史

"呼呼"声,军舰上火炮喷着火舌,水面上炸弹爆炸击起水柱,不幸的军舰被炸后冒出滚滚浓烟,或是被大火吞噬。天空中,"斯图卡"飞机要么俯冲投弹,要么投弹后在极低的高度改出俯冲爬升,每架"斯图卡"飞机周围都是盛开的黑色棉花花朵(高炮炮弹爆炸形成的)。英国人当然不会让德国人肆意而为,英国皇家空军派出大量"喷火"和"飓风"战斗机前来拦截,但是,英国战斗机被德国Bf 109战斗机拦住了去路,双方在英国近岸上空发生了激烈战斗。有的英国战斗机突破德国护航战斗机包围圈冲向更易获取的猎物,甚至有的英国战斗机也采用俯冲攻击战术,飞机几乎垂直向下冲向"斯图卡"飞机,有的德国飞行员甚至以为这是已方飞机,待英国战斗机离海面只有几米高度改出时才从圆形的机翼判断出是英国飞机。英国战斗机攻击德国飞机,"斯图卡"飞机也在还击,同时德国Bf 109战斗机也来猎杀英国战斗机,空战场面十分混乱和激烈,在这么大规模的空袭行动中,德国只损失了3架"斯图卡"飞机,1架被皇家空军第41中队"喷火"战斗机击落,1架被皇家空军第501中队的"飓风"战斗机击落,第三架"斯图卡"飞机严重受伤,返回法国基地迫降时报废。这次空袭行动中,英国皇家海军损失惨重,"愉悦"号驱逐舰被炸沉,其他舰只亦有很大损失。

7月的最后两天,由于天气骤变不适合空袭行动,德国"斯图卡"部队乘机休整,

■德国1架Bf 109E从高空对英国1架"喷火"战斗机发起攻击。攻击者在上方,又是在尾部,这说明被攻击者处在被动挨打的境地。Bf 109和"喷火"是德国和英国两国主力战斗机,性能不分伯仲。

尖叫死神 | 二战德国Ju 87"斯图卡"俯冲轰炸机战史

补充和维修飞机,机组乘员放松休息。7月的空袭行动对于"斯图卡"部队来说是非常成功的,作战行动完成了德国准备入侵英国的第一阶段战略部署。德国空军封锁住了英吉利海峡两端进口,消灭了英国皇家海军南岸驱逐舰舰队(自5月中旬以来这个舰队损

■ 战争强度大,地勤人员也难得休息。这群德国地勤人员在作战间隙抓紧时间打一会儿牌。

■ "斯图卡"部队级别较高的飞行员和指挥官才这么惬意摆上一张桌子先吃饭,吃完后再下下棋,他们所遭受的精神压力不是地勤人员能比的。

第三章 "斯图卡"俯冲轰炸机战史

■战斗间隙有必要洗一洗自己的衣物。

■德国"斯图卡"部队一名后座机枪手坐在SC 250炸弹上读着家信,战争时期家书抵千金不是和平时期的人能体会的。但是,被侵略的国家,那些被屠杀的人,他们就没有亲人吗?

尖叫死神　二战德国Ju 87"斯图卡"俯冲轰炸机战史

失了12艘主要舰船，外加大量其他舰船被炸伤，随后被炸伤的舰船被拖离该海域去修理），确保了准备入侵英国岛屿的海上通道安全。至此，准备入侵英国的德国部队仍在欧洲北部集结，入侵英国的战争很快就会爆发。

封锁英吉利海峡是整个入侵英国本岛的第一阶段，这个阶段完全达到了战略目的，随后就是第二阶段的军事行动，这个阶段也分为两个部分，第一个部分主要在8月间完全复制波兰和法国战役的战术，也就是通过精确的俯冲轰炸把英国战斗机部队全部赶出英国南部沿岸地区，以此确保德国登陆部队的安全。第二阶段，在9月间，一旦德国部队安全登陆并向北推进到英国心脏地区过程中，"斯图卡"部队将充当"飞行炮兵"的角色将德国陆军前进方向的所有抵抗力量消灭掉。由于第一阶段战斗进展异常顺利（德国"斯图卡"部队只损失12架飞机，包括受伤返回后注销的飞机），德国"斯图卡"部队并没有预料到下一个阶段可能遇到重大挫折。

8月8日，英吉利海峡爆发最后一次重要的攻击英国护航舰队的战斗，这次行动预示着德国的噩运来临。8月7日晚借助夜色，英国皇家海军由20艘商船和9艘军舰组成的代号为"黑头红嘴鸥"的CW 9舰队从梅德韦（Medway，伦敦东部）出发向多塞特运输煤炭。但是，英国舰队的一举一动都被刚刚部署在加来一带的德国"弗雷亚"雷达站监视着，当英国舰队到达多佛海峡时，德国海军S-船（S-boats，英国人称E-boats。这是

■在多佛港附近，英国舰船遭到Ju 87B飞机的轰炸，这种情况十分常见，已经见怪不怪了。

一种小型水面舰艇，装备2个鱼雷发射管，鱼雷4枚，舰上还有小型舰炮）悄悄出动，一举击沉3艘舰船。

天刚刚亮时，英国舰队进入英吉利海峡并向西行进，这时最适合"斯图卡"飞机前来轰炸。但Ⅱ/St.G 1大队的"斯图卡"编队还未实施轰炸就被英国皇家空军6个中队的战斗机拦截住，混战中，英国方面称击落了2架"斯图卡"飞机，击伤2架，外加3架为其护航的Bf 109E战斗机，所有这些战果均是皇家空军第145中队取得的。英国方面，在战斗中有2架"飓风"Ⅰ战斗机被德国I/JG 27大队的Bf 109E战斗机击落。中午时分，英国舰队在维特岛一带再次遭到德国St.G 2联队的第Ⅰ大队和第Ⅱ大队，以及增援的Ⅰ/St.G 3大队共计60架"斯图卡"飞机的轮番轰炸。当天天气晴朗，万里无云，这种气象条件也非常适合德国俯冲轰炸。上文提到过，3/10云量也是俯冲轰炸理想条件，有太阳的晴空也要看是什么时候，比如这次中午时分，太阳高高挂在天空，"斯图卡"飞机可以从高空背对着太阳发起攻击，被攻击方则因为太阳干扰无法准确瞄准。

此次行动中，英国皇家空军派出了更多的战斗机前来拦截，其中18架"飓风"Ⅰ战斗机来自皇家空军第145、第238和第257中队，外加第609中队的"喷火"战斗机。尽管拦截战斗机的阵容比当天早晨的更大，但"斯图卡"飞机数量多，加上有德国护航战斗机，"斯图卡"飞机还是突破英国防线实施了俯冲轰炸，当即英国皇家海军舰船被击沉4艘，击伤7艘。德国"斯图卡"编队也有

■在法国本土驻扎，不仅要提防着法国游击队的偷袭，也要防止英国人的空袭，在1940年德国准备入侵英国的阶段，这两种情况都不严重，战争后期才是头疼的事。

尖叫死神　二战德国 Ju 87 "斯图卡" 俯冲轰炸机战史

■ 在简易机场着陆，图中这种拿大顶的现象较为普遍，其实这是后三点式起落架飞机的通病。

损失，3架飞机被击落（全部属于Ⅰ/St.G 3大队），4架不同程度受伤。被击落的3架Ju 87飞机中，2架被皇家空军第145中队击落，第三架被第609中队击落。在德国的护航战斗机中，V/LG 1大队1架Bf 110C和Ⅲ/JG 27大队3架Bf 109E战斗机被击落。英国方面损失也不小，皇家空军第238中队2架，第257中队3架"飓风"Ⅰ战斗机在空战中被德国护航战斗机击落，飞行员全部丧生。

已经遭受两次打击的英国舰队在维特岛附近重新组成编队继续向目的地韦茅斯湾进发，此时，这支舰队已经进入到冯·里希特霍芬部队的攻击范围，因此，第三波由St.G 77联队组成的编队准备再次对英国舰队发起攻击。下午4点前，St.G 77联队准备就绪执行海上攻击任务，机组乘员特别要检查的项目就是救生夹克。指挥官简要地介绍过敌情及作战部署后，4点30分，"斯图卡"飞机一个接一个起飞，升空后，Ju 87飞机在空中盘旋等待与其他飞机一起组成编队向英吉利海峡进发。为"斯图卡"编队护航的是JG 27联队的第Ⅱ/Ⅲ大队和V/LG 1大队的Bf 109E战斗机，"斯图卡"飞机的出航高度为3000－4000米，护航战斗机的飞行高度比Ju 87飞机的高几百米，这个高度差通常就是英国战斗机发起攻击的高度，在视高度和速度为制胜法宝的时代，轰炸机编队的上方是重点防护位置。

几分钟后，"斯图卡"飞机就到达了海峡上空，下方除了水面什么也没有，昔日繁忙的航道如今却成了死亡的坟墓。过了海峡中心线后，飞行员开始警觉起来，战斗很

第三章 "斯图卡"俯冲轰炸机战史

■从炸弹挂架判断,"斯图卡"飞机正在返航。

快就会开始。远远地,"斯图卡"飞行员刚刚看到英国大陆的轮廓,轰炸编队的前方就发生了空战,德国护航战斗机和英国的拦截战斗机混在一起,"斯图卡"飞行员远远地看着,根本分不清谁是谁,眼前只有上下翻飞的战斗机反射的点点金属光泽,他们也没办法上前帮忙(指不定谁帮谁呢)。"斯图卡"飞机仍保持队形向前飞,很快飞行员就看到了左下方的维特岛,向岛的外海方向搜索,很快10艘或12艘舰船出现在德国飞行员的视线内。英国舰船也发现德国飞机,并且开始做"Z"字形规避航行。"斯图卡"编队稍事调整方向从东面进入轰炸航线,就在这时,第四个"斯图卡"编队里

的1架飞机被击中,飞行员朝维特岛方向飞去准备迫降。后来证实,此人就是彼得罗夫(Pittroff)中士,当时,他遭到英国皇家空军第145中队王牌彼得·帕罗特(Peter Parrott)空军少尉的攻击,彼得罗夫的座机受伤,他最后在维特岛上的圣罗伦斯迫降,他本人成了战俘,他的后座乘员在攻击中已经丧命。

飞抵英国舰队上空后,"斯图卡"飞机开始散开并各自选择目标实施俯冲轰炸。突破了德国护航飞机防线的英国战斗机怀着满腔怒火对"斯图卡"飞机发起了攻击,上文提到过,在Ju 87飞机俯冲时,英国战斗机也会采用类似的俯冲攻击战术。英国人逐渐

尖叫死神　二战德国Ju 87"斯图卡"俯冲轰炸机战史

摸清了攻击"斯图卡"飞机的最佳时机，而德国人在战斗总结中也在研究在最易受到攻击的时候如何防范攻击，比如在俯冲阶段，"斯图卡"飞机不像以前呆板地保持一个动作，通过倾斜飞行让速度更快的英国战斗机无法瞄准，同时，"斯图卡"飞机在倾斜飞行时仍可以保持目标在瞄准具内。由于速度更快，英国战斗机在俯冲攻击时必须比Ju 87飞机提前改出俯冲状态，这样"斯图卡"飞机可以专心致志地完成俯冲投弹。完成轰炸任务后，"斯图卡"飞机必须加速离开战场并尽快组成编队返航。

海面上是燃烧的舰船，天空中是混战一起难分敌我的空中格斗，各种型号的飞机多达60架，有德国Bf 109E和Ju 87飞机，也有英国"喷火"和"飓风"战斗机，这是一场要么你死，要么我活的殊死搏斗。有的英国战斗机拖着浓烟和火焰向英国本岛飞去，有的德国Bf 109战斗机被击中后当着"斯图卡"飞机的面坠入海中，时不时还可以看到有的飞行员从下坠的飞机中及时跳伞逃生。有时，天空中会出现被火球包裹的飞机突然爆炸，爆炸的碎片像下雨一般，分不清是英国飞机还是德国飞机，碎片中唯一可以辨认的就是机翼（不知道是哪国飞机的）。"斯图卡"飞机没有能力去帮忙，同样它们也没生活在另一个世界里，在返回法国基地的过程中，英国战斗机像牛皮糖一样一路尾随，边追边打，当然"斯图卡"飞机也是边撤边还击。英国战斗机安装8挺机枪，火力密度

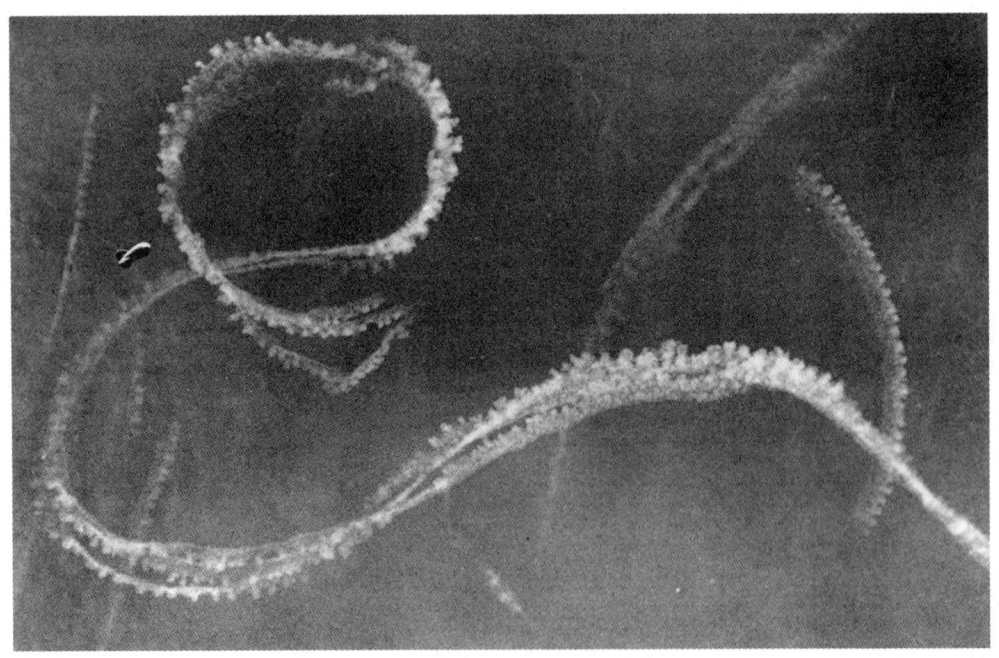

■ 图中显示的是德国和英国战斗机空战时留下的航迹，发动机排出的热气在高空遇冷会出现这种白色航迹。图中还可见英国一艘飞艇。

第三章 "斯图卡"俯冲轰炸机战史

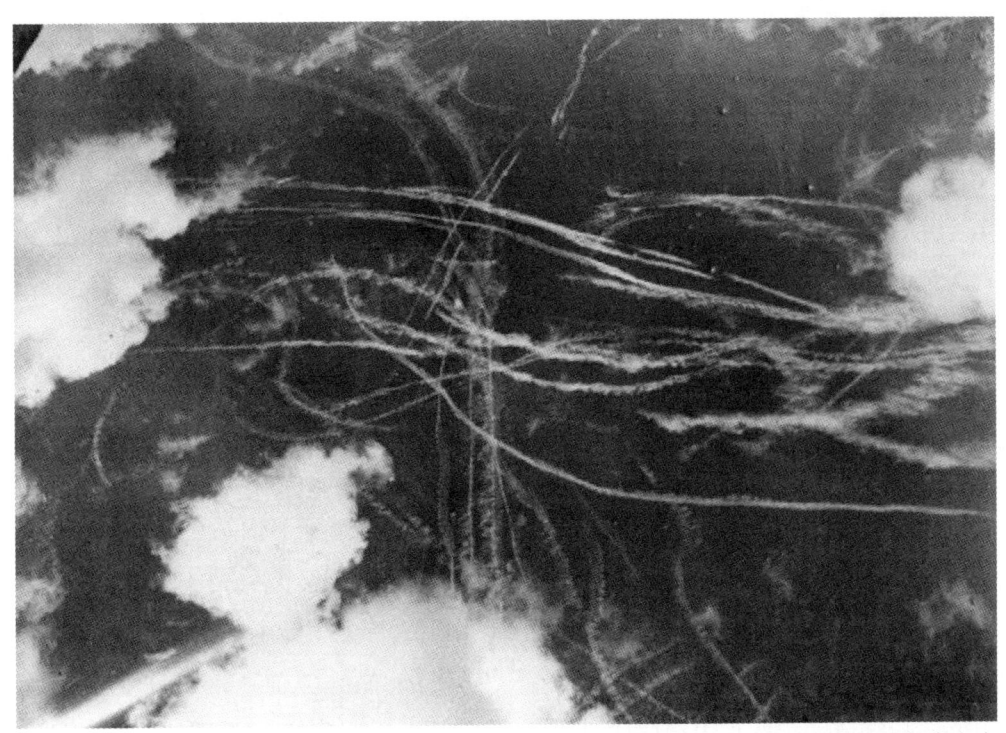
■这张照片不仔细看还以为是海面上舰船留下的航迹,实际上这也是德国和英国战斗机在空中留下的航迹,纵横交错的航迹足以表明空战的激烈程度。

远超"斯图卡"飞机的后射机枪,英国战斗机的每一轮射击都堪称枪林弹雨,Ju 87飞机上英国人留给的"纪念"一个也没有根本不可能,有的飞机机身上有40多个弹孔,但只要不是要害部位如座舱和发动机,就没有多大关系。过了英吉利海峡中线后,仍有少数英国战斗机紧追不舍。在英国战斗机的追击中,1架"斯图卡"飞机受伤后拖出黑烟,飞行员通过无线电通报了情况,就在他准备在海上迫降时,1架英国"喷火"战斗机迎头再次向其射击,这架德国飞机立即坠入海中,旁边的"斯图卡"飞行员眼看着海面上翻起白色的浪花随后恢复平静,他们看着战友离去却无能为力。

半个小时后,诺曼底海岸线出现在眼前,德国飞行员长长地舒了一口气,这回安全了。执行作战任务的几个"斯图卡"编队中有的一架飞机也没有损失,其他的损失也不算严重,战后统计共有3架Ju 87未能返回,1架是上面提到的彼得罗夫,1架是斯切马克上尉(返回途中被击落的),但是,最严重的损失是大队指挥官沃尔德玛·普利威格(Waldemar Plewig)上尉未能飞回来,没有人看到他的座机坠毁,在完成轰炸任务后还有人看到过他,之后的情况就不清楚了。英国人对此知道的更多,实际上,沃尔德玛·普利威格座机被英国皇家空军第145中队的"飓风"I战斗机击落。奇怪的是,英

尖叫死神 二战德国Ju 87"斯图卡"俯冲轰炸机战史

国方面却没有说是哪一位飞行员击落了普利威格上尉,要知道,他可是8月8日的战斗中英国最重要的战果。普利威格上尉的Ju 87座机受伤后他跳伞逃生,但他的后座乘员没他走运,在攻击中他已经丧生。跳伞逃生后的普利威格上尉被英国舰船救起,后来成了战俘。四个月后,普利威格上尉被德国授予"骑士十字勋章",勋章被送到了夏普·威尔士(Shap Wells)战俘营,1941年1月,在战俘营最高指挥官主持的正式仪式上,勋章被颁给普利威格上尉。

第145中队在8月8日的第三次也是最后一次的作战中还击落1架德国Bf 109战斗机,但是,本中队也损失3架飞机,均被德国护航战斗机击落。整个8月8日的战斗中,第145中队声称共损失5架战斗机,但却击落击伤21架德国飞机,后来的数据纠正认为实际上击落11架,击伤7架,这个战绩在皇家空军的中队名列前茅,因此该中队及飞行员受到了嘉奖。

在8月8日的英国这支由20艘商船组成的运输船队抵达斯沃尼奇目的地时只剩下4艘船没有受严重的创伤。德国"斯图卡"部队的行动中,共有4个"斯图卡"联队参与,9架"斯图卡"飞机被击落或注销,10架被严重击伤。72小时后的8月11日,德国第二航空队的2个"斯图卡"大队参与了空袭"战利品"护航舰队的行动,这次行动中,2个"斯图卡"大队分别损失1架飞机,分别被皇家空军第74中队的"喷火"Ⅰ战斗机和第151中队的"飓风"Ⅰ战斗机击落。这次伏击战在整个对英国作战中并不起眼,整个战

■8月13日德国开始对英国本岛实施全面大规模轰炸,"斯图卡"部队主要轰炸高价值的机场目标,这一战术是非常正确的,就在英国快顶不住的时候,德国空军把轰炸的重心转移到了城市和工业目标。

第三章 "斯图卡"俯冲轰炸机战史

斗也没有什么值得大书特书之处,但是,这次的战斗却是"斯图卡"飞机在西北欧洲战场作为重要打击力量,肆意横行的作战生涯的最后一章。

8月13日被德国称为"鹰日"(Adlertag),这是德国对英国本岛实施全面大规模轰炸的开始。但是,俗话说重大的日子总是伴随着多变的天气,德国这次也不例外。8月13日的气候非常糟糕,根本不适合作战,在预备发起攻击的时间到来的最后一刻,德国被迫推迟了首轮攻击时间,但是,这个命令却并没有传达给所有的作战单位,因此造成了一些混乱:一些轰炸机升空后去轰炸英国目标,但却没有战斗机护航;还有一些战斗机升空后飞抵目标空域却不见轰炸机编队。

下午,天气好转,气象条件达到了作战要求。德国空军"斯图卡"部队在整个德国入侵英国战役中作战任务分为三个阶段:第一个阶段就是上文提到的封锁英吉利海峡;第二阶段就是在全面轰炸英国的行动中对英国战斗机司令部的前线机场进行精确定点轰炸,力争将前线机场的英国皇家空军战斗机消灭在地面,或是将前线机场跑道和重要设施炸毁无法提供给战斗机使用;第三阶段就是为在英国本岛作战的德国地面部队提供近距支援。在东部,第二航空队派出Ⅱ/St.G 1大队空袭罗切斯特的机场,Ⅳ.(St)/LG 1大队空袭第特灵的机场。但是,Ⅱ/St.G 1大队在行动中并没有找到自己的目标,Ⅳ.(St)/LG 1大队由冯·布劳切特斯切上尉率领的40架Ju

■这是一张震撼英国人的照片,图中1架"斯图卡"飞机几乎垂直俯冲轰炸英国一处军事目标。没有地面部队的配合,"斯图卡"飞机取得的战果无法得到巩固。

尖叫死神　二战德国Ju 87"斯图卡"俯冲轰炸机战史

87飞机却重创了第特灵机场,空袭行动中炸死67人,包括基地指挥官爱德华·戴维斯空军上校;炸毁22架飞机,摧毁大量机库。"斯图卡"编队胜利返回加来南部40公里处的塔拉姆考特机场,编队没有任何损失,德国空军自我感觉这次的作战任务十分成功。但是,德国情报部门却出了错,第特灵机场并不是英国皇家空军的战斗机司令部驻地,这就意味着德国的"鹰日"当天的作战任务并未完成。

事实上,驻扎在第特灵的是皇家空军第500肯特郡(County of Kent)中队,这个中队自1939年初期开始隶属于海岸司令部,一直只装备埃维诺公司研制的"安森"Mk I侦察飞机这一个型号。"安森"是一款多任务飞机,可用于运输、侦察等任务,"安森"Mk I是侦察型号,第500中队主要执行远程海上侦察任务。虽然是战争时期,但第特灵机场没想到会得到德国空军的特别关注,当庞大的"斯图卡"飞机编队光临时,机场一位军械员大呼"我不知道我们有这么多(飞机)",这是他说的最后一句话。

第八航空军的西部单位也遇到了类似第二航空队的情况。8月14日,St.G 77联队的一个"斯图卡"编队在行动中未能找到沃姆威尔机场,编队只得随意把炸弹投在了多塞特的乡村,最后编队平安地返回了法国北部的卡昂机场。II/St.G 1大队由沃尔特·恩

■ 英国画家罗伯特·泰勒是世界著名的航空题材画家,他的大部分作品都跟英国保卫战有关,"斯图卡"和"喷火"是无论如何也不会漏掉的两款飞机。

尼塞拉斯上尉率领27架Ju 87R飞机组成的编队从英国莱姆里杰斯（Lyme Regis，在韦茅斯西北小港口城市）海岸进入英国本岛，他们轰炸的目标是中沃勒普的英国皇家空军机场。这次行动同样出了差错，恩尼塞拉斯的编队原本计划由Ⅱ/JG 53大队的30架Bf 109战斗机护航，由于燃油不足，Bf 109战斗机被迫提前返航，"斯图卡"编队在没有战斗机护航的情况下硬着头皮往前冲，但功败垂成。这回驻扎在沃姆威尔的皇家空军第609中队捡了大便宜，不仅如此，这次空战还被当时在波特兰一处山崖上的英国首相丘吉尔和一大批军方高官亲眼目睹，第609中队出尽了风头。

德国第八航空军的Ⅱ/St.G 1大队驻扎在法国西部——英吉利海峡最宽处，行动发生在下午，德国选择从目标的西部进入背对着太阳发起攻击，这条航线恰恰是最长的，英国中沃勒普实际离海岸只有40－50公里左右，德国选择这条航线除了机场驻地的因素外，这条航线英国防空力量也较弱。27架Ju 87飞机与30架Bf 109战斗机会合后从莱姆里杰斯海岸进入英国领空。英国方面，当天接到作战命令后，英国皇家空军第609中队13架"喷火"Ⅰ战斗机起飞奔赴莱姆湾拦截德国轰炸编队。由于缺乏资料，现在不清楚德国Bf 109战斗机是什么时候离开"斯图卡"编队的，从英国人描述击落Bf 109E战斗机来看，德国飞机编队进入英国后便遭到英国战斗机拦截，这点确定无疑，英国首相和一群高官正在波特兰港的一处山上看着空战，但是地点又与上段中莱姆里杰斯海岸有

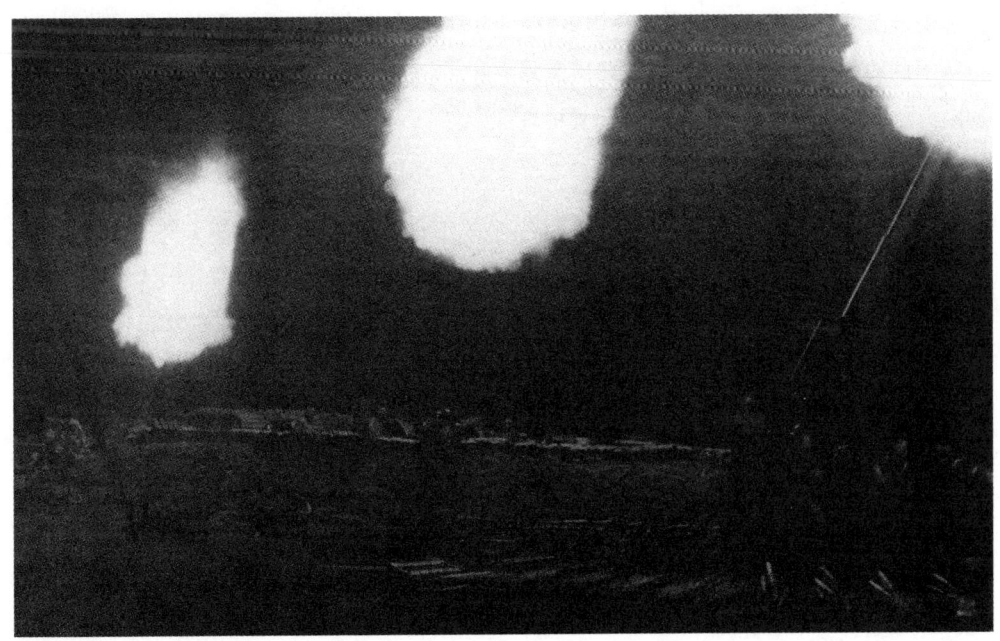

■英国地面高炮在怒吼。

尖叫死神
二战德国Ju 87"斯图卡"俯冲轰炸机战史

■ 轰炸英国本岛途中的"斯图卡"飞机编队。

矛盾,波特兰港与莱姆里杰斯有数十公里之遥。第二天的英国《泰晤士报》却称空战发生在多塞特海岸,这儿离莱姆里杰斯就更远了,"斯图卡"编队去轰炸中沃勒普无论如何也不会经过这里。更有甚者,英国第609中队王牌约翰·顿达斯空军中尉称此次空战德国出动了40架"斯图卡"飞机,为其护航的是40架Bf 109E和Bf 110战斗机。总之,这次遭遇战中,德国"斯图卡"飞机在一边倒的空战中被击落5架,还有1架被击伤后在返航的途中坠毁在英吉利海峡中,英国第609中队声称还有14架Ju 87轰炸机和Bf 109战斗机可能被击落或击伤,英国皇家空军第609中队13架战斗机没有任何损失。

同样是8月14日,第二航空队的2个"斯图卡"大队共计80架"斯图卡"飞机在JG 26联队的所有3个大队战斗机的护航下再次准备穿过多佛海峡对英国本岛目标实施轰炸。英国地面雷达及时发现了德国空军的动向,英国皇家空军立即派出4个中队起飞迎敌,这4个中队分别是第32中队(装备"飓风"Ⅰ战斗机)、第615中队(装备"飓风"Ⅰ战斗机)、第65中队(装备"喷火"Ⅰ战斗机)和第610中队(装备"喷火"Ⅰ战斗机),4个中队战斗机总数为42架。德国空军轰炸机编队出动时,英国皇家空军的拦截战斗机已经在多佛至福克斯通一带的海岸上空热情地等着德国飞机的到来,不久双方总计200多架飞机就在狭窄的空域发生了大规模空战,挂满炸弹的"斯图卡"飞机无法参加战斗,只有被动挨打的分儿,但性能更好的Bf 109E战斗机这次却很好地保护了Ju 87飞机,多佛海峡很窄,因此Bf 109E战斗机滞空时间长一些,没有丢下"斯图卡"飞机不管。混战中,LG 1联队的1架"斯图卡"飞机被英国皇家空军第615

中队的"飓风"Ⅰ战斗机击落,另1架被击伤,剩下的Ju 87飞机放弃进入英国本岛返回。在返回的途中,心有不甘的"斯图卡"飞机对英国1架小型舰船实施轰炸,最终炸沉了这艘船。此次空战中,德国Bf 109E战斗机共击落4架英国战斗机,自身损失1架。

24小时后,德国2个"斯图卡"大队终于突破英国皇家战斗机防线对目标实施了轰炸。8月15日,Ⅳ.(St)/LG 1大队只用了30分钟成功地飞抵霍金奇(Hawkinge,福克斯通正北约5公里处)机场,在实施轰炸前,驻扎在霍金奇机场的第501中队"飓风"Ⅰ战斗机对"斯图卡"编队发起了攻击,2架Ju 87飞机当即被击落。当天,Ⅱ/St.G 1大队由26架"斯图卡"组成的编队对英国利姆尼前线机场实施了轰炸,尽管编队在实施轰炸前进行编队重组时遭遇英国战斗机的拦截,但"斯图卡"飞机还是成功地完成了轰炸任务。8月15日这天2个"斯图卡"编队在行动中携带的是50公斤高爆炸弹,德国空军明显的意图是想把英国的飞机摧毁在地面,而不是此前希望炸毁机场设施让机场在较长时间内无法投入使用。不过,当天的两个空袭中,英国这两个前线机场在受到攻击时都没有飞机停在地面。

8月15日傍晚时分,第八航空军的Ⅰ/St.G 1大队和Ⅱ/St.G 2大队再次出动40架Ju 87R飞机,在JG 27大队和JG 53大队的60架Bf 109E战斗机,以及Ⅴ/LG 2大队的20架Bf 110C战斗机的护航下对波特兰港实施了

■德国"斯图卡"飞机利用机场旁边树林进行隐蔽的情况,除北非战场外其他战场均常出现。

尖叫死神　二战德国Ju 87"斯图卡"俯冲轰炸机战史

空袭。参与拦截德国轰炸编队的是英国皇家空军第87和第213中队"飓风"Ⅰ战斗机和第234中队的"喷火"Ⅰ战斗机，这次空战中，Ⅱ/St.G 2大队损失3架"斯图卡"飞机，Ⅰ/St.G 1大队损失1架，皇家空军第87中队击落其中3架，第213中队击落1架。

■英国人将被击落在本土的德国飞机收集起来，图中近处是2架Do 17轰炸机残骸，其前方为1架基本完好的Ju 87B飞机。

■和其他被"斯图卡"飞机轰炸的国家不同的是，英国也派出轰炸机轰炸德国本土目标，主要是德国军工生产企业和重要工厂。图中是英国皇家空军轰炸机在1940年6月30日空袭德国威斯尔"斯图卡"飞机生产厂，图中飞机从后座舱判断是Ju 87B型。

到目前为止，德国"斯图卡"部队计划迫使英国皇家空军放弃前线机场的作战目标并没有实现，英国的空军作战力量仍然顽强，像波兰战役和法国战役的那种闪电战术在英国战场未能奏效，究其原因，英国皇家空军战斗机是德国俯冲轰炸战术未能达到理想效果的主要原因，更深层次的原因是德国装甲部队未能参战，"斯图卡"飞机作为"闪电战"的一部分无法独立取得重要战果，也就是多兵种无法形成合力。虽然这个阶段德国"斯图卡"部队遭受损失并不算大（Ⅱ/St.G 2大队指挥官沃尔德玛·普利威格上尉被俘除外），但失败的阴影已经投下，随后3天的作战"斯图卡"终于遭受重大挫折。

8月16日，St.G 2联队的第Ⅰ和第Ⅲ大队组成的100余架飞机（包括Ⅱ/JG 2大队的Bf 109E战斗机）组成编队在中午出动执行轰炸唐格米尔前线机场的任务。编队首先向维特岛东部方向飞去，在接近维特岛东部的福兰德时，德国轰炸机编队长机释放闪光信号弹示意编队展开队形准备投入战斗，其中2架Ju 87飞机离开编队前去轰炸位于文特诺（Ventnor，维特岛正南方港口城市）的CH雷达站。"CH"即Chain Home，这是英国在二战初期建成的围绕英国本岛的早期预警雷达系统，四天前，德国空军Ju 88轰炸机已经对该处的雷达站进行了轰炸。St.G 2联队执行作战任务的同时，Ⅰ/St.G 3大队的"斯图卡"编队穿过斯皮特黑德海峡（Spithead，维特岛和朴茨茅斯之间）奔里昂索伦特（Lee-on-Solent，朴茨茅斯正西5公里），这里是英国皇家海军航空站，它的主要任务是在此拦截从西南方向进入唐格米尔（英国皇家空军战斗机司令部分部驻地）的德国轰炸机编队。德国空军Ⅰ/St.G 3大队的"斯图卡"编队此次任务就是消灭这个机场的飞机。

为了拦截超大规模的"斯图卡"编队，英国皇家空军前线机场的能参与拦截的战斗机全部升空作战，尽管如此，St.G 2联队的2个大队"斯图卡"飞机还是突破英国战斗机拦截对各自的目标实施了经典的"教科书"式的俯冲轰炸，Ju 87飞机背对太阳发起攻击，实施俯冲轰炸的飞机鱼贯而入，一架接一架地把炸弹精确地投向目标。唐格米尔机场的每个机库都被炸毁，机场大量建筑和设施也被摧毁，一些正在修理的飞机因再次遭到轰炸不得不注销。英国皇家空军夜间战斗机截击单位（NFIU）总共8架飞机全部被炸毁或炸伤，其中7架是安装了雷达的"布伦海姆"（Blenheim）战斗轰炸机，还有1架是英国皇家空军第一架夜间战斗机"英俊战斗机"（Beaufighter），两款飞机均是布列斯托尔公司研制的用于夜间战斗机的飞机，"英俊战斗机"是大型远程战斗机，以后它还会与"斯图卡"飞机遭遇。空袭中，20名军人和平民丧生。

英国皇家空军第1、第43和第601中队的"飓风"Ⅰ战斗机，以及第602中队的"喷

尖叫死神 二战德国Ju 87 "斯图卡"俯冲轰炸机战史

火"Ⅰ战斗机虽然全体出动也未能阻止德国的轰炸，但是，英国战斗机却在"斯图卡"飞机最易遭受打击的时候——投弹后改出俯冲状态并重新编队准备脱离战场对"斯图卡"飞机实施了猎杀行动，Ⅰ/St.G 2大队有3架Ju 87飞机被英国皇家空军第43中队击落，而在英吉利海峡上空，不少于6架Ju 87飞机（大部分属于Ⅲ/St.G 2大队）被击落，第六架"斯图卡"飞机被击伤后挣扎着返回，但最终在诺曼底海岸坠入海中。被击伤

■迫降在英国境内的1架Ju 87B飞机，飞行员和机枪手已经被抓走。图中飞机的后座舱已经消失，前座舱却完好，一般情况下，后座舱消失表明机枪手已经跳伞，前座舱完好说明飞行员未跳伞。当然，这架飞机这么完整肯定是飞行员迫降的。对英作战中，有一些德国飞行员在飞机无法返回时（如燃油不足，或是受伤）选择迫降在英国本岛。

■这架迫降的飞机没那么幸运，从现场飞机的残骸分析，迫降是成功的，至少没有翻滚或爆炸。现场是一块较为平坦的空地，这说明飞行员有意选择这块场地迫降的。

第三章 "斯图卡"俯冲轰炸机战史

■这架"斯图卡"飞机在英国迫降后拿大顶,飞行员和后座机枪手已经逃离了这架飞机。

的"斯图卡"飞机更多,有的即使返回基地也可能被注销,还有4架飞机返回法国基地时有的机组乘员要么已经死亡要么受伤,其中就包括Ⅰ/St.G 3大队的1架"斯图卡"飞机。

经历了两天高强度的作战,8月17日,德国空军休整一天,侦察行动也明显减少,当天唯一的损失是4/NJG 1大队的1架Ju 88夜间战斗机凌晨在英国哈姆伯上空被英国皇家空军第29中队的"布伦海姆"飞机击落。8月18日星期日,德国空军最后一次执行试图消灭英国战斗机司令部的行动,这次的空袭目标仍然以机场为主,但此次的行动攻击英国雷达站的任务比此前的要少。此次战斗是英国战役以来最为艰难的一天,冯·斯秋伯恩·威森泰德(Von Schonbor Wiesentheid)少校指挥的St.G 77联队遭受了从未有过的打击。

8月18日的战斗中,St.G 77联队所有三个大队均参与其中,驻扎在卡昂的Ⅰ/St.G 77大队28架Ju 87飞机主要空袭索尼(Thorney Island,朴茨茅斯正东10公里处的一个小岛)机场,Ⅱ/St.G 77大队28架Ju 87飞机主要轰炸福德(Ford,朴茨茅斯正东约35公里)的机场,而Ⅲ/St.G 77大队31架Ju 87飞机被分配轰炸位于波灵(Poling,福德东4-5公里)的雷达站。作为增援力量的Ⅰ/St.G 3大队共22架Ju 87飞机主要轰炸戈斯波特(Gosport,朴茨茅斯港西岸)的机场。

4个"斯图卡"大队从各自机场起飞

尖叫死神

二战德国 Ju 87 "斯图卡" 俯冲轰炸机战史

■ 图为Ⅲ/St.G 77大队大队指挥官荷尔马特·伯德的座机。

■ 荷尔马特·伯德是一位天才的飞行员，也是一位出色的指挥官，他在1940年5月任Ⅲ/St.G 77大队大队指挥官，1941年10月10日获得"骑士十字勋章"。他参加过法国战役、英国战役、巴尔干战役和苏联战役，他在二战中得以幸存，并且在1955年再次参加新德国空军，军衔晋升到上校。1985年4月13日去世。

后于13点45分在瑟堡上空会合，与"斯图卡"飞机编队会合的还有JG 27大队的70架和JG 53大队的32架Bf 109E战斗机，这是英国战役以来最大规模的"斯图卡"轰炸编队。Ⅲ/St.G 77大队由大队指挥官荷尔马特·伯德（Helmut Bode）上尉率领的Ju 87编队为先导，编队抵达维特岛最东部外海时，伯德上尉发出信号示意整个编队散开寻找各自的目标。英国皇家空军第601中队、第43中队、第602中队、第152中队、第234中队、第213中队和第609中队，以及FIU单位的2架"飓风"战斗机在内总计68架战斗机起飞后直接迎向近4倍于己的德国轰炸机群，4个"斯图卡"大队的3个突破英国战斗机的拦截成功地完成了俯冲轰炸，只有Ⅰ/St.G 77大队由赫尔伯特·梅塞尔上尉率领的编队在抵达索尼岛后变换到轰炸队形准备俯冲轰炸时遭到皇家空军第43和第601中队的拦截。仅仅在五分钟里,10架"斯图卡"飞机(包括大队指挥官荷尔马特·伯德上尉座机)被英国战斗机击落,另有10架被击伤,当天Ⅰ/St.G 77大队参加战斗的56人(每架飞机2人)中当即有17人丧生或严重受伤,也包括荷尔马特·伯德上尉,5人后来成了战俘,6人不同程度受伤并返回法国基地。索尼正东25公里处的福德前线,Ⅱ/St.G 77大队的"斯图卡"飞机在没有任何空中干扰的情况下对福德机场进行了毁灭性的轰炸,这个机场的损失极为严重,几乎是其他三个目标损失的总和,包括2个机库、1个飞机维护和保养区、燃油罐和油料储备点和大量机场建筑和设施等。机场地面有39架飞机被炸毁,其中13架彻底被炸毁无法再修复。地面人员有28人丧生。直到完成轰炸返航穿过博格诺海岸时Ⅱ/St.G 77大队的Ju 87编队才遭到紧急从西汉普奈特(博格诺北部偏西20公里)机场紧急起飞的英国皇家空军第602中队12架"喷火"Ⅰ战斗机的拦截。空战中,2架"斯图卡"飞机被击落坠入海中,另有2架被击伤,其中1架在英国小哈姆顿的一处高尔夫球场迫降,另1架"斯图卡"飞机挣扎着返回了法国,但却在巴尔福鲁尔坠毁。Ⅱ/St.G 77大队的Ju 87编队损失严重的原因是德国JG 27大队的Bf 109E战斗机未能及时赶到为返航飞机护航,但是,迟到的Bf 109E战斗机仍然在空战中击落4架"喷火"战斗机。

从福德向东穿过阿伦河就是波灵雷达站,这就是荷尔马特·伯德率领的"斯图卡"编队空袭目标。这支编队在轰炸过程中并没有遇到英国皇家空军飞机,但是和Ⅱ/St.G 77大队的情况一样,伯德率领的"斯图卡"编队在返航穿过博格诺海岸同样遇到英国皇家空军第602中队战斗机的拦截,混战中,只有1架"斯图卡"飞机被巴希尔·沃尔

■德国侦察机拍摄到的遭到空袭后的英国皇家空军福特机场,机场腾起了浓烟。这座机场受损严重,英国皇家空军的损失极大。

尖叫死神 二战德国Ju 87"斯图卡"俯冲轰炸机战史

(Basil Whall)中士击落。巴希尔·沃尔是英国击落7架敌机的王牌,在几分钟前他还击落过1架Ⅱ/St.G 77大队的"斯图卡"飞机。但是,这架被击中的"斯图卡"飞机在坠毁前,后座乘员斯切威米尔中士用7.9毫米MG 15机枪猛烈还击沃尔中士,沃尔的"喷火"战斗机发动机被击中起火,"斯图卡"飞机坠毁在小哈姆顿的外海中,斯切威米尔和Ju 87飞行员摩尔中士全部丧生。巴希尔·沃尔的"喷火"飞机也未能挣扎返回基地,最后沃尔选择在博格诺里杰斯的一处海滩成功迫降。后来在1940年10月7日,沃尔在一次空战中被击落丧生。空袭波灵雷达站返航遭拦截的战斗中,Ⅲ/St.G 77大队还有3架"斯图卡"飞机受伤,其中1架返回法国后坠毁,机组乘员全部丧生。

最西部的Ⅰ/St.G 3大队在轰炸戈斯波特机场时也未受干扰,俯冲轰炸过程十分顺利,但同样返回过程又遭遇英国战斗机拦截。Ⅰ/St.G 3大队的Ju 87飞机完成投弹任务后组成密集庞大的编队返航,这种防御队形十分密集,几乎是翼尖靠着翼尖,这么做的目标就是便于"斯图卡"飞机集中火力射击攻击的英国飞机,对英国战斗机来说,1架"喷火"飞机上的8挺机枪一次开火可以命中数个目标。虽然有利有弊,总的来说,对于轰炸机来说,组织防御队形比零散飞机单打独斗要好得多。

■这是一幅艺术画,在英国和德国,"斯图卡"飞机和"喷火"飞机都是主角。图中可见这架迫降的Ju 87B飞机机翼和垂尾上有"喷火"战斗机留下的弹孔。

第三章 "斯图卡"俯冲轰炸机战史

St.G 77联队3个大队在8月18日的战斗中共有17架"斯图卡"飞机被击落或注销,还有7架严重受伤,损失可谓惨重,因此,德国空军决定暂停"斯图卡"飞机参与英国战役。至此,"斯图卡"飞机在波兰和法国战场上树立的威震敌胆的神话被英国皇家空军打破。另外,由于德国空军情报上的错误,8月18日的空袭并没有消灭掉英国皇家空军战斗机司令部,三个被袭机场都不是战斗机司令部,例如在福德机场,被"斯图卡"飞机炸毁的13架飞机实际上是英国皇家海军航空兵的双翼飞机:5架"剑鱼"战斗机、5架"鲨鱼"(Shark)战斗机和2架"青花鱼"战斗机,还有1架不详。

8月18日的战斗是德国第八航空军最后一次执行大规模空袭任务,鉴于损失严重,且没有达到作战目的,这次战斗后,第八航空军被调往法国东部加来地区划归给第二航

■ 这两张照片都拍摄于1940年8月18日,飞机属于德国空军St.G 77联队的第7中队。

尖叫死神 二战德国Ju 87"斯图卡"俯冲轰炸机战史

空队指挥。在加来地区,所有"斯图卡"部队都不再参加轰炸英国本岛的战斗,当然英国此时也没能力反扑,所以,"斯图卡"部队驻扎于此只是作为一种作战力量的存在,目的在于威胁并震慑英国,给英国一个强烈的信号:德国入侵行动很快就会开始。但实际情况却不是这样,德国也只是虚张声势而已。在法国,德国"斯图卡"飞机没有到达瑞士边境,原因是德国空军高层不允许这么做,也没必要,法国投降了;在英国,"斯图卡"飞机没有进入英国中部作战,原因却是"斯图卡"飞机没这个能力,航程短和防空能力弱在波兰和法国战场不算是突出的缺点,在英国却是致命弱点。当德国入侵英国本岛的"海狮行动"行动事实上被搁浅后,大部分"斯图卡"大队一起返回到德国原驻地。

有一些"斯图卡"编队仍驻扎在法国北部一段时间,1940年11月上旬,这些规模不大的"斯图卡"又开始在英国肯特郡沿海执行一些零星的空袭英国护航舰队的任务,比如11月1日,驻扎在圣波尔的St.G 1联队的20架Ju 87B飞机空袭了多佛海峡和泰晤士河河口内航行的英国舰船。这次行动中,为"斯图卡"飞机护航的德国空军JG 26联队的战斗机完全压制住了英国皇家空军的"喷火"战斗机(第74和第92中队),因此,"斯图卡"飞机从容地俯冲轰炸,击沉2艘英国小型舰船。行动中,1架"斯图卡"飞机被英国舰船的高炮击中坠毁,机组乘员吉弗雷特斯·沃卡拉切随座机坠毁丧生,M.奥利尼尔则被英国鱼雷快艇救起成了战俘。

六天后,I/St.G 3大队的Ju 87飞机再次对泰晤士河河口内航行的英国舰船进行

■ 图为英国皇家海军"白鹭"号沿岸炮舰,这是世界上第一艘被空对舰导弹击沉的军舰,值得看一看它的尊容。

第三章 "斯图卡"俯冲轰炸机战史

■ 同样值得一看的是Do 217轰炸机携带Hs 293空对舰导弹。

了空袭,空袭行动中,英国皇家空军第249中队王牌尼尔空军少尉击落1架Ju 87B飞机,德国飞行员埃伯尔哈德·摩尔吉罗斯少尉受伤后被俘。被攻击的英国"白鹭"号(egret)[①]沿岸炮舰上的防空炮也在Ju 87B飞机俯冲轰炸时将其击落。英国排水量1700吨的商船"占星家"号被击沉,其他舰船被炸伤。

Ⅰ/St.G 3大队的Ju 87飞机在泰晤士河河口执行轰炸任务的同时,该大队其他少量Ju 87B对朴茨茅斯外海航行的英国舰船实施了轰炸,但没有舰船被击中。行动中,英国皇家空军第145中队试图拦截"斯图卡"飞机,但为"斯图卡"飞机护航的德国空军Ⅰ/JG 2大队的Bf 109E战斗机成功地驱散了英国拦截飞机,不仅如此,Bf 109E还在几分钟的空战中击落不少于5架"飓风"战斗机。第145中队的1架"飓风"战斗机设法躲开Bf 109E战斗机的拦截对1架落单的"斯图卡"飞机发起了攻击,英国方面称可能击落了这架Ju 87B飞机,其他的"斯图卡"飞机没取得战果,也没有受伤。

11月8日,Ⅰ/St.G 3大队和Ⅳ.(St)/LG 1大队分别出动40架"斯图卡"飞机,在Ⅰ/JG 51大队战斗机的护航下对航行在北肯特郡到埃塞克斯郡沿岸的英国舰船发起了攻击。为护航舰队提供空中掩护的只有装备"飓风"战斗机的第17中队一个单位,德国轰炸编队出动后,英国第17中队紧急从玛特莱斯哈姆驻地起飞前来拦截,由于德国护航战斗机太多,第17中队的"飓风"战斗机无法靠近"斯图卡"飞机编队,就在这时,皇

---

① "白鹭"号是世界上第一艘被导弹击沉的军舰。1943年8月27日,德国18架Do 217轰炸机携带Hs 293滑翔导弹对英国皇家海军位于比斯凯湾内的第40支援大队(40th SG)进行了空袭,空袭中,Hs 293导弹将"白鹭"号击沉,另有1艘护卫的驱逐舰"阿萨巴斯卡"号被炸伤。

| 尖叫死神 | 二战德国Ju 87"斯图卡"俯冲轰炸机战史 |

■德国"斯图卡"飞机轰炸英国军舰艺术画。

家空军第249中队和第46中队的战斗机及时赶到引开了德国编队的护航战斗机,这样第17中队得以放手对"斯图卡"飞机展开猎杀。此次空战中,英国第17中队声称击落了15架德国飞机,该中队5位王牌和中队指挥官法科尔中校(他也是王牌)击落了其中大部分。而事实上,此次行动中,德国只损失3架"斯图卡"飞机,其中2架属于Ⅰ/St.G 3大队,1架属于Ⅳ.(St)/LG 1大队,6名机组乘员全部丧生。Ⅰ/St.G 3大队的另1架"斯图卡"飞机由于燃油耗尽不得不在敦刻尔刻迫降。此次德国的轰炸行动中,英国方面没有舰船被击沉,但有数艘被炸伤,其中就包括皇家海军"温切斯特"号驱逐舰。

随后的11月11日和14日,德国"斯图卡"部队最后两次对英国泰晤士河河口和多佛海峡的舰船目标进行轰炸,两次行动中各有2架"斯图卡"飞机被击落,7名机组乘员丧生或失踪。但是,参与战斗的英国皇家空军第66和第74中队的飞行员却声称击落了16架Ju 87飞机。这两次行动后,德国"斯图卡"部队放弃了白天攻击英国东南方向近海航行舰船的轰炸行动。

但在12月,德国St.G 1联队从驻地被调往比利时的奥斯坦德,很明显,德国仍想空袭英国目标。上文提到过,"斯图卡"飞机第三阶段(也是最后阶段)在英国的作战任务是作为"飞行炮兵"扫清德国陆军前进方向的抵抗力量。1941年1月,德国"斯图卡"飞机重新出现在英国本岛上空,但这次已经远不是1940年夏天德国空军高层计划的"飞行炮兵"角色,实际上,"斯图卡"部队每次执行作战行动数量都不超过3架,而且执行的都是夜间任务。第一次执行此类任务是1941年1月15-16日夜晚,当时,2架"斯图卡"飞机对伦敦东南部的目标分别投掷了1枚SC 1000高爆炸弹,第三架"斯图卡"飞机空袭了多佛的一处目标。48小时

■由于白天的轰炸受挫,"斯图卡"飞机的轰炸任务改在了夜间,而且每次出动的编队只有2-3架"斯图卡"飞机。Ju 87飞机正在默默地退出英国战场。图为对英国泰晤士河港口进行夜间轰炸。

尖叫死神 二战德国 Ju 87"斯图卡"俯冲轰炸机战史

后,另一个三机"斯图卡"编队再次空袭了伦敦的目标。第二天夜晚,又有两个三机编队返回到伦敦上空执行任务。

由于天气转坏,夜间空袭英国目标的行动暂时停止。再次返回战场是1941年2月5日,当天早晨太阳刚刚升起时,St.G 1联队出动1架"斯图卡"在肯特郡沿海击沉英国皇家海军"托玛琳"号拖船,然而,刚刚完成轰炸任务的"斯图卡"飞机在返航时被皇家空军第92中队的4架"喷火"战斗机盯上。当时4架"喷火"战斗机正在巡逻,编队长机首先看到爆炸燃烧的拖船,他刚开始以为是这只船触雷爆炸,但他很快就发现了正在逃离现场的这架"斯图卡"飞机。英国"喷火"战斗机立即投入战斗,自恃逃生无望,德国飞行员果断转弯向英国芒斯顿地区飞去,指望在英国迫降。"喷火"战斗机在后面紧追猛打,"斯图卡"飞机疯狂地规避,就在德国Ju 87飞机准备在芒斯顿机场着陆时,福克斯(R.H.Fokes)空军少尉(他在二战中共击落9架敌机,在1944年6月的一次战斗中,他被击落身亡)最终将"斯图卡"飞机击落,机组乘员斯切米尔普冯尼格少尉(飞行员)和后座无线电操作员卡登中士当场毙命。这次行动中,德国"斯图卡"飞机明显知道向法国逃跑肯定是死路一条,因此选择了在英国迫降,英国皇家空军也明白德国飞行员的想法;更何况,这是一个得到1架完整"斯图卡"飞机千载难逢的好时机,但是,英国皇家空军一位飞行员解释说,一战时期的那种骑士精神绝对要不得,德国飞行员在攻击英国时心狠手辣,英

■英国皇家空军第92中队飞行员在检查被他们击落的"斯图卡"飞机。

国人没必要心慈手软，绝不能让德国飞行员完成了罪恶的杀戮，却心安理得地活着。再者，尽管英国皇家空军没有1架完整的"斯图卡"飞机用来研究，英国也没有与之匹敌的俯冲轰炸机，但是英国果断地击落"斯图卡"飞机也是在告诉德国，"斯图卡"飞机已经不再值得英国仔细研究。

2月11-12日夜晚，德国空军派出一支六机"斯图卡"编队对英国查塔姆的皇家海军一个船坞进行了轰炸。行动中，英国皇家海军"热心"号拖船用舰炮击落1架"斯图卡"飞机，终于为姊妹舰"托玛琳"号报了一箭之仇。第二天夜晚，德国空军又派出一支"斯图卡"编队轰炸了泰晤士河河口一处皇家海军船坞，这次行动中1架"斯图卡"飞机未能返回基地，但是英国方面也没有声称击落了这架飞机，德国方面只是称这架机身编号为"J9+LL"的Ju 87飞机和机组乘员利万多斯基技术中士和瑞尼尔中士失踪。这是德国Ju 87飞机在英国战场上最后一次有关损失方面的报道。自波兰战役以来到敦克尔刻行动，德国"斯图卡"飞机在战场上给敌对国带来了无尽的浩劫，一度人们谈之色变，但英国人却是"斯图卡"终结者，在英国战场，"斯图卡"的没落并没有伴随着"辉煌"，它的退出悄无声息，这是一种无奈，也是一种失败。

英国战役的简要过程和总结

德国空军在总结法国的战斗后，"斯图卡"单位第一次重新改组，这也是作战部队休整和补充飞机及人员的时候，这一切都是为了下一个重量级目标——英国。

对英国的行动包括两个明显的阶段，首先"斯图卡"飞机攻击英吉利海峡的英国舰只和精心选定的英国港口，其次在8月13日"鹰日"开始，对英国可以达到的陆上目标进行俯冲轰炸。1940年7月4日，第一阶段战役正式开始，德国空军首先轰炸了波特兰港的英国皇家海军基地，德国空军认为这次轰炸取得了很大的成功。7月18日开始后的28天里，德国空军分别对英国水上目标和港口目标进行了猛烈的轰炸，作战中只有18架"斯图卡"飞机被击落，英国的损失情况是2艘小型战舰和10艘运输船被炸沉，大量舰船被炸伤，港口设施损失未计在内。德国空军在使用"斯图卡"飞机俯冲轰炸时，有大量的重型战斗机为其护航，毕竟，英国是个航空大国，拥有大量的战斗机。但是，英吉利海峡并不像人们所描述的那样仅仅是"另一条比较宽的河流"。

随着与德国空军战事的进行，英国皇家空军飞行员逐渐摸清了"斯图卡"的弱点并找到了一些应对办法，特别是当"斯图卡"飞机刚刚开始俯冲时，或者在自动拉起恢复的最后时刻（这一时刻仅能维持几秒钟），正是"斯图卡"飞机最易受到攻击的时候，因为这个时候飞机速度小，操作舵面操作效率低而导致飞机机动性差。当"斯图卡"飞机做俯冲动作时，飞机的轨迹变化小，又是冲向地面，离地面的防空炮火越来越近，这

尖叫死神　二战德国 Ju 87 "斯图卡" 俯冲轰炸机战史

■应该说"斯图卡"飞机成功地完成了第一阶段的封锁英吉利海峡任务,在第二阶段的作战任务中,失去了德国装甲部队的配合,"斯图卡"飞机的作战显得孤立无援,加之深入英国本岛作战,其损失节节攀升,最终黯然退场。

是地面火力最佳的攻击"斯图卡"飞机时机。大部分 Ju 87俯冲轰炸时还打开了减速板,降低了俯冲速度,这也给英国地面炮火提供了机会。

在1940年8月对英国行动中,德国空军部署了10个"斯图卡"作战单位和316架"斯图卡"飞机,但是仅8月13日一天就有36架 Ju 87被击落(这个数据与上文并不一致,可能是单方面的说法),剩下的280架"斯图卡"飞机中只有220架还能够参加作战行动。

第二阶段对英国的军事行动中,德国空军付出了沉重的代价,英国人打破了"斯图卡"飞机的神话,直到这个时候,德国空军才意识到"斯图卡"飞机只有在几乎完全掌握了制空权的情况下才能使用。

根据德国人自己的统计,在1940年8月13日开始的第二阶段军事行动的前六天里,不少于41架"斯图卡"被击落,其中不包括20余架严重受伤的飞机返回的途中在法国境内迫降或坠毁的数量。尽管损失较大,"斯图卡"在行动中也取得了一些成功,例如在8月13日空袭皇家空军第特灵基地的行动中,"斯图卡"炸毁了22架停在地面的皇家空军飞机,"斯图卡"没有任何损失,其中1架"斯图卡"飞机避开4架英国飞机的拦截对目标进行了俯冲。8月16日,"斯图卡"对唐格米瑞机场进行了一次经典的俯冲轰炸,将这个机场彻底炸毁,当时,英国有4个战斗机中队在空中巡逻,没能及时拦截"斯图卡"飞机。随后,"斯图卡"飞机又对英国的几个预警雷达站进行了精确轰炸,虽然付出了一些代价,但还是使这些雷达站暂时无法使用,总的来说,德国的空袭行动损失率较高。

为此,"斯图卡"作战单位开始按戈林

第三章 "斯图卡"俯冲轰炸机战史

■德国对英国作战示意图。

的命令退出对英国的军事行动,把飞机部署到加来,德国官方承认,遭到英国的猛烈抵抗,德国"斯图卡"飞机损失惨重。有一段时间,有4个"斯图卡"单位仍没有撤出,为的是执行一些特殊的任务,比如攻击舰船,及一些夜间任务等,但仍无法掩盖退出

尖叫死神 | 二战德国Ju 87"斯图卡"俯冲轰炸机战史

■ 在对英作战期间,德国制作了一些"斯图卡"飞机模型,至今也不清楚德国这么做的目的是什么。可能是为了迷惑英国皇家空军的偷袭吧,在当时,英国还缺乏能力主动袭击德国目标。

对英作战的意图,事实上,这些"斯图卡"单位只对泰晤士港口执行了4次攻击任务。

自从参与对英国作战以来,"斯图卡"飞机屡屡受挫,虽然在第一阶段的封锁英吉利海峡行动中"斯图卡"完成了任务,第二阶段轰炸英国前线机场的空袭行动远不像波兰战役和法国战役那么顺利。被德国称为"仅仅是比较宽的河流"的英吉利海峡阻止了"斯图卡"飞机前进的步伐,"斯图卡"飞机腿短的问题在波兰战场和法国战场不是太大问题,但在英国战场它就是大问题了。Ju 87R的航程比Ju 87B远一倍,但战术使用上却出现很多不便,最主要问题就是德国人热衷的"闪电战"派不上用场,很难达成战术的突然性,已经获得的战果得不到巩固。这对英国方面来说就是有充足的战斗准备时间,而且损失可以得到迅速补充。对于驻扎在法国西部英吉利海峡最宽处的德国空军来说,Ju 87R的航程勉强够用了,但它却带来了另一个问题,德国性能最好的护航战斗机Bf 109的航程跟不上Ju 87R的"步伐",双发重型战斗机Bf 110C的航程足够,性能却不如英国"喷火"和"飓风"战斗机,8月14日的护航行动中,Bf 109E战斗机因燃油不足提前退出护航任务,让"斯图卡"飞机完全陷入挨打的境地。在多佛海峡一带,航程不再是问题,但"斯图卡"飞机仍没有像拥护它的人期望的那样给英国人以痛击,根本原因就是"斯图卡"飞机在执行轰炸任务时遭遇到英国战斗机的拦截,这是Ju 87飞机最为致命的缺点,也是它由成功走向失败的唯一致命因素。在西班牙战场上,"秃鹰军团"对Ju 87的精确俯冲轰炸极为欣赏,这是"斯图卡"后来越来越受到重视的促发因素,但是,上文提到过,Ju 87在西班牙战场最遗憾的是没有在空中遭遇对手,它直接导致了Ju 87在设计过程中没有着重考虑遇到战斗机时如何自保。在波兰战场和法国战场上,德国对手的战斗机力量要么弱小,要么根本就没来得及发挥作用,"斯图卡"飞机就是在这种环境下作战的。一系列的胜利让德国空军对"斯图卡"飞机的信任有增无减,因此在第一和第二阶段作战计划中,"斯图卡"飞机首当其冲。其实在第一阶段封锁英吉利海峡的作战中,Ju 87飞机的弱点已经开始显现,那就是:没有战斗机护航是多么的可怕!

这个阶段"斯图卡"飞机作战不成功还有很多理由,如缺乏有效的组织,英国持续不断地派出战斗机拦截,德国空军对"斯图卡"飞机的作战装备不足等,总之,这些都是在欧洲战场没有遇到的。过于顺利往往就潜伏着重大危机,"斯图卡"的经历只是刚刚印证这句话。即使是俯冲轰炸最铁杆支持者也不得不承认在没有制空权的情况下Ju 87飞机并不是一款战略武器。英国人当然不是傻瓜,他们顽强的抵抗让德国人明白了英吉利海峡"不仅仅是比较宽的河流",这条所谓的"河流"让英国人有充分时间研究打击"斯图卡"飞机的战术。在8月16日的战斗中,英国皇家空军采取的战术是第602中队的"喷火"战斗机负责吸引德国Bf 109战斗机,而"飓风"战斗机负责攻击"斯图卡"飞机,这种分工明确的战术起到了很好的效果。

■对英作战期间的"斯图卡"飞机编队。虽然这场战役中"斯图卡"飞机受到挫折,这并不能说明俯冲轰炸机就一无是处了,下一场战争中,"斯图卡"飞机再次显示威力,而这仍然跟德国地面装甲部队配合有关。

"斯图卡"部队战斗序列

波兰:1939 年 9 月 1 日

第三航空队	驻地:纽伦堡附近罗斯	司令:胡戈·施佩勒空军元帅	
第三航空队第 6 航空师		司令:奥特·蒂斯罗切准将	
Ⅲ/St. G 51	驻地:威尔斯姆	指挥官:冯·克里特兹少校	座机:Ju 87B 31-29
第一航空队	驻地:什切青–亨宁索尔姆	司令:阿尔伯特·凯塞林空军元帅	
第一航空队第 1 航空师		司令:乌尔里希·格劳尔特中将	
Ⅰ/St. G 2	驻地:斯托尔普赖茨	指挥官:斯切米德特上尉	座机:Ju 87B 35-34
Ⅲ/St. G 2	驻地:斯托尔普怀斯特	指挥官:奥特上尉	座机:Ju 87B 36-34
Ⅳ. (St)/LG 1	驻地:斯托尔普赖茨	指挥官:考吉尔上尉	座机:Ju 87B 39-37
4. St/Tr. Gr 186	驻地:斯托尔普怀斯特	指挥官:布拉特尼尔上尉	座机:Ju 87B /C 12-12
东普鲁士德国空军司令部		司令:威尔海姆·威米尔中将	
Ⅰ/St. G 1	驻地:埃尔宾	指挥官:豪兹尔上尉	座机:Ju 87B 38-38
第四航空队	驻地:莱辛巴切/西里西亚	司令:亚历山大·勒尔空军上将	
第四航空队第 2 航空师		司令:布鲁诺·劳兹尔准将	
Ⅰ/St. G 2	驻地:尼德尔·埃尔古斯	指挥官:迪诺特少校	座机:Ju 87B 38-37
ZBV 航空单位①		司令:沃尔弗拉姆·冯·里希特霍芬准将	
Stab St. G 77②	驻地:纽道夫	指挥官:斯切瓦尔兹科普夫上校	座机:Ju 87B 3-3
Ⅰ/St. G 77	驻地:奥特马斯	指挥官:冯·达尔威格上尉	座机:Ju 87B 39-34
Ⅱ/St. G 77	驻地:纽道夫	指挥官:冯·斯乔伯恩上尉	座机:Ju 87B 39-38
Ⅰ/St. G 76	驻地:尼德尔·埃尔古斯	指挥官:希格尔上尉	座机:Ju 87B 36-28

挪威:1940 年 4 月 9 日

Ⅹ 航空军	驻地:汉堡	司令:阿尔伯特–凯塞林空军元帅	
Ⅰ/St. G 1	驻地:基尔–霍尔特瑙	指挥官:豪兹尔上尉	座机:Ju 87R 39-33

---

① ZBV 航空单位,意思是特别航空单位(Fliegerführer z. b. V.)。
② Stab 德语的意思是司令部直属单位。

第三章 "斯图卡"俯冲轰炸机战史

低地国家和法国:1940年5月10日

第二航空队	驻地:蒙斯特	司令:阿尔伯特-凯塞林空军元帅	
第八航空军		司令:沃尔弗拉姆·冯·里希特霍芬准将	
Stab St. G 2	驻地:科隆-奥斯特海姆	指挥官:迪诺特少校	座机:Ju 87B 3-3
Ⅰ/St. G 2	驻地:科隆-奥斯特海姆	指挥官:希特斯切豪尔德上尉	座机:Ju 87B 40-23
Ⅲ/St. G 2	驻地:诺威尼切	指挥官:冯·斯乔伯恩上尉	座机:Ju 87B 38-27
Ⅰ/St. G 76	驻地:科隆-奥斯特海姆	指挥官:希格尔上尉	座机:Ju 87B 39-34
Stab St. G 77	驻地:科隆-布特兹韦勒霍夫	指挥官:斯切瓦尔特兹科普夫上校	座机:Ju 87B 4-3
Ⅰ/St. G 77	驻地:科隆-布特兹韦勒霍夫	指挥官:冯-达尔威格上尉	座机:Ju 87B 39-31
Ⅱ/St. G 77	驻地:科隆-布特兹韦勒霍夫	指挥官:普利威格上尉	座机:Ju 87B 39-30
Ⅳ.(St)/LG 1	驻地:杜伊斯堡	指挥官:科斯尔上尉	座机:Ju 87B 39-37
第三航空队	驻地:巴德·奥伯	司令:胡戈·施佩勒空军元帅	
第一航空军		司令:乌尔里希·格劳尔特中将	
Ⅲ/St. G 51	驻地:科隆-瓦恩	指挥官:冯·克里特兹少校	座机:Ju 87B 39-31
第二航空军		司令:布鲁诺-劳兹尔中将	
Stab St. G 1	驻地:希格堡	指挥官:巴伊尔上校	座机:Ju 87B 3-3
Ⅱ/St. G 2	驻地:希格堡	指挥官:恩尼塞拉斯少校	座机:Ju 87B 38-33
Ⅰ.St/Tr. Gr 186	驻地:海姆威勒	指挥官:哈根上尉	座机:Ju 87B 39-36

英国战役:1940年8月13日

第二航空队	驻地:比利时布鲁塞尔	司令:阿尔伯特·凯塞林空军元帅	
第二航空军		司令:布鲁诺·劳兹尔中将	
Ⅱ/St. G 1(Ⅲ/St. G 51)	驻地:诺伦特冯特斯	指挥官:凯尔上尉	座机:Ju 87B 38-30
Ⅳ(St)/LG 1	驻地:特拉姆考特	指挥官:冯·布劳切斯特切上尉	座机:Ju 87B 36-28
第三航空队	驻地:巴黎	司令:胡戈·施佩勒空军元帅	
第八航空军		司令:沃尔弗拉姆·冯·里希特霍芬准将	
Stab St. G 1	驻地:法国昂热	指挥官:哈根(Hagen)少校	座机:Ju 87B 3-2
Ⅰ/St. G 1	驻地:法国昂热	指挥官:豪兹尔少校	座机:Ju 87R 39-27
Ⅲ/St. G 1(Ⅰ.St/Tr. Gr 186)	驻地:法国昂热	指挥官:马尔克上尉	座机:Ju 87B 38-26
Stab St. G 2	驻地:圣·马罗	指挥官:迪诺特少校	座机:Ju 87B 4-3

续表

部队	驻地	指挥官	座机
Ⅰ/St. G 2	驻地:圣·马罗	指挥官:希特斯切豪尔德上尉	座机:Ju 87B 35-29
Ⅱ/St. G 2	驻地:拉尼永	指挥官:恩尼塞拉斯少校	座机:Ju 87B 2-2 和 Ju 87R 37-31
Ⅲ/St. G 2	驻地:-	指挥官:布鲁科尔	座机:Ju 87B
Stab St. G 3	驻地:卡昂	指挥官:-	座机:Ju 87B 5-2
Ⅰ/St. G 3	驻地:卡昂	指挥官:希格尔	座机:Ju 87B 24-14
Stab St. G 77	驻地:卡昂	指挥官:冯·斯乔伯恩少校	座机:Ju 87B 4-3
Ⅰ/St. G 77	驻地:卡昂	指挥官:梅塞尔上尉	座机:Ju 87B 36-33
Ⅱ/St. G 77	驻地:卡昂	指挥官:-	座机:Ju 87B 37-25
Ⅲ/St. G 77(Ⅱ/KG 76)	驻地:卡昂	指挥官:伯德	座机:Ju 87B 38-37

"斯图卡"部队"骑士十字勋章"(1940年)

姓名	颁奖日期	结局
1. 豪兹尔·保罗·威尔尼尔上尉	1940年5月8日	
2. 摩布斯·马丁少尉	1940年5月8日	1944年6月2日(服役期间死亡)
3. 斯查菲尔·埃尔马尔中尉	1940年5月8日	
4. 格里恩兹尔·吉尔哈德中士	1940年5月8日	1941年1月10日(作战失踪)
5. 迪诺特·奥斯卡尔少校	1940年5月8日	
6. 冯·达尔威格上尉	1940年7月21日(追授)	1941年7月9日(作战期间死亡)
7. 恩尼塞斯特·沃尔特上尉	1940年7月21日	
8. 哈根·沃尔特少校	1940年7月21日	
9. 希特斯切豪尔德·胡伯图斯上尉	1940年7月21日	
10. 冯·斯乔伯恩少校	1940年7月21日	1944年8月30日(服役期间死亡)
11. 希格尔·沃尔特上尉	1940年7月21日	1944年5月8日(服役期间死亡)
12. 凯尔·安东上尉	1940年8月19日	1941年8月29日(作战期间死亡)
13. 布兰登堡·约翰尼斯中尉	1940年9月18日	1942年2月28日(作战期间死亡)
14. 冈瑟尔·斯切瓦尔特兹科普夫上校	1940年11月24日	1940年5月14日(作战期间死亡)
15. 普里威格·沃尔蒂玛尔上尉	1940年12月14日	1940年8月8日(战俘)

第三章 "斯图卡"俯冲轰炸机战史

第二篇 地中海和北非战场再现"辉煌"

一、地中海战场（1941年1月10日至1月26日）

在二战爆发的头一年里，Ju 87俯冲轰炸机转战南北，身经百战，赢得了令人胆寒的名声。在二战初期，Ju 87飞机和德国装甲部队组成的打击力量创造了所向披靡的"闪电战"，Ju 87就是新型闪电战术的核心。在波兰战役、低地国家和法国战役中，Ju 87俯冲轰炸机被德国空军作为先头部队和突击力量总是率先对敌人发起猝不及防的精确俯冲轰炸。饱受俯冲轰炸之苦的军队甚至在看到Ju 87飞机独特的倒海鸥翼外形，最恐怖的是听到俯冲时尖厉如魔鬼般的声音都会不由自主地战栗不止，即使是世界上纪律最严明的军队也不例外。对于1940年夏初那些大逃亡的平民来说，甚至是"斯图卡"三个字就足以引起一大片骚乱。

Ju 87飞机的命运转折是德国空军元帅

■Ju 87R-2飞机。

尖叫死神　二战德国Ju 87 "斯图卡" 俯冲轰炸机战史

戈林在1940年8月下令"斯图卡"大队穿越英吉利海峡对英国本岛目标发起攻击，正是在这次战役中，Ju 87飞机不可战胜的神话才被打破，它悄无声息地退出了英国战场，带着失败和沮丧。德国空军不得不承认，在斗士顽强、组织有序的战斗机面前，Ju 87飞机自卫能力差，容易受到攻击，为此，德国空军再也不在白天组织大规模的编队轰炸英国的目标。

但是，英国战场的表现让德国人看清了Ju 87飞机弱点的同时，也让德国人坚信，在敌人战斗机力量薄弱（德国完全掌握制空权），缺乏早期预警雷达和地面指挥系统的战场上"斯图卡"飞机仍然是可靠有效，具有决定性的打击力量。因此，在1940年12月10日，希特勒批准在挪威执行轰炸舰船的X

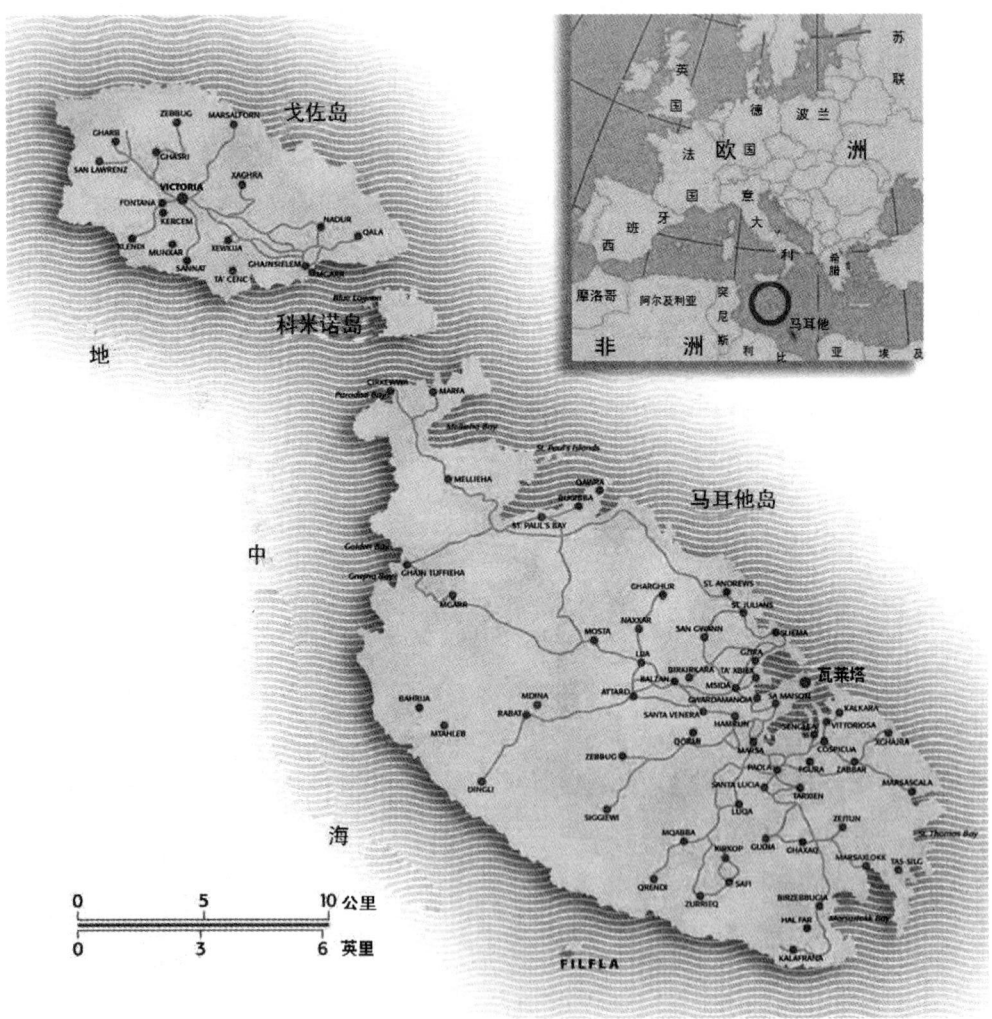

■马耳他地图。

航空军从挪威调往西西里岛以协助他的盟友墨索里尼在地中海战场上作战。被调往地中海地区的是驻扎在法国加来地区的两个"半开工"状态的"斯图卡"大队,自从德国逐渐放弃进攻英国本岛作战计划后,这两个"斯图卡"大队就一直赋闲无事。

经过两个星期的筛选,德国空军最终确定豪兹尔·保罗·威尔尼尔上尉指挥的Ⅰ/St.G 1大队和沃特·恩尼塞拉斯少校指挥的Ⅱ/St.G 2大队,这两个大队进驻意大利半岛并受St.G 3联队(上文提到过,这个联队到目前为止仍只有一个大队)的直接指挥。截至12月26日,两个"斯图卡"大队分别抵达意大利雷焦·艾米利亚(Reggio Emilia,意大利中部)和弗利(Forli,在雷焦·艾米利亚东南100余公里处),这两个大队都有一些"斯图卡"飞机因需要修理后来才抵达,而地勤人员和重要设备通过Ju 52运输机运抵目的地。

1941年1月2日,St.G 3联队的第一架Ju 87飞机降落在被指定的特拉帕尼(Trapani,意大利西西里岛西北岸港口城市)俯冲轰炸机基地,随后的几天里,联队的两个大队共约80架"斯图卡"飞机也抵达特拉帕尼机场。

希特勒早先的作战意图是将X航空军调往地中海地区驻扎有限时间以攻击经过西西里岛和北非之间西西里海峡的英国舰船,确切地说,是英国皇家海军驻扎在地中海的

■转场到盟国意大利。"斯图卡"飞机可以转场飞行到目的地,地勤人员和重要设备可以通过Ju 52运输机空运,一些大型设备只能通过铁路运输。

尖叫死神 二战德国 Ju 87 "斯图卡" 俯冲轰炸机战史

■图中这架飞往意大利途中的飞机应该是Ju 87C型，注意看后起落架的着舰钩。德国首批"斯图卡"飞机进驻意大利一年后，几架Ju 87C也飞往意大利供意大利海军测试评估，图中飞机下方就是阿尔卑斯山脉。

"光辉"号（Illustrious）航空母舰。"光辉"号是"光辉"级航母的首制舰，1940年8月加入英国海军地中海舰队，其排水量为23000吨。1940年11月11日，英国海军以"光辉"号航母为核心，利用舰载飞机袭击了意大利海军基地塔兰托，意大利海军3艘战列舰被击沉，其海军力量几乎被全军覆灭。消灭了意大利海军后，英国地中海舰队就完全掌控了地中海局势，这对德国非洲战场行动构成了严重的威胁，因此，"光辉"号航母成了轴心国第一个要消灭的目标。鉴于"斯图卡"飞机精确的俯冲轰炸战术，德国希望借此消灭英国地中海舰队力量，St.G 3联队被派往意大利就是执行舰船精确轰炸任务。

英国"光辉"号航母在设计时着重强调了飞行甲板的抗打击能力，但据德国方面估计，如果直接命中"光辉"号4枚500公斤的高爆炸弹就可以确保将其击沉。尽管此前德国"斯图卡"飞机还没有击沉过这么大尺寸的军舰，但德国飞行员却相当自信，能命中尺寸很小的诸如护卫舰一类目标，像航母这类甲板面积达到6500平方米的目标更不在话下。虽说如此，德国飞行员也不敢怠慢，为了完善俯冲轰炸战术，飞行员利用特拉帕尼不远处岸边锚定的一个具备航母轮廓的漂浮物进行俯冲轰炸训练。但时间实在是仓促，没训练几次战斗就来临了。

1941年1月6日，英国皇家海军发动了代号为"超额行动"(Operation Excess)的军

■英国皇家海军"光辉"号航母。以"光辉"号航母为首的英国舰队消灭了意大利海军,解除了英国的后顾之忧,德国和意大利一直对威胁轴心国地中海安全的英国舰队心有余悸,决心除之而后快。

事行动,这次行动的主要目的是从地中海东西两个方向向地中海中部的马耳他进发以支援当地的皇家海军。马耳他就在意大利西西里岛正南方100余公里处,这里的地理位置非常重要,轴心国已经在计划攻占这个面积不大的岛国,英国得到轴心国计划后抢先行动一步。从地中海最东面埃及亚历山大港出动的舰队包括"沃斯派特"号(Warspite)和"勇士"号(Valiant)战列舰,以及"光辉"号航母。四天后,英国护航舰队驶进西西里岛基地的"斯图卡"飞机作战半径内。1月10日中午刚过,英国舰载雷达就发现一支大型飞机编队从北部向舰队快速靠近,这

实际上就是由43架Ju 87飞机组成的"斯图卡"编队,Ju 87飞机来自Ⅱ/St.G 2大队和Ⅰ/St.G 1大队,两个"斯图卡"大队的指挥官恩尼塞拉斯少校和豪兹尔上尉分别率领编队参战。

这次战斗,德国和意大利方面精心做了准备,战术安排也非常细致。英国"光辉"号航母上的"管鼻䴉"(Fulmar)战斗机是轴心国打击飞机的大敌,俯冲轰炸也好,鱼雷攻击也好都需要没有敌方战斗机干扰的情况才能达到最佳效果,为此,德国和意大利决定利用意大利空军SM 79鱼雷轰炸机将英国"管鼻䴉"战斗机从英国2艘战列

尖叫死神　二战德国Ju 87"斯图卡"俯冲轰炸机战史

舰上空引开，尔后"斯图卡"飞机从低空进入再爬高实施俯冲轰炸，这个牵制战术需要把时间算得非常精确。当天的行动中，意大利空军SM 79飞机成功将英国舰载战斗机引开，随后10架"斯图卡"飞机向没有空中护航的2艘战列舰发起了攻击。英国战列舰用各种口径高炮猛烈向Ju 87R飞机射击，与此同时，"光辉"号航母上新一拨"管鼻藿"战斗机从航母起飞后正吃力地爬升高度前来救援。其实，这也是德国和意大利的战术，就是将英国"光辉"号航母上的战斗机全部引开，让英国航母无战斗机为其护航，航母只能依靠自己的高炮防空，德国真正的目标是航母。不管是战列舰上的高炮还是航母上的高炮对于"斯图卡"飞机来说都不是主要威胁，高炮无法阻止"斯图卡"飞机俯冲轰炸。"管鼻藿"战斗机被引开后，德国"斯图卡"飞机立即爬升到"光辉"号航母上空4000米高度准备占位攻击。

"斯图卡"飞机在英国舰队上空组成一个大环形攻击队形，这是俯冲轰炸前"斯图卡"飞机通常采用的队形，随后在长机的带领下，"斯图卡"飞机一架接一架地俯冲向"光辉"号航母发起攻击。Ju 87飞机几乎是垂直俯冲向下，投掷的炸弹呈一条直线从天而降。为了命中精度，德国飞行员选择更

■德国"斯图卡"飞临到英国"光辉"号航母上空准备轰炸。

第三章 "斯图卡"俯冲轰炸机战史

■ 正在遭受"斯图卡"飞机空袭的英国"光辉"号航母。

■ "光辉"号航母后甲板被Ju 87B的1枚SC 500炸弹贯穿到舰体内部爆炸。

低的高度才释放炸弹,毕竟航母是难得的高价值目标。从俯冲状态改出时,"斯图卡"飞机几乎是从"光辉"号甲板上擦肩而过,飞行高度比航母的烟囱还低。英国舰队雷达首次发现轴心国飞机编队到挨第一枚炸弹轰炸仅仅不过八分钟时间,第一枚炸弹穿过航母炮位进入舰体内部爆炸。第二枚炸弹击中航母靠近舰艉位置,第三枚炸弹则炸毁了舰桥处的一个炮位,第四枚炸弹命中后升降机下面的位置,航母甲板下机库内飞机全被炸毁,航母后面炮位也全部被炸飞。令人难以置信的是,两分钟后,另一位德国飞行员又将一枚炸弹从被炸毁的后升降机处投进了航母内部,这枚炸弹的爆炸引起了航母内弹药

287

尖叫死神 二战德国Ju 87"斯图卡"俯冲轰炸机战史

■四幅图显示的是"光辉"号航母附近落下的炸弹爆炸情况,一次比一次更靠近航母。需要指出的是,这种在军舰附近的爆炸有时比直接命中造成的危险更大,比如在军舰后下方爆炸易造成军舰发动机受损而无法航行,或是将军舰的水密箱炸坏导致军舰失常等。

库和燃油的连锁爆炸,航母陷入一片火海。第六枚也是最后一枚炸弹撕裂航母甲板钻入航母内部爆炸。

德国人设想4枚重磅炸弹就可以炸沉英国"光辉"号航母,而实际上6枚炸弹直接命中航母,还有3枚炸弹与航母擦肩而过,但这3枚炸弹爆炸的破坏力同样不小,其中1枚炸弹在紧靠着航母侧舷处爆炸,航母上的前升降机被炸毁,这次甲板下方机库前后被炸通,航母立即激起更大的火焰和浓烟,整个航母从前向后都在燃烧,如同海上移动的火炬。万幸的是航母发动机在空袭中未遭受大的破坏,工作仍然正常,因此,航母失去作战能力后驶向马耳他,舰上管损部门竭力

第三章 "斯图卡"俯冲轰炸机战史

■攻击舰船是"斯图卡"飞机的拿手好戏。

■"斯图卡"飞机飞临地中海上空。

灭火。尽管随后"斯图卡"飞机对"光辉"号航母又实施了2次空袭，但伤痕累累的航母毁伤情况并没加重多少，最主要的是发动机仍然完好，最终，在当天晚些时候"光辉"号航母抵达马耳他。

英国人的恶梦刚刚开始，远没有结束。

尖叫死神　二战德国Ju 87"斯图卡"俯冲轰炸机战史

1月11日，德国人获得情报称一支英国舰队正向东驶离马耳他。中午刚过，恩尼塞拉斯率领由10架"斯图卡"飞机组成的编队立即起飞前去拦截。在Ju 87R飞机的极限距离处，"斯图卡"编队发现了英国皇家海军"格洛塞斯特"号（Gloucester）和"南安普顿"号（Southampton）巡洋舰。"斯图卡"飞机立即背对着太阳对2艘巡洋舰发起了攻击，英国这2艘巡洋舰都被俯冲投下的炸弹命中，其中"南安普顿"号至少命中2枚高爆炸弹，巡洋舰被严重炸毁，整个军舰从头到尾腾起雄雄烈焰，后甲板下方大量船员被困无法逃生。最致命的是"南安普顿"号动力完全丧失，最终英国人不得不放弃该舰，幸存的船员被"格洛塞斯特"号和"宝石"号（Diamond）号驱逐舰救起后，"南安普顿"号被"格洛塞斯特"号发射的1枚鱼雷和"猎户座"（Orion）轻巡洋舰发射的4枚鱼雷击沉。

取得又一次胜利后，德国人和意大利人再次把注意力投向了英国"光辉"号航母，没有将其炸沉始终让德国人不得安心。在接下来的12天里，马耳他瓦莱塔（Valeta）船坞的工人日以继夜地加班加点修理被严重炸伤的"光辉"号航母。"光辉"号的伤情不是一两个星期，也不是一两个月就能修理好

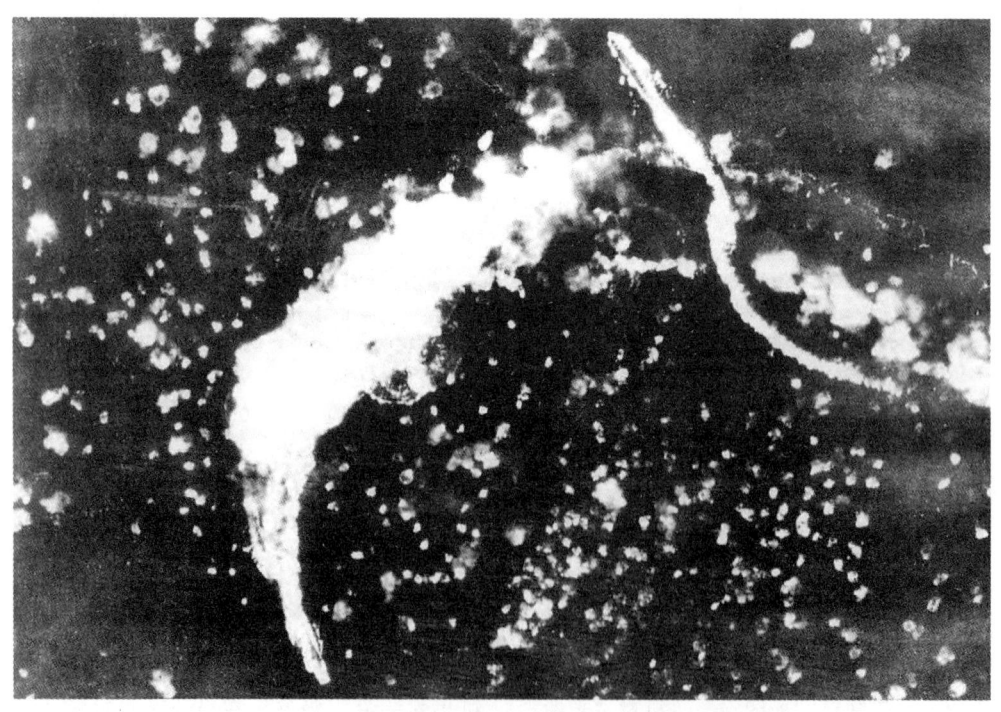

■中弹后的"光辉"号航母犹如一把巨型火把，此时，为了避免再次遭受打击，这艘航母仍在做规避机动，这一切都得益于航母的动力系统未严重破坏。这张照片是德国飞行员拍摄的，图中无数的"棉花团"是高炮爆炸产生的小云团，有一艘巡洋舰也在疯狂地做规避动作。

第三章 "斯图卡"俯冲轰炸机战史

■同时遭到轰炸的还有"格洛塞斯特"号巡洋舰，图中可见该舰既被炸弹直接命中，也有炸弹在军舰旁边爆炸。在此次空袭中，"格洛塞斯特"号只是受伤，随后的5月，该舰再次遭到轰炸，命运终于没能再次眷顾它。

■在瓦莱塔船坞中修理时，德国再次对"光辉"号航母发起了攻击，不将其炸沉决不收手。

尖叫死神 二战德国Ju 87"斯图卡"俯冲轰炸机战史

■空袭任务结束后,德国侦察机再次返回瓦莱塔港进行战果评估拍照,"光辉"号航母所在的船坞腾起数公里高的黑色烟柱,照片上清楚可见。

的,瓦莱塔船坞也没这个能力完全修复"光辉"号航母,英国皇家海军的目的就是在马耳他修理使得航母使之达到出航能力就行,然后尽快离开马耳他这个是非之地到埃及亚历山大港。德国方面却发誓不让"光辉"号航母逃出马耳他,为此,1月13日,Ⅰ/St.G 1大队出动"斯图卡"飞机对在船坞中修理的航母实施了轰炸,这次行动中,每架Ju 87R都携带1枚1000公斤的重磅炸弹。德国这种做法明显是过于心急了,已经严重受伤的"光辉"号并不需要1000公斤的炸弹来"问候",再多几枚500公斤炸弹如果命中就完全可以加重航母的伤情,而携带1000公斤的炸弹明显地恶化了"斯图卡"飞机的性能,降低了俯冲轰炸精度,实战中,没有1枚炸弹直接击中"光辉"号航母。三天后(1月16日),德国和意大利再次发动马耳他历史上最大规模的联合空袭行动,这次行动共有44架"斯图卡"飞机参加(编队还有其他轰炸机和护航战斗机),这又是一场极为惨烈的战斗,马耳他岛上英国并没有多少战斗机,防空完全依靠地面高炮。德国"斯图卡"飞机冒着枪林弹雨义无反顾地俯冲轰炸,前面飞机投下的炸弹爆炸后升起的烟尘遮天蔽日,即使在这种情况下,仍然会有"斯图卡"飞机冒着极大的危险穿过烟尘实施俯冲轰炸,完成投弹后,"斯图卡"飞机几乎是贴着水面(英国人甚至看到1架飞机离水面只有几英寸)离开,离水面只有几英寸也许有点夸张,但高度确实非常低,遇到防波堤时"斯图卡"飞机不得不提升高度才能飞过。德国飞行员的勇气和决心让英

■1000公斤的SC 1000炸弹体积和重量都较大,挂弹十分不易。图中显示的是苏联战场的1架Ju 87D在装弹,这么重的炸弹肯定会对"斯图卡"飞机的操作性能有较大的影响。

尖叫死神 二战德国Ju 87"斯图卡"俯冲轰炸机战史

■图中两枚SC 1000炸弹,可以与人做个比较,这么大的炸弹,地勤人员闲着没事无法将其作为桌子打牌了,因为人坐着时头部跟炸弹差不多等高了。图后是1架He 111轰炸机。

国人都不得不佩服。这次空袭行动规模非常大,战果却寥寥,除了瓦莱塔的格兰特港严重受损外,1架Ju 87R投下的炸弹又一次命中"光辉"号航母倒霉不断的后升降机,德国人没有实现彻底炸毁"光辉"号航母的目标。

1月16日的空袭没有达到目的,德国也注意到给"斯图卡"飞机造成最大麻烦的还是英国战斗机,为此,下一步行动中德国决定改变一下战术,那就是先空袭马耳他岛上的哈尔法(Hal Far)和"卢卡"(Luqa)的机场,消灭英国战斗机力量,为"斯图卡"飞机下一步的行动铺平道路,德国的最终目

的还是要炸毁英国"光辉"号航母。1月18日,两个"斯图卡"大队共计51架Ju 87R飞机空袭了马耳他岛上的两个重要机场,这两个机场在空袭中严重受损。本来马耳他岛上的战斗机力量就不强,德国很容易就压制住了英国战斗机。第二天,德国"斯图卡"编队再次返回到格兰特港,目标仍然是"光辉"号航母。这一天的行动中,"斯图卡"飞机俯冲轰炸仍然没有直接命中"光辉"号航母,但有2枚重磅炸弹命中了航母侧舷处的船坞,巨大的爆炸冲击波将航母底部撕了一个大洞,"光辉"号航母进水后沉没。但是,别急,这是在船坞中沉没。这种湿船坞

第三章 "斯图卡"俯冲轰炸机战史

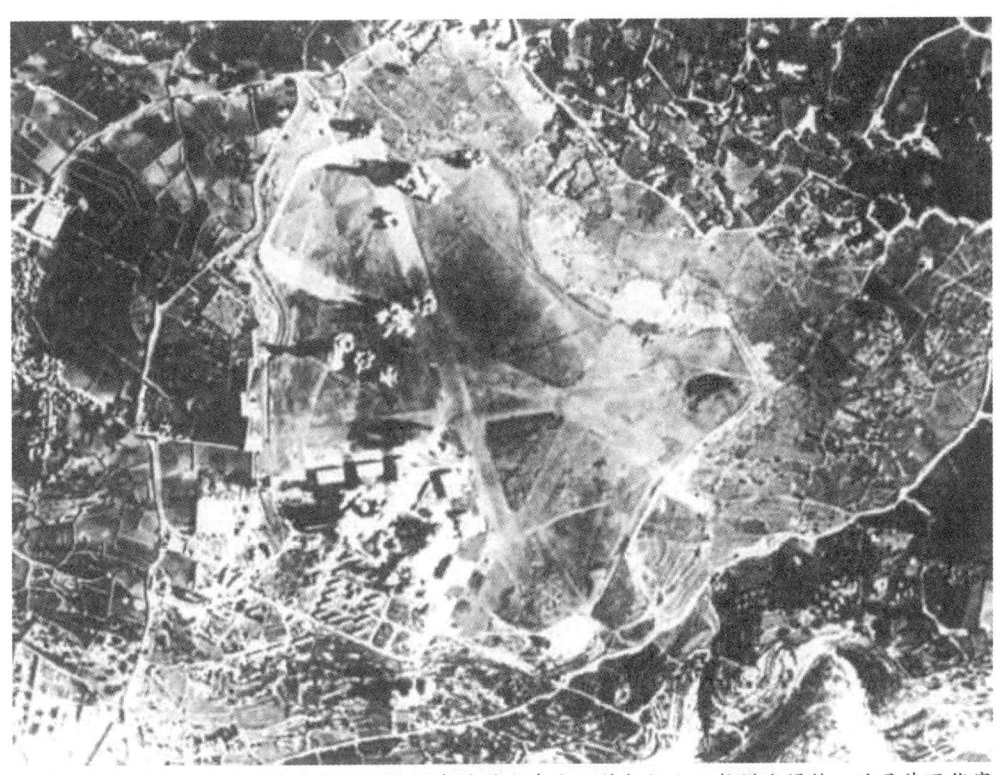
■遭到轰炸的马耳他岛上卢卡机场,炸弹在跑道交会点,停机坪和飞控塔台爆炸。这是德国侦察机拍摄的战果评估照片。

并不深,"光辉"号舰体进水后只向下沉了几米,整个军舰仍在水面之上,要是在海上,航母必沉无疑。德国人有勇气和决心,英国人也很顽强,"光辉"号航母再次受伤后,英国人并没有放弃,船坞内的工程师和工人继续加班加点修理受损航母,结果仅仅用了四天时间"光辉"号航母就又恢复了航行能力(英国人最大的要求就是这个)。1月23日晚,"光辉"号航母偷偷地离开船坞向海上驶去,目的地是埃及的亚历山大港。1月25日,"光辉"号航母胜利地抵达目的地,随后,这艘航母驶向美国接受为期一年的大修。

I/St.G 1大队和II/St.G 2大队没能最终消除"光辉"号航母这个心腹大患,但自从部署到意大利以来采取的军事行动中"斯图卡"部队的损失并不太大,1月10日的行动中德国损失3架Ju 87R飞机,在空袭马耳他的几次行动中只损失4架,这是有记录的数据,英国方面公布的损失数据远远大于德国的统计。在马耳他的攻击舰船和空袭岛上目标的行动再次证明空中力量的重要性,1架仅有几吨重的飞机可以将排水量达万吨的战列舰送入海底。另一个重要教训值得德国和英国总结和吸取,那就是海上力量如果没有战斗机护航是十分危险的,为此,在随后的

295

尖叫死神　二战德国Ju 87"斯图卡"俯冲轰炸机战史

两年里，英国皇家海军极少冒险派遣比巡洋舰大的舰船通过西西里海峡。

英国"光辉"号航母离开马耳他并不意味着这儿的战事就平息了，德国"斯图卡"部队也没有撤出战斗，马耳他仍驻有英国皇家海军舰队，在意大利海军几乎全部覆灭后，英国皇家海军在地中海的重要性更加突出，它仍控制着整个地中海的航运，轴心国所依赖的海上航运与北非形成的纽带随时会被英国皇家海军切断。在英国航母离开后的下一阶段战斗开始前，德国和意大利抓紧制定新的军事行动战略，英国皇家海军也在总结1月10日以来的海上战斗，双方三个国家共同的看法就是少动用海军，多使用航空力量。德国在地中海的战略总目标就是消灭马耳他的英国所有军事力量，战术原则就是通过空袭让马耳他的英国军队投降。

在下一阶段战斗中，德国两个"斯图卡"大队仍然参与其中，但是，作为一种精确俯冲轰炸手段，这个阶段的大部分空中行动主要是消灭马耳他的有生力量和军事设施，因此"斯图卡"飞机参与的战斗短暂而且作战架次也不多。英国"光辉"号航母离开马耳他仅一个星期后，豪兹尔上尉率领他的Ⅰ/St.G 1大队穿过地中海被调往利比亚以支援轴心国在北非的地面部队。两个星期后，恩尼塞拉斯少校也被调往利比亚。

取代特拉帕尼基地这两个"斯图卡"大队的是St.G 1联队剩余的仍驻扎在法国无所事事的两个大队，他们接到调令后准备的时

■ "斯图卡"飞机沉寂了几个月后再次在地中海地区显示威力，这一地区"斯图卡"的型号主要是Ju 87B和Ju 87R。

间非常短，驻扎法国圣波尔的Ⅲ/St.G 1大队转移部署比较麻烦一些，这个大队装备了很多缴获的英国陆军车辆，在通过铁路向意大利运输的过程中，很多英国车辆由于过高无法通过阿尔卑斯山隧道，即使是去掉车轮也还是高出12厘米。解决的办法就是将卡车顶用乙炔切掉15厘米，抵达目的地后再重新焊上。2月19日清晨，Ⅲ/St.G 1大队指控官荷尔马特·马尔科上尉率领本大队30架Ju 87飞机开始起程，"斯图卡"飞机编队先向南途经法国梅斯，再向东转道德国慕尼黑，之后向南进入意大利。

陆地运输并没什么意外，空中运输却并不那么顺利，"斯图卡"大队2架Ju 52运输机从慕尼黑起飞后由于气候恶劣撞到了山上，另1架Ju 52飞机可谓九死一生，这架飞机在勃伦纳山口刮到了高压电线，飞机最后成功迫降。所幸因斯布鲁克的电力公司注意到了德国飞机要从横跨勃伦纳山口的高压线处经过，这个公司提前关闭了电源。"斯图卡"编队也有麻烦，1架Ju 87飞机由于发动机故障不得不在意大利南部迫降，迫降未能成功，飞行员丧生。另1架Ju 87飞机在飞越群山时也遇到相同的问题，这位技艺高超的德国飞行员竟然驾驶飞机在小山边的一个很小的台阶平地上迫降成功，这么高难度的迫降成功了，但要想把这架飞机从山腰上运下来却颇费周折，地勤人员怨声载道，叫骂不停，最后把飞机拆解才运下山去。

"斯图卡"编队和运输机编队一路上遇

■德国和意大利空军联合空袭马耳他，炸弹爆炸地点也是一个港口。

尖叫死神 二战德国 Ju 87 "斯图卡"俯冲轰炸机战史

到的都是恶劣气候条件,能见度非常低,飞行的危险性也高,好在最后于2月23日德国飞机抵达了西西里岛的特拉帕尼机场,编队没有再发生危险事故。抵达机场的第二天,天空突然放晴,这些德国飞行员终于看到了明亮蔚蓝的地中海天空,不仅如此,这些人还有幸看到了机场北部750米高度上出现的海市蜃楼。

安东·凯尔上尉率领的Ⅱ/St.G 1大队很快也抵达特拉帕尼机场,德国"斯图卡"大队全部到齐后很快就明白了为什么这么急冲冲地被调往意大利,此时的德国和意大利正在计划组成联合打击力量攻占马耳他岛,空中行动也由双方联合组织,"斯图卡"飞机在这次行动中的主要任务就是轰炸英国皇家海军地中海舰队,阻止英国舰船袭击轴心国运输船队。但是,出于各种原因,德国和意大利放弃了这个作战计划(一年后,攻击马耳他作战计划再次准备实施,作战代号为"赫拉克勒斯"(Herkules),但最终这个计划也未能实施),但"斯图卡"在空袭马耳他的空中行动中仍然有用武之地,那就是利用精确的俯冲轰炸空袭岛上高价值目标,特别是空袭机场。

1941年2月26日,Ⅲ/St.G 1大队指控官荷尔马特·马尔科上尉率领"斯图卡"编队

■ 马耳他岛并不大,军事力量也不如此前的其他地区,但德国始终未将其占领,这主要是战略上的考虑,如果德国真想攻占该岛的话应该不存在多大难题。

从科米索（Comiso，西西里岛最南端）机场起飞，执行首次在马耳他上空的作战任务，为"斯图卡"编队护航的是JG 26联队的Bf 109战斗机。在执行任务前，每个"斯图卡"飞行员都认真研究了他们的目标——马耳他首都瓦莱塔西南4公里处的卢卡机场，每名飞行员都被分配一个目标，即卢卡机场的防冲击波掩体（Blast pen）。二战期间，

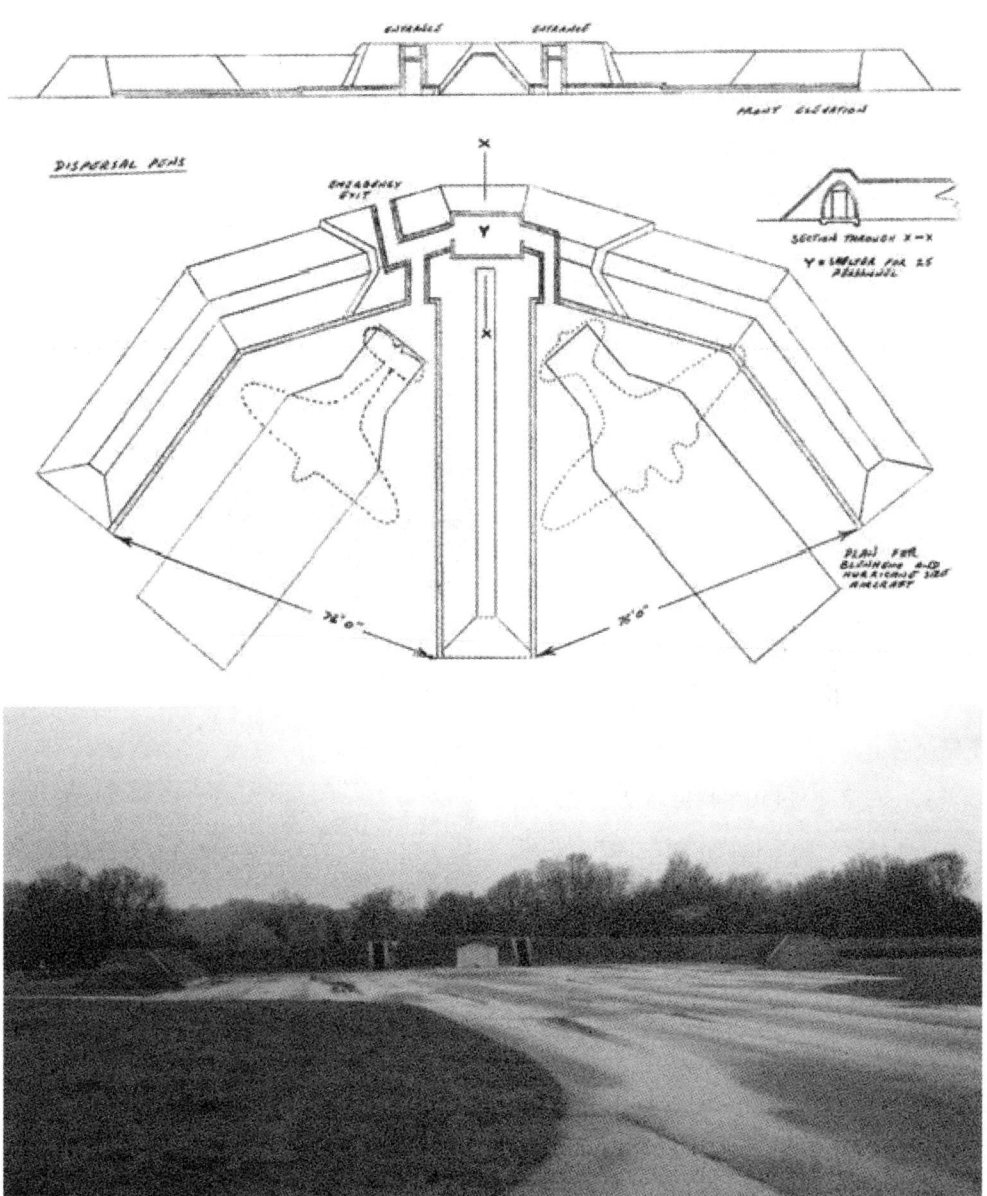

■图为防冲击波掩体，一个掩体可以容纳2架飞机。

尖叫死神 二战德国 Ju 87 "斯图卡"俯冲轰炸机战史

英国机场通常都有这种掩体,掩体长46-58米,深度(前后)为24米,掩体为"E"字形,每个掩体可以容纳2架战斗机。德国飞行员就是选择这种掩体作为目标,当然掩体内一定要有飞机在的时候轰炸效果才最佳。

马耳他岛上对德意两国军事行动威胁最大的是英国战斗机和地面防空炮火,"斯图卡"编队就是要首先消灭威胁最大的战斗机,就像此前英国战役第二阶段的战略——把英国战斗机消灭在机场地面上。地面防空炮火也是需要着重考虑的威胁,1月的战斗中,马耳他岛的防空炮火经过数次打击后火力仍然不减。在瓦莱塔周围,英国防空炮火呈环形部署,任何方向进入的飞机都会遭受到打击。为了减少损失,德国"斯图卡"编队采用纵列攻击队形,这种队形的另一个好处是可以让飞行员锁定和辨别自己的目标。随着马尔科上尉一声令下,"斯图卡"飞机一架一架地进入攻击位置,随后以70°-80°角俯冲向下。马尔科上尉的目标在卢卡机场最东头,在俯冲到450米预定高度,他的座机投下了炸弹,随后他改出俯冲状态。尽管各种口径的高炮一起对着他射击,他还是在飞机改出俯冲状态后准备用机翼上的机枪射击机场跑道另一侧的一个目标。在飞过跑道中间位置时,他的机头稍微朝下,飞行高度为200米,这时他突然听到右侧机翼发出一声刺耳的声响,随之座机突然转向右侧,马尔科上尉意识到右侧机翼被地面高炮命中,他立即猛拉操纵杆到腹部以平衡座机,飞机立即向左急转。此时他清楚地看到右侧机翼中部被高炮命中后气流已经将伤口撕成一个大洞,因此右侧机翼的阻力非常大,座机已经很难控制。更糟糕的是,座机根本不听使唤直对着机场一座大型机库飞去,飞机离地面只有4-5米。绝望中,马尔科上尉一边平衡飞机的尾重一边加大油门,随着距离越来越近,机库在他的眼中越来越大,由于正对着机库正面,他可以十分清晰地看到所有细节:机库的大门开着,里面有3架可能正在修理的飞机。几乎绝望的马尔科上尉甚至想到他会跟英国3架飞机一起到另一个世界,他感到无望时倒更加镇静,他最后努力一次

■ 马尔科是Ⅲ/St.G 1大队上尉指挥官。

第三章 "斯图卡"俯冲轰炸机战史

■马尔科的座机机翼已经被打烂，襟翼倒完好无损，他九死一生地安全返回了基地，真是命大。

将操纵杆猛地拉向他左侧。没想到座机竟然有了反应，最后一刻，Ju 87飞机从机库顶部擦肩而过，惊出一身冷汗的马尔科还没来得及感谢上帝就发现在他前面是一座布满电线杆的小山，见识过阿尔卑斯山，所谓的小山就称其是个土包也不为过，但是在马尔科的心中它就是一座珠穆朗玛峰。

上帝已经救过马尔科上尉一次，还会救第二次吗？马尔科一定在后悔刚才没向上帝道一声"谢谢"，但是，上帝确实有肚量，没计较这些又一次救了他。马尔科的座机从两个电线杆之间穿过，起落架还不忘捎走一段电线。越过小山后Ju 87飞机进入一个山洼，向南就是海岸和宽阔的海面。这是一段令马尔科上尉永远难忘的经历，因为故事的惊险章节还没过去，就在他感到生活无限美好的时候，后座机枪手弗里兹·宝迪斯切大叫"'飓风'战斗机进入后面射击位置"，马尔科在全身心地控制飞机，其他的什么也做不了，能稳住飞机就不错了，其他的听天由命吧，他异常平静地命令弗里兹"把它击落，弗里兹"。"斯图卡"飞机只有1挺后射机枪，英国"飓风"战斗机有8挺机枪回应，要说人倒霉喝凉水都塞牙，弗里兹只扣动扳机射出几发子弹机枪就卡了壳。轮到英国"飓风"战斗机8挺机枪显示威力了，8挺机枪的火力密度真不一般，当即"斯图卡"飞机两侧机翼就又多了几个小弹孔。一轮攻击后，"飓风"绕了一个圈返回准备再发起一轮攻击，Ju 87的后座弗里兹还在焦头烂额地排除机枪故障，心急火燎的他一面修理机枪一面注视着"飓风"的一举一动。突然，

尖叫死神 二战德国Ju 87 "斯图卡" 俯冲轰炸机战史

■图为意大利空军第239a中队的2架Ju 87B飞机,意大利的"斯图卡"飞机也参与了轰炸马耳他岛和英国护航舰队的作战任务,但其战果泛善可陈。

他眉头舒展,激情洋溢地为马尔科做起了现场直播。原来,就是英国"飓风"准备发起第二轮攻击时,他看到"飓风"战斗机远处1架Bf 109战斗机转弯后正在向其靠近,随后Bf 109战斗机开火,"飓风"战斗机中弹起火并在"斯图卡"飞机的后面坠入海中。

击落英国"飓风"战斗机的是为"斯图卡"编队护航的JG 26联队乔基姆·芒切伯格(Joachim Muncheberg)中尉,他是一位杰出的德国王牌。"飓风"战斗机飞行员是皇家空军第261中队的埃里克·泰勒(F.Eric Taylor)空军中尉,他曾获得过"杰出飞行十字勋章"。当时,马耳他驻地他是击落敌机最多的飞行员,共击落过7架敌机。

再回到马尔科上尉这儿来,他的故事还没结束呢,几道考验还在等着他。从马耳他返回科米索机场是100多公里的路程,这道考验是马尔科座机被击中以来最小的一个,而最后一道考验就是着陆。在返回的途中,马尔科就在检查飞机的控制性能,研究如何操作才能稳住飞机,几次尝试他发现座机要保持平衡就得在发动机满功率运转状态下,换句话说Ju 87飞机必须保持一定的高速度(很大的速度,比巡航速度要高),速度减少一点都不行,他曾尝试过,如果速度降低哪怕是一点点飞机就会向右侧倾斜,破

■ 明显这是1架Ju 87R后座机枪手或随军记者拍摄的另一架Ju 87R飞机低空飞行。从后面那架飞机的炸弹挂架判断这两架飞机在返航。

损的右侧机翼阻力大,升力小,特别容易造成左侧机翼上翘,必须保持一定的高速度才能克服这种不平衡力矩。这同样意味着马尔科机组必须高速着陆,这也是有相当大的风险的,好在科米索机场非常大,可以满足高速着陆要求。当"斯图卡"飞机抵达跑道边缘时,马尔科一边让弗里兹虔诚地向上帝祈祷一边切断发动机油门,关闭发动机点火开关。跟他之前的预计一样,由于右侧机翼升力比左侧的小,右侧起落架先触地而且它承受的力更大一些,幸运的是起落架足够坚固并没有散架。当左侧起落架也触地后飞机才平衡一些,滑行超过2/3跑道长度时,马尔科开始打开减速板减速,他先是很柔和地打开减速板,然后再将减速板打开到最大角度。最后,这架倒霉又幸运的"斯图卡"飞机在跑道尽头还差20米的地方停了下来。这架Ju 87飞机能飞回来最关键的因素是发动机和起落架完好无损。

事实上,随后的检查发现,除了高炮炸出的大洞外,这架"斯图卡"飞机两侧机翼上共有不少于184个弹孔,飞机能飞回来真是万幸。但是,其他的"斯图卡"飞机就没这么走运了,1架Ju 87飞机被击落坠入海中,机组乘员成了战俘。凯尔上尉率领的Ⅱ/St.G 1大队"斯图卡"编队在这天的行动

尖叫死神 二战德国Ju 87 "斯图卡" 俯冲轰炸机战史

■ 穿戴好飞行用具后准备登机出发。从近处这架飞机发动机散热器排气口罩判断这是Ju 87B-2或Ju 87R-2型飞机。

中损失了3架飞机,这是自1月19日空袭"光辉"号航母战斗开始以来"斯图卡"部队最严重的损失。参加当天行动的两个"斯图卡"大队还有一些飞机被击伤,一些机组乘员受伤。

随后几周的空袭马耳他的行动完全由Ⅱ/St.G 1大队和Ⅲ/St.G 1大队执行,这两个大队此前不久已经重新归属本联队指挥(上文提到过,这两个大队之前受St.G 3联队指挥)。在这个阶段的空袭行动中,"斯图卡"部队的损失非常小,但持续不断的高强度作战让飞机的磨损大大增加。在3月5日空袭哈尔法机场的行动中,他们却遇到了新的

问题。当天的联合行动中,计划"斯图卡"飞机打头阵,10分钟后Ju 88高空轰炸机再进行轰炸,但是由于时间计算错误,两个飞机编队同时抵达了目标空域,当"斯图卡"飞机准备俯冲投弹时却发现Ju 88飞机已经在其上方组成了轰炸队形。"斯图卡"飞机俯冲轰炸时一般要先向上爬升到足够高度再俯冲向下,Ju 88轰炸机正好挡住了Ju 87爬升的航线,结果这次战斗中"斯图卡"飞机并没有给敌人造成什么损失(Ju 88取得了一些战果),相反行动中2架"斯图卡"被击落。当天的失败完全归咎于作战谋划人员。

4月9日,St.G 1联队的2个中队Ju 87R

远程飞机被调往北非，这是一个临时部署措施，5月初，这2个中队飞机就又返回了特拉帕尼基地。在Ju 87R飞机不在的日子里，Ⅱ/St.G 1大队的Ju 87B飞机仍然在执行轰炸马耳他的作战任务，这些作战任务零星分散，有时是夜间行动，有时是白天行动。

到目前为止，第一阶段空袭马耳他的行动暂告一段落，德国的空中行动已经完全停止。但是，5月上旬，德国情报获知盟军有一个联合护航行动，这个行动计划内容是为马耳他输送战争物资，以及为英国陆军尼罗河军团运送坦克。行动从5月6日持续到5月12日。盟军的这个护航行动引起了德国和意大利空军的高度关注，德国方面决定让St.G 1联队的三个大队全部参战，谁知这次信心满满的行动却是虎头蛇尾。

5月8日，Ⅰ/St.G 1大队的28架"斯图卡"飞机（紧急部署到撒丁岛）对航行在马耳他西部代号为"虎"运输船队，包括5艘运载坦克的商船发起了攻击，但行动却没有取得任何战果。24小时后，Ⅱ/St.G 1大队和Ⅲ/St.G 1大队再次将打击重点放在了马耳他岛本身，在这些行动中，乌尔里希·亨兹中尉在攻击格兰特港外5公里处1艘航行在水面的英国潜艇时被英国"飓风"战斗机击落。

在英国护航舰队长达两个星期的行动中，"虎"运输船队5艘运输船中只有1艘在西西里海峡入口处因触水雷而沉没，其他4艘舰船在"伊丽莎白"号（Elizabeth）战列舰的护航下全部安全抵达目的地。就在这期间，St.G 1联队的最后1架"斯图卡"飞机撤离特拉帕尼基地，至此马耳他战场的空中行

■进入俯冲状态准备投弹。

尖叫死神　二战德国Ju 87 "斯图卡"俯冲轰炸机战史

■从另一架飞机看"斯图卡"飞机。

动暂告一段落,德国把下一步的注意力转移到地中海东部。

二、意大利空军的"打击者"(1940年9月4日－1941年4月4日)

在二战的德国进攻阶段,"斯图卡"飞机几乎就是德国空军的代名词,它同样也是德国"闪电战"的代名词,但是,实际上,在地中海战场,德国人并不是第一个部署Ju 87的国家。早在二战前的30年代后期,意大利就独立研制了本国的俯冲轰炸机,即萨伏亚－马切蒂(Savoia-Marchetti)飞机制造公司研制的SM 85,这种俯冲轰炸机是应意大利元首墨索里尼的战略思想而研制的,狂妄的墨索里尼一直就想把英国皇家海军地中海舰队赶出"自己的领海"(他自称地中海是意大利的海),他认为俯冲轰炸机是将英国舰船消灭的最好武器。在1940年6月10日意大利参与战争时,SM 85飞机只装备意大利空军一个大队,即96°大队,大队指挥官为埃尔科拉诺·埃尔科拉尼(Ercolano Ercolani)上尉,大队驻扎在西西里岛与突尼斯之间的潘泰莱里亚(Pantelleria)岛上,也就是西西里海峡正中位置,其东南不足300公里就是马耳他。以当时意大利的技术水平还无法研制出一款性能出色的俯冲轰炸机,萨伏亚－马切蒂公司在研制了SM 79系列中型轰炸机后,尝试着研制了SM 85俯冲轰炸机,这种外形如运输机的"飞行香蕉"俯冲性能非常

第三章 "斯图卡"俯冲轰炸机战史

■意大利自产的SM 85俯冲轰炸机样子丑，性能差，根本不堪使用。

之差，气动布局也土得掉渣。意大利空军在使用中证明这款飞机的设计完全失败，因此SM 85只生产了区区34架。

1940年7月，意大利SM 85飞机首次参与实战，当天的行动中，SM 85飞机花了数小时（这是SM 85的唯一优点，航程远，续航时间长）搜索一支离开马耳他岛的英国舰队，但一无所获。这就是意大利元首梦想的把敌人赶出"自己的领海"的武器表现，而且是唯一的一次表现。到了夏季，潘泰莱里亚岛的气候对SM 85飞机极为不利，白天奇热无比，更糟糕的是晚上又十分潮湿，露天停放的飞机，木质结构变形很严重。一句话，意大利自研的SM 85不堪使用，为此，墨索里尼只得再次请求德国帮助，这不是意大利第一次提出这种要求了。意大利空军急需一款俯冲轰炸机，本国的能力又不足，早就声名远播的德国"斯图卡"飞机让意大利空军羡慕不已，但二战初期，德国使用的"斯图卡"飞机不过几百架，不足以供应意

尖叫死神 二战德国Ju 87"斯图卡"俯冲轰炸机战史

大利；另一方面，最关键那时Ju 87飞机属于德国的"撒手锏"不会轻易提供给他国。

随着战事的推进，德国也需要意大利在地中海和北非战场为德国分忧，"斯图卡"飞机越先进就越得提供给意大利以对付海上力量强大的英国皇家海军。1940年上

■被派往奥地利格拉茨—塔勒豪夫的"斯图卡"训练学校学习的意大利飞行员，他们在学校驾驶的仍是德国"斯图卡"飞机。

半年，意大利派出以空军参谋长普里科洛（Pricolo）将军为首的代表团访问德国商谈购买足够装备两个大队Ju 87轰炸机的事宜，在1940年7月底前，意大利派出的首批15名飞行员抵达德国空军位于奥地利格拉茨－塔勒豪夫（Graz-Thalerhof）的"斯图卡"训练学校进行训练。8月，意大利再次派出15名飞行员前去训练。

由于墨索里尼要求意大利飞行员尽快掌握技能参加战斗，"斯图卡"训练学校的课程被迫压缩，进度也加快，德国教官尽可能地在有限的时间里把知识传授给充满热情的意大利飞行员。被派来学习的意大利飞行员都是精心挑选的，并且都是战斗机飞行员，他们非常欣赏"斯图卡"飞机的作战性能和操纵品质，对于驾驶过意大利产SM 85飞机的飞行员来说更是喜爱Ju 87飞机（那还用说）。

意大利空军接收的第一批Ju 87飞机并不是新生产的，实际上是德国空军的二手机，这些飞机只是简单地喷一遍漆把德国标识盖住，再喷上意大利空军标识。按照惯例，意大利人为Ju 87飞机起了一个"P"字母开头的绰号，即"痛击"（picchiata），这个意大利单词也暗指俯冲的意思，后来这个词逐渐演变成"Picchiatello"，这是当时意大利流行的一个卡通人物造型，善于俯冲，这个词也有怪异、狂热的意思。

■意大利人接收的德国提供的Ju 87B型飞机。

尖叫死神 二战德国Ju 87"斯图卡"俯冲轰炸机战史

■一名战地记者在给意大利刚刚接收的Ju 87B进行拍照。

■意大利空军接手的是德国空军二手"斯图卡"飞机,机翼上和机身的德国空军标志只是简单地用油漆盖住,垂尾被涂上白色十字。图中这些飞机属意大利空军第96°大队,这种部队番号非常怪异。

这个词既可以形容"斯图卡"飞机,也可以形容那些骑在机头挥着手向下俯冲的人。总之,焕然一新的Ju 87飞机在意大利的正式绰号就是"Picchiatello"。

从绰号可以看出意大利的Ju 87少了一些威严,多了一些不严肃,但尽管如此,Ju 87飞机对意大利来说仍称得上是一款威力强大的武器。意大利Ju 87的作战史不为外界所熟知,最主要原因是装备数量少,在和盟友德国并肩作战时,它的光环总是被德国抢去。另一个重要原因是地中海一带的陆军或海军士兵没人能辨别出天上飞的"斯图卡"飞机是德国的还是意大利的。

在装备了SM 85这种破烂货仅八个星期后(其间只执行过一次很失败的任务),埃尔科拉诺·埃尔科拉尼的96°大队开始换装Ju 87

飞机。在西西里岛南部科米索，96°大队的两个中队236a和237a中队装备了15架Ju 87飞机，巧合的是这两个中队Ju 87抵达基地的8月31日正好是英国皇家海军"光辉"号航母首次进入地中海。两天后在马耳他外海，意大利空军两个"斯图卡"编队共计13架Ju 87飞机对英国"光辉"号航母实施了俯冲轰炸，这是"光辉"号航母服役以来首次遭受打击。这次行动的战果非常混乱，意大利和英国各持一词，意大利说俯冲轰炸击中了"光辉"号航母和1艘护航的巡洋舰，而英国皇家海军舰船的高炮士兵却声称击落了5架轰炸机。

两天后的1940年9月4日，意大利空军对马耳他岛实施了一次高水平的空袭行动，也就是在这次行动中马耳他岛首次遭受俯冲轰炸。空袭中，由于未能找到侦察情报声称的停靠在瓦莱塔格兰特港内的商船，意大利96°大队把轰炸目标转向了格兰特港以南10公里处福特·德里马拉港。

在9月结束前，意大利又发动几次空袭行动。9月15日，从科米索机场起飞的12架

■意大利空军的"斯图卡"飞机照片非常多，而且多为高清大图，但意大利人的实际行动却与高质量的照片形成鲜明对比。意大利"斯图卡"飞机非常容易辨认，垂尾白色十字，后机身白条，以及机翼上类似汉字"州"的图案。这些图案组合是1943年以前意大利空军的战术标志，机翼圆形标志白底黑边，中间类似汉字"州"的是古罗马代表权威的束棒，代表意大利法西斯和他们名字的来源（法西斯一词原指古罗马代表权威的束棒）。圆形标志仅仅使用在机翼上。

尖叫死神　二战德国Ju 87"斯图卡"俯冲轰炸机战史

■这是一幅非常有艺术性的照片。

Ju 87飞机轰炸了哈尔法机场，与这个编队同时执行任务的还有1架SM 86原型机，驾驶这架飞机的是萨伏亚－马切蒂飞机制造公司的首席试飞员埃里奥·斯卡尔皮尼（Elio Scarpini）。SM 86在是SM 85的基础上改进的，飞机的气动布局和发动机都做了较大改进，实际上，除了都是双发外，两款飞机根本没有什么相似之处，倒是SM 86跟德国Hs 129对地攻击机有一些相似之处。斯卡尔皮尼在这次行动后的总结报告称SM 86的性能远没达到令人满意的程度，也远远无法与Ju 87飞机相比。

9月17日，意大利的Ju 87飞机再次回到马耳他岛，这次的目标是卢卡机场，这次行动意大利把"斯图卡"的精确俯冲轰炸性能发挥了出来，一位地面目击者称："（轰炸）相当精确，每座机库都被命中"。行动中，英国1架"惠灵顿"轰炸机被炸毁。这架"惠灵顿"飞机正转场到埃及开罗，刚刚在卢卡机场着陆。这次空袭行动中意大利96°大队也首次遭受损失，英国"飓风"战斗机在战斗中击落237a中队1架Ju 87飞机，飞机坠毁在斐尔弗拉小岛附近海中。另1架Ju 87飞机被击伤后返回了科米索机场，后座机枪手丧生。

9月17日的行动是意大利空军96°大队在马耳他上空执行的最后一次任务，因为墨索里尼把目光转向了别的地方。墨索里尼一直对希特勒的对外扩张政策相当赞赏，他实际上也是这么做的，早在二战爆发前的1939年春天，意大利就占领了阿尔巴尼亚。希特勒发动二战后所向披靡的架势也让墨索里尼羡慕不已，后者更是要模仿前者征服周边那些看着不顺眼的国家。墨索里尼暂停马耳他

■萨伏亚-马切蒂飞机制造公司不把人雷倒不算完,图中是在SM 85基础上改进的SM 86俯冲轰炸机,飞机看上去更像运输机。

战事为的就是下一个目标——希腊。1940年10月28日,意大利正式向希腊下达根本不可能接受的最后通牒,这实际上就是入侵希腊的一个借口。跟预想的一样,希腊政府拒绝了最后通牒,几个小时后,意大利陆军在阿尔巴尼亚集结并分三个纵队进入希腊领土,第一个纵队向东直取萨罗尼加,第二支纵队向南进军约阿尼纳,第三支纵队向南沿着海岸线推进到克基拉岛,这个岛是墨索里尼最梦寐以求的目标。

为了给三支地面部队提供空中支援,意大利空军一些单位被调往到意大利东部脚后

尖叫死神 二战德国Ju 87"斯图卡"俯冲轰炸机战史

■非常有气势的一张意大利空军"斯图卡"飞机照片,注意看机翼下表面的图案。

跟(意大利地图类似穿高跟鞋的脚)奥特兰托地区,并在阿尔巴尼亚上空和奥特兰托海峡(最窄处约为100公里)上空开始巡逻。在调往该地区的意大利空军单位中就包括埃尔科拉尼的96°大队,该大队的两个中队共计20架Ju 87B和Ju 87R飞机于1940年10月下旬从科米索起程到莱切。

入侵希腊的前四天,意大利的地面行动一切都按计划稳步推进,但此后希腊的抵抗行动突然加强。11月1日,希腊发起一次较大规模针对意大利第一纵队的反击战,这次反击战阻止了意大利部队向弗劳利纳进发,这里是通往萨罗尼加的必经之路。在墨索里尼的思维里,小小希腊根本不足挂齿,占领整个希腊简直是小菜一碟。事实情况却是意大利第一纵队花四天时间才接近弗劳利纳,希腊一个反击战就把意大利军队赶回了阿尔巴尼亚境内,不仅如此,希腊还反攻到阿尔巴尼亚的科尔察,这里是意大利陆军重要的后勤补给中心。仅仅96小时后,原来的入侵者变成了被入侵的对象,意大利军队被称为世界上最差劲的军队一点也不浪得虚名。

鉴于希腊的抵抗突然增强,11月2日,意大利空军第96°大队的Ju 87飞机首次穿越奥特兰特海峡对希腊本土目标实施了轰炸,以此支援意大利部队的地面行动。当天,第96°大队6架Ju 87B飞机轰炸了克基拉岛目标,还有5架远程型Ju 87R对约阿尼纳的希腊目标实施了轰炸。两天后,Ju 87R飞机再次光临约阿尼纳,这次空袭中,埃里奥·斯卡尔皮尼驾驶SM 86飞机再次随行，这次行动报告结论比上一次还要悲观，因此，意大利空军很快就取消了这个研制项目。萨伏亚－马切蒂飞机制造公司不甘心失败，很快就又自筹资金为墨索里尼（既偏爱俯冲轰炸机，也关注本国自行研制）研制出一款单发俯冲轰炸机，即SM 93。这款飞机采用了非常独特的座舱设计，座舱外形看上去像温室，这一点还不算奇怪，最怪异的是飞机采用俯卧驾驶方式，也就是说飞行员趴着驾驶飞机，据研制者称这样在俯冲改出时防止飞行员黑视，但是，正常驾驶飞机时飞行员极不舒服，而且飞行员无法观察机身后面情况。SM 93的后座机枪手跟Ju 87的类似。SM 93的研制工作到1943年才结束，1944年1月31日该机进行了首飞。仅有的1架原型机后来被送到德国（有丰富经验的飞行员）试飞，不久这个飞机项目也被取消。

此时，阿尔巴尼亚和希腊边境的意大利军队状况越来越糟糕，尽管意大利空军第96°大队出动"斯图卡"飞机对希腊军队前方的桥梁，以及希腊炮兵阵地进行了轰炸，但根本无济于事，什么也无法抵挡意大利军队后撤的决心，他们以为撤退到科尔察就平安无事了，但希腊军队绝不是意大利军队，虽然军事力量（武器装备）上有很大差距，希腊军队还是在11月23日攻下科尔察。

就在这个时候，第二个装备Ju 87飞机的大队，即第97°大队加入到意大利空军战斗序列。此前不久，这个大队在洛纳泰·波佐洛(Lonate Pozzolo，米兰西北50公里)进行了最后的热身训练后，该单位第1架Ju 87飞机向南部署到西西里岛的科米索基地，在此，1940年11月11日，第97°大队正式成立并取代一个月前离开科米索的第96°大队。第97°大队指挥官是安东尼奥·莫斯卡蒂尼，

■没有最雷人，只有更雷人。图中为意大利空军SM 93俯冲轰炸机，高高突起的座舱设计是为了让飞行员趴着驾驶。飞机采用德国空军的标志，这是因为飞机被送到德国供有经验的德国飞行员测试评估。

大队下辖第238a和239a两个中队。正式成立两个星期后，第97°大队才具备完全的作战能力。

11月28日，意大利空军第97°大队第一次参加实战。当时有情报称在马耳他西部海域发现英国皇家海军"格拉斯戈"号（Glasgow）巡洋舰和其他驱逐舰组成的舰队，第97°大队从科米索机场起飞信心十足地来轰炸英国舰队，但这却是一场十足的失败表演，空袭行动什么战果也没取得。由于阿尔巴尼亚（可笑啊，战场从希腊转移到了这儿）战事紧张，意大利空军没有心思在地中海跟强大的英国作战，第97°大队不久后也转战到阿尔巴尼亚。

到目前为止，墨索里尼的三路进攻希腊的战略完全失败，东部的第一纵列上文说过，撤退的速度比兔子跑得还快，连阿尔巴尼亚领土上的科尔察都失守了。中路和西路纵队也好不到哪儿去，原来是三路进攻，现在的情况是三路后退，原来进攻的方向现在变成了三路防守方向，也就是说希腊军队不仅把入境的意大利军队赶出希腊，还从原来意大利进攻的路线向阿尔巴尼亚境内推进了。在埃普拉斯山区（Epirus Mountains，面积非常大，包括阿尔巴尼亚和希腊领土）阿尔巴尼亚境内小镇阿格罗卡斯特隆在12月4日被希腊军队围困，这里是意大利军队另一个重要的物资供应基地。不仅如此，48小时后，希腊军队又攻占了阿尔巴尼亚境内10公里的萨兰达（Santi Quaranta，现称

■ 图为第97°大队的第239a中队"斯图卡"飞机编队，后机身白条上有"239"字样。近处为1架Ju 87B右侧机翼的MG 17机枪。

Saranda)港口,这是一个小型港口,但却是意大利军队特别重要的物资周转港。

现在已经不是进攻希腊的问题了,保住阿尔巴尼亚才是目前最重要的作战任务。12月6日,第97°大队被调往目前第96°大队的驻地莱切,八天后,新到的第97°大队第一次执行作战任务,当天该大队的2架"斯图卡"飞机对萨兰达沿岸公路上的目标实施轰炸。12月19日,第96°大队派出24架飞机对萨兰达附近海域的舰船实施了俯冲轰炸,行动中只有1艘小型舰船被击沉。12月21日,第96°大队的俯冲轰炸机再次光顾阿尔巴尼亚上空,这次的行动是轰炸山区的希腊部队阵地。这次行动分为两个编队执行,行动中每个编队都有1架Ju 87飞机被希腊的地面高炮击落。有意思的是,这次行动又有萨伏亚-马切蒂飞机制造公司首席试飞员埃尔科拉尼参与。但是,这次行动中他失踪了,情况不明。

这么小的规模空袭行动损失2架Ju 87飞机并不多见,山区希腊军队的防空阵地基本上都是临时性的,高炮火力远非波兰战场和马耳他战场可比。意大利空军飞机执行作战任务时从海上进入陆地,完成任务后再返回海上,意大利"斯图卡"飞机极少在空中遭遇希腊战斗机,这为俯冲轰炸提供了很大的便利,就是在这种情况下,意大利的"斯图卡"飞机作战效果根本无法与德国相比,外界对此并不熟知也在情理之中。

墨索里尼原来以为单单靠自己的力量就可以轻松搞定希腊,最后通牒里的狂妄语气就可见一斑,事态发展到这个阶段情况完全相反了,虽然希腊没有能力入侵意大利,但以希腊的斗志,把意大利赶出阿尔巴尼亚不是没有可能。仗打成这个熊样,墨索里尼不得不被迫再次向德国寻求帮助,为此,德国空军派出Ju 52运输机穿过亚德里亚海为意大利前线部队补充物资。此时的希腊也在寻求靠山,此前的1939年4月意大利占领阿尔巴尼亚时当时的希腊政府就曾向英国寻求安全保证,但当时的英国首相张伯伦采取绥靖政策,只是对希腊的请求表面应付。这次希腊政府提出请求后,英国丘吉尔政府立即满口答应并迅速通过空中和海上运输线向希腊提供军事物资援助,英国部队也进驻到希腊本土上,英国皇家空军中队被派遣到巴尔干地区与弱小落后的希腊空军联合作战。

在新年的第一个星期里,意大利侦察机侦察到英国皇家海军在地中海东西两端的活动明显增多,意大利推测英国皇家海军必定在近期有一次大规模的联合海上护航行动。实际上这就是上文中提到的"超额行动",盟军庞大的运输船队中有4艘商船特别重要,1艘商船目的地是马耳他,另3艘满载军事物资的商船驶往希腊。1941年1月6日,英国西部护航舰队从直布罗陀出发。

获知这个情报后,轴心国立即加强西西里岛的空中力量,准备痛击英国护航舰队。后成立的第97°大队由于经验不足仍留在莱切基地执行阿尔巴尼亚地区的任务,经验丰

尖叫死神　二战德国Ju 87"斯图卡"俯冲轰炸机战史

富的第96°大队于1月8日从莱切基地返回到西西里岛的科米索基地。第二天，意大利第96°大队就参战空袭马耳他行动。当天，该大队的9架Ju 87飞机轰炸了马耳他岛最东南端的卡拉弗拉。24小时后，第96°大队第236a中队的3架Ju 87飞机参与了轰炸英国"光辉"号航母的行动。在这次行动之前，德国"斯图卡"飞机已经重创了英国"光辉"号航母，动力未受损的航母一瘸一拐地驶向马耳他，就是在这时意大利3架Ju 87飞机赶来凑热闹，其中2架飞机对航母实施了俯冲轰炸。如果有什么意外的话，那么意大利空军早就名扬四海了，意大利空军"斯图卡"部队的历史也会被大书特书了。结果，我不说你也知道。

1月9日是德国与意大利联合空中行动的第一次合作，德国出动40架"斯图卡"飞机，意大利空军只出动区区3架，不管怎么说，后来德国和意大利空军联合行动成为一种模式。在以后所有的行动中，意大利空军"斯图卡"飞机战绩平平，风头完全被德国空军盖住，这其实也怨不得意大利飞行员，他们的"斯图卡"飞机数量太少，根本形不成规模，只能跟在德国屁股后面跑腿，倒是意大利媒体没有忘记这些"斯图卡"飞行员，每次行动都对本国飞行员大加赞赏，乏

■这架飞机机翼上表面深色十字原来是德国空军机徽，意大利人只是省事地将其盖住。

善可陈的行动被添油加醋吹得天花乱坠，很多高清照片就是那时拍摄的。尽管意大利第96°大队在1941年2月初被调往利比亚黎波里附近的本尼托堡机场与德国空军Ⅰ/St.G 1和Ⅱ/St.G 2大队并肩作战时个别飞行员有突出的表现，总的来说，意大利飞行员在德国飞行员面前还只是个新手。

第96°大队被调往利比亚后，第97°大队仍在阿尔巴尼亚上空与希腊艰苦作战。2月9日，第97°大队在一次空袭行动中遭遇希腊空军战斗机的拦截，1架Ju 87飞机被击伤，在空中遇到希腊空军战斗机极为罕见。两天之后的行动中，"斯图卡"飞机的老对手希腊地面高炮再次击落1架Ju 87飞机，多架"斯图卡"飞机被高炮击中受伤。在这一时期，为了填补第96°大队离开的空白，意大利空军又新组建两个中队，分别是208a中队和209a中队。这两个中队抵达莱切基地后，第97°大队编制做了一定调整，第209a中队取代了第238a中队。1941年3月初，第238a中队从莱切被调往阿尔巴尼亚首都地拉那，在这里，第238a中队和第208a中队联合组建第101°大队。经过一番作战部署的调整，在入侵希腊四个月后，意大利地面部队开始得到空军有效的空中支援。

仍然驻扎在莱切的第97°大队（由第209a中队和第239a中队组成）继续穿越奥特兰特海峡执行作战任务。3月22日，第239a中队在克基拉岛附近海域空袭了一支运输船队，1艘舰船被击沉，另1艘被击伤。自从装备Ju 87飞机后，意大利空军在四处征战中也学到一些知识，特别是一些老手经验越来越丰富，第97°大队一位资深飞行员圭塞佩·塞尼（Guiseppe Cenni）上尉研究出一个新俯冲轰炸舰船技术。鉴于意大利空军的Ju 87飞机数量不足，不可能像德国空军那样实施经典轰炸，即从高空近乎垂直地一个接一个从不同方向进入俯冲轰炸动作，这样可以迷惑

■意大利空军第208a中队的飞机发动机整流罩有白条图案，后机身有"208"字样，图中为Ju 87R型号。意大利引进这个型号是想报复英国舰队，很显然，没成功。

尖叫死神　二战德国Ju 87"斯图卡"俯冲轰炸机战史

■意大利空军第209a中队2架"斯图卡"飞机和高空1架轰炸机。

对方地面防空力量。塞尼的战术是在超低空以高速小角度向目标俯冲，在飞机拉平（很容易）时投下炸弹，跟飞机速度一样的炸弹落到水面后会弹起向前冲，这非常类似我们小时候把石头呈水平投在水面上，俗称打水漂。在水面上弹跳漂飞的炸弹会击中前方舰体并爆炸。实际上，塞尼想出的这种水面跳弹漂飞技术早在数月之前美国人就在研究了，只是还没有在实战中使用，后来美国在西南太平洋战场上使用过这种技术。英国后来在这种技术的基础上研究出更复杂的水面跳弹技术，也就是将特制的炸弹抛到水面，炸弹弹跳后撞击目标爆炸。英国这种技术跟塞尼的有些不同，塞尼的方法类似打水漂，炸弹几乎在水面向前滑行，英国的技术是特制桶形炸弹在水面弹跳，1943年5月英国皇家空军轰炸德国鲁尔水坝就使用了这种技术。

不管是谁最早提出这种概念，最早在实战中运用的是圭塞佩·塞尼确定无疑，而且这确实也是他摸索和训练的结果。第一个有记录成为"塞尼技术"（或称"战术"）牺牲品的是希腊海军排水量为932吨的"苏珊娜"（Susanna）护卫舰，4月4日在克基拉岛附近海域，塞尼驾驶Ju 87飞机将希腊的这艘护卫舰击沉。希腊方面承认了这个损失，

第三章 "斯图卡"俯冲轰炸机战史

■圭塞佩·塞尼是意大利空军中少有的著名飞行员。

飞行员声称击沉了希腊"波萨"驱逐舰,事实上,它只是1艘一战时期的老古董,240吨级的炮艇。

空袭希腊舰船的行动是意大利空军"斯图卡"飞机自入侵希腊以来最为"辉煌"的时刻,也是它独立作战的最后"荣光",因为48小时后,希特勒的部队正式参与入侵巴尔干地区,为德国入侵部队提供空中支援的是德国空军250架"斯图卡"飞机。后来德国部队横扫南斯拉夫和希腊,不管是空军还是陆军都所向披靡,在德国向巴尔干地区挺进时,意大利空军两个俯冲轰

但是,由于Ju 87是在低空发起的攻击,希腊人以为意大利飞机投下的是鱼雷。当天,在意大利空军对克基拉岛进行第三和第四次(最后一次)行动中,第239a中队飞行员也采用"塞尼技术"攻击了希腊舰船,意大利

■跳弹轰炸试验图,图中飞机投下的炸弹被海水弹起后飞向靶标,需要试验获得一些必要的数据,如多高的高度和多远的距离投掷,以及炸弹在水面弹跳几次等等。跳弹轰炸战术没有流行的原因就是低空飞行非常危险,要想要提高命中精度,炸弹在水面弹跳的次数越少越好,实战中通常就弹跳一次,这就意味着飞机和炸弹同时抵达目标(见图中飞机和炸弹的位置),此时飞机就在目标舰船的上方,根本没时间做规避机动。美国的情况也类似,只有英国的稍有不同,它投下的炸弹要弹跳多次,因此飞机可以在较远的距离投弹,投弹后立即机动脱离战场。

尖叫死神
二战德国Ju 87"斯图卡"俯冲轰炸机战史

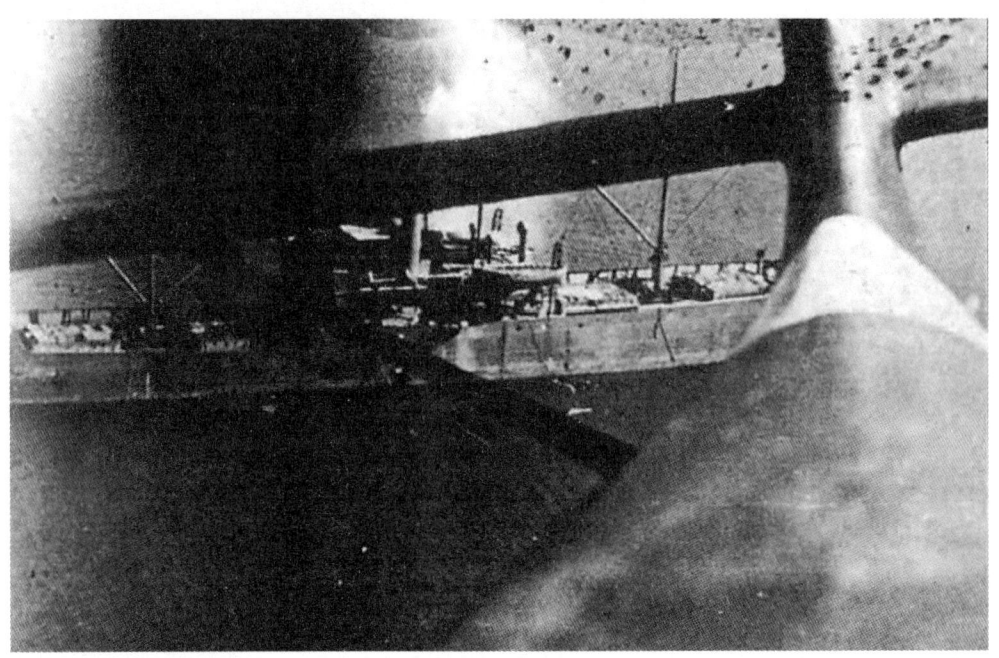

■ 主塞佩·塞尼采用跳弹轰炸战术攻击1艘商船，机尾部的白色条带可以清楚看到。

炸机大队也跟德国空军一道执行了一些作战任务，但它的作用微乎其微，基本上忽略不计。没帮上忙也就算了，意大利"斯图卡"飞机的配件和设备也依靠德国供应。自从意大利不再独立发动对某个国家的战争后，意大利空军的"斯图卡"飞机余下的生涯就完全作为德国的配角出现，甚至连配角的资格都没有。

三、巴尔干半岛（1941年4月6日至4月27日）

如果入侵埃塞俄比亚是为了殖民扩张，那么意大利入侵希腊就纯粹是为了在希特勒面前提高一下自己作为盟友的地位，希特勒从来就没瞧得起过意大利和墨索里尼，墨索里尼当然知道这点，因此，他自以为得意地做了入侵希腊决定，没想到他的做法起到了相反的作用，希特勒更鄙视他了。墨索里尼心里的小九九希特勒并不知道，这种弱智想法也只有墨索里尼能有，还具体实施了。希特勒得知意大利的行动后大为震惊和恼火，德国在四个月前在法国敦克尔刻已经把英国的远征军赶出了欧洲大陆，他的下一个最主要作战计划是入侵苏联。但是，希特勒非常担心侧翼，即巴尔干地区的安全，希特勒想通过政治手段把巴尔干地区国家拉入轴心国行列，稳定巴尔干地区，德国重要的石油基地——罗马尼亚油田就有了安全保障。而意大利却在这个时候不合时宜地入侵希腊，这不仅打乱了德国战略部署，还存在着潜在隐患，那就是迫使英国也介入进来。退一步说,意大利军队如果迅速拿下希腊对德国来说还是一件好事,问题是意大利五个月的战斗不仅毫无战果,反倒被希腊追着打,巴尔干地区的局势完全有失控的危险,后来发生的事确实证实了这一点。在这种情况下,希特勒不得不下令出兵拯救作战无能只会捣乱的意大利,进攻苏联的计划暂时往后放一放。德国出兵说是拯救意大利,不如说是占领希腊,把英国人赶下海去。希特勒曾狂妄地认为攻打希腊如同法国战役一样,德国的装甲部队和"斯图卡"飞机发起闪电战会迅速占领希腊,希腊领土上的英国军队会重演敦克尔刻那一幕。

在巴尔干国家中,只有希腊北部的南斯拉夫还没有加入到轴心国阵营里,不加入轴心国阵营就极有可能把同盟国军事力量引入其中,德国非常担心这点,希腊已经证明了德国的担忧,为此,德国威逼利诱迫使南斯拉夫于1941年3月25日在维也纳签署了《三方同盟条约》。有了南斯拉夫条约保证,德国准备采取入侵希腊的军事行动,代号为"玛丽塔行动"。但是,仅仅两天之后,南斯拉夫发生了军事政变,新政府废黜了摄政王,推举十几岁的彼得为南斯拉夫国王。新王国政府不想得罪轴心国,当然也不想跟英国走得太近,因此新政府制订了中立政策,

■这次,德国将把炸弹投给巴尔干地区。德国是被迫参与巴尔干战争,以便为意大利收拾残局。

尖叫死神 二战德国Ju 87"斯图卡"俯冲轰炸机战史

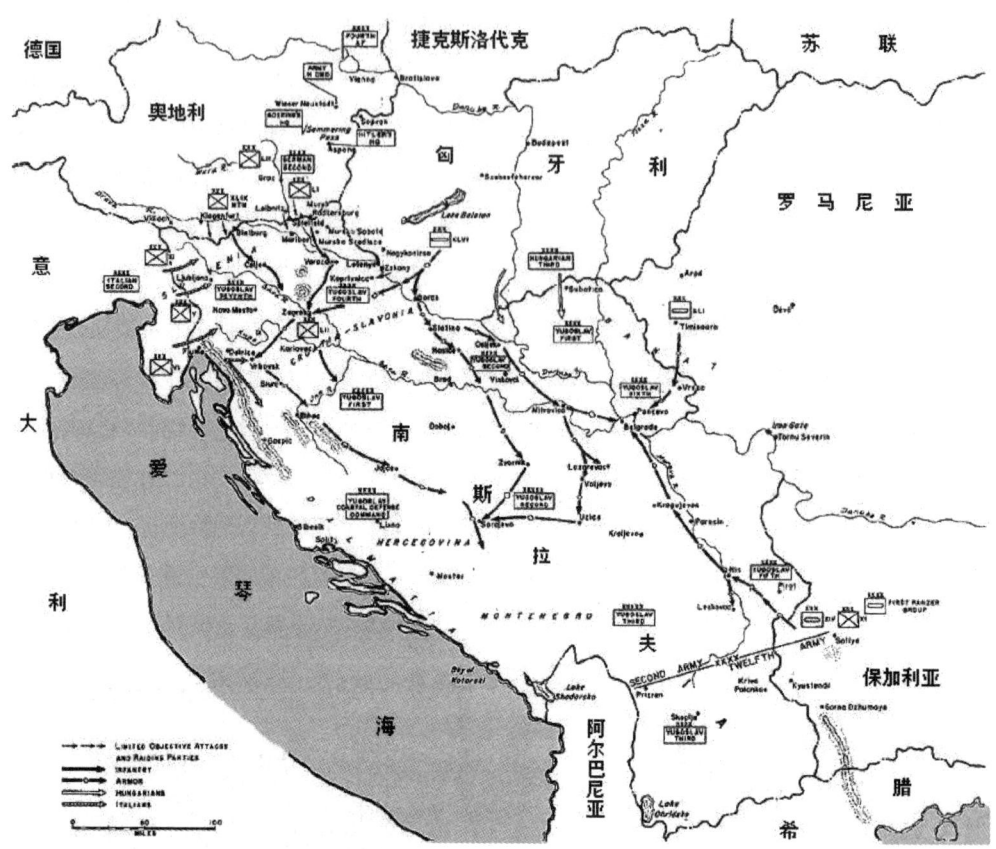

■ 德国进攻南斯拉夫的战场态势地图。

事实上,新政府上台后就跟英国进行了联系,表示了改善两国关系的意愿。南斯拉夫的政变完全打乱了希特勒的部署,怒不可遏的希特勒立即下令扩大"玛丽塔行动"范围,在进攻希腊的同时也拿下南斯拉夫。

参与空袭南斯拉夫和希腊的德国空军单位是此前驻扎在法国北部的6个"斯图卡"大队,冯·里切特霍芬第八航空军的主要空中力量参与打击南斯拉夫南部和希腊两个地区,这支部队在波兰战役中首次获得了令人恐怖的名声,又在法国创造了更大的战绩。第八航空军的St.G 2联队的第Ⅱ大队早在1941年1月就离开英吉利海峡,如今正驻扎在北非的利比亚。1941年3月的第一星期里,第八航空军的"斯图卡"部队悠闲地飞越奥地利和罗马尼亚抵达保加利亚预先指定的空军基地。St.G 2联队的直属单位(Stab)、Ⅰ/St.G 2大队和Ⅲ/St.G 2大队驻扎在克莱尼斯和贝利卡,Ⅰ/St.G 3大队也驻扎在贝利卡基地,它主要是为了填补Ⅱ/St.G 2大队被调往北非的空白。非常令人奇怪的是,Ⅱ/St.G 2大队从来就没有被联队指挥部指挥过,德国准备在巴尔干地区采取行动前,德国空军决定把驻扎在非洲的两个"斯图卡"大队中的一个调回以增强St.G 2联队,出于多方面考虑,最终Ⅰ/St.G 1大队被选中穿越地中海部署到保加利亚,联队的直属单位Ⅱ/St.G 2未被选中。其实,这其中肯定有个中原因的,不可能死板地按序列来调配,另一个主要因素是德国空军联队和大队隶属关系较为松散,大队是主要作战单位,独立性较强。

奥斯卡尔·迪诺特少校的St.G 2联队早早地抵达作战区域,他们有充足的时间在保

■德国空军进驻巴尔干地区并非一帆风顺,图中显示的是拥挤的机场里1架Ju 52运输机冲向1架停在地面的"斯图卡"飞机。

■德国Ⅰ/St.G 2大队"斯图卡"飞机整齐排列准备向保加利亚国王鲍里斯展示俯冲轰炸技术,后面的小山就是目标。这么整齐地排列纯粹为了表演,作战期间万万不可。

尖叫死神 二战德国Ju 87"斯图卡"俯冲轰炸机战史

加利亚训练(向保加利亚国王鲍里斯展示俯冲轰炸技术)和熟悉战场环境,另一个目的就是向南斯拉夫展示力量存在,迫使它明智地签署《三方同盟条约》。与St.G 2联队相比,冯·斯秋伯恩(Von Schonborn)少校指挥的St.G 77联队直到南斯拉夫政变的第二天(3月27日)才动身前往巴尔干地区。但是,仅仅一个星期里,St.G 77联队就完成了部署,St.G 77联队的直属单位、Ⅰ/St.G 77大队和Ⅲ/St.G 77大队驻扎在罗马尼亚的阿拉德,Ⅱ/St.G 77大队驻扎在奥地利的格拉兹,但这个大队临时隶属St.G 3联队直属单位指挥。

入侵南斯拉夫战争于1941年4月6日5点15分爆发,德国陆军部队穿过保加利亚边境快速向南斯拉夫尼什和斯科普里(Skoplje,在尼什正南150公里处)推进。45分钟后,德国宣传部长戈贝尔才正式宣布战争开始。从一开始,St.G 2联队所有的下属单位都参与了轰炸南斯拉夫南部的行动,随后这些"斯图卡"部队北上把目标放在了南斯拉夫首都贝尔格莱德,空袭贝尔格莱德恶劣行径立即引起了世界的注意。南斯拉夫在当时所处的地理位置和政治环境都十分不利,这两个方面都被轴心国包围着。最让希特勒恼火的是,南斯拉夫签署条约仅两天之后就改变了立场,出尔反尔最让人讨厌,政治上摇摆不定是因为没有让它尝到德国的厉害,希特勒就是这么想的。但是,南斯拉夫也知道自己几斤几两,德国磨刀霍霍的时候它就宣布首都贝尔格莱德为不设防城市,南斯拉夫希望这个举措能让德国格外开恩,事实恰恰相

■图中"斯图卡"飞机分散停放是为防备敌人空袭。

反，希特勒觉得"南斯拉夫厚颜无耻地挑衅他的尊严"，首都不设防正合他的口味，他下令毫不留情地，持续不断地猛烈轰炸贝尔格莱德，从这次空袭行动代号"惩罚行动"就可以看出希特勒多么的气急败坏。

在圣枝主日当天早晨快到7点时，德国空军开始轰炸贝尔格莱德。首波参战的飞机编队共有300余架飞机，St.G 77联队近1/4"斯图卡"飞机也参与了首轮轰炸。由于俯冲轰炸精度高，贝尔格莱德重要的目标点都由"斯图卡"飞机来轰炸，主要是防御堡垒。当天贝尔格莱德的天气相当地好，天空万里无云，加上不设防，所有条件都适合"斯图卡"飞机俯冲轰炸。在前往贝尔格莱德的途中，德国飞机编队未遭遇南斯拉夫空军战斗机拦截，地面也无防空炮火，只是抵达目标区上空时才有一些零星的防空炮火，经历了波兰战役、法国战役和英国战役的"斯图卡"飞行员对此根本不屑一顾。轰炸贝尔格莱德比此前任何一次行动都轻松，放心大胆地把炸弹投给目标，飞行员再心满意足地欣赏自己的杰作：到处是浓烟和火焰。整个行动中只有王宫附近和火车站周围有一些防空炮火。第一轮轰炸结束后南斯拉夫首都笼罩在一大片灰色的烟尘中，德国飞行员称"就像一条灰色的裹尸布盖住了整个城市"。

轰炸不设防城市这种目标完全不需要俯冲轰炸机参与，随后的轰炸贝尔格莱德行动中，德国空军第四航空队的高空轰炸机Do 17轰炸机和Ju 88轰炸机接手了全部轰炸任务，而St.G 77联队把轰炸目标投向了首都周围的南斯拉夫空军基地。在轰炸贝尔格莱德的当天下午，St.G 77联队的一个"斯图卡"编队对首都以西5公里处的萨瓦河岸的南斯拉夫空军机场，以及首都郊区泽蒙民用机场进行了轰炸。这个"斯图卡"编队以纵列间隔1600米距离排列，在抵达目标机场后，长机先是在机场上空盘旋观察，然后开始高速俯冲投弹，编队其他Ju 87飞机紧跟着长机一个接一个俯冲投弹。整个编队的投弹井然有序，时间安排得非常完美，轰炸的精度也非常高。完成投弹后，"斯图卡"飞机几乎是贴着地面退出轰炸步骤。遭空袭的两个机场停机坪上的飞机被全部摧毁，有的"斯图卡"飞机投下的是燃烧弹，这种炸弹主要轰炸机库和机场设施。投弹结束后，"斯图卡"飞机重新编组后再次光临浓烟四起，烈焰不断的机场，这次主要用机枪扫射正在灭火和抢救伤势不严重飞机的地勤人员。

轰炸南斯拉夫首都贝尔格莱德的行动立即成了世界各大媒体的头条新闻，二战爆发以来，这种场面早见怪不怪，引起轰动的一个重要原因是南斯拉夫局势动荡以来，世界各国很多战地记者被派往贝尔格莱德，当德国发动空袭时这些记者未能及时撤出。轰炸贝尔格莱德虽然惨烈，而对南斯拉夫命运起决定性影响的是该国南部的战斗。此前，根据南斯拉夫地理和政治环境特点，南斯拉夫政府将本国的军事重点和国内主要军事力量

| 尖叫死神 | 二战德国Ju 87 "斯图卡" 俯冲轰炸机战史 |

■德国空军投向贝尔格莱德的燃烧弹。

■被炸后的贝尔格莱德一片废墟。

都放在了南部,这里三面都是敌对势力,危险极有可能来自这里,为此,南斯拉夫陆军在这一区域驻扎了七个集团军,虽然很多部队编制尚未满员。应该说,南斯拉夫这种做法百分之百是正确的,但是,德国介入巴尔干后,对于一心想消灭"背信弃义"的南斯拉夫的德国来说,南斯拉夫把全国主要军事力量都集中在一个区域正好让德国一锅端,消灭南部军事力量南斯拉夫的命运就见分晓了。

虽然南斯拉夫把大部分军事力量部署到了南面,实际上作战能力最强的仍属南斯拉夫北部军队,因为南斯拉夫北部是克罗地亚平原,德国只有越过奥地利和匈牙利边境就会进入到这里的平原,这儿非常适合装甲部队作战。南斯拉夫估计德国如果想发动战争就极有可能从北部入侵南斯拉夫,为此,南斯拉夫在此部署的军队战斗力比南部的更强。但是,德国并不领情,一年前在法国战场,德国并没有按法国军方的构想突破阿登防线再进入法国后部。这次,德国仍没有按照敌人的设想从北部进入南斯拉夫,事实上,德国第12集团军从保加利亚一侧进入南斯拉夫认为有天然屏障(群山)的西南边境,这里南斯拉夫防守最弱。德国的战术就是出其不意,攻其不备。选择这个进攻点还有一个好处,那就是该地点的西南方向就是意大利控制的阿尔巴尼亚,必要的时候德国和意大利可以合围歼灭南斯拉夫军队。

德国选择山区作为突破点,但山区并不适合装甲部队快速向前推进,要想完成德国快速将南斯拉夫从中间一分为二的战略意图,必须着重依靠空军的打击力量。为德国第12集团军提供空中支援的是德国空军第八航空军,确切地说就是迪诺特少校指挥的St.G 2联队。首先,必须动用"斯图卡"飞机消灭出入山区道路上的南斯拉夫军事堡垒,这种山区目标非"斯图卡"飞机俯冲轰炸不可。4月6日德国入侵南斯拉夫时,最早出动的就是St.G 2联队的"斯图卡"飞机,一波又一波俯冲轰炸,南斯拉夫的山区军事堡垒尽数灰飞烟灭。在当天持续不断的轰炸中,St.G 2联队只损失2架"斯图卡"飞机,另有2架受伤,这个损失算是相当轻的,取得的战果却相当可观。借助德国的俯冲轰炸,德国第12集团军很快便突破南斯拉夫第5集团军防线进入南斯拉夫境内,到早晨九点左右时,德国军队已经深入南斯拉夫境内40公里。由于境内的抵抗基本忽略不计,德国装甲部队进入南斯拉夫境内后便呈扇形展开,向不同方向围歼敌军。24小时后,德国第2和第9装甲师占领重要军事要冲:斯科普里,占领该地就可以打通与阿尔巴尼亚的联系。德国第1装甲集团军入境后则向北沿着一条铁路向另一个重要军事重镇尼什进发,4月9日,尼什沦陷。随后第1装甲集团军马不停蹄地向贝尔格莱德进发。

墙倒众人推这话一点也不假,就在南斯拉夫做最后的挣扎时,一直处于防守态势的阿尔巴尼亚境内意大利军队立即来了精神,

尖叫死神 二战德国Ju 87"斯图卡"俯冲轰炸机战史

■在入侵南斯拉夫的行动中,飞行事故也时有发生,图中坠毁飞机的故事背景是迪诺特的副官驾驶的飞机与僚机在保加利亚克莱尼斯上空相撞坠毁,飞行员丧生。

■德国迅速占领南斯拉夫后,德国空军"斯图卡"部队也转移到南斯拉夫境内准备对希腊发动攻势。二战时的飞机说真的一点也不娇贵,这种简易机场竟然也能使用。

驻扎在阿尔巴尼亚首都地拉那的意大利空军第101°大队Ju 87飞机开始频繁出动轰炸南斯拉夫境内目标,驻扎在意大利境内莱切基地的第97°大队也不辞辛苦远程轰炸南斯拉夫目标。第239a中队的9架Ju 87飞机飞越亚得里亚海轰炸了南斯拉夫科托尔港,行动中,1架Ju 87飞机被地面高炮击落。4月10日,第239a中队的远程型Ju 87R从莱切被调往北部的杰西,这里离南斯拉夫中部最近。在新驻地,第239a中队的Ju 87R数次对南斯拉夫达尔马提亚沿岸目标进行了轰炸,还对希贝尼克附近海域的南斯拉夫海军鱼雷艇进行了攻击,曾重伤南海军排水量1870吨的"兹马极"号水上飞机勤务船。意大利"斯图卡"部队在这一阶段的行动中损失一些空勤人员(具体数目不详,也不知道飞机损失情况)。

意大利第101°大队主要轰炸南斯拉夫内陆目标,在执行这些作战任务时该大队也有一定的损失,这些损失都是地面炮火造成的。在4月13日空袭莫斯塔尔机场时,第101°大队指挥官圭塞佩·多纳迪奥的Ju 87座机被地面高炮击中,他被迫在南斯拉夫境内迫降,他和后座机枪手被俘并在战俘营呆了

■德国节节胜利的时候,意大利人又来了精神,还派出飞机参与轰炸南斯拉夫军队和军事目标。图中为97°大队的"斯图卡"飞机正飞越阿尔巴尼亚和南斯拉夫边境。

■意大利空军的"斯图卡"飞机已经飞到南斯拉夫中部执行作战任务,注意看意大利空军类似汉字"州"的图案。

几天。第101°大队至少还有1架Ju 87飞机在南斯拉夫与阿尔巴尼亚边境一带被击落,4架被击伤。

与此同时,在南斯拉夫西北部,意大利陆军第2集团军正向卢布尔雅那挺进,德国陆军第2集团军穿过奥地利边境线也在向萨格勒布推进。大势已去的南斯拉夫政府只得从贝尔格莱德撤退到萨拉热窝。

同样在南斯拉夫西北部,匈牙利也趁火打劫,向南斯拉夫提出归还有争议领土。而在东部,德国陆军集团军从罗马尼亚一侧向贝尔格莱德进军。4月12日,这支德国集团军占领贝尔格莱德。上文提到的从保加利亚边境进入的德国第1装甲集团军向北希望能最早进入贝尔格莱德,没想到被驻罗马尼亚德国集团军抢了先。战争爆发以来,南斯拉夫四处受敌,很快就于4月17日宣布投降。德国空军"斯图卡"部队在战争的最后阶段行动中几乎无事可做,4月15日下午4点,德国空军第四航空队司令亚历山大·勒尔(Alexander Lohr)上将接到空军司令戈林的最新命令,要求参与南斯拉夫战斗的德国空军部队将目标转向已经开始从希腊撤退的英国部队,力求在英国军队抵达希腊南部港口前将其消灭,绝不能有第二次敦克尔刻大撤退。

四、希腊(1941年4月6日至4月27日)

德国军队入侵南斯拉夫45分钟后德国政府才正式对南宣战,希腊的情况好一点,在德国军队入侵希腊前30分钟就得到了宣战声明。1941年4月6日早晨6点,德国开始全面进攻希腊。跟南斯拉夫一样,希腊也是多

■St.G 77联队的几个单位进驻了被占领的南斯拉夫机场,在这里,"斯图卡"飞机将飞越南斯拉夫与希腊边境对希腊发起攻击。

第三章 "斯图卡"俯冲轰炸机战史

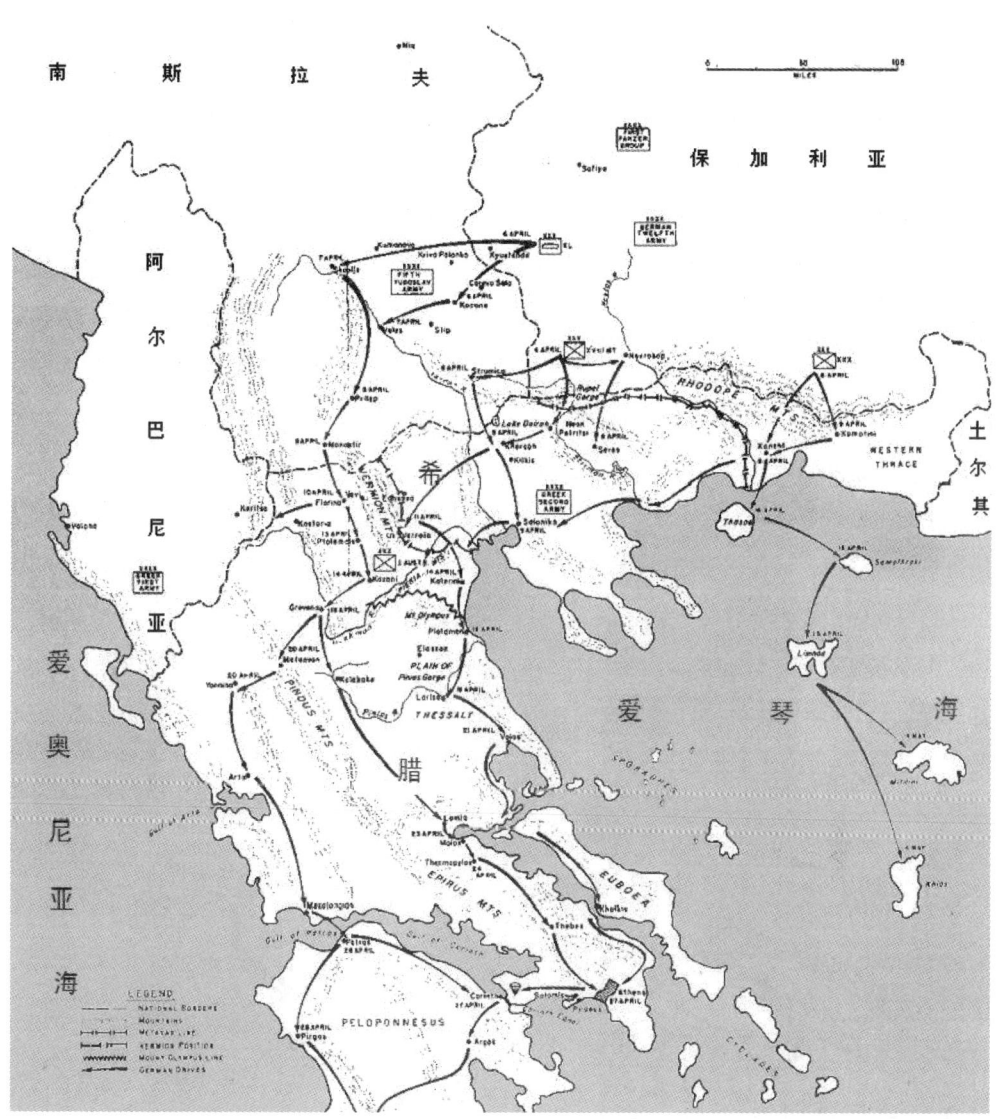

■希腊战役战场态势图。

山的国家,高山是德国部队的第一个主要障碍。另外,希腊北部边境线一半与南斯拉夫接壤,一半与保加利亚接壤,德国只能从保加利亚一侧发起进攻,留给德国的进攻战线非常窄,选择余地少。在与保加利亚接壤的一侧,希腊在边境山上修筑了一条长200公里边境堡垒,被称为梅塔克萨斯防线,其中最大最重要的是伊斯蒂贝堡垒,这座堡垒位于斯特鲁马河河谷鲁培尔山口,它保卫着一条进出山区重要的公路。山区堡垒多建在山顶,为的是方便观察敌人进攻行动。

希腊战争爆发后的前45分钟里,德国空军"斯图卡"部队已经对希腊边境山区军事堡垒进行了轰炸,轰炸希腊梅塔克萨斯防线的重任也落在迪诺特少校指挥的St.G 2联队肩上。建在山顶的堡垒非常容易遭受空中打击,特别适合"斯图卡"飞机定点清除,在4月6日德国发起进攻后,St.G 2联队派出一拨又一拨"斯图卡"编队持续对各个堡垒实施俯冲轰炸。德国的俯冲轰炸非常精确,希腊的守军也极其顽强,一些山顶要塞在不间断的轰炸中坚持了48小时之久,地势较低的堡垒很快被攻克,但鲁培尔山口的伊斯蒂贝堡垒和乌斯塔堡垒固守着山口,一次又一次地击退了德国陆军进攻和空中俯冲轰炸。4月8日,在希腊的反攻中,已经被德国占据的堡垒再次被希腊夺回。希腊军队的顽强不得不让德国人为之佩服,以致后来攻克这些堡垒后,德国指挥官向希腊指挥官敬礼以示对他们勇敢和顽强斗志的敬意。

希腊的山区堡垒非常难以攻克,德国人都觉得有难度,但是,这些堡垒跟法国人吹嘘的马奇诺防线一样有着致命的弱点,那就是从侧翼或后方进入后这些堡垒就形同虚设。同样在4月8日,就在希腊士兵坚守难以战胜的伊斯蒂贝堡垒时,德国陆军突破南斯拉夫防线,再从南斯拉夫一侧进入希腊绕到鲁培尔山口后面。当天傍晚时分,取道南斯拉夫的德国第2装甲师的坦克横穿希腊进入爱琴海沿岸的萨罗尼加市,这样希腊就被一分为二,被截断后路的希腊东北部的军队被迫在第二天全部投降。在关于这次作战胜利

■希腊边境上的梅塔克萨斯防线是德国空军遇到的又一个麻烦,这条防线上每座山上都有堡垒,极难攻克。但是,这些堡垒的缺点是建在山顶不够隐蔽,而且绕到它上面就无法发挥作用。

第三章 "斯图卡"俯冲轰炸机战史

■梅塔克萨斯防线上的堡垒都是水泥加固或是天然巨石构成的,非常坚固,更为坚固的是希腊人抵抗入侵者的决心。

■要对付希腊这种加固堡垒,"斯图卡"飞行员有十足的把握和经验来对付它。图中"斯图卡"飞机编队已经飞到了头顶上,地面是德国士兵自豪地看着自己的飞机。

尖叫死神　二战德国 Ju 87 "斯图卡" 俯冲轰炸机战史

■希腊军人的顽强让德国军人都不由得敬佩，希特勒破例地对希腊表示了赞赏。图中德国军官在向希腊军官敬礼。

的演讲中，希特勒用了特别的词语大加赞赏固守伊斯蒂贝堡垒的希腊士兵："你们是唯一的，在'斯图卡'飞机的轰炸下仍然固守阵地的士兵。"

与此同时，希腊的第二条防线建立，这条防线由希腊2个陆军师和新近刚刚抵达的皇家部队（由澳大利亚和新西兰两国陆军军团组成，一战时期简称ANZAC，即

■德国空军的另一起事故，1架"斯图卡"飞机在临时机场着陆时翻了个底朝天。

Australian and New Zealand Army Corps的首字母简写,二战时改为皇家部队(Forces of the Empire))组成,防线东起萨罗尼加,穿过韦里亚和埃德萨到南斯拉夫边境,总长100余公里。南斯拉夫边境与希腊西北部主要部队(约2/3仍在阿尔巴尼亚境内作战)之间是蒙那斯迪尔隘口,这里也是群山叠嶂,易守难攻,其地理位置相当重要。希腊自信地认为南斯拉夫人可以守住这里,但是,不可能的事偏偏就发生了,德国人并没费多大劲儿就攻克了蒙那斯迪尔隘口。到4月11日,皇家部队和希腊军队被迫后撤到奥林匹斯山南部的一条防线,在这里,希腊军队的侧翼完全暴露在德军面前,双方发生了激战,战斗快结束时,希腊军队接到再次撤退的命令,这次撤退到塞莫皮莱(Thermopylae)一线。至此,希腊已经处于完全崩溃的边缘。4月22日,希腊北部集团军向德国第12集团军李斯特元帅投降。在希腊西北部伊庇鲁斯(Epirus),在1940年冬季就已经进入阿尔巴尼亚的希腊军队最后向意大利军队投降。一直是穿越奥特兰托海峡执行轰炸任务的意大利空军第97°大队Ju 87飞机至此也结束在阿尔巴尼亚境内的军事行动。4月20－21日,第97°大队执行了几次轰炸亚得里亚海沿岸公路上希腊后撤军队的行动,该大队还轰炸了克基拉湾内航行舰船的行动,在这些行动中,圭塞佩·塞尼采用自己独创的水平跳弹战术又炸沉1艘希腊排水量为1102吨的"乔安娜"号运输船。

这些行动零星而且规模小,跟希腊东部战斗比起来根本不值得一提。在希腊东部,英国部队和皇家部队(4月12日,"皇家部队"又改称一战时期常用的ANZAC,这个

■南斯拉夫和希腊的空军力量可以忽略不计,但为"斯图卡"飞机保驾护航还是有必要的,"斯图卡"部队在向前线机场转移时,德国战斗机部队也一起向前部署,甚至是部署到同一机场。图中近处为Ⅱ/St.G 27大队的1架Bf 109E战斗机,前面为几架"斯图卡"飞机,其后面则为Do 17轰炸/侦察机。

尖叫死神　二战德国Ju 87"斯图卡"俯冲轰炸机战史

名字太长,为行文方便,仍称皇家部队)正遭受德国空军"斯图卡"飞机无情集中的轰炸。这段时间里,德国空军司令戈林再次下令,要求在希腊境内的盟军部队逃离希腊之前彻底地将其消灭。

在希腊战役开始后的第一个星期里,德国"斯图卡"飞机的损失相当轻,St.G 2联队第一个损失是I/St.G 1大队(上文提过,该大队临时归St.G 2联队指挥)的布鲁诺·迪雷中尉。在4月7日的一次行动中,迪雷的座机在马其顿上空被击落。在二战爆发后的波兰战场,布鲁诺·迪雷中尉曾执行过轰炸特切夫桥梁的行动,在行动中他的座机被击伤,后来他迫降成功并与后座机枪手几天后返回单位。事实上,在希腊战役开始后,迪诺特少校指挥的St.G 2联队损失最严重的是Do 17侦察机,而不是"斯图卡"飞机。

南斯拉夫沦陷后,St.G 77联队的大部分单位被调往希腊前线参加到St.G 2联队中,就是在这一阶段,"斯图卡"飞机开始遭受持续不断的损失,虽然损失并不算太大,但给Ju 87飞机造成损失的是战斗机和地面防空炮火。在希腊战场上,德国空军准备了150余架"斯图卡"飞机,在多山地区,"斯图卡"的精确俯冲轰炸为德国装甲部队快速向希腊纵深推进起到了决定性的作用,在南斯拉夫和希腊,德国的闪电战术再一次因为"斯图卡"飞机而得以体现。溃不成军的希腊和盟军部队向南节节败退,任何高山和河流都无法阻止他们撤退的步伐,"斯图卡"飞机像牛皮糖一样穷追猛打。在这次逃命的撤退中也有一些亮点,那就是澳大利亚和新西兰组成的皇家部队实施了一系列成功的殿后防御战斗,给德国紧追不舍的地面部

■惊慌逃窜的希腊和英国盟军部队最怕看到的就是头顶上出现的"斯图卡"飞机。

队造成了重大伤亡。某一天傍晚时分，为了扫清德国装甲和步兵部队前进道路上的盟军目标，德国空军出动90架"斯图卡"飞机参与轰炸行动，这个规模在此前的欧洲西线战场都极为少见。天空中如蝗虫般的飞机遮天蔽日，发起俯冲轰炸时，一架接着一架，似乎没有尽头。"斯图卡"飞机俯冲时发出尖厉的声音和炸弹的爆炸声不停地回荡在山间，军事堡垒上的岩石在爆炸中剧烈颤抖，甚至山上的岩石也被爆炸声波震得从山上滚落，90架飞机投下的炸弹爆炸后掀起的烟尘几乎让黑夜提前到来。就是在这种情况下，

■在盟军后面紧追不舍的"斯图卡"飞机。

尖叫死神 二战德国Ju 87"斯图卡"俯冲轰炸机战史

皇家部队深挖掩体把自己埋在里面一动不动,他们在等待时机。"斯图卡"飞机轰炸完成后,德国地面部队来收拾残局,只是他们没想到战场上竟然还有活物,因此掉以轻心,被从地下钻出来的皇家部队打个措手不及,付出了惨重代价。

至4月24日,成千上万的盟军部队开始在希腊南部沿岸的六个预定撤退点集中。当晚,代号为"恶魔行动"的撤退行动正式开始。此时,德国空军飞机早就控制了这一带,第四航空队持续72小时对准备逃离的盟军实施了猛烈的轰炸,在海面上,任何角落,任何浮动的目标都会遭到轰炸,哪怕是一根木头。4月22日,德国"斯图卡"飞机击沉2艘希腊海军1389吨(也有的资料称是1540吨)级的驱逐舰,1艘是"雅拉"号,另1艘是"普萨拉"号。当时,"雅拉"号驱逐舰正准备驶离比雷埃夫斯(Piraeus,雅典西南)港,这里是希腊重要的海军基地,两天后德国"斯图卡"飞机再次轰炸比雷埃夫斯港,港口内23艘舰船被击沉。"普萨拉"号驱逐舰当时正停靠在墨伽拉海滩(预定撤退点之一)。Ⅰ/St.G 2大队的其他"斯图卡"飞机在科林斯湾击沉大量希腊

■仓皇撤退的一幕再次上演,"斯图卡"部队借助好天气对任何一个撤退海滩都实施了大规模轰炸,连一根木头也不放过。图中显示的是迈加拉撤退点遭到"斯图卡"飞机轰炸后的情景,德国侦察机进行战果评估侦察时拍摄的这张照片,图中1艘排水量达4000吨的油船被炸后起火。

商船。第二天（4月23日），Ⅰ/St.G 2大队对更远处克里特岛上的苏达湾进行了轰炸。与此同时，1架准备将希腊政府要员运出希腊的"桑德兰"水上飞机在斯卡拉曼加湾（Scaramanga Bay，雅典西部约10公里）停泊时遭7架"斯图卡"飞机轮流扫射，飞机最终沉没。

4月24日，盟军部队抵达另一个撤退点——纳夫普利亚（Nauplia，雅典西南100公里）。既然是撤退点，必然人员和物资装备最集中，德国最喜欢敌人聚集在一起，因此，德国"斯图卡"飞机对这里的盟军目标展开了猛烈轰炸，盟军有3艘大型运输舰被炸伤。两天后，在"魔鬼行动"高潮期，德国"斯图卡"飞机攻击了3艘来自埃及刚刚进入纳夫普利亚湾运输船，其中2艘被炸伤，另1艘受伤严重，动力损坏，随行护航的1艘驱逐舰立即将其拖回到克里特岛。经过连夜作业，撤退的士兵登上了"斯拉玛特"号运输船，这艘船离开纳夫普利亚三小时后（第二天清晨）被德国"斯图卡"飞机发现，在随后的攻击中，这艘排水量达到11636吨的运输船被炸沉，这是希腊撤退行动中被击沉的最大舰船之一，人员损失极为惨重。

为了打乱盟军的撤退计划，消灭盟军的有生力量，德国空军决定采取一次冒险行动，即通过使用伞兵占领科林斯运河上一座重要的桥梁，这座桥梁连接着希腊本土和伯罗奔尼撒半岛，这个瓶颈地带的重要性不言

■在码头准备撤离的英国士兵，这一幕已经在敦克尔刻出现过。

尖叫死神 二战德国Ju 87"斯图卡"俯冲轰炸机战史

而喻。在伯罗奔尼撒半岛西端有三处预定撤退点，从希腊本土撤退的盟军部队必须通过这座桥梁进入到预定撤退点。通过伞降战术，德国希望在科林斯运河处将盟军的后路堵住，最后迫使盟军投降。理所当然，盟军在此地部署了大量防空部队和守护部队，这条重要的生命线不能让德国人切断。为了配合4月26日清晨6架滑翔机运送54名伞降工程技术人员占领科林斯运河桥，德国空军出动20-30架"斯图卡"飞机对运河两侧的盟军高炮部队进行了狂轰滥炸，这么窄小的地区遭受如此大规模的轰炸，盟军的阵地全部在空袭中被摧毁，就连护航的Bf 110战斗机也用机枪/炮对发现的目标扫射。"斯图卡"飞机的轰炸为随后的伞降部队扫清了障碍。

德国的轰炸虽然取得了成功，但是，就是德国伞降的工程技术人员（拆除爆破装置）着陆仅十分钟后，盟军还是炸毁了这座桥梁。桥梁被炸毁不仅阻止了盟军撤退，也挡住了德国快速追击的步伐，总的来说对盟军有利，因此伯罗奔尼撒半岛上的盟军加紧登船撤退。4月30日午夜刚过，盟军的撤退全部结束，在进入希腊的60000名士兵中有3/4安全撤离希腊，敦克尔刻的一幕再次重演，照例，盟军大量军用物资没有来得及撤出。

巴尔干半岛行动简要回顾和总结

1941年早些时候，由于错误地判断形势，意大利人侵希腊给整个巴尔干半岛的形势带来了一个大问题。罗马尼亚的石油供应对德国来说至关重要，而这个时候德国又要面临潜在的苏联威胁，除此之外，还存在着英国人干涉该地区事务的危险。英国军队已经进驻了克里特岛并迅速向意大利和北非推进，罗马尼亚油田就处在英国轰炸机的轰炸范围之内。这一时期，德国准备入侵苏联的"巴巴罗萨行动"计划已经到了最后的阶段，德国南翼明显存在着安全隐患。

1940年12月，希特勒极不情愿地下令为占领希腊全境做好战争准备，目的是收拾意大利军队造成的残局，同时，德国还向南斯拉夫政府施压迫使其加入《三方同盟条约》。至此，德国空军在保加利亚和罗马尼亚部署了490架作战飞机，随时准备入侵希腊，这些作战飞机中包括40架轰炸机、120架"斯图卡"飞机、120架单发和40架双发战斗机、50架远程和120架短程侦察机。但是南斯拉夫政局出现意想不到的变化，德国被迫做出反应：在12小时之内，德国空军再次向巴尔干地区派遣了480架作战飞机，随后又派出第二波120架作战飞机，这个时候，"斯图卡"飞机的数量比之前增加了1倍。1941年4月6日，德国空军轰炸机（包括"斯图卡"飞机）开始轰炸贝尔格莱德和希腊南部的目标，在空中力量的掩护下，德国和意大利地面部队越过了边境线。

尽管，南斯拉夫和希腊都是山区国家，德国依然采用典型的闪电战术，有时，一天对贝尔格莱德的空袭达到了5次之多，战事来得如此之快，南斯拉夫有组织的抵抗行

第三章 "斯图卡"俯冲轰炸机战史

■德国占据希腊东南岛屿的意义重大,简单地说,这里离德国下一个目标克里特岛最近,而且在此还可以拦截从埃及亚历山大港前来增援的英国舰队。图中显示的是德国"斯图卡"部队进驻阿尔戈斯岛机场,岛上原来的机场为英国使用,德国进驻后,英国未能撤走的"飓风"战斗机(受伤修理之中,不能飞行)被德国人扔到了沟里。

■巴尔干半岛战役中"斯图卡"飞机运用得十分成功,毫不例外,"斯图卡"飞机与德国地面部队配合取得了意想不到的战果。

动直到12天之后才开始。这次的希腊又一次给"斯图卡"飞机提供了非常理想的轰炸环境，德国空军几乎完全掌握了制空权，因此，在希腊的军事行动非常短，而且是决定性的。希腊空军在战争中很快被全部消灭，为此，英国皇家空军分遣队立即从北非调来，由于缺少早期预警系统，这支部队大部分被消灭在地面。

这次，"斯图卡"飞机再次在战争中起到了决定性的作用，德国人取得了完全的胜利。除了对地面目标进行了精确打击，"斯图卡"飞机还在1941年4月21日至24日对希腊海军的舰船进行轰炸，击沉了1艘老旧的16500吨"基尔基斯"号战列舰和9艘其他军舰，一艘军舰，甚至是停在军港里也是值得俯冲轰炸的目标。在巴尔干半岛的行动中，"斯图卡"飞机的损失几乎可以忽略不计。虽然对英国作战"斯图卡"飞机受到了挫折，但巴尔干半岛的战争再次让Ju 87飞机显示了应有的威力，那就是战术运用得当，多兵种配合的情况下"斯图卡"仍是令人十分恐惧的武器。

五、克里特岛（1941年5月20日至6月1日）

克里特岛距希腊本土最南端约100公里。克里特岛北部的苏达湾是盟军撤退行动的落脚点，这里也是盟军部队相当集中的地区，包括士兵和舰船等，因此，德国此前就已经派遣远程型Ju 87R飞机对苏达湾进行过轰炸。克里特岛属希腊，去年10月意大利对希腊宣战后，希腊请求英国在岛上驻军以协助它对抗意大利。德国占领希腊本土后，克里特岛是唯一未被占领的希腊领土。

在德国的扶植下，倾向轴心国的希腊临时政府于5月1日成立，但巴尔干战役直到9天后才正式结束，原因就是希腊在地中海沿岸一带有很多小岛，攻占这些小岛花了一些时间，最后约定，意大利攻占伊奥尼亚海沿岸的希腊岛屿，德国攻占爱琴海沿岸的希腊岛屿。在地中海，实际上克里特岛远比马耳他岛更重要，它的面积大，位置重要（扼守整个东地中海）。德军占领希腊本土后，希特勒本来要停止巴尔干战事，但德国空军第六航空军司令库尔特·斯图登特（Kurt Student）少将（他掌管着德国空军伞兵和滑翔机部队）却提出以空降作战的方式夺取克里特岛。他的这个想法得到了第四航空队和空军司令戈林的支持，他们认为如果英国人留驻克里特岛无疑是在德国背后留下一颗钉子。另一个重要的问题是，英国如果在克里特岛上部署远程轰炸机，那么德国石油供应地罗马尼亚普洛耶什蒂油田将会受到严重威胁。还有一点不得不提，那就是德国想为"闪电战"理论增加一些内容，也就是扩展"闪电战"的范围，空降作战此前在欧洲西线已经成功地运用过，但规模较小。对于克里特岛这样的远离陆地的岛屿最适合俯冲轰炸加上伞降作战。有了伞降作战，德国"闪电战"的使用会更加灵活，像德国装甲部队在这样的登岛作战中就无能为力。希特勒对于德国空军高层这些想法非常认同，只是入侵苏联的计划已经制定完成，中途不能再有变故。最终，希特勒同意夺取克里特岛后结束巴尔干战争，然后抽身对付苏联。

在德国海军力量不足的情况下，伞降作战是最佳的选择，其实德国根本没有选择，要么伞降作战，要么放弃进攻克里特岛。伞降作战主要是德国空军伞降部队和"斯图卡"部队的任务，伞降部队通过Ju 52运输机将滑翔机拉到天上，而"斯图卡"部队则负责轰炸克里特岛上和周围海域的盟军舰船。

这次重要的军事行动代号为"水星行动"。

为了部署大规模的空中行动，德国空军在希腊阿提卡北部和雅典西部的一片蛮荒之地开辟出一个临时机场以容纳500余架Ju 52运输机和72架DFS 230滑翔机。最近参与巴尔干战役的7个"斯图卡"大队则向南部署到伯罗奔尼撒岛上，这里离克里特岛更近，对于航程不远的"斯图卡"飞机极为适合。7个"斯图卡"大队是St.G 77联队的3个大队，Ⅰ/St.G 1大队和Ⅰ/St.G 3大队驻扎在阿尔戈斯；Ⅰ/St.G 2大队和Ⅲ/St.G 2大队大部分单位先是部署在莫拉伊，但是，5月14日，Ⅲ/St.G 2大队指挥官海因里切·布鲁科

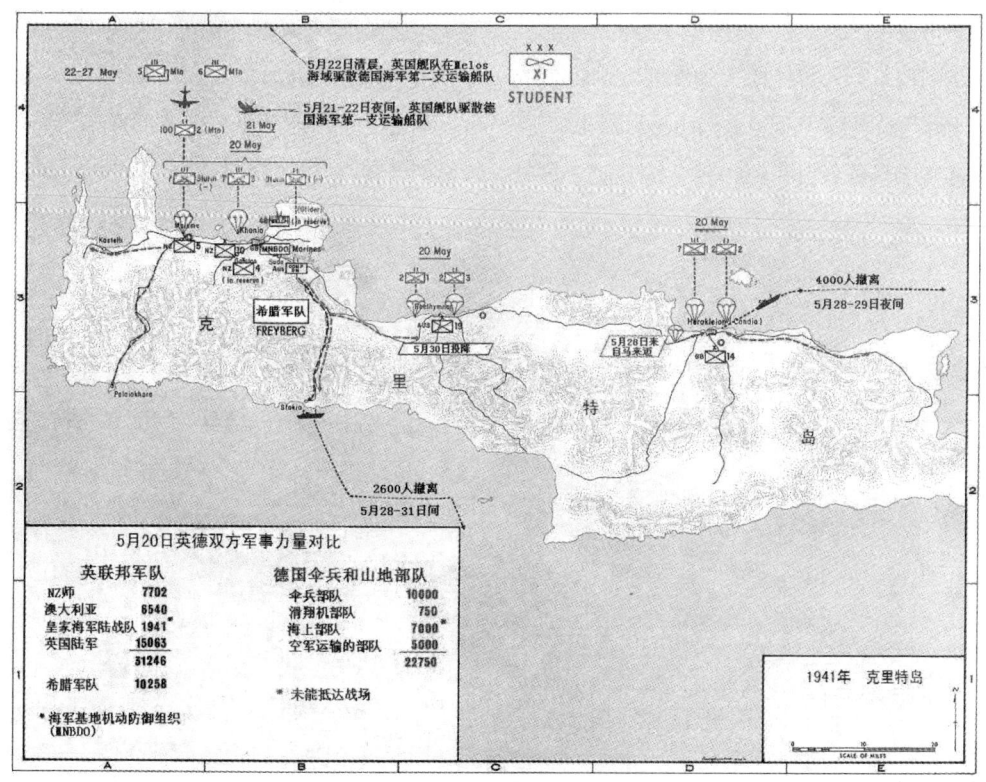

■克里特岛作战态势图。

尖叫死神　二战德国Ju 87"斯图卡"俯冲轰炸机战史

■驻扎在阿尔戈斯岛上的Ⅰ/St.G 3大队"斯图卡"飞机准备出发执行轰炸克里特岛的作战任务，地面摆满了SC 250炸弹。图左侧的这架"斯图卡"飞机垂尾方向舵上有弹孔，这是此前战斗中留下的。

尔上尉率领10架"斯图卡"飞机离开莫拉伊部署了卡尔帕索斯（Karpathos）岛上，这个岛在克里特岛东北约80公里处。在这个战场，卡尔帕索斯岛的位置十分重要，它不仅可以威胁克里特岛，而且它最大的价值在于非常适合攻击克里特岛与埃及亚历山大港之

■在登岛前，德国"斯图卡"飞机对克里特岛的苏达湾进行了猛烈的轰炸，图中苏达湾港口设施和被炸舰船冒出滚滚浓烟。

■同样是苏达湾,海湾内1艘吨位较大的舰船被炸后燃起大火并冒出浓烟,图中只有2艘舰船被炸,这是有选择的,即吨位大的舰船是首选。图中冒烟的很可能就是英国皇家海军燃油补给舰"奥尔纳"号。

间的英国补给线。

在正式入侵克里特岛前,德国空军"斯图卡"部队增加了轰炸克里特岛北部沿岸目标的架次,特别是该岛的三个登陆点和苏达湾。例如5月18日在苏达湾,Ⅰ/St.G 2大队指挥官希特斯切豪尔德上尉率领的"斯图卡"编队在行动中重创了英国皇家海军燃油补给舰"奥尔纳"号,这艘排水量为15220吨的补给舰受伤严重,为了防止其沉没,舰员只得将其开到浅滩搁浅。

与此同时在莫拉伊,奥尔卡尔·迪诺特少校在Ⅰ/St.G 2大队技术官的帮助下正在试验一种新式武器用于对付地面士兵,St.G 2联队指挥官对迪诺特的工作十分欣赏。在希腊作战时,德国人已经发现用于轰炸工事的高爆炸弹并不适合杀伤地面士兵,俯冲投下的炸弹会深入地下再爆炸,土地吸收了大部分爆炸能量,电影中我们可以常看到遭到轰炸时士兵立即卧倒的镜头,爆炸的炮弹或炸弹碎片呈"V"字形飞散,士兵卧倒就可以减轻伤亡。迪诺特的发明就是让炸弹在触地前爆炸,或者说是在地面上空爆炸以增加杀伤人员的效果,在地面上方爆炸,弹片会四处飞散,人根本无法躲藏,即使像皇家部队把自己埋在土里也无济于事。解决问题的构想十分简单,那就是给炸弹头部安装一个长长的触发引信,这样就可以使炸弹触地前就爆炸。大战在即,必须使用土方法来解决问

尖叫死神 二战德国Ju 87"斯图卡"俯冲轰炸机战史

题,在第一次试验中,技术人员在50公斤的炸弹头部安装了一个60厘米长的柳树木棍,炸弹原来的引信,俗称顶针被去掉,60厘米长的木棍旋进原来引信处。为了试验,地勤人员在长满农作物庄稼地里(下文就知道为什么在这里了)铺上一块白色的薄板作为目标,但是,第一试验并不成功,木头实在不结实,炸弹触地时木棍被折断,因此也未能引爆炸弹。随后技术人员用金属杆来取代木棍,但是试验证明这个方法也不行,金属杆非常容易钻入泥土中,事实上爆炸还是钻到土里再爆炸。下一个需要解决的问题就是如何让金属杆不那么容易钻到土里,答案是增加它的阻力,具体地说就是在金属杆的顶部焊上一个小圆盘,如此改进后再进行试验,试验取得了成功,炸弹在地面30厘米高度爆炸。炸弹爆炸只在地面形成很浅的弹坑,爆炸点周围大片庄稼被炸毁,杀伤半径非常大。首批改进的炸弹是在"斯图卡"联队自己的后勤车间完成的,这些改进炸弹被戏称为"迪诺特的芦笋"。后来,迪诺特的这个发明在德国兵工厂作为制式武器批量生产,被广泛用在"斯图卡"单位(其他单位也使用),苏联战场大量使用。

"水星行动"于5月20日正式开始,当天清晨天还未亮,德国伞兵就开始登上飞机。经过两个星期持续不断轰炸克里特岛北部沿岸目标,盟军在这一带的力量已经逐渐被削弱,但随着入侵克里特岛行动的正式开始,"斯图卡"部队组织新一轮更大规模、

■迪诺特不仅是一位优秀的指挥官,还是个发明家,图中SC 50炸弹被称为"迪诺特的芦笋",这种设计为的是在炸弹钻地前爆炸以提高杀伤人员能力。250公斤和500公斤的炸弹不能使用这种长杆引信,防止碰到飞机螺旋桨。

第三章 "斯图卡"俯冲轰炸机战史

■准备登机的德国士兵,前面是Ju 52运输机。运送空降兵有两种方式,一种是运输机运载,另一种是运输机或其他飞机,如轰炸机或战斗机拖无动力的滑翔机。

■5月20日当天德国空降兵空降克里特岛情景,1架Ju 52运输机被地面高炮击中后拖着黑烟坠向地面。空降作战在二战期间除小规模外,其他几次大规模空降都不很理想或以惨败而告终,克里特岛这次空降遭受损失后德国再也未敢大规模使用空降兵作战。

| 尖叫死神 | 二战德国Ju 87"斯图卡"俯冲轰炸机战史 |

更为猛烈的轰炸行动。当天早晨7点,"斯图卡"飞机编队对岛上四个预定登陆点和伞降点进行了轰炸,这些轰炸的时间精确到分钟,德国空军的计划是让"斯图卡"飞机把

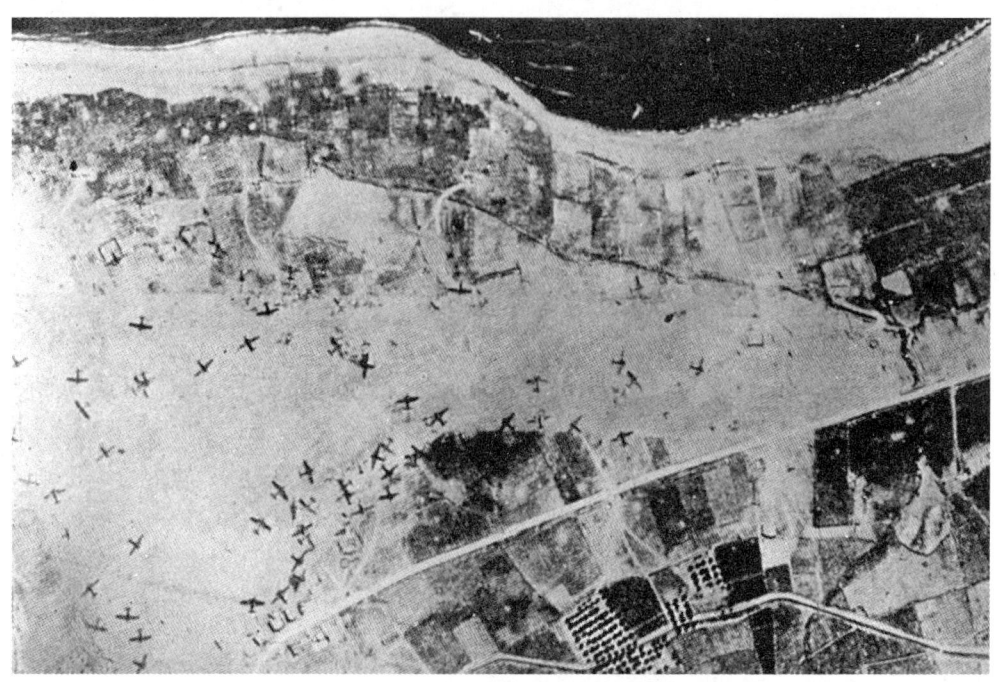
■在克里特岛马来迈登陆点着陆后的Ju 52运输机和DFS 230滑翔机。

■"斯图卡"飞机简单改进也可以作为拖曳机,为了转移机场时运输方便,后来的"斯图卡"单位也配备自己的DFS 230滑翔机。图中为Ju 87R在拖曳1架DSF 230滑翔机。

第三章 "斯图卡"俯冲轰炸机战史

敌人炸得无法冒头,只能龟缩在掩体里,一波轰炸结束后,另一波轰炸再开始,在敌人反应过来前Ju 52飞机再飞临空投点上空。

但是,库尔特·斯图登特少将的参谋们却忽略了一个小小的、却是致命的问题。上文提到德国空军在雅典西部一片空地新建了一个临时机场,二战时期,由于螺旋桨动力飞机速度不高,机场通常采用土质跑道,土质跑道也有不同等级,永久机场的跑道更好一些,像临时机场,一般把地面铲平再用压

■ 为了说明Ju 52运输机遇到的麻烦问题,借用3架"斯图卡"飞机起飞图来说明:螺旋桨在转动时掀起巨大的烟尘,妨碍了后面飞机的视野。Ju 52飞机三个发动机一起工作,加上数架并排,上百架飞机一起开动发动机,掀起的烟尘比图中的还要大。

尖叫死神　二战德国Ju 87"斯图卡"俯冲轰炸机战史

路机压一下（甚至根本就不压）就可以使用了。在希腊的这个临时机场等级更低，德国只是将其作为一次性使用机场来修建的，因此，当第一波Ju 52运输机迅速在新建机场集结时，螺旋桨工作时将跑道上的尘土扬起，前面飞机扬起的尘土将后面的飞机完全罩住。想想，这么大的行动Ju 52飞机并不是一架一架依次起飞，数架飞机并排扬起的尘土（加上后面的飞机发动机也启动）如同沙尘暴一般。这种能见度后面的飞机根本无法起飞，唯一能做的就是等上数分钟让尘土自动散去，宝贵的几分钟就这样白白地浪费掉。

正是由于这种无奈的间隔让德国空军精心设计的时间化为泡影，当"斯图卡"飞机完成俯冲轰炸后，盟军地面部队有了充足的时间组织防空火力，静候德国运输机的到来。德国空降伞兵在行动中的损失跟时间没有衔接上有着直接关系，事实上，在很多情况下，盟军一方也是如此。自从5月20日以来，克里特岛的步兵已经逐渐习惯了"斯图卡"飞机早晨的问候，每天都是如此，他们唯一感到遗憾的是问候得有点早。当"斯图卡"飞机向着海面方向离去，他们立即从战壕或是掩体中跳出来去吃早餐，早饭一般在空袭那当儿就开始做了，这些士兵甚至连枪都不拿。可当有一天德国飞机在8点钟前来

■迅速登机准备出击。

轰炸的时候，马来迈的士兵立即慌作一团，虽然很快恢复，但地面部队还是付出了一定的代价。

在入侵克里特岛开始的头12天里，德国Ju 87飞机大部分时间里是充当"飞行炮兵"的角色，在地面部队（伞降部队）呼叫时轰炸盟军抵抗顽强的军事目标，这些原来是"斯图卡"飞机的次要目标。当然，对于克里特岛上战略目标，非"斯图卡"飞机不可，比如，5月22日，St.G 77联队的"斯图卡"飞机就再次轰炸了苏达湾，这里有克里特岛上最重要的港口，盟军海上力量也集中于此，航运物资也在此卸载。在这天的轰炸行动中，St.G 77联队损失1架Ju 87飞机。战前，驻扎在阿尔戈斯的St.G 3联队因为当地机场过于拥挤（五个"斯图卡"大队驻扎这一机场）在一场起飞事故中损失了3架Ju 87飞机。

48小时后（5月24日），德国"斯图卡"飞机轰炸了克里特岛西北部卡斯蒂里湾一带的盟军地面部队，德国陆军第5装甲师的轻型坦克准备在此登陆。同一天下午，德国Ju 87编队对克里特岛首府进行了不间断的残酷轰炸，据目击者称，这次行动中有4架"斯图卡"飞机（St.G 1联队）被击落。

尽管付出了惨重的代价，斯图登特的伞兵部队逐渐控制了克里特岛北部沿岸一带平原地区，岛上的守军被迫再一次冒险后撤，这次，撤退的部队必须要穿过克里特岛山脊到南部更为宽阔的岛南岸，这里有一处撤离点。在没有空中力量保护（英国皇家空军最近的基地在埃及）的情况下，后撤的盟军部队穿过鹅卵石遍布的山地时，德国"斯图卡"飞机和战斗机在空中轮流向呈纵队排列的士兵扫射，最可怕的是"斯图卡"飞机携带了杀伤能力惊人的"迪诺特的芦笋"炸弹，即使是对付步兵，"斯图卡"飞机也采用俯冲轰炸方式，只要地面有人员集中的地方就会招来令人闻风丧胆的"斯图卡"飞机，伴随着死神般的尖叫声。对于普通的炸弹，地面士兵在爆炸点几米远只要卧倒就可保无生命之忧，"迪诺特的芦笋"可完全不是那么回事，炸弹距地面30厘米爆炸，其爆炸半径几十米内生命体完全没有生还的可能。炸弹投完后，Ju 87飞机再返回用机枪扫射，反正没有敌方战斗机来拦截，慌忙撤退的部队防空力量更是有限，德国飞机从容且镇定。在石缝中生还的一个盟军士兵称，有的"斯图卡"飞机悠闲地在他们头顶上盘旋一个多小时不愿离去，其间，有机会就扫射。

可以想像，在没有干扰的俯冲轰炸行动中，克里特岛上的目标遭受了毁灭性的破坏，人员伤亡也相当严重。克里特岛周边海域也是"斯图卡"飞机关注的目标，在这里"斯图卡"飞机甚至取得了更大的战果。英国凭借着强大的海军在地中海一带相当活跃，消灭了意大利海军后英国皇家海军的优势更加明显，事实上，英国海外殖民地和海外基地完全依赖皇家海军的舰队。希腊本土

尖叫死神 二战德国Ju 87"斯图卡"俯冲轰炸机战史

■ 飞往目标途中的"斯图卡"双机编队。

沦陷后,英国皇家海军不敢白天在希腊近海活动,但是获知德国准备入侵克里特岛后,皇家海军卡宁汉姆上将让三支小型由巡洋舰和驱逐舰组成的特遣队趁着夜色进入爱琴海活动。德国在希腊南部和卡尔帕索斯岛部署"斯图卡"飞机后,卡宁汉姆日益担心皇家海军的舰船安全,最后他决定把舰船后撤到相对安全的克里特岛南部。转移的路线只有两条,要么向东要么向西绕到岛的南部。

英国皇家海军的一举一动尽收德国人眼底,德国当然绝不会放过这么好的消灭敌人的机会。第一个成为德国"斯图卡"飞机牺牲品的是皇家海军"尤诺"号驱逐舰,当时这艘驱逐舰已经成功地通过了东部航线上最危险的卡索(Kaso)海峡(克里特岛和卡尔帕索斯岛之间)。5月21日中午刚过,刚刚驶离卡索海峡约80公里的"尤诺"号驱逐舰被Ⅲ/St.G 2大队布鲁科尔上尉率领的"斯图卡"飞机和意大利空军轰炸机联合编队发现,空中编队立即发起攻击。在空袭行动中,"尤诺"号驱逐舰命中3枚炸弹,其中1枚炸弹引爆了舰上的主弹药库,随后的殉爆将"尤诺"号炸为两截,军舰残骸在两分钟内沉入海底,舰上大部分士兵丧生。当天天黑之前,战场又转移到克里特岛最西部,在这里,皇家海军由3艘巡洋舰和4艘驱逐舰组成的小舰队正要进入安迪基西拉海峡(Antikythera Channel),随后准备沿着克里特岛西部沿岸到达岛南部。早早就获知情报的Ⅲ/St.G 2大队从伯罗奔尼撒岛机场起飞前来问候这支英国舰队,但是,这次空袭行动却没有取得任何战果,相反在行动中,德国损失2架Ju 87飞机,1架被舰上高炮直接命中在空中就断为两截,另1架严重受伤,后来迫降在海上。

第二天早晨,英国皇家海军一些单位舰船试图从相同的西部航线离开这一区域时遭受德国空军的猛烈轰炸,这回就没有前一天那么幸运了。遭到轰炸的英国舰船立即呼叫也在克里特岛执行任务的皇家海军战斗中队前来救援,没曾想前来救援的军舰也成了德国"斯图卡"飞机的目标。时过中午,德国"斯图卡"飞机编队与英国救援军舰接上火,英国皇家海军重装甲战列舰"沃斯派特"号有幸躲过1架Ju 87飞机投下的1枚高爆炸弹,舰队其他军舰就倒霉得多了,德国Ⅰ/St.G 2大队和Ⅲ/St.G 2大队的"斯图卡"飞机在空袭中炸伤"格洛塞斯特"号和"斐济"号2艘巡洋舰,但伤情并不严重。下午快到2点时,英国"格雷亨德"号驱逐舰命中3枚炸弹,军舰几分钟后就沉没。为了抢救落水的幸存者,2艘受伤的巡洋舰又前来为救援军舰提供防空保护,德国"斯图卡"和Ju 88轰炸机混合编队再次对英国舰队发起攻击,这次空袭中,"格洛塞斯特"号被德国St.G 1联队的厄涅斯特·科波菲尔(Ernst Kupfer)单独隔离开来,这艘排水量为9400吨的巡洋舰再次遭到攻击在海上停了下来。早在本年1月,"格洛塞斯特"号在马耳他附近海域已经遭受过Ⅱ/St.G 2大队的攻击,

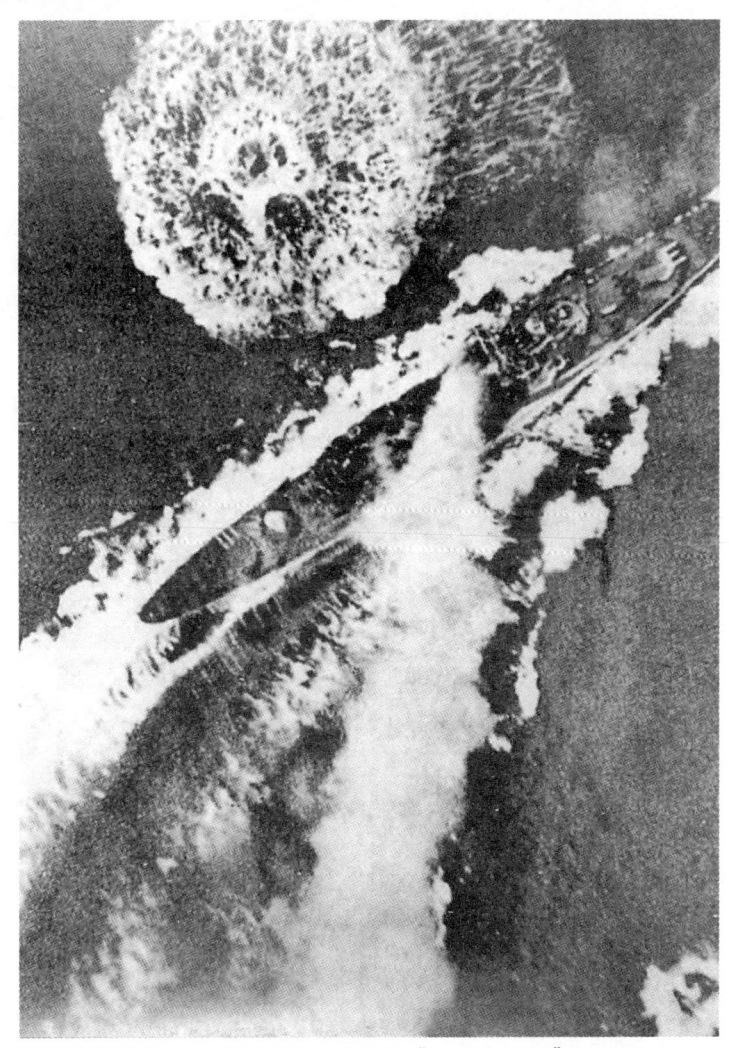

■"斯图卡"飞机投下的1枚炸弹在"格洛塞斯特"号旁边爆炸,这艘巡洋舰正在转弯机动,如果不转弯,其航向正是炸弹落点,可见转弯多么的及时。

尖叫死神 二战德国Ju 87"斯图卡"俯冲轰炸机战史

■"格洛塞斯特"号没有上次走运,虽然躲过刚才1枚炸弹,最终该舰还是被"斯图卡"飞机炸沉。

所幸无碍,但它没能逃脱第二次打击,中弹后仅几分钟就沉入海底。"格洛塞斯特"号被击沉后,英国舰队全力向南撤退,但猛烈的轰炸没有半点减弱,不久,"斐济"号巡洋舰也被Bf 109E-4战斗轰炸机击沉。

黑夜降临时,3艘由劳德·刘易斯·蒙特巴顿海军上校率领的编队从马耳他启锚赶来,蒙特巴顿的旗舰是"凯利"号驱逐舰,这支舰队穿过安迪基西拉海峡奉命前来炮击已经被德国占领的马来迈机场。第二天(5月23日)凌晨时分,英国舰队离开克里特岛北部向南部安全地带进发,天刚破晓时这支舰队被德国"斯图卡"飞机发现,虽然此时英国舰队已经到达克里特岛的南部,但仍在"斯图卡"飞机打击范围内。早晨7点55分,I/St.G 2大队指挥官胡伯特斯·希特斯切豪尔德上尉率领的20架Ju 87飞机发现英国舰队,"斯图卡"飞机立即投入战斗。第一波俯冲轰炸中,舰队中部位置的"克什米尔"号驱逐舰首先中弹,在不足两分钟时间里这艘军舰便沉没。在空袭时,"凯利"号驱逐舰只有拼命地做规避动作以避开打击,但上帝并没有眷顾它,"斯图卡"飞机投下的1枚炸弹击中它的发动机舱,"凯利"号立即倾覆,舰上近一半的士兵和军官随舰深入海底。英国舰队的第三艘驱逐舰"吉普林"号因为转向装置故障正在修理而与其他2艘驱逐舰落下一段距离,也因此有幸逃过一劫。"凯利"号和"克什米尔"号驱逐舰被击沉后,"吉普林"号冒着巨大风险前来营救幸

第三章 "斯图卡"俯冲轰炸机战史

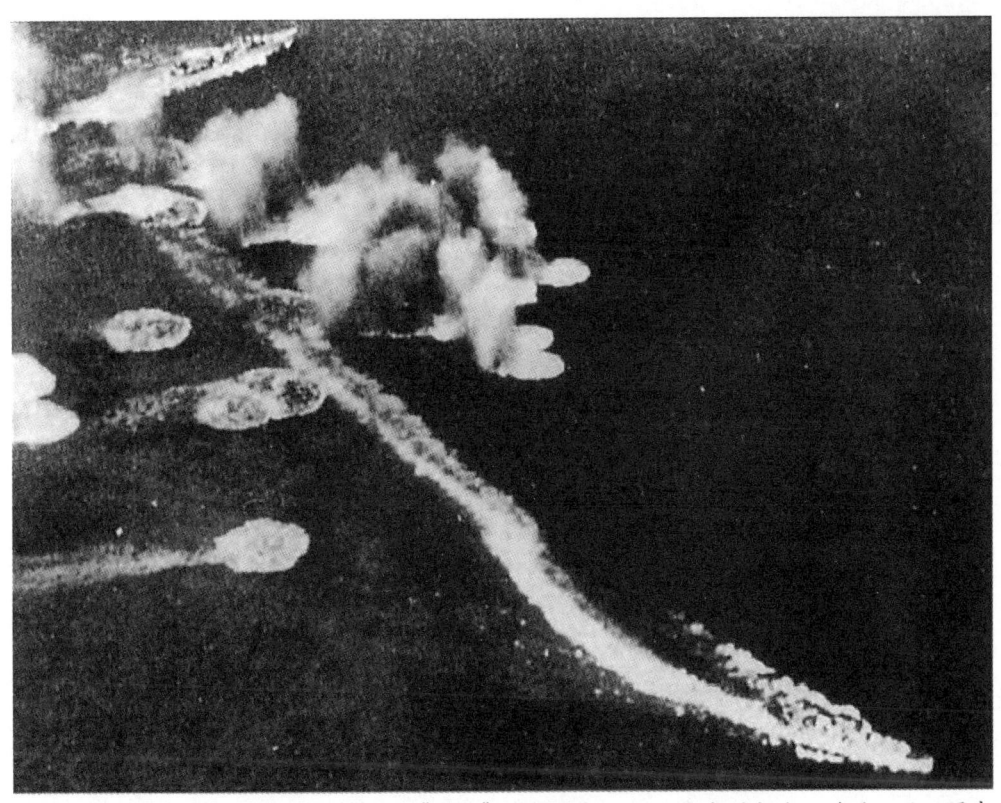

■图中下方在拼命做规避机动的就是"凯利"号驱逐舰,它已经中弹起火,随后沉没。图中上方即为"克什米尔"号驱逐舰,这艘军舰早于"凯利"号沉没。

存者,边救援边规避"斯图卡"飞机的打击,最终救下了279名被击沉2艘驱逐舰的幸存人员。一年后的1942年5月12日,"吉普林"号驱逐舰还是被德国Ju 88轰炸机炸沉。

48小时后,战斗转移到克里特岛最东部,英国皇家海军在战争开始前就知道卡尔帕索斯岛有"斯图卡"飞机驻扎,这对英国是一个重大威胁,因此,5月21日清晨,英国3艘驱逐舰组成的舰队对卡尔帕索斯岛上的机场进行了炮击。上文中提到过Ⅲ/St.G 2大队指挥官海因里切-布鲁科尔上尉率领10架"斯图卡"飞机驻扎在卡尔帕索斯岛上,此时,Ⅲ/St.G 2大队其他"斯图卡"飞机也转移到了该岛上,至此,该岛的Ⅲ/St.G 2大队满编了。不仅如此,Ⅰ/St.G 2大队也被调往该岛,德国空军的目的很明确,就是消灭英国皇家海军在东地中海航行的舰船,特别是随着战事的发展越来越多的撤退船只。5月25日,英国皇家海军一支战斗中队驶离埃及亚历山大港奔赴克里特岛方向,这支舰队包括"可畏"号航母、"巴哈姆"号和"伊莉莎白女王"号战列舰和9艘驱逐舰。此支英国皇家海军舰队的作战企图是利用航母上的舰载飞机消灭卡尔帕索斯岛上的"斯

尖叫死神　二战德国Ju 87"斯图卡"俯冲轰炸机战史

图卡"飞机基地。5月26日清晨，英国舰载战斗机首先空袭了卡尔帕索斯岛上机场，但空袭行动造成的损坏微乎其微。空袭后英国舰队立即高速撤退以防报复，对于英国的空袭，德国理所当然地立即还之以颜色，时至中午时分，英国舰队已经撤退到卡索海峡以南250公里处，英国人没有想到的是，这次空袭来自根本未曾料到的北非，而不是卡尔帕索斯岛。

驻扎在北非的德国空军"斯图卡"部队并没有参与克里特岛战事，5月25日这天，Ⅱ/St.G 2大队指挥官沃尔特·恩尼塞拉斯少校率领20架Ju 87R"斯图卡"飞机在地中海南部海域寻找着盟军向托布鲁克运送补给物资的舰船，他们并不是在搜索英国皇家海军进入这片水域的舰船。就在当天巡逻接近"斯图卡"飞机航程极限时，飞行员无意中发现了英国舰队外围驱逐舰。发现意外的猎物后，恩尼塞拉斯少校立即率领编队中3架"斯图卡"飞机去攻击舰队中最有价值的目标——"可畏"号航母。然而，攻击行动并没有给"可畏"号航母造成严重的毁坏，但是它的姊妹舰"光辉"号航母运气真是差到家了，这次空袭中航母甲板直接遭受2枚炸弹轰炸，航母周围也有数枚炸弹爆炸。虽然未被击沉，但"光辉"因这次空袭的损坏有近一年时间未能再参与任何战斗。英国舰队中的"努比亚"号驱逐舰在空袭中被1枚炸弹炸飞了舰桥，所幸这艘驱逐舰动力完好，返回基地后进行了12个月的维修才重返战场。

5月28日，英国皇家海军从亚历山大港又派出一支小型特遣队前往克里特岛战场准备将克里特岛北部沿岸剩余的有组织的抵抗部队撤回埃及，这支舰队包括3艘巡洋舰和6艘驱逐舰。英国舰队出发后一路向克里特岛的北部赫拉克利翁进发，一路上，英国这支舰队遭受了德国10次空袭。这次行动中，德

■飞机的诞生改变了战争模式，它和潜艇一道将战列舰淘汰出局。一架飞机不过几吨重，却能将排水量达上万吨的战列舰送到海底，正因如此，现代空军发展成为比陆军更为重要的军事力量。

■英国在这个时候竟然还派战列舰去炮击德国空军岛上机场,这无异于自杀行动。

国"斯图卡"飞机大失水准,没有1枚炸弹直接命中英国军舰,舰队中只有1艘巡洋舰和1艘驱逐舰被落在军舰近处的炸弹炸伤,受伤的巡洋舰被命令返回亚历山大港,受伤驱逐舰则继续前往赫拉克利翁执行任务。但是,这艘驱逐舰的转向装置故障无法修复,第二天早晨,英国只得将其炸沉。就在这艘驱逐舰沉没后不久,其他7艘满载着撤退士兵的舰船准备通过卡索海峡时,卡尔帕索斯岛上的德国"斯图卡"飞机再次向这支返回的舰队发起攻击。行动中,Ⅲ/St.G 2大队的1架"斯图卡"飞机投下的1枚炸弹命中1300吨的"赫里沃德"号驱逐舰前烟囱,这艘军舰速度立即降了下来并离开编队驶向7公里外的克里特岛,未等这艘军舰抵岸,德国"斯图卡"飞机再次对其进行了轰炸,最终这艘驱逐舰爆炸沉没,舰上450名士兵被救生还并成了战俘。

"赫里沃德"号是克里特岛战役以来英国皇家空军损失的第六个也是最后一艘军舰,但战斗仍未结束,这支慌忙逃命的舰队仍在德国"斯图卡"打击范围内。第一波"斯图卡"飞机返回后,第二波由St.G 77联队和Ⅰ/St.G 3大队"斯图卡"飞机组成的编队又来收拾残局,这次行动中,英国舰队的"黛多"号和"猎户座"号巡洋舰被严重炸伤,好在这2艘巡洋舰动力未受损,最终这支特遣队返回了基地。

三天后,"斯图卡"大队向北返回基地,他们准备接受新的考验,时至6月,希

尖叫死神 | 二战德国Ju 87"斯图卡"俯冲轰炸机战史

■ 克里特岛被德国占领后，兴致不减的德国"斯图卡"飞行员到苏达湾观察他们的杰作：英国皇家海军"约克"（York）号巡洋舰。没有防空保护，军舰只能被动挨打。

特勒已经迫不及待地准备入侵苏联。

克里特岛作战简要回顾和总结

克里特岛正处在爱琴海与地中海的交汇处，面积约8200平方公里，是地中海的第五大岛，具有极其重要的战略地位。一旦占领了该岛，就可控制东地中海，利用克里特岛为基地，海空力量对南欧、北非都将构成严重威胁。英国军队于1940年10月29日占领该岛，它成为英军防守苏伊士运河区的前哨阵地和控制东地中海的战略要地，阻止德国进入地中海地区。1941年4月德国侵占南斯拉夫和希腊后，为确保其向东扩张时的右翼安全，控制爱琴海和东地中海交通线，保障罗马尼亚普洛耶什蒂油田不受英国空军袭击，决定夺取克里特岛。

驻守克里特岛的英军较为孤立，缺少空中支援，尽管英国情报部门获知了德国的作战细节，但这也毫无帮助。另一个重要的不

第三章 "斯图卡"俯冲轰炸机战史

■ "斯图卡"飞机再次证明了自身价值,它只是战争链条中的一环,其他环节掉链子对它来说都十分不利。在克里特岛战役中,岛上的英国战斗机数量少,因此"斯图卡"飞机可以放心大胆地轰炸岛上守军。

利之处是英国的军舰没有空中掩护,德国的"斯图卡"飞机的到来更突出了这种矛盾。

轴心国占领南斯拉夫和希腊的"玛莉塔"行动结束后,原计划重整军队后准备入侵马耳他,但进攻马耳他岛的行动失败。经过德国高层的再三考虑,决定把下一个目标定在克里特岛。1941年4月25日,德国正式开始着手第二个战略行动,即控制地中海的"水星行动"。德国空军在希腊南部机场(新建成不久)和斯卡帕索斯岛部署了650架作战飞机,其中包括150架"斯图卡"飞机,而克里特岛上的空中力量几乎可以忽略不计,仅仅有24架英国战斗机,其中一些是格洛塞斯特公司生产的"斗士"双翼战斗机。

5月20日,代号为"阿尔特拉行动"的行动以空袭马来迈岛机场开始,这个时候,克里特岛的英国和希腊军队从希腊半岛撤退到这儿已经有三个星期,有充足的时间做战争准备。在行动正式开始前,克里特岛的指挥官弗雷伯格将军已经接到了伦敦方面关于德军这次行动的详细报告,这可能是军事史上首次一个将军获知这么详细的敌人入侵计划。克里特岛上的守军为42640人,其中英国军人32112人,希腊军人10258人。

实际作战中,英国想获得远在埃及的战斗机掩护根本不可能,即使是运输机运送物资也难以实现,德国空军对克里特岛的空中防御十分严密。德国空军 I/St.G 2、Ⅲ/St.G 2 和 I/St.G 3大队的"斯图卡"飞机对岛上盟国的战斗机和轰炸机进行了猛烈的扫射和轰炸,目的是迫使岛上守军投降。虽然德国的空降部队在行动中损失惨重,但在近距离空中支援下,德国空运的山地部队直接投入战

尖叫死神　二战德国Ju 87"斯图卡"俯冲轰炸机战史

■1架"斯图卡"飞机后座人员拍摄的另1架"斯图卡"飞机，从后面这架飞机的散热器进气口形状判断是Ju 87B-2型，进气口与机身处略呈"V"字形。

场，最终占领了马来迈岛。第二天，德国空军完全掌握了克里特岛的制空权，尽管在克里特岛上的战斗持续到了6月1日，但实际上，在5月22日的晚上，也就是行动的第三天战争的结局就已经确定了。

在攻克克里特岛的战斗中，"斯图卡"立下了汗马功劳，是这场战斗胜利的重要武器，但其最"辉煌"的是与英国战舰的搏杀。5月22日，英国战舰在赶往克里特岛的途中摧毁了一个德国的水上支援部队，随后，德国空军St.G 2联队的所有飞机都立即出动去进攻英国皇家海军。当天，"斯图卡"飞机击沉了英国"格雷亨德"号驱逐舰，击伤"格洛塞斯特"号和"斐济"号巡洋舰。第二天（5月23日），Ⅰ/St.G 2大队的Ju 87击沉了"凯利"号和"克什米尔"号驱逐舰。5月25－26日晚上，英国皇家海军开始反攻。当时，以"可畏"号航母为核心的舰队，包括"巴哈姆"号和"伊莉莎白女王"号战列舰和大量的驱逐舰企图利用航母上的舰载飞机消灭斯卡帕索斯岛上的"斯图卡"飞机基地。这次行动跟一年前英国皇家海军在挪威海域偷袭"斯图卡"基地的情况一样，行动没取得任何效果，要想对付"斯图卡"飞机，最好的办法就是战斗机，英国人似乎还没长记性。

5月26日，Ⅱ/St.G 2大队的Ju 87R"理查德"开始对英国皇家海军另一个驶往克里特岛增援的舰队发起进攻，这天的行动中，"斯图卡"飞机严重击伤了"光辉"号航母,再次迫使其几个月内无法投入战斗(第一次击伤这艘航母是1941年1月9日,参见前文章节)。两天之后,在撤离克里特岛期间,"斯图卡"飞机重创了英国"黛多"号、"猎户座"号巡洋舰和"赫里沃德"号驱逐舰,还击伤了"帝国"号驱逐舰。英国皇家海军舰队唯一的护航战斗机是从埃及飞来的双发"布莱尼姆"战斗机,这种战斗机对拦截"斯图卡"根本不起作用。

1941年6月1日,克里特岛战役结束,岛上42640名守军中有18600人成功撤出,但代价非常高昂,包括3艘巡洋舰和6艘驱逐舰被击沉,2艘战列舰、1艘航空母舰、6艘巡洋舰和7艘驱逐舰被击伤。这些大部分是"斯

■其实,"斯图卡"单位驻希腊基地到克里特岛的距离远比英吉利海峡长,但在这里的战斗中,"斯图卡"飞机却取得了胜利,看来,海峡或"比较宽的河流"并不是"斯图卡"飞机失败的原因。

■在地中海战场,德国大量使用Ju 87R型,它的航程远,适合远距离攻击英国舰船。

图卡"飞机轰炸造成的,指挥这个"斯图卡"联队并驾机参战的是Ⅰ/St.G 1大队的豪兹尔、Ⅱ/St.G 2大队的恩尼塞拉斯和希特思切豪尔德,希特思切豪尔德在这次任务中表现最为突出。

克里特岛战役让"斯图卡"飞机在南部欧洲的战役中再次发挥重要作用,毫不例外,"斯图卡"飞机要想达到它可怕的作战效能,制空权最为重要,要获得制空权一是夺取,二是敌人没有战斗机力量,恰恰在克里特岛战役中,英国部署的战斗机极为有限,基本上没对"斯图卡"飞机的作战产生影响。约一年前的英国战场已经证明战斗机是对付"斯图卡"飞机最有效的武器,但英国却在克里特岛上部署了少量战斗机,也许是英国人不长记性,或许是其他原因,以笔者看,当时英国根本拿不出多少战斗机部署到克里特岛上。不管是哪种原因,没有制空权的情况下只能任由"斯图卡"飞机肆虐。

六、北非战场行动(1941年1月—1943年5月)

早在1941年1月巴尔干地区发生冲突,马耳他岛战事取得良好的结果时,德国空军三个"斯图卡"联队离开西西里岛向南飞越地中海到达利比亚首都的黎波里。在北非,"斯图卡"将面临一场与欧洲战场不同的战斗,公正地说,敌人也许并没有多少改变,实际上真正不同的是战场环境。

鉴于利比亚曾经是意大利王国的一部分,意大利空军第96°大队机组乘员到达北非后很快就适应了当地的环境,但是,对于德国空军Ⅰ/St.G 1大队和Ⅱ/St.G 2大队的机组乘员(大多数是德国北部新招募的新兵)来说,每件事都是新的,需要学习的东西很

■ 非洲是完全与欧洲不同的另一种地理和气候环境,"斯图卡"飞机要在这里接受考验。

第三章 "斯图卡"俯冲轰炸机战史

■刚刚抵达非洲的"斯图卡"飞机,北非是一望无际的沙漠,飞机起飞和着陆都会扬起满天黄沙,前面这架飞机扬起的沙尘已经遮住了后面的飞机。

多。从个人角度来看,千万记住,早晨不要不检查就穿鞋,很可能有蝎子在你的鞋里过夜。保养座驾也有讲究,比如,早晨千万不能给飞机的轮胎充正常标准的气(欧洲标准),否则中午炙热的阳光很可能让轮胎爆裂。关于轮胎,德国人发现他们的"布纳"人工合成材料制成的轮胎比天然橡胶更能忍受高温环境。另外,德国人还经常找意大利人要合适的润滑油,德国人原来使用的用在金属运动部件上的润滑油在高温环境下会融化并渗漏掉,这种问题常导致发动机卡住或机枪卡壳。

德国需要适应很多此前没遇到的新生事物,但是他们几乎没有时间去适应,希特勒派遣"斯图卡"部队到北非实际上是为了帮助他的盟友意大利。1940年6月10日地中海战役开始时,北非一带的意大利军队和英国军队在利比亚和埃及边境线一带对峙着,最后,没想到的是意大利率先采取行动。1941年9月13日,意大利陆军元帅格拉齐亚尼(Graziani)的部队从海尔法亚关口(Halfaya Pass,在利比亚与埃及边境最北部地中海沿岸,离地中海仅3公里)进入埃及,意军向埃及境内推进了100公里抵达西迪拜拉尼(Sidi Barrani,也是地中海沿岸小镇)。到达该地后意军停止前进并开始挖战壕备战。

12月9日,英国中东英军总司令瓦维尔(Wavell)上将命令反击意大利的进攻,英军的第一波反击不仅将数量上占绝对优势的意大利军队赶出了埃及,还乘胜将战线反推到利比亚境内,并穿过利比亚东部省昔兰尼加,一路上占领巴迪亚、托布鲁克和班加西等重要城镇。拿不上手、扶不上墙的意大利军队完全重演了阿尔巴尼亚和希腊战场的那一幕。

截至1941年2月的第一周,英国军队已

尖叫死神　二战德国Ju 87"斯图卡"俯冲轰炸机战史

■好奇的德国士兵在驻足观望3架抵达北非准备着陆的"斯图卡"飞机。

■一些德国士兵有幸近距离看看其心目中的"英雄"——"斯图卡"飞机。

经向利比亚境内推进了800公里，最后在艾尔·阿格海拉停止前进。根据当地的地理环境特点，北非战役的主要战斗都发生在地中海沿岸很窄的地域，也就是沿岸的重要城市，因此战线的特点就是一个弯曲不定的条带。另一个永远不变的规律是如果一方向前推进，那么战线会拉得很长，同样前后方的通讯和物资供应线也延长，后勤保障物资补给越来越困难。相反，对于被攻击一方，由于节节后退，他们的战线越来越短，力量越来越集中，离自己的后方供应中心也越来越近，就像弹簧，压得越紧弹力越大。在这种条件下，对方的反击作战变得越来越有可能，意大利军队事实上也在避开英国的锋芒，寻机反击英军。

地中海南岸的北非战事并不是孤立的意大利和英国军队的战斗，这儿的战局跟地中海北岸的巴尔干地区局势密切相关，因此，这里的战斗呈现出非常有意思的你来我往的局面，一方进攻，另一方撤退，撤退方反攻，进攻方再撤退，这种拉锯战来来回回不少于六次。意大利格拉齐亚尼首先向东进入埃及，英国瓦维尔反击成功并进入利比亚纵深800公里，此时，英国瓦维尔上将已经预感危险的存在，英国军队战线过长，前线部队的物资补给不得不依赖英国皇家海军地中海舰队的近海中队。还有两个因素让这种担忧更加糟糕，一方面英国要抽调一些沙漠部队到希腊帮助希腊抵御意大利的进攻，另一方面德国空军派"斯图卡"部队到北非协助意大利。

进入北非帮助意大利的是德国空军第二航空队所属Ⅰ/St.G 1大队和Ⅱ/St.G 2大队的60架Ju 87飞机组成的非洲航空司令部（Fliegerfuhrer Afrika，师级单位），这支部队的主要作战任务有两个：一个是在德国组织反攻前削弱敌人力量，另一个是通过轰炸昔兰尼加海岸线上的港口来切断英国的补给线。

2月14日，Ⅰ/St.G 1大队在执行轰炸阿尔·阿格海拉的行动中损失1架Ju 87R飞机，这架飞机是被地面高炮击落的，这是德国参加北非战役以来损失的第一架"斯图卡"飞机。四天后，同样是Ⅰ/St.G 1大队派出12架Ju 87飞机执行轰炸英国部队任务时在梅萨·布雷加一带的近海上空首次遭遇英国战斗机，当时，英国"飓风"战斗机向12架"斯图卡"飞机发起了攻击，据英国单方面称，德国有8架"斯图卡"飞机被毁坏（未指明是击落）。2月22日，1架"斯图卡"飞机在班加西沿海重伤英国皇家海军1艘海岸监视船"恐怖"号，两天后，这艘排水7200吨的船在试图返回亚历山大港的途中沉没。与此同时，德国"斯图卡"飞机还将英国1375吨的"优雅"号驱逐舰送到了海底，这是完全依赖北非"斯图卡"部队第一次击沉英国军舰。

轰炸地面目标也是"斯图卡"飞机主要作战任务，而且这种轰炸任务越来越频繁。3月31日，德国开始发起反攻。其实这

尖叫死神 　二战德国Ju 87"斯图卡"俯冲轰炸机战史

■在北非，干什么活都得打赤膊，仪容根本顾不上了。

■地勤人员不是一般的辛苦，特别在沙漠地区工作真是苦上加苦，图中这架飞机需要大修了，发动机出了问题，轮胎也瘪了。

第三章 "斯图卡"俯冲轰炸机战史

■检修发动机是一件十分辛苦的活儿,在太阳下暴晒,连个遮荫的棚子都没有。从发动机侧面的圆三角增压器空气过滤装置看这架飞机不是专门的热带型号,这个过滤网只能在欧洲地区使用。

次反攻只是个偶发事件,德国最初只是想发动简单"武装侦察"行动以试探英国军队的实力,很快德国司令官埃尔温·隆美尔少将就发现了英国军队的弱点,他立即利用英军的弱点将"武装侦察"行动升格为全面的反攻行动,在一个月多一点的时间里德国便重新控制了利比亚全境。不仅如此,德国部队还进入埃及再次占领海尔法亚山口的陡坡,这个斜坡西高东低,对德国防守十分有利,因此盟军部队称"Halfaya Pass"(海尔法亚山口)为"Hellfire Pass"(地狱火山口)。海尔法亚山口是一个瓶颈地带,这儿只有一条东西走向的路连接利比亚和埃及,其战略位置的重要性不言而喻,因此是德国和英国争夺的重点。

说德国控制了利比亚全境并不完全准确,隆美尔已经完全收回了被意大利丢掉的领土,随着他的部队向东推进,德国重新占领了被英国军队占领的城镇,但有一个例外——托布鲁克。在北非战争前,几乎没有人听说过这个只有500人的利比亚港口小镇,甚至意大利墨索里尼占领该镇并将其扩建为一个海军基地,它的重要性也不是很大。但是,3月9日,澳大利亚师、英国炮兵部队和印度骑兵团撤退进入托布鲁克外围防御阵地并在此抵抗了轴心国军队八个月的围困,托布鲁克因此一夜成名,托布鲁克战役也成为世界军事史上不得不提的一个战例。

369

尖叫死神 二战德国Ju 87"斯图卡"俯冲轰炸机战史

■ 看了上文的读者就会知道方桶上类似望远镜的东西是什么，那就是Ju 87B的后座机枪弹鼓。

这不仅仅是英国单方面的问题，隆美尔当时就计划攻克托布鲁克并将其作为前线部队的补给港口。对盟军来说，托布鲁克也具有相同的重要性，它处在敌军后方，在海上力量的支援下可以在时机成熟时组织反攻，即便是不反攻也不让德国人利用这个港口补给。由于牵制了大量隆美尔的部队，加上阻碍了德国军队的补给，托布鲁克不仅使得德国军队无法继续深入埃及到达他的目标——亚历山大，还为驻埃及的英国部队赢得宝贵的时间来消化前段时间的损失和为即将展开的反攻做充足的准备。

在围攻托布鲁克的八个月里，隆美尔一次又一次试图消灭这个就在他后面的这个威胁，德国军队的前线已经推进到埃及境内，托布鲁克就在德国前线后方150公里处，隆美尔始终觉得如芒在背。另一个重要原因是随着德国军队向东推进，后勤补给也是个问题，

谁都没有想到一场战争让托布鲁克的地理位置显得如此的重要，也没有想到这个港口小镇这么难以攻克，更没想到这个小镇和它的环境牵扯了"斯图卡"部队一直到年底。在被围困的八个月里，德国空军反复不断地轰炸托布鲁克港口设施和城镇，该城镇周围此前由意大利人修建的防御工事也是块难啃

第三章 "斯图卡"俯冲轰炸机战史

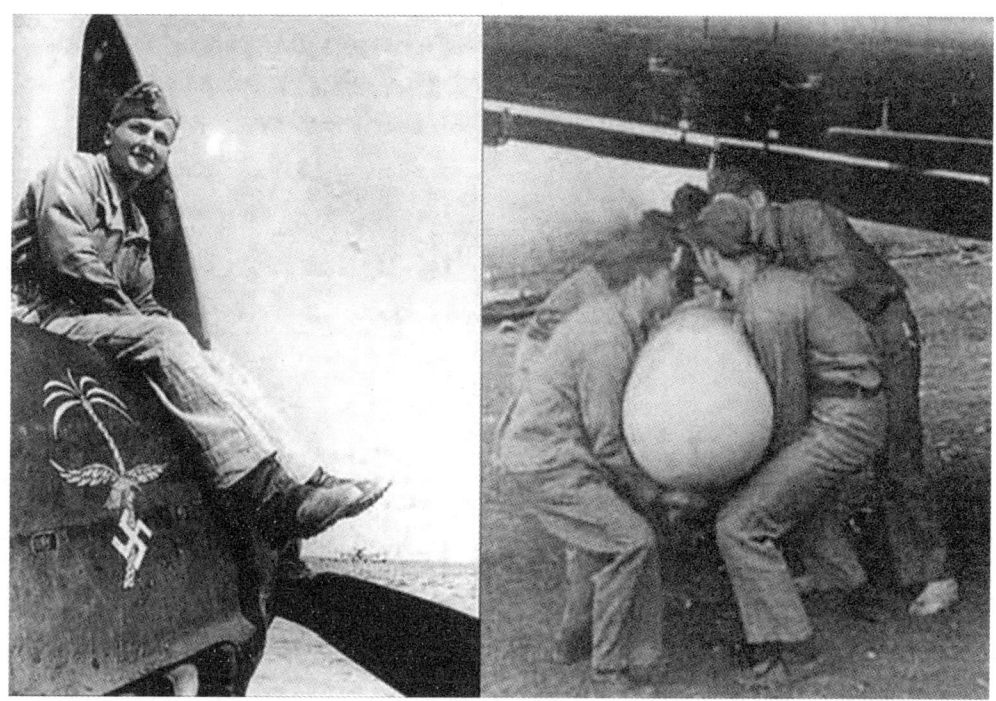

■惬意的飞行员和辛苦的地勤人员。刚刚抵达北非后,有的飞行员坐在飞机发动机罩上拍照留念,注意看发动机侧面的椰子树图案。右图的地勤人员在给Ju 87R-2飞机挂副油箱,由于缺乏必要的设备,挂载炸弹和副油箱都由手工完成。

的骨头。这个防御工事分几层环绕托布鲁克,外围45公里处是防御步兵的铁丝网、防御堡垒和碉堡。内层依然是铁丝网和防御堡垒,不同的是它的火力更集中,堡垒更坚固。在内层防御圈内还有两个登陆点。

经过连续不断的轰炸,托布鲁克港口内已经成为被击沉舰船的垃圾场,虽然航运受到严重影响,但向托布鲁克守军运输补给的行动从未停止。从亚历山大到托布鲁克沿海岸线的航线是英国皇家海军近岸中队运输物资的主要路线,这条航线也是德国空军重点打击对象,因此,这条航线又被称为"炸弹走廊"。

■隆美尔也坐上"斯图卡"飞机体验一番。

尖叫死神 二战德国Ju 87 "斯图卡"俯冲轰炸机战史

■在北非的军事行动中,德国空军Bf 109E战斗机仍然为"斯图卡"飞机护航。

在投入到空袭托布鲁克战场后,德国空军"斯图卡"部队的指挥结构发生一些变化。在轴心国完全包围托布鲁克城镇那一天,驻扎在西西里岛上特拉帕尼机场的St.G 1联队两个远程型Ju 87R中队被派往的黎波里(上文提及过),为的是取代豪兹尔少校的Ⅰ/St.G 1大队,这个大队正撤离利比亚去巴尔干地区参加"玛丽塔行动"。

德国空军Ⅲ/St.G 1大队原来组建准备在德国海军"齐柏林伯爵"号航母上服役,为此这个大队进行过海上作战训练,可以说有一定的海军背景。正是由于这一点,Ⅲ/St.G 1大队在北非战场主要执行攻击舰船的任务,只要"炸弹走廊"上有英国舰船出现就去轰炸。从的黎波里被调往德尔纳(Derna,托布鲁克西北)加入到驻扎在当地恩尼塞拉斯少校的Ⅱ/St.G 2大队后,4月12日,新近抵达的远程型Ju 87R飞机首次轰炸了正驶向托布鲁克的盟军舰船,由于当时距离较远,轰炸行动并没有取得成功。在前天(4月10日),为了配合德国地面部队的进攻,Ⅱ/St.G 2大队对托布鲁克外围防御阵地进行了地毯式轰炸。

4月12日的空袭舰船行动德国觉得并不成功,但有报道称1艘不明型号的舰船被击中,同时,在行动中德国1架Ju 87R被击落,有船员看到进攻的Ju 87R被击中后坠在被攻击舰船后方几百米处海中,这位目击者还声称被攻击的船发射了一种伞降火箭,火箭的后面拖着一条长长的铁丝!这种武器估计是火箭发射到特定高度后打开降落伞,火箭下方拖出的长长铁丝为的是对付飞机的

第三章 "斯图卡"俯冲轰炸机战史

■1架"斯图卡"飞机在轰炸托布鲁克内环的防御阵地。

尖叫死神

二战德国 Ju 87 "斯图卡" 俯冲轰炸机战史

■托布鲁克原本就是很普通的海滩，地方不大，水也不深，作为港口的条件并不好，意大利人最早在此修建便于把物资运送上岸的简易港，对意大利来说，托布鲁克的重要性大打折扣，但对于英国来说却是意义非常。

■遭到轰炸的托布鲁克港口。

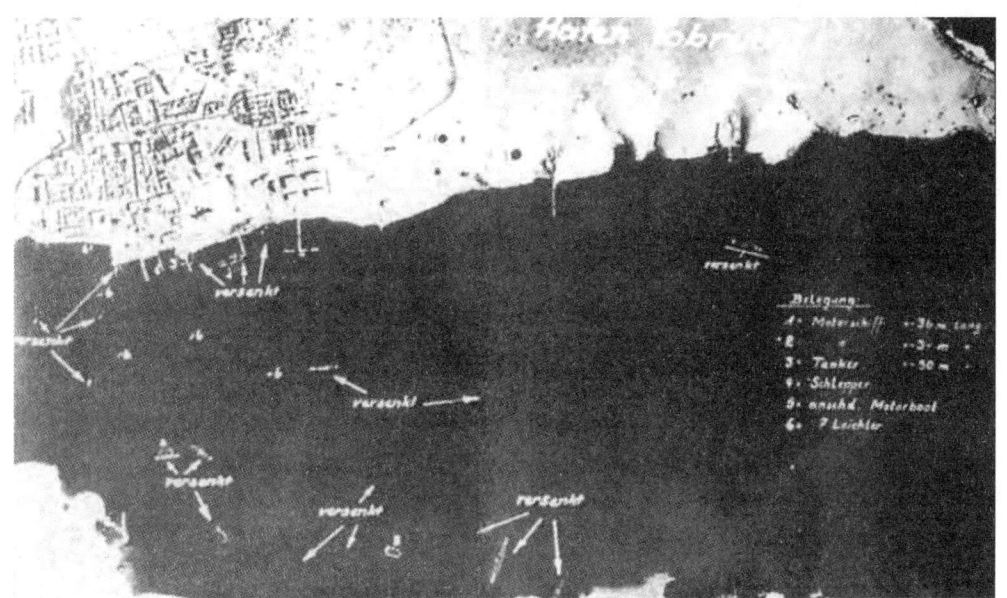

■空袭后,照例德国空军侦察机("斯图卡"单位也配备侦察机,如Do 17侦察机)会进行战果评估拍照,图中箭头所指即为被炸沉的舰船。托布鲁克港水深很浅,港口内多为小吨位舰船。

螺旋桨。这种武器在其他战场没出现过,因此,也不清楚是不是这位目击者感觉到死亡前有些眼花,因为很多事实情况跟他看到的并不一样。

4月12日的天气也极不好,热带地区刮一场风,满天黄沙是正常现象,当天2架Ju 87R起飞时能见度就不好,执行完任务返回德尔纳时当地刮起了沙尘暴,2架飞机只得提前着陆,其中1架降落在了敌方一侧。沙尘暴到第二天下午才散去。在等待沙尘散去的这段时间里,到北非不到一个星期的德国"斯图卡"部队有幸吃到了当地美味——从敌人手里缴获的听装澳大利亚水果罐头。让德国人没想到的是,吃完罐头后,这些罐头盒竟然派上了大用场:用来舀"斯图卡"飞机里

的沙子!舀座舱里的沙子还算是比较轻松的活儿,飞机其他部分钻进的沙子要想弄出来简直是个可能。随后几个星期里飞行员只要驾机升空就会诅咒个不停,因为发动机的变速箱里总会传出研磨沙子的声音。

4月17日,Ⅲ/St.G 1大队指控官荷尔马特·马尔科上尉率领"斯图卡"编队对托布鲁克内层防御圈的索拉里奥(Solario)堡垒进行了轰炸。这次行动后,荷尔马特·马尔科接到非洲航空司令部的命令要求第二天去轰炸1艘英国"战列舰",这艘英国军舰无意中被正在炮击海尔法拉山口前方英国目标的德国陆军部队发现。第二天,马尔科上尉率领12架"斯图卡"飞机直奔索鲁姆湾(Gulf of Sollum,属埃及,在海尔法拉山

尖叫死神　二战德国Ju 87"斯图卡"俯冲轰炸机战史

■（上与下图）被炸后的托布鲁克港。虽然这是一个浅水港，但对于牵制德国军队意义重大。

口东侧十余公里处就是索鲁姆镇），当时，这艘所谓的"战列舰"正高速驶向索鲁姆海岸。飞抵目标上空后，马尔科立即率领编队实施俯冲轰炸，就在马尔科第一个俯冲时他对目标的性质有了疑惑。随着目标在他的视野里越变越大，他看到的细节也更加清晰，他看到舰桥前后分别有一个环形炮台。不容他多想这到底是什么军舰，在300米高度，马尔科投下了1枚500公斤炸弹。

这是一次经典的俯冲轰炸，"斯图卡"飞机依次对目标实施了轰炸，三个编队里的9架飞机投下的炸弹击中或在目标近处爆炸。第四个编队3架"斯图卡"飞机不需要再轰炸了，因为目标船很快便沉入海底，他们携带着炸弹返回基地。马尔科在这次行动报告中写道："11点零5分，排水量约8000吨的军舰或武装商船，也可能是海岸监视船在索鲁姆湾东北处被击沉，已方损失为零。"III/St.G 1大队的牺牲品到底是什么船一直存在着疑问，7200吨的"恐怖"号海岸监视船在两个月前已经在德尔纳附近沉没，而且这艘船只有一个双炮炮塔。最有可能的是小型双炮炮塔的内河炮艇，在当时，这些内河炮艇在作战区域的地中海沿岸非常活跃，但是，却没有记录显示当天这种内河炮艇被击沉。德国陆军在岸边看到的"战列舰"正面非常宽，有士兵称就像一只熨斗在海面上航行，后来有人根据这点估计，被击沉的目标很可能是一艘吨位较大的拖船。英国方面对于被击沉的目标也一无所知，因此可以判

■1架"斯图卡"飞机坠毁在小山头，一名德国士兵匆忙赶去救援。在北非能看见这种长满灌木的土包都让人感觉是天堂，要问沙漠里的人最喜欢什么颜色，他们会说是绿色。

断这次行动虽然成功,但取得的战果却没什么价值,想想看,如果是1艘护卫舰或是驱逐舰,不用提巡洋舰和战列舰,英国会没有这些重要军舰的出航记录吗?

此后,德国两个"斯图卡"大队针对托布鲁克的周围防御工事的轰炸行动越来越多,此时,恩尼塞拉斯少校建议,鉴于马尔科的Ⅲ/St.G 1大队只有两个中队,意大利空军第96°大队的"斯图卡"飞机应该临时划归Ⅲ/St.G 1大队指挥。恩尼塞拉斯的这个建议得到了采纳,但双方第一次联合行动就出现很不协调的情况,在轰炸英国一个炮兵阵地的行动中,马尔科上尉投弹后慢速离开,像往常一样,他的座机在敌人炮火外空域盘旋以便让编队的其他成员赶上他重新组成编队,但没人提示意大利飞行员应该如何去做。事实上,这次行动在组织协调时就没有做好,一位德国飞行员回忆说:"最后,在落日的余晖里,在很远很远的西面我看见一些闪光的东西,那就是意大利空军的'斯图卡'飞机。如果意大利飞机听从我们的命令,按我们的步骤轰炸的话,他们应该俯冲到500米高度投掷炸弹,他们不应该在这么高的位置,估计他们在2000米的高度就开始投弹了,然后脱离战场。根本就不能这么做!"

鉴于第一次联合行动就失败,第二次联合行动前,马尔科向意大利飞行员交待了详细作战计划:攻击序列:德国(长机)-德国(7号机)-意大利("斯图卡")-德

■图中上面那架飞机的机身图案很容易辨认出是意大利空军第239a的"斯图卡"飞机,为了教意大利人如何作战,德国人允许意大利飞机随行执行作战任务。

国（8号机）；300米高度投弹；投弹后向托布鲁克北部低空脱离战场，在海面上空重新组成编队，在敌人地面炮火射程外再向西飞行。马尔科的这种三明治的攻击顺序为的是让意大利飞行员跟着德国飞行员去做，意大利飞行员严格地按照这种方法去做了。一次在非洲航空司令部汇报工作时，马尔科一直在等机会向意大利编队的长机表示祝贺，但他一直没有这个机会，意大利飞行员冲进办公室后疯狂地做着手势，嘴里叽哩哇啦说个不停，翻译几乎跟不上他如火山爆发似的节奏，"太精彩了，这次我们可以十分清晰地看到目标，而且可以精确地击中它！现在至少我知道如何去做了，以前根本没有人教我们怎么做。"可能是这种手把手的传帮带效果更好，在奥地利格拉茨·塔勒豪夫的"斯图卡"训练学校，意大利空军飞行员只开展了两期后训练课程就大大减少。

截至1941年4月底，英国皇家空军驻扎在托布鲁克外围的战斗机全部后撤到埃及，从此之后，英军托布鲁克地区的防空全部由地面高炮部队来担。在这个阶段，英军的高炮部队只有88门高炮，包括28门90毫米及以上口径的重型高炮，17门40毫米"博福斯"高炮，其余的是缴获意大利军队的20毫米"布雷达"高炮。幸运的是，5月初，轴心国的进攻力度，不论是地面还是空中都有所减小。恰巧在这个时候，德国空军Ⅲ/St.G 1大队返回到西西里岛的特拉帕尼基地，准

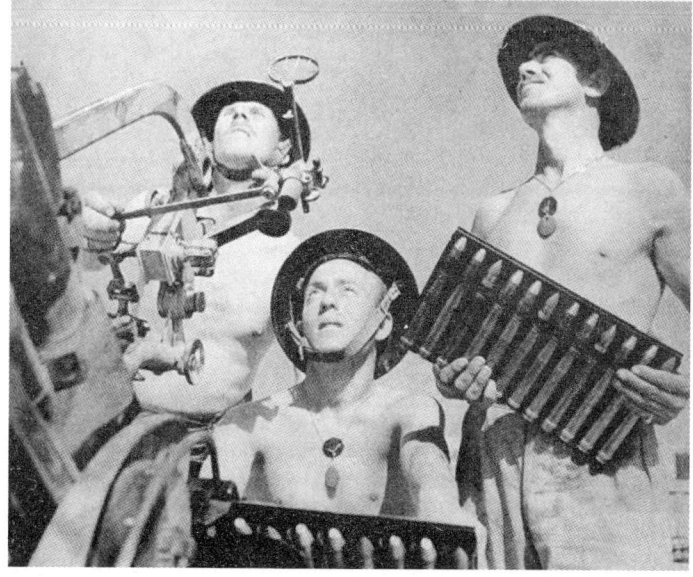

■顽强作战的英国士兵。

尖叫死神 二战德国Ju 87 "斯图卡" 俯冲轰炸机战史

备参加进攻克里特岛的行动。取代Ⅲ/St.G 1大队的是临时部署到北非的Ⅱ/St.G 1大队，这个大队预计驻扎在北非三个星期，只是填补"斯图卡"力量的空白，直到Ⅰ/St.G 1大队从巴尔干地区返回北非。

Ⅱ/St.G 1大队的第一个"斯图卡"单位于5月19日到达北非，大队的其他单位在意大利撒丁岛短暂停留后在6月才部署到北非。在稍前的5月12日，德国空军Ⅱ/St.G 2大队对托布鲁克港进行了轰炸，1艘小型炮艇"瓢虫"号被击沉。这艘炮艇坐底后甲板仍在水面上方，因此艇上船员仍可以操控双管76毫米高炮向"斯图卡"飞机射击，这艘沉船成了港口地面防御的一部分。

阿尔巴尼亚和希腊本土的军事行动结束后，意大利空军的两个俯冲轰炸单位空闲下来可以部署到其他地方，如第101°大队从阿尔巴尼亚被调往西西里岛的吉尔比尼，在这里，意大利的"斯图卡"飞机可以时不时地执行夜间轰炸马耳他岛上目标的任务；第97°大队离开驻地莱切，穿过地中海到达北非。在新驻地，第97°大队很快就把在克基拉岛运用娴熟的攻击舰船技术（水面跳弹攻击）用到了实战上。在5月25日的行动中，意大利飞行员击沉了从亚历山大港出发为托布鲁克守军运送燃油的"海尔卡"号油轮，行动中还击伤了为"海尔卡"号油轮护航的排水量为990吨的"格里姆斯比"号海岸炮舰，但随后这艘炮舰被德国空军"斯图卡"飞机击沉。在6月中旬，意大利驻北非的

■德国"斯图卡"飞机轰炸托布鲁克一般会从海上进入轰炸航线，再从海上航线返航，这么做的目的是为了避开托布鲁克陆地上密集的防空高炮。注意看这架Ju 87R飞机的发动机整流罩上有椰子树图案，增压器空气过滤口是方形的，这表明该飞机是热带型号。

第三章 "斯图卡"俯冲轰炸机战史

■ 执行完轰炸托布鲁克任务后再从海上航线返回基地。

"斯图卡"单位被要求协助德国Ⅰ/St.G 1大队和Ⅱ/St.G 2大队反击英国第二次试图为托布鲁克解围的军事行动,在德国和意大利的阻击下,英国的行动没有取得成功,因此,英国以后还是把注意力转向近海中队,为托布鲁克守军提供物资补给也完全依赖海上航线,这是英国的强项。

战事出现胶着状态,双方把注意力都集中到了海上补给线。在托布鲁克被包围的一开始海上运输行动就开始了,最初,英国试图动用商船在白天为守军运送物资,但不久白天使用商船的危险性就暴露出来,没有防空火力,机动性差,这些商船是德国"斯图卡"飞机最好的靶子,德国空军在这条亚历山大至托布鲁克航线上已经击沉了很多英国商船。取代商船担负起运送物资任务的只能是任务已经相当繁重的皇家海军地中海地区的驱逐舰,而且这些驱逐舰可以定期在夜间行动。但是,危险不是没有,在晴空满月的情况下仍有遭受打击的可能。"斯图卡"飞机夜间型号到1943年才出来,之前的型号都不是专用夜间型号,但是,在理想的条件下"斯图卡"飞机仍可以执行夜间轰炸任务。

6月24日,英国"奥克兰"号近岸舰在托布鲁克附近海域被俯冲轰炸机击沉。五天后,英国皇家海军"防御者"号和皇家澳大利亚海军"沃特森"号驱逐舰在索鲁姆湾幽黑的海上航行时其长长的尾迹被意大利空军第239a中队的7架"斯图卡"飞机发现。"斯图卡"编队长机就是圭塞佩·塞尼,发现盟军担负物资补给任务的驱逐舰后,他使用自己发明的技术对2艘驱逐舰发起了攻

尖叫死神 二战德国Ju 87"斯图卡"俯冲轰炸机战史

击,他投下的炸弹当即命中前面的"沃特森"号驱逐舰,这艘军舰严重受伤,"防御者"号试图将其拖走,但没有成功,第二天早晨军舰最终沉没,这是二战期间澳大利亚损失的第一艘军舰。这次行动中英国皇家海军"防御者"号啥事也没有,但,他的好运并不长。

完成攻击任务后,第239a中队的"斯图卡"飞机返回班加西基地休息准备再战。在昔兰尼加一带海域,轴心国也有自己的补给航线,当然也有自己的护航舰队为运输舰船提供护航和反潜任务。7月30日,轴心国护航舰队无意中发现英国皇家海军"抹香鲸"号潜艇正在水面航行,轴心国军舰立即发起攻击,"抹香鲸"号潜艇严重受伤无法下潜,后来意大利海军驱逐舰用舰炮将其击沉。

驱逐舰装载的物资毕竟有限,为了扩大补给能力,英国皇家海军甚至使用速度慢而且笨重的A级和D级驳船(就是现在我们熟知的登陆舰,LCT和LCM)往托布鲁克运送物资。连驱逐舰都未能幸免于"斯图卡"飞机的俯冲轰炸,这些驳船当然也是俯冲轰炸机的理想猎物。后来英国皇家海军想出蚂蚁搬家战术,也就是用小型拖船和帆船等趁着夜色往托布鲁克运送物资,白天,这些小型船隐蔽在满是沉船的港口内卸货,然后再趁着夜色返回亚历山大港。这其中有一个有趣的故事,盟军有1艘帆船"玛丽亚·吉奥瓦纳"号是此前缴获意大利的,如今这艘船被澳大利亚海军使用着,船长是阿尔弗雷德·帕尔玛海军少尉。帕尔玛很是聪明,他经常在夜里根据沿岸公路上敌人运输车队的车灯来为自己导航到托布鲁克,到达托布鲁克附近后,他再根据港口入口处昏暗绿光进入港口内。帕尔玛的这种方法一段时间以来

■在托布鲁克被击落的1架"斯图卡"飞机,一名英国士兵在近距离(垂尾处)观察飞机残骸,飞机的机组乘员在座机坠毁前已经跳伞逃生。

第三章 "斯图卡"俯冲轰炸机战史

■近处穿救生马甲的是图中这架受伤飞机的飞行员,着陆后他和地勤人员一道观看飞机的伤情。图中为Ⅲ/St.G 1大队的飞机。

运用得顺风顺水,但突然帕尔玛的这种"偷渡"生涯就终结了,终结他的不是"斯图卡"飞机,而是一种小伎俩。德国车逐渐也发现了问题所在,于是德国人偷偷地在还未到托布鲁克的海岸上安置了一盏绿灯。信心十足的帕尔玛指挥帆船迎着绿灯驶去,结果帆船在浅滩上搁浅,隐蔽在周围的德国士兵涉水去抓他们。帕尔玛和船员们匆忙跳下已经没到脖子的海水里奋力在"玛丽亚·吉奥瓦纳"号船挖出一条沟,最终他们得以脱险。

就在这时,北非的德国空军Ⅱ/St.G 2大队和新近返回的Ⅰ/St.G 1大队仍在保持着对托布鲁克外围防线的攻击态势,由于这一地区已经没有盟军的战斗机,空袭行动实际上就是"斯图卡"飞机和地面高炮之间的战斗。时间越拖越长的战斗中,除了托布鲁克

刚刚被围的那一周里"斯图卡"飞机天天猛烈地轰炸,以后的时间里虽然没有什么规律可循,轰炸也是持续不断,因此,对于盟军的守军来说,他们最需要的就是高炮和炮手。

在接近8月末时,沃尔特·希格尔中尉指挥的St.G 3联队从希腊抵达北非以取代这里苦战数月疲惫不堪的沙漠"斯图卡"单位指挥权,即Ⅰ/St.G 1大队(当时驻扎在德尔纳)和Ⅱ/St.G 2大队(当时驻扎在特米米(Tmimi),靠近托布鲁克。上文提到的Ⅱ/St.G 2大队轰炸英国"可畏"号航母,该大队当时就驻扎在这里)。到达北非后,St.G 3联队指挥部决定在8月29日派出1架Bf 110战斗机去看看托布鲁克,没想到这架飞机竟然没能回来,所幸St.G 3联队指挥官希格尔不在飞机上。

9月14日,St.G 3联队指挥部1架Ju 87飞

尖叫死神 二战德国Ju 87"斯图卡"俯冲轰炸机战史

■在北非的"斯图卡"单位生活照。上图飞行员在做什么不说你也知道,下图这位仁兄苦中作乐,他在刮胡子。

■图为Ⅰ/St.G 3大队指挥官的座机，后座舱下方的侧翻"V"字图案就是大队指挥官特有的标志。

■刚到北非战场时，"斯图卡"飞机仍采用欧洲战场常见的绿色图装，后来为了适应沙漠环境特点改为沙漠迷彩，但这种沙漠迷彩没有统一标准样式，任由飞行员和其他人员想像发挥。上图中飞机翼下携带正常的2枚炸弹（单侧），而下图中飞机的翼下却携带了4枚（单侧）炸弹，这种情况极为罕见。

尖叫死神　二战德国Ju 87"斯图卡"俯冲轰炸机战史

机在托布鲁克东部加姆布特着陆时被击落。就在同一天,北非的俯冲轰炸机出现在了更远的东部地区,即埃及上空。当时,意大利空军第209a中队出动12架"斯图卡"飞机为向西迪布拉尼推进的侦察部队提供空中掩护,没想到这竟然是北非"斯图卡"部队最为失败的一次行动。"斯图卡"编队首先与护航的2架Bf 109战斗机失去了联系,随后编队迷航找不到回家的路了,编队有10架Ju 87飞机最后燃油耗尽在西部沙漠(Western Desert,撒哈拉沙漠东北部,大部分在利比亚境内,埃及西部也有一部分)迫降,有8人后来被英国人俘获,通过审讯英国人得知,在马达利纳要塞(Fort Maddalena)附近的前线地区至少有1架完整无损的"斯图卡"飞机。两名英国皇家空军军官获准前去一探究竟,如果可能的话把这架飞机开回来。第一天的空中搜索只在撒拉塔发现1架底朝天的"斯图卡"飞机。第二天,这两名英国军官乘坐卡车再次去寻找,这次他们终于发现了这架仍然满载炸弹,安静地停在沙漠里一块空地上的"斯图卡"飞机。目前,英国人面临三个问题:飞机是不是被卡在沙漠里了?怎样去除机上的炸弹?怎样让飞机重新升空?第一个问题很好解决,上前看看就行了。第二个问题也简单,在座舱里拉释放炸弹的手柄就行了(但是没有去做),第三个问题不是一时半会儿就能解决的,让一架陌生的飞机上天需要反复试验才行。首先,英国人给这架"斯图卡"飞机加了12加仑航空汽油(他们出来时携带的),然后再给飞机加注了20加仑普通汽油,这些汽油是沿途上一个骑兵团提供给他们的。为飞机加满油后,英国飞行员坐在满是德文标注的座

■在战场上被废弃的Ju 87R飞机,这架飞机保存完好,机组乘员已经安全逃离。

■另1架被废弃的"斯图卡"飞机,这架飞机保存更完整。

舱开始试验操纵飞机各个控制舵面和发动机试车,发动机工作良好,这点很关键。一番试验后,这架英国人驾驶的"斯图卡"飞机飞上了蓝天并向东北方向飞去。

稳定地工作了15分钟后,"斯图卡"飞机的发动机突然罢工,没有任何先兆。失去动力的飞机立即向地面飘(滑翔)去,英国飞行员选择了一块稍平坦的沙漠地块没费什么事就迫降成功,飞机倒是没什么损坏,只是一侧起落架轮胎爆裂。一阵小修小补后,这架"斯图卡"飞机再次升空,但这次飞行的时间更短,在天上,飞机的液压表爆炸,飞溅的液压油立即遮住了飞行员视野。英国飞行员的运气真是好,他们俩再次迫降成功,这次另一个轮胎终于也经不起他们折腾爆裂了。晚上,两位英国飞行员用意大利降落伞把"斯图卡"飞机盖住后在沙漠里过了一夜,他们决定第二天步行回到西迪布拉尼(向东约64公里)。第二天一早,不甘心放弃这架难得完整"斯图卡"飞机的飞行员在地面写下:"这架Ju 87是皇家空军财产,禁止触碰。保曼中校和罗兹尔少校1941年9月19日早晨离开这里步行向北。"

步行16公里后他们遇到一位南非军官(盟军的南非部队驻扎于此)并被邀请吃了一顿早餐,就在这时他们有了新主意,那就是到撒拉塔把当地坠毁的"斯图卡"飞机上的液压表和轮胎想办法弄给那架基本完好的飞机。他们带着这个新计划再次上路,一路上得知他们情况的英国部队都对他们的工作提供了力所能及的帮助,比如英国坦克集团军不仅派出帮手随行,还为他们提供了卡车,皇家空军也派出两名技术人员,甚至一名正在休假的皇家海军驱逐舰舰长(一个年轻人,却蓄着大胡子)也吵着嚷着要去看看。有了这么多人帮忙,事情进展非常顺利,取回零部件后,技术人员为飞机安装了一个新液压表,轮胎也换了,发动机也正常工作了。那个度假的海军舰长非常好奇地要求坐在飞机的后座旅行一次。百密总有一

尖叫死神　二战德国Ju 87"斯图卡"俯冲轰炸机战史

疏,低空飞回英国基地过程中,并不知情的几个英国地面高炮部队看到熟悉的身影以为是德国"斯图卡"飞机,想起这个疏忽后,后座的海军军官把身子伸出座舱又是挥手,又是大喊大叫,他的脸涨得比他的胡子还红,他以为他的做法明确无误地告诉了地面人员这不是德国或意大利的"斯图卡"飞机。悲剧最终没有发生,高炮部队接到了情况简报。

经过一段相对平静期后,轴心国和盟国都在酝酿一场新的战役,德国想一举拿下托布鲁克,再向埃及推进,而英国也在计划反攻,英国的行动代号是"十字军行动",这场战役的指挥是奥金莱克(Auchinleck)上将,他已经接任了瓦维尔。"十字军行动"的作战目的是重新夺回在瓦维尔手上失去的地中海沿岸重要城镇,花几周的时间重新进入班加西,迫使德国隆美尔部队撤回到他的起点艾尔·阿格海拉。

就在"十字军行动"即将开始时,一直较为清闲的Ⅰ/St.G 3大队从罗兹(Rhodes,爱琴海东部岛屿,属希腊)被调往利比亚。在"十字军行动"开始的首轮行动中,敌我双方在地面和空中展开了激烈的对抗。这已经是轴心国和盟军第四次拉锯战,这次跟前三次不同的是盟军动用了战斗机,这对于"斯图卡"飞机来说是一种不祥的预兆。德国所有三个"斯图卡"大队在执行任务时遭到盟军战斗机的拦截,损失急剧上升,甚至盟军的战斗机还会轰炸地面上的"斯图卡"飞机。

11月20日早晨("十字军行动"爆发第三天),Ⅰ/St.G 1大队的一个12机编队在行动中有6架Ju 87飞机被击落或被击伤。当天下午,又有18架"斯图卡"飞机(大部分是驻扎在特米米基地的Ⅱ/St.G 1大队)在基地地面被摧毁。三天后,St.G 3联队指挥部和Ⅰ/St.G 3大队的Ju 87飞机也遭受重大损失。

■一名英国士兵在看着燃烧的"斯图卡"飞机,飞机的发动机螺旋桨已经不知去向。

第三章 "斯图卡"俯冲轰炸机战史

■图中为1架不明原因倒扣在地面的意大利"斯图卡"飞机,木制的螺旋桨非常清楚。注意看这架飞机的腹部仍挂着炸弹。

■这架飞机更明显属于意大利空军第209a中队,飞机的垂尾有弹孔。

尖叫死神 二战德国 Ju 87 "斯图卡" 俯冲轰炸机战史

■意大利空军很卖力地跟着德国进驻原属英国的机场。

■意大利人撤退比兔子跑得还快,在地面作战时,看到英国人就跑,要么就投降,英国一个排的士兵一次俘虏几千意大利士兵一点也不奇怪。图中"斯图卡"飞机上意大利空军标志仍在,只是在侧机身多了英国机徽。

■不仔细看还真以为是意大利空军第209a中队的飞机,仔细看翼尖处的英国机徽。意大利人丢弃的飞机,大炮和枪械都保管完好,上手就可以用。

第三章 "斯图卡"俯冲轰炸机战史

■1943年2月,美国也获得1架较为完整的Ju 87D飞机,这架飞机翼下已经喷涂上美国标志,原来的德国空军标志被油漆盖住。德国仓惶撤离北非那段时间获得1架"斯图卡"飞机并不是一件难事。

11月的最后一天,St.G 3联队有15架"斯图卡"飞机被击落或可能被击落。12月4日,又有13架Ju 87飞机遭受相同命运。至此,北非的德国"斯图卡"大队每个都几乎只剩下一半的力量,看来他们维持不了多久了。

在"十字军行动"中,很多"斯图卡"飞机在执行作战任务时都没有完成既定目标,在盟军战斗机的拦截下,一些"斯图卡"飞机被迫提前投下炸弹以保命。还有一些"斯图卡"飞机在投弹时也大失水准,给盟军造成的损失远低于以前的行动。参加"十字军行动"的有很多官兵原来在地中海北部参加过希腊战役和克里特岛战役,在两个战场,他们都遭受过俯冲轰炸机的轰炸,他们通过对比也发现两个战场"斯图卡"飞机使用上的不同。在欧洲战场,盟军士兵谈得最多的就是"斯图卡"飞机,在没有空中掩护的情况下,士兵们只得龟缩在掩体内忍受轰炸。在希腊战场,士兵中间流传这样一种说法,不要冒险用机枪甚至是步枪射击Ju 87飞机,这些飞机有装甲,即便是大口径机枪子弹也伤不到它的皮毛。对于只有轻武器的士兵来说,看见"斯图卡"飞机只有躲和藏的分儿。北非战场跟欧洲战场有着很大的不同,这里地域广阔,人烟稀少,如果地面车辆能适时地疏散,那么"斯图卡"飞机就很难找到有价值的目标来轰炸。有记录称,一次25架"斯图卡"飞机对某一处目标进行了10分钟的轰炸,取得的战果是一名盟军士兵腿部受伤。在北非,这里的士兵更愿意用各种武器回敬"斯图卡"飞机的问候,当他们这么做后发现Ju 87并不那么难以被击落。要说最致命的,那就是"十字军行动"中盟军大量投入战斗机来对付"斯图卡"飞机,在英国战场英国人已经证明了这一点,但是,地中海战场上,英国人恰恰又忽略了

尖叫死神 二战德国Ju 87"斯图卡"俯冲轰炸机战史

■ "斯图卡"飞机在轰炸英国运输和装甲车辆,图中右上角刚刚投弹结束。在平坦开阔地带轰炸行驶速度较快的车辆非常困难,地面车辆很容易做规避动作,因此,这种轰炸任务垂直俯冲效率最低,浅俯冲效果会更好一些。

这一点,这是克里特岛失守,和"光辉"号航母遭重创的主要原因。鉴于盟军使用了战斗机,"斯图卡"部队以后的行动既小心又谨慎,执行任务的频率也大大降低,在整个"十字军行动"的战役中,极少有德国飞行员执行作战任务越过2轮或3轮。

1941年12月7日,被围困了八个月的托布鲁克最终被英军解救。托布鲁克守军的英勇顽强在世界战史上都占有一席之地,但是,跟上次希腊梅塔克萨斯防线不同,这次希特勒并没有送来他的赞赏之词。道理很简单,失败者没有资格去赞赏别人。托布鲁克的胜利标志着"斯图卡"飞机统治北非的时代过去了,随着盟军在北非战场投入的战斗机数量越来越多,这里很可能重演英国战役的一幕。部署在北非的德国3个"斯图卡"

大队被迫撤到昔兰尼加后方慢慢品尝失败的苦果。德国已经没有可以安全穿越地中海的基地,只有后撤。事实上,德国部署在北非的"斯图卡"部队后来修整后启用新的番号并一直在北非战场作战,直到德国的非洲军团投降为止。另外,地中海战场的"斯图卡"飞机也是到三年半后轴心国部队在北部意大利投降后才停止升空作战。尽管"十字军行动"后几个月里仍有"斯图卡"作战并且取得一些胜利的事例,总的来说,Ju 87俯冲轰炸机部队一直在萎缩,一方面德国空军向北非派遣了越来越多的战斗轰炸机来取代它,另一方面盟军战斗机不断在取得数量上的优势。

新年的第一场战斗发生在1942年1月1日,当天,一个由16架"斯图卡"飞机组成的编队在艾季达比耶东南部遭到皇家澳大利亚空军"小鹰"(Kittyhawk,美国寇蒂斯公司研制的P-40D)战斗机的拦截,"斯图卡"飞机遇到战斗机立即把炸弹扔掉并组成防御队形,虽然如此,德国"斯图卡"编队还是有一半的飞机被击落或被击伤。两周后,北非的"斯图卡"部队接到单位合并命令,命令要求Ⅰ/St.G 1大队和Ⅱ/St.G 2大队并入到St.G 3联队中,番号分别改为Ⅱ/St.G 3大队和Ⅲ/St.G 3大队,St.G 3联队指挥官仍是希格尔中尉。

新组建的St.G 3联队(新瓶装旧酒)及时赶上了为隆美尔发动的反击突袭战提供空中支持。被称为"沙漠狐狸"的隆美尔非常狡猾,英国军队向利比亚纵深推进时,德国军队快速后撤,短短五天里,盟军部队的战线就拉长了400公里(从德尔纳到班加西)。1月21日,隆美尔突然在艾尔·阿格海拉北部发起反击,八天后,德国军队再次占领班加西,这是一年之内昔兰尼加首府四次易手。以此为据点,隆美尔的装甲部队立即向埃及方向反攻。这次的反攻力度大大超过

■隆美尔异常狡猾,他采用欲擒故纵战术不仅把英国部队赶出了利比亚,还将战线推进到埃及境内距亚历山大港约100公里处。为配合隆美尔的这次攻入埃及境内行动,"斯图卡"部队也大量出动轰炸埃及境内的英军目标。

尖叫死神　二战德国Ju 87"斯图卡"俯冲轰炸机战史

■图为Ⅰ/St.G 3大队的1架"斯图卡"飞机，该机挂满炸弹深入埃及境内轰炸英国目标。

以往，德国装甲部队一口气推进到离亚历山大港只有100公里处才停下来，挡住德国装甲部队去路的是一个叫阿拉曼的沿岸小火车站（这些都是后话）。

趁着盟军溃败时产生的混乱，St.G 3联队冲到了隆美尔先头部队的前方对正在溃逃盟军部队和通讯指挥站实施了猛烈的轰炸，只有这一刻，德国空军原来设想的所谓"飞行炮兵"的梦想才得以实现。几个星期后，"斯图卡"部队再次光临托布鲁克上空，但

■再次轰炸托布鲁克港。

第三章 "斯图卡"俯冲轰炸机战史

■这次轰炸行动有随军记者（右侧）同行，他坐在后座机枪手的位置，随军记者也会使用机枪，并不影响作战行动。

是，回到这个战场后"斯图卡"部队的损失又开始上升。在3月27日的一次空袭行动中，"骑士十字勋章"获得者，Ⅰ/St.G 3大队指挥官荷尔马特·诺曼（Helmut Naumman）上尉严重受伤。

就在Ⅰ/St.G 3大队和Ⅱ/St.G 3大队在北非忙着轰炸沙漠里的目标和托布鲁克附近海域的舰船时，Ⅲ/St.G 3大队穿过地中海后撤到意大利圣潘克拉兹奥（San Pancrazio），这不是临阵脱逃，Ⅲ/St.G 3大队到此的目的是接收新型的Ju 87D飞机。接收完毕后，该大队被调往西西里岛进行训练，在此，Ⅲ/St.G 3大队临时归第二航空军指挥，原来轴心国准备再次对马耳他岛采取军事行动。在1941年下半年以来，意大利空军第101°大队的"斯图卡"飞机时断时续地对马耳他岛进行了轰炸，但是，这些轰炸行动不仅没起到什么效果，盟军在岛上的军事力量相反在稳步增强。

隆美尔的部队在北非取得了重大胜利，为什么轴心国要分散精力再次对马耳他动手呢？原因不难找到，北非战线过长的德国部队此时补给成了大问题（对双方这都是关键问题），战线过长时，英国人会通过海运解决问题，轴心国也只有通过海运来解决，但是，盟军（英国）海上力量远超轴心国（德国），特别是马耳他这个定时炸弹始终威胁着轴心国海上运输线。

尖叫死神 二战德国 Ju 87 "斯图卡" 俯冲轰炸机战史

■图为St.G 3联队指挥官沃尔特·希格尔的Ju 87D飞机。1942年年初,在北非作战的"斯图卡"单位开始陆续接收Ju 87D型号,但这些飞机并没有立即在北非战场使用,飞行员需要一个熟悉操作的过程。

1942年针对马耳他岛的进攻行动主要由轴心国的轰炸机来执行,尽管英国加强了岛上的战斗机力量,特别是"喷火"战斗机,"斯图卡"飞机仍然时不时地被呼叫参与一些重要的轰炸任务。3月24日,Ⅲ/St.G 3大队奉命轰炸了岛上哈尔法机场,这是以后八周大规模空中行动的一个序曲。不可避免地,在这个阶段的行动中,"斯图卡"飞机又遭受一些损失,但是Ju 87在行动中也取得了一些成功,特别是轰炸格兰特港内的海军目标。4月1日,"斯图卡"飞机击沉了英国皇家海军"潘多拉"号供应潜艇,这艘潜艇被直接命中2枚炸弹,其他几枚炸弹在潜艇旁边爆炸。四天之后,英国"长矛"号和"英勇"号驱逐舰在港口码头内被击沉。4月11日,英国"金斯顿"号驱逐舰被严重炸伤。到5月中旬,参加这次战役的"斯图卡"部队的力量已经下降了一半,伴随着5月13日最后一次轰炸哈尔法机场,随后的一周,Ⅲ/St.G 3大队返回北非比尔艾尔哈尼亚基地。

在德国Ⅲ/St.G 3大队离开意大利的第十天(5月28日),意大利空军的"斯图卡"飞机又出现在马耳他上空。当天,意大利空军第239a中队的4架Ju 87飞机在夜色的掩护下轰炸了岛上一座机场,第二天相同时间,第209a中队的4架Ju 87飞机再次出动执行相同的任务。这两个中队原来隶属于第97°大队,在此前的5月1日,两个中队合并组成了第102°大队,大队指挥官是圭塞佩·塞尼。在德国"斯图卡"飞机离开后的6个月里,跟第101°大队一样,第102°大队继续执行夜间轰炸马耳他的行动。跟德国St.G 3联队的其他单位一道,他们也将参加随后的两次

第三章 "斯图卡"俯冲轰炸机战史

■挂满炸弹的意大利"斯图卡"飞机准备出发再次轰炸马耳他岛。马耳他岛比克里特岛小得多,但是轴心国就是没有下决心将其攻克,这个后患最终演变成灾难。

护航行动。

与此同时在沙漠地区,隆美尔的部队正在缓慢却稳步地向前推进,在2月中旬,他们重新占领德尔纳机场,这样,"斯图卡"部队可以向前部署以便为地面部队提供空中打击任务。5月中旬,德国的先头装甲部队开始猛烈地炮击加查拉防线(Gazala Line,托布鲁克西部40余公里),所谓加查拉防线更确切地说是由一连串的加固堡垒组成的防御工事,每个堡垒都被铁丝和雷场包围,这条防线从艾尔加查拉(岸边)一直向东南延伸约55公里到达比尔·哈切姆,这条防线修建就是为了阻止轴心国部队的推进。

"斯图卡"俯冲轰炸机最适合摧毁加查拉防线上的加固碉堡,其他的轰炸机要想轰炸此类目标只有靠大面积持续不断的轰炸。对于轰炸加查拉防线的描述,德国和英国出现了截然相反的报道,在战争时期这种做法很普遍,没什么不正常的。一位德国战地记者乘坐1架"斯图卡"飞机参与了一次轰炸行动,对于轰炸加固堡垒他的报道如下:

穿过窄窄的无人区后我们进入了敌方上空,远处的下方就是我们的目标,至少有200辆英国各种车辆聚集在很大的一片空地内,周围是大量的防空高炮。尽管我们在目标区上方数公里高度,一些高炮已经开始向我们射击,我们展开队形准备轰炸。当我们下降高度时,敌人的高炮射击更为猛烈,我们座机被炮弹爆炸形成的棉花球所包围。

第一架"斯图卡"飞机冲向烈焰沸腾的深渊,其余的一架接着一架跟进,地面火光四起,火焰腾空,汽车爆炸,直冲天空的黑色烟柱如同烽火台一般。短短数秒钟一切就结束了,然后我们返回基地,再重新开始。一天内重复几次这样的步骤:起飞—目标—投弹—返回—着陆—装弹—起飞……敌人防空火力逐渐弱下去。最后所有编队的'斯图卡'飞机都安全返回,最后'着陆'的是血红的太阳。

这种报道也许是为了振奋德国的读者,实际情况与之有着很大的不同,在5月26日的行动中,至少有3架"斯图卡"飞机被英国地面高炮击落,其中就包括1架刚刚从马耳他战场返回的Ju 87飞机。但是在加查拉防线的南部(防线最末端),"斯图卡"飞机取得了最后的"辉煌"。由法国将军克尼格率军驻守的比尔哈切姆堡垒遭受了14天的空中轰炸("斯图卡"的功劳)、地面炮兵炮击以及装甲部队的冲击仍然屹立不倒,尽管这个堡垒被德国地面部队分割包围起来,但

■北非战场的照片,远处为一架Ju 87R飞机。

■1架"斯图卡"飞机在轰炸英国地面运输线。

是法国守军拒不投降。直到6月10日,接到撤退命令后,法国守军突出重围进入到英国防线内。

加查拉防线战斗是德国"斯图卡"飞机最后一次在战斗中扮演决定性的角色,但是,成功伴随着巨大的损失,St.G 3联队在比尔哈切姆战斗中损失了另一位"骑士十字勋章"获得者,即Ⅰ/St.G 3大队指挥官海因里切·埃朋(Heinrich Eppen)上尉,他在6月4日的一次空袭行动中被击落丧生。占领比尔哈切姆72小时后,战斗转移到海上。此时,英国正在发动从亚历山大港为马耳他岛运送补给的护航行动(代号为"旺盛精力行动")。6月13日,已经装备了Ju 87D的Ⅱ/St.G 3大队从德尔纳起飞,在和Ju 88轰炸机组成编队后飞向英国舰队。途中,德国飞机编队发现并击沉1艘离开护航舰队驶向托布鲁克的拖船,但是,这次行动中,德国有2架飞机被为拖船护航的英国驱逐舰防空炮击落,其中就包括安东·奥斯特勒中尉。第二天,意大利空军第102°大队的17架"斯图卡"飞机从西西里岛起飞对英国"旺盛精力行动"舰队实施空袭,但是没有取得任何战果。从利比亚德尔纳起飞的德国Ⅲ/St.G 3大队也参与了空袭行动,同样也没取得战果,相反该大队有2架飞机被击落。6月15日,情况出现了转机,Ⅰ/St.G 3大队和Ⅱ/St.G 3大队对英国舰队发起了连续不断的攻击,英国大量舰队被炸伤,其中包括"百人队长"号(Centurion,这是一艘1911年建

尖叫死神 二战德国Ju 87 "斯图卡" 俯冲轰炸机战史

■代号为"旺盛精力行动"的英国护航舰队遭到德国"斯图卡"飞机的猛烈轰炸,在6月15日的空袭行动中,英国舰队遭受巨大损失。

造的古董级战列舰,1924年退役后被改进成舰队无线电控制靶舰,在"旺盛精力行动"中该舰伪装成具备战斗力的战列舰)、"水神"号巡洋舰、"伯明翰"号巡洋舰、"黑斑狗"驱逐舰和"内斯特"号驱逐舰,最后2艘驱逐舰的伤情最为严重,英国不得不下令自沉。面对这些,以及其他方面的损失,加上意大利海军主力舰队正在海上伺机发起进攻,英国"旺盛精力行动"的舰队被迫返回亚历山大港。但是,1艘与英国护航舰队走散的运输船神不知鬼不觉地到达了托布鲁克,这令当地守军惊愕不已。

加查拉防线最南端被德军突破后,6月19日,德国地面部队迅速抵达托布鲁克外围防线。6月20日,隆美尔下令对托布鲁克进行了残酷的立体打击,最终在6月21日,托布鲁克被攻陷。这时非常令人不解的问题出现了,此前托布鲁克坚守了八个月,任凭轴心国多么凶残猛烈的打击都未被攻占,而这次德国在24小时内就拿下了。这是一个需要大篇幅才能说清的问题,一句话,要考虑战争全局部署。攻克托布鲁克后,隆美尔立即挥师进入埃及,7月1日,德国军队开始进攻盟军的下一个位于阿拉曼的重要防线。阿拉曼防线并不像加查拉防线那么坚固,只是更长一些,这条防线从阿拉曼一带的沿岸开始向西南延伸到卡塔拉低地,总长度为250公里。卡塔拉低地地势低于海平面,由于地表松软,并不适合装甲部队通过。由于不必担心侧翼遭到攻击(托布鲁克沦陷就跟此有关),唯一需要严防死守的就是阿拉曼。该防线由一位新指挥官伯纳德·蒙哥马利中将来指挥,他发誓决不后退一步。

在近四个月对峙中,双方都在积蓄力量

■占领托布鲁克后,隆美尔乘车视察托布鲁克港,这个弹丸之地牵扯德国太多的精力。

■托布鲁克战役中,St.G 2联队的第6中队"斯图卡"飞机采用的恐怖的蟒蛇图案,这种蟒蛇图案至少有两种。

尖叫死神 二战德国Ju 87"斯图卡"俯冲轰炸机战史

以求给对方致命一击。这个时候，英国不仅要为马耳他提供补给，还要加强岛上力量以切断隆美尔的海（横穿地中海）上运输线，为此，英国再次发起代号为"基石行动"的护航行动。跟"旺盛精力行动"不一样，"基石行动"中的14艘商船从西部向马耳他靠近，为运输船队护航的有不少于2艘战列舰、3艘航母、7艘巡洋舰和32艘驱逐舰，当然仍然少不了伪装的战列舰，数量不详，但绝不少于1艘。这次护航舰队规模空前强大，轴心国也部署相应的海上和空中力量来消灭敌人。准备参加这次行动的Ju 87飞机不足40架，跟轴心国集结的650架飞机相比足以说明它的时代和威名正一点点地失去。为了参加此次行动，意大利空军第102°大队的13架"斯图卡"飞机被调往潘泰莱里亚岛（Pantelleria，西西岛和突尼斯之间，马耳他岛西北），这里正是英国舰队必经之处。同时，Ⅰ/St.G 3大队的26架Ju 87D也从北非被调往特拉帕尼和夏卡（Sciacca，西西里岛西南，特拉帕尼东南60公里处）。

8月12日，轴心国的"斯图卡"飞机开始对英国护航舰队里的主要军舰发起攻击，Ⅰ/St.G 3大队的12架Ju 87D轰炸了英国"不屈"号航母，这艘航母被直接命中2枚高爆炸弹，另有3枚在航母旁边爆炸，该航母甲板当即便无法使用。德国在行动中也损失2架"斯图卡"飞机，当天意大利空军第102°大队也损失2架Ju 87飞机，其中1架被舰上防空炮击中坠毁在"罗德尼"号战列舰的尾部。第二天，在攻击盟军商船过程中，意大利空军又有1架"斯图卡"飞机被防空炮火击落，这架飞机坠落在当时已经严重受伤的"俄亥俄"号油轮旁边，被海水弹起后翻滚着撞在油轮的前甲板上。第二天，正在被拖行的"俄亥俄"号油轮再次遭到意大利"斯图卡"飞机的轰炸，虽然受了点伤，这艘油轮还是跌跌撞撞地抵达了目的地，成功卸下了极为宝贵的航空燃油。商船"多塞特"号可就没么走运了，Ⅰ/St.G 3大队的"斯图卡"飞机在8月13日这天将其严重炸伤，船长不得不下令弃船。24小时后，Ⅰ/St.G 3大队重伤"肯尼亚"号巡洋舰。英国护航舰队通过后，轴心国的Ju 87飞机从哪儿来又回到哪儿去，驻扎在西西里岛的意大利第102°大队仍然重拾老本行：夜袭马耳他岛，而Ⅰ/St.G 3大队重返北非。

英国的"基石行动"的14艘商船中有5艘最终抵达马耳他，这几艘幸存舰船所载的32000吨物资对马耳他岛来说至关重要，是当地守军顽强坚守的保证，特别是"俄亥俄"号运抵的航空燃油尤为珍贵。轴心国的海上航线同样也遭受着盟军的打击，隆美尔的地中海航线就受到了以马耳他岛为基地的英国飞机的空袭，损失也相当惨重，造成北非战场上德国军队补给出现极为严峻的局面。

隆美尔的战线深入到埃及境内后，St.G 3联队的机场也前移到埃及纵深福卡和夸沙巴一带，这儿离阿拉曼不足150公里。在新

第三章 "斯图卡"俯冲轰炸机战史

■8月12日这天遭到"斯图卡"飞机轰炸的英国"不屈"号航母,航母甲板上停放的飞机被毁,舰也被熏黑。

■较为神奇的是"俄亥俄"号油轮好比一个大火药桶,遭到"斯图卡"飞机轰炸后竟然没沉,而且还把宝贵的燃油运抵了马耳他。图中可见"俄亥俄"号油轮几乎要沉了。

尖叫死神　二战德国Ju 87"斯图卡"俯冲轰炸机战史

驻地，St.G 3联队的"斯图卡"飞机几乎天天出动执行任务，如今，"斯图卡"飞机的神秘早已成为过去，英国方面出具的报告称，"Ju 87只不过是一种恐怖心理机器而已，它只能对局部造成损害（意思是不会影响全局），对于意志坚定的士兵和战斗机来说，'斯图卡'并非不可战胜"。德国空军St.G 3联队汉斯·德里斯切尔中尉也承认"阿拉曼的英国防线难以攻克"。尽管如此，德国"斯图卡"飞机仍持续不断对英国步兵集结中心、高炮阵地和坦克进行猛烈坚决的轰炸。由于德国空军无线电被英国皇家空军监听（英国已经获知"斯图卡"飞机的呼叫代号："Wespe"（即"Wasp"，大黄蜂）-"Isar"（伊萨尔河，慕尼黑的一条河流），这些是"斯图卡"飞机与护航战斗机之间的呼叫代号），有"斯图卡"飞机出现的地方总有英国战斗机在左右，因此，毫不奇怪，德国"斯图卡"飞机的损失急剧上升。

越来越多的情况是"斯图卡"飞机被迫路途中抛掉炸弹以自保，或是返回基地，

■图中这架Ju 87B-2型"斯图卡"飞机并不是迫降，事实上，这架飞机在起飞时发生事故。二战时的螺旋桨飞机大部分重量集中在前机身，因此主要起落架也设计在这个位置，飞机携带炸弹后前机身更重，起飞和着陆时稍有不慎就是出现"拿大顶"现象。仔细看，图中飞机携带了炸弹，一名地勤人员爬上飞机试图拴上绳子把机尾拉回地面。

但是，即便是返回了基地也并不代表就安全了，英国战斗机或是战斗轰炸机时常光顾德国机场，有不少"斯图卡"飞机被摧毁在地面，有的甚至是刚刚着陆，或是准备起飞时。英国陆军远程沙漠大队的巡逻吉普也会在轴心国战线的大后方晚上骚扰他们，这些小分队规模不大，来去自由，又有夜色的保护。特别是这些巡逻吉普喜欢夜晚骚扰疲惫

■ "斯图卡"飞机损失越来越严重，德国部队，包括陆军和空军的日子越来越难捱，最关键问题就是补给跟不上。（上与下）图中为英国人收集的"斯图卡"飞机残骸，当然也包括英国损坏无法修复的飞机。

尖叫死神 二战德国Ju 87"斯图卡"俯冲轰炸机战史

不堪的德国空军飞行员,让他们时刻处在紧张状态无法放松休息。这种骚扰战术的间接效果非常明显,一次,夜晚受到骚扰的St.G 3联队第二天升空去空袭夸沙巴,这次空袭行动中,"斯图卡"编队中有5架Ju 87D飞机被完全摧毁,另有7架严重受伤。这多多少少跟德国飞行员没有休息好有关。

1942年10月23日晚9点40分,西部沙漠被1000余门英国火炮的射击所点亮,这是自一战以为最大规模的炮击行动,这表明蒙哥马利已经赢得了德英两国间(轴心国与盟军)的物资补给战,德国军队的窘境即使用"捉襟见肘"一词也无法真正地表达真实情况。驻扎在班加西的德国"斯图卡"部队被迫再次后撤,他们没有机会回来了,因为这是最后一次。

尽管德国已经开始出现败象,但英国第八集团军还是花了10天时间才突破轴心国的外层防线。在这一阶段集中和持续的空中打击下,盟军飞行员声称又击落或击伤了40架Ju 87飞机,其中很多仍是"可能"击落。这一阶段损失最大的是Ⅲ/St.G 3大队指挥官(取代塞拉斯,而塞拉斯则晋升联队指挥官),"骑士十字勋章"获得者,作战经验丰富的库尔特·沃尔特(Kurt Walter)上尉。在此前的9月14日的空袭行动中,他率领"斯图卡"编队在托布鲁克附近海域轰炸了英国一支舰队,行动中他击沉英国"考文垂"号防空巡洋舰和"祖鲁"号驱逐舰。10月26日,沃尔特执行完当天最后一次空袭任务后准备着陆时遭到英国战斗机的偷袭;其飞机被击毁,由于飞行高度不够,他在跳伞后降落伞未能及时打开,坠地而亡。

■ 这个时候不仅美国战斗机参与进来,英联邦国家战斗机的数量也在急剧上升,德国的末日快到了。图为美国P-40F战斗机。

第三章 "斯图卡"俯冲轰炸机战史

■在北非作战的南非空军P-40E"小鹰"战斗机,机翼上有一个人在搭顺风车。

截至11月11日,英国第八集团军已经到达海尔法亚山口,这儿的地势是利比亚一侧(德国部队)高,埃及一侧(英国部队)低,德国试图在这里组织最后一次反攻来阻止盟军装甲部队的推进。11月11日清晨,Ⅰ/St.G 3大队的15架"斯图卡"飞机率先向盟军部队发起攻击,但是这支编队却遭到南非"小鹰"战斗机的拦截,南非空军称当

■St.G 3联队第8中队的1架Ju 87D在沙漠中迫降。这架飞机已经执行完作战任务,炸弹已经不见了,飞机后部地面有一个座舱罩,机组乘员已经弃机而去。

尖叫死神　二战德国 Ju 87 "斯图卡" 俯冲轰炸机战史

场击落12架"斯图卡"飞机，剩余的3架在返回加姆布特的途中被巡逻的美国P-40F战斗机击落。前面的12架被击落飞机中有Ⅰ/St.G 3大队指挥官玛丁·莫斯多夫（Martin Mossdorf）上尉，他也是"骑士十字勋章"获得者。莫斯多夫的座机Ju 87D被击中后起火，他设法迫降成功，他和后座乘员一同被俘。

一次空中行动中全军覆没还是头一遭，一次损失这么多"斯图卡"飞机也极为罕见，这对Ⅰ/St.G 3大队来说是一场毁灭性的打击，因此"斯图卡"飞机结束了在西部沙漠的空中行动。Ⅰ/St.G 3大队剩余的飞机和人员只得返回德国补充飞机并休整，这个大队将被派遣到东部战线对付苏联。Ⅱ/St.G 3大队被调往意大利撒丁岛修整并补充飞机，只有Ⅲ/St.G 3大队仍驻扎在北非为穿过利比亚后撤的德国非洲军团提供空中掩护。但是，就在德国撤退到利比亚前，隆美尔的后方出现危机。1942年11月8日，盟军发动了代号为"火炬行动"的英美联军在摩洛哥和阿尔及利亚登陆行动，盟军的作战意图是从东西两个方向呈钳形夹击德国部队，最终把德国赶出非洲。

面对盟军的攻势，德国空军只得后撤到法国维希政权控制的突尼斯，这其中就包

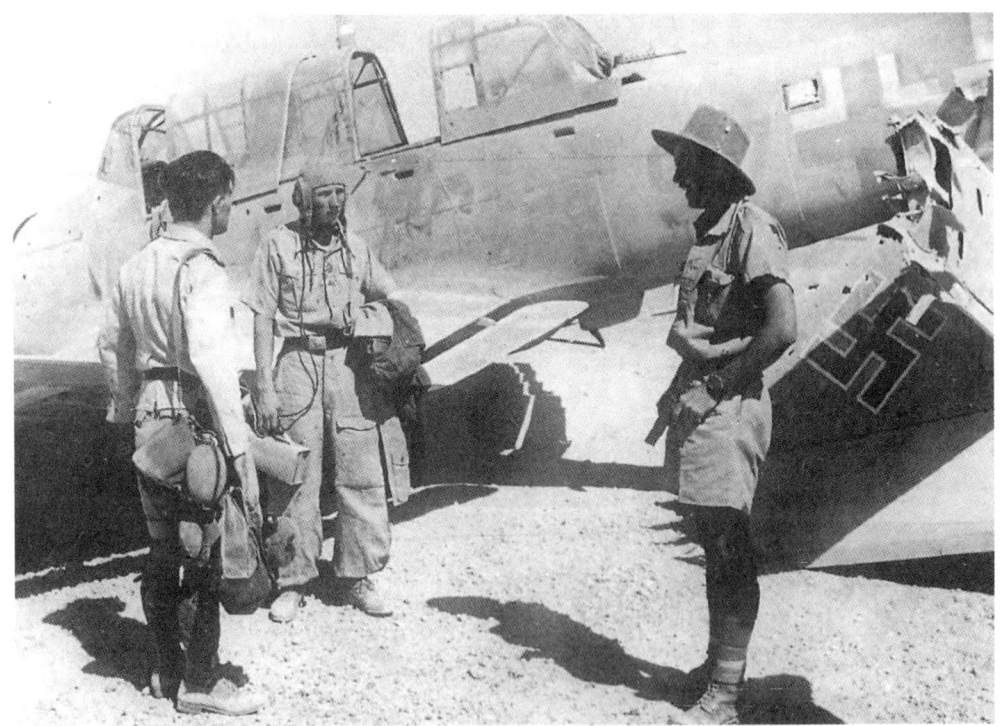

■这架受伤的德国"斯图卡"飞机最终无奈地选择在英国的防区内迫降，德国飞行员下飞机即遭逮捕，这对于他们来说兴许是好事。德国人已经疲惫不堪，物资极为匮乏，后来飞机能飞上天都是件幸事了。

括Ⅱ/St.G 3大队的24架Ju 87D飞机,上段提到,这个大队已经被调往撒丁岛,为了应对盟军的夹击,这个大队途经西西岛最终抵达突尼斯艾尔·奥伊纳机场,该机场位于突尼斯首都郊外,是该国最大的军民两用机场。但是,德国Ⅱ/St.G 3大队并未驻扎太久,在11月底前,这个大队再次被调往朱代伊德机场,该机场在突尼斯首都西部30公里处。在这个阶段,意大利空军第102°大队(驻扎在西西里岛)只有2架"斯图卡"飞机真正能飞起来,因此,北非的战斗完全由德国人进行。

"火炬行动"的一开始,德军Ⅱ/St.G 3大队就遭受重大损失。突尼斯战场进行的是

■ 意大利的"斯图卡"飞机在北非战役中损失也惨重,只是它不被人关注罢了。

■ 同样也是意大利空军第209a中队被击落的Ju 87B飞机,垂尾有弹孔。

尖叫死神 | 二战德国 Ju 87 "斯图卡" 俯冲轰炸机战史

一场战斗轰炸机的战争，战斗轰炸机使用更加灵活，挂上炸弹可以执行轰炸任务，投完炸弹可以选择要么返回，要么与敌人战斗机格斗。而"斯图卡"是一款俯冲轰炸机，它除了执行轰炸任务别无选择。"火炬行动"的头两个星期里，II/St.G 3大队只损失2架"斯图卡"飞机，但是，11月26日这一天里II/St.G 3大队就全军覆没。当天，美国陆军第1装甲师突破朱代伊德外围防线进入机场，美军和德军间爆发了激烈战斗，德军II/St.G 3大队停在疏散停机坪内的"斯图卡"飞机慌乱之中相互碰撞，或是被美军火力击中起火，或者爆炸，机场内的机库和修理车间也被炸毁。这次的行动美军方面称摧毁了36架"斯图卡"飞机，但德军方面称只有15架损失。

虽然物资和飞机损失极为严重，德国人很快补充了物资，一些飞机也得到了修理，不久II/St.G 3大队的Ju 87D就又重新升空作战。但是，上了天的"斯图卡"却发现自己已经不是进攻者了，而是地地道道的防御者，他们根本无法完成轰炸预定目标的任务，跟在阿拉曼战场上一样，"斯图卡"飞机被迫提前把炸弹抛掉，不用说前线了，即便是突尼斯北部空域也充满了盟军战斗机。这一阶段里，II/St.G 3大队最为成功的一次行动发生在1943年1月1日，当天德国空军混合编队（包括"斯图卡"飞机和战斗轰炸机）空袭了阿尔及利亚波恩港，行动中，"斯图卡"飞机炸伤了英国"阿加克斯"号巡洋舰。

与此同时，III/St.G 3大队经过艰苦跋涉穿过利比亚到达突尼斯的南部加贝斯（Gabes，海岸城市），这座城市在马雷斯防线（Mareth Line）后方，可保III/St.G 3大队暂时安全。马雷斯防线就在加贝斯东部，这条防御阵线为的是抵御利比亚方向推进的盟军部队。实际上，这条防线最早是法国人修建用来抵御意大利殖民地邻居（利比亚）的，后来德国人占用了这个防御工事，这条防线跟阿拉曼防线非常相似，防线从加贝斯一带的海岸开始一直延伸到内陆沼泽地带。在加贝斯，III/St.G 3大队执行了数周南突尼斯防线一带的作战任务，主要打击加夫萨（Gafsa，突尼斯中西部，加贝斯西稍偏北）、斯贝特拉（Sbeitla，加夫萨北部偏东，加贝斯西北）和凯塞林（Kasserine，加夫萨正北，靠近斯贝特拉）的目标。

尽管德国空军为防止朱代伊德机场遭敌坦克空袭的悲剧重演而加强了机场防卫，但马雷斯防线没能阻止盟军的空中力量打击加贝斯机场，III/St.G 3大队的安全根本得不到保证。英国统帅蒙哥马利准备从突尼斯南部进入突尼斯后，盟军的空中打击力度愈加猛烈，加贝斯机场更不安全了。这还不算，盟军的地面远程火炮很快就可以覆盖加贝机场了。于是，德国III/St.G 3大队在1943年2月26日转移到梅周纳（Mezouna，加贝斯正北100公里）机场，在这里"斯图卡"飞机执行了一些作战任务，也遭受了一定的损失。

第三章 "斯图卡"俯冲轰炸机战史

■这张照片有意思,一位航空爱好者在废弃的飞机场寻找什么物件作纪念品,图中飞机属Ⅰ/St.G 1大队(发动机整流罩上有俯冲的鸟图案),飞机的螺旋桨被锯断,其他部位也被拆解。

此时,德国的"斯图卡"飞机已经不轻易升空作战,一般只有天空中有足够云量的时候才会出动,因为云层可以帮助德国飞行员躲避盟军战斗机的拦截。

3月28日,英国第八集团军最终突破了马雷斯防线,随后挥师北上。德国Ⅲ/St.G 3大队在梅周纳机场没待一个月就得再次后撤到艾尔·蒂杰姆(El Djem,梅周纳东北100公里)。现在的基本情况就是"斯图卡"大队以100公里为一个单位稳步地后撤,每到一个地方屁股还没坐热就得准备后撤,状况十分狼狈,而且Ⅲ/St.G 3大队的作战能力也越来越差,每次出动飞机都不超过3架,这么小的编队出动也是为了预防遇到盟军战斗机便于机动逃跑。此时,盟军装甲部队的先头部队已经到达凯鲁万(Kairouan在艾尔·蒂杰姆正西50公里),也就是说离Ⅲ/St.G 3大队驻地只有咫尺之遥了,为此,"斯图卡"大队组织了一次空袭行动,轰炸凯鲁万的盟军装甲部队。当天,天空云量为8/10,比较适合出击,"斯图卡"飞机借助云层的保护偷偷接近目标,在他们周围到处是盟军的战斗机。目标空域的云层只有200米高度,因此,"斯图卡"飞机只得采取小角度俯冲轰炸模式。由于担心盟军战斗机拦截,几架"斯图卡"飞机根本就没锁定地面坦克就匆匆投了弹离去,当他们爬升到云层上方时没看到一架盟军战斗机,因此,他们又返回对地面软皮车辆扫射了一番。这种故事在过去根本就不值一提,而现在能执行一次完整的任务都那么难得。

两个星期不到,Ⅲ/St.G 3大队于4月8日被迫撤离艾尔·蒂杰姆,第三个也是最后一站是奥德纳(Oudna突尼斯首都南20公里)

| 尖叫死神 | 二战德国Ju 87"斯图卡"俯冲轰炸机战史 |

机场。Ⅱ/St.G 3大队残余力量也撤退到这个机场。抵达奥德纳机场的第二天,"斯图卡"飞机出动3架次轰炸了凯鲁万北部的美国装甲部队。到这个阶段,德国空军的战斗

■换装新型"斯图卡"飞机(Ju 87D)也没能挽救北非局势,图中为St.G 3联队的1架Ju 87D飞机正准备撤离北非,飞机虽然携带了炸弹,但参加作战的机会实在不多了。

■进入到1943年后,对于"斯图卡"部队来说,图中Ju 87R拖曳DFS 230滑翔机是故事的主角了。"斯图卡"飞机不得不结束北非的战斗生涯先越过地中海到意大利西西里岛暂时喘口气。

第三章 "斯图卡"俯冲轰炸机战史

■从DFS 230滑翔机拍摄前面的"斯图卡"飞机。

■1943年3月,有的"斯图卡"飞机拖着DFS 230滑翔机率先抵达西西岛。

尖叫死神 二战德国Ju 87 "斯图卡" 俯冲轰炸机战史

机的燃油只够保护"斯图卡"飞机起飞后几分钟,随后的行动中Ju 87D飞机只能自保。

到4月10日和11日,"斯图卡"飞机终于再也无法升空作战了,为了防止盟军飞机的轰炸,停在地面的Ju 87飞机被迷彩帆布盖住,这是唯一防止空袭的办法。24小时后,幸存的Ju 87D飞机开始撤离非洲,这些"斯图卡"飞机组成小编队从突尼斯与西西里岛最近处出发,穿越地中海抵达安全形势也不容乐观的西西岛。这支部队曾经多么的"辉煌",他们的下面就是地中海,他们曾经浴血奋战轰炸马耳他,又转战空袭过克里特岛,如今他们却黯然收场。即使返回的路也不那么好走,如今,地中海一带也是盟军战斗机的天下,"斯图卡"返回途中必须小心地,偷偷绕开盟军巡逻战斗机。

在北非战场损失的最后1架"斯图卡"飞机是Ⅱ/St.G 3大队的Ju 87D,这架倒霉的飞机在4月19日那天正拖着1架滑翔运输机撤退("斯图卡"大队从一个机场撤退到另一个机场的过程中,Ju 87D飞机经常会拖着运输滑翔机飞来飞去),背运的是这架"斯图卡"编组被3个中队的南非"小鹰"战斗机编队看到,哪怕是1架"小鹰"战斗机也注定了"斯图卡"飞机的命运,几十架"小鹰"战斗机冷冷地看着其中1架"小鹰"战斗机毫无悬念地把"斯图卡"飞机和滑翔机击落。这个场景何等凄惨!

经过15个月的鏖战,Ju 87飞机终于结束了非洲战斗,如果要找出它们在非洲战场的痕迹的话,那么从阿拉曼到突尼斯沿岸坠毁的残骸、毁坏的飞机和放弃的飞机可以证

■1943年年初,美国在突尼斯获得1架完整的Ju 87D飞机,这张照片曾刊登在1943年3月的《空军杂志》上。

明它们曾在此战斗过。

北非战役简要回顾和总结

1941年1月,"斯图卡"飞机抵达北非,2月14日,1架Ju 87R在艾尔·阿格亥拉被击落,这是在北非损失的第一架"斯图卡"飞机。由于燃油供应不足和其他物资供应出现一些问题,德国在北非驻扎的"斯图卡"大队经常在2个和4个之间变动。不仅如此,这些飞机还经常受到维护保养问题的困扰,在沙漠开阔的机场停放飞机面临很多问题,尤其是高温和风沙问题,虽然后来为了适应北非的气候条件做了一些改进,但在北非的"斯图卡"飞机的使用率始终无法达到在欧洲的水平。跟欧洲战场行动有所不同的是,在北非,德国地面部队从来没有跟"斯图卡"飞机在较近的距离内共同执行过任务,原因就是空军没有与地面部队进行沟通的联络官,因此,偶尔"斯图卡"飞机会轰炸自己的陆军部队。不管怎样,虽然北非基地的"斯图卡"飞机没有给地面部队提供支援,但这些飞机经常会执行攻击舰船的任务,在北非的X军团经常会执行这样的任务。

德国下一个目标是利比亚班加西以东的一个名为托布鲁克港口小城,这个港口对德国军队来说至关重要,占领这个港口,向东推进的德国军队物资补给就会更加方便、快捷、及时。在1941年4月开始后的5个月里,德国空军和意大利空军都投入重兵对英国人防守的昔兰尼加的托布鲁克港口进行了猛烈空袭,最终占领这个港口,毫不例外,"斯图卡"飞机也参加了这次的战斗,"斯图

■德国在北非战役中最为失败的就是后勤补给,而补给必须通过海上运输,海军力量恰恰是德国的短板,英国的强项。从战争全局看,一国与世界几个主要强国为敌,特别是战火烧不到的美国为敌失败是迟早的。

尖叫死神　二战德国Ju 87"斯图卡"俯冲轰炸机战史

卡"飞机后来参加了大量的类似战斗。根据托布鲁克高炮部队仍保存的记录记载,1941年4月10日至10月9日期间,不少于1185架次"斯图卡"飞机参加了62场独立的战斗。但这次英国人守住了托布鲁克。1942年,"斯图卡"飞机在北非行动的最高潮是在比尔哈切姆,这个地方可称得上是另一个托布鲁克。这里有自由法国士兵防守,但比较孤立。伯·哈克姆处于英国防线侧翼最南端,占领这个位置对隆美尔将军的非洲军团向东推进非常关键。5月26日至6月10日间,伯·哈克姆遭到德国空军St.G 3大队"斯图卡"飞机的反复轰炸,法国守军没有来得及撤退,少量部队突破重围进入英国防区内。尽管德国人称比尔哈切姆是个非常小的目标,但法军的工事却是创纪录的坚固,"斯图卡"飞机在北非也头一次遭到这个难轰炸的目标。

在轴心国第二次对托布鲁克的进攻中,"斯图卡"再次扮演重要的角色,这次的战术跟第一次有所不同,而且决定在2天内攻克托布鲁克。1942年6月20日,轴心国空军开始对托布鲁克进行空中打击,由于St.G 3大队的"斯图卡"飞机持续的攻击,英国人布设的雷区被炸出一个大豁口,因此,德国和意大利步兵得以向前推进。仅仅90分钟之后,"斯图卡"飞机又返回对英军据点和防御工事进行了精确轰炸,为此,德国地面部队没有被防御工事迟滞,快速向前推进。第二天,托布鲁克的32000名士兵向轴心国

■ 大部分的"斯图卡"飞机成了战场残骸。

第三章 "斯图卡"俯冲轰炸机战史

部队投降,德国大获全胜,缴获的军事物资不计其数,最重要的战利品是682万升的燃油,而St.G 3的损失相当小。空地配合在这次行动中再次体现,这也是"斯图卡"飞机的价值所在。

与此同时,德国还在对马耳他发动决定性的打击,马耳他在轴心国的打击下已经快支撑不住了,德国希望一鼓作气拿下它。这次德国(Ⅲ/St.G 3)和意大利两国的"斯图卡"飞机全部上阵,至1942年中旬,英国在马耳他几乎没有什么战斗机可以升空作战。这是一个关键时刻,德国空军已经没有备用的"斯图卡"飞机。4月15日,由于作战勇敢顽强,英国守军被政府授予"乔治十字勋章"(George Cross)。就在这时,47架携带超大尺寸副油箱(每架飞机携带2个)的"喷火"战斗机从美国"黄蜂"号(Wasp)航母上起飞,在1062公里处从西部向马耳他飞来。"喷火"战斗机进驻马耳他后的仅3天时间里就只有6架还具备作战能力,但这个时候最危机的时刻已经结束了。截至4月底,德国空军单位开始转移到其他战场执行任务,对马耳他的轰炸逐渐在减少,"斯图卡"飞机(来自Ⅲ/St.G 3大队)最后一次在马耳他的行动发生在1942年5月10日,事实证明,马耳他是个"难啃的坚果"。

1942年6月14日至16日,"斯图卡"飞

■人们不再谈"斯图卡"而色变,恐怖和狰狞已经成为过去。

机在地中海地区执行了一次最成功的任务，当时，德国空军St.G 3大队和意大利102°大队的Ju 87飞机与这两个国家的低空轰炸机联合对赶往马耳他的英国2支舰队进行了轰炸，其中向东航行的这个舰队几乎全军覆没，舰队中只有2艘军舰突围到达了目的地，另一个舰队被迫返回英国。

至1942年6月底，北非的"斯图卡"单位飞机几乎全部停在地面无法升空，原因是燃油、零配件和其他物资的短缺，甚至食物也成了问题。在隆美尔将军率领的非洲军团推进到艾尔·阿拉曼的最关键时期，由于盟军控制了地中海的制空、制海权，驻北非德军因兵力及装备补给不足而无力继续向前推进，双方进入了胶着状态，没有"斯图卡"飞机的支援隆美尔无法发动新的战役。1941－1942年，在地中海地区的"斯图卡"飞机的数量从未超过60架，其中一半数量的"斯图卡"基地就在北非，物资的匮乏严重削弱了它的战斗力，事实上在1942年7月以后，"斯图卡"的行动已经对战争进程没有决定性的影响了。

1942年11月8日，盟国"火炬行动"的第一天，美国和英国在西南非洲登陆，这个时候德国空军在整个地中海地区只有400架作战飞机，其中"斯图卡"飞机只有30架。到1942年12月31日，德国空军作战飞机临时增加到640架，"斯图卡"飞机为60架（包括突尼斯的飞机），但这时，盟国的空中优势已经无法改变。

也就是在这个时候，第一架Fw 190战斗轰炸机开始在突尼斯用于近距离支援行动，这预示着"斯图卡"飞机的终结，至少是对西部盟国的作战历史结束了。

七、南部欧洲的战斗（1943年7月－1945年2月）

北非战役的结束意味着地中海地区的"斯图卡"作战单位数量急剧减少，但是，Ju 87飞机并没有在战场上消失，事实上，1943年的秋天里，"斯图卡"飞机又短暂地活跃一段时间，在近八周的时间里，St.G 3联队的两个大队重现了作为"闪电战"核心的"斯图卡"飞机过去的"辉煌"。

撤出突尼斯不久，St.G 3联队指挥部（目前指挥官为库尔特·库尔梅（Kurt Kuhlmey）少校）和Ⅲ/St.G 3大队返回德国休整并补充装备，随后这两个单位将被调往东部战线参加战斗。Ⅱ/St.G 3大队也撤出北非，但并没有返回德国，而是部署到地中海最东部，因此，当盟军在1943年7月10日发动代号为"哈士奇行动"的进攻西西里岛行动中，意大利的俯冲轰炸机全部出动与盟军作战。

然而，由于Ju 87飞机得不到补充，意大利第102°大队早就全部换装本国产Re 2002"公羊"战斗轰炸机，第101°大队也换装菲亚特公司生产的CR 42"鹰"双翼战斗机来执行俯冲轰炸任务。在1943年年初时，意大利空军从德国接收了一批Ju 87D飞机,但是,这批飞机并没有装备组建了数年的俯冲轰炸单位,而是用来组建两个新单位,即第103°大队和第121°大队。由于盟军准备入侵西西里岛,还在撒丁岛训练时,这些没什么经验的飞行员就被立即派遣到意大利南部和西西里岛参加抵御盟军入侵的战斗。毫不奇怪,面对盟军强大的空中优势,意大利空军的俯冲轰炸机损失严重,仅有的一次成功行动是击沉美国海军的"马多克斯"号(Maddox)驱逐舰。当时,"马多克斯"号驱逐舰正在掩护杰拉(Gela,西西里岛中南部,马耳他岛正北)附近海域的美国舰船在此登陆,1枚炸弹从天而降(根本没看到飞机)击中驱逐舰的尾部,军舰尾部被炸烂,不到两分钟该驱逐舰就深入海底。

在盟军进攻西西里岛的38天战斗尚未结束时,意大利空军第121°大队和幸存的Ju 87D飞机后撤到撒丁岛上,而第103°大队则不再存在。占领西西里岛后,盟军下一步行动就是越过墨西拿海峡进入意大利本土,这个海峡只有3公里宽,地中海的宽度都没能阻止盟军推进,这点宽的海峡倒不如说是一条大河。9月3日,盟军顺利渡过墨西拿海峡。六天后,盟军部队在萨莱诺和塔兰托登陆成功,此时意大利独裁墨索里尼已经被推翻,意大利新政府宣布放弃抵抗。

虽然意大利大势已去,但希特勒还是想最后一次帮帮他的无能的盟友,为此,德国空军采取大胆的空降行动将墨索里尼从被关押的格兰萨索解救出来,此后,意大利被一分为二,南部已经被盟军占领,北部由墨索里尼控制的地区继续支持德国与盟国为敌。南北两方的空军都装备一定数量的Ju 87D飞

■意大利接收了一批Ju 87D型"斯图卡"飞机,但并没有装备原来的"斯图卡"大队,从图中飞机尾部编号可以看出该机属第216a中队。

尖叫死神 二战德国Ju 87"斯图卡"俯冲轰炸机战史

机,但是只执行一些次要的作战任务。

意大利南部解放后,德国Ⅱ/St.G 3大队又一次走到了战争前沿,驻扎在希腊和克里特岛的Ⅱ/St.G 3大队各个单位由于远离主战场,他们平时执行的主要任务就是镇压近海岛屿反叛的意大利军队,此时,驻扎在克基拉岛和凯法洛尼亚岛(Cephalonia,希腊西海岸)上的意大利军队都爆发了叛乱。在9月21日的轰炸凯法洛尼亚岛上意大利阵地期间,德国"骑士十字勋章"获得者赫尔伯特·斯特里(Herbert Stry)中尉投下的炸弹刚离机就在空中爆炸,斯特里当场身亡。

在希腊东南部的多德卡尼斯群岛(Dodecanese,爱琴海入口处),德国"斯图卡"飞机再现往日"辉煌"。德卡尼斯群岛中最大的是罗德岛(Rhodes),这个岛有少量的德国人,大部分是已经出现反叛苗头的意大利人,为此,德国部队迅速行动镇压意大利人。英国首相丘吉尔此时也非常想利用爱琴海一带动乱局势来达到赶走德国的目的,在他的敦促下,英国军队立即出动并占领了多德卡尼斯群岛其他一些小岛屿,这其中最重要的是科斯岛(Cos)、莱罗斯岛(Leros)和萨摩斯岛(Samos),这些岛都在罗德岛的大后方,离英国皇家空军最近的空军基地(在塞浦路斯岛)也有500公里之遥。

德国人的作战素质确实非常高,针对英国的行动,德国空军立即组成特别行动队予以反击,行动队包括St.G 3联队指挥部和Ⅰ/St.G 3大队,后者匆匆从苏联战场返回加入到Ⅱ/St.G 2大队。

■德国空军Ju 87D飞越黑山山脉去轰炸意大利北部的游击队。Ju 87D型号的座舱前高后低,非常容易辨认。

准备参战的"斯图卡"部队分别驻扎在希腊本岛、克里特岛和罗德岛,打击力量由75架"斯图卡"飞机组成。德国空军"斯图卡"部队的主要任务就是为夺岛的德国部队提供支援,轰炸为英国部队提供补给的舰船。第一个需要打击的目标是科斯岛,这个岛有一个小型机场,英国皇家空军有几架"喷火"战斗机驻扎于此。但是,在德国部队进攻前的轰炸中,"喷火"飞机已经完全被压制无法作战,当德国登陆部队在10月3日靠近科斯岛时,英国皇家空军驻扎塞浦路斯的"英俊战斗机"赶来参战。德国"斯图卡"飞机在轰炸科斯岛时与英国"英俊战斗机"遭遇,在战斗中,英国方面称击落了3架Ju 87D飞机,但己方却损失了5架飞机。与此同时,St.G 3联队的Ju 87D在科斯岛上空轰炸和扫射岛登陆地点任何移动的目标,因此德国登陆部队得以在未遇抵抗的情况下登陆成功。登陆后,Ju 87D仍然为德国部队提供空中近距支援,很快,德国军队就横扫科斯岛,24小时后,600名英国士兵和2500名意大利士兵就全部投降。

丢掉科斯岛事小,最要命的是只有这个岛上有机场,这里起降的飞机可以为这一带的英国部队提供空中掩护。尽管如此,英国人仍坚守其他的岛屿,物资供应也没有停止。随后五个星期里的战斗不断,但规模都不大,偶尔海上和空中的战斗仍比较猛烈。吸取克里特岛战斗的教训,英国皇家海军如今只派遣小型护航舰队趁着夜色运送物资。10月7日,I/St.G 3大队的18架Ju 87D飞机发现一支英国护航舰队正返回通过罗德岛南面的卡尔帕索斯海峡,德国"斯图卡"飞机立即投入战斗,行动中,英国"佩尼洛普"

■美国研制的P-38"闪电"也是二战名机,它不仅可以作为战斗机,还可以作为俯冲轰炸机,但俯冲轰炸这方面性能不如"斯图卡"飞机,P-38主要还是作为战斗机来使用。

号巡洋舰被严重炸伤,幸好动力未遭损坏最后返回了亚历山大,但至少三个星期无法参加行动。

上段中的英国护航舰队在返航前,另一支舰队正进入爱琴海,在轰炸"佩尼洛普"号巡洋舰48小时后,德国Ⅰ/St.G 3大队所有能飞的26架Ju 87D一起出动去轰炸这个新目标,此时这支英国舰队正通过卡尔帕索斯岛和罗德岛之间海峡返航。在空袭行动中,英国排水量1540吨的"美洲豹"号驱逐舰被2枚炸弹直接命中,另有几枚炸弹在军舰近处爆炸,这艘驱逐舰当即被炸为两截。与此同时,"斯图卡"飞机正在围攻这支舰队里最大的目标"卡莱尔"号巡洋舰,这是一艘上了年纪的老旧的防空巡洋舰,它的同级姊妹舰"考文垂"号在托布鲁克附近海域被Ⅲ/St.G 3大队"斯图卡"飞机击沉。"卡莱尔"号巡洋舰被4枚炸弹命中,另有2枚在军舰旁边爆炸,真正给军舰造成致命伤的恰恰是2枚失的炸弹(军事术语称失弹),军舰水下部分受伤严重并且失去了动力,最后被拖回亚历山大港。战争后期,这艘巡洋舰只作为基地舰船使用未再参加战斗。

在这次行动中,德国"斯图卡"飞机不可避免地也遭受一些损失。在空袭行动期间,Ju 87D突然遭到美国陆军航空兵P-38"闪电"飞机的攻击,当时美国这支飞机编队从利比亚加姆布特起飞,穿过地中海赶来。还没有来得及投弹的"斯图卡"飞机立即抛掉炸弹和已经投完弹的飞机加速返回罗德岛,但是来不及了,美国P-38战斗机已经拦住了德国人去路,在屠杀行动中,P-38当场击落7架Ju 87D飞机。参与屠杀行动的还有其他盟军战斗机,这些单位单方面称击落其他9架Ju 87D飞机,而事实上,这次行动中只有8架Ju 87D飞机被击落,尽管如此,这个损失也是相当严重的。

让"斯图卡"飞机感到幸运的是,美国P-38飞机并没有在多德卡尼斯群岛多呆,而偶尔出现的英国"英俊战斗机"根本不足为惧。攻占了科斯岛后,德国下一个目标就是莱罗斯岛,进攻这个岛屿的第一步就是轰炸岛上的英军防御工事。就在这个阶段,德国空军的"斯图卡"联队的编制进行了大幅度调整,也就是说"斯图卡"单位和空军其他对地攻击单位合并组成新的对地攻击(Schlacht),或称近距支援单位,Ⅰ/St.G 3大队番号改为Ⅰ/SG 3大队,"SG"意思就是对地攻击联队。编制调整后的Ⅰ/SG 3大队在10月30日炸伤这阶段行动以来的第三艘巡洋舰"奥罗拉"号。

德国登岛部队于11月12日正式进攻莱罗斯岛,岛上英国守军苦苦坚守了五天,这五天里,德国空军的"斯图卡"飞机天天轰炸岛上目标,特别是岛上的防御工事几乎每座都被摧毁。随着德国登陆部队上岸,"斯图卡"飞机再次扮演"飞行炮兵"角色,为向岛上推进的德国部队扫清前方障碍。为地面部队提供近距支援任务时,"斯图卡"飞机会在战场上空盘旋待命,等待地面部队的呼

第三章 "斯图卡"俯冲轰炸机战史

■ 英国"英俊战斗机"根本不足为惧,这款飞机主要作为远程夜间战斗机来使用,夜间战斗一般是双发战斗机,不会做激烈的空中格斗,因此对飞机性能要求不高。"英俊战斗机"布局缩头缩脑,好生奇怪。

叫。这次攻占莱罗斯岛最后阶段,只有不到250名已经精疲力竭的英国士兵最终逃出魔掌。三天之后,英国部队也主动撤离萨摩斯岛,只剩下意大利军队似乎想顽抗到底,但Ⅱ/SG 3大队的"斯图卡"飞机往意大利的阵地上扔几枚炸弹后这些意志极为薄弱的意军就投降了,从所有的战场作战表现看,他们不投降才让人惊讶呢。至此,多德卡尼斯群岛再次落入德国人手中。

取得圆满胜利的SG 3联队指挥部和Ⅰ/SG 3大队带着胜利的喜悦返回到苏联前线,这次,Ⅱ/SG 3大队也随之而去。这几个"斯图卡"单位的离开意味着地中海一带执行白天俯冲轰炸任务的"斯图卡"飞机已经完全消失,但是,装备"斯图卡"飞机的一些德国空军单位仍驻扎在意大利北部一带乡村机场。这些部队与其说是作战的,不如说是为墨索里尼壮胆的。

德国空军有几所"斯图卡"学校和训练中心在意大利境内,这些单位大多集中在皮亚琴察、圣达米安诺和福吉亚。1943年5月17日,德国空军组建了一个全新的单位,这个单位是所有"斯图卡"训练单位(OTU)和五个"斯图卡"联队合并在一起组成的,原来每个联队都有自己的训练联队,调整后五个训练联队合并为一个。这个新单位番号为St..G 151,下辖五个大队和一个训练联队,指控官为卡尔·克里斯特(Karl Christ)

尖叫死神　二战德国Ju 87"斯图卡"俯冲轰炸机战史

■德国作战部队的"斯图卡"飞机垂尾方向舵上都没有数字，图中这些飞机上有，这说明这些飞机是训练部队的，即St.G 151联队。这些飞机仍具备作战能力，因此，在1943年间，这些飞机用于镇压巴尔干北部的游击队。

上校（他原是St..G 3联队指挥官），联队共有175架Ju 87飞机。St.G 151联队驻扎在克罗地亚首都萨格勒布。1941年德国入侵南斯拉夫后，克罗地亚完全脱离南斯拉夫中央政府独立，并且成为轴心国一员。

St.G 151联队的组建就是为了应对越来越对德国不利的紧急事件，这个联队中作战中队番号为Einsatzstaffel St.G 151，1943年10月，这个中队番号再次改为13/St.G 151。作战中队主要镇压巴尔干北部的游击队，也短暂参与多德卡尼斯群岛的行动。

1943年6月中旬（St.G 151联队成立一个月后），Ju 87飞机首次出现在地中海西部。德国空军主要的空降部队LLG 1联队（Luftlandegeschwader 1）在东部战线完成作战任务后于1943年初期返回德国休整。在德国哈尔伯施塔特，LLG 1联队的Ⅱ/LLG 1大队将大队原来装备的Hs 126和B 534拖曳飞机全部换装为Ju 87飞机，这个大队共装备24架Ju 87/DFS 230混编飞机，大队指挥官为特劳特文上尉。Ⅱ/LLG 1大队换装完成后被调往法国马赛附近的爱克斯·莱斯·米丽斯，这是一个地中海沿岸小镇。

德国在突尼斯失败后，Ⅱ/LLG 1大队的4个中队和其他联队（外加Ⅰ/LLG 2大队）组成后备队准备随时增援盟军可能下一步采取行动的撒丁岛和西西里岛之间的地区。但是，一个月后，英美联军下一个进攻地点却是离法国很远的地区，这个地点已经超出了Ju 87飞机的航程。好在法国的驻地离意大利北部较近，"斯图卡"后备队在意大利北部执行过几次空中支援任务。1943年9月，

LLG 1联队向北撤退到法国斯特拉斯堡和德国曼海姆过冬。Ⅱ/LLG 1大队（此时指挥官为扬克少校）被命令于1944年3月进驻克罗地亚，驻扎在克罗地亚首都萨格勒布周围的兹尔克里和卡拉尔杰沃机场。驻扎在克罗地亚期间，Ⅱ/LLG 1大队"斯图卡"飞机执行过几次镇压游击队的作战任务。这期间规模最大的一次行动发生在5月25日，在代号为"迂回行动"的联合军事行动中，德国空军和陆军联合对铁托元帅的南斯拉夫国民解放军司令部驻扎地发起进攻，此前德国获得情报称铁托的司令部在德瓦尔(Drvar，在斯普利特（Split）港口正北100公里)一带的山区。这次联合攻击行动中，空中行动的第

■抓捕铁托的"迂回行动"中，德国空军运用了空降兵，也就是Ju 87R拖曳DFS 230滑翔机空降到铁托所在的山区。

| 尖叫死神 | 二战德国Ju 87"斯图卡"俯冲轰炸机战史 |

■德瓦尔山区的铁托游击队司令部所在地,图片拍摄于德国"迂回行动"前。最右者为铁托元帅。

一波就是Ⅱ/LLG 1大队的8架Ju 87/DFS 230飞机和空降兵训练单位的3架飞机运送空降兵到德瓦尔山区,参与行动的还有13/St..G 151中队的"斯图卡"飞机。

这次"迂回行动"虽然给铁托的司令部造成很大的物质损失,铁托和他的战友设法逃避了德国打击。"迂回行动"后,德国空军的空降兵滑翔机拖曳部队于11月返回德国,Ⅱ/LLG 1大队也不再执行拖曳滑翔机的任务,德国事实上放弃使用空降兵的办法抓捕铁托。"斯图卡"飞机重拾自己擅长的俯冲轰炸任务,对卡拉尔杰沃和莫斯塔尔一带的游击队实施了轰炸。1944年9月,Ⅱ/LLG 1大队再次重新分配作战任务,根据作战任务的性质番号改为第十夜间近距支援大队(NSGr 10, Nachtschlachtgruppe 10)。

NSGr 10大队驻扎在斯图普里,驻扎在该基地的还有13/St.G 151中队,此时该中队已经换装了Fw 190战斗机。NSGr 10大队两个中队Ju 87飞机曾执行夜间攻击巴尔干北部至匈牙利一带反德游击队的任务,到当年年底,该大队被分配给第四航空队参加东线战

第三章 "斯图卡"俯冲轰炸机战史

■这架飞机小翼尖和机翼前缘长长伸出的MG 151/20炮管说明这是Ju 87D-5型,这个型号飞机只用于苏联战场,不知道为什么1943年下半年盟军在意大利北部缴获这架Ju 87D-5飞机,这架飞机到意大利来做什么,来了多少架都不清楚。

斗。

在意大利的军事行动中,西部盟军曾和德国夜间型Ju 87飞机交过手。1943年10月,NSGr 3大队的10名曾在苏联前线驾驶Fw 58战斗机的资深飞行员返回到斯洛文尼业斯塔本多夫进行换装意人利产Ca 314夜间战斗机训练,随后这些人被调往意大利成为NSGr 9(新成立,使用意大利产CR 42双翼战斗机)大队的第1中队,但是,意大利研制的这两款飞机非常落后,最后,NSGr 9大队于1944年春天换装了Ju 87D飞机(这些飞机属于St..G 151大队)。

NSGr 9大队第一次参加夜间作战任务是1944年3月底,据称1架Ju 87D飞机飞到

■新成立的NSGr 9大队初期使用意大利产CR 42双翼战斗机,后全部换装德国产Ju 87D型号。图中飞机如豹斑的迷彩就是NSGr 9大队特有的。

尖叫死神 二战德国Ju 87"斯图卡"俯冲轰炸机战史

■NSGr 9大队第1中队的Ju 87D飞机,也采用豹斑迷彩。

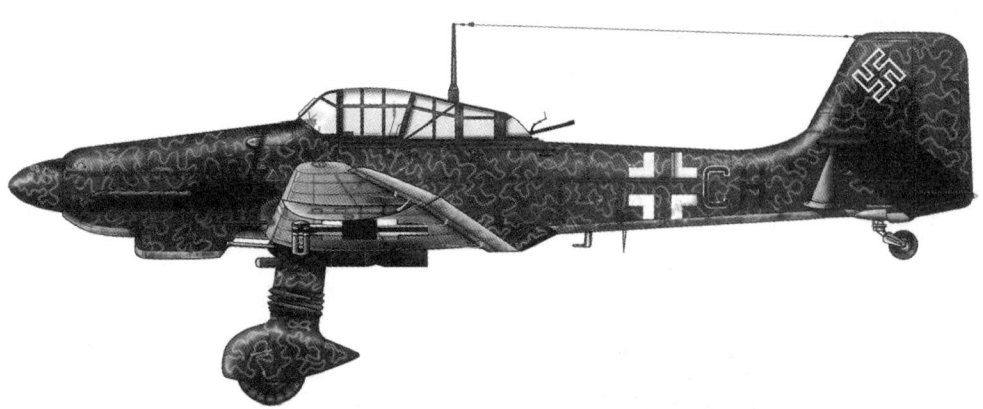

■Ju 87D-5侧视图,从发动机排气管断定这不是专业的夜间型号,也不排除火焰抑制管被拆除了。

罗马南部的安齐奥海岸一带。后来,盟军方面还声称有几架夜战型"斯图卡"飞机被盟军防空炮火击落。但是,有真凭实据被击落的行动发生在4月15-16日夜。5月底,随着从东部战线撤回的NSGr 2大队第2中队的加入,NSGr 9大队编制达到满员状态,NSGr 2大队第2中队番号也改为3./NSGr 9。随着NSGr 9大队第2中队全部撤换意大利飞机,整个NSGr 9大队全部装备标准的Ju 87D夜间型飞机。

■这架飞机也属于NSGr 9大队,从覆盖的帆布侧面看这应该是专业的夜战型号,即Ju 87D-8型(机翼有机炮管伸出),发动机排气管安装了火焰抑制管。这架飞机白天隐蔽在树林中,夜间才出动。注意看这架飞机机腹挂架携带了一个武器吊舱,又称GP武器容积。

此时,盟军已经突破了安齐奥滩头阵地登上陆地,并且与意大利南部的盟军部队会合。余下的意大利境内战斗中,德国NSGr 9大队被迫向意大利北部阿尔卑斯山和奥地利边境一带撤退。该大队的三个中队驻扎在比较分散的区域,都各自为战,主要作战任务就是攻击意大利西海岸的美国第五集团军先头部队,以及向意大利东部沿岸推进的英国第八集团军。尽管NSGr 9大队的三个中队每次出动飞机数量极少达到两位数,在夜间能见度好的情况下(大多数情况在满月时)"斯图卡"飞行员尽量执行多种作战任务。夜间型Ju 87D的作战目标包括盟军机场、步兵集结中心、炮兵阵地和铁路运输线等,有时也轰炸德国战线后方的意大利游击队,这些游击队在盟军的呼应下越来越活跃,甚至

尖叫死神 | 二战德国Ju 87"斯图卡"俯冲轰炸机战史

有一次Ju 87D追击过1辆偷了他们燃油的卡车。

11月25日，NSGr 9大队指挥官鲁伯特·弗罗斯特（Rupert Frost）少校获得"骑士十字勋章"，这是夜间近距支援部队中第一个获得该勋章的飞行员。但是，在与盟军作战中，NSGr 9大队损失严重，究其原因跟北非的情况类似，那就是盟军的空中力量越来越强大，上文提到的"英俊战斗机"是一款夜间战斗机，安装备有雷达，在白天与"斯图卡"飞机作战并不显得突出，基本上对"斯图卡"飞机没有什么危害，但在夜间使用时它就成了"斯图卡"飞机的克星。另外，盟军的空袭也相当猛烈，"斯图卡"基地经常遭到轰炸。

到1944年年末，盟军部队已经推进到意大利北部，此时的NSGr 9大队只剩下12架Ju 87D飞机可用。此前几周里，"斯图卡"飞机一直在轰炸已经被盟军占领的，一个月前还属于自己的机场，Ⅰ/St.G 1大队和Ⅱ/St.G 2大队曾驻扎在这里轰炸过英国"光辉"号航母。尽管1945年初，NSGr 9大队的Ju 87D飞机数量有所上升，燃油短缺使得Ju 87D飞机无法升空作战。在1945年2月，NSGr 9大队第1中队开始换装Fw 190战斗机，第2和第3中队在3月和4月只是偶尔地升空作战。4月27日，13架仍能飞行的Ju 87D飞机撤退到奥地利境内，此后，这些飞机再也没能为纳粹德国效力。

■在意大利北部参加夜战的Ju 87D-7飞机返回奥地利被隐藏在阿尔卑斯山脚下一所乡村谷仓里，盟军缴获了这架飞机。飞机只能半隐藏在谷仓里，飞机的翼展太长，谷仓根本容纳不下。

第三章 "斯图卡"俯冲轰炸机战史

"斯图卡"部队战斗序列
巴尔干：1941 年 4 月 5 日

德国空军第四航空队(维也纳)
第八航空军(保加利亚布拉戈耶夫格勒)

Stab St. G2	驻地:贝利察北	指挥官:奥斯卡尔·迪诺特少校	座机:Ju87B 4-4
Ⅰ/St. G2	驻地:贝利察北	指挥官:胡伯图斯·米特斯切豪尔德上尉	座机:Ju87B 30-30
			Ju87R 9-9
Ⅲ/St. G2	驻地:贝利察北	指挥官:希格弗里德·斯蒂恩上尉	座机:Ju87B 38-35
Ⅰ/St. G1	驻地:卡莱尼斯	指挥官:保罗·沃尔纳·豪兹尔少校	座机:Ju87B 24-23
Ⅰ/St. G3	驻地:贝利察北	指挥官:沃尔特·希格尔少校	座机:Ju87B 30-30
			Ju87R 9-9

格拉兹航空师(奥地利)

Stab St. G3	驻地:格拉兹–泰勒霍夫	指挥官:卡尔·克里斯特中尉	座机:Ju87B 3-1
Ⅱ/St. G77	驻地:格拉兹–泰勒霍夫	指挥官:阿尔冯斯·奥思菲尔上尉	座机:Ju87B 39-34

阿拉德航空师(罗马尼亚)

Stab St. G77	驻地:阿拉德	指挥官:冯·斯秋伯恩	座机:Ju87B 3-3
Ⅰ/St. G77	驻地:阿拉德	指挥官:荷尔马特·布鲁克上尉	座机:Ju87B 39-33
Ⅲ/St. G77	驻地:阿拉德	指挥官:荷尔马斯·伯德少校	座机:Ju87B 40-32

意大利空军第四航空中队(4a Squadra Aerea,相当于航空军)　驻地:巴里(Bari)
第 97°大队(第 209a 中队和第 239a 中队)　驻地:莱切　指挥官:安东尼奥·莫斯卡特利　20 架 Ju87B

阿尔巴尼亚航空司令部(地拉那)
第 101°大队(第 208a 中队和第 233a 中队)　驻地:地拉那　指挥官:圭塞佩·塞尼　20 架 Ju87B

德国空军"斯图卡"飞机在地中海战役期间获勋名单

"骑士十字加橡树叶勋章"			
姓名	颁奖日期	职务和单位	结局
希格尔·沃尔特中校	1942 年 9 月 2 日	St. G3 联队指挥官	1944 年 5 月 8 日阵亡

"骑士十字勋章"			
姓名	颁奖日期	职务和单位	结局
1. 布劳恩·鲁道夫少尉	1941 年 6 月 14 日	St. G3 联队	幸存
2. 蒂尔德·阿明少尉	1941 年 6 月 14 日	St. G2 联队	1943 年 7 月 9 日阵亡
3. 诺曼·荷尔马特中尉	1941 年 6 月 24 日	St. G3 联队第 3 中队指挥官	幸存
4. 爱朋·海因里切中尉	1941 年 7 月 5 日	St. G3 联队第 1 中队指挥官	1942 年 6 月 4 日阵亡

续表

姓名	颁奖日期	职务和单位	结局
5. 威尼格曼·约瑟夫军士长	1941年7月5日	St.G3联队	1942年7月3日阵亡
6. 库尔梅·库尔特上尉	1942年7月15日	Ⅱ/St.G3大队指挥官	幸存
7. 哈梅斯特尔·伯恩哈德上尉	1942年9月3日	St.G3联队	1945年4月22日阵亡
8. 莫斯道夫·马丁上尉	1942年9月3日	Ⅰ/St.G3大队指挥官	1942年11月11日被俘
9. 冯·巴尔根·汉斯中尉	1942年9月19日	St.G3联队	1944年7月6日阵亡
10. 斯特里·赫尔伯特中尉	1942年9月24日	St.G3联队第6中队指挥官	1943年9月21日阵亡
11. 戈贝尔·希格弗里德中尉	1943年2月3日	Ⅲ/St.G3大队	1945年3月19日被俘
12. 加尼特·爱尔哈德少尉	1943年5月18日	Ⅲ/St.G3大队	幸存
13. 沃尔特·库尔特上尉	1943年5月18日	Ⅲ/St.G3大队指挥官	1942年10月26日阵亡（追授）
14. 哈格尔·卡尔技术军士	1944年2月29日	SG151联队	1944年2月4日阵亡（追授）
15. 弗罗斯特·鲁贝特少校	1944年2月29日	NSGr9联队指挥官	幸存

第三篇 苏联战场黯然落幕

一、最后的闪电战

德国Ju 87飞机令人恐怖的名声是在二战期间的两次"闪电战"战役中获得的,即入侵波兰的战役和侵略低地国家和法国(西线)战役,在横扫这些国家的战役中,Ju 87无疑是"闪电战"的核心,一度人们谈之色变。Ju 87是带着巨大的荣誉和成功走向英国战场的,在封锁英吉利海峡的第一阶段战争中,"斯图卡"飞机的内在缺点开始显现,速度慢,防御火力不足使之在遭遇英国战斗机时经常处于被动挨打的境地,特别是对于斗士昂扬和组织有序的英国皇家空军官兵来说。其实,任何飞机都有自己的缺点,对于"斯图卡"飞机来说,它在战场上的使用并不是孤立地参与,有与之相应的配合才能达到最佳的效果,确切地说,作为"闪电战"

■Ju 87D-5俯冲轰炸机。

尖叫死神 二战德国 Ju 87 "斯图卡" 俯冲轰炸机战史

两个核心之一,Ju 87如果能和德国装甲部队配合,那么它的缺点就可以得到弥补。

从英国战场退出后,Ju 87飞机白天很少在西北欧上空再次出现,夜间的作战任务零星且规模很小。在南欧这个新战场,Ju 87再次把恐怖的名声带到这里。在巴尔干战役、入侵克里特岛战役、北非战役,以及在地中海轰炸英国护航舰队等一系列行动中,Ju 87飞机一改英国战场的颓势,再度显示出精确定点轰炸对战场局势的决定性影响,特别是巴尔干半岛战役中,针对南斯拉夫和希腊的战争,消灭两个国家仅用了三个星期时间。同样,在北非战役后期,当盟军取得了制空权后"斯图卡"飞机无法再次显示威力。在巴尔干战场后期,"斯图卡"飞机再次沦为只执行夜间骚扰任务的角色。

在另一个全新的战场,"斯图卡"飞机的命运又一次重演,这是它整个作战生涯的第三次:战争初期取得相当突出的成功,随着敌人空中力量的增长,"斯图卡"飞机的作用显著下降,到最后只能执行一些夜间作战任务。但是,苏联战场的"斯图卡"飞机又具有一些与其他战场Ju 87飞机不同的特点,最明显的就是Ju 87飞机在安装两门37毫米反坦克炮后成为反坦克攻击机。在东线战场,极少量的"斯图卡"飞机一直坚持到纳粹德国的败亡。

德国入侵苏联的"巴巴罗萨行动"于

■战争狂人希特勒给世界带来了巨大的灾难和浩劫。在解决了巴尔干后顾之忧后,希特勒的下一个目标就是苏联。

1941年6月22日正式开始,这场规模浩大的战争是德国"闪电战"最成功也是最后一次展示。尽管德国对苏联的战争也以大规模空袭开始,但跟一年前德国对低地国家和法国发动的战争相比,德国在苏联战场投入的飞机明显要少一些,这也反映了当时希特勒的心态:轻视苏联。仅从参加两场战役的"斯图卡"飞机数量就可以看出一些端倪,在西线战役中"斯图卡"飞机投入的数量是301架,而东线战役这个数量只有183架,其中24架被部署到北极圈内。

参加东线战役的全部"斯图卡"力量就是7个"斯图卡"大队,全部属于战线中部的第二航空队,而第二航空队又分为两个航空军。第八航空军在左翼,即北部战线,包括Stab St.G 1联队直属单位、Ⅱ/St.G 1大队和Ⅲ/St.G 1大队,以及Stab St.G 2联队直属单位、Ⅰ/St.G 2大队和Ⅲ/St.G 2大队;第二航空军在右翼,即南部战线,包括St.G 77联队的三个大队。两个航空军的"斯图卡"飞机作战任务就是为德国陆军第3和第2装甲集团军的装甲师提供空中支援,这些装甲部队的矛头直指苏联首都莫斯科,是德国进攻的主要力量。

在"巴巴罗萨行动"的一开始,德国空军就将庞大的苏联战斗机消灭在地面,从而完全掌握了战争开始阶段的制空权。在1941年6月22日当天,苏联空军有325架飞机被击落,绝大部分是Bf 109战斗机的功劳。德国轰炸机大队则通过扫射和投掷SD 2"蝴蝶"

■ 太阳还未升起,"斯图卡"部队就出发轰炸苏联目标,这是"斯图卡"部队遇到的又一个全新的战场。

尖叫死神　二战德国Ju 87"斯图卡"俯冲轰炸机战史

炸弹（2公斤重）将近1500架苏联飞机消灭在机场上。一些"斯图卡"飞机在执行东线作战任务时也会携带重量更大的SD 10"蝴蝶"炸弹（10公斤重），这种炸弹是专门用来炸地面人员的。"斯图卡"飞机机腹挂架可以携带一个容器，"蝴蝶"炸弹就存放在容器里，在机场上空或是地面士兵集中区域只要随意投出即可，类似集束炸弹。但是，对于专攻精确定点轰炸的俯冲轰炸机来说，这种遍地开花的战术显然是大材小用了。在6月22日早晨对苏联目标的轰炸中，大部分"斯图卡"飞机还是做自己擅长的精确轰炸。例如Ⅲ/St.G 1大队就在当天早晨奉命轰炸并摧毁了三个苏联红军陆军司令部建筑。

当天早晨2点30分，Stab St.G 1联队直属单位3架"斯图卡"飞机率先起飞升空，虽然是凌晨，能见度还不好，但其余的飞机一架接一架安全升空。升空后，"斯图卡"飞机立即组成编队向苏联方向飞去，在黎明前的微光中（高纬度地区夏季的早晨天亮得早，当天又正是立夏，太阳最靠北），薄雾中的村庄、公路和铁路都隐约可见。按计划，在进入苏联空域前，Ⅲ/St.G 1大队和Ⅱ/St.G 1大队会合后进入苏联，但是抵达苏联边境线后，Ⅲ/St.G 1大队没有看见Ⅱ/St.G 1大队，为此，前者在空中盘旋以等待后者的到来，几分钟后，Ⅲ/St.G 1大队指挥官荷尔马特·马尔科上尉突然意识到Ⅱ/St.G 1大队指挥官安东·凯尔可能已经在他们之前进入苏联了，他立即率队往前追

■在苏联战场，德国使用了很多新式武器，图中就是"斯图卡"飞机携带的武器容器，里面装有小型炸弹用于杀伤人员。在其他战场，"斯图卡"飞机不屑做这种小儿科的轰炸任务，但在苏联战场，洪水般的苏联红军需要这种武器来对付。图中为Ju 87D飞机，注意看D型机腹的特有的"H"形武器挂架。

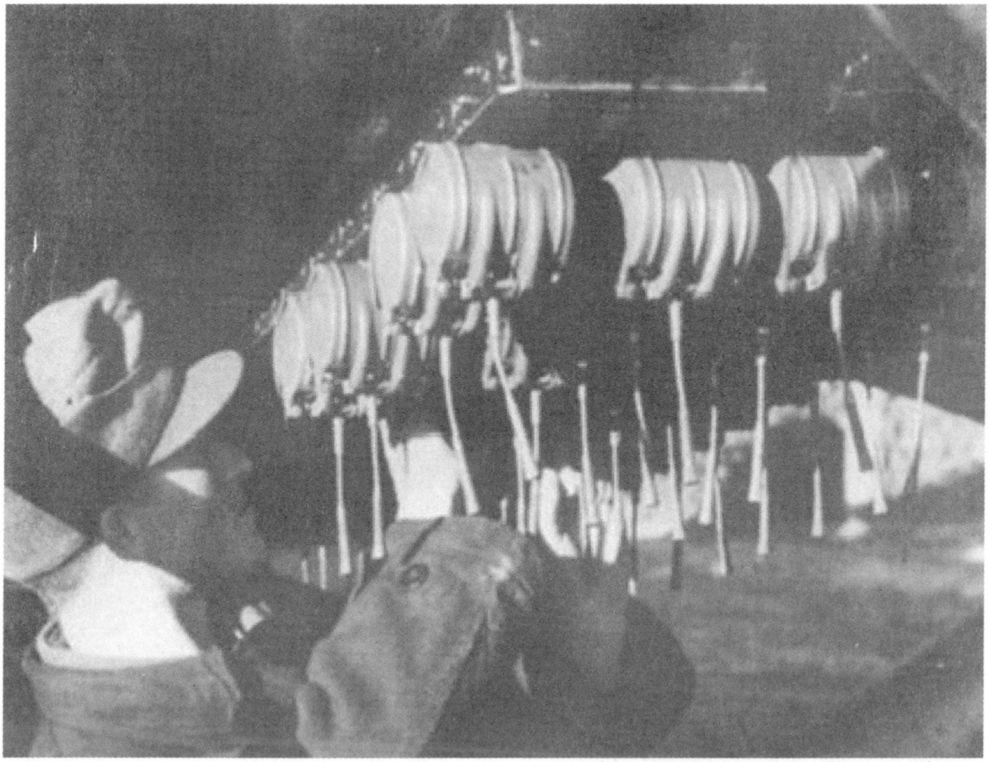

第三章 "斯图卡"俯冲轰炸机战史

■上图为SD 2"蝴蝶"炸弹，下图为SD 10"蝴蝶"炸弹。这种炸弹非常适合轰炸集群目标，包括人员、飞机和车辆等。

尖叫死神　二战德国 Ju 87 "斯图卡"俯冲轰炸机战史

■ "斯图卡"部队马不停蹄再次升空轰炸苏联目标。机场摆放着炸弹，其中2枚胡乱地躺在地面，这种做法极不合常规，也反映德国人的心态：根本不担心苏联人会采取反击行动。

赶。

　　穿越苏联边境线对于德国飞行员来说是另一种特殊的感觉，这是一个全新的战场，面对的是全新的敌人。进入苏联后，一切都非常安静，似乎整个苏联都在沉睡。Ⅱ/St.G 1大队的"斯图卡"飞机投下的第一枚炸弹打破了这种宁静，战争开始了！随后Ⅲ/St.G 1大队"斯图卡"飞机也开始对自己预定的目标实施俯冲轰炸，发现目标后，"斯图卡"飞机几乎垂直俯冲向下投弹，一架接一架依次快速跟进轰炸，地面顿时火光冲天，爆炸声不断，巨大的黑色烟柱再次升起，苏联的防空高炮也"苏醒"了。由于仓促应战，苏联的地面高炮胡乱射击，根本谈不上精确，对"斯图卡"飞机的威胁根本谈不上。真正的俯冲轰炸只有几秒钟时间，几秒后一切全部结束，Ⅲ/St.G 1大队预定的苏联陆军一个司令部建筑淹没在尘土、浓烟和火焰之中。

完成这波轰炸任务后，"斯图卡"飞机重新组成编队返航。

　　Ⅲ/St.G 1大队于3点48分在南杜布沃（Dubovo-South）机场着陆，第一次执行作战任务共用时78分钟，在机组乘员休息仅仅两个小时后，机组人员再次升空执行任务。这次的作战任务是阻止苏联红军向涅曼河格罗德诺处一座桥梁靠近，防止苏联人炸毁这座桥梁。格罗德诺大桥是德国陆军第3装甲集团军进攻苏联白俄罗斯首都明斯克的一个瓶颈，它的重要性不言而喻。这次阻击行动也取得了成功，Ⅲ/St.G 1大队将苏联红军拦在了半路，德国装甲部队迅速控制这座桥梁。完成任务后，"斯图卡"飞机安全返回基地，行动中没有任何损失。

　　在6月22日结束前，Ⅲ/St.G 1大队又执行了三次作战任务，其中两次是保护更为重要的渡河点，阻止苏联红军向渡河点靠近。

■ "斯图卡"飞机炸桥行动。图中上方仍然可见1架"斯图卡"飞机完成投弹俯冲后改出并爬升,一座公路桥被炸弹直接命中。从"斯图卡"飞机位置判断这是浅俯冲轰炸,在桥的走向上投弹并不需要大角度俯冲。图中下方被炸的为浮桥。

最后一架"斯图卡"飞机于21时8分在南杜布沃机场着陆,当天的五次行动共用时19个小时,而第二天的任务按计划将于3点30分起飞,这就意味着机组乘员只有几个小时休息时间。在"巴巴罗萨行动"开始第一天,这种情况十分常见,所有其他"斯图卡"单位也是如此。就在St.G 1联队的左翼,奥斯卡尔·迪诺特的St.G 2"伊美尔曼"联队两个大队在6月22日一整天都在轰炸波兰境内苏瓦乌基东部和东南部的苏联前线防御阵地(苏联在二战开始时占领一片波兰领土作为缓冲地带)。

与此同时,在第二航空军管辖段,St.G 77联队的三个大队对苏联红军沿布格河防御阵地的一个缺口实施了轮番轰炸,这里是德国第2装甲集团军预备从普里皮亚特沼泽北部边缘向前推进的一个出发点。也就是在这里,苏联空军比其他地方更早地重新集结投入战斗,因此,当St.G 77联队的"斯图卡"飞机返回基地准备再战时,苏联空军轰炸机对德国机场发起数波轰炸,但是,德国JG 51战斗机联队的战斗机阻击了苏联图波列夫轰炸机的行动,苏联的空袭并没有取得什么战果,也没有1架"斯图卡"飞机受损。据Ⅱ/St.G 77大队一名飞行员称,仅在比亚瓦·波德拉斯卡一处他就看到有21架苏联轰炸机被击落。事实上,在"巴巴罗萨行动"开始的当天中,只有2架Ju 87飞机在270公里宽的中段战线被击落。

在24小时内,德国第2和第3装甲集团

尖叫死神 二战德国 Ju 87 "斯图卡" 俯冲轰炸机战史

■ 这架"斯图卡"飞机在轰炸苏联红军阵地，飞机和阵地都可清楚看到。从地面爆炸腾起的烟尘判断"斯图卡"飞机投下的是用于杀伤地面人员的炸弹，或是集束炸弹。

■ 在"巴巴罗萨行动"的第一天，苏联部队损失极为惨重，图中显示的是被炸毁的苏联T-26坦克，炸弹并没有直接命中坦克，但足以将坦克炸毁，地面的弹坑足有2－3米深。

■ 苏联飞机大部分在战斗的第一天就被摧毁在地面，图中显示的是苏联空军I-16战斗机，这种战斗机外形短粗，根本不是德国Bf 109战斗机的对手。

第三章 "斯图卡"俯冲轰炸机战史

■遭到空袭后的苏联机场,战斗机被炸弹的冲击波掀到了沟里。图中双翼飞机就是I-15战斗机。

军的先头部队快速突破苏联前线防御工事向明斯克挺进,此时(开战第二天),大多数"斯图卡"单位又开始担任"飞行炮兵"角色为德国陆军扫清前面的敌人,防止苏联红军组织对德国部队的反攻,主要的轰炸任务是消灭敌人通讯和物资供应中心,切断通讯和供应线路。在中段战线的北部,6月23日,第八航空军"斯图卡"飞机对苏联境内150公里处靠近立陶宛与白俄罗斯边境的铁路目标实施了轰炸,St.G 1联队的Ju 87飞机摧毁了大量从维尔纽斯出发的苏联运输枪械和轻型坦克的火车。同时,St.G 2联队的Ju 87飞机轰炸了苏联境内的火车站和火车编组站,包括瓦夫卡维斯克和比亚韦斯托克。

在南部侧翼的情况有点复杂,德国陆军第2装甲集团军的先头部队已经在向明斯克进发,但是,布雷斯特－里托夫斯科(Brest-Litovsk,波兰和白俄罗斯边境,属白俄罗斯)要塞仍在苏联人手中,也就是说这个要塞在德国第2装甲集团军的背后,它的存在不仅威胁德国装甲部队的安全,对德国物资供应线也是极大的威胁,德国的物资供应线由此要塞经过,就处在苏联重机枪射程内。

摧毁这个要塞是德国炮兵部队重中之重,但是,这个要塞由1米厚的水泥砌成,火炮和迫击炮的轰炸根本无济于事,为此,St.G 77联队的"斯图卡"被呼叫过来解决这个难题,没想到即使是"斯图卡"飞机也对此无计可施。进行了一个星期的轰炸也未能摧毁这个要塞,最后,St.G 77联队所有三个

尖叫死神
二战德国Ju 87"斯图卡"俯冲轰炸机战史

■这架"斯图卡"飞机已经完成挂弹准备起飞轰炸布雷斯特里托夫斯科要塞。和其他战场一样,"斯图卡"飞机经常在树林中隐藏,飞机的维护修理和挂弹也在这里完成,飞机后方地面有SC 250炸弹,这种炸弹对于加固要塞勉为其难。

■Ju 88轰炸机携带的"撒旦"炸弹才将苏联堡垒摧毁。

大队在6月29日出动近100架Ju 87飞机对要塞的东部堡垒实施空前的轰炸。尽管"斯图卡"飞机俯冲轰炸十分精确,无数的500公斤炸弹直接命中堡垒,但堡垒仍未被攻克。当天下午,Ju 88双发轰炸机携带1800公斤的"撒旦"炸弹上场,最终苏联的抵抗被完全摧毁。

稍前的6月24日,4名"斯图卡"飞行员荣获参加东部战线以来的首批"骑士十字勋章",但是,实际上这些飞行员(全部是St.G 2联队)参加东线战役还不足48小时,事实上,获勋为的是表彰他们此前在希腊和克里特岛轰炸盟军舰船的行动的优异表现。同样是在6月24日,Ⅲ/St.G 1大队第一次与苏联人面对面交锋。该大队在这天里已经执行完两次作战任务,就在执行第三次任务,即轰炸明斯克北部郊区时,"斯图卡"编队遭到6架I-16战斗机的攻击,苏联飞行员称空战中击落6架"斯图卡"飞机,而实际上只有1架Ju 87飞机(第9中队)未能返回,德国方面称这架飞机拖着火焰坠毁在明斯克西北地区。另1架由大队指挥官荷尔马特·马尔科上尉驾驶的Ju 87飞机被地面高炮炮弹击中,他被迫降落在苏联红军控制的地区,三天后,他和他的后座成功地返回了单位。

6月27日,德国陆军第2和第3装甲集团军的第XXXXVII军在南部,第LVII军从北部完成了对明斯克的合围之势,在这一战区100万苏联红军有1/3多被包围在这个大口袋里,这个口袋从白俄罗斯首都向西延伸到比亚韦斯托克,纵深长达350公里,是一个东西长南北窄的大口袋。完成合围后的12天里,德国空军战斗机阻止了苏联空军轰炸机试图轰出一个缺口让被围困的红军逃出包围

■ Ⅱ/St.G 1大队的2架Ju 87B-2"斯图卡"飞机成功地完成任务返回基地,远处低空还有9架飞机。

尖叫死神 二战德国Ju 87"斯图卡"俯冲轰炸机战史

圈,第二航空队的7个"斯图卡"大队全部出动对包围圈内的苏联红军实施了惨无人道的轰炸。从"斯图卡"大队位于东普鲁士的吕克(Lyck,现称埃乌克,属波兰)和普拉希尼兹(Praschnitz,华沙正北50公里)机场起飞的Ⅰ/St.G 2大队和Ⅲ/St.G 2大队的Ju 87飞机轰炸了包围圈北部战线狭长地带的苏联红军。在6月底,St.G 1联队的部分单位被调往巴拉诺维奇(Baranovichi,明斯克和布列斯特之间正中位置)增援St.G 77联队对包围圈内南部敌人实施轰炸。

不管是南部还是北部,"斯图卡"飞机轰炸的目标都一样,即苏联红军移动部队、装甲部队集结地、渡河点(包括桥梁)和铁路交通线等。在残酷的狂轰滥炸期间也有一个小插曲:有一次,一支规模不大的德国地面部队杀出一条血路穿过一条铁路桥并在河的对岸站稳脚跟,就在这时苏联一辆装甲火车到此,这支德国部队被装甲火车上的重火力压得抬不起头,只得向"斯图卡"飞机求援。一支"斯图卡"编队准时抵达这里并开始了拿手的俯冲精确轰炸,首先,2枚炸弹准确地命中苏联装甲火车前后铁路的路基,这样,装甲火车无论如何也跑不掉了。随后,其他的"斯图卡"飞机开始轰炸装甲火车本身,这个任务比较容易并且迅速完成。但是,编队中有两名飞行员非常疑惑,明明把炸弹几乎垂直地投给了火车,但炸弹却在旁边的树林里爆炸,他们轰

■在入侵苏联初期,德国空军Bf 109战斗机照例为"斯图卡"飞机护航,实际上苏联空军的主力早在第一天就被消灭殆尽了。图中上方2架就是Bf 109战斗机。

炸的是静止目标，没有防空炮火，周围也没有战斗机干扰，他们俯冲轰炸的步骤也无懈可击，在垂直状态几乎在车厢顶部投下的炸弹，而实际情况却是炸弹在离火车有一段距离的树林里爆炸的。回到基地后，目睹攻击过程的中队指挥官告诉了他们真相。他们投下的炸弹确实命中了火车车厢顶部，但是坚固的穹形车顶没能触发炸弹引信，相反把炸弹弹到了百米以外的树林里。其实这种概率极小，当时投下的炸弹头颈部正撞在火车顶部边缘位置因此没有触发引信。

就像这辆装甲火车前后铁路路基被炸后动弹不得一样，被包围在明斯克-比亚韦斯托克包围圈内的苏联红军已经无路可逃，但他们仍尤做困兽斗，不甘心被敌人消灭，为此，地面部队组织防空力量甚至是小口径武器对任何时候出现的"斯图卡"飞机予以猛烈还击，"斯图卡"飞机始终是他们最大的敌人。也就是在这个时候，"斯图卡"大队的飞机损失不可避免地大大增加，损失最大的要算后来获得"橡树叶勋章"的St.G 77联队指挥官荷尔马特·里切特（Helmut Leicht）中校，他的飞机在6月28日的行动中被击落，他本人严重受伤，这是他在苏联前线第一次执行作战任务。

截至7月9日，包围圈战斗全部结束，口袋里约324000名苏联红军士兵被俘，其他损失（摧毁或被缴获）包括3332辆装甲车辆，1809门各种火炮。更重要的是，德国进攻行动的第一个重要目标胜利实现，而且只用了短短18天时间。明斯克是苏联首都莫斯科的西面门户，这里有一条全长740公里的高速

■1架Ju 87B-2飞机在加油。

尖叫死神　二战德国 Ju 87 "斯图卡" 俯冲轰炸机战史

■地勤人员正在对飞机进行战地维护，欧洲的夏天温度并不高，加上天气晴朗，维护飞机还不算件难事。

军早在明斯克－比亚韦斯托克包围圈战役结束前就已经在艰难地向斯摩棱斯克挺进。7月16日，斯摩棱斯克被德国摩托化步兵部队占领，此时，德国陆军第2装甲集团军先头部队开始展开巨大的钳形攻势计划形成一个更大的口袋将苏联三个集团军合围赶来消灭掉。

但是，广阔的国土面积对德国军队来说是一大考验，特别是德国空军，或者说广阔的战略纵深开始暴露出德国军队的内在缺点，简单地说就是德国的军事力量不足以完成既定的目标。"巴巴罗萨行动"的总体战略是德国分三个纵队进攻苏联，即上文中提到的北部、中部和南部，目标分别是列宁格勒、莫斯科和乌克兰。随着形势的发展，这个总体战略受到质疑，准确地说希特勒对前线德国将军们指挥上的干扰使得总体战略遭到废弃。这个变化也逐渐影响到了"斯图卡"部队在战争中所扮演的角色，即从原来的"飞行炮兵"转变到"移动火力旅"（mobile fire brigade）。随着时间的推移，"斯图卡"部队作

公路直通莫斯科，在这条公路的正中就是德国下一个最为重要的目标：斯摩棱斯克，这里距莫斯科仅有370公里。

事实上，中部战线的德国两个装甲集团

战任务的改变一点点地变化着，先是为地面部队提供近距支援，战争形势改变后，在波罗的海和黑海之间的战线上只要出现被苏联红军突破缺口，"斯图卡"部队就会来填补

这里的火力。

第一个进行重新部署的是冯·斯秋伯恩·威森泰德中校指挥的St.G 77联队，此前7月的第一个星期里，这个联队已经被划归给南部战线的第四航空队。到目前为止，南部战线最为安静，这里的战斗似乎还没开始。此时，德国陆军第11集团军准备从罗马尼亚出发进攻乌克兰首都基辅。这条进攻战线上最主要的障碍是德涅斯特河，特别是沿这条河流东岸修建的斯大林防线。德国陆军计划从德涅斯特河的莫吉列夫－波多尔斯克（Mogilev-Podolsky，摩尔多瓦共和国与乌克兰交界的最北部）段渡河，已经归属第四航空队的St.G 77联队为德国渡河部队提供空中支援，这是南部战线上第一个"斯图卡"联队参与战斗。

与此同时，St.G 1联队和St.G 2联队正在中部战线帮助德国装甲部队合拢斯摩棱斯克包围圈。7月14日，一直担任St.G 2联队指挥官的奥斯卡尔·迪诺特中校获得了"橡树叶勋章"。迪诺特是一位著名的飞行员，也是"斯图卡"部队的创始人，他是"斯图卡"部队中第一个获得"橡树叶勋章"的飞行员。除了对俯冲轰炸做出的贡献，他还曾发明了"迪诺特的芦笋"炸弹，上文提到过的，这种在炸弹头部加一个探杆的做法只在50公斤的炸弹上采用，并没有在500公斤的炸弹上采用，主要问题就是担心探杆在垂直投放时碰到螺旋桨，影响飞机安全。

两天之后的7月16日，Ⅲ/St.G 1大队指

■完成挂弹后"斯图卡"飞机准备再次出击，飞行员和地勤人员在做最后的检查，发动机整流罩上一名地勤人员打开发动机冷却液舱盖检查冷却液。地面人员准备启动发动机。注意看飞机翼下的SC 50炸弹安装了"迪诺特的芦笋"引信。

尖叫死神 二战德国Ju 87"斯图卡"俯冲轰炸机战史

■1941年7月8日,德国空军高级将领在讨论战场形势,中间为荷曼·豪斯,左为费德尔·冯·伯克,图右背对着的是里希特霍芬。

挥官荷尔马特·马尔科上尉获得"骑士十字勋章",跟上面提到的6月24日颁奖情况一样,这次颁奖主要是表彰他在之前巴尔干和地中海战场的功绩,当然,这次在"巴巴罗萨行动"中的表现也是一个重要因素。上文同样提到他的座机被高炮击中迫降后他在6月27日又返回了单位,之后,他又被击落两次,7月1日,在为横渡布列津娜河鲍里索夫(Borisov,明斯克正东100公里)段德国地面部队提供空中支援时,他的座机被击落,而且又落在了敌人一侧,最终他步行回到了部队。仅仅一周后,III/St.G 1大队奉命去解救德国第17装甲师,这个师大批装甲车辆被围困在一个小村庄里,同时,一支排列成长长纵队的苏联坦克正向他们开来。当苏联坦克首尾相接出现在公路上,马尔科率领的"斯图卡"编队立即投入战斗,每架飞机都去寻找和轰炸自己的目标。当即有几辆坦克被击中并爆炸,还有的坦克冒着黑烟停了下来,其他的坦克见势不妙纷纷高速向公路两侧的田野里疏散,但是,表面上看来很正常的田野实际上是沼泽地,驶进沼泽的坦克很快就只能看到车顶了,甚至有的德国飞行员都来不及数数有多少辆陷入沼泽的坦克,据粗略估计至少有20辆。

"斯图卡"编队阻止了苏联坦克增援,但是,被围困的德国装甲师并没有走出困境,越来越多的苏联坦克在向这里开进,因

第三章 "斯图卡"俯冲轰炸机战史

■ "斯图卡"飞机轰炸乌克兰皮尔沃梅斯卡铁路编组站,几个巨大烟柱腾空而起。

此,马尔科的"斯图卡"大队必须再次上阵。这次可没有第一次那么走运了,苏联为坦克部队派来了空中掩护战斗机。就是在这种情况下,马尔科的座机被苏联战斗机击中,座机的机翼油箱中弹起火,马尔科和后座设法跳伞逃生,但后座的降落伞未能打开。马尔科这次受伤严重,后来他被第17装甲师派出的摩托巡逻队发现并带回。

马尔科大队的一名军士飞行员,未来"骑士十字勋章"获得者威尔海姆·约斯威格(Wilhelm Joswig)军士长运气比马尔科要好。7月15日,约斯威格在执行任务时被地面高炮击中,他在斯摩棱斯克附近实施了迫降,被苏联人俘获,作为俘虏的结局一般有两个:一个是立即被枪毙,另一个是拿上单程票到西伯利亚生活。令人难以置信的是,仅仅六天后,约斯威格被德国步兵救了出来。

斯摩棱斯克包围圈战斗一直持续到8月5日,在这段时间里,St.G 77联队在南部战线一直为向乌克兰推进的德国陆军提供空中支援。7月26日,St.G 77联队被一分为二分别归第四航空队的两个航空军指挥,联队直属单位、Ⅱ/St.G 77大队和Ⅲ/St.G 77大队被分配给第八航空军,主要为向基辅推进的德国主力地面部队提供空中支援,而Ⅰ/St.G 77大队分配给第四航空军,主要在黑海沿岸地区执行作战任务。这也可见德国大队和联队的隶属关系很松散,或者说大队作为基本作战单位独立性较强,这种隶属编制有很多优

尖叫死神　二战德国Ju 87"斯图卡"俯冲轰炸机战史

■斯摩棱斯克包围圈内苏联装甲部队被"斯图卡"飞机和其他轰炸机炸得非常之惨。

点,总的来说作战灵活。

7月30日,荷尔马特·伯德上尉的Ⅲ/St.G 77大队对苏联铁木辛哥元帅的司令部实施了一次轰炸,但是,这位苏联西线总司令毫发无损地逃出一劫。此后,St.G 77联队又开始执行正常的作战任务,即支援德国南部集团军缩小乌曼(Uman,基辅正南200公里)包围圈。乌曼包围圈是上述明斯克和斯摩棱斯克包围圈的缩小版,德国用这个包围圈只俘虏了10万名苏联官兵。消灭了乌曼包围圈内敌人后,德国部队开始穿越另一个主要河流阻碍,即位于克列缅丘克和第聂伯彼得罗夫斯克一带的第聂伯河,明显地德国想从后面包抄基辅。在渡河行动中,St.G 77联队同样为之提供空中支援。

在入侵苏联战役以来仅一个月多一点的时间里,德国"斯图卡"飞机没有像西线战役那样进驻苏联领土,对于腿短的"斯图卡"飞机来说,德国陆军推进的速度太快,根本赶不上前进的步伐。7月底,德国第二航空队收到空军司令部命令要求第八航空军全部调往北部战线(攻占列宁格勒),但是,这个命令没有得到立即执行,因为有情报显示苏联正在斯摩棱斯克地区集结力量,这将威胁德国的包围圈,第八空军在调走前必须解决这个问题。但是,8月的第一个星期里,冯·里希特霍芬的第八航空军还是被调往北部,只留下沃尔特·哈根少校的St.G 1联队在中部战线作战。实际上这就意味着在苏联战场的"斯图卡"部队全部被分配到三条战线上,St.G 2联队在北部战线,St.G 1联队在中部战线,而St.G 77联队在南部战线。

对于北部战线,用更为人所熟知的历

第三章 "斯图卡"俯冲轰炸机战史

■1941年8月17日,Ⅰ/St.G 2大队的"斯图卡"飞机在轰炸沃尔科夫河上的一座重要桥梁（诺夫格罗德东北64公里）。图中这架"斯图卡"飞机赶到时桥梁已经被另1架飞机投下的炸弹命中。苏联人相当顽强,桥梁被炸后很快就铺设了浮桥。"斯图卡"飞机下次再光临就是炸浮桥。

史专用词来描述既简洁又明了,即900天围困列宁格勒战役。列宁格勒是苏联第二大城市,将这座城市包围事实上用了近一个月的时间,远远超过其他包围圈合拢时间。迪诺特的"斯图卡"部队初期主要为战斗在伊尔门湖（Lake Ilmen）的德国地面部队提供空中支援,伊尔门湖在列宁格勒南200公里处。8月中旬,北部战线的主要战斗发生在诺瓦特河（River Lovat,向北注入伊尔门湖）沿岸,在这些战斗中St.G 2联队的Ju 87飞机为德国著名的"骷髅"师,即第3装甲掷弹兵师渡河战役和随后的纵深推进提供空中支援任务。有一次,在轰炸了伊尔门湖东部一条河流上的木桥后,迪诺特编队的一位飞行员在返回基地时发现座机的机翼上斜插着一块厚木条,原来他俯冲轰炸的高度较低,他低空低速改成俯冲时被炸飞的木条"击中"。

整个北部战线围绕着列宁格勒展开,因此St.G 2联队也卷入了列宁格勒周围的战斗,这个联队先是支援沃尔科夫前线的德国地面部队,随后又展开对战略意义极为重要的列宁格勒至莫斯科铁路供应线的轰炸行动。在9月初,Ⅰ/St.G 2大队和Ⅲ/St.G 2大队被调往列宁格勒西南160公里处的蒂尔科沃,在这里,"斯图卡"部队执行了大量针对列宁格勒和其外围防御阵线的轰炸行动。在这一地区"斯图卡"部队最为成功的战绩

尖叫死神　二战德国Ju 87"斯图卡"俯冲轰炸机战史

是消灭苏联波罗的海舰队，北部战役开始时，这支舰队已经从波罗的海最西部的基地撤出，如今舰队藏匿在列宁格勒和喀琅施塔得。喀琅施塔得位于列宁格勒西部科特林岛（Kotlin）上，而科特林岛正好处在列宁格勒西部小海湾的正中央，这里是列宁格勒的西门户，位置十分重要，因此苏联在这里修建了重要的港口要塞。

正是在喀琅施塔得的战斗中，一名德国飞行员的名声如流星般突然冒出来，他不仅是德国空军最成功的"斯图卡"飞行员，也是德国军队中获得最高荣誉的人（没有"之一"），他就是汉斯－乌尔里希·鲁德尔（Hans-Ulrich Rudel）。不论哪个国家，作为最顶级的人物都有一些不寻常的经历，甚至当初根本不被看好干后来让他扬名的职业。鲁德尔早在1936年就参加了德国空军，最早接受的也是俯冲轰炸训练，但是，二战爆发前，他被分配到远程侦察机部队作飞行员，波兰战役中他就驾驶侦察机执行过侦察任务，当时他还只是个少尉。后来他被任命为一个训练团的副手，这个小地方根本不是他这只大鸟待的地方，在此期间他曾多次打报告要求返回"斯图卡"部队，但这些请求均被拒绝。直到1940年夏天，他的请求得到了批准，他先是参加Ⅰ/St.G 3大队，随后经过更为严格刻苦的训练后他进入Ⅰ/St.G 2大队。

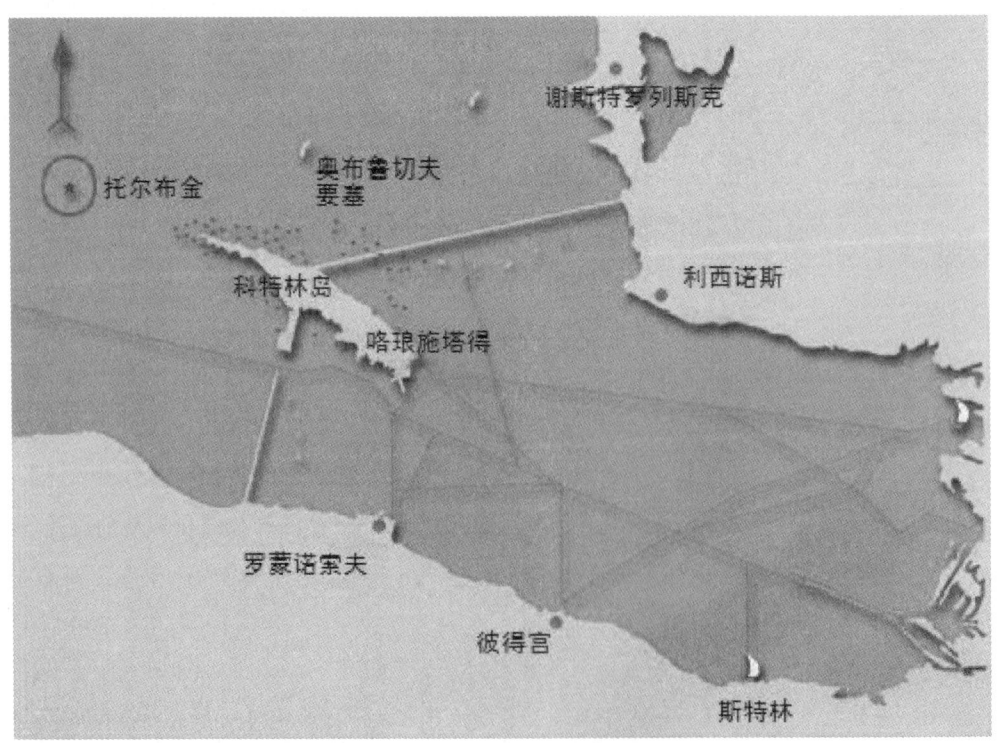

■喀琅施塔得位于列宁格勒西部科特林岛上，这里是苏联波罗的海舰队另一个驻地。

进入"斯图卡"部队,并且已经晋升为中尉的鲁德尔服役生涯远远谈不上顺利,大凡大才的早期经历都很坎坷,鲁德尔也不例外,应该说正是这些坎坷和挫折在磨练一个人,为他日后一举成名奠定基础。鲁德尔不是个合群的人,和其他飞行员相处也不那么融洽,他的生活原则也极为严格,他从不饮酒(当然也看不惯别人喝酒),热衷锻炼,经常在属于自己的时间里花上数小时跑步以保持强健的体魄。他跟上司处得也不好,因此上司也不清楚给他分配点什么事做才合适,因此,在巴尔干和克里特岛战役中,他未被分配任何作战任务。直到"巴巴罗萨行动"当天他才第一次执行作战任务,就在这天高强度的作战中,他连续四次执行任务。

首次参战不久,鲁德尔被分配到Ⅲ/St.G 2大队并被任命为大队技术官(Gruppen-To),他成了厄恩斯特·希格弗里德·斯蒂恩上尉的大队指挥部的一员。1941年9月16日,鲁德尔中尉从蒂尔科沃起飞去轰炸藏匿在列宁格勒的苏联波罗的海舰队舰船。波罗的海舰队的主要舰船停放在波罗的海芬兰湾最东部的港湾内,这些舰船包括2艘较老的"马拉特"号和"十月革命"号战列舰,尽管都是一战爆发前下水的老舰,这2艘排水量达到26000吨以上的钢铁巨兽仍具有可怕的威力,它们的主炮是12门

■苏联战列舰不仅是海上威胁,也是围困列宁格勒的德国军队的重要威胁。停泊在港口内的"马拉特"号战列舰可以用305毫米的重炮炮击德国军队,德军必欲除之而后快。

尖叫死神 二战德国Ju 87"斯图卡"俯冲轰炸机战史

■ 为了对付苏联战列舰，德国"斯图卡"部队使用了1000公斤的重磅炸弹。

■ 鲁德尔投下的1000公斤炸弹命中了"马拉特"号战列舰，腾起的烟柱有数百米高。这张照片似乎是"斯图卡"飞机后座在轰炸后返航时拍摄的，烟柱刚升起数百米，随后这个烟柱升到了3500米的高度。

第三章 "斯图卡"俯冲轰炸机战史

■ 行动后德国侦察机拍到的照片。图中显示苏联"马拉特"号战列舰后半截已经没入水中，该处海面有油迹。

305毫米火炮（4个炮塔）。除了战列舰，波罗的海舰队还有一些现代化的巡洋舰和驱逐舰，如"基洛夫"号和"马克希姆·高尔基"号（Maksim Gorky）巡洋舰，后者的舰龄不足一年。这2艘巡洋舰都安装9门180毫米舰炮。

这些苏联舰船说是"藏匿"也对也不对，说对是因为这些舰船从原来的军港疏散

尖叫死神 二战德国Ju 87"斯图卡"俯冲轰炸机战史

到列宁格勒是为了防止德国的空袭,说不对是因为这些舰船并不是停放在列宁格勒这里就刀枪入库了,事实上,在这些舰船停放的位置,舰上火炮可以炮击沿岸和列宁格勒周围的德军阵地,这对德国地面部队来说是个莫大的威胁,想想305毫米舰炮的射程和威力(1发炮弹通常有半吨重)。而且,这些舰船(主要是战列舰和巡洋舰)可以应苏联地面部队的要求变换阵地对不断变换战线的德国部队实施炮击,这种火力是毁灭性的。但是,同样,2艘吨位巨大的战列舰也受制于港湾内深水航道的影响只能在窄窄的水域里活动。德国的侦察机发现了"马拉特"战列舰参与炮击行动后,St.G 2联队决定派出"斯图卡"飞机拔掉这个"钉子"。

9月16日当天的气候条件并不好,但Ⅲ/St.G 2大队的3架Ju 87飞机还是升空执行轰炸"马拉特"号战列舰的任务。在目标区上空,"斯图卡"飞行员通过云层的缝隙发现了"马拉特"号并立即俯冲轰炸,长机斯蒂恩上尉的炸弹失的落在"马拉特"号旁边,随后鲁德尔中尉投下的炸弹准确地命中战列舰的尾部,他改出俯冲状态时看看战况,发现被击中的目标腾起了浓烟和火焰。但是,通常情况"斯图卡"飞机投下1枚500公斤炸弹还不足以对战列舰造成致命性的破坏。此前,St.G 2联队已经派出过30多架"斯图卡"飞机轰炸"马拉特"号战列舰,都没有

■ "马拉特"号战列舰被炸后苏联人立即将其修复,苏联人修复的目标是让已经无法航行的"马拉特"号上舰炮恢复功能炮击德国部队。图中显示"马拉特"号的舰艏已经不见了,尾部的三联305毫米炮显得非常之大。

第三章 "斯图卡"俯冲轰炸机战史

成功。9月16日空袭行动后,德国情报部门再次侦察却找不到"马拉特"踪迹了,几天后得到确切的情报,"马拉特"战列舰已经沉没。

9月21日,经过长时间的等待,蒂尔科夫机场终于等来了1000公斤的重磅炸弹,这是对付大型舰船的利器。第二天,一个偶尔的机会,德国空军侦察部队在例行早晨侦察时发现已经被拖上岸的"马拉特"号战列舰正在咯琅施塔得港口修理。为此,St.G 2联队再次派出2个"斯图卡"编队去轰炸这艘战列舰,跟上一次行动不一样,9月23日的天气非常好,天空很蓝,没有一丝云彩,能见度非常高。这种天气对俯冲轰炸机来说既好也不好,好的是目标清晰,不好的是敌人的战斗机也会来拦截,地面高炮也容易瞄准。迪诺特率领的"斯图卡"编队就是在上有苏联战斗机拦截,下有密集高炮射击的情况下展开轰炸行动的。这次行动中,Ⅱ/St.G 3大队只派出2架Ju 87飞机,长机是大队指挥官斯蒂恩上尉,另一位就是他的技术官鲁德尔。

"斯图卡"飞机组成编队进入目标区,刚进入苏联地面高炮射程,猛烈的射击就开始了,"斯图卡"飞机各自做着交叉剪切动

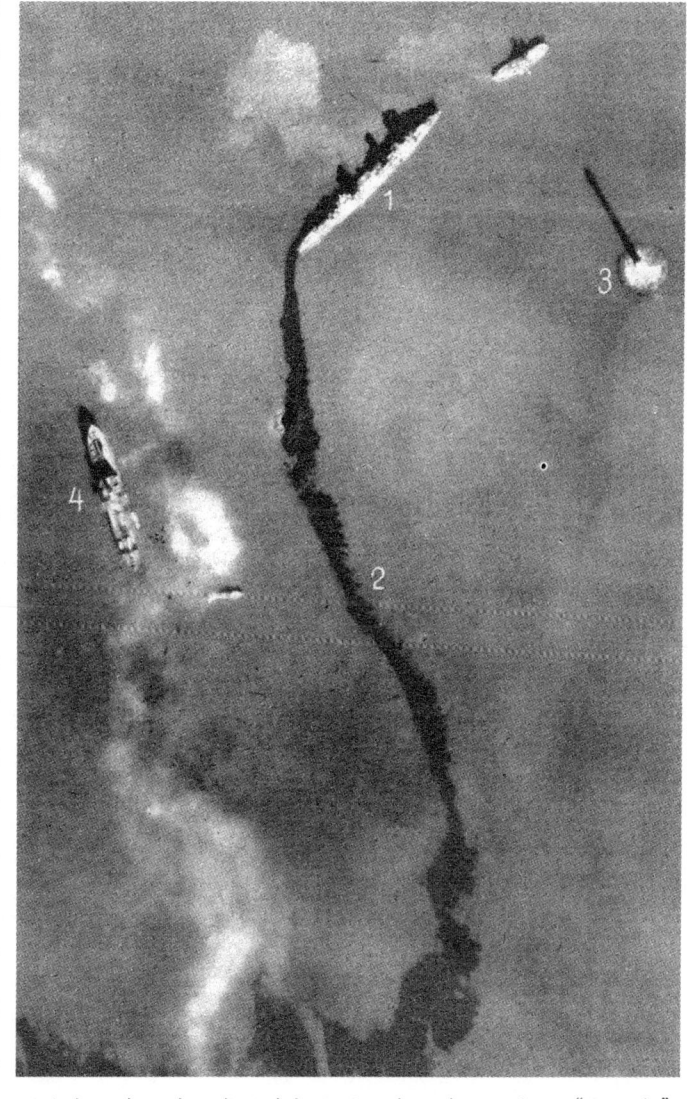

■这张照片跟前几张照片相比就逊色得多,这也是"斯图卡"飞机轰炸咯琅施塔得港的照片,图中4是被炸伤的"列宁格勒"号驱逐舰,1是大型辅助船,2是辅助船渗出的长长油迹,3是港口内的灯塔。

尖叫死神　二战德国Ju 87"斯图卡"俯冲轰炸机战史

作以躲避高炮的射击，固定的编队非常便于地面高炮的瞄准，而机动则可以扰乱炮手瞄准。一番机动后，到达咯琅施塔得港时鲁德尔发现编队队形早就不见了，一群"斯图卡"飞机混乱在一起，有的飞行员甚至担心自己的飞机会在空中相撞。离目标还有几公里时鲁德尔就发现了"马拉特"号战列舰，随着飞机一步步地靠近，港口的高炮更为密集和猛烈。在2750米高度，鲁德尔又看了一眼"马拉特"号，停在它后面的是"基洛夫"号巡洋舰，这2艘军舰都没有开火，根据以往的作战经验，一般当Ju 87飞机俯冲时舰炮才会射击。

就在这时，长机斯蒂恩座机突然一侧机翼上翘，这是开始俯冲的第一个动作，鲁德尔立即跟进。刚开始，两人是并列以80°角俯冲，不一会儿，不知何故斯蒂恩突然出现在鲁德尔前面。就在俯冲开始时，"马拉特"号上的舰队已经开始射击，"斯图卡"飞行员可以看到军舰上点点闪光，那就是高炮在射击，为了躲避打击，缩短俯冲时间，斯蒂恩收回了减速板，这就是为什么他突然冲到鲁德尔前面的原因。鲁德尔也跟着长机收回减速板，但这时他却发现座机机头螺旋桨就是前面飞机的尾部，两者相距非常之近，鲁德尔甚至看到斯蒂恩的后座机枪手惊恐的表情，后者非常担心两机会撞在一起。鲁德尔座机此时的速度很高，一时半会儿也降不下来，况且前面的飞机挡住了他的视野无法判断投弹时间。说时迟那时快，鲁德尔迅速用尽全身的力气向前推杆，他的目的就是增加俯冲角度，也就是由刚才的80°增加到90°，他的座机立即增加俯冲角度并从斯蒂恩座机的下方几乎是毫米单位的距离穿过。

在垂直俯冲时，Ju 87的状态十分稳定，鲁德尔眼中的"马拉特"号迅速越变越大，甚至可以清楚地看到甲板上慌乱逃生的士兵。在目标上空300米高度，鲁德尔按下炸弹释放按钮。为了防止被爆炸的碎片击中，"斯图卡"飞行员被要求不要低于1000米投弹。投弹结束后，鲁德尔使劲向后拉杆，由于强大的过载，他出现暂时黑视和意识丧失。一会儿后，鲁德尔听到他的后座大叫："它爆炸了！"恢复意识后的鲁德尔发现自己的座机离水面只有几米高，正高速爬升，他看到爆炸的"马拉特"号上已经升起了3500米的烟柱，很显然，鲁德尔的炸弹命中了战列舰，"马拉特"号整个舰尾被炸烂，军舰的A炮塔也被强大的爆炸冲击波掀飞。"马拉特"号再次被炸沉，但这里的水浅，战列舰仍露出水面，剩余的9门305毫米炮设法恢复其功能，继续用来炮击德国部队。

鲁德尔毫发无损地返回了蒂尔科夫机场，行动中，JG 54大队1架Bf 109战斗机在返航的途中击落1架苏联飞机。在机场着陆后，斯蒂恩在跑道上滑行时无意中把飞机开到了一个弹坑里，座机的螺旋桨因此损坏。当接到第二次出击轰炸"基洛夫"号巡洋舰

第三章 "斯图卡"俯冲轰炸机战史

■喀琅施塔得港要塞的高炮火力密度是英国地区的8倍,照片中斑斑点点就是高炮炮弹爆炸形成的"棉花球",美国人形容"'棉花球'形成的'地毯',人几乎可以在上面行走"。照片中部有1架"斯图卡"飞机在"棉花球"中穿行。

的命令后,他只得换一架飞机,然而,他驾驶这架飞机滑行准备起飞时,这架JU 87飞机又出了故障,其他的"斯图卡"飞机已经准备起飞,斯蒂恩已经没有替代飞机可用,他只得冲向鲁德尔命令他把飞机让给他来驾驶。攻击"马拉特"号战列舰是斯蒂恩执行的第300次作战任务,没想到,他没能在第301次作战任务中回来。

在俯冲轰炸"基洛夫"巡洋舰过程中,在1600米高度,1发高炮炮弹在斯蒂恩座机尾部爆炸,"斯图卡"飞机的水平尾翼上的控制舵面被炸飞,因此,他只能依靠飞机的副翼来控制飞机俯冲轰炸,这次他没能成功。他的座机被自己投下的炸弹炸伤,"斯图卡"飞机和斯蒂恩,以及他的后座坠毁

在"基洛夫"号旁边。10月17日,厄恩斯特·希格弗里德·斯蒂恩成为第一批在东线战役中获得"骑士十字勋章"的飞行员,不同的是他是死后被追授的。其他获得此勋章的还有八名飞行员,其中两人是IV.(St)/LG 1大队飞行员,这个大队只在西线战役中执行过一些作战任务,后来一直默默无闻。这个大队是德国空军第一个训练单位,它原来就是I/St.G 162大队,主要任务就是评估已经为德国空军生产的新型飞机,研究如何最大程度发挥这些飞机的性能。LG 1联队共有五个大队,每个大队只评估一种类型飞机,比如第IV大队就只研究俯冲轰炸机,也就是"斯图卡"飞机。

第二次世界大战爆发后,IV.(St)/LG 1

尖叫死神 二战德国Ju 87 "斯图卡" 俯冲轰炸机战史

■ 德国空军IV.（St）/LG 1虽然是一个新机操作评估大队，但这个大队也参加了入侵苏联行动。IV.（St）/LG 1大队主要在北极圈地区执行作战任务，基地也选在挪威北部北极圈内的基尔科内斯。北极圈内的土地含水量大，夏天来临后土地非常泥泞。图中地面摆放着一些木条，Ju 87R飞机后面在搭建房子。

大队像正规的作战单位一样参与了波兰战役和西线战役，"巴巴罗萨行动"于1941年6月22日正式开始后，IV.（St）/LG 1大队被独立分配给在北极圈地区执行作战任务的德国空军第五航空队，大队指挥官是伯恩德·冯·布劳切斯特（Bernd Von Brauchitsch）上尉，该大队共有36架Ju 87飞机，基地位于挪威北部的基尔科内斯，这里与苏联的领土中间有一条狭长的芬兰国土，离苏联摩尔曼斯克只有160公里。

德国空军原来计划为IV.（St）/LG 1大队配备远程型Ju 87R飞机以轰炸巴伦支海内航行的苏联舰船，但实际使用中这些"斯图卡"飞机却是为在极北地区作战的德国地面部队提供空中支援，还有轰炸苏联重要军港摩尔莫斯克，以及轰炸摩尔莫斯克连接苏联内部地区具备战略意义的铁路运输线。

在北极地区这条战线，"斯图卡"部队最主要的任务是消灭苏联的空军，但是，6月22日战争爆发时，由于天气恶劣，以及地面出现浓雾，IV.（St）/LG 1大队未能采取行动，直到第四天，冯·布劳切斯特才率领"斯图卡"编队对摩尔曼斯克周围的苏联空军基地实施轰炸，抵达目标空域时，苏联的战斗机整齐地排列在地面。战争爆发已经四天，这儿的苏联空军竟然一点警觉都没有。

随后几天里,"斯图卡"飞机主要为穿越芬兰国土向摩尔曼斯克推进的德国XIX山地师提供空中支援。

7月1日,俯冲轰炸机飞行员阿努尔夫·布拉希格(Arnulf Blasig)上尉取代冯·布劳切斯特成为IV.(St)/LG 1大队指挥官。新官上任的第一把火就是率领一个"斯图卡"编队向南400公里部署到芬兰罗瓦涅米(Rovaniemi,北极圈稍北),在这里,德国陆军第XXXVI集团军计划穿过芬苏边境向苏联境内推进,切断摩尔曼斯克至莫斯科之间的铁路,没想到德国部队推进到萨拉(Salla,罗瓦涅米东偏北150余公里,属芬兰,当时被苏联占领)时遭到了苏联顽强的抵抗。为了消灭德国部队前方的苏联红军,IV.(St)/LG 1大队的"斯图卡"飞机一天需要执行4－5次作战任务,每次作战距离都达到320公里(来回),在近一个星期的持续轰炸下,苏联的防御阵线最终被突破。

北极圈的战斗实际上是整个德国空军在对苏战争中的一个缩影,也就是说德国空军的飞机数量不足以应付战争需要,布拉希格的"斯图卡"编队在萨拉前线完成任务后立即返回基尔科内斯。向摩尔曼斯克推进的德国山地师由于没有有效的空中支援而暂停了前进,这条战线只有36架"斯图卡"飞机,根本不足以应付宽阔战线上的战斗需要,其他型号飞机也跟"斯图卡"飞机的情况一样。对于苏联而言,摩尔曼斯克在遭受德国数周,乃至数月的轰炸后仍然未被攻克,而且,西方盟国的大西洋护航舰队开始向摩尔曼斯克港运输战略物资,这些物资再由铁路向苏联内地运输。

"巴巴罗萨行动"开始不到一个月的

■除了战斗损失,"斯图卡"飞机的事故也常见,图中就是IV.(St)/LG 1大队的1架"斯图卡"飞机发生事故翻在跑道上,飞机起落架上没有整流罩,这并不是事故刮掉的,在北极地区,机场土质也相当松软,起飞和着陆容易发生事故。

时候，IV.（St）/LG 1大队全体出动执行了一次24小时的作战任务，15架"斯图卡"飞机被派遣轰炸萨拉前线的苏联红军；9架被派遣轰炸苏联雷巴奇半岛（Rybachiy Peninsula），德国第XIX山地集团军向摩尔曼斯克推进时会路过这个半岛，如果不把岛上苏联红军消灭就可能腹背受敌，被苏联红军抄了后路；另9架"斯图卡"飞机被派遣轰炸摩尔曼斯克；最后7架奉命摧毁一座重要的桥梁，这座桥梁当即被炸毁，但仅仅五个小时后这座桥梁再一次投入使用。苏联工兵的效率让德国人吃惊，苏联其他地方的情况也类似，因此德国飞机需要频繁地轰炸再次投入使用的桥梁（或浮桥）。IV.（St）/LG 1大队被分为几个编队一方面回应德国地面部队的增援请求，另一方面还得执行破交任务，即轰炸西方向摩尔曼斯克运输物资的舰船，这对于规模不大，而且这条战线只有一个大队在作战的情况，IV.（St）/LG 1大队的困难可想而知，可以用"疲于奔命"来形容。但是，这两个作战任务对于德国和苏联来说都十分重要，哪一方面都不能忽视，对于德国来说，没有想到的是盟军利用摩尔曼斯克来运送物资，因此轰炸盟军舰船就是预想之外的作战任务。两种作战任务之间疲于奔命的结果就是两种任务完成得都不成功。在北极地区，德国陆军没有大规模的推进行动（像装甲集团军的闪电推进），也没有中部战线那种大规模的包围战役，因此，"斯图卡"单位并没有执行所谓的"飞行炮

兵"任务。每个战场都有各自的特点，在北极地区的战役，"斯图卡"飞机执行的主要就是轰炸摩尔曼斯克通往莫斯科的铁路，在对苏开战后的6个月内，这条铁路遭受了上百次的轰炸，但是，每次被炸毁后铁路很快便恢复通行，一句话，这条铁路从来就没有停止过运行。

苏联红军虽然在战争初期被打了个措手不及，但苏联红军的意志非常顽强，"斯图卡"飞机在轰炸苏联目标时遭受的损失也相当大，同样是对苏开战后的6个月里，IV.（St）/LG 1大队就损失了22架Ju 87飞机，要知道这个大队总共才有36架"斯图卡"飞机。尽管如此，只要天气允许，"斯图卡"飞机仍会升空作战。9月4日，大队指挥官阿努尔夫·布拉希格上尉成为IV.（St）/LG 1大队第一个"骑士十字勋章"获得者。五个星期后的10月10日，中队指挥官约翰尼斯·普菲菲尔（Johannes Pfeiffeer）中尉也获得"骑士十字勋章"。就是这个时候（10月中旬），希特勒最终放弃了占领摩尔曼斯克的作战计划，他命令北极地区的德国军队原地防守，这个命令宣告了德国山地集团军在北极地区多年的战斗化为泡影。

当德国陆军在原来修筑工事进入防御态势时，IV.（St）/LG 1大队仍执行了数个星期的进攻任务。在进驻萨拉东南苏联境内机场后，"斯图卡"飞机有足够的条件轰炸坎达拉克沙以及白海沿岸的摩尔曼斯克铁路，德国"斯图卡"基地离这条重要的铁路大动

第三章 "斯图卡"俯冲轰炸机战史

■ 进入10月北极地区就开始有雪花飘落,北极似冷非冷的季节最可怕的就是土地到处泥泞不堪,图中地面的车辙和雪花清晰可见,飞机的翼下携带了"迪诺特的芦笋"炸弹,照片近处是SC 250炸弹。

■ 苏联的冬天来得早,北极的冬天就更早了。大西洋暖流一直延伸到苏联摩尔曼斯克,使之成为不冻港,同样道理,温暖的海水送来的水汽特别容易造成北极圈内下暴雪。雪下得厚,卸炸弹也方便了,从车上直接推下就行了。

脉只有100公里多一点，"斯图卡"飞机根本不需要携带翼下副油箱，而罗瓦涅米距铁路线距离达到250公里以上。但是，到了10月末，北极地区早早地进入冬季，大雪频繁，另外，高纬度地区的白昼短黑夜长，这两个因素都使得"斯图卡"飞机的轰炸行动趋于停止。

与此同时，南方战线St.G 77联队的三个大队在整个夏天和冬天的几周内为沿黑海向东推进到乌克兰境内的德国和罗马尼亚地面部队提供了空中支援。乌克兰战役初期的主要目标是乌克兰首府基辅，9月16日，基辅被德国第六集团军攻克。II/St.G 77大队和III/St.G 77大队在掩护德国地面部队向基辅推进时，荷尔马特·布鲁特上尉率领的I/St.G 77大队正在黑海沿岸地区作战，其间的9月4日，布鲁特上尉获得了"骑士十字勋章"。但是，苏联军队并不会轻易地放弃自己的海军基地，为此，St.G 77联队的"斯图卡"飞机执行了大量针对苏联黑海舰队的轰炸任务，如轰炸苏联海上增援舰队、向轴心国前进部队炮击的阵地和在轴心国战线后方试图实施两栖登陆等。例如8月18日，St.G 77联队的"斯图卡"飞机在塞瓦斯托波尔西部96公里无意中发现1艘苏联D-6潜艇。不到3个星期后的9月7日，"斯图卡"飞机轰炸了乌克兰敖德萨军港1艘"斯波索布尼"号驱逐舰。在这两次的攻击行动中，D-6潜艇和"斯波索布尼"号驱逐舰虽然被炸受伤，但都未被炸沉，D-6潜艇挣扎着返回了塞瓦斯托波尔港进行修理，但是，后来的11月12日，St.G 77联队的"斯图卡"飞机还是将正在干船坞中修理的这艘D-6潜艇彻底炸毁。"斯波索布尼"号驱逐舰的寿命长点，两年后，这艘驱逐舰同样被St.G 77联队的"斯图卡"飞机送到了海底。

9月12日，德国"斯图卡"飞机对苏联海军的"红色高加索"号巡洋舰进行了俯冲轰炸，这艘巡洋舰当时正在敖德萨前方炮击罗马尼亚阵地。空袭行动中"斯图卡"飞机投下的炸弹并没有直接命中"红色高加索"号，一个星期后的行动中"斯图卡"飞机在敖德萨港外击沉了苏联海军"乌达尼"号监视船。

上文已经提到，基辅于9月19日沦陷，随后的一个星期里，在基辅东部，轴心国在此布置了一个对苏战争以来最大的"口袋"，截至9月26日，约66万苏联红军被俘虏，至此，整个苏联南部战线被德国消灭。但是，黑海一带的战斗并没有结束，St.G 77联队的"斯图卡"飞机时常会被呼叫去增援德国地面部队。

9月21日，一支2000余人的苏联海军陆战队突击队士兵从克里米亚出发，他们的目标是在罗马尼亚军包围敖德萨的包围圈打开一个缺口，为这支突击队护航的是苏联海军4艘驱逐舰，其中"伏龙芝"号驱逐舰奉命去腾德拉岛解救正被St.G 77联队轰炸的"克拉斯纳亚·亚美尼亚"号炮艇。一艘驱逐舰去解救一艘炮艇本身就不值，更何况用军舰去解救另一艘遭空袭的军舰跟送死也差不了多少,完全可以想像行动的结果,"伏龙芝"号和"克拉斯纳亚·亚美尼亚"号在此次行动中都被"斯图卡"飞机击沉,另1艘前来增援的港口拖船OP-8也被击沉。

9月21－22日晚,苏联海军陆战队突击队按计划在敖德萨东部实施了登陆,第二天早晨,St.G 77联队的"斯图卡"飞机立即

■南部战线,St.G 77联队所处地区的气候环境非常好,但是战斗却异常艰苦,作战强度大。

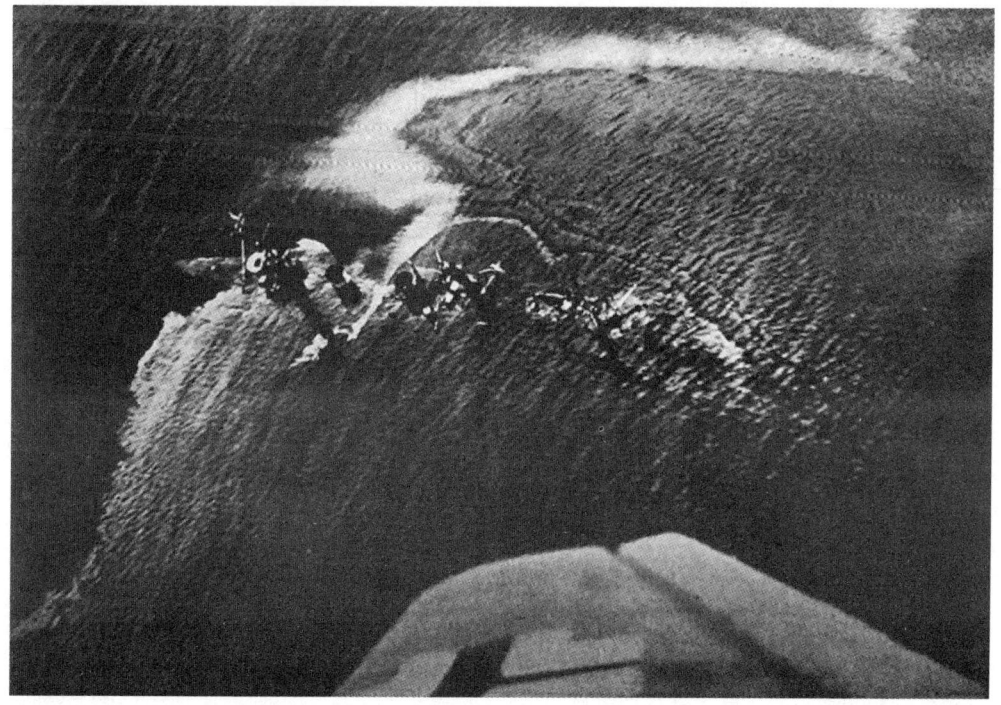
■9月21日,苏联黑海舰队"伏龙芝"号驱逐舰被"斯图卡"飞机炸沉。

对苏联的登陆部队和护航军舰展开行动。在行动中,"斯图卡"部队对正在向罗马尼亚阵地炮击的其他3艘驱逐舰实施了轰炸,苏联"无责"号驱逐舰虽然没有被炸弹直接命中,但被落在舰旁的炸弹炸伤。"无责"号姊妹舰"残酷"号被至少1枚炸弹直接命中舰艉,随后被拖回敖德萨。但是,这2艘驱逐舰后来再次遭到轰炸,"无责"号在1942年中期被德国Ju 88轰炸机炸沉在雅尔塔附近海域,"残酷"号在1943年10月6日的空袭中被St.G 77联队的"斯图卡"飞机炸沉在克里米亚海域,上文提到的"斯波索布尼"号在这次空袭中也被炸沉。

德国St.G 77联队不仅执行攻击舰船的任务。轴心国部队路过敖德萨(10月中上旬,苏联军队从海上向后方撤退)向东于9月中旬挺进到皮列科普地狭(Perekop Isthmus,克里米亚半岛与大陆连接的狭长地带),没想到,在这里,德国军队遭到了苏联红军顽强的抵抗,一个月后伊斯特马斯才被德国第11集团军攻克,克里米亚半岛被德国部队围困。在这个阶段的战斗中,St.G 77联队配合德国地面部队对苏联陆上目标实施了轰炸。同时,该联队还为沿亚速海北岸向东推进的德国第1装甲集团军提供了空中支援。

10月31日炸伤"博德瑞"号驱逐舰后,St.G 77联队在当年攻击舰船行动中最大的收获是击沉7000吨级的苏联"红色乌克兰"号巡洋舰。1941年11月12日,"红色乌克兰"号巡洋舰正在克里米亚半岛西南炮击德国攻击塞瓦斯托波尔港防御阵线的部队。被呼叫赶来的"斯图卡"飞机立即展开攻击行动,这艘老旧的巡洋舰被至少3枚炸弹击中,尽管舰上官兵奋力抢救,巡洋舰还是慢慢沉入浅海里。后来,苏联人将舰上的火炮拆解下来作为塞瓦斯托波尔的岸防炮来使用,1942年春天,德国再次对仍露在水面的"红色乌克兰"号进行了轰炸,舰体再次被严重炸毁。

德国的陆上行动进展得并不顺利,德国第1装甲集团军在11月2日攻占了顿河畔罗斯托夫,但是,在苏联红军顽强的反攻下,在11月底,罗斯托夫再次被苏联红军夺回,这是德国军队在苏联战场第一个被苏军反攻成功的军事行动。St.G 77联队奉命前来轰炸苏联军队,防止德国军队在丢失罗斯托夫过程中造成更大的伤亡。

在1941年第四季度的作战中,St.G 77联队主要执行空中近距支援和轰炸苏联黑海舰队的任务,在这段时间里,St.G 77联队的另两个大队指挥官获得了"骑士十字勋章",他们分别是Ⅲ/St.G 77大队指挥官赫尔墨斯·伯德(Helmuth Bode)上尉(10月10日获得)和Ⅱ/St.G 77大队指挥官阿尔冯斯·奥斯菲尔(Alfons Orthofer)上尉(11月23日获得)。后来,St.G 77联队第6中队指挥荷曼·鲁皮尔特(Hermann Ruppert)中尉也获得"骑士十字勋章",他的中队在黑海地区的战斗中共击沉5艘苏联军舰,而整个

■入侵苏联战争的初期,"斯图卡"飞机的损失并不严重,比预计的要低,地面炮火是造成"斯图卡"飞机损失的主要原因。图中飞机受伤后选择这块平坦的农田迫降,飞机翻了个底朝天,机组乘员幸存的几率不大。

■这架"斯图卡"飞机坠毁在树林里,飞机并没有燃烧,机组乘员幸存几率较大。

Ⅱ/St.G 77大队共击沉10艘苏联军舰,该中队还击沉了4艘苏联商船。

不管是个人还是单位,抑或是德国军队,再勇猛,斗志再顽强也无法与更强大的敌人匹敌,那就是"冬季将军"。尽管在南部战线的冬天远远无法与Ⅳ.(St)/LG 1大队苦战的北部战线(北极圈内)相比,苏联南部的冬天的严寒仍然极大地限制了德国部队采取进一步行动,空军受此影响尤为严重,随着天气越来越冷,德国的军事行动几

尖叫死神
二战德国Ju 87"斯图卡"俯冲轰炸机战史

■1941年夏末秋初,在南部战线,德国空军St.G 77联队在执行作战任务时有时会得到意大利赴苏联远征军(CSIR)战斗机的护航,图中显示的是意大利第371°大队的MC.200战斗机为"斯图卡"飞机护航。

乎完全停止,因此一些部队得以有机会从前线返回休整和放松。

再来看看苏联中部战线夏末以后的情况。"巴巴罗萨行动"的总目标就是占领苏联首都莫斯科,如这个战略目的达到了预期苏联就会投降,东线战役就会立即结束。战事在推进,但在这个过程中,St.G 2联队和St.G 77联队却被调往波罗的海和黑海战场,留在中部战线的只有II/St.G 1大队和III/St.G 1大队,这两个大队的"斯图卡"飞机总数不足50架,明显这个数字不足应对中部战线的军事行动。

在德国陆军中央集团军沿着明斯克至莫斯科公路向前推进时,"斯图卡"飞机在这期间执行着各种轰炸任务也保障着德国地面部队的行动。从St.G 1联队指挥官沃尔特·哈根少校的战事日志可以看出这个"斯图卡"联队在8月的大部分时间里在高速公路北部160公里大卢基(Velikiye Luki)地区执行各种作战任务。在这里,苏联红军的抵抗空前顽强。这里没有舰船目标(除了小河上的老旧炮艇和驳船),St.G 1联队主要执行近距支援任务,哈根少校的战事日志记载:

8月11日,空袭弗罗尔河上的公路桥;

8月12日5点30分,攻击大卢基一带的铁路,一列火车被炸弹直接命中;

8月12日17点25分,攻击大卢基一带的铁路,铁轨被炸毁;

8月23日,轰炸大卢基东南的苏联步兵,造成地面苏联士兵的极大混乱;

8月29日,轰炸杜林吉湖的苏联步兵,敌人防御工事被炸毁。

这一时期,不仅苏联红军开始有组织地防御(相对前期其措手不及而言),在空中，德国空军也开始遭遇更强硬抵抗的苏联空军，至8月底，德国空军共损失146架"斯图卡"飞机，另有49架被击伤。这个阶段最严重的损失是Ⅱ/St.G 1大队指挥官安东·凯尔上尉，他担任指挥官的时间较长，在英国战役期间他获得了"骑士十字勋章"。8月29日，在大卢基地区空袭敌人铁路网的一次行动中，他的座机被地面高炮击伤而被迫在敌后方迫降。凯尔上尉选择的一片广阔的平原地带事实上就是沼泽，他的座机在迫降时翻了几个跟头，凯尔和他的后座身亡。损失这位"骑士十字勋章"获得者仅24小时后，St.G 1联队的中队指挥官哈特马特·斯切尔（Hartmut Schairer）中尉于8月30日获得"骑士十字勋章"。

9月初，哈根少校的"斯图卡"部队从苏拉西部署到斯摩棱斯克东南145公里处的斯泽琴斯卡亚，在这里，"斯图卡"飞机仍执行主要的对地近距支援任务。通往莫斯科的高速公路南部的新战区是合围莫斯科的右翼出发点，理所当然这里的苏军抵抗尤为顽强。在9月的上半月，St.G 1联队的飞行员执行了大量轰炸试图从叶尔尼亚突出部进行反包围的苏联红军的任务。其间，Ⅲ/St.G 1大

■St.G 77联队的一名地勤人员在给飞机左侧机翼的MG 17机枪装弹。

---

①西奥多·诺德曼（1918年12月18日－1945年1月19日）于1937年加入德国空军，一直是一名侦察机驾驶员。1940年3月前他被调到Ⅰ/St.G 186舰载机大队驾驶Ju 87飞机。1940年7月，大队番号改为Ⅲ/St.G 1在法国和英国战场作战。西奥多·诺德曼在1940年期间获得一级和二级"骑士十字勋章"各一次。在地中海战场，西奥多·诺德曼曾击沉过1艘5000吨级的商船。在苏联战场上，他在1941年9月之前完成200次作战任务并击毁20辆苏联坦克后再次获得"骑士十字勋章"。在1942年夏天的奥廖尔战斗中，作为St.G 1联队第8中队指挥官的西奥多·诺德曼完成了他的第600次作战任务，他是第一个达到这个数字的"斯图卡"飞行员。他的后座无线电操作员/机枪手吉拉德·罗斯（Gerhard Rothe）技术军士是15名"斯图卡"飞机后座机枪手获得"骑士十字勋章"的人之一。1943年10月，西奥多·诺德曼任新组建单位Ⅱ/SG 3大队指挥官。1945年1月19日，西奥多·诺德曼驾驶Fw 190战斗机因恶劣天气与他的僚机在切尔尼亚霍夫斯克（Chernyakhovsk，原名因斯特堡（Insterburg））一带空中相撞而丧生。西奥多·诺德曼共击毁80辆苏联坦克和击沉总吨位为43000吨的舰船，他执行过1300次作战任务，其中约200次驾驶的是Fw 190战斗机。

尖叫死神　二战德国Ju 87"斯图卡"俯冲轰炸机战史

队一位年轻的少尉西奥多·诺德曼（Theodor Nordmann[1]）在9月17日获得"骑士十字勋章"，他在轰炸苏联防空阵地方面取得了突出的战绩。他后来又获得了很多荣誉，还晋升为St.G 1联队指挥官，又获得一把佩剑，在1945年初他驾驶Fw 190时意外身亡。

■精心维护准备下一次作战任务。这里的条件远比北非战场好，维护设施样样齐全。图为St.G 77联队的飞机。

■图为联队自己的修理车间，作战单位一般都有自己的修理车间，做一些简单的修理。从图中飞机座舱的图案判断这是St.G 2联队的第2中队飞机。

第三章 "斯图卡"俯冲轰炸机战史

■飞机已经挂弹完毕,只等命令下达。在苏联战场,德国机场这种炸弹乱堆乱放的现象十分普遍,主要原因是入侵苏联前一两年苏联并没有能力空袭德国机场。

到9月底,德国发起的针对攻占苏联首都莫斯科,代号为"台风行动"的军事行动准备工作全部结束,德国第八航空军,包括St.G 2联队已经从列宁格勒前线被调往中部战线参与进攻莫斯科的行动,主要为莫斯科左翼的德国第3装甲集团军提供空中支援。在莫斯科南部,St.G 77联队的一些单位从乌克兰被调来加入到St.G 1联队的两个大队。

"台风行动"于10月2日正式开始,德国地面部队从两翼呈钳形向莫斯科发起了进攻,在第二航空队的Ju 87飞机的支援下,德国3个装甲集团军(由北向南分别是第3、第4和第2)突破了苏联延伸480公里的防御工事,并迅速向纵深地带进军,在苏联纵深的后部,德国装甲部队的先头部队与3个装甲集团军会合,在维亚济马和布良斯克一带形成数个包围圈将大量苏联红军围困在里面。其中最大的是维亚济马西部形成的包围圈,维亚济马就处在明斯克至莫斯科公路上,它距莫斯科不足240公里。在这里,德国第3和第4装甲集团军将苏联铁木辛哥元帅西线的6个集团军包围起来。另两个较小的包围圈在布良斯克两侧,在这里,叶廖缅科元帅布良斯克方面军的3个集团军被包围。维亚济马和布良斯克的战斗在10月的头两个星期打响,三个包围圈越来越小,最后,处在莫斯科外层防御阵线的苏联军队被消灭,通往莫斯科的道路完全被打开。

希特勒此时已经感到拿下苏联是件轻而易举的事,似乎占领苏联的战斗已经取得了胜利,在"台风行动"的第二天,希特勒就宣布"(苏联)已经被打败,而且永远也

尖叫死神 二战德国Ju 87"斯图卡"俯冲轰炸机战史

无法再崛起"甚至在"台风行动"开始4天后,德国都不接受莫斯科的投降,希特勒希望把斯大林的首都夷为平地。早在维亚济马和布良斯克包围圈被消灭前,莫斯科就面临着两方面的进攻危险,德国第3集团军向莫斯科北部的卡里宁(Kalinin,莫斯科北部偏西130公里)进攻,第2集团军向莫斯科南部的图拉(Tula,莫斯科正南150公里)挺进。在10月13日,德国占领卡里宁,就在这天,苏联中部战线开始下入冬的第一场雪,48小时后,松软积雪的厚度就达到了20厘米,飞机起飞变得非常困难。苏联的冬天开始显示威力,对德国来说这似乎是个不好的兆头,尽管天气越来越糟糕,"斯图卡"飞机仍然会接到呼叫后从空中支援地面部队。在从斯塔里察部署到新近被占领的卡里宁后,I/St.G 2大队于10月21日被命令粉碎苏联的反击,被围困的苏联红军已经在德国第1装甲师战线上冲出一个大缺口并向卡里宁方向进攻。

一个星期后,冲出突围的苏联红军一点点地靠近卡里宁,"斯图卡"飞机驻扎在卡里宁的机场已经处在苏联重型火炮射程之内。I/St.G 2大队再次奉命消灭这个威胁,一方面"斯图卡"飞机升空去寻找隐藏在树林里的苏联炮兵阵地,另一方面,机场的地勤人员也在加紧修筑工事防备苏联步兵的偷袭。

至10月底,"台风行动"的德国军队每天向前推进的距离只能用"码"(0.9米)来形容,雨雪是第一个头疼的大问题,冬天的第一场雪逐渐演变成绵绵不断的冻雨,这

■看看苏联烂泥时节是什么样子,人体重较轻还算好一些,马腿大部分已经陷入泥中,更可怕的是,一条烂泥路多次踩踏后会更松软。

第三章 "斯图卡"俯冲轰炸机战史

■转瞬间，烂泥季节就会变成严冬。不管是烂泥还是严寒对德国部队来说都不是好消息。

一似冷非冷又下雪又下雨的季节被称为烂泥时节，不论是机场还是道路都泥泞不堪，行军极为困难，特别是道路，夸张地说道路就像是粘粘的泥河，很多道路淤泥深度达到90厘米或更深。能在这种道路上通行的只有履带式车辆，即使是这些车辆行进也相当困难，事实上，德国的装甲部队就是在这种情况下一寸一寸地向莫斯科方向前进，St.G 1联队、St.G 2联队和St.G 77联队照例为这些装甲部队提供空中支援。

苏联的烂泥时期一般不会持续太长时间，高纬度的地区冬天来得快，1941年秋后这种情况也不例外，甚至可以说更糟糕，这对于入侵苏联的德国军队来说绝对不是个好消息。11月初，温度急剧下降，地面也被冻硬，这对于车辆的通行是好事，但这种好事非常短暂。11月6日，德国第XXIII集团军在St.G 2联队的空中支援下推进到离莫斯科只有15公里的地方，但是，24小时后，莫斯科下起了更大的雪，温度也下降到零下20度，这种温度下降并不是缓慢过程，而是一夜之间就见了底。这已经不能简单地称为冷了，简直就是严寒。

希特勒并没有计划在东部战线（侵略苏联）打持久战，他当初的设想是用"闪电战"对毫无准备的苏联发起进攻，并且在数月内就结束战斗，苏联的冬天是他想都没想的。由于巴尔干战役的干扰，入侵苏联的

尖叫死神 | 二战德国Ju 87"斯图卡"俯冲轰炸机战史

■ I/StG 77大队指挥官荷尔马特·布鲁克（左）和St.G 77联队指挥官斯秋伯恩中校在交谈。

"巴巴罗萨行动"被迫推迟到了6月22日，打到莫斯科的时候是11月初，如果按希特勒之前的计划，兴许情况真会像他想像的那样在苏联冬季到来前就占领苏联。但历史没有假设，打到莫斯科的德国军队赶上了苏联冬天，而德国根本就没有为士兵和空军地勤人员准备御寒衣服，也没有御寒的住所，车辆和武器更没有准备特别的润滑油和加热设备。解决士兵保暖衣物的问题是通过德国国内募集，特别是妇女的皮制衣物来解决，而机器遇到的问题就没办法解决了。

"斯图卡"部队仍然尽最大努力支援地面的战友，他们用尽一切可能的办法让飞机升空作战。很快莫斯科地区的温度就下降

■ 冬天是德国人第一大敌，德国和英国也是高纬度国家，但有大西洋暖流的关照，两国的寒冷程度远远比不上苏联。苏联的武器装备都是按本国的气候特点研制的，对于德国来说就麻烦了，为了让飞机顺利升空，德国空军想出很多办法，图中就是最原始的办法：在发动机下方升一堆火来烤飞机，注意看地面堆起的干柴。

第三章 "斯图卡"俯冲轰炸机战史

■ 零下30—40℃的低温,维护保养工作根本无法进行,为此,有人设计了图中的暖篷,德国人戏称是"咖啡屋"。

■ 从化雪的情况分析这应该是初冬,真正的苏联隆冬雪根本就不化。

到零下40℃,飞机发动机根本无法启动,为此,地勤人员只得在飞机发动机下方生起明火来给发动机运动部件加温。大雾和大雪也使得"斯图卡"飞机数日无法升空,但是,只要有一点点的可能,"斯图卡"飞机就会升空为那些急切盼望他们到来的地面部队提供空中支援,即使目标区上空的云层只有45米高,能见度不足900米。

到11月末,德国的各方面作战都几乎停止,严寒始终是难以克服的大问题,它所造成的不利后果也开始显现。11月13日,St.G 2联队的"斯图卡"飞机击溃了一支偷袭他们驻扎在卢萨机场的苏联部队,卢萨位于莫斯科以西90公里,苏联突出重围的部队靠近卡里宁后,St.G 2联队被迫转移到了卢萨。五天后,St.G 2联队消灭了苏联一个准备发起进攻的大型步兵集结

尖叫死神 二战德国 Ju 87 "斯图卡" 俯冲轰炸机战史

■在苏联中部,半米深的积雪再普通不过了,德国只能去适应而无法改变。

■冬日的机场,1架"斯图卡"飞机在起飞,远处的马拉雪橇悠闲地走过,根本没有一点战争气氛。

中心。11月26日,St.G 1联队的一个"斯图卡"编队当天出动数个架次支援仍然试图在南面攻占图拉的德国第2装甲集团军。11月28日是一个难得的好天气,因此中段战线所有的"斯图卡"大队都起飞,为最后一次尝试从四周几个方向同时进攻图拉的第2装甲

第三章 "斯图卡"俯冲轰炸机战史

■ Ⅱ/St.G 1大队的1架Ju 87B飞机起飞后正在爬升,这架飞机机腹没有携带炸弹,只在翼下携带4枚"迪诺特的芦笋"炸弹。此时,"斯图卡"飞机已经开始一改战争初期的绿色图装,采用了适合地理环境的雪地迷彩。

集团军提供空中支援,这些大队在这一天里都执行了4次以上的任务,但是德国的进攻再次以失败告终。

11月的最后一天,德国第4装甲集团军在"斯图卡"飞机的支援下沿着列宁格勒至莫斯科公路艰难地向莫斯科推进,这支德国装甲部队的第62装甲营在主力部队前12公里已经抵达了离莫斯科郊外约8公里的希姆基(Khimki,莫斯科北偏西)。德国这支先头部队甚至看到了莫斯科克林姆林宫建筑上的红五星,但是,他们没能再往前推进一步。

12月初,德国的进攻最终被迫停止,因为莫斯科当时的气温已经下降到零下50℃,莫斯科的严寒并不少见,但是像零下50℃这种低温并不常见。随着对苏战争速战速决的计划破灭,希特勒立即命令中部战线的德国空军第二航空队转移到地中海战场。12月8日,希特勒

■ 德国部队从西北部推进到莫斯科郊区,"斯图卡"部队一路伴随着对沿途重要目标实施了轰炸。图中显示的是"斯图卡"飞机正在轰炸莫斯科西北64公里处一个苏联红军司令部,司令部一栋建筑已经中弹。图中上方类似空对空导弹的是"斯图卡"飞机特有水平尾翼端板。

尖叫死神　二战德国Ju 87"斯图卡"俯冲轰炸机战史

颁布第39号战争令，内容就是随之而来的冬季里如何与苏联作战：

东部战线（苏联）极度严寒的冬天比预计来得早，（严寒）给部队的物资供应带来了很大的困难，迫使我们立即放弃所有大规模的进攻战，德国空军轰炸苏联部队集结和训练中心，压制苏联反攻的作战任务也不太可能。德国空军将使用一切办法防止敌人地面和空中的进攻。我保留命令莫斯科前线部队撤退到南部司令部（地中海）的权力。

希特勒关于部队全面处于防守态势的命令对于乔奇姆·里格尔上尉来说迟了一点，这位St.G 1联队第5中队指挥官在12月2日轰炸靠近莫斯科的苏联部队时遭到苏联战斗机的攻击，在躲避攻击时，他的座机与僚机相撞坠毁。1942年3月19日，他被追授"骑士十字勋章"。

希特勒战争令的最后一句话明显地是指第八航空军，这是德国空军第二航空队中唯一没有被调往地中海地区的单位，事实上，希特勒并没有使用他的"权力"把第八航空军调往地中海地区，这个单位仍留在莫斯科前线，作为中部战线1941－1942年间唯一的空军打击力量执行作战任务。换句话说，德国空军在东部战线的战斗几乎全部停止，几乎一半部署在东部战线的"斯图卡"大队于1941年撤出前线休息和补充飞机。Ⅲ/St.G 1大队和Ⅰ/St.G 2大队分别返回德国驻地施韦

■苏联1940－1941年的冬天不仅来得早，也更加寒冷，德国部队不得不暂停进攻。图中"斯图卡"飞机上已经覆盖了一层雪，远处是1架Ju 52/3运输机。图中显示的还只是初冬的雪，更大的雪还在后面。

因福特和伯布林根,而Ⅱ/St.G 77大队(在"台风行动"中已经划归第八航空军指挥)返回到波兰的克拉科夫。目前的形势是,除了IV.(St)/LG 1大队仍在北极圈外,截至1941年年底,整个苏联前线只有4个"斯图卡"大队。在南部战线的乌克兰,克里米亚和黑海当地的最低气温不过零下10℃,跟莫斯科相比并不算极端,因此,Ⅰ/St.G 77大队和Ⅲ/St.G 77大队的"斯图卡"飞机仍在这一地区对苏联陆军和海军保持着军事压

■南部战线的冬天也有雪花飘落,温度也会降到零下10℃,但比莫斯科一带的冬天可是强多了。图中这架Ju 87B飞机滑向装弹位置准备挂弹,飞机的涂装还没有更换。

■近处这架飞机正在维护,座舱内没人,发动机罩上方可见地勤人员一条腿。照片背景是9架"斯图卡"飞机刚刚升空。这架飞机已经改为雪地迷彩,对于从上方攻击的敌机来说,被攻击飞机采用迷彩图饰很重要。

尖叫死神 二战德国Ju 87"斯图卡"俯冲轰炸机战史

■从高处看采用了雪地迷彩的"斯图卡"飞机,效果非常明显,在大雪覆盖的背景里如果出现绿色迷彩飞机是非常显眼的。

力。但是,在中部战线,"斯图卡"飞机撤离了被精心防御的基地,Ⅱ/St.G 1大队撤退到布良斯克西北的斯泽琴斯卡亚,而Ⅲ/St.G 2大队撤退到维亚济马北部的杜基诺。

在1941年的最后三个月中,"斯图卡"部队又诞生了六名"骑士十字勋章"获得者,均来自St.G 2联队(见附录)。但是,个人荣誉奖章获得并不能掩盖1941年对苏联战争的失败,当1942年春天苏联战场的战争重新开始时,却又预示着"斯图卡"俯冲轰炸机在苏联前线使命逐渐走向终结。经过改进的新型Ju 87D飞机在苏联前线又战斗了18个月,但它的规模甚至对一场战斗的影响都微乎其微了。"斯图卡"飞机内在的缺点速度慢、机动性差、火力弱在Ju 87D上虽然进行了改进,但没有彻底消除。下一阶段的战争中,"斯图卡"飞机面临的是越来越强大的苏联空军,它的命运也许早已注定了。

二、1942年的大决战

被迫从前沿阵地撤退后,莫斯科前线的德国地面部队和空军在1942年刚开始的几个星期里与苏联新调来的西伯利亚师进行数次规模较大的战斗,苏联的这个师是按斯大林的命令部署到莫斯科前线并组织反击战,但是,这些反击战均被德国击溃。

1942年新年里第一批3个"斯图卡"飞行员"骑士十字勋章"于1942年1月6日颁发,其中之一就是Ⅰ/St.G 2大队的汉斯－乌尔里希·鲁德尔中尉,他获得勋章毫无疑问是他炸沉苏联"马拉特"战列舰的"壮举",但是,他的战绩远不止这一个,获勋的报告中还提到他摧毁了15座桥梁、23个炮兵阵地、4列装甲火车、17辆坦克和自行火炮。如果你对这一切感到惊讶的话，他会告诉你，这只是一个小小的开始。上文中就提到过，鲁德尔是个不合群的人，二战前他的上司就说他是一个古怪的人，在东部战线历经磨炼后，一些人逐渐接受了他，但明显不是全部，特别是上司仍不喜欢他。因此，鲁德尔中尉获勋后被选中结束战斗生涯返回奥地利作为St.G 2联队训练中队指挥官，这个训练中队就是为本联队训练参加前线战斗的飞行员。

1942年年初在德国，一个全新的Ⅱ/St.G 2大队正在组建，此前的Ⅱ/St.G 2大队前身是1938年成立的Ⅰ/St.G 162大队，在波兰和法国战役中，这个大队作为一个半独立单位参战。在英国战役和地中海战役期间，这个大队又隶属于St.G 3联队参加战斗。在北非战役高潮的1942年1月13日，该大队并入St.G 3联队，番号改为Ⅲ/St.G 3大队。这样，事实上St.G 2联队缺少一个大队，全新的Ⅱ/St.G 2大队在德国东普鲁士省纽库伦（Neukuhren，波兰语称皮奥涅尔斯基，现属波兰）组建为的就是补这个空缺。新Ⅱ/St.G 2大队指挥官为厄恩斯特·科波菲尔（Ernst Kupfer）上尉，其成员来自Ⅰ/St.G 2大队（当时正在德国休整并换装Ju 87D飞机）和联队训练中队。

因为根本就没有"斯图卡"飞机在北部战线，中部战线也只有Ⅱ/St.G 1大队和Ⅲ/St.G 2大队保持着对莫斯科前线的压力，1942年初在苏联战场唯一的"斯图卡"进攻任务就是Ⅰ/St.G 77大队和Ⅲ/St.G 77大队在南部战线采取的行动。例如1月4日，St.G 77联队的6架"斯图卡"飞机在克里米亚半岛附近海域发现"红色高加索"号巡洋舰正在被围困的塞瓦斯托波尔外海炮击德国部队，去年的9月，St.G 77联队已经轰炸过这艘当时正在敖德萨外海炮击轴心国部队的巡洋舰，但那次攻击并没有命中，这次的空袭也没有命中该舰，但4枚在军舰旁边爆炸的炸弹还是炸伤了"红色高加索"号的舰艉，伤情还挺严重，随后的10个月里这艘军舰都没能参战。

在支援德国南方陆军

■这是新成立的Ⅱ/St.G 2大队标识，这个大队指挥官是厄恩斯特·科波菲尔，他选择了这个图案作为大队标识，他的家乡一所教堂内有骑马人的雕塑。

尖叫死神 二战德国Ju 87"斯图卡"俯冲轰炸机战史

1941年秋天,德国第11集团军经过一个多月的苦战,最后终于突破皮列科普地狭,这相当于切断了克里米亚半岛上苏军的退路,岛上的苏联红军还没有被消灭,而且岛上西南部的塞瓦斯托波尔仍在苏联人手中。更为严重的是苏联军队可以从克里米亚半岛东部的刻赤海峡突出重围,而且这里正是德国战线的后方。1月的第一个星期,克里米亚半岛东部地区重新回到苏联人手中。1月4-5日晚,苏联红军发动了一次更为大胆的登陆行动,一个营的海军陆战队士兵在叶夫巴多利亚(Yevpatoria,克里米亚岛西部一个小港口)登陆。为了配合这次登陆行动,"红色高加索"号巡洋舰在塞瓦斯托波尔外海80公里处炮击了德国阵地以吸引德国人的注意。在叶夫巴多利亚登陆成功并不意味着登陆目的达到,登陆后,德国军队立即采取反击行动。参加此次空中任务的就是St.G 77联队,在"斯图卡"飞机的猛烈轰炸下,不到一个星期,登陆部队就全部投降。但是,克里米亚岛东

集团军时St.G 77联队的活动十分活跃,在1941年的最后几个星期里,这个联队奉命对被围困在罗斯托夫的守军发动突围反击进行了轰炸并消灭了反击行动。进入新年(1942年)时,St.G 77联队还曾协助塔甘罗格北部的米乌斯河防线的德国部队进行防御作战,随后的作战焦点从乌克兰转移到克里米亚。

■在开阔地带的一条公路上,"斯图卡"飞机击毁1辆苏联坦克,虽然目标小点,但"斯图卡"飞机的精确轰炸还是用得上的,炸弹不一定要直接命中坦克,在坦克附近爆炸就足以摧毁之。

部的刻赤仍在苏联人手中。

要及时有效地解决刻赤问题非德国空军不可,为此,德国空军司令戈林下令成立克里米亚特别参谋部。1月中旬,克里米亚的作战行动开始,克里米亚特别参谋部的三个特别战斗队主要攻击苏联黑海港口和海上航行为刻赤运输补给的舰船,St.G 77联队"斯图卡"飞机主要为德国地面部队提供近距空中支援,这支德国部队作战任务就是通过刻赤海峡把苏联部队赶出克里米亚半岛。此时,Ⅲ/St.G 77大队和Ⅱ/St.G 77大队已经结束在德国的休息和重新装备返回前线,而Ⅰ/St.G 77大队则返回德国休整并装备Ju 87D飞机。

不到一个月,戈林被迫下令结束克里米亚特别参谋部的使命。就在这时,苏联重新组织一次反击战,这支红军部队穿过伊久姆(Izyum,克里米亚岛东北部450公里)处的顿涅兹河后对德国部队造成的威胁比刻赤地区坚守的苏军更大,因此,南部战线的大陆急需轰炸机粉碎苏联的反击。被派往乌克兰这一地区的是Ⅱ/St.G 77大队。与此同时,Ⅲ/St.G 77大队仍在刻赤一带作战。2月24日,该大队的24架"斯图卡"对巴尔巴赫防线(Parpach Line)的苏联炮兵阵地进行轰炸,并且摧毁了这些阵地,巴尔巴赫防线是苏联刻赤守军在克里米亚半岛东部本岛与刻赤之间的瓶颈地带,整个防线长18公里。由于当地气候恶劣,五天之后,Ⅲ/St.G 77大队进行了40架次的俯冲轰炸,德国方面称

■Ⅱ/St.G 77大队结束德国的休整后重新返回苏联战场,这次这个大队带来的是全新的Ju 87D型"斯图卡"飞机。春天也是苏联烂泥时节,照片显示机场极为泥泞,飞行员只得拆掉起落架整流罩。

尖叫死神　二战德国Ju 87"斯图卡"俯冲轰炸机战史

这天的行动中,在巴尔巴赫防线的最北部摧毁了近20辆苏联红军坦克。3月2日和3日,"斯图卡"飞机再次返回这一地区,空袭行动对苏联装甲和运输部队造成了进一步的损失。

在顿涅兹前线,II/St.G 77大队的战斗更加艰苦一些,在行动中也遭受了巨大损失,包括本大队第6中队指挥官荷曼·鲁皮尔特中尉。3月2日在伊久姆一带,鲁皮尔特行动中遭到苏联战斗机的攻击,他的座机被击中起火,他本人丧生。

以肃清刻赤守军为目的的最后一战直到近两个月之后才进行,届时,换装Ju 87D飞机的 I /St.G 77大队从德国返回到苏联战场与联队其他单位驻扎在一起,即克里米亚半岛中部萨拉布兹周围一带机场。在代号为"猎鸨行动"的行动正式开始前的5月7日下午,St.G 77联队的"斯图卡"飞机从前线机场起飞对苏联反坦克炮阵地和其他巴尔巴赫防线以南的其他防御工事进行了轰炸。第二天早晨,德国部队发起了地面攻势,在这些行动中,St.G 77联队在5月8日一整天都保持着对敌人最南部防御阵线猛烈的打压态势,大部分飞行员在这天要执行五次作战任务,向苏联阵地投下了200吨炸弹。这么大强度的作战不可避免地使"斯图卡"部队也出现一定损失,5月9日这天(天气恶化最后下了一场大雨),II/St.G 77大队损失2架Ju 87D飞机。第二天清晨,天气仍然恶劣,一夜的大雨使得机场变成了沼泽,只有非常有经验的飞行员才能升空作战,天空中的云层高度只有45米,但是,作战行动必须要进行,只是轰炸改为在低空进行,这毫无疑问大大增加了飞机的损失。在5月11日的一次大规模

■作战强度大,事故率也随之上升。图中 I /St.G 77大队1架"斯图卡"飞机撞上了另1架"斯图卡"飞机,都是Ju 87D型,近处飞机的前后座舱都被抛掉,机组乘员慌忙逃生了。

作战行动中，St.G 77联队的所有大队在3点30分全部出动，但是，由于气候恶劣，这次行动只得中途放弃。

为"猎鸨行动"提供空中支援的德国空军，特别是"斯图卡"大队必须应地面部队要求及时出击。此时，士气低落的苏联守军正在朝克里米亚半岛最东部的刻赤港撤退，他们计划穿过刻赤海峡撤退到高加索地区。随着苏联红军撤退到刻赤，这里的苏联军队愈加集中，这又是一个集中歼灭的好时机，为此，5月12日，St.G 77联队发动了最后一次大规模轰炸行动。在这次行动中，Ⅲ/St.G 77大队第9中队指挥官约翰·沃尔豪瑟尔（Johann Waldhauser）中尉，"骑士十字勋章"获得者在俯冲轰炸刻赤附近目标时，他的座机被地面高炮直接命中，最终他未能改出俯冲状态。

刻赤最终在5月17日被德国占领，但是此时，St.G 77联队的"斯图卡"飞机已经离开了克里米亚半岛。德国空军俯冲轰炸机数量在苏联战场从来就没有达到"足够"，到1942年夏初，苏联从北部波罗的海到南部黑海的战线上发动了一次又一次的反击行动，这更突出了"斯图卡"飞机数量不足的问题。Ju 87飞机到目前为止取得的成功都跟一个人有关，那就是新近晋升为上将的第八航空军司令冯·里希特霍芬。他完美的领导水平确保了在他的领导下"斯图卡"飞机行动策划细致，打击集中有效。但是，这种情况不久就变得不可能了，因为德国空军高层决定让"斯图卡"部队在东部战线（苏联战场）执行并不擅长的"移动火力旅"，这种作战任务就是让"斯图卡"部队以联队、大队，甚至是单机在需要的时候奔赴最新战场。

在5月的第二周，下一个德苏即将鏖战的战场就是哈尔科夫一带。占领乌克兰基辅后，德国南面方面军挥师东进，很快在南北两个方向将哈尔科夫包围，德国在这场战役中投入了39个师和19个坦克旅（总计1000余辆装甲车辆），在这种情况下，被包围的苏联红军组织了一次规模较大的突围战。为哈尔科夫战役提供空中支援的是St.G 77联队，该联队的第一架"斯图卡"飞机于5月13日下午降落在哈尔科夫-罗甘机场，其余的飞机在48小时内也全部抵达该机场。随后的两个星期里，"斯图卡"飞机再次展示了其经典的俯冲轰炸战术，特别是苏联一支坦克部队试图突破德军包围圈时，St.G 77联队三个大队的"斯图卡"飞机奉命轰炸这支苏联坦克部队，最终阻止了其突围。在德国空军持续不断地轰炸下，加上斯大林命令严禁后退，哈尔科夫包围圈两个突出部被德国部队消灭，最终迫使被困的苏联20万以上红军投降，被缴获的坦克、火炮和其他设备无数。对于苏联来说，这是另一个灾难性的失败，但是，这也是最后一次这么大规模的失败了。

除了执行反坦克任务外，St.G 77联队还执行轰炸炮兵阵地、移动式"喀秋莎"火

尖叫死神　二战德国Ju 87"斯图卡"俯冲轰炸机战史

■ I /St.G 77大队指挥官荷尔马特·布鲁克于1942年5月29日查看被"斯图卡"飞机炸毁的英国"马蒂尔德"坦克,这些坦克是由英国支援苏联的。

箭发射炮、运输车辆和步兵集结中心等任务。苏联一些部队违反斯大林命令,设法后撤,但"斯图卡"飞机将顿涅河上的五座桥梁炸毁,堵住了这些部队的后撤之路。仅仅在三个星期里,St.G 77联队的"斯图卡"飞机就参与了两场重要的战役——刻赤战役和哈尔科夫战役,但是,他们没有时间休息,也没时间庆祝胜利,在5月结束前,他们又返回到克里米亚战场,在这里,德国地面部队同样编织了一个口袋,但"口袋"里的苏军抵抗十分顽强,丝毫没有投降的迹象。不消灭这些苏联红军对于德国向苏联纵深推进的部队来说就是一种威胁,特别是仍然固守塞瓦斯托波尔对于德国南部战线准备发动夏季攻势是莫大的威胁,为此,德国第八航空军被调往克里米亚半岛支援德国陆军第11集团军攻克塞瓦斯托波尔。但是,轰炸塞瓦斯托波尔绝非易事,这一地区天然的峡谷和深沟就是难以攻克的防御工事,外加20年来人工补充修建的工事使得这一地区成为一个超级堡垒。截至1942年,塞瓦斯托波尔港被陆地上24公里宽3500个独立的防御掩体构成的三层弧形工事保护着,很多防御掩体都依托天然的巨石而建。整个防御阵线长达320公里，部署着大量轻重武器，从轻机枪到四联305毫米的重型岸防炮。

1942年6月1日晚，冯·里希特霍芬上将报告称，他的单位已经做好进攻的准备。St.G 77联队对塞瓦斯托波尔并不陌生，早在1941年11月中旬被围困以来他们就数次轰炸过这座港口，苏联黑海舰队海军航空兵司令在1942年4月24日被Ⅲ/St.G 77大队的"斯图卡"炸死。"斯图卡"飞机即将发起攻击的是被称为"军事史上最坚固的堡垒"，并且有更为系统的周边防御体系，但是，塞瓦斯托波尔容易受到海上和空中的打击，这一地区的苏联空军力量相当薄弱，快速地消灭掉苏联空军，德国空军就可以完全掌握制空权。而且如果塞瓦斯托波尔港要长期固守，补给只能由海上航线进行。

德国第11集团军埃里切·冯·曼斯坦因上将非常清楚这些情况，他要求第八航空军在五个方面为其提供空中支援：

1.阻止苏联空军增援被困在塞瓦斯托波尔的红军；

2.日夜不停地轰炸塞瓦斯托波尔的防御工事，瓦解敌人的士气；

3.为第11集团军的进攻外围阵地的部队提供直接的空中支援；

4.通过不断轰炸消灭苏联炮兵，同时执

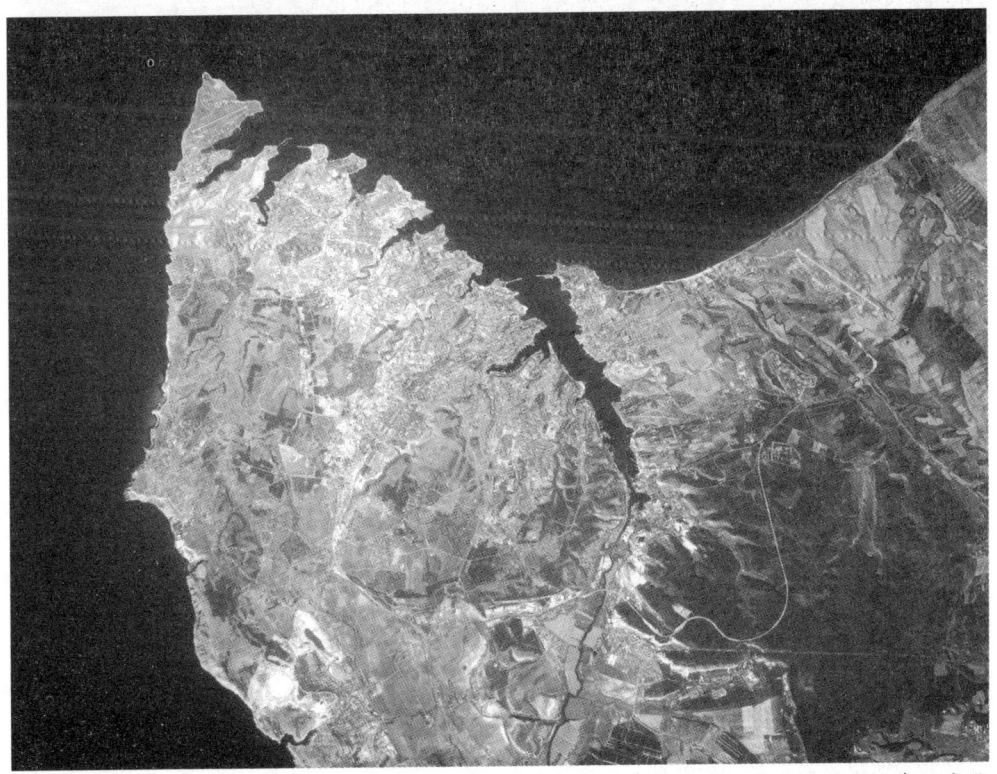

■塞瓦斯托波尔港的卫星照片。塞瓦斯托波尔港地理位置十分重要，自从有海上战争以来这里就多次发生重大战役。

尖叫死神 二战德国Ju 87"斯图卡"俯冲轰炸机战史

■塞瓦斯托波尔港的入口处有加固堡垒,图中堡垒已经遭过轰炸。

行观察飞行为德国反击的炮兵火力提供火力控制;

5.切断苏联空中和海上的运输线。

在正式进攻后的前五天,即6月2-6日,塞瓦斯托波尔的防御阵地开始遭受德国炮兵和飞机猛烈的炮击和轰炸,对于炮兵来说,德国组织了东线战役以来最为猛烈的炮火,德国投入使用的两个武器甚至让苏联高尔基要塞的305毫米岸防炮暗然失色,一种是600毫米履带式"卡尔"(Carl,更为人熟知的是"雷神"(Thor))迫击炮,这种巨型迫击炮在1941年的布列斯特战场上就已经投入使用。另一种是800毫米"多拉"(Dora)列车炮,这种巨炮是德国早期研制用来对付法国"马其诺防线",甚至可能的情况下轰炸直布罗陀海峡,但是这种火炮此前还没有投入过实战。

6月2日早晨6点,St.G 77联队展开了不间断的一系列轰炸行动,目的是削弱敌人的防御力量,"斯图卡"联队驻扎在萨拉布兹周围的三个大队所有飞行员一天要出动8个架次。除非接到特别的命令执行塞瓦斯托波尔沿岸轰炸任务,其他的作战任务很少能超过20分钟,这也说明执行任务的"斯图卡"飞机无法爬升到足够的作战高度进行俯冲轰炸。毫不奇怪,这就是后来被人称作"输送带"的作战,对中国人而言,"车轮战"这个词更好说明这种作战强度。除了这种地毯

第三章 "斯图卡"俯冲轰炸机战史

■攻占塞瓦斯托波尔的战斗从两个方面进行：一个是轰炸港口，消灭苏联黑海舰队；另一个就是轰炸港口周边的防御阵地。图中就是"斯图卡"飞机在轰炸塞瓦斯托波尔港。

■遭受轰炸后的塞瓦斯托波尔港升起了白烟。

尖叫死神　二战德国Ju 87 "斯图卡"俯冲轰炸机战史

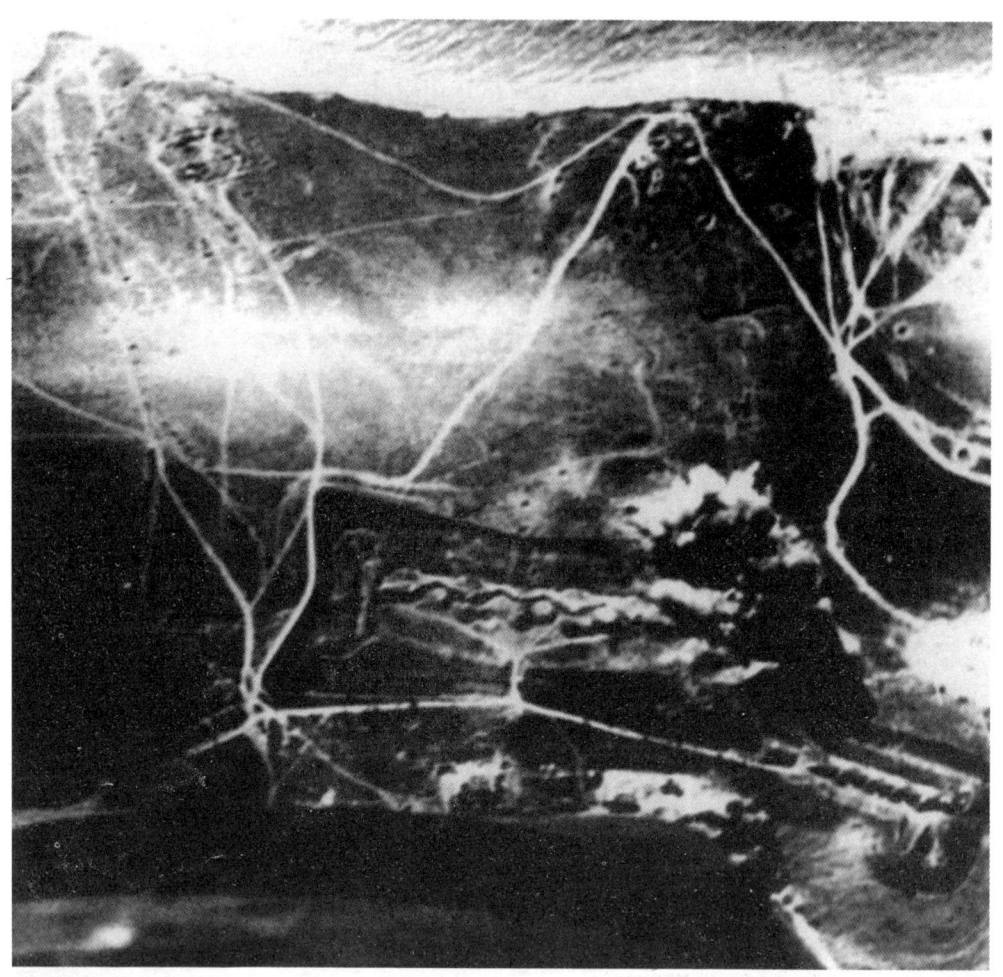

■这张照片极为罕见。照片是在1架"斯图卡"飞机垂直俯冲投弹时拍摄的,照片最下方黑色部分就是"斯图卡"飞机的发动机整流罩。故事背景是St.G 77联队"斯图卡"飞机轰炸塞瓦斯托波尔港岸边防御工事,防御工事周围的弹坑清晰可见。

式的轰炸外,St.G 77联队当然也会执行经典的精确定点俯冲轰炸,主要针对那些特别的、重要的目标。在这个阶段,"斯图卡"飞机轰炸了塞瓦斯托波尔发电站,严重破坏了城市电力供应系统。对于苏联守军来说,更为严重的是德国俯冲轰炸机炸毁了城市水厂,使得城市水供应中断。在五天的轰炸中,德国空军共出动3000次作战任务轰炸塞瓦斯托波尔,投下2250吨炸弹,在港口堡垒和其他防御阵线还投下24000枚燃烧弹。

6月7日第一缕阳光出现时,德国地面部队发起了总攻,St.G 77联队立即从车轮战转换到实施精确轰炸任务,对苏联的阵地和外围防御圈北部的要塞进行轰炸和扫射。"斯图卡"飞机还在近一个星期的时间里为德国进攻部队提供直接的空中支援,与此同时,

第三章 "斯图卡"俯冲轰炸机战史

■遭到轰炸后的塞瓦斯托波尔港,看看港口防御工事的厚度,只有重磅炸弹才能将其摧毁。

"斯图卡"飞机还会应地面部队的请求轰炸苏联后方的重型火炮阵地、岸防炮兵阵地,以及港口和海上运输线。

针对苏联红军远程火炮阵地的持续轰炸行动于6月14日开始进行,三天之后,空袭行动达到高潮,苏军最大火力最强的"马

尖叫死神　二战德国Ju 87"斯图卡"俯冲轰炸机战史

克希姆-高尔基"I要塞被彻底摧毁，取得这个记录的是St.G 77联队毛厄（Maue）中尉。但是苏联的说法却是第30海岸炮台（"马克希姆-高尔基"I要塞苏联的官方名称）因为用光了弹药被自己的部队炸毁。不管真实的情况如何，这个距塞瓦斯托波尔港口不到5000米的最重要堡垒遭到彻底摧毁后，整个港口的防御战出现重点转折，确切地说对苏联极为不利。在针对苏联防御体系北部猛烈炮击和轰炸后，德国军队和罗马尼亚军队突破第三层和最后一层防御阵线，并迅速向东部和南部推进。此时的"斯图卡"飞机也得对更远的目标实施轰炸。

6月18日，"斯图卡"飞机对克里米亚沿岸约95公里的苏联黑海舰队5艘舰船发起了攻击，这些苏联军舰正在返回塞瓦斯托波尔的途中。在空袭中，虽然没有炸弹直接命中军舰，但苏联舰队的领舰"哈尔科夫"号驱逐舰被近失弹严重炸伤，军舰无法再行驶，另一艘同级舰"塔什干"号驱逐舰不得不将其拖走。

随着塞瓦斯托波尔的战斗进入尾声，6

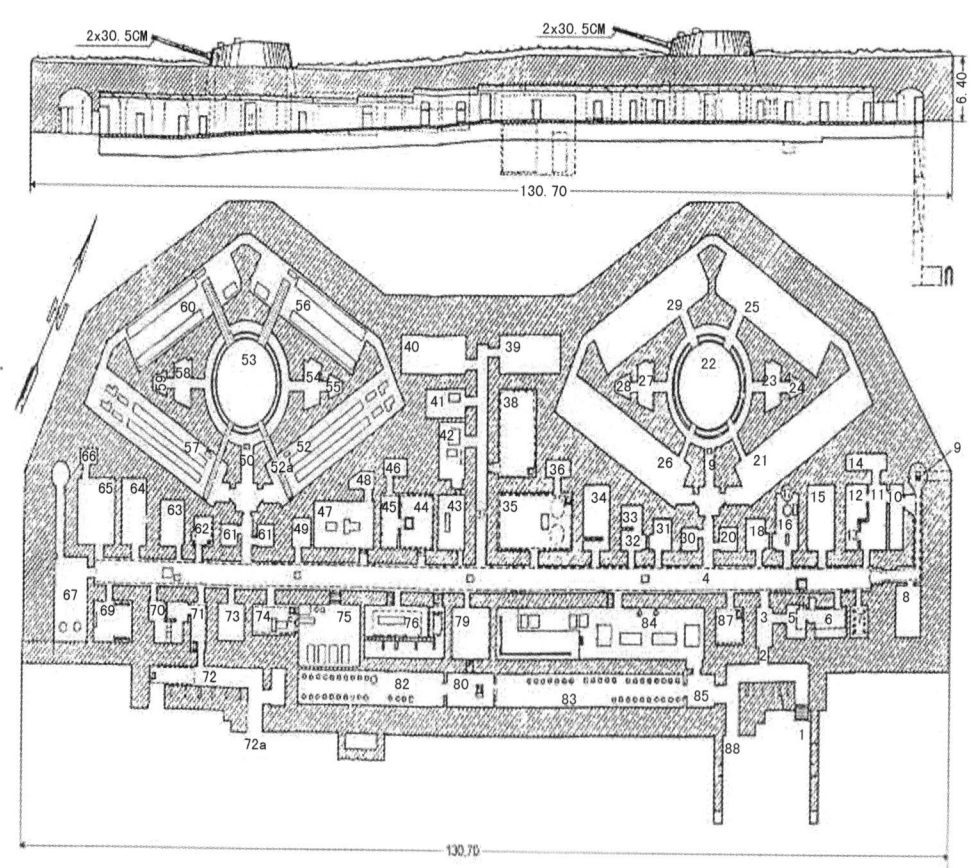

■ "马克希姆-高尔基"I要塞示意图，这个要塞有两个炮塔，每个炮塔有2门305毫米舰炮。

第三章 "斯图卡"俯冲轰炸机战史

■这两幅是被炸毁前的"马克希姆-高尔基"Ⅰ要塞照片。

尖叫死神　二战德国Ju 87"斯图卡"俯冲轰炸机战史

■要塞被炸毁后的惨景。

月23日，德国空军第八航空军大部分单位撤离克里米亚向北转移到乌克兰境内，留下的St.G 77联队在当天仍轰炸塞瓦斯托波尔港和港口的内部防御工事。6月26日，St.G 77联队的"斯图卡"飞机再次出现在黑海上空，苏联海军仍在尽最大的努力向塞瓦斯托波尔港运送补给物资和增援部队，6月18日那天"塔什干"号最后靠港为被围困的部队送去了1000名增援士兵。但是，另1艘军舰"完美"号运气差了点，它被Ⅱ/St.G 77大队沃尔纳·豪哥克军士长的"斯图卡"飞机送到了雅尔塔附近的海底。在雅尔塔沿岸的最东部，"斯图卡"飞机发现并赶走了一艘美国S.32潜艇。

紧接着第二天（6月27日），"塔什干"号驱逐舰的好运终于走到头了。此前，这艘驱逐舰已经来往塞瓦斯托波尔港40多次，在6月27日当天，"塔什干"号驱逐舰正载着2300名平民和伤员全速向东行驶。德国"斯图卡"飞机当然不会放过这艘屡次逃避打击的幸运船，在四个小时的空袭中，有近350枚炸弹在这艘军舰周围爆炸，就是没有1枚直接命中该舰队，仿佛有如神灵护体一般。St.G 77联队第8中队的荷尔伯特·达威戴特（Herbert Dawedait）军士长投下的炸弹也没有直接命中"塔什干"号，但落在舰旁的炸弹爆炸后炸伤该驱逐舰，导致该舰无法再行驶，但并没有沉没。由于军舰底部

■从伸缩炸弹挂架判断这是最早在苏联战场使用的Ju 87D型，这个型号飞机的弹架有一个弧形箍，此前型号挂架这个位置是"X"形加强筋。

尖叫死神 二战德国Ju 87"斯图卡"俯冲轰炸机战史

被炸出一个大洞,"塔什干"号驱逐舰进了1900吨的海水,其他舰船将其拖到新罗西斯克(Novorossisk),到达目的地后该舰还是沉入海底。

7月1日,德国空中轰炸和炮兵的炮击预示着塞瓦斯托波尔的战斗结束,到当天下午时分,饱经战火的港口最终落入德国人手中。但是,塞瓦斯托波尔地区东南部(克里米亚岛突出部位)的克尔索尼斯半岛上的苏联红军又坚守了一个星期,随着德国空军开始轰炸高加索沿岸的苏联海军黑海舰队主要基地,打算从海上撤退的苏联军队已经被切断了后路,最终95000名塞瓦斯托波尔地区的苏联红军被迫投降。

拿下塞瓦斯托波尔这个重要港口后,德国下一个目标就是苏联高加索地区,早在6月28日德国就发动了代号为"蓝色行动"的军事行动,这一行动最重要的目标就是斯大林格勒,而斯大林格勒战役是德国入侵苏联战争的一个转折点。先让我们回过头来看看"斯图卡"大队在北部莫斯科战线和北极圈的冬季战斗情况。

在北极圈地区,冬天根本无法作战,因此德国空军IV.(St)/LG 1大队在此冬眠了一个冬天。当从冬眠中醒来时已经是新的一年,而新年刚开始的战斗跟去年下半年的战斗基本上类似,要么轰炸苏联巴伦支海沿岸和白海沿岸港口,要么轰炸摩尔曼斯克通往苏联中心地带的铁路,唯一不同的是苏联红军空军越来越强大,而且组织性越来越强,对德国

■轰炸塞瓦斯托波尔港并不是件轻松的事,那里的防空炮火也十分了得,St.G 77联队第6中队的1架"斯图卡"机组乘员还没下飞机就激动地向地勤人员讲述作战经历。

第三章 "斯图卡"俯冲轰炸机战史

■冬眠了一个冬季后，IV.（St）/LG 1大队惊讶地发现单位番号改为了 I /St.G 5。图中显示的是北极早晨，鼓励别人时常说"太阳每天都是新的"，但对于 I /St.G 5大队来说，任务还是千篇一律，那就是轰炸摩尔曼斯克通往内地的铁路线。

"斯图卡"部队和地面部队的威胁也越来越大。事实上，苏联红军空军在1942年已经出现在所有战线上，苏联已经经过这个冬天的调整稳住了战争初期的混乱。也就是在这个时候，1942年1月27日，IV.（St）/LG 1大队番号改为 I /St.G 5。

为了保住重要的生命线，苏联在摩尔曼斯克铁路沿线修建了一连串的战斗机机场以拦截德国轰炸机对铁路的轰炸，而 I /St.G 5大队在1942年一整年里都在轰炸这条铁路。为了达到轰炸效果，德国Ju 87飞机在执行轰炸任务时大多数情况都有战斗机护航。对于"斯图卡"飞机来说，轰炸铁路这种固定目标并非难事，而且在实际作战中也多次炸毁铁路，但是苏联人修复铁路的速度也相当

快，跟1941年的情况类似，这条重要的生命线从来就没有中断过运行。德国对摩尔曼斯克铁路没完没了的轰炸达到了腻人的程度，但苏联人似乎在生死存亡的时候反击德国人的决心并没有动摇，而且斗志越来越高昂，这就造成这样一种局面：德国人反复轰炸，但取得的效果和投入的精力却不成正比，从军事角度讲就是没有达到战略和战术目的，因此，德国官方和公众也对这些公式化的军事行动失去了兴趣。但是，I /St.G 5大队在北极地区执行的对地攻击任务却相当受德国地面部队的欢迎，地面部队遇到麻烦就呼叫"斯图卡"飞机前来支援，后者真正成了前者的好伙伴。从哪个角度看，北极地区的"斯图卡"飞机执行的都是再平常不过的作

尖叫死神　二战德国Ju 87"斯图卡"俯冲轰炸机战史

战任务，因此，在1942－1943年间"斯图卡"部队获得的6个"骑士十字勋章"中没有一个属于Ⅰ/St.G 5大队。

Ⅰ/St.G 5大队受关注程度远远不如其他"斯图卡"大队，但是，平凡中也有突出的方面，即轰炸摩尔曼斯克港盟军运输线的作战任务。在新年伊始的几次成功轰炸盟军运输线的战斗中，较为有名的一次是1942年3月24日，"斯图卡"飞机在两次空袭摩尔曼斯克战斗中，1架Ju 87飞机投弹直接命中英国"兰开斯特堡"号商船，这艘排水量达到5172吨的商船属于PQ 12护航舰队，该舰队在此前的3月12日抵达苏联，在港口停泊期间该船被严重炸伤，随后的4月14日，另一次空袭中，"兰开斯特堡"号最终在停泊位被炸沉。9天后的一次空袭中，苏联1艘港口拖船和45吨的浮动起重船被炸沉。4月23日的另一次空袭行动中，Ⅰ/St.G 5大队的7架"斯图卡"飞机轰炸了摩尔曼斯克下游20公里处北穆尔斯克机场。

在随后的5月15日，"斯图卡"飞机再次返回摩尔曼斯克，当天的空袭行动中，Ju 87飞机炸伤了苏联Shch-403潜艇和美国排水量为6187吨的"亚卡"号运输舰，后者属于盟军PQ 14护航舰队，不久前才抵达苏联。48小时后，Ⅰ/St.G 5大队的"斯图卡"飞机

■要说最艰苦的就算Ⅰ/St.G 5大队了，不仅严寒难耐，还不被人关注。这个大队也已经换装了Ju 87D型"斯图卡"飞机，为了不至于冻坏飞机，飞机和加油车都覆盖了保温帆布或草甸。地面摆放着集束炸弹，在这一地区执行的轰炸任务并没有多少加固堡垒，不需要重磅炸弹。

对摩尔曼斯克南200公里的坎达拉克沙一带铁路进行了轰炸。6月1日当天，Ⅰ/St.G 5大队再次发动4次小规模轰炸行动，在这些行动中，"斯图卡"飞机终于将英国商船"星光帝国"号炸沉。英国这艘商船经历非常坎坷，它属于PQ 13护航舰队，"13"在西方是个不受欢迎的数字，这支舰队也确实挺倒霉，它是第一支在海上就遭受重创的北极护航舰队。由19艘商船组成的PQ 13护航舰队3月10日从英国出发，辗转到冰岛，最后于3月30日抵达摩尔曼斯克。一路上，这支舰队先遭受德国空军轰炸，再遇德国潜艇，途中就有6艘商船被击沉。抵达苏联后并没有安全多少，4月3日起德国"斯图卡"飞机开始轰炸停泊在港口内的舰船，"星光帝国"号在这期间也频繁遭到轰炸，有时甚至一天被炸七次之多。6月1日的空袭终于把"星光帝国"号送入海底，陪它一起沉没的还有苏联"苏伯特尼克"号运输船。但是，在6月1日的行动中Ⅰ/St.G 5大队损失1架"斯图卡"飞机，这架Ju 87飞机是被苏联空军战斗机击落的，紧接着第二天，又有2架Ju 87飞机被苏联战斗机击落，"斯图卡"飞机的真正克星来了！这天行动中苏联Shch-404潜艇被德国飞机炸伤。

6月23日，Ⅰ/St.G 5大队指挥官阿努尔夫·布拉希格离开大队到柏林任职，接替他的是汉斯－卡尔·斯蒂普（Hans-Karl Stepp）中尉，他原是St.G 2联队第7中队指挥官，新近刚获得"骑士十字勋章"。斯蒂普上任第

■倒霉不断的PQ 13护航舰队一路上被追着打，抵达摩尔曼斯克后仍遭到轰炸。图中这艘军舰后半截已经沉入水中。

二天，Ⅰ/St.G 5大队飞行员在科拉岛南部白海入海口击沉英国皇家海军扫雷舰"细丝"号。在1942年下半年，Ⅰ/St.G 5大队基本上仍在北极这一地区执行一成不变的作战任务，即轰炸摩尔曼斯克港和该地到苏联中部的铁路线，偶尔这个大队会改变作战任务，比如大队部分或全部单位离开挪威北部的基尔科内斯基到部署到北极或芬兰前线的其他地区。1942年6月28日，德国发动夏季攻势后，Ⅰ/St.G 5大队开始参与主要战线的战斗。

上文提到的苏联新调来的西伯利亚师在1942年年初的几个星期里在莫斯科前线随时准备进行反击作战，此时的St.G 2联队直属单位和Ⅲ/St.G 2大队正驻扎在莫斯科公路上维亚济马以北48公里的杜吉诺。1942年1月中旬，维亚济马的"斯图卡"部队成功地粉碎了勒热夫（Rzhev，维亚济马正北120余公里）附近试图突围的苏联红军。但是数天后的1月18日，杜吉诺反倒受到了苏联威胁，当天一支苏联装甲先头部队从北部迅速向杜吉诺靠近。获知这一情况后，机场保卫连指挥官克里斯肯中尉立即指挥地面人员加强机场周边防御工事，随时准备投入战斗，而St.G 2联队指挥官保罗·沃尔纳·豪兹尔少校和飞行员正等待新一天的第一缕阳光出现，以便升空消灭来犯之敌。苏联的装甲先头部队离杜吉诺非常近，战斗打响时，"斯图卡"飞机频繁起飞，整个作战时间不超过15分钟，一架飞机一个小时内就可以执行数次反坦克任务。但是，"斯图卡"飞机在没有安装特制的反坦克炮时的反坦克效果并不好，因此，苏联的装甲部队继续向前推进，但在机场附近，苏联装甲部队遭到机场守卫部队反坦克炮和重型高射炮的顽强反击，前进受阻。杜吉诺机场杂牌部队抵抗了72小时后，德国第2.SS装甲师派出一支特遣队匆忙赶来击溃了苏联装甲部队，恢复了这里的局面。这次苏联的反击有惊无险，总的来说，在莫斯科防线，苏联的突击行动均未取得成功。到2月中旬，苏联的突围反击基本上停止。

但是，德国中央集团军左翼靠近德国北部集团军的地区情况就大不一样了，在这地区，虽然苏联红军的反击并没有对德国整个防线产生重大的威胁，但苏联的反击却成功地将一些德国部队包围起来，这种装德国士兵的"口袋"还不止一个。在1月18日，也就是杜吉诺机场遭袭那天，苏联红军在德米扬斯克（Demyansk，伊尔门湖东南）编织了一个大"口袋"，95000名德国士兵被包围。1941年入侵苏联后，德国人多数情况下为苏联人编织了大"口袋"，到1942年，苏联人也开始回敬德国人，被包围在德米扬斯克的德国人要么投降，要么被消灭。但是，希特勒却宣布德米扬斯克和其南部小得多的霍尔姆（这里被围困了5000名德国士兵）为军事要塞，德国非但不放弃这两地，还从空中为其提供大量食物和弹药补给，希特勒希望德国被困士兵坚守并以此为反击苏联红军的堡垒。

负责为北方集团军提供空中打击任务的德国空军第一航空队并没有俯冲轰炸机单位,为此,德国空军不得不从其他机场调配"斯图卡"单位来增援包围圈内的德国军队。第一个到达德米扬斯克战线的是Ⅰ/St.G 2大队,这个大队冬天在德国休整并换装新型Ju 87D飞机,德国军队被包围后,该大队于1月19日立即从德国启程飞到德米扬斯克和霍尔姆正中间的德诺机场。投入战斗的Ju 87D很快就证明了自己的价值,这些"斯图卡"飞机不仅战斗在两个"口袋"地区,还挫败了苏联红军另一次试图突破德军位于旧鲁萨的防御阵线,旧鲁萨在伊尔门湖正南约30公里处,这里是重要的铁路和公路交会点。

尽管Ⅰ/St.G 2大队的Ju 87D在早期的Ju 87B的基础上做了很多改进,这个型号飞机在直接被地面高炮命中后仍然对飞行员很危险。2月12日,Ⅰ/St.G 2大队新任指挥官布鲁诺·迪雷上尉(二战爆发时率领第一支"斯图卡"编队执行作战任务的人)在低空轰炸旧鲁萨东部的苏联防线时座机被地面高炮炮弹直接命中,在迫降时飞机翻起了筋斗,迪雷上尉当即就不省人事,后座的机枪手/无线电操作员凯瑟尔军士长将其从飞机座舱拖了出来。随后的三天三夜,这两人一面要设法绕过苏联军队阵地,一面要与当地的严寒做斗争,最终他们安全地抵达德米扬斯克的德占区。这不是第一次"斯图卡"两名机组人员在敌后纵深迫降再步行返回,也

■大难不死的Ⅰ/St.G 2大队新任指挥官布鲁诺·迪雷上尉。

不是最后一次。

2月初，德国空军第一航空队的"斯图卡"力量因为Ⅲ/St.G 1大队的加入而增强一倍，Ⅲ/St.G 1大队也是刚刚在德国休整后返回战场。但是，Ⅰ/St.G 2大队和Ⅲ/St.G 1大队的"斯图卡"飞机总数也不过50多架，根本无法满足轰炸德米扬斯克和霍尔夫包围圈周围苏联红军的任务。虽然数量上不足，"斯图卡"飞机还是取得了一些特别的成功。2月的一次空袭行动中，Ⅰ/St.G 2大队的飞行员被请求去轰炸给德国地面部队造成很大麻烦的苏联装甲火车，这列装甲火车从旧鲁萨到德米扬斯克东部一线活动频繁，为的是协助苏联红军最新一次行动试图消灭德米扬斯克包围圈内的德军。接到命令后，"斯图卡"飞机立即展示出"飞行炮兵"的能力，这列有六节车厢的装甲火车被炸后完全脱轨，其中两节车厢压在其他车厢上，其余四节车厢侧横在铁轨上。

在战场上，"斯图卡"飞机不仅轰炸苏联目标，它也在另一方面给德国地面部队提供支援。为了提高空中物资补给的效率，在德米扬斯克包围圈内的德国在包围圈内修建一个临时机场以供Ju 52/3m运输机降落，这样，德国军队不仅可以获得物资补给，也可以得到兵员补充。霍尔姆包围圈内的3500名（原来有5000人，战斗中死伤不少）士兵就没这么好运了，这支部队的物资补给完全

■ 这是1942年6月28日一次轰炸苏联装甲火车的侦察照片，火车已经被炸毁，铁路两侧有弹坑，但明显一侧多一些。

依赖空中伞投。这个包围圈小,大型运输机的物资空投会出现一些偏差。"斯图卡"飞机精确定点轰炸早就声名在外,为此,有人想出让"斯图卡"飞机为霍尔姆包围圈内德军特别单位来空投急需的物资。在实战中,"斯图卡"飞机多次应包围圈内德军要求执行这种任务。

然而,两个包围圈的战斗却逐渐减弱(4月21日,德米扬斯克包围圈被德军突破,两个星期后,霍尔姆包围圈也被解除,德国军队牢牢占据着这两地),两个包围圈战斗减弱的原因是苏联红军把注意力转移到了沃尔科夫河一线,这条河流从伊尔门湖向北连接着拉多加湖。德军在沃尔科夫河一线构筑防线将列宁格勒包围起来,苏联红军就是想打通这条防线方便为城内守军运输物资。

进入3月,"斯图卡"飞机的主要空中活动出现在地面部队战斗最激烈的地方,在3月6日,St.G 2联队的第3中队指挥官弗雷德里切·普拉特兹尔(Friedrich Platzer)中尉在当天的作战任务中座机发动机被高炮击中,他被迫在伊尔门湖附近实施了迫降,迫降过程中"斯图卡"飞机冲进了一处沟里,来个底朝天,飞机上两名机组成员全部丧生。普拉特兹尔中尉已经执行过近400次作战任务,死后的4月5日,他被追授"骑士十字勋章",并晋升上尉军衔。

■被困在喀琅施塔得—列宁格勒港口内的苏联波罗的海舰队。

尖叫死神 二战德国Ju 87"斯图卡"俯冲轰炸机战史

同样在3月，第三个"斯图卡"大队加入到第一航空队北部战线的战斗序列，这支从德国本土直接过来的就是新近重新组建的Ⅱ/St.G 2大队，大队指挥官是厄恩斯特·科波菲尔上尉，上文已经提到过它的来历。但是，Ⅱ/St.G 2大队在沃尔科夫战线的初次战斗并不顺利，在一次执行完战斗任务返回基地正准备着陆时，执行任务的"斯图卡"编队遭到苏联空军战斗机的攻击，6架Ju 87D飞机要么被击落，要么被严重击伤。3月底，"斯图卡"飞机作战范围向北扩展到列宁格勒一带，德国决定在冰雪融化之前再次对苏联波罗的海舰队的主要舰船发起新一轮攻击，高纬度地区冰层融化迟，海水开化后苏联舰船便可以到开阔水域炮击德国实施包围的部队，到时德国实施攻击的难度会加大，德国人必须在海水开化前摧毁苏联军舰。用德国第一航空队的命令描述就是"攻击停泊在咯琅施塔得－列宁格勒港口地区的苏联主要军舰，以及摧毁苏联高炮阵地"。

以消灭苏联咯琅施塔得－列宁格勒港口内军舰为作战目的行动代号为"破冰行动"，为这次行动准备的空军飞机中有62架Ju 87D飞机（Ⅲ/St.G 1大队和Ⅱ/St.G 2大队），"斯图卡"飞机在这个行动中的第一个作战任务于4月4日进行，当天行动时，负责为"斯图卡"飞机护航的梅塞施米特公司的战斗机负责将苏联战斗机拦在港湾以外，Ju 87D飞机则对港湾内的苏联舰船发起攻击，但是，苏联的地面防空炮火异常猛烈，

这里的火炮密度是英国防空火力的八倍之多，密集的炮火就是防止德国空袭对苏联海军舰船造成破坏。在空袭中，"斯图卡"飞机投下的1枚炸弹直接命中"基洛夫"号巡洋舰，不过这枚炸弹并没有爆炸。苏联"十月革命"号战列舰并没有被爆炸直接击中，只是被落在舰旁的炸弹炸成轻微伤。港湾内的其他巡洋舰和小型舰船跟"十月革命"号战列舰的命运大同小异。当天晚上He 111轰炸机对苏联军舰再次实施轰炸，但没有取得什么战果，很显然，德国发动的"破冰行动"并没有取得成功。

在此前1941年秋天轰炸咯琅施塔得行动中，德国人已经意识到重磅炸弹对于攻击舰船的重要性，但是，在1942年的"破冰行动"开始三个星期后的4月24日这些重磅炸弹才被运到战场。此时，德国空军第一航空队计划发动代号为"格茨·冯·伯利琴根行动"（operation Gotz von Berlichingen，格茨·冯·伯利琴根是德国16世纪武士，他有一个人工打造的铁手）又一次空袭苏联波罗的海舰队行动。4月24日发动的空袭行动取得的战果甚至不如"破冰行动"，这一阶段的空袭行动中，苏联"基洛夫"号巡洋舰再次遭到2枚炸弹的直接轰炸，这艘顽强的巡洋舰终于被炸沉。而"十月革命"号战列舰再次逃过一劫，只是受点轻伤。行动中，1架"斯图卡"飞机被击落，Ⅰ/St.G 2大队另1架Ju 87飞机的飞行员荷尔伯特·保耶尔（Herbert Bauer）少尉的下颌骨被机枪子弹

第三章 "斯图卡"俯冲轰炸机战史

■开春了,"斯图卡"飞机想趁着海冰未融化再次空袭喀琅施塔得—列宁格勒港口地区的苏联主要军舰。上图中为St.G 1联队第9中队的1架Ju 87D飞机,发动机已经启动,飞机后面是高高的雪堆。这架飞机本来采用的是雪地迷彩,飞机机身以白色调为主,但是发动机排气管排出的烟将飞机侧面熏黑,原因就是发动机不适合北极气候条件下使用。下图中同中队另1架飞机机翼挡住了被烟熏黑的部位,但远处那架飞机可以看清情况。

打碎,尽管受伤严重,他还是设法驾驶飞机在列宁格勒南部25公里的前线机场成功着陆。后来,他伤愈后继续参加战斗并且作为对地攻击飞行员获得"骑士十字勋章加橡树叶勋章"。

24小时后,"斯图卡"部队再次出动

| 尖叫死神 | 二战德国Ju 87"斯图卡"俯冲轰炸机战史

■遭到轰炸的"十月革命"号战列舰,炸弹只是落在了军舰旁边,因此只受点轻微伤。

40架Ju 87D飞机,但是,这些"斯图卡"飞机未能突破列宁格勒周围的防空高炮,加上苏联战斗机前来拦截,"斯图卡"编队被迫返回卡拉斯诺格沃迪斯克,行动中Ju 87D飞机没有任何损失。4月的最后一天,"斯图卡"部队出动最后一次空袭任务,据称,这次行动德国只出动3架Ju 87D飞机。德国"斯图卡"飞机计划消灭苏联波罗的海舰队的行动在悄无声息中收场。最后一次战斗不久,即5月初,St.G 2联队(除一个中队外)的Ⅰ/St.G 2大队和Ⅱ/St.G 2大队奉命陆续从列宁格勒和沃尔科夫前线撤回到德国。与此同时,Ⅲ/St.G 2大队从维亚济马出发,短暂在斯摩棱斯克和维捷布斯克(Vitebsk,属白俄罗斯,在斯摩棱斯克西北100公里处)停留后返回到奥地利维也纳-格拉兹休整。Ⅲ/St.G 2大队此前从杜吉诺转移到不远处维亚济马后一直在莫斯科前线执行作战任务。

St.G 2联队的退出意味着这个阶段曲曲折折绵延1950公里的苏联北部和中部战线只

第三章 "斯图卡"俯冲轰炸机战史

■挂满炸弹的St.G 2联队"斯图卡"飞机编队,此时,飞机的雪地迷彩又换回了绿色。

剩下两个"斯图卡"大队在作战,即Ⅱ/St.G 1大队和Ⅲ/St.G 1大队。在对苏联波罗的海舰队实施的第二次打击行动失败后,Ⅲ/St.G 1大队再次返回到德米扬斯克－霍尔姆地区,在这里,苏联红军计划再次发动攻势。在整个这段时间里,Ⅲ/St.G 1大队的损失一直在稳步增加,大队有十余名飞行员在战斗中丧生,大量飞机要么被摧毁,要么受伤后注销,抑或是受伤。大部分的损失是苏联高炮部队造成的,只有2架"斯图卡"飞机是被苏联战斗机击落的。

就在同一时期,Ⅱ/St.G 1大队也一直在中部战线战斗着,这个单位在1941年冬天的大部分时间驻扎在莫斯科西南的斯泽琴斯卡亚,其间,大队成员轮流返回德国休整并换装新型Ju 87D飞机。1942年春天,Ⅱ/St.G 1大队恢复满员编制后立即对苏联的反击部队实施了轰炸。在1942年春天来临后,苏联红军为了把莫斯科周围的侵略军赶走发动了一系列反击战,有些战斗的规模相当大,Ⅱ/St.G 1大队在这些激烈的战斗中频繁出动,而且几乎没什么损失,但是,这种好运到5月21日就改变了。

在这一时期,对德国来说最重要的目标就是莫斯科周围公路和铁路上的重要桥梁,苏联红军依靠这些供应线路运输补给物资,切断这些供应线路上的桥梁就足以给苏联红军造成麻烦,甚至无法发动反击攻势。莫斯科西部主要供应线路上有一座桥梁尤其得到德国空军关注,为此,Ⅱ/St.G 1大队指挥官

507

尖叫死神 — 二战德国Ju 87"斯图卡"俯冲轰炸机战史

冯·马拉皮尔特－纽夫威利（Von Malapert-Neufville）上尉率领一支"斯图卡"编队前去轰炸这座桥梁，这次是他参加的第510次作战任务。在空袭行动中，他在"令人惊讶的高度"投下1枚炸弹，炸弹准确地命中桥梁，桥梁也被摧毁，但同时他的座机发动机散热器被苏联高炮击中，油温立即上升到危险程度，他被迫紧急迫降。后来的报告称，他驾驶着受伤的飞机在一处无人的地区迫降，迫降是成功的，他和后座乘员奥托·米斯军士长没有受伤，下了飞机后两人准备返回德占区。纽夫威利没有想到的是他俩的迫降早就被苏联人盯上了，就在他从地面站起准备最后一跃跳到安全地带时，苏联的狙击手一枪命中他的头部。奥托·米斯成功逃脱，随后德国一支小分队出动将纽夫威利的遗体找了回来。纽夫威利上尉被埋葬在斯泽琴斯卡亚，他生前曾获得过"骑士十字勋章"，后来的6月8日被追授"橡树叶勋章"。

这个时候，战场的形势在发生变化，"斯图卡"部队的方方面面也在发生着变化，已经苦战六个月的St.G 2联队此时再次返回德国换装新装备。上文已经提到过，由于战场环境的变化，"斯图卡"飞机最近在苏联前线的作战角色已经转换到"移动火力旅"，苏联国土面积大，"斯图卡"飞机的数量不足以应付各个战场的需要，况且苏联的军事力量也在不断增长。"斯图卡"飞机在苏联某段战线的部署数量通常只有几十架

■虽然是在冬天，St.G 1联队第9中队却能享用Ju 88轰炸机的机棚，这种待遇算是非常好的了。

（最多时可达100余架），根本无法形成合力，因此德国空军高层研究决定让数量有限的"斯图卡"飞机成为独立的散兵游勇战斗队伍参与作战，也就是说这些"斯图卡"飞机以单机或双机，或是小编队的形式在前线寻找目标作战，不必应地面部队要求参与集中的打击行动，这样，德国空军的运输机部队就不必频繁地将"斯图卡"部队的重要设备和人员运输到某个新基地，从这一点看，"斯图卡"飞机在苏联前线的作用在下降。其实这不能怪"斯图卡"飞机，这种飞机是进攻武器，攻坚克难是它的拿手好戏，此时的战场态势是胶着，"斯图卡"的看家本领使不出来。

就是在这种政策的指导下，St.G 2联队在6月中旬返回苏联战场，这个联队如今的装备完全适应新任务的要求，具体地说就是St.G 2联队1/4以上的Ju 87D飞机改进后安装了拖钩，而联队刚装备了40架运输滑翔机，这样就使得一个独立的联队成为快速部署力量。有一点还需要提到，德国此时的运输大队也难应付战场的需要，在德米扬斯克和霍尔姆地区运输补给期间，德国国内训练学校的飞机，以及运输机教官都披挂上阵参与运输行动，"斯图卡"单位转移部署也需要大量运输机为其运送设备和人员，有了滑翔运输机，他们就可以自己解决问题了。

St.G 2联队返回苏联战场，但并没有返回中部战线，此时的希特勒似乎对攻占莫斯科已经失去了兴趣，他把注意力集中到了更实际，更有价值的目标：苏联东南部的高加索油田。以此为目标，德国在1942年夏天发

■返回苏联战场的St.G 2联队，飞机整流罩上的德文是"泰德熊"，这架飞机是由冈瑟尔·斯切米德驾驶的，他原来是St.G 2联队指挥官科波菲尔的副官，1942年年底升任该联队第5中队指挥官。

尖叫死神 二战德国Ju 87"斯图卡"俯冲轰炸机战史

动了代号为"蓝色行动"的军事行动。从奥地利出发后，途经德国保护国和波兰，St.G 2联队首先在乌克兰日托米尔停留，随后，联队的"斯图卡"飞机以3架飞机为一组组成小编队向最终的目的地库尔斯克东部机场进发。德国这么做的目的隐蔽自己的行踪，不让苏联人知道"斯图卡"飞机的部署情况，不管德国人这种做法是否起到了效果，德军在1942年夏天发起攻势确实获得了很大的成功。

"蓝色行动"于6月28日正式开始，德军仍采用多次实战运用并获得成功的钳形夹击攻势，即德国陆军两个集团军突破苏联红军防线后向库尔斯克东部和东南两个方向挺进，向这两个方向挺进并不是要进攻库尔斯克，事实上德军想从西部和西南呈钳形夹击库尔斯克正东200公里处的沃罗涅日，然后再向东推进到苏联高加索地区。攻占这座城市不仅对进攻莫斯科的德军至关重要，同样对德军向苏联东南部高加索油田进军意义重大。在沃罗涅日战役中，St.G 2联队不仅要支援145公里外向沃罗涅日推进的德国装甲部队，还出动整个联队的120架Ju 87D飞机对沃罗涅日城市本身进行轰炸，特别是根据情报显示该市有4个兵工厂正满负荷生产武器弹药。

首先，St.G 2联队直属单位和Ⅱ/St.G 2大队的共45架Ju 87D对沃罗涅日市内的一个坦克生产厂进行了轰炸，其余6个中队分别对其他三个工厂，即一家火炮生产厂和两家弹药生产厂进行轰炸。所有四个目标被"斯图卡"飞机投下的500公斤和50公斤高爆炸弹严重炸毁，而参与行动的"斯图卡"飞机没有任何损失。在沃罗涅日上空，"斯图卡"飞机没有遇到一架苏联战斗机，地面防空炮火也相当地弱，参加过其他战场的老飞行员称这里的高炮火力远不及苏联其他地区，如咯琅施塔得和塞瓦斯托波尔等地。德国的空中行动取得了意想不到的成功，因此德国地面部队的行动进展也异常顺利，到7月6日德国就占领了沃罗涅日。在沃罗涅日战役中，苏联人已经从之前的战役中汲取了教训，即在德国部队包围沃罗涅日之前，苏联红军不再执行斯大林的"不惜一切代价坚决不撤退"的命令，而是有秩序地撤离该市，这也是为什么沃罗涅日的抵抗如此之弱的原因。

面对轴心国部队的不断推进，苏联布良斯克师和西南战线部队已经放弃与德国军队正面交锋并向东撤退，在苏联战争初期，固执地认为一寸土地也不能丢失的斯大林如今也清醒地意识到暂时丢失国土为的是保存实力再次夺回自己的国土，苏联国土面积大，战略纵深深，对于长期作战有着优势。对于希特勒来说，他认为苏联红军的最新撤退表明他赢得了东部战役的胜利，照例，他在评论1942年夏季战役时宣布"敌人已经被打败"。占领沃罗涅日后，德国采取下一步军事行动时总的部署做了调整，首先将德国南方集团军分为两个独立的集团军，即A集团军和B集团军。A集团军直接向高加索推进占领油田，B集团军进攻东部的斯大林格勒；其次，将"蓝色行动"代号改为"布伦斯威克行动"。

为德国整个南部战线提供空中支援的是德国空军第四航空队，这个航空队也理所当然地分为两个部分，下辖的第四航空军，包括最近刚从塞瓦斯托波尔战场转移到该地区的St.G 77联队，该联队负责掩护向高加索推进的德国地面部队；第八航空军，包括St.G 2联

■只要有可能，"斯图卡"飞机就会在树林中隐蔽，这几乎成了规矩。1942年夏季攻势德国取得了巨大的胜利，德国的实力已经到达了顶峰，接下来就该是另一种结局了。

尖叫死神 二战德国Ju 87"斯图卡"俯冲轰炸机战史

队则跟随德国地面部队向斯大林格勒前进。希特勒在1942年7月23日的元首令中描述德国空军的作战任务称:

> 德国空军的作战任务主要是为横渡顿河的地面部队提供空中支援,以及集中力量摧毁铁木辛哥集团军(苏联西南方面军)。另外,进攻斯大林格勒的B集团军也将得到空军的保护,尽早地摧毁和占领斯大林格勒非常重要;第二,必须有足够的空中力量配合攻占巴库油田的地面部队。必须意识到高加索油田对未来战争的极端重要性,对高加索地区石油精炼厂和油库的空中轰炸只有德国地面作战期间绝对有必要时才能进行。

从希特勒的作战令可以看出,德国准备进行的是两个方向同时进行的重要战役,德国两个集团军从同一地点出发,随着战事的发展逐渐分开,越到后来两个集团军相距就越远。把德国作战力量分为两个部队的做法事实上造成一个后果,那就是任何一个集团军(包括空中支援力量)都不够强大到实现各自的作战目标,希特勒低估了苏联人的指挥能力,最终"布伦斯威克行动"的灾难性后果就是德国走向灭亡的开始。好在灾难还没有立即显现。

在沃罗涅日战役中为德国南部集团军提供空中支援战斗结束后,St.G 77联队向前部署到苏联重要工业城市伏罗希洛夫格勒,同样,在这里的大部分苏联红军防御部队放弃战斗向东穿过顿涅兹河撤退到后方,7月19日,德国人几乎没遇到什么抵抗就占领这座

■图为St.G 77联队的第3中队的Ju 87D飞机。近处这架"斯图卡"飞机前四个人中,没有戴帽子、头发凌乱的小伙子就是日后获得"骑士十字勋章"的赫尔伯特·拉本,他是St.G 77联队中最优秀的飞行员之一。

城市。这时，德国陆军第17集团军正快速向顿河畔罗斯托夫（亚速海东岸）靠近，这里是进军高加索地区的必然通道。在1941年11月初，这座城市曾经被德国第1装甲集团军占领，但在11月底，这座城市再次被苏联人夺回。现在是时候易手了。St.G 77联队在即将到来的进攻高加索战役中执行重要的空中轰炸任务，部署到伏罗希洛夫格勒几天前，这支久经战火考验的联队已经完成了侵略苏联战争以来30000次作战架次，在庆祝联队这种"辉煌业绩"的时刻，德国空军元帅戈林发来了祝贺。

7月22日，即罗斯托夫被占领前24小时，在罗斯托夫上空，St.G 77联队的第8中队指挥官吉尔哈德·包豪斯（Gerhard Bauhaus）上尉在作战中座机被苏联地面炮火击中，包豪斯的Ju 87D飞机燃起熊熊大火。这位此前已经获得"骑士十字勋章"的33岁飞行员严重受伤，虽然立即被送医治疗（先是在乌克兰，后被送往德国），但还是于当年9月2日死亡。

7月28日，St.G 77联队的部分"斯图卡"飞机再次回到轰炸苏联海军舰船的任务中，这次他们的目标不是苏联黑海舰队的巡洋舰和驱逐舰，而是亚速海舰队的4艘武装炮艇，这些炮艇从亚速海沿顿河后撤到上游地区，再转到马内奇河中。德国"斯图卡"飞机在萨利斯克段的马内奇河中发现这4艘炮艇并发起攻击，当即就有3艘炮艇被严重炸伤，为防止这些炮艇落入德国人手中，苏联人自己将其炸沉。

到7月底，St.G 77联队已经从伏罗希洛夫格勒转移到罗斯托夫，在此，"斯图卡"飞机为德国A集团军强渡顿河的部队提供了空中支援，而渡了河的德国地面部队立即呈扇形向高加索地区推进。渡河后进军高加索的初期，德国部队进展迅速且顺利，前进道路上城市均很快被德军占领，伏罗希洛夫斯克（Voroshilovsk，1943年后更名为斯塔夫罗波尔）在8月3日被占领，六天后迈科普沦陷，此后四天克拉斯诺德尔也被占领。苏联人的战略还是放弃抵抗，将部队撤退到高加索山脉南部地区，保存实力日后再战，德国部队则紧追不舍。8月21日，一支由德国第1和第4山地师抽调人员组成的分队在高加索山脉最高峰厄尔布鲁士峰（Mount Elbrus）插上了德国纳粹党旗。这种做法在德国起到了很好的公众效应，但是对于军事意义却并不大，此时的德国A集团军已经精疲力竭，无力再往前攻。在德国A集团军右翼，苏联红军仍牢牢地控制着黑海沿岸地区，这里仍有数个苏联海军黑海舰队重要基地。在A集团军的左翼，黑海附近巴库周围的油田仍遥不可及，苏联实在太大了。

相比之下，德国B集团军针对顿河北部斯大林格勒的战役不论是规模上还是重要性上都远非A集团军可比同，甚至高加索一带的战斗跟斯大林格勒战役相比只不过是一个小插曲。就在德军把纳粹旗帜插上厄尔布鲁士峰的前一天，Ⅰ/St.G 77大队撤离高加索

尖叫死神　二战德国Ju 87"斯图卡"俯冲轰炸机战史

■1942年8月22日，St.G 77联队的第7中队指挥官奥托·斯切米德特和他的后座机枪手共同庆祝他们俩第500次作战任务顺利完成。他俩后面的飞机是Ju 87B-2/trop型，也就是说是热带型，注意看热带型号上才有的增压器方形过滤口。这架飞机发动机整流罩上写着"亨兹·巴姆科"（Heinz Bumke），这架飞机原属在1941年10月15日战斗中阵亡的亨兹·巴姆科。德国空军在飞机上写上已故战友名字非常普遍。

战场加入到斯大林格勒前线，而St.G 77联队直属单位和Ⅱ/St.G 77大队在8月底前也从塔甘罗格撤离进行休整和换装新装备。为了弥补这些单位的撤离，一支"斯图卡"中队加入到Ⅲ/St.G 77大队以加强高加索地区的空中支援。这支新到的"斯图卡"中队指挥官就是汉斯－乌尔里希·鲁德尔，上文说过他在3月返回到奥地利担任了St.G 2联队的训练中队指挥官，此时，他率领中队回到克里米亚的萨拉布兹，为的是参加高加索地区战斗。但是，克里米亚半岛离德军的战线还是有点远，在他的极力要求下，这支训练中队

第三章 "斯图卡"俯冲轰炸机战史

在8月中旬又部署到迈科普,在这里鲁德尔可以随时参与战斗。

鲁德尔中队的训练用"斯图卡"飞机杂七杂八,型号老,性能落后,这些飞机在高空跟St.G 77联队的Ju 87D飞机飞在一起明显地就能区别出来,但是,这支训练中队却在战斗中取得了骄人的成绩。在多次参与轰炸苏联黑海舰队位于图阿普谢主要基地后,鲁德尔觉得这里的防空力量跟喀琅施塔得地区相比简直不值一提。甚至鲁德尔的中队还和苏联一列装甲火车玩起了猫捉老鼠的游戏,这列装甲火车时不时地会从图阿普谢附近的一条山谷隧道冒出来向德军阵地开火,射击完成后再返回隧道,"斯图卡"飞机也很难逮住它,最后,"斯图卡"通过轰炸将隧道出入口炸毁,把苏联装甲火车堵在隧道里出不来。9月,鲁德尔的"斯图卡"训练中队从迈科普附近机场转移到高加索东部的索尔达茨卡亚(Soldatskaya,厄尔布鲁士峰正北几十公里处),在这里,"斯图卡"飞机为在捷列克河一线作战的德国部队提供空中支援。

跟1941年相比,此时的战场形势已经发生了一些变化,也就是说空中行动已经不

■ "斯图卡"飞机小角度俯冲投弹。

尖叫死神

二战德国Ju 87"斯图卡"俯冲轰炸机战史

■ 执行完作战任务返航的Ju 87D飞机，飞机下方就是高加索山脉。

再是一边倒的局面，苏联空军力量逐渐在增长，已经有足够的力量回击德国部队。在10月12日的一次战斗中，鲁德尔在别洛列琴斯克机场着陆后，遭到了苏联轰炸机的空袭，他本人没有受伤。St.G 77联队指挥官阿尔冯斯·奥斯菲尔少校可没这么幸运了，一次他坐在飞机里等待起飞时遭到苏联轰炸机的轰炸，他本人被炸弹碎片严重击伤，当天送往迈科普医院后抢救无效身亡。阿尔冯斯·奥斯菲尔是"斯图卡"部队最早的一批飞行员，他三个月前接替克莱门斯·格拉夫·冯斯秋伯恩担任St.G 77联队指挥官。他死后，沃尔特·恩尼塞拉斯接替了他的职位。此事不久后，鲁德尔因为黄疸病到罗斯托夫入院治疗，他的训练中队因此撤出高加索地区返回乌克兰到东尼古拉耶夫休整。

虽然德国A集团军进攻高加索地区没有达到战略目的，但德国军队也占领了大量领土。与这里情况相反的是德国北部战线，自从1942年夏天以来，这里的战事一直较为平静，双方都没有发动新的攻势和反击，战线也没有任何变动。但是，这并不意味着这里就没有战斗，虽然只有一个"斯图卡"大队在这条战线上，Ⅲ/St.G 1大队仍然保持对苏联部队的高压态势。在1942年上半年的战斗中，Ⅲ/St.G 1大队的损失一直在增加，其中就包括三名作战经验非常丰富的中队指挥官。在7月中旬之前，Ⅲ/St.G 1大队已经在拉杜加湖上空执行了几个星期的轰炸任务，苏联人一直利用拉杜加湖在给被包围的列宁格勒运输物资。另外，"斯图卡"部队还挫败了苏联红军试图向柳班突围的企图。到7月中旬，Ⅲ/St.G 1大队返回到伊尔门湖地区。

7月19日，哈特马特·斯切尔上尉（去年还是中尉）率领他的第7"斯图卡"中队轰炸了伊尔门湖东南部的苏联坦克，这是他参加的第562次作战任务。就在这次任务中，他显得有点过于自信了，轰炸完成后他在低空穿过战场想评估一下战果，他的座机被苏

第三章 "斯图卡"俯冲轰炸机战史

■对地勤人员来说，夏天比冬天好得多，夏天热了可以找个荫凉处（实际上苏联夏天就不算热），冬天冷得没地儿躲没地儿藏，很多工作根本无法展开。Ju 87D比较容易与其他型号区分，它的发动机油冷却空气进口为方形，面积也较小。

| 尖叫死神 | 二战德国Ju 87"斯图卡"俯冲轰炸机战史 |

联地面高炮击中,随后不久他的座机就在旧鲁萨附近坠毁,两名机组成员均丧生。在"巴巴罗萨行动"开始后不久哈特马特·斯切尔就获得了"骑士十字勋章",而自从英国战役以来就一直为他后座的亨兹·贝沃尔尼斯军士长在两个月后也被追授"骑士十字勋章",他是第一个"斯图卡"飞机后座成员获得如此殊荣。

几天之后,Ⅲ/St.G 1大队突然接到命令转移到德国中部战线的苏联奥廖尔地区,在一个月前,原来部署在这一地区的Ⅱ/St.G 1大队被部署到南部战线。在中部战线,Ⅲ/St.G 1大队主要任务就是遏制苏联装甲部队发动反击攻势。不久,德国就获得情报称苏联有一支坦克部队正向奥廖尔行进,而且这是苏联这支坦克部队的全部家底。这是真正有价值的目标,也是德国"斯图卡"部队证明自己价值的时候。这次行动中,苏联人也进行了精心伪装,一些坦克就隐蔽在农舍里,对坦克的痕迹也进行了处理。苏联的伪装非常成功,有时候德国"斯图卡"飞机飞临目标区上空时却找不到一辆坦克,这种情况持续了好几天。最后,Ⅲ/St.G 1大队指挥官加斯曼上尉率领的"斯图卡"编队终于发现了目标,随后几天的屠杀行动中,"斯图卡"飞机直接击毁41辆苏联坦克,有52辆坦克被落在旁边的炸弹炸伤,苏联的坦克部队几乎全部覆灭。不仅如此,"斯图卡"部队还炸毁大量苏联运输车辆、步兵阵地和乡村堡垒等,苏联向奥廖尔地区发动的反击以失

■"斯图卡"飞行员从座舱观看地面的苏联坦克。

败而告终。

在奥廖尔周围的战斗中,St.G 1联队的第8中队指挥官西奥多·诺德曼中尉在8月20日执行他的第600次作战任务,之前他已经击毁了50辆坦克,负责写作战日志的人员说,西奥多·诺德曼是"斯图卡"部队中第一个达到这个数字的人。诺德曼活到了1945年,而Ⅲ/St.G 1大队的另两名年轻的中队指挥官就没他这么幸运了。

8月底,在维亚济马短暂地停留后,Ⅲ/St.G 1大队被命令返回列宁格勒地区。9月5日,在姆加(Mga,拉杜加湖南20公里)附近,Ⅲ/St.G 1大队的第7中队指挥官埃里切·汉尼少尉在低空轰炸苏联坦克时座机被地面高炮击中,汉尼驾驶着受伤的"斯图卡"飞机恢复高度并返回到德占区空域,在

第三章 "斯图卡"俯冲轰炸机战史

■图为"斯图卡"飞机发现了苏联坦克（1），进入俯冲轰炸步骤（2），完成轰炸（3）的连续画面。

这里，他命令后座乘员跳伞，就在他也准备跳伞时，他的座机进入螺旋并很快坠地爆炸，他本人身亡。10月26日，第9中队指挥官亨兹·菲斯切尔上尉在一次事故中与后座一同坠机身亡。当天，亨兹·菲斯切尔在沃尔科夫附近执行扫射苏联地面部队的任务，在500米高度，他的座机飞到了德国火炮弹道上，德国火炮在射击时，炮弹将菲斯切尔座机的尾部炸掉，Ju 87D被炮弹击中后很快就坠毁爆炸，两名机组乘员根本就没机会从剧烈翻滚的座机中跳伞逃生。

在1942年下半年的时间里，Ⅲ/St.G 1大队一直驻扎在伊尔门湖西部的格罗德兹参与北部战线的战斗，1942年该大队最后一个损失是第8中队的1架Ju 87D飞机。12月30日，第8中队的"斯图卡"飞机在

尖叫死神 二战德国Ju 87"斯图卡"俯冲轰炸机战史

■St.G 1联队第7中队地勤人员在给1架Ju 87D飞机挂弹,注意看飞机发动机整流罩和挂弹车上都有中队标识。Ju 87D飞机的翼下挂架与此前的型号不同,这是一种三重复式挂架,它可以挂载1枚SC 250炸弹。

轰炸大卢基东部的一列装甲火车时遭到苏联空军战斗机的攻击,1架Ju 87D飞机当即被击落。直到这个时候,德国在苏联的战事基本上集中到了正在给德国军队造成重大损失的斯大林格勒。

在德国发动1942年夏季攻势的左翼,保卢斯将军的德国第6集团军按德国的作战计划在6月28日"蓝色行动"的当天从乌克兰的哈尔科夫地区出发向东穿过顿河大转弯处的平原向斯大林格勒方向进发。在装备一新的St.G 2联队的空中支援下,加上苏联主动撤退,保卢斯集团军的先头部队进展十分迅速。

为了与德国先头部队保持近距离接触,I/St.G 2大队于7月20日向前面部署到四天前才被德国第4装甲集团群占领的塔金斯卡亚。7月29日,德国部队再次迅速推进到奥布利斯卡亚,该地位于斯大林格勒正西约150公里。尽管苏联红军一直在撤退,双方的战斗仍时不时地会进行,在这段时间内,St.G 2联队损失了第6中队指挥官厄恩斯特·菲克(Ernst Fick)上尉。在7月27日轰炸顿河边上卡拉奇(Kalach,斯大林格勒正西不足100公里)目标时,菲克上尉的座机被苏联地面高炮击落。同样在7月间,II/St.G 1大队也加入到这条战线中来。此前,该大队从莫斯科前线被调到苏联东南部参加"蓝色行动"战役。随后，II/St.G 1大队一直独立在哈尔科夫东部、塔甘罗格周围和亚速海一带执行作战任务，在保卢斯的集团军向斯大林格勒推进后，该大队加入进来与St.G 2联队一道为地面部队提供空中支援任务。

斯大林格勒战役最后一个需要解决的就是斯大林格勒附近的苏联红军，保卢斯第6集团军的几个装甲师在进军斯大林格勒过程中按计划钳形机动到卡拉奇，并在顿河西岸包围了两个苏联集团军，其中一个较大的包围圈里有1000余辆坦克和装甲车辆，650门各类火炮要么被摧毁，要么被缴获。八天之后，顿河上位于卡拉奇的一座桥梁被德军占领，至此，通往斯大林格勒的道路完全敞开。保卢斯将军的作战计划非常简单，他计划开辟一条走廊穿越顿河与伏尔加河最近处和斯大林格勒之间65公里的广阔乡村地区，从北部封锁通往斯大林格勒的道路，最后从南部的右翼对苏联军队发起进攻。

为了支援地面部队，St.G 2联队此时的力量也因为II/St.G 1大队和I/St.G 77大队的加入而得到加强，I/St.G 77大队于8月20日部署到奥布利斯卡亚机场，但是，由于最近在高加索地区频繁参与战斗，这个大队需要紧急休息和换装装备，因此这个大队在奥布利斯卡亚参与战斗的时间并不长。在执行完为德国第16装甲师向伏尔加河推进的空中支援任务完成后，I/St.G 77大队很快便回到德国休整，它在斯大林格勒战线的位置由III/St.G 77大队代替。与此同时，德国第16装甲师正承受着巨大的压力，苏联红军正拼命地试图突破斯大林格勒北部郊区被德军围起的包围圈。8月的最后几天，奥布利斯卡亚一片繁忙景象，在这里，I/St.G 2大队和II/St.G 2大队，以

■飞越在苏联上空的II/St.G 1大队"斯图卡"飞机，下方的河流上有一座桥，这座桥没有遭到轰炸可能是德国人想利用这座桥。

及Ⅱ/St.G 1大队几乎不间断地起飞，以最大强度出动前去轰炸苏联反击部队的装甲部队。"斯图卡"部队成功地阻止了苏联装甲部队的突围，但是代价也非常高，在这些损失中最严重的要属Ⅱ/St.G 1大队指挥官约翰·泽姆斯基（Johann Zemsky）上尉。到8月28日当天，约翰·泽姆斯基已经执行了600次作战任务。通常情况执行作战任务逢百就要庆祝一番，但是他根本就没有时间庆祝，返回基地后他几乎是立即再次升空执行任务，这次，也就是第601次作战任务中他没能回来。作战中他的座机被苏联高炮直接命中，他的后座机枪手跳伞后他也紧跟着跳伞逃生，但是，由于高度不够，他的降落伞未能及时打开。六个月前，约翰·泽姆斯基获得了"骑士十字勋章"，9月3日，他被追授"橡树叶勋章"。

9月3日这天也是德国空军首次大规模轰炸斯大林格勒的一天，德国空军的轰炸目的就是将斯大林格勒炸成废墟，而"斯图卡"飞机经常应地面部队的要求对特别的目标进行精确定点轰炸。除了运输滑翔机，St.G 2联队还有自己的侦察机中队，这个中队装备的是Bf 110侦察机（重型战斗机改进的侦察型），取代了原来中队使用的Do 17飞机。Bf 110飞机被用来侦察和拍照，也就是寻找特别坚固和顽固的苏联堡垒，所谓堡垒包括工厂、地下室等目标。"斯图卡"飞行员会根据侦察照片仔细研究照片以确定和评估需要轰炸的目标。

截至9月中旬，"斯图卡"部队再次被调往靠近斯大林格勒的卡尔波夫卡，这里的地势稍倾斜，距斯大林格勒约40公里。这么短的距离，"斯图卡"飞机执行一次作战

■加紧维护，迎接下一场决定意义的战役。斯大林格勒战役的结果对德国和苏联来说都是决定性的，只是对德国来说是个不幸的消息。

第三章 "斯图卡"俯冲轰炸机战史

任务只需要不到1小时,其中包括15分钟返航时间,这就意味着机组成员在日出和日落这段时间里可以执行八次作战任务。但是,当德国的地面部队进入到斯大林格勒市中心后,德苏双方的阵地已经相当地近,有的不足30米,甚至一些阵地还互相交错,一幢大楼里的不同楼层被德苏军队分别占据的情况也不少见。这种犬牙交错的局面大大增加了"斯图卡"飞机近距支援的难度,为了谨慎起见,在执行轰炸任务前,"斯图卡"飞行员要把Bf 110拍的照片放大仔细用红笔标注清楚,防止搞错;飞临目标区上空后,编队长机需要跟飞机下方的德国地面部队保持联系,再次确认一下目标位置;确定目标后,"斯图卡"飞机还得在目标区上空盘旋数圈,甚至让地面部队在目标的周边做个标记或是点一堆冒烟的火。轰炸一个目标竟然如此的难,慎之又慎后的结果就是误伤还是时常发生,斯大林格勒这种情况,即使现在的激光制导炸弹也难保不伤着自己的人。

到10月底,德国军队已经占领了2/3城市区域,但是,伏尔加河西岸极小的一块区域内的苏联守军利用还在手中的每一寸土地跟德国人顽强地抵抗,"斯图卡"飞机此时已经无能为力了,这里没

■1架"斯图卡"飞机(Ju 87B-2型,这个阶段极少有单位使用这个型号)飞越在斯大林格勒上空。照片上方就是穿过城市的伏尔加河。

尖叫死神　二战德国Ju 87 "斯图卡" 俯冲轰炸机战史

有坚固的堡垒，但到处是战场，"斯图卡"飞机来轰炸指不定帮谁的忙呢。为此，"斯图卡"部队把轰炸的重心转移到伏尔加河东岸的苏联红军，而此时的德国第6集团军完全陷入了与苏联红军的白刃战局面，很快斯大林格勒的城市战重心就转移到了城市北部和南部被德国轴心国控制的区域，在这里，巨大的危机正一步步地逼近德国。

此时，在罗斯托夫养病的汉斯-乌尔里希·鲁德尔在11月初返回前线，这次他被任命为St.G 2联队第1中队指挥官，主要在罗马尼亚第3集团军位于斯大林格勒北部的战线执行作战任务，罗马尼亚战线沿顿河一线东西向部署，伏尔加河的南北走向段横穿这条战线，在这里有一个相对平坦的开阔地带。

鲁德尔经常执行的就是轰炸顿河上桥梁的作战任务，在克列特斯卡亚村庄附近的顿河上有一座该河流上最大的桥，这里有一座保护桥梁的重要桥头堡，这个桥头堡沿顿河的西岸延伸一条战线。这座大桥是苏联红军重要的运输通道，每天军事物资和人员都从此经过，苏联人重点保护的目标就是德国人重点要打击的目标，在一次行动中，鲁德尔率领的"斯图卡"中队将这座桥梁炸毁，对他来说，轰炸这种固定的、目标特征大的目标并非难事。但是，桥被炸毁只是延迟了苏联的物资供应和增援部队的部署，苏联人很快就在河流上搭建了浮桥，运输量也很快达到原来的规模。

苏联人的顽强对于侵略者来说可能无

■另一张飞越在斯大林格勒上空的"斯图卡"飞机编队，这批飞机是Ju 87D型，座舱前高后低。斯大林格勒已经被炸得面目全非。

第三章 "斯图卡"俯冲轰炸机战史

■ 极为经典的一张"斯图卡"俯冲轰炸斯大林格勒照片。1架"斯图卡"飞机刚刚投完炸弹从俯冲状态改出,照片上方一幢建筑已经中弹冒出火光。

法理解,对于失去家园的战士来说只有更顽强才能打败侵略者。斯大林格勒城市战仍在进行时,苏联红军已经开始酝酿反攻战役。11月19日,苏联红军的反攻战役正式开始,而这次反攻战役的第一个目标就是罗马尼亚第3集团军所在位置,苏联红军只用了一天时间就彻底击溃战力薄弱的罗马尼亚军队,随后,红军部队从克列特斯卡亚-布里诺夫(Kletskaya-Blinov)的桥头堡出发并迂回反过来将斯大林格勒包围,这个包围圈里就有德国第6集团军,苏联人采用的也是德国人非常擅长的钳形夹击战术,只是角色互换了。

这么重要的战役,"斯图卡"部队是不会错过的。当天天气恶劣,大雪纷飞,德国空军大部队飞机都无法起飞执行任务,但是I/St.G 2大队在当天却冒雪执行了120架次的作战任务。鲁德尔的回忆录描述第一天的作战情况不仅能说明地面作战情况,也反映出"斯图卡"部队的情况:

接到紧急命令后,我们大队立即起飞直奔克列斯特卡亚桥头堡,当天的气候非常糟糕,天空有很多低云,小雪一直在下,气温只有零下20℃。在飞向目的地的途中,我们发现有很多步兵正迎面跑来。我们并没有接到命令中途掩护步兵,这些是哪国部队?从地面密密麻麻的部队服装显示的褐色看是苏联士兵?不,不是,这些是罗马尼亚军队。为了跑得快一些,有些士兵甚至扔掉了手中的武器。地面是一幅令人震惊的场面！更让人难以想像的是，我们向北飞抵目标区上空后，我发现我们盟友的炮兵阵地是空的，火炮仍在阵地，弹药就在旁边，明显地这个阵地并没有遭到摧毁。我们继续往前飞了一会儿才发现苏联军队。

Ⅰ/St.G 2大队的"斯图卡"飞机用炸弹和机枪对苏联的先头部队实施了攻击，尔后立即返回基地装填弹药再次出击。但是，局面已经不是"斯图卡"飞机可以控制的，尽管频繁出动轰炸苏联红军，德国部队还是没能收复罗马尼亚溃败形成的缺口。苏联军队如潮水般涌向卡拉奇，在此，这支苏联部队与另一支钳形机动的苏联部队胜利会合并完成了对德国部队的包围。11月23日，德国第6集团军完全被包围。德国"斯图卡"部队也被困在苏联人设置的大包围圈内，他们的基地卡尔波夫卡就是包围圈的边缘地带，当苏联人发起收紧包围圈的战斗时，卡尔波夫卡就是第一个苏联要打击的目标。在此前几周，这个基地已经遭到苏联空军多次轰炸和扫射，虽然卡尔波夫卡周围根本没有德国重兵防守，由于机场飞机疏散停放，在苏联的空袭中，"斯图卡"飞机的损失几乎可以忽略不计。但是，11月22日，卡尔波夫卡机场遭受在坦克掩护下的苏联步兵攻击。德国空军调集飞机对苏联这支突击部队进行了打击，但不仅没有达到目的，德国空军的损失还相当惨重。现在的局势非常明朗，卡尔波夫卡机场已经无法坚守，只能放弃。24小时后，"斯图卡"部队从该机场撤退到奥布利斯卡亚，这个撤退步骤跟当初进驻的情况完全倒了一个个儿。St.G 2联队整体撤离的同时，该联队的第6中队在指挥官亨兹·君格克劳森少尉的带领下仍在包围圈内的机场驻扎以便尽可能地执行支援地面部队的任务。

飞机撤退容易，地勤人员的撤离就麻烦了。St.G 2联队大部分主要设备和人员匆忙撤离时，该联队约500名地勤人员没来得及撤离，在包围圈里，这些地勤人员只得组成步兵营投入了战斗。最倒霉的要数Ⅱ/St.G 1大队，这个大队的"斯图卡"飞机撤离卡尔波夫卡到奥布利斯卡亚后，大部分地勤人员未能及时撤出，也只得与苏军决战，听天由命。Ⅱ/St.G 1大队的"斯图卡"飞机没在奥布利斯卡亚停留多长时间便再次后撤到奇尔河的莫罗索夫斯卡亚（Morosovskaya，斯大林格勒西稍偏北200多公里），在这里，"斯图卡"飞机执行了几天轰炸顿河沿岸苏联目标的任务，随后Ⅱ/St.G 1大队仅剩的"斯图卡"飞机在12月初被分配给St.G 2联队，而大队的成员则撤退到罗斯托夫换装新装备。

在牢牢地封锁了包围圈后，苏联红军的下一步就是向西穿过顿河弯（斯大林格勒西北部顿河流向突转）。在撤退到奥布利斯卡亚后，St.G 2联队在11月25日一整天内高强度出击轰炸紧追不舍的苏联红军，这天的

第三章 "斯图卡"俯冲轰炸机战史

■ (上与下) 苏军反攻开始,纳粹德国覆灭的命运就此开始。

"斯图卡"飞机执行单次作战任务的时间不超过15分钟,一个任务完成后返回机场装填弹药后再次出击,人和飞机都不休息。在猛烈的空中打击下,St.G 2联队成功地拦住了一支苏联骑兵师,随后又粉碎了威胁更大的苏联坦克进攻。就在这一天里,汉斯-乌尔里希·鲁德尔共执行了17次作战任务,这个强度堪称纪录。同样在这天,St.G 2联队的第5中队指挥官乔奇姆·兰格比恩(Joachim Langbehn)被苏联高炮击中而丧生。

尖叫死神 二战德国Ju 87"斯图卡"俯冲轰炸机战史

■ 从骑士的联队标识可以判断出这是St.G 2联队的Ju 87D-3飞机,而且是后期型号,座舱侧面安装了防弹装甲。战争太残酷,苏联的地面和空中防空力量迅速扩大,"斯图卡"飞机在执行作战任务时损失也加大。

■ 早在此前的8月,St.G 2联队指挥官科波菲尔就完成了他第400次作战任务。德国空军一般逢百就会庆祝一番,有专门的仪式。在"斯图卡"部队中,还有数个执行作战任务上千次的,每百次庆祝一次,相信他们也腻了。

第三章 "斯图卡"俯冲轰炸机战史

■（上与下图）"斯图卡"飞机仍然频繁地升空作战，但是，这回跟入侵苏联初期情况完全相反，"斯图卡"飞机需要不断地轰炸后面潮水般涌来怀着复仇决心的苏联红军。更让德国人没想到的是，这些苏联红军一直追到柏林才罢手。

"斯图卡"的轰炸只能暂时阻止一支苏联红军部队前进的步伐，红军的大部队在顿河西部形成的势不可挡的阵势已经形成，而且这个势头一直持续（30个月）到德国首都柏林，在这股势力面前，"斯图卡"部队微不足道。11月26日，Ⅰ/St.G 2大队也撤退到莫罗索夫斯卡亚。24小时后,依然坚守在马里诺夫卡(Marinovka,斯大林格勒正西不足100公里,即卡尔波夫卡西约15公里)的Ⅱ/St.G 2大队最后一次击溃苏联坦克进攻后也撤离该地。此时,Ⅰ/St.G 2大队和Ⅱ/St.G 2大队的力量都下降到不及原来的一半,在莫罗索夫斯卡亚,这两个大队合并组成Ⅰ/St.G 2作战联队(Einsatzgruppe),正在撤退的Ⅱ/St.G 1大队将设备和飞机转交给这支新成立的联队,St.G 2联队的亨兹·君格克劳森第6中队也划归新成立联队指挥。但是,新联队成立不久,联队直属单位和Ⅱ/St.G 2大队奉命后撤320公里到马克耶夫卡(Makeyevka,乌克兰东南部城市,在哈尔科夫南300公里,靠近顿涅茨克)休整和换装新装备,只留下Ⅰ.(Eins.)/St.G 2大队独自面对苏联红军。回过头来看看那些被困在斯大林格勒的数百名"斯图卡"地勤人员,包括"伊美尔曼"中队的成员,他们组成的步兵营做了最后垂死的挣扎后也成为苏联胜利的一个标志。斯大林格勒战役是整个二战的一个重要转折点,同时它也是德国俯冲轰炸机部队的转折点,在德国地面部队后撤的过程中,"斯图卡"飞机如同他进攻一样会扫清后撤队伍前面的一切障碍,多了一个任务就是阻止德军后面穷追猛打的苏联红军,"斯图卡"飞机由闪电进攻,演变成闪电后撤,过程惊人地相似,但是方向却正好相反。

三、1943年无奈的谢幕:角色转换

在苏联南部战线,在1942年11月开始的反攻中,苏联红军攻城略地,势如破竹,短时间内就收复了大量国土。以德国为首的轴心国则兵败如山倒,一败涂地,到1943年2月,被围困的德国第6集团军终于缴械投降。1943年的基本形势就是德国军撤退的过程中遇到河流就以此为据点抵抗一阵子,但再顽强的抵抗也改变不了大的趋势,虽然偶尔德国的反击会延缓苏联的进攻步伐,也时不时地会出现德国重新夺回被苏联占领的城市,但这些都是临时的,德国无法再主导战争的局面。

作为辅助打击力量的"斯图卡"部队此时必须为适应战场形势做一些调整,而不是改变战场形势。原来,"斯图卡"部队会为德国先头部队提供空中支援,扫清前进方向的顽固敌人,现在,"斯图卡"飞机仍会应德国地面部队的呼叫轰炸如影随行的苏联进攻部队,或是轰炸苏军前方的桥梁,再或是苏军部队集结点和通讯中心等,一切都是为了切断苏联红军运输线,减轻被追德国军队的压力。但是,即使是这样的作战任务,"斯图卡"飞机也越来越力不从心了,原因就是"斯图卡"飞机的基地也经常受到苏联快速推进的坦克部队的攻击。事实上,Ju 87飞行员如今需要执行越来越多的反坦克攻击任务,这就是1943年间"斯图卡"飞机的主

第三章 "斯图卡"俯冲轰炸机战史

■又是一个冬天,遇到的问题还是一样:严寒,这回德国有了经验,为了不至于使发动机冻得无法发动,德国人专门研制了加热设备,上图中飞机右侧类似如今反坦克导弹的东西就是。这架Ju 87D-3采用了雪地迷彩,主起落架机轮前有只有苏联人才用的三角形防滑(行)限制器(也称轮挡)。最有意思的是飞机的后起落架上绑着一块重物,即方向舵下方地面上黑色物体,这是防止飞机翘尾。下图为飞行中的Ju 87D-3飞机,仍携带着4枚"迪诺特的芦笋"炸弹。

要任务角色。

坦克和飞机是德国"闪电战"的核心,在二战的数个战场德国都采用"闪电战"对一个国家发起进攻,可以说苏联人从战争中学习德国的坦克集团作战的战术和理念,但更多的是战争和技术共同发展的结果。苏联人在战略相持和战略反攻阶段生产了大量的坦克,苏联也在学习德国的闪电战术,把坦克作为快速突击的作战力量。德国在二战前是世界经济和科技力量最强大的国家之一,

尖叫死神 二战德国Ju 87"斯图卡"俯冲轰炸机战史

但是，德国最致命的问题就是国土面积小，资源少，德国面积甚至不及苏联一个中等规模州或边疆区，更不用说加盟共和国了。恢复了元气的苏联巨大的战争潜力此时已经体现出来，坦克和飞机源源不断地送到战场，该轮到德国人尝尝被坦克和飞机攻击的滋味了。仅从战场的形势分析，德国空军这个时候最紧迫的任务就是打击苏联的坦克部队，为此，德国空军在1942年年底在雷希林开始组建一个试验性的反坦克单位来验证飞机反坦克的效能，具体内容就是评估不同飞机和机载武器组合，研究出最佳的航空反坦克手段和战术。

1943年春天，汉斯－卡尔·斯特普（Hans-Karl Stepp）上尉率领的一个Ju 87G中队进驻到苏联布良斯克的德国步兵训练中心，为的是在实战中检验航空反坦克的效果。

Ju 87G是在Ju 87D的基础上改进的反坦克型号，主要改进是在两侧翼下分别安装1门37毫米BK3.7/Flak18反坦克机炮，有意思的是，这种机炮最初研制并不是为了攻击坦克，而是德国陆军和海军通用的高射炮。

甚至在德国第6集团军被困在斯大林格勒投降前，苏联红军已经穿过顿河弯向西最终的目的地柏林推进。在顿河和顿涅兹河之间是较为平坦的平原地区，地表没什么突出的山脉，但却有一些小型的河谷，河谷内是已经干涸的河道，这样的地质特征非常适合坦克作战。苏联红军坦克部队在向前推进时，只要天气条件允许，I /St.G 2大队的Ju 87D飞机就会升空前去轰炸苏联坦克，在开阔地带找不到苏联坦克，德国飞行员就会到沟谷中寻找隐蔽的坦克，德国飞行员戏称"在内衣的缝隙里找虱子"。

■图为从"斯图卡"飞机上拍摄的照片，地面的坦克是德国1943年初才投入战场使用的"虎"式坦克。"斯图卡"飞机已经为德国地面部队肃清了前方的敌人，雪地上就是"斯图卡"飞机炸出的弹坑。

第三章 "斯图卡"俯冲轰炸机战史

德国人拼了命要阻止苏联红军通过顿涅兹河向西推进,受阻后的苏联红军也改变战略沿亚速海北岸向地中海方向前进,苏联这个战略隐藏着更大的战略意图,即切断德国

■ "斯图卡"飞机上BK3.7/Flak18反坦克机炮地面射击试验连续画面。射击时造成飞机抖动,画面都变得模糊起来。

尖叫死神　二战德国Ju 87"斯图卡"俯冲轰炸机战史

A集团军的退路，把这个集团军困在高加索地区，对德国来说，这无疑于另一个斯大林格勒。眼看着后路被苏联人切断，德国A集团军准备退出高加索到相对安全的乌克兰，对于德国军队来说有三条逃跑路线，第一条是从顿河低地的罗斯托夫瓶颈地区突围；第二条是穿过冰冻的亚速海海面回撤；第三条是从高加索西北的库班半岛通过刻赤海峡进入克里米亚半岛，最后进入乌克兰。第一条线路是第一个被否决的方案，因为2月14日罗斯托夫就被苏联红军解放，此后不久，亚速海的冰面也因为逐渐升高的温度而无法承受德国第40装甲集团军的装甲车辆，第二条路线显然也不行了，剩下的第三条路线就是唯一可行也不得不采取的方案。此时掌握战争主动权的苏联不会允许德国A集团军这么轻易地从库班半岛撤退，因此，只要有机会苏联红军就会阻止德国军队向这个方向撤退，对德国来说这是唯一的逃命路线，值得不惜代价去争取。

第一个进入高加索包围圈的是一支反坦克单位，这个单位有一个大名鼎鼎的人物就是汉斯－乌尔里希·鲁德尔，几经变迁，他跑到了反坦克单位了。2月10日在顿涅兹河一带作战的鲁德尔成为德国空军第一个执行1000次作战任务的飞行员。这次战斗后，鲁德尔在布良斯克参加了"斯图卡"反坦克单位，随后，他随反坦克单位进驻到克里米亚半岛最东部的刻赤。鲁德尔驾驶Ju 87G飞机率队参加的第一次执行反坦克任务很难用

■1943年2月10日，汉斯－乌尔里希·鲁德尔完成他的第1000次作战任务，为此德国空军举行了庆祝活动，单位的吉祥物小猪也来凑热闹。图中笑得最欢的就是鲁德尔。

第三章 "斯图卡"俯冲轰炸机战史

■一位德国"斯图卡"飞行员在给家人写信,他在思念亲人,同时他也在屠杀别人,战争带给人们的是妻离子散,国破家亡。

"成功"或"不成功"来评价,由于飞机的翼下承受了额外的应力,Ju 87G飞机无法进行俯冲攻击,只能在低空靠近目标并实施攻击。但是,低空飞行恰恰是苏联地面高炮的火力范围,可想而知这种攻击坦克的战术是多么的危险。解决的办法就是让携带炸弹的Ju 87D为Ju 87G飞机"护航",压制苏联地面高炮部队。

苏联的坦克部队在前进时也不是一帆风顺的,在向亚速海北岸推进过程中受阻后,苏联便把矛头指向了库班半岛,苏联人计划通过两栖登陆方式绕到德军战线的后方,登陆地点就在库班半岛北岸的捷姆留克湾(Gulf of Temryuk),这里交织着泻湖、沼泽和时断时续的水路。苏联计划用小型简易木船(每个可以运送5-20人)将两个师

的兵力运上岸。德国人发现了苏联人的动向,鲁德尔的"斯图卡"部队于是被派遣轰炸苏联登陆部队。在行动的那几天,Ju 87G飞机从早到晚不间断地出击,通常Ju 87G飞机在水面上搜索苏联小船,发现目标后使用BK3.7/Flak18反坦克机炮射击,执行这样的任务不需要钨钢合金被甲弹,碰炸引信的高爆炮弹就足以,而且效果更好。在这场猎杀战中,只要"斯图卡"飞机看到的目标就被摧毁,苏联方面损失惨重,仅鲁德尔一个人在几天里就摧毁了70艘小船,苏联的登陆战以失败告终。尽管苏联一直保持着强大的军事压力,库班半岛的桥头堡仍然坚持到了1943年9月。

在1943年2月的第三周,一支特别的"斯图卡"作战单位成立以协助德国部队

| 尖叫死神 | 二战德国Ju 87"斯图卡"俯冲轰炸机战史 |

■具有坦克杀手之称的Ju 87G型号,从小翼尖来判断这是Ju 87G-2型。

■37毫米机炮和同口径反坦克炮完全是两个概念,后者为了获得足够的动能炮管通常较长,射击后坐力也大得多。"斯图卡"飞机携带BK3.7/Flak18反坦克机炮会恶化操纵和机动性能。

恢复在顿涅兹河上游的局势，在这里苏联红军已于2月9日解放了重要城镇别尔哥罗德(Byelgorod，哈尔科夫北约100公里)，七天之后，德国党卫军被迫放弃了乌克兰地区德国最牢固的堡垒——哈尔科夫。听到这个消息，希特勒大为恼火，他要求立即重新夺回哈尔科夫，为德国反击部队提供空中支援的就是新成立的豪兹尔战斗队（Gefechtsverband Hozzel），它包括Ⅰ/St.G 2大队和Ⅱ/St.G 2大队，以及辅助力量的Ⅱ/St.G 1大队和Ⅰ/St.G 77大队，Ⅱ/St.G 1大队刚刚在尼古拉耶夫休整完毕并换装了新装备，而Ⅰ/St.G 77大队也趁着库班战事稍停的间歇赶来帮忙。

有意思的是，面对德国势在必得的反击阵势，苏联红军竟然没有针对德国进攻部队部署装甲力量，因此，"斯图卡"飞行员参战几天后发现眼前的情景仿佛是以前战斗的再现，他们又重新找回了过去"飞行炮兵"的感觉。在空中和地面猛烈的打击下，哈尔科夫和别尔哥罗德在3月中旬再次被德国占领。早在德国的反攻战役结束前，豪兹尔战斗队就被解散，其所属单位返回各处，因为其他战场急需"斯图卡"飞机的支援。Ⅱ/St.G 1大队被派往中部战线加入到St.G 1联队的直属单位，Ⅰ/St.G 77大队返回到乌克兰南部驻地，而Ⅰ/St.G 2大队和Ⅱ/St.G 2大队被派往更南部的刻赤，继续为库班半岛的德国桥头堡提供空中支援。在刻赤，St.G 2联队作为核心与其他单位再次组建一个临时的俯冲轰炸机战斗队，新战斗队的指挥官就是St.G 2联队指挥官科波菲尔，新战斗队包括St.G 2联队所有三个大队，Ⅰ/St.G 2大队在过去6个月一直在顿河上游的沃罗涅日地区作战，4月，这个大队返回克里米亚半岛。Ⅱ/St.G 77大队和Ⅰ/St.G 3大队也临时划归科波菲尔战斗队，前者最近刚在尼古拉耶夫换装新装备，而后者是最后一个加入到苏联战场的"斯图卡"单位。Ⅰ/St.G 3大队在1942年年底撤出利比亚结束了北非的作战生涯，返回德国后这个单位一边休整一边换装新装备。1943年2月，Ⅰ/St.G 3大队被派往库班半岛，在这里，该大队的"斯图卡"飞机主要主要执行轰炸新罗西斯克港口南部的苏联红军桥头堡任务。完成这些任务后，Ⅰ/St.G 3大队在克里米亚半岛加入到波菲尔战斗队，在克里米亚，该大队又驻扎三个月。6月2日，Ⅰ/St.G 3大队指挥官豪斯特·斯切勒尔（Horst Schiller）少校在克里姆斯卡亚西北的战斗中被苏联地面高炮击中身亡。7月，Ⅰ/St.G 3大队再次返回地中海战场。

就是在刻赤，1943年4月1日，St.G 2联队的第1中队指挥官汉斯－乌尔里希·鲁德尔晋升上尉军衔，以此表彰他作战的勇猛无畏。此时的鲁德尔已经从原来不合群的人逐渐上升为一个令人瞩目的明星，不仅如此，两个星期后，他再次获得"橡树叶勋章"，授奖仪式在柏林举行，希特勒亲自为他颁奖。

尖叫死神 二战德国 Ju 87 "斯图卡" 俯冲轰炸机战史

■希特勒不甘心失败,他要求全力夺回已经被苏联红军解放的重要城市,"斯图卡"单位再次担负精确轰炸苏联阵地的行动。图为1943年2月的Ⅲ/St.G 2大队Ju 87D飞机,飞机采用的是雪地迷彩。

5月初,整个St.G 2联队突然整体被命令转移到哈尔科夫地区,只有Ⅰ/St.G 2大队和Ⅲ/St.G 2大队到达哈尔科夫几天后再次返回克里米亚半岛。德国空军的"火力旅"

■2架Ⅱ/St.G 77大队"斯图卡"飞机正在俯冲攻击从公路上疏散到开阔地的2辆苏联装甲车辆,图中黑色圆点就是逃避打击的坦克。图中左侧已经腾起烟柱。

此时进展仍然十分顺利,在6月中旬,空军最早成立的两个Ju 87G反坦克试验中队中的一个加入到St.G 2联队中,这个中队就是Pz.J.St./St.G 2,另一个中队于6月17日番号改为Pz.J.St./St.G 1,也就是说另一个中队加入到了St.G 1联队中。自1943年2月初,St.G 1联队就一直在中部战线与苏联红军作战,但是,3月3日的战斗中,St.G 1联队未能阻止苏联红军解放重要城镇勒热夫,这座城镇是德国1941年秋季攻势向莫斯科推进过程中最后占领的几座重要城市之一。这座城市的失守让希特勒很是恼火,他下令要不惜一切代价守住勒热夫南部的布良斯克和奥廖尔,上面提到的哈尔科夫就是在这件事之后希特勒命令下重新夺回的。为了阻止苏联红军对奥廖尔的反攻,德国空军对奥廖尔前线苏联红军位于利夫尼(Livny,奥廖尔东南100公里)的后勤供应网络中心进行了大规模轰炸,St.G 1联队参与了这次空袭行动。在这次空袭行动中,"斯图卡"部队的Ju 87D是第一批起飞的飞机,随后跟进的是护航战斗机和He 111轰炸机。在3000米高度,Ju 87D飞机穿过了战线,高空的护航战斗机负责拦截苏联空军战斗机。15分钟后,"斯图卡"飞机编队抵达利夫尼目标空域,编队中的两个小编队负责轰炸利夫尼火车站,第三个小编队则负责轰炸一座弹药库。空袭行动异常顺利,3列加挂火车被"斯图卡"飞机在600米高度投下的炸弹直接命中并立即引爆了火车上的弹药,巨大的爆炸声响彻云霄,爆炸烟尘直冲天际。随后,一个苏联武器弹药集散地也遭轰炸,这里引爆的弹药掀起的黑色烟尘更是高达1000米。利夫尼的一座油库也被炸毁,同样熊熊大火和巨大的烟柱十数公里之外都能看到。就在"斯图卡"飞机完成轰炸任务返航时,He 111轰炸机正准备对利夫尼城市和步兵集结中心,以及其他目标进行轰炸时,其他的弹药库和油料库也被炸毁,利夫尼一片火海,整个城市顷刻之间被摧毁。

但是,也不是所有St.G 1联队的作战任务都取得了成功,几天后对奥廖尔南部另一座火车站的轰炸行动中,Ⅱ/St.G 1大队总共36架Ju 87D飞机在这次行动中损失了一半,9架飞机被击落,另有9架被严重击伤,被击伤的必须进行大修才能再次投入使用。

就在Ⅱ/St.G 1大队和Ⅲ/St.G 1大队并肩在中部战线作战试图协助当地的德国地面部队守住阵地时,有一个"斯图卡"大队长期以来孤零零地在长达2000公里的战线上来回作战,这就是Ⅰ/St.G 5大队,此时,这个大队也不在北极圈作战了。在1943年1月底,Ⅰ/St.G 5大队的32架"斯图卡"飞机被调往列宁格勒战区的拉杜加河以南。在随后的5个月里,这个大队被分为两个部分分别部署在两个地区,即大队新成立第4中队,这是一个训练中队。训练中队部署在后方,作战中队在前线作战。Ⅰ/St.G 5大队部署在列宁格勒南部基地的单位主要与拉杜加湖和伊尔门湖之间的沃尔科夫一带苏联红军师作战,

尖叫死神 二战德国Ju 87"斯图卡"俯冲轰炸机战史

■ 长期以来孤零零地在长达2000公里的战线上来回作战的Ⅰ/St.G 5大队，这个大队不被人关注，战事对战争全局影响也不大。

驻扎在最北部的"斯图卡"中队（包括第4中队）长时间以来就负责轰炸北极地区通往苏联内陆地区的摩尔曼斯克铁路，从1943年1－6月，这些"斯图卡"中队共执行了200余次独立的轰炸铁路行动，据报道，整个Ⅰ/St.G 5大队只损失4架Ju 87D飞机。

1943年6月初，Ⅰ/St.G 5大队番号改为Ⅰ/St.G 1，番号改过后该大队被派往苏联中部战线，加入到St.G 1联队中，与Ⅱ/St.G 1大队和Ⅲ/St.G 1大队并肩作战。St.G 1联队原来的Ⅰ/St.G 1大队被派往北非后番号在1942年1月改为Ⅱ/St.G 3大队（上文有述）。战争后期，"斯图卡"部队的番号改来改去，为的是确定指挥权便于管理，但番号的变动同样也让人非常晕头转向，就在6月Ⅰ/St.G 5大队番号改为Ⅰ/St.G 1时，中部战线又来了一个大队，这就是Ⅲ/St.G 3大队，而它原本的番号是Ⅱ/St.G 2大队，后者在上个月（5月）刚从突尼斯战场返回德国休整。虽然番号变来变去，"斯图卡"部队的飞机数量并没有变化，更确切的说法是越来越少了，都是战争中的损耗，今非昔比了。

为了保持"斯图卡"力量在北极地区的存在，德国空军于6月17日在挪威博德成立一个新Ⅰ/St.G 5大队，这个新成立的大队跟以前同名大队一样在北极地区执行相同的作战任务。新Ⅰ/St.G 5大队执行的第一个作战任务是从阿拉库尔季起飞轰炸摩尔曼斯克铁路，阿拉库尔季属苏联，在摩尔曼斯克东南500公里，距白海最西岸及重要铁路线约100公里。随后的8月，新Ⅰ/St.G 5大队部署到佩琴加（Petsamo，摩尔曼斯克西北100公里）的诺特西，在这里，"斯图卡"飞机主要轰炸北冰洋沿岸苏联港口及港口设施。但是，这些轰炸行动无论从地理上还是从军事上看都微不足道。

"斯图卡"俯冲轰炸机在东部战线的最后重要的行动马上就要开始了。

希特勒坚持要求守住奥廖尔和重新夺回哈尔科夫使得德国军队在东部战线形成两个重要的突出部，两个突出部相距380公里，其两侧分别是德国陆军中央集团军和南方集团军。在奥廖尔和哈尔科夫中间位置就是苏联重要的铁路枢纽中心库尔斯克，这座城市在2月7日已经被苏联红军解放，据此，苏联红军不断向西推进，从苏联战线来分析，库尔斯克前线成了苏联红军的突出部。在这种形势下，希特勒决定发动一次重要的1943年夏季反击战，代号为"卫城行动"，这个反击行动的目标是远比1941年的"巴巴罗萨行动"、两路夹击斯大林格勒和1942年的高加索行动要小，现在的希特勒已经没多少资本发动更大规模的战役了，他的"卫城行动"主要目标就是从德国的突出部（奥廖尔和哈尔科夫）向苏联内部挺进，然后反过来把苏联红军的突出部包围起来消灭。尽管"卫城行动"计划形成的包围圈并不大（远不能跟1941年和1942年的几个大包围圈相比），但这个战役的重要性对德国人来说是不言而喻的，为此，德国南北两个突出部的部队都做了充足的准备，各自都增强了军事力量。苏联人当然也不会怠慢，这就引发了军事历史上最大规模的坦克战。

为了支援德国地面部队，德国空军召集了总数为1800余架飞机，其中350余架为"斯图卡"飞机。在北部侧翼，即奥廖尔地

■库尔斯克战役的规模虽然不是最大，但这里发生的苏联和德国坦克会战却是军事史上最大规模的装甲战。

尖叫死神 二战德国Ju 87"斯图卡"俯冲轰炸机战史

■这么大规模的坦克会战德国不会掉以轻心,Pz.J.Sta./St.G 1和Pz.J.Sta./St.G 2反坦克中队的Ju 87G全部上阵参战。图中为Ju 87G-1型号,飞机的起落架整流罩也被去除。

区德国空军部署了St.G 1联队的三个大队,外加装备Ju 87G飞机的Pz.J.Sta./St.G 1反坦克中队;在南部侧翼,即哈尔科夫地区部署着St.G 2联队和St.G 77联队的所有六个大队,外加装备Ju 87G飞机的Pz.J.Sta./St.G 2反坦克中队。这么多"斯图卡"大队参与一场战役的情况在苏联战场也不多见,足见德国对这次战役的重视程度。

1943年7月5日,"卫城行动"以库尔斯克的战斗作为正式开始,像德国此前发动的很多战役一样,德国这次仍毫不例外地以空中打击为开始,St.G 1联队的第一个目标就是库尔斯克本身。当天的行动中,St.G 1联队全体出动,但Ⅲ/St.G 1大队和联队直属单位是第一波于凌晨4点升空作战的单位。Ⅲ/St.G 1大队指挥官弗雷德里切·朗哥(Freidrich Lang)少校率领的"斯图卡"编队在向目标进发时并没有遇到苏联红军飞机拦截,也没有遇到地面炮火射击,只有抵达库尔斯克上空时飞机的轰鸣声才唤醒苏联的地面高炮。Ⅲ/St.G 1大队这次行动的目标是铁路补给站,"斯图卡"飞机从目标区的南部进入轰炸航线,轰炸航线的下方就是南北走向的铁路线,这正是轰炸的绝好参照物。"斯图卡"编队要在苏联战斗机从库尔斯克东部机场起飞前沿铁路由南向北轰炸,事实

第三章 "斯图卡"俯冲轰炸机战史

■被摧毁的苏联坦克。上图为被掀翻的是T-26坦克,坦克被掀翻只能是航空炸弹干的,事实上这架坦克就是被"斯图卡"飞机的SC 250炸弹炸毁。下图为被摧毁的T-34坦克。

尖叫死神 二战德国Ju 87"斯图卡"俯冲轰炸机战史

上,当长机弗雷德里切·朗哥投弹后改出俯冲状态后苏联的战斗机才赶到,但是,其他的"斯图卡"俯冲轰炸并没有受到什么干扰。此时,苏联发现德国空袭后,空军立即全体升空作战,转眼间天空中就布满了苏联战斗机,弗雷德里切·朗哥的"斯图卡"编队及时撤出,几分钟后赶到的另一个"斯图卡"编队与苏联战斗机迎面相遇,结局可想而知,"斯图卡"飞机遭受严重损失。

这次Ⅲ/St.G 1大队轰炸库尔斯克铁路站是德国"斯图卡"部队最后一次深入战线后轰炸苏联目标的行动,此后,所有东部战线"斯图卡"单位都只为德国地面部队提供近距空中支援任务。与德国相比,在库尔斯克一带,苏联红军在前线部署了近3000架飞机,包括很多最新式的拉-5(La-5)和雅

■ "卫城行动"是"斯图卡"部队最后一次参与大规模的作战行动。图为Ⅲ/St.G 1大队"斯图卡"飞机挂弹准备出击。

克-9(Yak-9)战斗机,"斯图卡"飞机本来最怕的克星就是战斗机,这回苏联更先进的战斗机出现,"斯图卡"飞机真的无路可逃了。德国此时的情况也远非入侵苏联时掌握着绝对的制空权,"斯图卡"飞机可以凭借着空中保护肆意妄为,失去了保护后,"斯图卡"飞机在苏联战斗机面前损失惨重,"斯图卡"飞行员中间也弥漫着悲观的气氛。1943年7月是东线"斯图卡"大队最为悲惨的一个月,这个月的损失中包括大量有经验和无法替代的单位指挥官。

尽管Ⅲ/St.G 1大队在第一波轰炸库尔斯克火车站的行动中没有任何损失,但在当天其后的行动中损失3架飞机,其中就包括第9中队指挥官荷曼·罗德(Hermann Rohde)的座机,在当天的行动中,他的座机被地面高炮严重击伤,迫降过程中,"斯图卡"飞机倒扣在地面,他和后座均受伤。7月8日,南部侧翼的两个"斯图卡"联队也分别损失一名中队指挥官和一名"骑士十字勋章"获得者,分别是St.G 2联队的第8中队指挥官伯恩哈德·伍特卡中尉和St.G 77联队的第5中队指挥官卡尔·费特兹纳尔中尉,他们俩均是在攻击苏联坦克时因飞机在空中爆炸(不清楚是被地面高炮击中还是被苏联战斗机击中)而阵亡。

德国人一厢情愿发动的"卫城行动"才进行几天就难以为继了,尽管使出了吃奶的力气,德国部队南北两个突出部都未取得任何进展。而7月12日,苏联人发起的针对奥廖尔的反击战却严重威胁着德国北部突出部,苏联红军正在试图实施反包围战术,切

■图为苏联雅克-9战斗机,这是一款性能十分优异的战斗机,它的出现宣告了德国空军掌握制空权的历史结束了。

尖叫死神 二战德国Ju 87"斯图卡"俯冲轰炸机战史

■ 拉-5是苏联另一款性能优异的战斗机,苏联英雄杜日阔布就是驾驶拉-5战斗机击落了62架德国飞机。

断德国北部突出部后路,把这支德国部队从南北两个方向反包围起来。就在苏联采取行动前48小时,美英联军已经在意大利西西里岛登陆成功,希特勒不得不重新考虑因出现在"欧洲脆弱的腹部"的威胁而重新部署兵力,为此,希特勒于7月13日紧急叫停"卫城行动",事实上,德国的反击行动以彻底失败告终。

"卫城行动"取消并没能挽救St.G 2联队的第5中队指挥官冈瑟尔·斯切米德的性命,7月14日在别尔哥罗德东北,冈瑟尔·斯切米德被击落身亡。局势发展到目标阶段,St.G 2联队从南部侧翼被调往北部突出部以

协助德国第9集团军摆脱其后部的苏联红军进攻,就是在这里(奥廖尔地区)的7月17日当天,"斯图卡"单位再次损失不少于三名指挥官。St.G 1联队的第1中队指挥官弗里德里切·劳伦兹上尉在一次行动中座机被击中后在空中爆炸,他是一名二战老兵,原来 IV.(St)/LG 1和 I/St.G 5大队的飞行员,一直在北极地区参与战斗。在当天的行动中,他正准备俯冲时,座机上的炸弹被苏联地面高炮击中并爆炸,他和后座机枪手一同命丧黄泉。

相比之下,St.G 2联队的第2中队指挥官艾格伯特·杰克尔(Egbert Jaekel)上尉自

第三章 "斯图卡"俯冲轰炸机战史

■首次在苏联战场出现的Ju 87D-5型号,翼尖较小,机翼前缘伸出20毫米MG 151/20机炮。图中飞机属于Ⅲ/St.G 2大队。

从"巴巴罗萨行动"以来就一直在苏联主要战线作战。1941年9月,他曾在轰炸喀琅施塔得的行动中击中1艘苏联巡洋舰。但是,作为一名"斯图卡"飞行员,艾格伯特·杰克尔有一点非常与众不同,也就是说,他非常希望在行动中遇到苏联战斗机,他总是说他的座机在最大油门状态下比大队其他的"斯图卡"飞机要快,因此,他觉得自己的座机也不会比苏联战斗机慢多少,在注重速度(或是以速度为生命)的那个年代他认为他的"斯图卡"飞机(只是他的)完全可以与苏联战斗机格斗。抱着这样一种态度,他从来不会回避苏联战斗机,相反遇到苏联战斗机就兴奋不已,毫不犹豫地冲上去与之一

较高低。在苏联作战期间,他曾击落过约12架苏联战斗机,对驾驶"斯图卡"飞机的飞行员来说这个成绩非常不容易。7月17日清晨的行动是艾格伯特·杰克尔执行的第983次作战任务,当天,Ⅰ/St.G 2大队的"斯图卡"飞机完成轰炸苏联红军炮兵阵地后返航刚穿过己方战线,苏联空军战斗机就追了上来。苏联战斗机离返航的"斯图卡"编队还有一段距离,因此还没有发起攻击,但是,艾格伯特·杰克尔得知苏联战斗机追来后兴奋地立即转头迎战。在空战中,他击落1架苏联拉-5战斗机,不过,跟他一样好斗的后座机枪手弗里特兹·简特斯切军士长由于疏忽未能发现后面另一架苏联拉-5战斗机绕到

他们座机后面并向他们发起了攻击。在200米高度,他们的座机被苏联飞机击中,在试图跳伞时,Ju 87D飞机坠地爆炸成一个大火球,二人双双阵亡。

在7月17日当天更早的时候,Ⅲ/St.G 2大队指挥官沃尔特·克劳斯(Walter Krauss)少校被炸弹爆炸的碎片击中身亡。当天凌晨天还未亮时,沃尔特·克劳斯率领"斯图卡"编队执行夜间攻击任务,由于投放炸弹的高度过低,他被自己投下的炸弹碎片击中。沃尔特·克劳斯在1940年的法国战役中作为侦察机飞行员在当年7月就获得了"骑士十字勋章",在1941－1942年冬天,他加入到"斯图卡"单位中,曾经在奥地利格拉兹鲁德尔的训练中队进行过俯冲轰炸训练。沃尔特·克劳斯战死后,鲁德尔接替他的位置成为Ⅲ/St.G 2大队指挥官。

围攻库尔斯克失败后德国立即撤军,苏联此时完全掌握了战争主动权,在苏联的整个战线上苏联红军都保持着强大的优势和进攻势头,德国不仅进攻未成,反而退却得更远,此前被德国占领的城市一座座地相继解放。德国空军在苏联战场的10个"斯图卡"大队在"卫城行动"后的总数量已经下降了一半,只剩下184架。在库尔斯克北部侧翼作战的Ⅱ/St.G 1大队在7月底被部署到列宁格勒地区,但是不久之后的8月初,这个大队再次被调回到中部战线。在中部战线,苏联红军已经于8月5日解放了奥廖尔,Ⅱ/St.G 1大队返回没几天再次跟联队直属单位一道向北撤退到斯摩棱斯克。9月中旬,St.G 1联队部署到斯摩棱斯克南55公里的萨塔罗夫

■库尔斯克战役期间的Ⅲ/St.G 2大队的Ju 87D-5(注意机翼前缘伸出的炮管)列队准备出击,机腹携带了250公斤炸弹,翼下携带的是"迪诺特的芦笋"炸弹。图中近处这架飞机的桨毂罩颜色跟后面飞机的不一样,这就是大名鼎鼎的汉斯·鲁德尔的座机,鲁德尔已经升任Ⅲ/St.G 2大队指挥官。

■这架Ⅱ/St.G 2大队的飞机弹痕累累,从弹痕分析是被高炮炮弹爆炸的碎片击中的。自Ju 87D投入苏联战场以来,一个重要的改进就是在座舱侧面增加防弹装甲,图中可见,这个改进是多么的重要。

卡。但是,已经成功从奥廖尔退出来的德国陆军第9集团军在苏联红军的紧逼下再次于9月24日撤离斯摩棱斯克,St.G 1联队也不得不再次转移,联队的12名成员被派往奥尔沙(Orsha,斯摩棱斯克西稍偏南200公里)进行晚间飞行训练,随后的10月,联队其他单位一道撤到白俄罗斯首都明斯克东南150公里的博布鲁斯克,这个城镇在1944年苏联发动夏季反攻战时才被解放。

上文提到的被急忙调往库尔斯克北部突出部协助德国地面部队反击苏联红军对奥廖尔进攻的St.G 2联队在"卫城行动"被取消后也最早准备撤退到斯摩棱斯克,但是,这个联队刚撤退到布良斯克(奥廖尔西北100公里)就接到紧急命令向南部署。在奥廖尔被解放的8月5日,苏联红军又攻占了别尔哥

■Ⅱ/St.G 2大队一位抓耳挠腮的地勤人员看着飞机上的弹痕不知从何下手修理。图中飞机的弹痕口有毛刺,这说明弹片是从飞机右侧贯入的。

尖叫死神　二战德国Ju 87"斯图卡"俯冲轰炸机战史

■这张照片更惨，1架"斯图卡"飞机当即被击落坠毁，机组乘员丧生。

罗德并向南部的哈尔科夫推进，St.G 2联队被部署在哈尔科夫城内和周围几个机场，但是，"斯图卡"部队也未能阻止苏联红军的进攻，8月23日，哈尔科夫被苏联解放。

整个哈尔科夫南部地区，沿顿涅兹河和米乌兹河到塔甘罗格，再到亚速海一带是

■Ⅱ/St.G 2大队指挥官马克希姆廉·奥特（Maximilian Otte）在庆祝他第900次作战任务，他的礼物不是小猪，也不是蛋糕，看照片左下方，那是一个木马玩具，这个作为奖品估计是为他子女准备的。看不出来吧，奥特原来是一名优秀的医生。

最易遭苏联红军攻击的地方,而且这一带德国军队也不可能守太久,为此,St.G 2联队整个9月都在掩护德国第8和第1装甲军后撤并以第聂伯河为屏障筑起防御阵线。在9月的最后一周,St.G 2联队最终驻扎在第聂伯罗彼得罗夫斯克开始执行作战任务,但是,苏联空军持续不断地对St.G 2联队的机场进行轰炸,位于第聂伯河东岸的这些机场根本守不住,不得已,St.G 2联队再次后撤到第聂伯河防御阵线后96公里处工业城市克里沃罗格附近。10月9日,在科斯特罗姆卡机场,St.G 2联队举办了汉斯-乌尔里希·鲁德尔执行1500次作战任务的庆祝会,就在当天早晨攻击苏联一支向扎波罗热推进的装甲部队时,长期与鲁德尔搭档的后座机枪手埃尔文·亨特斯切尔(Erwin Hentschel)军士长也达到了他本人第1200次作战任务。除了给鲁德尔和亨特斯切尔戴上象征胜利的花环和喝香槟酒外(别人喝),一头幸运的小猪也被带到现场,第一航空队司令库尔特·伯弗鲁格贝尔(Kurt Pflugbeil)上将和第四航空军司令也亲自前来祝贺,他们都没空手来,知道鲁德尔不喝酒但好甜食,第四航空军司令为他带来了一个大蛋糕。

鲁德尔的个人战绩堪称奇迹,但这丝毫也无法改变德国军队节节败退和苏联红军稳步推进的战争形势,与St.G 2联队并肩在南部战线战斗的St.G 77联队也在为从顿涅兹-米乌兹河撤退到第聂伯河防御战线的德国地面部队提供空中支援任务。在左翼,Ⅰ/St.G 77大队从哈尔科夫一路向正南克拉斯诺格勒和波尔塔瓦撤退。在右翼,Ⅱ/St.G 77大队和Ⅲ/St.G 77大队先是撤退到顿涅兹克,再沿着亚速海北岸马里乌波尔和梅利托波尔最终撤退到克里米亚半岛。在这里,Ⅲ/St.G 77大队取得了东部战线最后一次巨大的成功。

10月5-6日夜晚,苏联黑海舰队的一支驱逐舰编队在克里米亚半岛南岸对德军撤退的港口进行了轰炸,这支驱逐舰编队由"哈尔科夫"号为领舰驱逐舰对雅尔塔进行炮击,舰队中另2艘军舰奉命去费奥多西

■ 短短八个月时间,鲁德尔的作战任务次数就从1000次上升到1500次,可见这一阶段"斯图卡"部队的作战强度有多大,他的运气也好到家了。

尖叫死神　二战德国Ju 87"斯图卡"俯冲轰炸机战史

■鲁德尔的荣誉是德国战史里的唯一，狼穴里的希特勒都忍不住要见见这样似乎有神灵护体的鲁德尔，并且亲自为他颁奖。

亚（Feodosia，克里米亚半岛南岸东部）作战。但是，这2艘军舰在半岛沿岸遭遇德国海军5艘潜艇伏击，这场战斗毫无悬念。天亮时，苏联这支舰队只有3艘驱逐舰返回海上，当第一缕光线照亮大地时，德国空军侦察机发现了这3艘返航的舰船，随即用无线电召来St.G 77联队的"斯图卡"飞机。在第一轮攻击中，"斯图卡"飞机集中轰炸了排水量为2500吨的"哈尔科夫"号，这艘驱逐舰被几枚炸弹直接命中并失去动力漂在海上，只能由"才能"号拖行。第二波"斯图卡"攻击编队分为三组同时对3艘驱逐舰发起攻击，这样做的目的就是分散军舰上高炮手的注意力。这波攻击中，"哈尔科夫"号又遭进一步损坏，"残忍"号驱逐舰也被炸弹命中，损毁严重，只有"才能"号受伤较轻，不得不拖上2艘受损严重并失去动力的驱逐舰尽快驶出"斯图卡"飞机的攻击范围。但这几乎是无法完成的任务，德国空军再次发起攻击，"残忍"号驱逐舰终于被炸沉，可能是1枚炸弹直接命中并引爆了舰上的弹药库，因为军舰发生了极为猛烈的爆炸，舰体被炸为两截。不久之后，"哈尔科夫"驱逐舰也沉没，沉没前舰

第三章 "斯图卡"俯冲轰炸机战史

■St.G 77联队第7中队的"斯图卡"飞机在黑海沿岸执行巡逻任务，飞机没有携带武器，起落架整流罩也被去除。飞机座舱侧面没有安装防弹装甲，估计是早期Ju 87D-3型号。

■"斯图卡"单位的日子越来越艰难了，Ⅰ/St.G 77大队的机枪手弗雷德里切·马斯在庆祝他的第700次作战任务时奖品只是一瓶香槟酒，象征庆祝和喜庆的树枝或花环也难找到了，只是临时找个充气轮胎应付，这只是德国空军在苏联战场的一个缩影。注意看地勤人员稚嫩的脸，这些大部分是新兵蛋子，德国空军损失太大了。

尖叫死神　二战德国Ju 87"斯图卡"俯冲轰炸机战史

长下令弃船。

St.G 77联队发动第四波，也是最后一波行动时，苏联"才能"号驱逐舰正在营救2艘沉没军舰的幸存者，同样也受了伤的"才能"号无法抵御新一波的轰炸，不久在命中2枚炸弹后沉没。在获知3艘现代化驱逐舰被德国"斯图卡"飞机击沉后，斯大林立即下令驱逐舰以上的军舰在行动时必须得到他的允许。St.G 77联队的这次空袭再次证明了"斯图卡"飞机在攻击舰船方面无可争议的优势，条件是这些军舰没有空中掩护。但是，陆地上的情况就完全不一样了，"斯图卡"飞机在对付苏联潮水般的装甲部队时不再是攻坚利器，而且，苏联空军的战斗机也布满天空，"斯图卡"飞机再也无法显示自己的威力。

此时，德国空军高层也在考虑专业对地攻击飞机的命运，在二战开始时，德国空军只有一个装备老式双翼飞机的对地攻击大队，到1943年秋天，对地攻击单位已经发展到以装备Fw 190战斗轰炸机为主要机型了。福克－沃尔夫（Focke-Wulf）公司研制的Fw 190是一款装甲防御到位、性能出众的战斗机，改进后非常适合对地攻击，与"斯图卡"飞机投弹后必须立即返航不同，Fw 190战斗轰炸机投弹后仍然在地区盘旋或者为其他投弹飞机护航，或者与苏联战斗机格斗，驾驶Fw 190战斗机击落敌机最多纪录是116

■虽然败势已经无法抵挡，但"斯图卡"飞机仍试图阻止潮水般的苏联装甲部队。图为St.G 2联队的1架Ju 87D-3飞机。飞机下方就是苏联广袤的土地，德国人感觉苏联实在太大，冬天实在太冷，再加上一句"苏联实在难以战胜"。

第三章 "斯图卡"俯冲轰炸机战史

■ "斯图卡"飞机的继任者Fw 190战斗机,这款飞机是德国二战末期投入使用的性能超群的战斗机,但是,再先进也无法挽救德国失败的命运。

架，这足以说明这款飞机对地攻击和格斗都相当出众的性能。

尽管Ju 87和Fw 190飞机的基本性能并不相同，德国空军高层还是决定将执行空中支援的两个单位（对地攻击和俯冲轰炸）合并成一个部队，他们认为对地攻击大队吸收"斯图卡"中队可以使得对地攻击的手段多样化，毕竟Ju 87飞机在某些方面仍具有其他飞机无法相比的能力。德国空军高层最初认为对地攻击大队会融入到数量上占优的"斯图卡"单位，也就是说"斯图卡"飞机为主导，其他飞机为辅助，但实际情况却相反，10月18日，很多在30年代就成立的"斯图卡"大队最后改变番号成了一支规模很大的对地攻击部队的一部分，此后，St.G 1联队、St.G 2联队、St.G 3联队、St.G 5联队和St.G 77联队都被称为对地攻击联队，这些联队后来也开始换装Fw 190战斗轰炸机。至此，作为独立作战单位的"斯图卡"部队正式结束了使命。

四、1943－1945年反装甲部队的简要介绍

当1943年10月"斯图卡"联队并入到对地攻击联队时就清楚地表明所有的Ju 87飞机不可能继续参与战争了，确切地说仅在东部战线的275架"斯图卡"飞机一夜之间被

■技术人员在检查37毫米反坦克炮。

Fw 190战斗轰炸机取代。从一个型号飞机转换到另一个型号飞机通常要花很长时间,即使战争时期加快步伐也要一段时间,为此,有三个"斯图卡"大队仍使用了Ju 87飞机一年多时间,有一个大队(Ⅲ/St.G 2大队)甚至到战争快结束时才开始换装。

有意思的是,有一个"斯图卡"大队在1943年10月18日的番号变动中幸存了下来,这就是Ⅱ/St.G 2大队,这个大队的番号只是在后缀上加上了"Pz"表示反坦克,即Ⅱ/St.G 2(Pz)大队。不清楚这个单位是否还隶属于以前的St.G 2联队,如今的这个联队已经有自己的第Ⅱ大队,而且这个大队的三个中队全部装备Fw 190战斗轰炸机,第二大队番号为Ⅱ/Schl.G 1大队。德国空军官方资料也没有明确指出是否Ⅱ/St.G 2(Pz)大队从一开始全部装备的是Ju 87G反坦克飞机。但是有一点非常清楚,那就是Ⅱ/St.G 2(Pz)大队番号变更后很快便投入战斗对付遍地开花的苏联坦克,这个时候,苏联红军已经突破了德国第聂伯河防线,正在向西乌克兰挺进。从一些简单的数据可以管窥当时的战场情况,在番号变更仅两天后,Ⅱ/St.G 2(Pz)大队装备的24架"斯图卡"飞机,其中22架可以继续战斗;到11月10日(番号变更第20天),这个大队只剩下9架飞机,其中8架仍

■图中这架Ju 87G-1(翼尖较宽)后机身已经抬起,但是,这架飞机并没有起飞,注意看主起落架被轮挡固定着,明显这是在试验反坦克炮,后面的地勤人员提前捂住了耳朵。

尖叫死神　二战德国Ju 87"斯图卡"俯冲轰炸机战史

■10.(Pz)/SG 1中队的1架Ju 87G-1（机身前缘上方有原机枪整流罩）刚启动发动机转弯，注意看后起落架。

可以继续作战，战斗强度不一般地大。

尽管损失极为严重，Ⅱ/St.G 2(Pz)大队仍在1943－1944年冬天参与了轰炸苏联红军坦克先头部队的行动。1944年2月29日，该大队一名飞行员有幸成为最后一名在东部战线获得"骑士十字勋章"的"斯图卡"飞行员。其实原来"斯图卡"部队其他的飞行员中有很多在1943年11月－1945年4月间获得此勋章，但是番号变更后不再属于"斯图卡"飞行员编制。获得"骑士十字勋章"的是Ⅱ/St.G 2(Pz)大队第6中队飞行员杰克勃·简斯特尔（Jakob Jenster）军士长，授勋时，他参加作战任务已经超过700次。

作为德国空军中唯一的"斯图卡"大队，五个月后，Ⅱ/St.G 2(Pz)大队在空军中这种独特的地位也走到了尽头。1944年3月，该大队的第6中队解散，第4和第5中队番号改为10.(Pz)/SG 3和10.(Pz)/SG 77。在欧洲战场最后12个月里，仍然装备Ju 87D飞机的对地攻击大队慢慢地但十分坚定地开始换装Fw 190战斗轰炸机，在东部战线只有四个反坦克中队仍然装备Ju 87G飞机。然而，1945年1月，这四个中队也被分为一半，其中两个番号改变后加入到Ⅰ.(Pz)/SG 9大队中（注意"Ⅰ"是大队编制，"1"是中队编制），一个中队换装Fw 190飞机，另一个被派遣到斯堪的纳维亚执行作战任务。

至此，Ju 87飞机在苏联的白天战斗全

第三章 "斯图卡"俯冲轰炸机战史

■图为Ju 87G-2（翼尖小，机翼前缘没有机枪整流罩）升空作战。

部结束，在四年前对苏战争时共有8个"斯图卡"大队近300架Ju 87飞机参战，这些"斯图卡"飞机为德国初期的"闪电战"立下汗马功劳，在打击苏联重要目标和瓦解苏联士气方面功不可没。到战争末期，"斯图卡"单位只剩下10.(Pz)/SG 3和10.(Pz)/SG 77两个中队，飞机总数不过30架，数量已经少得可怜，根本无法抵挡潮水般的苏联坦克装甲部队。

东部战线简要回顾和总结

德国人曾乐观地估计发动入侵苏联的"巴巴罗萨行动"将于1941年的圣诞节结束，这种一厢情愿的估计直接后果就是德国被迫卷入了其在二战中历时最长、最血腥的战争，也直接导致了第三帝国的灭亡。这场侵略苏联的战争共造成800万苏联红军战士和350万以上的德国和其仆从国官兵的死亡，大约2000万苏联居民、德国和其他国家的居民在这场战争中丧生，财产损失更是不可胜数。

跟此前德国发动的战争相比，与苏联的战争不论战场宽度和深度都要大得多，其主要战线长度达1600公里，而采取战斗行动的实际长度为2500公里，与低地国家作战的战场长度不过1000公里。

"巴巴罗萨行动"开始前，德国空军共准备了2875架飞机，其中作战飞机只有1945架，这个数量小于德国侵略西方的数量，这说明德国非常轻视苏联，以为苏联不堪一击。

1941年6月22日早晨战争开始前一刻，德国空军1945架作战飞机中只有1407架可以投入战斗，包括510架轰炸机，197架"斯图卡"飞机，440架战斗机，40架近距离支援和120架侦察飞机。苏联当时有18000架各型飞机，其中9000架部署在苏联西部的欧洲境内。苏联飞机的数量虽多，但只有20%的飞机是较为新式的飞机，其他新飞机还处在研制阶段，有的接近完成。除了作战飞机，苏联很多的作战单位也部署在西部靠近边境

尖叫死神 | 二战德国Ju 87"斯图卡"俯冲轰炸机战史

的地区,由于过于靠近西方边境,德国的高空侦察机He 111和Ju 88P已经对这些边境机场进行了详细的航空拍照。从苏联空军的部署和德国对情报的掌握情况来看,对苏联空军发动闪电袭击将飞机摧毁地面的条件非常理想,只需要一次大规模的空袭就可以基本上消灭苏联空军,达到这个效果后,德国空军会转向战术支援任务。

虽然苏联空军的飞机数量占有很大的优势,但是从其与芬兰的边境战争中的表现和更早时候在西班牙内战中的使用情况来看,它对德国空军似乎并不构成威胁。1941年6月,德国空军已经进行了四场针对不同国家的战争,积累了十分丰富的经验,尤其是空军与陆军之间的协同技术也日渐成熟。德国此前取得了一场场战争的胜利,士气高昂,势在必得,德国认为"巴巴罗萨行动"将是规模最大的,也是最后一次的作战行动。

入侵苏联的战争第一天,德国空军对苏联66个精心选定的机场进行了空袭,将苏

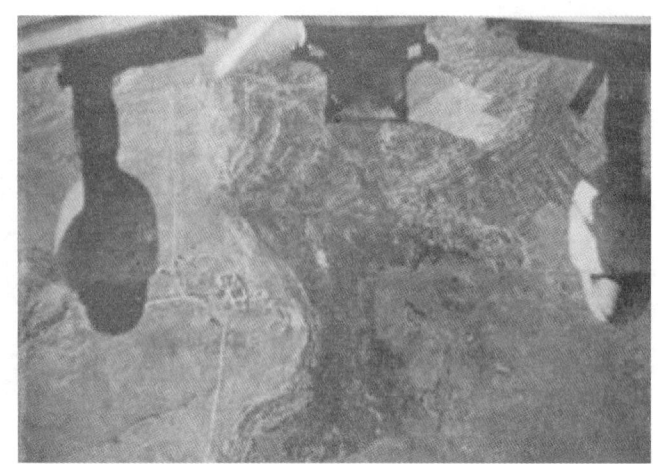
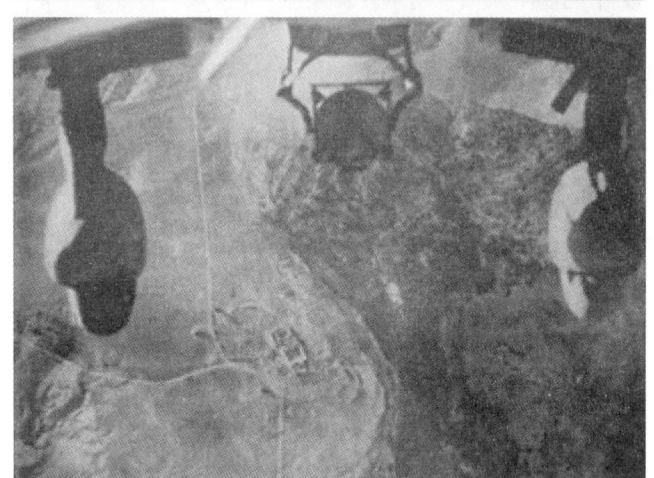

■ "斯图卡"飞机拿手好戏就是精确定点轰炸,图中飞机下方一处建筑就是"斯图卡"的目标。

联1811架飞机摧毁在地面,而德国空军只损失35架飞机。对苏联的第一次闪电战术运用十分成功,但后来再也没有这么大的规模出现。尽管德国陆军在地面取得了一系列的成功,但空军并没有在一次大规模空袭中一劳永逸解决问题,对苏联空军的打击破坏程度远没有想象的那么好,苏联空军仍顽强地抵抗着,因此,在随后的四个月中德国空军仍断断续续地采取一些空中行动。根据德国空军官方的报告统计,从1941年6月22日至12月31日,德国空军共损失2093架飞机,包括758架轰炸机、568架战斗机、767架其他飞机,还有1361架飞机被严重损坏,包括473架轰炸机、413架战斗机、475架其他飞机。这也就是说,德国空军在战争开始的6个月内,其损失的飞机已经超过了发动战争前的准备数量。飞机的损失可以再生产,而损失有经验的飞行员不可能在短时间内补充,这个影响非常深远。

"斯图卡"飞机从战争一开始就参与其中,它的精确俯冲轰炸再次显示出了威力,尤其是那种死亡召唤般的尖叫声让人心悸。"斯图卡"飞机比较有名的一次行动是1941年9月21日在咯琅施塔得击沉了苏联排水量为26170吨的"马拉特"号战列舰,飞行员是Ⅲ/St.G 2大队传奇人物汉斯－乌尔里希·鲁德尔,在此前的9月16日,他已经用1枚500公斤的炸弹击中了这艘战列舰,在9月21日的行动中,他使用1枚1000公斤的穿甲弹将这艘战列舰炸成两截。在咯琅施塔得上空执行作战任务可能是最危险、最困难的战斗之一,因为,这个地区部署了1000余门各种口径的地面高炮和舰炮,德国空军面对的炮火猛烈程度比在伦敦和马耳他的炮火要强得多。汉斯－乌尔里希·鲁德尔在苏联战场成了一名非常著名的俯冲轰炸飞行员,他驾驶Ju 87取得了难以置信的成功,而且没有在空中被击落过,他一直作战到二战结束。

1942年,"斯图卡"飞机开始越来越多地执行战术和近距离支援任务,在东线战场,德国空军非常需要"斯图卡"这种飞机来执行近距离支援任务,为的是对抗苏联越来越多的伊尔-2强击机。由于德国的战线太长,纵深也太深,在其他战场多次成功运用的集中空中打击以支援地面装甲部队的战术在苏联战场运用得很不成功,没有取得决定性胜利的战斗。其实这很好理解,苏联的国土面积大,作战区域也广,德国空军力量分散,无法集中优势对苏联进行毁灭性的打击。另一方面,"斯图卡"飞机仍是德国空军十分有力的武器,它的性能比苏联的作战飞机要强很多。在1941－1942年间的战略性钳形包围战役中,德国俘虏和缴获了大量苏联军队和军事物资,但如果没有"斯图卡"飞机参与就无法达到这样的战略效果,"斯图卡"的功绩不可抹杀。但是,德国空军的战略行动也有遗憾,那就是在入侵苏联行动的初期,苏联的神经中枢没有遭到毁灭性的打击。

1942年最著名的战斗是轰炸乌克兰的塞

尖叫死神　二战德国Ju 87"斯图卡"俯冲轰炸机战史

■（上与下图）"斯图卡"飞机轰炸苏联波罗的海舰队"十月革命"号战列舰场景。

瓦斯托波尔军事要塞行动。塞瓦斯托波尔可能是当时世界上最坚固的海军堡垒，这次德国空军第八航空军的"斯图卡"执行了主要的空袭任务。6月7日，"斯图卡"和其他轰炸机开始大规模空袭塞瓦斯托波尔，持续不断的轰炸一直到7月1日，最后，疲惫不堪的守军放下武器投降。这次行动的成功也是离不开"斯图卡"飞机的，"斯图卡"飞行员精湛的技艺再次发挥了决定性的作用，特别是火力最强的"马克希姆·高尔基"I要塞被彻底摧毁使得苏联守军完全陷入绝望而投降。

几乎在同一时候，德国曾计划向在西南太平洋作战的日本提供Ju 87飞机，德国希望日本获得"斯图卡"飞机后能重创美国舰船，减轻德国的压力。日本在此前的1937年获得2架Ju 87A"斯图卡"飞机进行了测试和评估，这些飞机被称为Ju 87K。再次向日本提供"斯图卡"飞机的计划最终没有实施。1942年夏天，"斯图卡"飞机参加了斯大林格勒战役，这场战役成了入侵苏联战争的一个转折点，德国的前进步伐被阻止，战争的进程开始朝着有利于苏联方面发展。跟以往一样，"斯图卡"飞机也参与了这次战役，St.G 1、St.G 2和St.G 77联队的Ju 87飞机从9月3日开始对斯大林格勒重要目标进行了俯冲轰炸，轰炸给斯大林格勒造成了很大的破坏，但苏联人的抵抗也非常顽强。在冬天即将到来的时候，德国地面部队已经冲进了城市内部，双方爆发了激烈残酷的巷战，尽管如此，德国还是没有拿下斯大林格勒，德国军队明显表现出了强弩之末的特征。1942年11月19日，苏联人开始反攻，这个时候，很多"斯图卡"单位驻扎在基尔河和顿河之间的前线机场，这个位置正好在苏联装甲部队推进的途中。当苏联反攻时，德国空军没来得及撤退，人员和物资损失相当大。苏联冬天的寒冷加上维护保养的条件非常恶劣、缺少备用零配件，德国空军飞机的使用率大大降低，这使得德国空军在外围无法推进，"斯图卡"飞机正面临着最困难的时期。

根据德国空军的官方资料记载，在1942年12月31日，德国从欧洲到北非的前线部队共部署了1355架轰炸机，包括270架"斯图卡"飞机。1943年1月中旬，在东部战线，

■被炸毁的"马克希姆·高尔基"Ⅰ要塞。

尖叫死神 二战德国Ju 87"斯图卡"俯冲轰炸机战史

德国的飞机数量（包括战斗机、轰炸机和侦察机）达到1700架左右，这个数量虽多，实际只有40%能够参加作战，而在这个阶段，苏联人的飞机数量是德国的5倍。

1943年是不同寻常的一年，这年德国进入了战略防守的态势。1943年1月，德国空军的4个人员编制已经严重不足的"斯图卡"大队（Ⅱ/St.G 1和St.G 2、Ⅰ/St.G 77和Ⅱ/St.G77）被集中起来去防守顿聂兹河防线，尽管如此，还是无法阻止苏联红军在1月15日强渡顿聂兹河的步伐，从那时起，德国空军的空中优势开始失去，甚至是国内的空中优势也不再了。

这年苏联实施了另一个战略推进行动，斯大林格勒战役后，苏德双方在1943年的7月以前的拉锯战中，形成了以库尔斯克为中心的突出部，这就是西方称的"库尔斯克突出部"。尽管遭到很多高级将领的反对，希特勒仍顽固地决定集中最强大的地面装甲部队再实施一次大规模的战役，即"卫城行动"，这是德国在东部战线发动的最后一次战役。7月5日战役正式开始，为了这次行动，德国空军共准备了1830架作战飞机，包括9个"斯图卡"大队（Ju 87飞机数量比参与"巴巴罗萨行动"的还要多50%以上）。战役初期，德国取得了一些胜利，但苏联的抵抗非常顽强，苏联人的纵深防御点和作战力量远远超过了德国人的估计。苏联人事先做了十分充足的准备，这跟苏联在德国最高指挥部的一个间谍有很大关系，他获知了十分详细的德军行动计划并通知了苏联高层。"卫城行动"的第十天，德国被迫取消了进攻行动，尽管只有短短的十天时间，德国的坦克部队和德国空军的近距离支援力量损失十分严重。在7月里，德国空军在东线共损失911架飞机，大部分是在中部和南部战线损失的。

至1943年夏天，Ju 87明显地作为前线

■苏联的冬天始终是德国无法解决的一个大问题。

轰炸机很快就落后了，德国空军需要紧急补充新的飞机以取代"斯图卡"飞机。而苏联方面，在1943年的上半年6个月中，苏联空军开始淘汰大部分落后的飞机，换装可与德国飞机匹敌的新式飞机，这些飞机比德国飞机更适合当地的气候条件和战场使用环境。苏联的飞行员也在战争中积累了经验，士气开始高涨起来。"斯图卡"飞机早就不再是先前那种让人畏惧的武器，尽管它还会给苏联人造成较大的伤害。

入侵苏联的战争已经经历了战略进攻和战略相持两个阶段，进入到战略后退阶段，德国空军早就打算重新组织对地攻击和近距离支援任务，但直到1943年8月18日德国空军参谋长汉斯·约斯乔尼克（Hans Jeschonnek）将军自杀，科尔顿将军接替他的位置时，这个计划才开始实施，科尔顿将军上任后立即组成一个独立的对地攻击联队来统一指挥目前所有的原来隶属于战斗机和轰炸机部队的空军对地攻击单位，但是，这个计划很明显出现了职责不协调的情况，调整因此也造成拖延。对地攻击联队的首任指挥官是厄恩斯特·科波菲尔[①]，他原是St.G 2联队的指挥官，1943年9月1日走马上任。上任后他立即重组"斯图卡"部队，组建了"斯图卡"中队（Stukageschwader，即英文Stuka Squadron。在当时，"Stuka"的意思仍然是俯冲轰炸的意思，并不是Ju 87的专有名词）并命令这些中队开始装备Fw190F和Fw190G作为近距离支援飞机，10月这些

[①] 厄恩斯特·科波菲尔（1907年7月2日－1943年11月6日）于1928年10月1日参加第17巴伐利亚骑兵团第5骑兵连，1936年5月1日至1937年3月3日，他重返学校并于3月4日获得了法学博士头衔。1937年10月1日，他又重新穿上了军装，在陆军部队担任马术教官。1939年9月30日，他进入了培训侦察机飞行员的飞行学校开始学习。1939年底至1940年初，他转而学习轰炸机飞行的课程。1940年8月1日，毕业后的厄恩斯特·科波菲尔被分配到俯冲轰炸机部队的辅助部队。1940年9月7日，他调到了驻扎在法国圣马洛的St.G 2联队的第1大队。1940年10月1日，他升任该联队第7中队的指挥官。

1941年5－6月，在克里特岛战役中，厄恩斯特·科波菲尔第一次经历了严峻的战火考验。在战斗中，他投弹直接命中并击沉了一艘英军的巡洋舰。1941年6月22日，德军进攻苏联后他所在的"斯图卡"部队主要在中部战线执行作战任务，后来又调到北部战线参加战斗。1941年9月，他所在的联队轰炸了以咯琅施塔得港为基地的苏联波罗的海舰队。在一次轰炸中，他投弹击中了苏联海军"十月革命"号战列舰，在这次行动中，他的飞机被击中，但侥幸生还。几天后的另一次轰炸行动中他的座机再次被击中，他本人严重受伤，勉强飞回到基地后，经过检查发现他的头部三处负伤，身体被严重挤压，几处骨折。1941年11月23日，在医院的病床上，厄恩斯特·科波菲尔获得"骑士十字勋章"。

负伤五个多月后的1942年1月，厄恩斯特·科波菲尔再次返回前线。此时他晋升Ⅱ/St.G 2大队的指挥官。1942年4月1日，他晋升为少校。1942年10月30日，他完成了500次作战任务。1943年2月13日，他升任St.G 2联队指挥官，不久晋升中校军衔。1943年7月5日，在参加库尔斯克战役期间，他完成了第600次作战任务，并一直在第一线参加战斗。1943年9月9日，在完成了636次作战任务后，厄恩斯特·科波菲尔离开了前线，任新组建对地攻击联队指挥官，他一直在积极争取用比较先进的Fw 190战斗轰炸机来替代过时的Ju 87飞机，为此，他不停地在各个联队之间飞来飞去和指挥官探讨这方面问题。

1943年11月6日，厄恩斯特·科波菲尔的座机He 111在返航的途中因为天气恶劣在萨罗尼加（Salonika，希腊中北部港市）失事坠毁，11月17日他的遗体才被找到。死后，厄恩斯特·科波菲尔追晋上校军衔，并被追授"橡树叶和佩剑骑士十字勋章"。

| 尖叫死神 | 二战德国Ju 87"斯图卡"俯冲轰炸机战史 |

■苏联红军一名女性战地记者在坠毁的Ju 87D残骸上留影。二战时期,苏联大量女性主动要求上前线,有一些就是战地记者。图中这名记者穿着时髦,这是战争后期,物质条件大为改善,女性爱美天性也恢复。

■图中这架飞机不清楚是迫降还是坠毁,也不清楚残骸是被拆解还是散落,但"斯图卡"飞机最终的命运是相同的。

第三章 "斯图卡"俯冲轰炸机战史

新型战斗机开始装备"斯图卡"中队,计划每六个星期装备2个中队。

厄恩斯特·科波菲尔在1943年11月6日的事故中丧生,他的后任是胡伯图斯·希斯切豪尔德,他也是一名十分有经验的"斯图卡"飞机飞行员和指挥官,他上任后加快了"斯图卡"部队装备Fw 190战斗机的步伐。但是,Ju 87飞机没有完全退出苏联战场,它仍坚持作战到二战结束。

附:
"斯图卡"飞机的终曲——夜间行动

"斯图卡"飞机的最后作战任务不再是白天的伴随着尖利叫声的俯冲轰炸,而是使用一些战术执行夜间任务。

用战斗机执行夜间骚扰任务的主意最早是苏联空军发明的,1941年晚些时候,他们开始使用一些落后的U-2和R-5双翼飞机执行一些夜间任务,尽管这些小飞机载弹量很小,航程也很近,但是,借助夜间的掩护,敌人无法分清威胁程度。这种夜间任务给德国军队造成了很大的烦恼,其造成的骚扰效果非常明显,迫使德军精神处于高度紧张状态而无法好好休息,在作战区域内用这种骚扰战术效果更好。1942年10月,德国空军在东部战线也效仿苏联采用这种夜间骚扰和攻

■夜间飞行有一定的风险性,即使现在也是如此,图中这架Ju 87D-7就是在训练期间出现"拿大顶"现象,螺旋桨已经损坏。

尖叫死神　二战德国Ju 87"斯图卡"俯冲轰炸机战史

■ 地勤人员在维护Ju 87D-7飞机。"斯图卡"飞机的"辉煌"已经成为过去，如今执行起通常只有二线飞机才执行的夜战骚扰任务，注意看飞机后部的标志和字母书写也草草了事。

击方式对付苏联及盟国军队。

德国空军最早执行类似任务的是辅助轰炸机分队，这些单位装备了很多型号复杂的老旧飞机，比如容克W 34、He 45、Go 145和Ar 66等。一个月之后，这个部队更名为骚扰轰炸机分队，但是，随着空军重组对地支援力量，1943年10月18日，这个执行特殊任务的分队组建成夜战大队（Nachtschlachtgruppen，简称NSGr）。

1943年夏天，德国空军首次提出将Ju 87飞机改装成夜间对地攻击飞机，8月这项工作正式在哈姆伯格－哈尔伯格开始进行，300架Ju 87D计划改进成夜间对地攻击机。由于战场急需，第一批78架在Ju 87D-3和Ju 87D-5基础上改进的型号很快完成并立即交付给几个NSGr部队，这些飞机主要用来训

练和试验。至1944年6月，NSGr部队增加到12个，但是，装备和训练工作很缓慢，到1944年秋天，德国空军取消了几个NSGr单位，它们是NSGr 11、NSGr 12和东线飞行中队（Ostfliegerstaffel，即英文East Flying Squadron）。剩余的NSGr部队中也只有6个大队装备了改进型Ju 87夜间攻击机，它们是：

NSGr 1：1943年8月开始交付Ju 87夜间攻击机，装备3个中队，在东线战场一直使用到1944年8月，在西线战场使用到1945年5月。

NSGr 2：1944年2月开始交付Ju 87夜间攻击机，装备4个中队，在东线战场一直使用到1944年9月，在西线战场使用到1945年4月，4个中队中有一个仍在东线战场。

NSGr 4：1944年8月开始交付Ju 87夜间攻击机，装备3个中队，在东南欧洲战场使用，新组建的中队在1944年年底转移到西部战线。

NSGr 8：1944年5月开始交付Ju 87夜间攻击机，装备2个中队，在荷兰战场一直使用到1944年9月，然后是挪威战场。1945年1月调往柏林地区的奥德尔前线。

NSGr 9：1944年5月开始交付Ju 87夜间攻击机，装备3个中队，在意大利北部战场一直使用到意大利投降。

NSGr 10：1944年10月开始交付Ju 87夜间攻击机，装备2个中队，一直在巴尔干地区使用。

从以上的概要可以看出，从1944年秋天起，这些改进后的夜间攻击骚扰型Ju 87飞机单位主要用来在西线对付盟国部队，主要的原因是德国空军缺少常规轰炸机和燃料短缺，而Ju 87轰炸精确度高，可以减少出动架次，另一方面它的机动性更好，如果需要可以飞得更低。一切似乎又转了回来，1940年德国空军依靠Ju 87在西线作战，到了1944年年底，德国空军不得不再次依靠Ju 87在西线与盟国作战，唯一不同的是这次执行夜间任务。

在行动中证明夜间型Ju 87是一种十分有效的武器，而且面对盟军的防御系统，它比白天型的Ju 87更难被攻击，更主要的是，

■图为1945年1月在捷克斯洛伐克境内被击落的Ju 87D-8飞机，这架飞机没有安装用于夜战的火焰抑制装置，说明这架飞机是在执行白天任务里被击中而迫降，木质螺旋桨已经折断，飞机起落架深深地嵌入泥土中。

尖叫死神　二战德国Ju 87"斯图卡"俯冲轰炸机战史

它的巡航速度低,飞行员可以有效地避开盟军夜间飞机(通常是"蚊子"战斗机)的拦截。在夜间,即使盟军飞机发现了Ju 87,瞄准也是个大问题,因此,在夜间被战斗机击落的事例非常之少。

夜间型Ju 87通常在有月光的夜晚执行任务,完全漆黑的夜晚对于低空飞行是十分危险的。德国空军选择的攻击目标一般是前线的坦克、地面部队集结地、火车及火车编组站、桥梁、公路网等,也包括被怀疑作为军队指挥所的私人建筑。只要气象条件允许,德国空军就会出动一整个中队对某一个目标进行集中轰炸,通常的战术是双机轮流进行攻击,编队指挥官首先向目标投掷闪光弹为后面的飞机指示目标位置,后面的飞机依次投弹轰炸。每两架飞机间通过机载的FuG 16R/T无线电设备保持联络,这个设备对于合作完成任务非常重要。前面2架飞机完成投弹后,他们就用无线电通知后面的2架Ju 87开始进行轰炸步骤,这种战术可以保证不间断地对目标进行轰炸,时间长达几个小时。通常的作战高度在914米至243米之间,如果夜间的能见度较好,有的Ju 87飞行还可以飞得更低。德国空军的一些夜间型Ju 87还经常投放金属箔片干扰盟军的雷达系统,Ju 87的后座乘员会把一包包的金属箔片抛出座舱。这些夜

■虽然是夜战型号,但Ju 87D-8(机翼前缘有炮管)有时也参加白天的战斗,为了挽救德国,什么手段都得用上。

第三章 "斯图卡"俯冲轰炸机战史

间型Ju 87飞机上还必须安装FuG 25a敌我识别设备,这点很重要,因为夜晚的天空中不仅仅有德国空军的飞机。

德国空军非常重视夜间对地攻击飞机在西线战场的使用,从以下的数字增长就可以看出:1944年10月底,德国空军有70架夜间型Ju 87,到阿登反击战的第一天,即12月16日就增加到了130架。

在紧急情况下,这些夜间型Ju 87也可以在白天使用,在东线和西线德国空军都这么做过。这些飞机参加的最有名的战斗是1945年3月轰炸瑞马根大桥行动。

■这架飞机很有意思,从发动机火焰抑制管来判断这是Ju 87D-7或D-8型,但这两者都有疑问,外文资料称这是Ju 87D-8型,但未见机翼前缘的MG 151/20机炮炮管伸出。如果这是Ju 87D-7型,明显地起落架上有啸声器,Ju 87D-7和D-8都去除了这个装置,只有Ju 87D-1和早期的Ju 87D-3飞机上才有啸声器,结合文章内容,图中飞机可能是早期的Ju 87D-3临时改进的Ju 87D-7型,属非标准型。

尖叫死神 二战德国Ju 87"斯图卡"俯冲轰炸机战史

目前已知的夜间型Ju 87在西线执行最后一次任务是NSGr 1中队于1945年5月4日在德国境内进行的，几天后，欧洲的战争正式结束。"斯图卡"飞机及其改进型从第二次世界大战第一天一直作战到最后一天，1945年5月8日早晨，不屈不挠的汉斯-乌尔里希·鲁德尔执行了最后一次的反坦克攻击任务，当他返回后就不得不投降了。几个小时后，作为最后与盟军的对抗行动，NSGr 2大队的飞行员在豪尔兹科钦将剩余的飞机全部毁坏。

结语：

尽管Ju 87"斯图卡"飞机给无辜的平民造成了很大的伤害，但不可否认，它在世界航空发展史上占据着重要的一节。它作为德国纳粹"闪电战"重要的特征之一，在第二次世界大战初期取得了"辉煌"战绩，但是非正义战争的最终结局同样也适用于它，二战后期的1943年"斯图卡"产量是战前产量的几倍，但前线"斯图卡"飞机的数量始终没有突破300架大关，原因就是损失的飞机数量超过了补充数量，即使"斯图卡"飞机数量再多也无法挽回侵略战争失败的命运。一个型号飞机想挽救一个国家的命运几乎不可能！

德国曾生产了数千架的"斯图卡"飞机与盟军进行作战，但到1945年5月德国投降时，这个数量只有不足200架。战争结束后，这些飞机首先被拆除发动机，尔后全部拆毁。

由于一些偶然的因素，一部分改进的Ju 87D有幸保存下来并在英国皇家空军的战争博物馆展出。另一架在北非战场被英国缴获又放弃的Ju 87B-2/trop在战争时期被美国运回国内，1974年，这架飞机被美国威斯康星州的试验飞机协会收藏。这两架飞机代表着5709架"斯图卡"飞机曾在二战期间与盟国军队疯狂的作战历史，它们见证了血腥的战争场面，给无辜的平民造成了极大的伤害。

第四章 德国盟国使用"斯图卡"飞机情况

■罗马尼亚空军Ju 87D飞机。

尖叫死神 二战德国Ju 87"斯图卡"俯冲轰炸机战史

在入侵苏联的战争中，德国并不是唯一参与战争的国家，德国当时的盟友，就是我们所说的轴心国也参与了战争，甚至法国和波兰也有部队参与，只是这些国家出兵少，对战局的进展影响不大，特别是入侵苏联的初期。苏联战场上，德国空军中也有一些轴心国空军参与一些规模不大的战斗，其中有五个国家的"斯图卡"单位参与了对苏作战。意大利空军使用"斯图卡"飞机的情况上文已经有述。

罗马尼亚[①]

罗马尼亚是东线战役中装备Ju 87飞机最多的国家。早在1939年，罗马尼亚就向德国提出购买60架Ju 87B飞机的请求，但这个请求被拒绝。甚至在1941年6月德国发动"巴巴罗萨行动"后，希特勒还是不愿意向盟国罗马尼亚提供现代化作战飞机，他只是要求罗马尼亚自己组建防空部队以保护普罗耶什蒂地区。入侵苏联战争进行了18个月后，罗马尼亚再次向德国提出请求，此时，德国空军中有数个由罗马尼亚、波兰和法国飞机组成的混合轰炸机大队在斯大林格勒前线作战，其中一个轰炸机大队于1942年12月撤出前线，这就是罗马尼亚的第3轰炸机大队，这个大队撤出目的就是准备将其改为俯冲轰炸机单位。这次罗马尼亚政府的请求得到了希特勒的同意，但是希特勒却希望罗马尼亚的"斯图卡"单位能控制在他的手中，为此，他要求不是直接卖飞机给罗马尼亚，而是从德国空军库存的"斯图卡"飞机中租借部分给罗方。

1943年春天，首批45架Ju 87D飞往尼古拉耶夫，在这里罗马尼亚人开始接受训练驾驶"斯图卡"飞机，德国的"斯图卡"飞机教官中有一个人叫安东·安东弗尔少尉，他原是I/St.G 77大队中最富有经验和最成功的飞行员之一，他对罗马尼亚人掌握俯冲轰炸技术贡献颇多。尽管还没有完全掌握"斯图卡"飞机的技能，这些罗马尼亚人还是在6月中旬被调往亚速海北岸的西马里乌波尔作战，苏联的局势对德国来说已经十分不利，没时间坐等完全掌握飞机性能。罗马尼亚第3大队作为一个"斯图卡"单位第一次参与作战是1943年6月17日，当天这个大队的"斯图卡"飞机轰炸了被苏联红军占领的两个村庄，当天出动的10架"斯图卡"飞机全部安全返回。但是，第二天的作战任务中，罗马尼亚就开始遭受损失了，这天的行

[①] 有些资料称罗马尼亚获得"斯图卡"飞机的时间更早，资料如下，仅供参考。

1940年秋天，德国向罗马尼亚空军提供一批Ju 87B-2俯冲轰炸机，经过必要的飞行员训练后，30架"斯图卡"飞机装备了新组建的空军第6轰炸机大队，其下辖第81、第82、第83中队。1941年7月，这个罗马尼亚联队随德国空军开始在东部战线执行作战任务，主要是为罗马尼亚第3军和第4军提供空中支援。1942年至1943年间，德国空军再次向罗马尼亚空军提供115架Ju 87D-1、Ju 87D-3和Ju 87D-5飞机。Ju 87D-3主要装备第6大队用于执行近距离支援任务，Ju 87D-1和Ju 87D-5飞机主要装备新成立的第3轰炸机大队，其下辖第84、第85、第86中队。

第四章 德国盟国使用"斯图卡"飞机情况

罗马尼亚空军第3大队Ju 87D-3飞机1943年8月在苏联克里米亚战场图饰

罗马尼亚空军第6大队Ju 87D-5飞机1944年7月在罗马尼亚胡希战场图饰

■ 罗马尼亚空军"斯图卡"飞机图饰。

动中1架Ju 87D飞机被苏联地面高炮击中,受伤的飞机在返回马里乌波尔的途中坠毁。随后的两个星期里,罗马尼亚第3大队天天出动到米乌兹河前线执行作战任务,但没有损失一架飞机。7月5日,第3大队奉命南下部署到刻赤的巴格罗沃(Bagerovo,克里米亚半岛最东部突出部)地区。

部署到巴格罗沃时正值北部的"卫城行动"战役刚开始,此前德国的"斯图卡"部队已经被调往奥廖尔和哈尔科夫地区作战,库班半岛桥头堡的德国和罗马尼亚地面部队完全由罗马尼亚第3大队的"斯图卡"飞机提供空中支援。7月6日,第3大队的9架"斯图卡"飞机在大队联络官安东·安东弗尔的带领下在库班岛上空执行了第一作战任务,

但第一次出战就有2架飞机被击落。虽然第一次作战就出师不利,但第3大队很快证明了自己,它不仅为地面部队提供空中支援,还可以布设水雷和攻击近岸的苏联海军小型舰船。第3大队在巴格罗沃的战斗被广泛称为"在战争期间为德国地面部队提供直接空中支援最好的轴心国空中力量"。

战争中,罗马尼亚第3大队也付出了很大的代价。德国原计划让第3大队驻扎巴格罗沃仅20天,德国人美美地认为库尔斯克战役会很快以胜利结束,谁想到第3大队在巴格罗沃驻扎了近3个月。仅仅在抵达巴格罗沃作战4个星期后,这个大队45架Ju 87D飞机中就有33架数次在战斗中受伤,到10月1日离开巴格罗沃时,该大队已经损失了9架

尖叫死神　二战德国Ju 87"斯图卡"俯冲轰炸机战史

■ 罗马尼亚空军最终获得了几个型号Ju 87D飞机，（上与下）图中为罗马尼亚空军第3大队的Ju 87D-3型。

"斯图卡"飞机。

离开巴格罗沃后，罗马尼亚第3大队转移到克里米亚半岛北部的咯兰库特，但在这里刚刚待上两个星期苏联红军就沿亚速海北岸的马里乌波尔向西推进到梅利托波尔，德国并不想放弃克里米亚半岛，因此，第3大队计划驻守6个月从两个方面协助德国地面部队守岛，一个是北部克里米亚半岛与大陆连接地带，另一个就是刻赤方向（即库班方向），但是，11月初，克里米亚半岛与大陆很快被苏联红军切断。此时，库班半岛的桥头堡也守不住了，德国部队也开始从那里穿过刻赤海峡向克里米亚半岛后撤，苏联则跨过海峡追着德军猛打。

在咯兰库特的6个月时间里，第3大队共执行了近1500架次独立作战任务，损失了15架Ju 87D飞机，最让这些罗马尼亚人接受不了的是，当撤离克里米亚半岛的命令下达

第四章 德国盟国使用"斯图卡"飞机情况

■图中这架罗马尼亚"斯图卡"飞机可能驻扎在克里米亚半岛北部的咯兰库特机场,地勤人员在维护这架飞机,地面有炸弹,机腹炸弹挂架处在伸出状态。德国的失败是必须的,没想到的是罗马尼亚军队开了一个坏头。

■罗马尼亚空军地勤人员在给Ju 87D-3飞机(起落架上没有啸声器及其整流罩)挂炸弹,Ju 87D型的三重复式挂架很实用,挂载方案非常灵活。图中挂的应该是100公斤重的SC 100炸弹,文章中很少提及这个型号炸弹。

尖叫死神 二战德国Ju 87"斯图卡"俯冲轰炸机战史

时,他们被禁止驾驶"斯图卡"飞机撤退。德国人要求他们先驾驶Ju 87D飞机向南转场到塞瓦斯托波尔附近的切尔森机场,然后把"斯图卡"飞机转交给德国空军(有一份报告称,德国人当着罗马尼亚人的面把幸存的"斯图卡"飞机全部炸毁,德国人宁可炸毁也不让罗马尼亚人驾驶回国,主要是担心德国大势已去罗马尼亚人说不定什么时候就会倒向苏联,到时"斯图卡"飞机极有可能落入苏联人之手。这件事极大地伤害了罗马尼亚人的尊严)。在切尔森,罗马尼亚人乘坐德国的快速平底船返回到罗马尼亚马马亚(Mamaia)水上飞机基地。1944年4月14日,第3大队的空勤和地勤人员在泰库奇重新聚集起来,但大队没有飞机可用,为此,一些飞行员被派往各地搜索飞机。第3大队在本国执行的第一个作战任务就是5月14日的8架飞机(型号不详)轰炸苏联红军前方的一座桥梁,早在12天前,苏联军队已经渡过了普鲁特河(二战前苏联和罗马尼亚两国分界线),罗马尼亚人要为保家卫国作战了。

与此同时,罗马尼亚第二支俯冲轰炸机单位,即第6大队在波兰的克罗斯诺(Krosno)组建。5月20日,第6大队返回罗马尼亚胡希并接管了当地机场一切,随后该大队派出28架Ju 87D飞机进驻胡希西南100公里处的瑞库希,这里驻扎着第3大队(此时也已收集了25架"斯图卡"飞机)。这两个罗马尼亚大队不久就一起参与对苏联作战,5月30日,两个大队共出动93架次作战任务,损失4架飞机,其中1架属于第6大队。第二天,两个大队69架"斯图卡"飞机对苏联装甲部队和炮兵阵地进行了轰炸。这种大强度高水平的轰炸行动持续了一个星期,随后战场突然沉寂下来,但这只是风暴来临前的平静,因为苏联乌克兰南方集团军正在聚集力量对罗马尼亚发起一次大规模的进攻行动。6月底,罗马尼亚空军第3大队离开过于拥挤的瑞库希基地到卡罗马尼斯蒂,7月便开始参与战斗。但是,到8月中旬,德国以前的"斯图卡"部队开始换装新飞机,罗马尼亚空军第3大队也被命令放弃Ju 87D飞机到卢戈日(Lugoj)接受Fw 190战斗轰炸机的训练。

就在罗马尼亚热情地等待着德国答应提供的Fw 190飞机时,苏联红军的进攻已经开始。在8月20日苏联红军正式进攻当天的一次行动中,罗马尼亚第6大队损失1架"斯图卡"飞机。在紧急从卢戈日转移到胡希两天后,第3大队就组织"斯图卡"飞机俯冲轰炸和扫射苏联进攻纵队,但是,连德国都无法抵挡苏联凌厉的攻势,罗马尼亚就这点家底更是甭想。最终,罗马尼亚当局同意于8月23日23点停火。第二天,德国空军人员强占了罗马尼亚第6大队的飞机,然后这些德国人驾驶"斯图卡"飞机对罗马尼亚首都布加勒斯特进行了轰炸,以此报复罗马尼亚与苏联达成停火协议。

逃脱德国空军的控制后,罗马尼亚第3大队再次执行作战任务时突然发现与他们

第四章 德国盟国使用"斯图卡"飞机情况

■罗马尼亚跟德国交情既深且久,所以也比较顽固。协助纳粹德国作恶多端,别怪苏联人报复了。德国人向罗马尼亚人提供了最新型号的"斯图卡"飞机,指望他们继续为德国人卖命,但内心深处德国很是瞧不上东欧人。

并肩战斗的竟然是几天前的敌人——苏联空军,原来罗马尼亚新政府于8月25日宣布向德国进攻。在新政府指挥下第一个作战任务就是8月28日轰炸多瑙河上航行的德国舰船。离开德国的支持,Ju 87D飞机的备用零部件立即成了大问题,到9月,罗马尼亚的两个大队不得不合并组成3/6大队。新成立的大队飞行员主要是原来罗马尼亚第6大队成员,这个大队成立得晚,飞行员都是新手,也没经过专门的训练,而且这些飞行员

尖叫死神 — 二战德国Ju 87"斯图卡"俯冲轰炸机战史

在8月24日还遭过德国飞行员的逮捕，政治上是可靠的。而原罗马尼亚第3大队从去年开始就一直顽固地与苏联红军作战了一年多时间，那些老兵尤其可恶，苏联人当然要极力将这些老兵排除在外。

在苏联第五空军的指挥下，罗马尼亚"斯图卡"飞机在南喀尔巴阡地区参与了次数有限的轰炸后撤德军和匈牙利军队的作战任务（9月6日，罗马尼亚对匈牙利宣战），但是，备用零部件的缺乏限制了罗马尼亚"斯图卡"飞机的作战行动，到1945年初期，罗马尼亚第3/6大队的三个中队合并成一个只装备Hs 129飞机的中队。到二战结束时，罗马尼亚只剩下9架Ju 87D飞机。

匈牙利

跟罗马尼亚一样，匈牙利也在二战初期的1940年就向德国提出购买至少20架Ju 87B飞机，跟罗马尼亚不同的是，匈牙利的请求并没有遭到德国的拒绝，但确切的交付日期却没定下来。事实上，直到1941－1942年冬天匈牙利才获得"斯图卡"飞机，最早一批交付的主要用于训练目的，包括4架过时的Ju 87A和2架修理后改进成Ju 87B飞机，不久又交付了8架Ju 87B飞机。早在1940年初匈牙利向德国订购26架Ju 87飞机，但这个请求在1942年被希特勒拒绝，其中很大的因素是希特勒本人极瞧不起匈牙利空军，实际上是看不起匈牙利人。后来匈牙利又向德国请求提供梅塞施米特公司的战斗机，希特勒很尖刻地回复道："到目前为止，匈牙利人的表现非常糟糕，我如果提供飞机给他们还不如把飞机提供给克罗地亚人，至少克罗地亚人知道如何去进攻。匈牙利人到目前为止就是失败者。"

■ 匈牙利空军早期引进的4架是Ju 87A型号，分叉的天线支撑架和穿了一条裤子似的主起落架很明显。

第四章 德国盟国使用"斯图卡"飞机情况

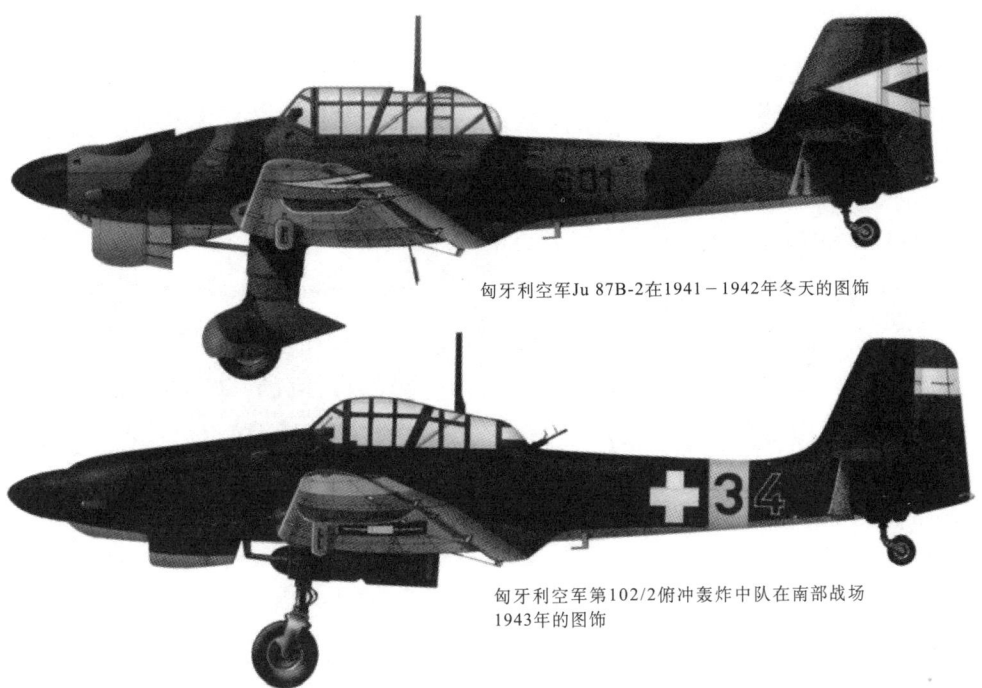

匈牙利空军Ju 87B-2在1941—1942年冬天的图饰

匈牙利空军第102/2俯冲轰炸中队在南部战场1943年的图饰

■ 匈牙利空军"斯图卡"飞机不同时期图饰。

事实上,直到匈牙利两个轰炸机中队原来装备的意大利产Ca 135飞机在1942年9月从东线战场退役,匈牙利人才真正开始训练"斯图卡"飞机。两个轰炸机中队一个计划装备Ju 88轰炸机,另一个计划装备Ju 87俯冲轰炸机。

1943年初,首批13架Ju 87D飞机(主要是Ju 87D-3和Ju 87D-5型号)终于交付给匈牙利,这些飞机主要装备第102/2俯冲轰炸机中队,实际装备数量是12架。这个中队的地勤人员在当年5月底由公路奔赴苏联南部战线的基辅,经过几个星期的热身后,这个中队再次被部署到中部战线。1943年8月3日,匈牙利第102/2中队首次驾驶"斯图卡"飞机参与实战,轰炸苏联布良斯克附近森林地区的一个大型游击队营地。此后不久,第102/2中队向南转移到波尔塔瓦,在这里,这个中队临时归德国Ⅱ/St.G 77大队指挥。在其后的三个月里,第102/2中队与Ⅱ/St.G 77大队联合出动为哈尔科夫地区的轴心国地面部队提供空中掩护。截止10月8日,第102/2中队飞行员已经执行了1000架次作战任务,随后两个星期又执行200多架次作战任务后,该中队被命令返回匈牙利。在苏联战场作战期间,第102/2中队共投弹800余吨,空战中还击落过3架苏联战斗机,其中2架是拉-5飞机,1架是P-39"空中眼镜蛇"飞机。匈牙利的损失也较为惨重,历史资料确切的说法不一,一些资料称,第102/2中队总共12架"斯图卡"飞机中有

581

尖叫死神 二战德国Ju 87"斯图卡"俯冲轰炸机战史

■图为匈牙利空军早期用于训练的Ju 87B型号,除了白色条纹,其他的机身颜色与德国的完全一样。

8架被击落,均是苏联地面高炮所为。另一些资料称这个中队21架飞机(肯定是后来补充进来的)中有15架被击落,6名机组人员丧生。不管哪个渠道的资料,第102/2中队最终只剩下6架Ju 87D飞机,而且这些飞机很快又被德国空军强占了,中队成员返回匈牙利克洛兹瓦尔后重新训练人员重建中队。为了帮助匈牙利重建第102/2俯冲轰炸机中队,德国容克公司向匈牙利提供了10架大修的Ju 87B飞机,不知道这些飞机是不是1941-1942年冬天交付的10架如今重新翻修,或者是第二批的散件组装的飞机。

德国摇摇欲坠,其轴心国内部也出现混乱,此时匈牙利政府有倒向苏联的倾向,为此,德国军队花一个月时间占领匈牙利,并且扶持支持纳粹的新政府上台。新政府上台后的1944年3月,第102/2中队开始正式训练,但实际上到5月,匈牙利订购的20架Ju 87D-5中的12架抵达克洛兹瓦尔后第102/2中队飞行训练才算正常。具体日期不清楚,此时第102/2中队番号改为2/2俯冲轰炸机中队,其战斗序列也属于德国空军,也就是归德国空军指挥。6月16日,第2/2中队被调往波兰的库尼奥(Kuniow,德国东部,捷克北部),这里同时还部署着德国空军Ⅲ/St.G 77大队,实际到这里归德国统一指挥作战。

波兰库尼奥正好在苏联1944年夏季发动的反击战的路线上,这次战役苏联红军计划消灭德国中央集团军,并且打通通往德国首都柏林的门户。匈牙利第2/2中队实际上在当年的6月最后一天,即苏联发动夏季反击战整整一个星期后才第一次升空作战。一个月后的7月,匈牙利第2/2中队向东南撤退到

第四章 德国盟国使用"斯图卡"飞机情况

■1942年3月以后匈牙利空军采用新的机徽,就是图中显示的白色十字加黑色底框,远远看去似乎跟现在瑞士机徽很像,瑞士的是白色十字加红色圆形底框。

波兰的克罗索诺,这里,德国空军Ⅰ/St.G 77大队正在由Ju 87飞机换装Fw 190飞机。在7月和8月间,匈牙利第2/2中队执行近50次轰炸向前推进的苏联红军的作战任务,自身损失5架"斯图卡"飞机。

9月,匈牙利第2/2中队返回匈牙利本土南部。10月12日,第2/2中队大部分的Ju 87D飞机被美国第15空军驻扎在意大利的P-51飞机炸毁在伯岗德机场,美国飞机的这次低空空袭行动宣告了匈牙利"斯图卡"飞机的终结,尽管有报告称在1944—1945年冬天仍有"斯图卡"飞机参与了零星的轰炸苏联红军

尖叫死神 — 二战德国 Ju 87 "斯图卡" 俯冲轰炸机战史

的行动。甚至在1945年4月底，匈牙利仍在进行着组建反坦克中队的工作，这个中队计划装备 Ju 87G 反坦克飞机对付苏联的坦克，但是，不管是飞机还是时间都不允许匈牙利再疯狂了。

保加利亚

保加利亚的情况非常特别，尽管装备了近50架"斯图卡"飞机，但该国却从来没有用这些飞机来对付苏联红军。事实上，早在1941年3月1日保加利亚就加入到了《三方同盟条约》中，而且同意德国军队驻扎在其领土，甚至在德国的劝说下于1941年12月对英国和美国宣战，但是，保加利亚国王鲍里斯却成功地拒绝了德国要求它对苏宣战。

1941年下半年，保加利亚15名飞行员被送到位于巴德·爱布林和韦尔特海姆德国空军"斯图卡"训练学校进行俯冲轰炸训练。完成必要的课程后，这些飞行员被送到意大利学习实战经验。但是，保加利亚最高指挥部门却不允许本国飞行员参与轰炸在地中海航行的盟军军舰，而且还把飞行员调回国内。在保加利亚康特·伊格纳蒂沃，这些受过训练的飞行员奉命组建第2"风暴"对地攻击团，装备的飞机是波兰产的PZL P.43B"卡拉斯"（Karas）轰炸机。

两年之后，保加利亚空军接收了德国提供的12架二手 Ju 87R 飞机（主要是 Ju 87R-2 和 Ju 87R-4 型号），第一批8架飞机于1943

保加利亚空军 Ju 87R-2 在苏联克里米亚战场1943年冬天的图饰

保加利亚空军第2"风暴"团 Ju 87D-5 在1944年夏天的图饰

■ 保加利亚空军"斯图卡"飞机图饰。

第四章　德国盟国使用"斯图卡"飞机情况

■保加利亚比较特别,虽然属于轴心国成员,但明白人应该会看出纳粹德国的最终命运,保加利亚政府奉行谁也不得罪的政策,为日后准备出路。图为保加利亚空军第2"风暴"团的第1中队Ju 87D飞机。

■比较少见的保加利亚空军"斯图卡"飞机作战图。图中飞机为Ju 87D-5型号,注意看机翼前缘伸出的炮管。

年8月13日交付,剩余的4架于9月6日交付。这些Ju 87R飞机主要用于训练。五个月后的1944年1－2月,希特勒再次向保加利亚提供32架Ju 87D-5飞机,这些飞机主要装备第2"风暴"团的第1中队。在1944年夏天,第1中队的"斯图卡"飞机主要用于轰炸保加利亚和南斯拉夫边境内外的反皇权游击队及其营地。

尖叫死神 — 二战德国Ju 87"斯图卡"俯冲轰炸机战史

眼看着德国快完蛋了，1944年8月26日，保加利亚单方面宣布"退出战争"，但是，这种一厢情愿的中立并没有持续多长时间，苏联红军已经逼近到该国边境。9月5日，苏联对保加利亚宣战，同一天，苏联第3乌克兰前线方面军的3个集团军进入保加利亚。保加利亚军队已经奉命不再抵抗，9月8日，新成立的亲苏政权随即对德宣战。跟罗马尼亚军队一样，保加利亚部队很快就发现自己和几天前还是敌人的苏联红军成了一个战壕的战友。不管是对德宣战前还是宣战后，保加利亚空军的"斯图卡"部队都极不活跃，甚至可以用消极怠工来形容，究其原因保加利亚在装备"斯图卡"飞机时已经是德国的末日了，保加利亚不得不考虑当时的战争全局。话又说回来，正是德国已经形成了败势才会把"斯图卡"飞机提供给它的盟国，只望在危机时刻能帮点忙。没成想，1944年年底，保加利亚第2"风暴"团仍能使用的21架Ju 87D参与轰炸了撤离南斯拉夫的德国部队，看到被自己的飞机轰炸不知德国人是什么滋味。

斯洛文尼亚

虽然原来属于南斯拉夫联邦，但斯洛文尼亚更喜欢德国，因此，德国人侵斯洛文尼亚时受到当地人的普遍欢迎，也毫不奇怪德国发动"巴巴罗萨行动"时斯洛文尼亚积极派兵参与。实力十分弱小的斯洛文尼亚空军在苏联前线主要为本国军队提供空中支援，在1942年6月－1943年8月间，这支空军部队还轰炸过本国活动猖獗的游击队。直到这个时候斯洛文尼亚还未接收到德国的"斯图卡"飞机，但是苏联红军发动1944年夏季攻势推进到斯洛文尼亚边境时，斯洛文尼亚国内两个防空战斗机中队，即第11中队和第12中队才奉命换装Ju 87D飞机。首批3架Ju 87D交付后主要用于新组建的混合中队，这个中队还装备着3架本国研制的轻型轰炸机。装备"斯图卡"飞机后，斯洛文尼亚空军执行了大量轰炸苏联红军的任务。

但是，到1944年6月，斯洛文尼亚第11中队又接收了12架"斯图卡"飞机，其中5

斯洛文尼亚空军Ju 87D-5在希尔卡1944年春天的图饰

■斯洛文尼亚"斯图卡"飞机图饰。

第四章　德国盟国使用"斯图卡"飞机情况

■飞机垂尾方向舵下方有一个白色"3"字,可能这是第一批3架Ju 87D中的第三架。

架为最新型的Ju 87D-5,其余的为Ju 87B和Ju 87D型号,其中一些飞机并没有携带武器的能力,主要用于训练。从容克公司的工作记录看,8月,该公司再次向斯洛文尼亚提供11架翻新的"斯图卡"飞机。斯洛文尼亚的"斯图卡"飞机下落并不十分清楚,这一时期国内外局势都十分混乱,8月28日,斯洛文尼亚发生政变,一些武装力量立即倒向了叛军。政变发生后,德国立即进行镇压,随后就爆发了两国军队激烈的战斗。斯洛文尼亚大部分领土仍在亲德国的政府控制下,因此,该国的反政府游击战一直持续到1945年初苏联红军进入。斯洛文尼亚的反政府部队在催杜比机场收集了大量不同型号的飞机用于组建混合中队,之后用于对付境内的德国人。不清楚是否属于这个混合中队,反政府的部队中几架Ju 87D也执行过数量极为有限的战斗,而且经常是单机出动轰炸和扫射德国地面部队。

据报道,1944年,德国向斯洛文尼亚共提供了24架以上"斯图卡"飞机,至少有1架完好地保存到二战结束后。

克罗地亚

希特勒瞧不上匈牙利人是众所周知的,但他对克罗地亚人倒是很欣赏,上文中已经提到过他对克罗地亚空军强烈的进攻欲望印象深刻,但是,克罗地亚在德国的盟军中重要性却排在末位。

半独立的克罗地亚空军战斗机和轰炸机中队长期在德国空军的指挥下在东线作战,1943—1944年冬天,两个装备Do 17轰炸机的轰炸机中队人员和设备返回克罗地亚后在卢科合并组建了一个新大队,这个新大队主要装备德国道尼尔公司的轰炸机,还有6架意大利产的轰炸机用于训练。1944年春天,这个大队又装备3架Ju 87R飞机用于轰

尖叫死神 二战德国Ju 87"斯图卡"俯冲轰炸机战史

炸本国的游击队。当年7月，德国再次提供12架Ju 87R-2飞机①，这12架飞机和此前3架Ju 87R一道组建了独立的"斯图卡"中队。两个月后，已经被划入德国空军战斗序列的克罗地亚"斯图卡"中队（德国战斗序列为1.kr.S.St，意思是第1克罗地亚对地攻击中队）被部署到德国东普鲁士艾希瓦尔德开始参加实战（轰炸苏联军队），该中队归德国第六航空队指挥。与德国空军并肩作战时，克罗地亚飞行员身着德国空军制服，但是他们的右侧衣袖有"乌斯达莎"（Ustashi）的标志，座舱的右侧也有"乌斯达莎"标志。

克罗地亚"斯图卡"中队参战的细节不清楚，只知道一些框架内容。在1944年10月，苏联红军突破了东普鲁士防线堡垒，截至当月中旬，1.kr.S.St中队14架飞机中只有4架仍可以使用，其他的10架情况不明，估计是战伤或战损。11月初，1.kr.S.St中队撤退到德国卢本瓦尔德，在这里，该中队被强令把剩下的飞机在月底前转交给德国第1航空师。之后，克罗地亚很多飞行员都脱离空军参加了由铁托领导的抵抗组织，就这样，克罗地亚"斯图卡"中队非常短暂的作战生涯就结束了。

斯洛伐克

1939年德国占领捷克斯洛伐克后，斯洛伐克在德国的支持下成了一个半独立的国家，在德国空军的支持下，当年斯洛伐克组建了一个小型的空军。尽管一些斯洛伐克人在德国空军单位服役，斯洛伐克还是组建了2个战斗机中队，这2个中队装备了当时十分先进的飞机参与了东部战线的战斗，1943年，德国为斯洛伐克空军提供了少量的Ju 87D-5俯冲轰炸机，这些飞机装备第3空军飞行团，但是，没有这些飞机确切的使用情况记录，因此有些资料并未提到斯洛伐克使用"斯图卡"飞机一事。事实上，斯洛伐克空军一线作战飞机的规模从来没有超过70架。

汉斯－乌尔里希·鲁德尔和"飞行反坦克炮"

谈到Ju 87G"飞行坦克猎杀者"，人们总会把它跟汉斯－乌尔里希·鲁德尔（1916年7月2日—1982年12月18日）联系起来，汉斯·鲁德尔在战斗中曾击毁过多达519辆苏联坦克。鉴于苏联的坦克越来越多，1942年人们开始讨论用大口径机炮攻击坦克的想法，当年年底，德国空军组建了一个试验部队，一个有经验的对地攻击飞行员奥托·威斯（Otto Weiss）指挥这个部队。容克公司的"斯图卡"飞机非常适合改进成这种反坦克攻击机，几架Ju 87D改装用作这方面试验，最后确定安装2门37毫米BK3.7/Flak18机炮是最佳配置，随后开始在试验部队进行测试。汉斯·鲁德尔不仅积极地参与

---

① 有资料称克罗地亚的15架"斯图卡"飞机中大部分是Ju 87D，少量是Ju 87R-2。

第四章　德国盟国使用"斯图卡"飞机情况

了这个型号飞机的研制工作，1943年他还参加了在瑞切林和塔尼威特兹的试验工作，随后在1943年3月5日，他还驾驶Ju 87G去克里米亚战场进行实战试验。到1943年7月5日，"卫城行动"开始时，2架Ju 87G开始参加实战，它们是Pz.J.Sta./St.G 1和Pz.J.Sta./St.G 2。同一天，汉斯·鲁德尔一次出动击毁苏联一个连共12辆T-34坦克，每架Ju 87G飞机只能携带12发炮弹，这次行动鲁德尔弹无虚发。他的战术是低空靠近，从坦克的侧面和后面发起攻击，对准坦克的发动机开火。他的这套战术后来被"飞行坦克猎杀者"部队的飞行员所采纳。

■乌尔里希·鲁德尔。

1943年7月17日，汉斯·鲁德尔被任命为Ⅲ/St.G 2大队指挥官，他原来（1941年6月）是这个大队的俯冲轰炸飞行员，如今，他要把这个大队变成一个优秀的坦克猎杀单位。只在几个月内，Ⅲ/St.G 2大队就变成了一个地地道道的"飞行反坦克

■鲁德尔摧毁的敌人飞机、坦克、火炮和军舰加在一起甚至超过了一个中小型国家的武装力量，真是奇迹，难怪苏联人那么恨他。

旅"，不论什么地方情况危急，或者是苏联的坦克突破了德军防线，只要呼叫，这些反坦克利器就会到来，自从1943年后期以来，这种情况经常会出现。尽管Ju 87G的低空飞行速度只有350公里/小时，但是汉斯·鲁德尔作为一个飞行员和一名炮手，他的技艺十分高超、独特。至1944年3月28日，他击毁的坦克数量上升到202辆，到8月6日再次上升到300辆，至12月23日上升到463辆。1944年11月17日他受伤后被截去一条腿，但他仍在打着绷带的情况下参加了数次战斗。1945年1月1日，他因作战勇敢获得了金质橡叶勋章，军衔也晋升为上校，当时他只有28岁。在战争结束时，他的作战记录达到了2530架次（其中驾驶Fw 190执行了400架次），包括作为俯冲轰炸机飞行员和反坦克飞行员，他总共击毁了519辆苏联坦克，击沉了苏联1艘战列舰（"玛拉特"号）、1艘巡洋舰、1艘驱逐舰，还摧毁了70个登陆艇（实际上是小木筏）、4列装甲火车，以及数座桥梁和大量其他的物资设备。另外，他还驾驶Ju 87击落过9架敌机。同时，他自己被击落过30次，都是被地面炮火击中的，没有一次在空中被敌方战斗机击落过。他受伤过5次，他安装了假肢后仍然参加了战斗。给出一些惊人的数字：他一共在战斗中飞行了60万公里，用掉了500万升汽油；共投掷了100万公斤（1000吨）的炸弹，发射了100万发机枪子弹，超过15万发20毫米炮弹以及超过5000发37毫米炮弹。他是如此地重创苏联红军，以至于斯大林悬赏十万卢布要他的脑袋！

谁能想到这样一个传奇式的人物在1939年和1940年选拔"斯图卡"飞行员时数次被淘汰（很多国家的顶尖王牌飞行员大都有过这种经历），因此，他在1941年6月23日才驾驶Ju 87参加第一次作战任务，这次参战还是碰巧参加的，他不合群，跟上司的关系也不好，没人愿意分配作战任务给他。但是，自从他第一次升空到后来，他的飞行技艺就是所有"斯图卡"飞行员中最好的，他在东线的战斗经历变成了一个传奇。1944年夏天，他的蓝色机头的Ju 87G成了苏联悬赏最高的目标，苏联人悬赏的金额是10万卢布，不论是活的还是死的。1944年8月，他在拉托维亚的俄格利被击落后设法躲过了搜捕，成功返回部队，这种经历对他来说并不陌生，但他的运气总是那么好，似乎有神灵保佑。

德国空军还有很多Ju 87G飞行员摧毁过大量的苏联坦克，他们是安东·科罗尔（Anton Korol），击毁坦克99辆；威尔海尔姆·约瑟威格（Wilhelm Joswig），击毁88辆坦克；杰克伯·金斯特（Jakob Jenster），击毁58辆坦克，这些飞行员击毁的坦克数量总和也不及鲁德尔的一半。与此同时，还有大量的德国飞行员驾驶速度很慢的Ju 87在第一次执行对地攻击任务时被苏联的密集炮火所击落。

第四章　德国盟国使用"斯图卡"飞机情况

■ 对于左图中逢百就庆祝的活动，鲁德尔（左）应该参加25次了，照片为他参加1300次作战任务时拍摄的。右图是后来人们介绍鲁德尔的展板。

　　简要介绍二战后的鲁德尔命运。1945年5月8日德国投降时，鲁德尔上校在波希米亚驾驶"斯图卡"飞机做最后一次飞行。他与美军接触以安排他和他的队伍一起从苏占区飞往美占区并最终获得了成功，也就是说他投降了美国军队。后来，他先在英国接着又在法国接受了审讯，并最后被送往巴伐利亚的医院进行彻底康复医疗。1946年，鲁德尔离开了巴伐利亚的医院，成为了一名公路运输承包商。1948年，移居阿根廷，其间成为阿根廷总统胡安·贝隆的密友。在失去一条腿以后，他仍然是一个体育活动的热衷者，他打网球，滑雪，甚至在阿根廷的时候去攀登美洲最高的山阿空加瓜山。1951年，鲁德尔出版了两本书：《我们前线将士对德国重整军备的看法》和《戳进梦想的匕首》。在第一本书里，鲁德尔认为前线将士是为了反对布尔什维克和争取东方的"生存空间"而战；在第二本书里，鲁德尔不仅谴责那些企图刺杀希特勒的人为叛徒，而且认为国防军的高级军官们也要和叛徒们一起承担失败的责任。鲁德尔是个顽固的纳粹党人，他在两本书中指出那些企图刺杀希特勒的人是造成德国混乱从而使盟军入侵欧洲成功的元凶，他还极力赞赏希特勒的"军事天才"，言语中流露出崇拜的心情。1953年，鲁德尔回到了联邦德国并参加了一个名为德国帝国党的政党，但他的政治才能显然不如他的军事天才。1982年12月18日逝世于罗森海姆。

附录1 东部战线获勋("骑士十字勋章"(KC)和"橡树叶勋章"(OL))名单

姓名	颁奖日期	职务和单位	结局
1. 劳瑟尔·劳中尉	1941年6月24日	St. G2联队第8中队指挥官(KC)	战俘
2. 弗兰克·纽伯特中尉	1941年6月24日	St. G2联队第2中队指挥官(KC)	–
3. 迪尔特·彼科伦中尉	1941年6月24日	St. G2联队副官(KC)	–
4. 冈瑟尔·斯切瓦泽尔上尉	1941年6月24日	St. G2联队第9中队指挥官(KC)	因伤而死
5. 奥斯卡尔·迪诺特中校	1941年7月14日	St. G2联队指挥官(OL)	–
6. 荷尔马特·马尔克上尉	1941年7月14日	Ⅲ/St. G1大队指挥官(KC)	–
7. 哈特马特·斯切尔中尉	1941年8月30日	St. G1联队第7中队指挥官(KC)	阵亡
8. 阿尔伯特·博克军士长	1941年9月4日	St. G2联队(KC)	战俘
9. 阿努尔夫·布拉希格上尉	1941年9月4日	Ⅳ.(St)/LG1大队指挥官(KC)	–
10. 荷尔马特·布鲁克上尉	1941年9月4日	I/St. G77大队指挥官(KC)	–
11. 西奥多·诺德曼少尉	1941年9月17日	Ⅲ/St. G1大队(KC)	阵亡
12. 阿尔文·博伊尔斯特中尉	1941年10月5日	I/St. G2大队(KC)	阵亡
13. 布鲁诺·弗雷塔格中尉	1941年10月5日	St. G2联队第3中队指挥官(KC)	–
14. 荷尔马思·伯德上尉	1941年10月10日	Ⅲ/St. G77大队指挥官(KC)	–
15. 约翰尼斯·普费菲尔中尉	1941年10月10日	12.(St)/LG1中队指挥官(KC)	–
16. 希格弗里德·斯蒂恩上尉	1941年10月17日	Ⅲ/St. G2大队指挥官(KC)	阵亡(追授)
17. 厄恩斯特·科波斯尔上尉	1941年10月23日	St. G2联队第2中队指挥官(KC)	服役期间死亡
18. 弗雷德里切·朗中尉	1941年10月23日	St. G2联队第2中队指挥官(KC)	–
19. 乔奇姆·利曼中尉	1941年10月23日	St. G2联队第8中队指挥官(KC)	–
20. 阿尔冯斯·奥斯菲尔上尉	1941年10月23日	Ⅱ/St. G77大队指挥官(KC)	因伤而死
21. 荷曼·鲁皮尔特中尉	1941年10月23日	St. G77联队第6中队指挥官(KC)	阵亡
22. 胡伯图斯·希特思豪尔德少校	1941年12月31日	I/St. G2大队指挥官(OL)	–
23. 奥格斯特·哈切蒂尔军士长	1942年1月6日	Ⅱ/St. G1大队(KC)	–
24. 乔治·弗雷希尔中尉	1942年1月6日	St. G1联队第1中队指挥官(KC)	阵亡
25. 汉斯－乌尔里希·鲁德尔中尉	1942年1月6日	Ⅲ/St. G2大队技术官员(KC)	–
26. 约翰·瓦尔德豪斯尔中尉	1942年1月24日	St. G77联队第9中队指挥官(KC)	阵亡
27. 威尔海姆·凯思尔中尉	1942年2月4日	Ⅲ/St. G2大队副官	–
28. 古斯塔夫·普里曼乐上尉	1942年2月4日	Ⅲ/St. G2大队指挥官	–
29. 汉斯·卡尔·斯特普中尉	1942年2月4日	St. G2联队第7中队指挥官(KC)	–
30. 约翰·泽姆斯基上尉	1942年2月4日	Ⅱ/St. G1大队指挥官(KC)	阵亡
31. 汉斯·卡尔·萨特勒中尉	1942年2月16日	St. G77联队第8中队指挥官(KC)	阵亡
32. 沃尔特·哈根中校	1942年2月17日	St. G1联队指挥官(OL)	–

附录1　东部战线获勋（"骑士十字勋章"（KC）和"橡树叶勋章"（OL））名单

续表

姓名	颁奖日期	职务和单位	结局
33. 乔奇姆·里格尔中尉	1942年3月19日	St. G1联队第5中队指挥官（KC）	阵亡（追授）
34. 马克希姆廉·奥特中尉	1942年4月5日	St. G2联队第9中队指挥官（KC）	阵亡
35. 弗里德里切·普拉特兹尔中尉	1942年4月5日	St. G2联队第3中队指挥官（KC）	阵亡（追授）
36. 阿尔冯斯·斯切马兹中尉	1942年4月5日	II/St. G2大队（KC）	因伤而死
37. 乔治·杰科伯中尉	1942年4月27日	St. G77联队第2中队指挥官（KC）	—
38. 鲁道夫·威格尔军士长	1942年4月27日	III/St. G77大队（KC）	作战失踪
39. 艾格伯特·杰科尔少尉	1942年5月15日	I/St. G2大队（KC）	阵亡
40. 戈尔哈德·包豪斯上尉	1942年5月25日	St. G77联队第8中队指挥官（KC）	因伤而死
41. 彼得·加斯曼上尉	1942年5月25日	III/St. G1大队指挥官（KC）	—
42. 卡尔·荷曼·里昂中尉	1942年6月4日	St. G1联队第9中队指挥官（KC）	—
43. 沃尔特·斯蒂姆普尔中尉	1942年6月7日	St. G77联队第6中队指挥官（KC）	—
44. 弗里希尔·冯·马拉皮特上尉	1942年6月8日	St. G1联队第6中队指挥官（OL）	阵亡（追授）
45. 亨兹·格拉伯少尉	1942年6月19日	St. G2联队第7中队指挥官（KC）	阵亡
46. 卡尔·斯切瑞普菲尔中尉	1942年6月19日	St. G1联队第6中队指挥官（KC）	阵亡
47. 亨兹·冈瑟尔上尉	1942年7月15日	St. G77联队作战官（KC）	—
48. 卡尔·亨兹中尉	1942年7月15日	St. G77联队第1中队指挥官（KC）	—
49. 埃里切·哈尼少尉	1942年8月13日	St. G77联队第1中队指挥官（KC）	阵亡
50. 荷曼·乔晨斯军士长	1942年9月3日	St. G2联队（KC）	战俘
51. 荷尔马特·里特尔上尉	1942年9月3日	St. G77联队第2中队指挥官（KC）	作战失踪
52. 奥托·斯切米蒂德上尉	1942年9月3日	St. G77联队第7中队指挥官（KC）	—
53. 约翰·泽姆斯上尉	1942年9月3日	II/St. G1大队指挥官（OL）	阵亡（追授）
54. 亨兹·比瓦尼斯军士长	1942年9月19日	St. G77联队第7中队机枪手（KC）	阵亡（追授）
55. 厄恩斯特·费克上尉	1942年9月19日	St. G2联队第6中队指挥官（KC）	阵亡（追授）
56. 彼得·埃文·迪克威切少尉	1942年10月15日	III/St. G1大队副官（KC）	—
57. 卡尔·布莱克尔中尉	1942年11月3日	St. G1联队第7中队指挥官（KC）	—
58. 克里斯汀·鲁斯切中尉	1942年11月3日	St. G1联队第5中队指挥官（KC）	因伤而死
59. 卡尔·杰科上尉	1942年11月16日	St. G2联队第7中队指挥官（KC）	—
60. 豪斯特·考比斯切上尉	1942年11月16日	St. G77联队第9中队指挥官（KC）	阵亡
61. 伯恩哈德·伍特卡中尉	1942年11月16日	St. G2联队第8中队指挥官（KC）	阵亡
62. 弗雷德里切·朗上尉	1942年11月21日	St. G2联队第1中队指挥官（OL）	—
63. 亨兹·费斯切尔上尉	1942年11月25日	St. G1联队第9中队指挥官（KC）	阵亡
64. 卡尔·费特兹纳尔少尉	1942年11月27日	St. G77联队第5中队指挥官（KC）	阵亡（追授）
65. 乔治·乔尔尼克军士长	1942年11月27日	II/St. G77大队（KC）	服役期间死亡
66. 奥尔文·博伊尔斯特上尉	1942年11月28日	St. G2联队第3中队指挥官（OL）	阵亡
67. 冈瑟尔·斯切米德少尉	1942年12月23日	St. G2联队第5中队指挥官（KC）	阵亡
68. 亨德里克·斯达尔少尉	1942年12月23日	III/St. G2大队（KC）	—
69. 理查德·捷凯尔中尉	1942年12月30日	I/St. G2大队副官（KC）	—
70. 弗兰兹·基斯里切中尉	1943年1月5日	St. G77联队第7中队指挥官（KC）	—
71. 布鲁诺·迪雷上尉	1943年1月8日	I/St. G2大队指挥官（OL）	—

续表

姓名	颁奖日期	职务和单位	结局
72. 厄恩斯特·科波菲尔少校	1943年1月8日	II/St. G2 大队指挥官(OL)	服役期间死亡
73. 蒂奥多尔·朗哈特中尉	1943年1月22日	St. G77 联队第8中队指挥官(KC)	阵亡(追授)
74. 库尔特·斯蒂夫特尔少尉	1943年1月22日	III/St. G77 大队副官(KC)	阵亡(追授)
75. 古斯塔夫·普里斯乐上尉	1943年1月22日	III/St. G2 大队指挥官(OL)	—
76. 荷尔马特·布鲁克上尉	1943年2月19日	St. G77 联队第1中队指挥官(OL)	
77. 亚历山大·斯拉斯尔中尉	1943年2月19日	St. G77 联队第4中队指挥官(KC)	
78. 保罗·兰格科普夫军士长	1943年2月19日	I/St. G77 大队(KC)	
79. 沃尔纳·威劳切军士长	1943年2月19日	I/St. G77 大队(KC)	
80. 威尔弗雷德·荷灵中尉	1943年3月4日	St. G2 联队第7中队指挥官(KC)	阵亡
81. 库尔特·胡恩上尉	1943年3月17日	II/St. G77 大队指挥官(KC)	
82. 蒂奥多尔·诺德曼中尉	1943年3月17日	III/St. G1 大队指挥官(OL)	
83. 乔奇姆·兰格比恩上尉	1943年3月24日	St. G2 联队第5中队指挥官(KC)	阵亡(追授)
84. 希格弗里德·胡伯尔军士长	1943年4月3日	III/St. G2 大队(KC)	阵亡(追授)
85. 库尔特·里克中尉	1943年4月3日	St. G77 联队第2中队指挥官(KC)	阵亡(追授)
86. 汉斯·斯恰兰达上尉	1943年4月3日	III/St. G1 大队(KC)	阵亡
87. 沃尔纳·豪兹尔中校	1943年4月14日	St. G3 联队指挥官(OL)	—
88. 汉斯-乌尔里希·鲁德尔上尉	1943年4月14日	St. G2 联队第1中队指挥官(OL)	—
89. 威尔海姆·布罗曼少尉	1943年4月16日	II/St. G2 大队(KC)	
90. 艾莫·弗里特兹斯切中尉	1943年4月16日	St. G2 联队第8中队指挥官(KC)	因伤而死
91. 威尔海姆·克鲁伯尔中尉	1943年4月16日	St. G1 联队第8中队指挥官(KC)	阵亡
92. 安德里斯·库夫纳中尉	1943年4月16日	II/St. G2 大队(KC)	阵亡
93. 威利·豪纳尔少尉	1943年5月10日	St. G2 联队第7中队指挥官(KC)	阵亡
94. 古斯塔夫·斯秋伯特军士长	1943年5月22日	III/St. G1 大队(KC)	阵亡
95. 沃尔纳·罗伊尔上尉	1943年5月25日	St. G77 联队(KC)	—
96. 阿尔伯特·佩季上尉	1943年6月20日	St. G5 联队第3中队指挥官(KC)	阵亡
97. 埃里切·彼得中士	1943年7月22日	St. G2 联队(KC)	阵亡
98. 弗雷德里切·劳伦兹上尉	1943年7月31日	St. G1 联队第1中队指挥官(KC)	阵亡(追授)
99. 沃尔纳·斯蒂恩中士	1943年8月19日	St. G2 联队第1中队机枪手(KC)	
100. 汉斯·克鲁明加少尉	1943年9月19日	III/St. G2 大队技术官(KC)	阵亡
101. 库尔特·普伦扎特中士	1943年9月19日	I/St. G2 大队(KC)	—
102. 海因兹·杰克劳森中尉	1943年10月9日	St. G2 联队第1中队指挥官(KC)	阵亡
103. 弗兰兹·罗卡中尉	1943年10月9日	St. G1 联队第6中队指挥官(KC)	作战失踪
104. 杰克勃·简斯特尔中士	1943年2月29日	II/St. G2(Pz)大队(KC)	—

附录2 "斯图卡"战机各个型号线图

■Ju 87V-1原型机。

尖叫死神

二战德国Ju 87"斯图卡"俯冲轰炸机战史

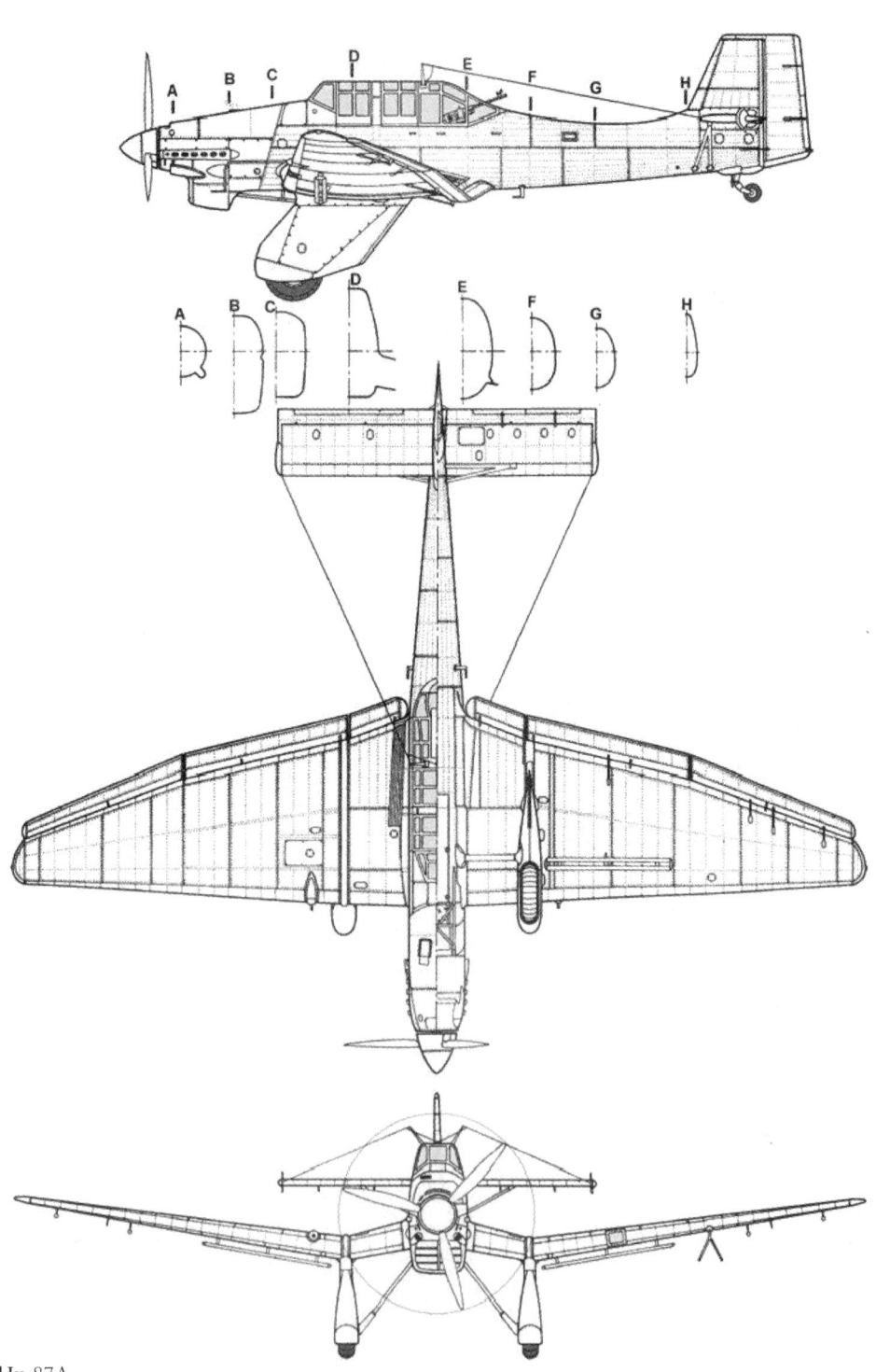

■Ju 87A。

附录2 "斯图卡"战机各个型号线图

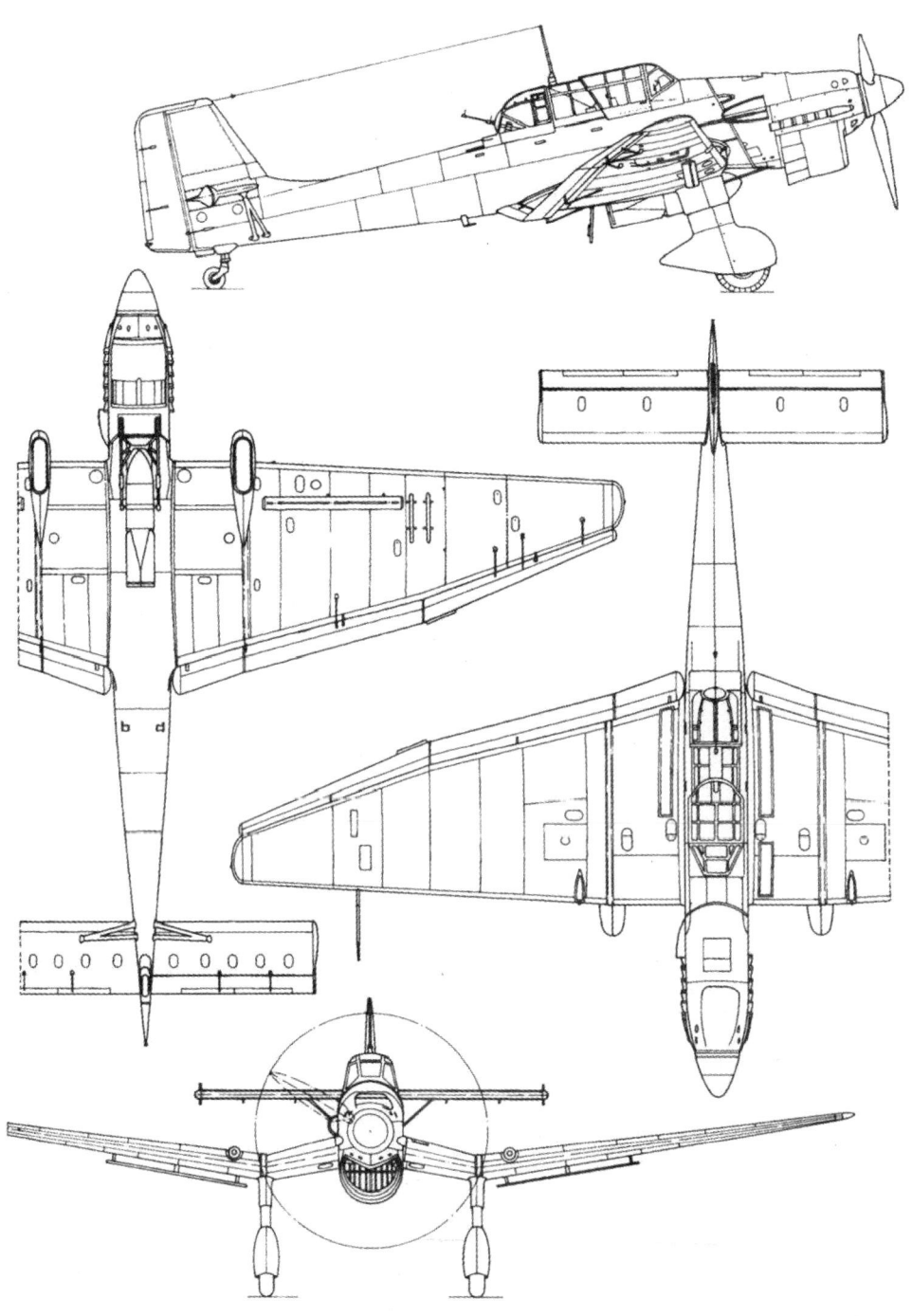

■Ju 87B-2俯冲轰炸机。

尖叫死神
二战德国Ju 87"斯图卡"俯冲轰炸机战史

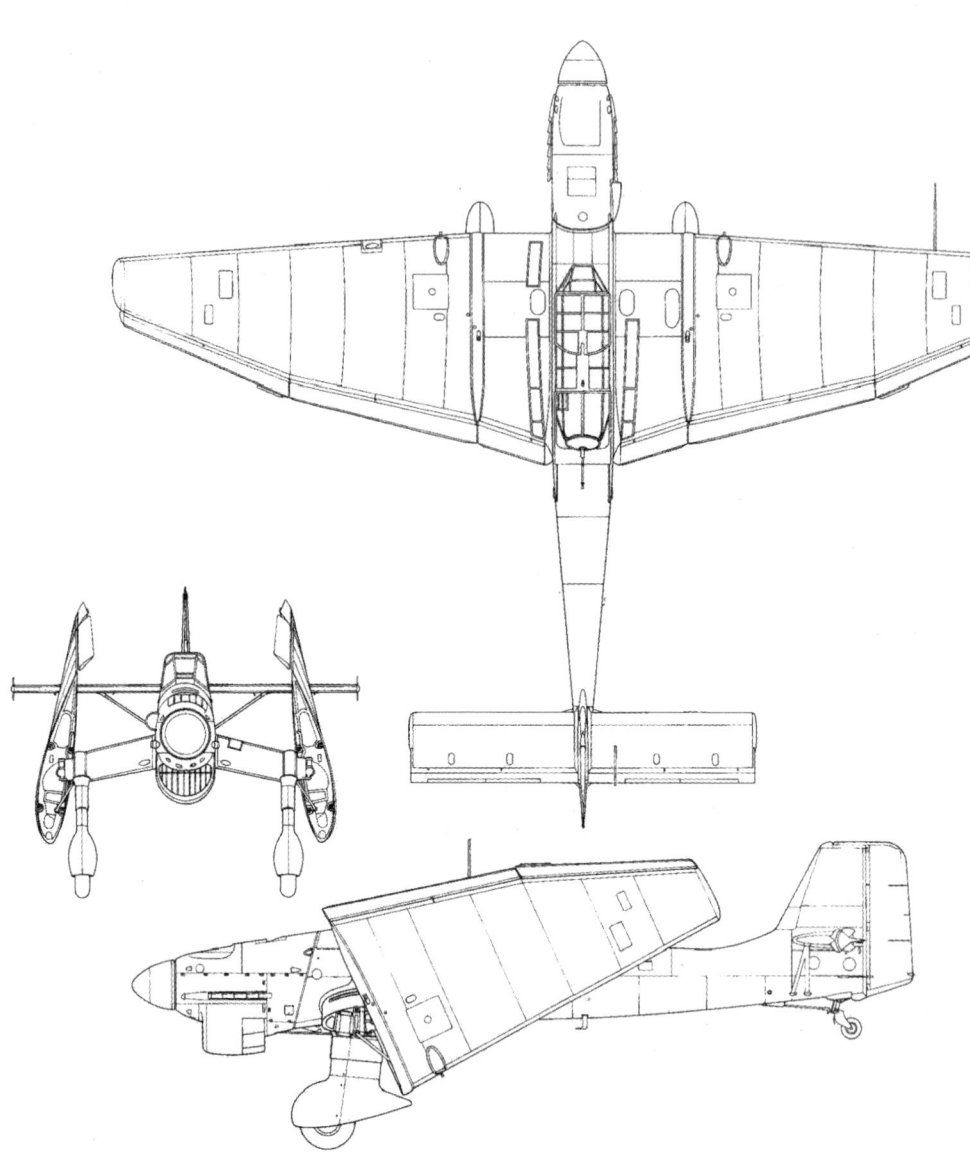

■Ju 87G舰载战斗机。

附录2 "斯图卡"战机各个型号线图

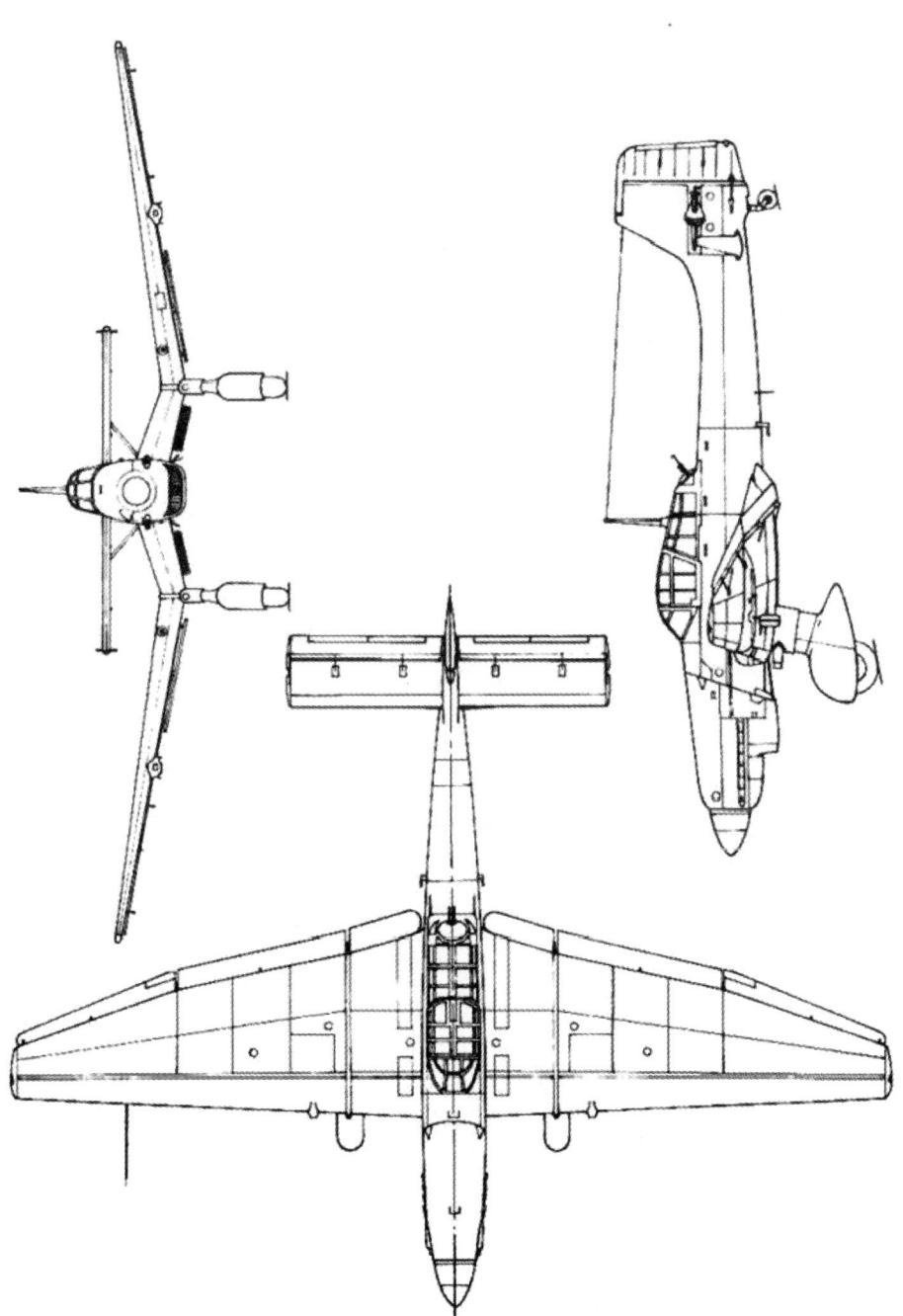

■Ju 87D-1俯冲轰炸机。

尖叫死神

二战德国Ju 87"斯图卡"俯冲轰炸机战史

Junkers 87D-1。

附录2 "斯图卡"战机各个型号线图

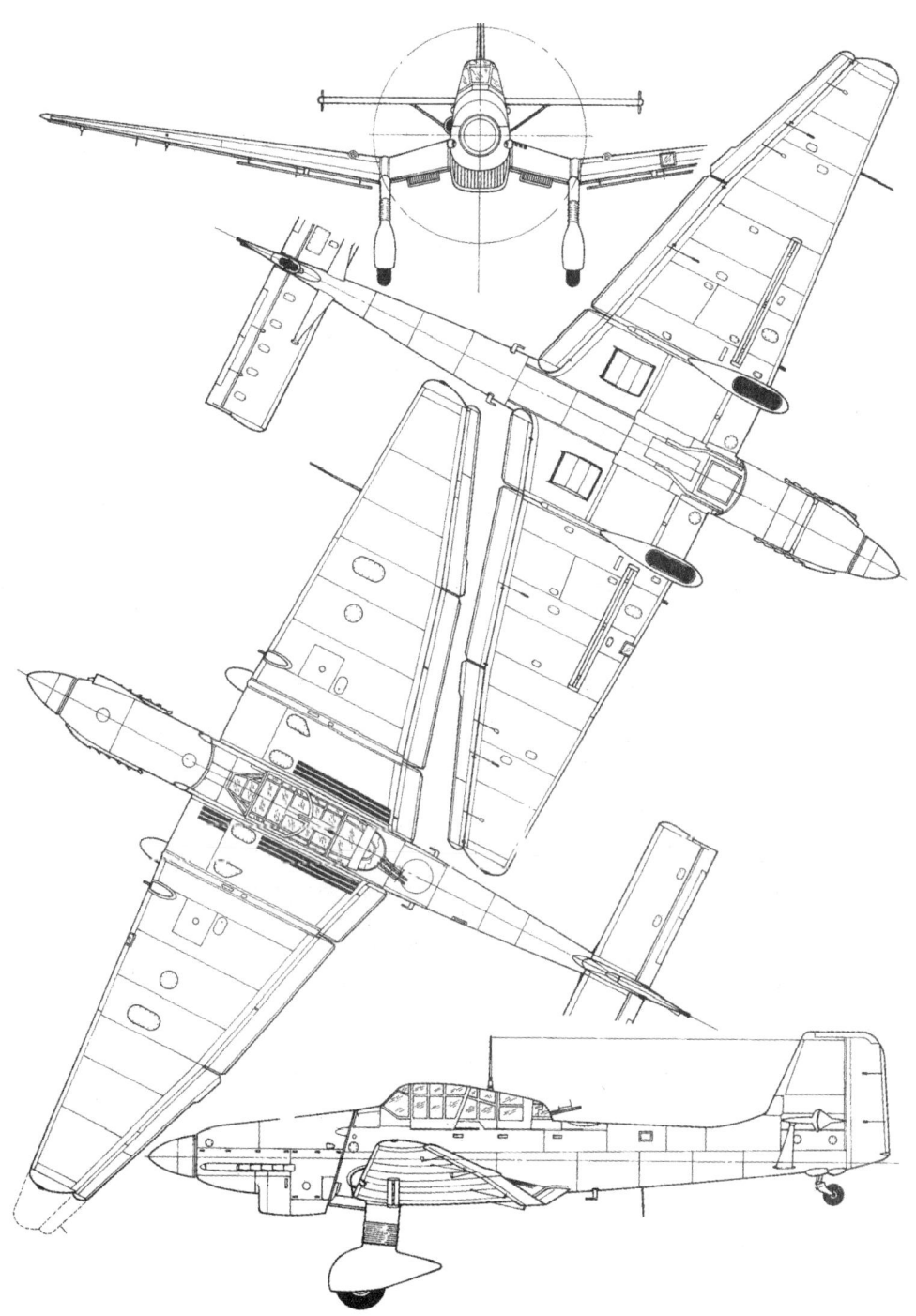

■Ju 87D-3俯冲轰炸机。

尖叫死神
二战德国Ju 87"斯图卡"俯冲轰炸机战史

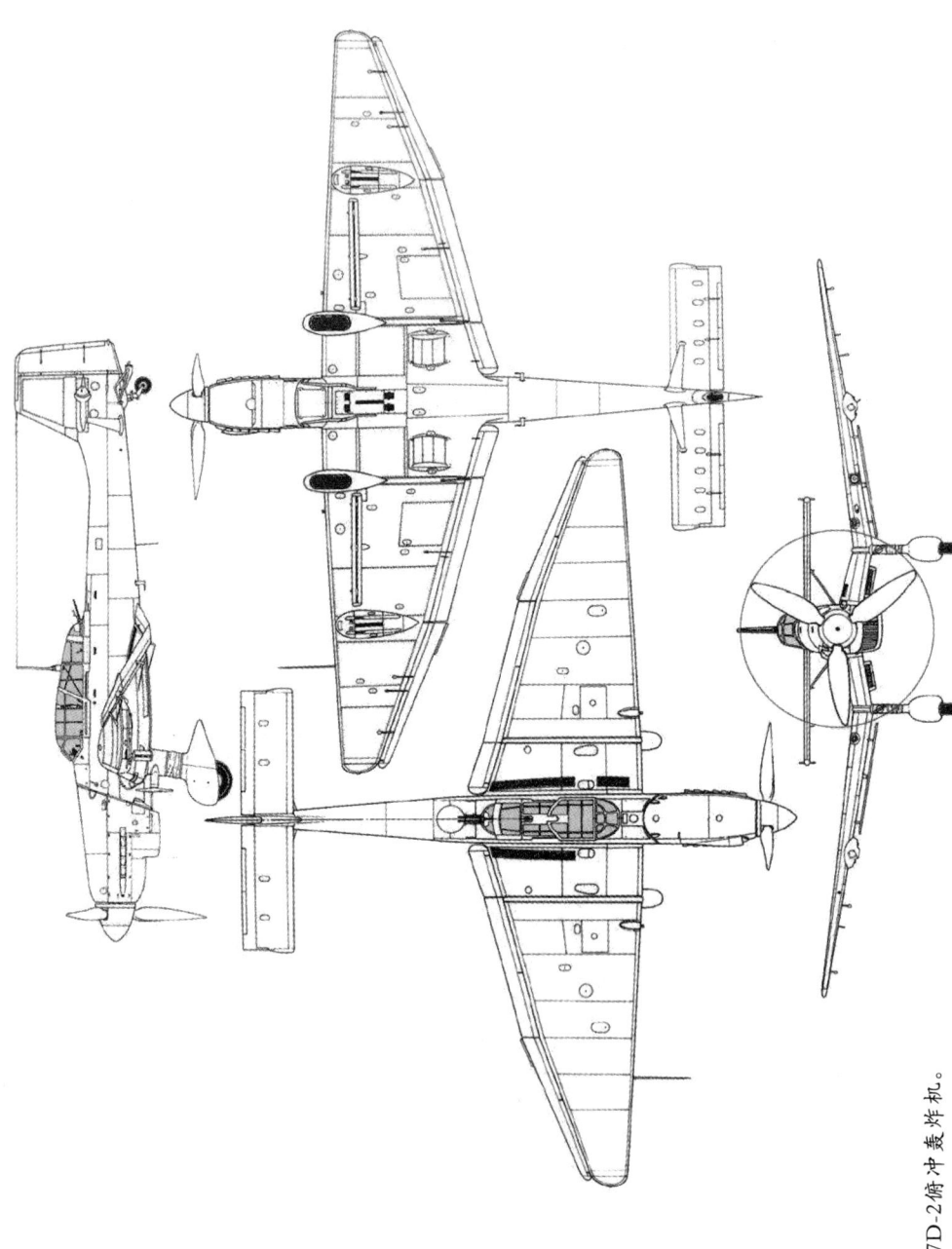

Ju 87D-2俯冲轰炸机。

附录2 "斯图卡"战机各个型号线图

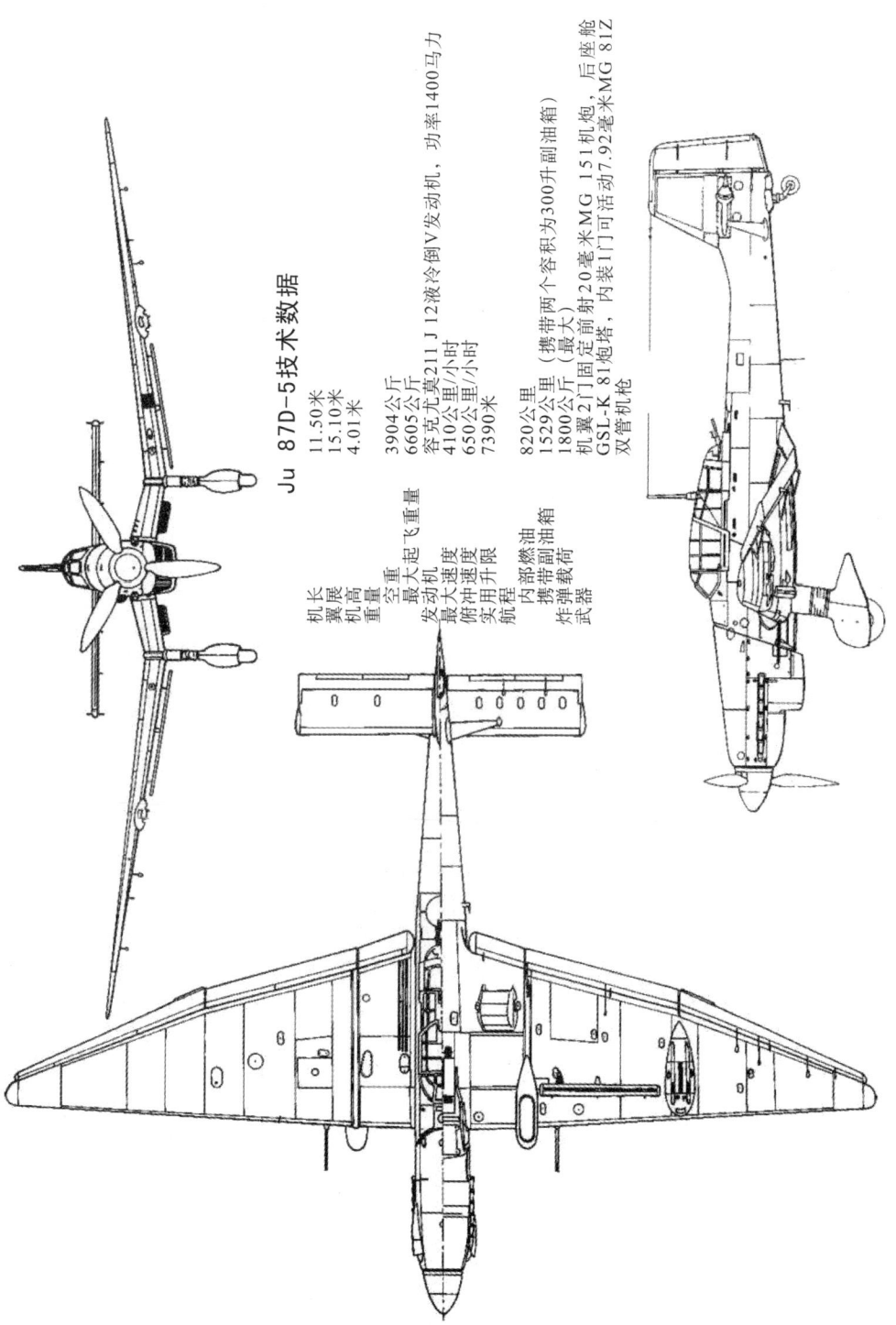

Ju 87D-5技术数据

机长	11.50米
翼展	15.10米
机高	4.01米
空重	3904公斤
最大起飞重量	6605公斤
发动机	容克尤莫211J12液冷倒V发动机,功率1400马力
最大速度	410公里/小时
俯冲速度	650公里/小时
实用升限	7390米
航程	820公里
内部燃油	1529公斤
携带副油箱	1800公斤(携带两个容积为300升副油箱)
炸弹载荷	(最大)
武器	机翼2门固定射20毫米MG 151机炮,后座舱GSL-K 81炮塔,内装1门可活动7.92毫米MG 81Z双管机枪

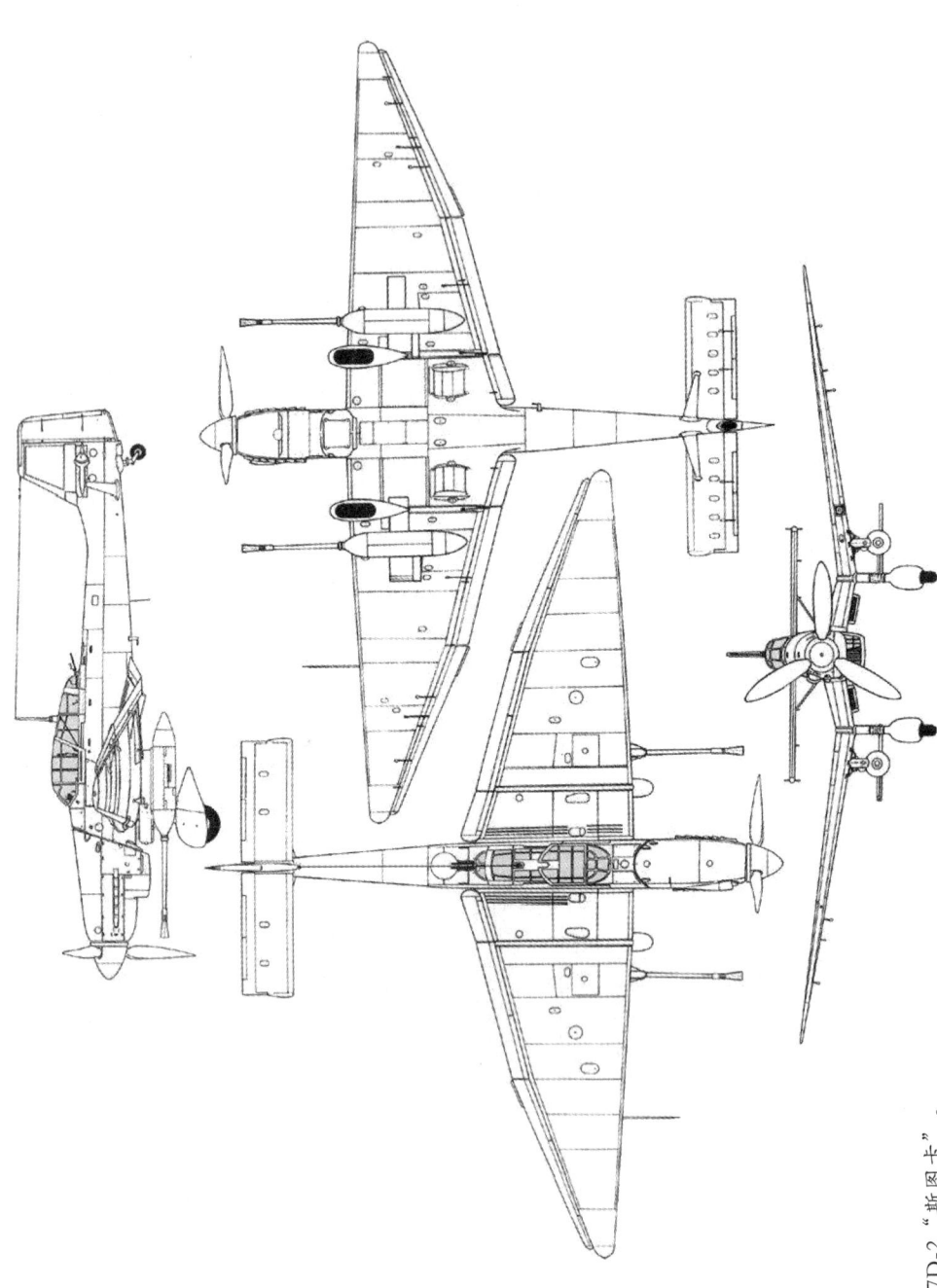

Ju 87D-2"斯图卡"。

附录2 "斯图卡"战机各个型号线图

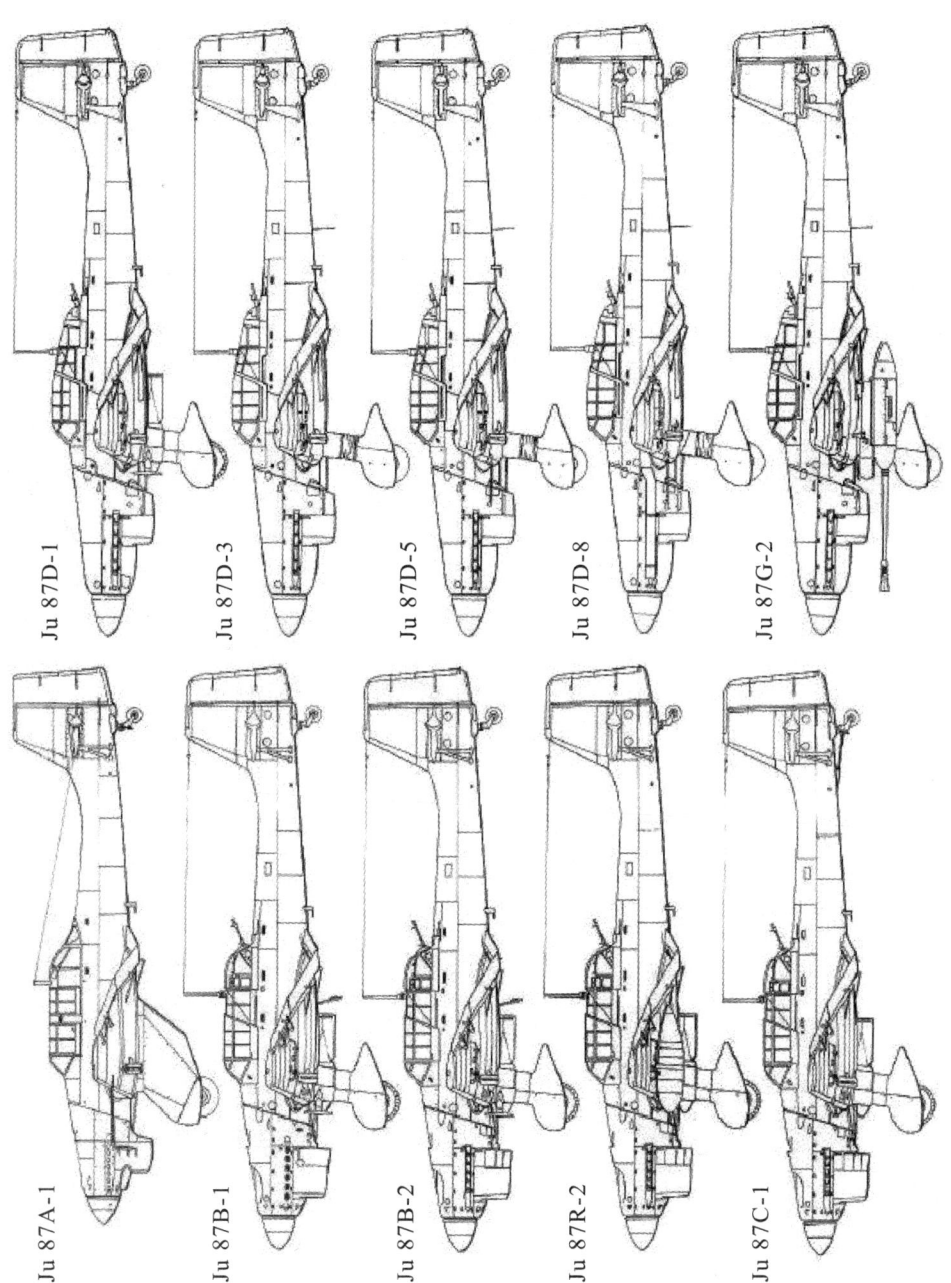

附录3 "斯图卡"战机各单位标识及其机徽实物图

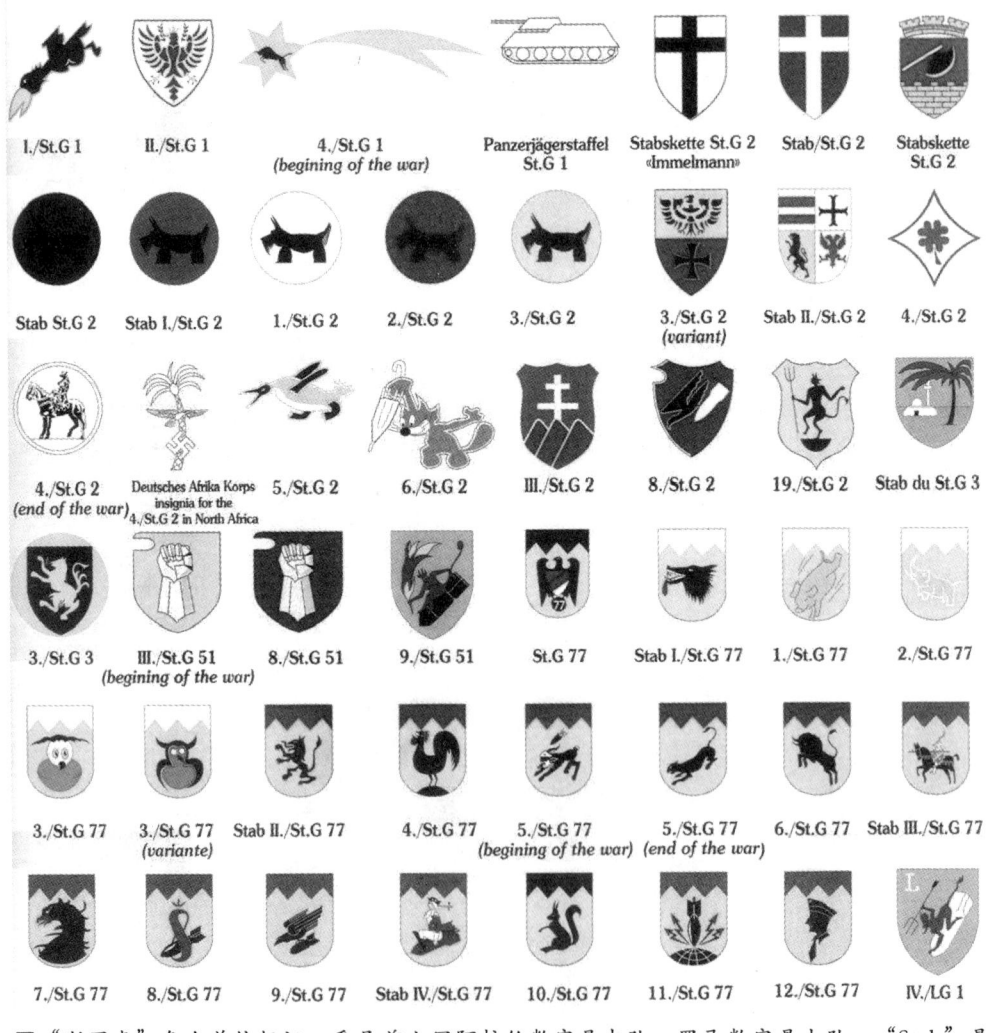

■ "斯图卡"各个单位标识。番号前小写阿拉伯数字是中队,罗马数字是大队,"Stab"是联队直属单位,也就是一个联队有三个大队和一个直属单位。

"斯图卡"俯冲轰炸机机徽实物图,读者可参照上图识别属于哪个单位。

附录3 "斯图卡"战机各单位标识及其机徽实物图

尖叫死神 | 二战德国Ju 87"斯图卡"俯冲轰炸机战史

附录3 "斯图卡"战机各单位标识及其机徽实物图

尖叫死神 | 二战德国Ju 87"斯图卡"俯冲轰炸机战史

附录3 "斯图卡"战机各单位标识及其机徽实物图

尖叫死神 二战德国Ju 87"斯图卡"俯冲轰炸机战史

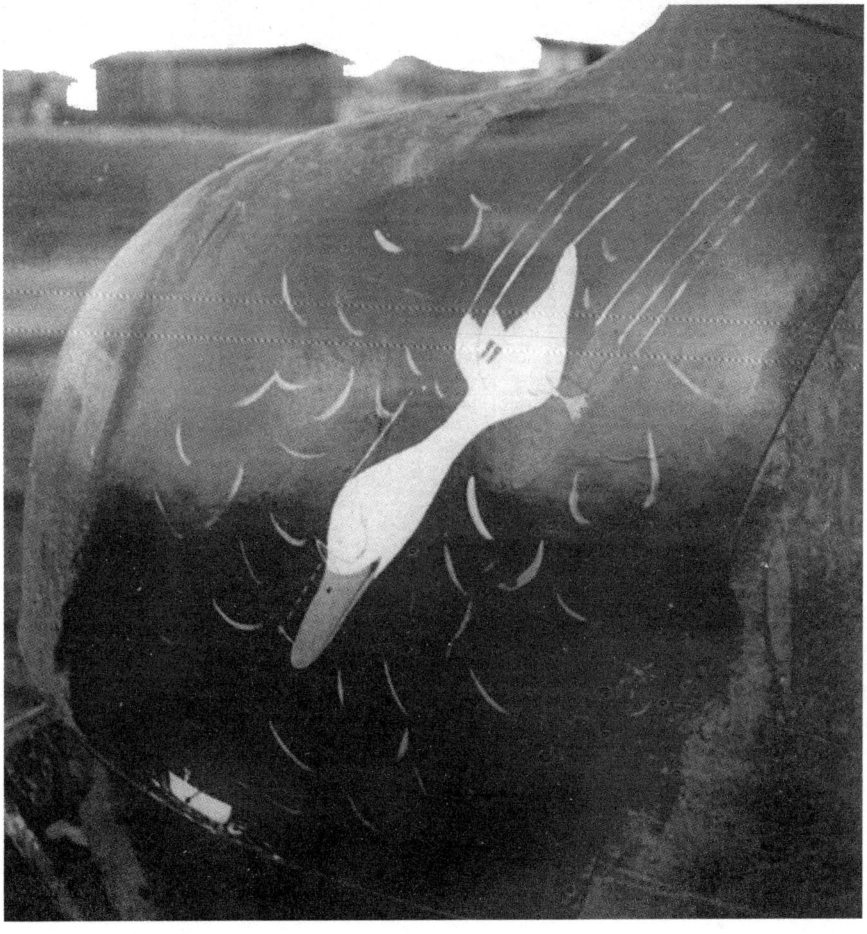

附录3 "斯图卡"战机各单位标识及其机徽实物图

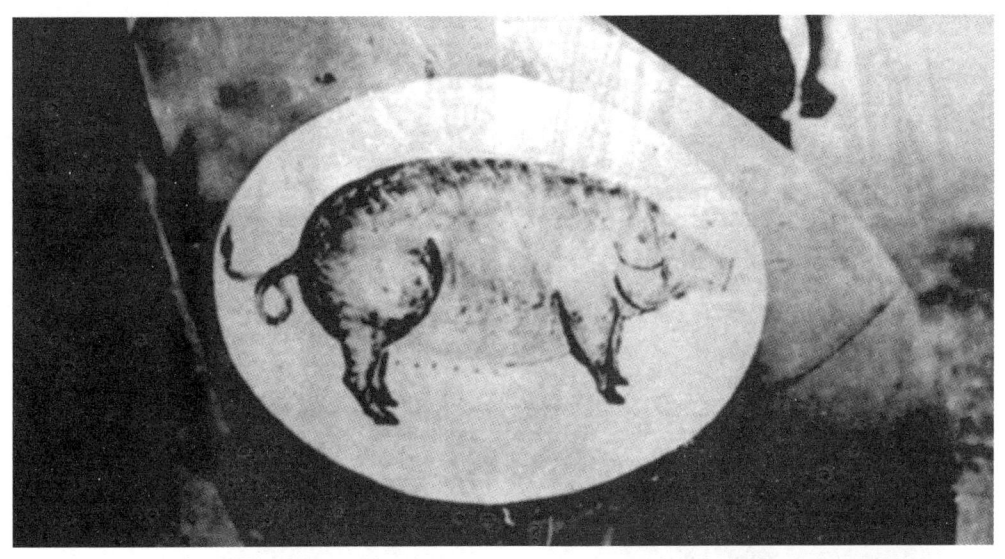

尖叫死神

二战德国Ju 87"斯图卡"俯冲轰炸机战史

附录3 "斯图卡"战机各单位标识及其机徽实物图

尖叫死神

二战德国Ju 87"斯图卡"俯冲轰炸机战史

附录3　"斯图卡"战机各单位标识及其机徽实物图

617

参 考 书 目

(1) David L. Rising, Operations of Stuka, Salamander Books Ltd., 2002.

(2) John Weal, Junkers Ju 87 Stukageschwader 1937−1941, Osprey Publishing Limited, 1997.

(3) John Weal, Junkers Ju 87 Stukageschwader of North Africa and The Mediterranean, Osprey Publishing Limited, 1998.

(4) John Weal, Junkers Ju 87 Stukageschwader of The Russian Front, Osprey Publishing Limited, 2008.

(5) Ju 87 Stuka in action, Squadron/Signal Publication Inc., 1986.

(6) J. Richard Smith, The Junkers Ju 87A & B, Profile Publications, 1985.

(7) Richard P. Bateson, The Junkers Ju 87D Variants, Profile Publications, 1987.